모집단에 관한 진실	
		H_0가 참이다	H_a가 참이다
표본에 기초한 결론	H_0를 기각한다	제1종 오류	옳은 결론
	H_0를 기각하는 데 실패한다	옳은 결론	제2종 오류

가설을 검정하면서 발생하는 두 가지 형태의 오류를 보여 준다.

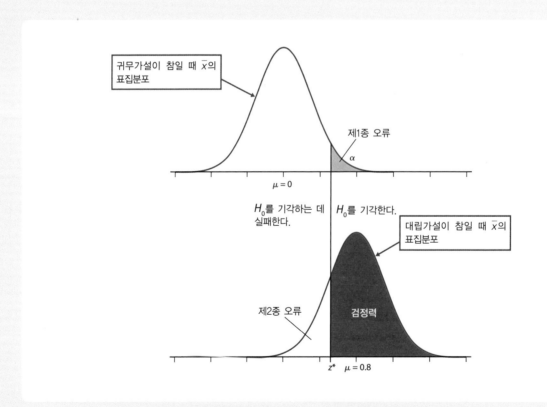

위쪽의 정규곡선은 귀무가설 $H_0 : \mu = 0$하에서 $\bar{x}$의 표집분포이다. 노란색의 빗금 친 영역의 면적은 유의수준 α이며, 이것은 또한 제1종 오류이다. 아래쪽의 정규곡선은 $\mu = 0.8$일 때 $\bar{x}$의 표집분포이다. 빨간색의 빗금 친 영역의 면적은 검정력이다. 빗금 치지 않은 영역의 면적은 제2종 오류이다. 수직선은 유의수준 α에서의 검정에 대한 임곗값 z^*에 위치한다. z^*의 오른쪽에 위치한 값들에 대해서는 H_0를 기각한다.

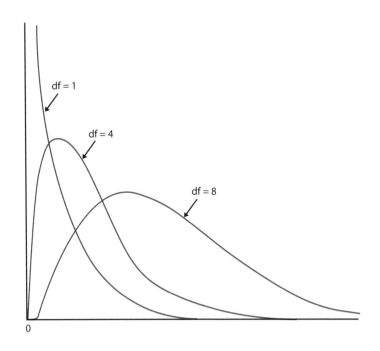

자유도가 1, 4, 8인 카이-제곱 분포에 대한 밀도곡선이다. 카이-제곱 분포는 양의 값만을 가지며 오른쪽으로 기울어졌다.

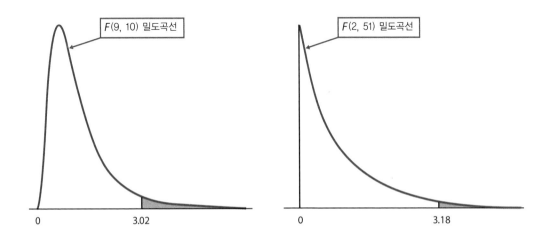

두 개의 F 분포에 대한 밀도곡선이다. 두 개 모두 오른쪽으로 기울어졌으며 양의 값만을 취한다. 상위 5% 임곗값을 곡선 아래에 표기하였다.

제9판

통계학

David S. Moore, William I. Notz 지음
이병락 옮김

Σ 시그마프레스

통계학, 제9판

발행일 2022년 2월 25일 1쇄 발행

지은이 David S. Moore, William I. Notz
옮긴이 이병락
발행인 강학경
발행처 (주) 시그마프레스
디자인 우주연, 이상화, 김은경
편 집 윤원진, 김은실, 이호선
마케팅 문정현, 송치헌, 김인수, 김미래, 김성옥

등록번호 제10-2642호
주소 서울특별시 영등포구 양평로 22길 21 선유도코오롱디지털타워 A401~402호
전자우편 sigma@spress.co.kr
홈페이지 http://www.sigmapress.co.kr
전화 (02)323-4845, (02)2062-5184~8
팩스 (02)323-4197

ISBN 979-11-6226-365-5

The Basic Practice of Statistics, 9th Edition

＊ 책값은 책 뒤표지에 있습니다.

이 책은 David S. Moore 교수와 William I. Notz 교수 2인이 공동 저술한 *The Basic Practice of Statistics* (제9판)를 번역한 것이며 크게 5부로 구성되어 있다. 이런 구성은 통계학을 학습하기 위해 필요한 핵심사항들을 이해하는 데 효과적이라고 생각한다. 이 책에서는 먼저 통계학의 분석 대상인 데이터 자체에 대한 탐구를 소개하고, 데이터를 생성하는 방법을 제시하고 있다. 그리고 나서 데이터 생성으로부터 통계적 추론을 하는 데 필요한 개념들을 학습하며, 이에 기초하여 변수 및 관계에 대한 추론을 살펴본다. 즉 데이터 탐구 및 생성, 데이터로부터 추론으로의 전환, 추론이란 틀로 통계학을 소개하고 있다.

제0장에서는 데이터 분석을 하는 데 기초가 되는 유의사항들을 고찰하고 있다. 이후 각 장은 해당 학습 주제에 대한 기본적인 설명 및 개념의 요약, 정리문제 및 복습문제, 연습문제 등으로 구성된다. 특히 정리문제는 단순한 문제가 아니라 해당 학습 주제를 이해할 수 있도록 자세한 설명을 담고 있어서, 이를 통해 해당 내용 및 핵심 개념을 보다 확실하게 이해할 수 있다. 복습문제는 정리문제에 대한 이해를 확인하기 위해 정리문제와 유사한 문제를 수록하고 있다. 이 책이 갖는 장점 중 하나는, 저자들이 밝히고 있는 것처럼, 실제 데이터를 활용하여 분석을 하였다는 것이다. 이를 통해 학생들이 자신들의 관련 분야 데이터를 보다 용이하게 분석하는 연습을 할 수 있기를 희망한다.

끝으로 이 책을 출간할 수 있도록 허락하여 주시고 도와주신 (주)시그마프레스의 강학경 사장님과 편집부 관계자 여러분에게 감사드리는 바이다.

요약 차례

차례

제2부

데이터 생성

제3부

데이터 생성으로부터 추론으로의 전환

제4부   **변수에 관한 추론**

데이터 분석 기초

0.1   어떻게 데이터를 구했는지가 중요하다

데이터는 여러 가지 방법으로 수집될 수 있지만, 데이터를 통해 얻을 수 있는 결론의 형태는 데이터를 어떻게 구했는지에 달려 있다. 관찰 연구 및 실험은 데이터를 수집하는 데 일반적으로 사용되는 두 가지 방법이다. 이들 두 방법의 차이를 이해하기 위해서 호르몬 대체요법에 관한 데이터를 보다 면밀히 검토해 보도록 하자.

정리문제 0.1

호르몬 대체요법

호르몬 대체요법에 관해 여성들에게 주어지는 권고사항 이면에는 무엇이 있는가? 호르몬 대체요법을 지지하는 증거는 호르몬을 섭취하는 여성들과 섭취하지 않는 여성들을 비교하는 많은 관찰연구들에서 비롯되었다. 하지만 호르몬을 섭취하기로 한 여성들은 그렇지 않은 여성들과 매우 상이하다. 즉 이들 여성은 보다 나은 교육을 받았으며 보다 나은 생활을 영위한다. 이런 이유로 인해 이들 여성 그룹은 자신들의 건강관리에 보다 사전 대책을 세우려 하고, 건강에 좋은 식이요법과 운동 증대를 포함하여 예방적인 건강관리를 추구하려는 동기와 수단을 보유하고 있다. 더 나은 건강관리를 하는 그룹이 심장발작을 적게 일으키게 된다는 사실은 당연하다고 볼 수 있다.

대규모적이고 면밀한 관찰연구를 하는 데는 비용이 많이 소요되지만 면밀한 실험보다는 시행하는 것이 더 용이하다. 실험을 시행할 경우에는 여성들이 선택을 하지 못한다. 여성들은 호르몬 대체 알약을 섭취하거나 또는 호르몬 대체 알약과 동일한 모양과 맛을 갖고 있는 가짜 알약을 섭취하도록 배정된다. 이런 배정은 동전 던지기로 이루어지므로 모든 부류의 여성들은 이런 치료법 중 하나에 동등하게 접근할 수 있다. 따라서 호르몬 대체요법을 받는 그룹에 속한 여성들이 받지 않는 그룹에 속한 여성들보다 더 좋은 교육을 받지 않았으며 더 풍요롭지도 않다. 바람직한 실험을 시행하는 데 따른 어려움 중 일부는 알 수 없는 동전 던지기의 결과를 받아들이도록 여성들을 설득하는 것이다. 2002년까지 몇몇 실험을 통해서 호르몬 대체요법이 적어도 노년 여성들의 심장발작 위험을 낮추지는 않는다는 데 합의를 보았다. 이런 보다 나은 증거를 접한 의료당국은 자신들의 권고사항을 변경하였다.

폐경기 이후에 호르몬 대체요법을 선택했던 여성들은 그렇지 않았던 여성들보다 평균적으로 더 좋은 교육을 받고 더 풍요로웠다. 이들이 더 적은 심장발작을 경험하지 않을까 하는 생각이 든다. 단지 데이터상에서 이런 관계를 살펴보았다는 이유만으로 호르몬 대체요법이 심장발작을 낮출 것이라고 결론을 내릴 수는 없다. 이 예에서 교육과 풍요는 호르몬 대체요법과 건강 사이의 관계를 설명하는 데 도움이 되는 배경인자이다.

축구를 하는 아이들이 하지 않는 아이들보다 (평균적으로 볼 때) 학교에서 더 잘 지낸다. 이것은 축구를 할 경우 학교 성적이 향상된다는 것을 의미하는가? 축구를 하는 아이들이 성공하고 교육을 잘 받은 부모를 갖고 있는 경향이 있다. 다시 한번 교육과 풍요가 축구와 좋은 성적 사이의 관계를 설명하는 데 도움이 되는 배경인자이다.

두 개의 관찰된 특징 또는 '변수'들 사이의 거의 모든 관계는 배경에 잠복해 있는 다른 변수들의 영향을 받는다. 두 개 변수들 사이의 관계를 이해하기 위해서는 종종 다른 변수들도 고려해 보아야 한다. 면밀한 통계적 검토를 하려면 이들 변수의 영향을 바로잡기 위해서 존재할지도 모르는 **잠복변수**를 생각하여 측정해 보아야 한다. 호르몬 대체요법의 경우에서 살펴본 것처럼 이런 방식이 반드시 잘 작동하는 것은 아니다. 뉴스 기사는 종종 "축구를 할 경우 성적이 향상될 수도 있다"와 같은 훌륭한 표제 기사를 엉망으로 만들 수 있는 존재할지도 모를 잠복변수를 종종 무시하곤 한다. "이런 관계 이면에는 무엇이 존재하는가?"와 같은 질문을 하는 습관이 통계적으로 사고하는 방식의 일부가 되어야 한다.

물론 관찰연구는 여전히 매우 유용하다. 침팬지가 야생에서 어떻게 행동하는지 또는 어떤 대중음악이 지난주에 가장 많이 판매되었는지 또는 노동자의 몇 퍼센트가 지난달에 실업상태에서 있었는지에 대해서는 관찰연구를 통해 알 수 있다. 대중음악의 판매량을 추적한 데이터와 고용 및 실업에 관한 정부 데이터는 **표본조사**를 통해 구해진다. 이 표본조사는 보다 큰 전체를 대표하는 일부, 즉 표본을 선택하여 알아보는 중요한 관찰연구 방식이다. 여론조사는 미국의 성인 인구 2억 5,400만 명 중 1,000명과 면담을 하고 나서 시사문제에 대한 대중의 의견을 발표한다. 이들 결과를 신뢰할 수 있을까? 이것은 단순히 가부를 묻는 질문이 아니라는 사실을 알게 될 것이다. 정부가 발표한 실업률이 여론조사 결과보다 훨씬 더 믿을 만하다고 해 보자. 이것은 미국 노동통계국이 1,000개 가구가 아닌 6만 개 가구와 면담을 하였기 때문만은 아니다. 하지만 지금 당장 일부 표본은 믿을 수 없다고 말할 수 있다. 다음과 같은 기명 여론조사를 생각해 보자.

정리문제 0.2

자녀를 다시 또 갖겠습니까?

신상문제에 대해 상담을 해 주는 미국의 어떤 컨설턴트는 자신의 독자들에게 다음과 같이 질문을 하였다. "할 수 있다면 여러분은 다시 또 자녀를 갖겠습니까?" 몇 주 후에 이 컨설턴트는 다음과 같은 제목으로 자신의 칼럼을 썼다. "부모들의 70%는 자녀들이 그럴 만한 가치가 없다고 말한다" 실제로 답변을 했던 거의 1만 명의 부모들 중에서 70%가 다시 선택을 할 수 있다면 자녀를 갖지 않을 것이라고 말했다. 이들 1만 명의 부모들은 이 컨설턴트에게 답변을 해야 할 정도로 자신의 자녀들에게 압도되고 당황해 있었다. 이런 이유로 인해서 이 부모들의 견해는 일반적인 부모들을 대표하지 못했다. 대부분의 부모들은 자신의 자녀들에게 만족하고 있으며, 이런 물음에 답변을 하고 싶어 하지 않는다.

상당한 기간이 흐른 후에 어떤 독자가 다음과 같은 의사를 표명하였다. "해당 정보가 언제 수집되었고 이런 조사의 결과가 무엇이었는지, 그리고 지금 동일한 질문을 한다면 독자들의 대다수는 어떤 대답을 할지 알고 싶다." 이에 대해 이런 상담을 이어받아 진행하던 컨설턴트는 다음과 같이 응답하였다. "응답자의 대다수가 다시 선택하게 된다면 자녀를 갖지 않을 것이라고 말하였기 때문에 그 당시에 충격적으로 받아들여졌다. 그간의 세월 동안 부모들의 감정이 변화하였는지 알아보는 것은 흥미로운 일이기 때문에 질문을 다시 해 볼 것이다."

이번 조사 결과에 따르면 응답자의 대부분이 다시 자녀를 가질 것이라 답하였다고 밝혔다. 이것은 고무적인 결과이지만, 이번에도 역시 조사는 기명 여론조사로 이루어졌다.

통계적으로 설계된 표본들 심지어 여론조사에서조차도 사람들은 자신이 표본이 되는 것을 꺼린다. 특정한 개인과 관계가 없는 추첨으로 선택된 개인들을 인터뷰하기 때문에, 모든 사람은 표본에 속할 동등한 기회를 갖게 된다. 이렇게 실시한 여론조사에 따르면 부모들의 91%가 자녀를 다시 가질 것이라고 하였다. 데이터가 어디에서 유래되었는지는 매우 중요한 문제이다. 데이터를 어떻게 구할지에 관해 주의를 기울이지 않는다면, 진실은 90% 가까이 긍정적일 때 70%가 부정적이라고 발표할 수도 있다. 데이터가 어디에서 유래되었으며 도출된 결론과 이들은 어떤 관계가 있는지를 이해하는 일은 통계적으로 사고하는 방법을 학습하는 데 있어서 중요한 부분을 차지한다.

0.2 언제나 데이터를 살펴보시오

유명한 야구 선수이면서 감독이었던 요기 베라는 다음과 같이 말하였다. "단순히 살펴봄으로써 많은 것을 관찰할 수 있다." 이 말은 데이터를 통해 배우는 데 있어서 격언이 되고 있다. 주의 깊게 선택한 몇 개의 그래프가 종종 대규모의 숫자 더미보다 더 도움이 된다. 2000년에 있었던 미국 대선에서 플로리다주의 선거 결과를 생각해 보자.

팜비치 카운티

선거가 호각을 이룬 것은 아니다. 재개표를 한 이후에 플로리다주 정부관리는 조지 부시 후보가 거의 600만 표 중에서 537표 차이로 플로리다에서 승리를 거두었다고 발표하였다. 플로리다주의 투표 결과는 2000년 미국 대선을 결정짓고 앨 고어 후보가 아닌 조지 부시 후보를 대통령으로 선출하였다. 데이터를 살펴보도록 하자. 그림 0.1은 플로리다주 67개 카운티에서 민주당 대선 후보자 앨 고어의 득표수에 대한 제3당 대선 후보자 팻 뷰캐넌의 득표수를 도표로 나타낸 그래프를 보여 준다.

팜비치 카운티에서 어떤 일이 발생하였는가? 이 규모가 크고 민주당이 크게 우세한 카운티에서, 보수적인

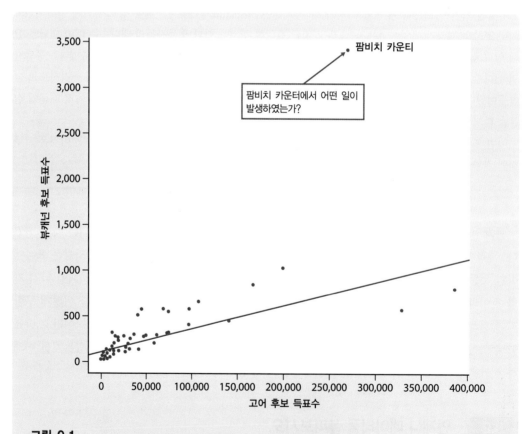

그림 0.1

2000년 미국 대선에서 플로리다주 67개 카운티의 앨 고어 후보 득표수와 팻 뷰캐넌 후보 득표수. 팜비치 키운디에서 어떤 일이 발생하였는가?

제3당 대선 후보자가 다른 어떤 카운티에서보다 민주당 후보자에 대해 아주 선전을 하였다. 다른 66개 카운티에 대한 점들은 대략 직선인 패턴으로 두 후보자의 득표수가 증가한다는 사실을 보여 준다. 이 패턴에 기초할 경우 뷰캐넌 후보자는 팜비치 카운티에서 대략 800표를 득표할 것으로 기대되었다. 하지만 실제로는 3,400표를 초과하는 득표를 하였다. 이런 기대된 득표수와 실제 득표수의 차이로 인해 플로리다주의 선거 결과 그리고 나아가 미국 전체의 선거 결과가 결정되었다.

이 그래프는 설명을 필요로 한다. 팜비치 카운티는 혼란을 야기할 수 있는 '나비 모양'의 투표용지를 사용했다는 사실이 밝혀졌다. 이 투표용지에는 대선 후보자의 이름이 왼쪽과 오른쪽 둘 다에 인쇄되어 있으며 기표란은 중앙에 위치한다(앨 고어 후보자의 이름은 왼쪽의 두 번째 칸에 인쇄되어 있으며, 팻 뷰캐넌의 이름은 오른쪽의 첫 번째 칸에 인쇄되어 있다. 기표는 중앙에 있는 해당 난에 해야 하며 이는 혼란을 야기할 수 있다). 앨 고어 후보자에게 기표하려던 유권자가 실제로는 팻 뷰캐넌 후보자에게 기표를 하는 경우가 쉽게 발생할 수 있다. 그래프가 바로 이런 상황이 실제로 발생했다는 믿을 만한 증거가 된다.

대부분의 통계 소프트웨어의 경우 간단한 몇 개의 명령어를 활용하여 다양한 그래프를 그릴 수 있다. 적절한 그래프와 숫자로 나타낸 통계적 요약에 기초하여 데이터를 검토하는 것은 대부분 데이터 분석의 올바른 시발점이 된다. 이를 통해 해당 데이터가 의미하려는 것을 이해하는 데 도움이 되고, 궁극적으로는 해당 데이터를 검토하도록 촉발한 의문점에 대답을 할 수 있게 해 주는 중요한 패턴 또는 추세를 종종 알 수 있다.

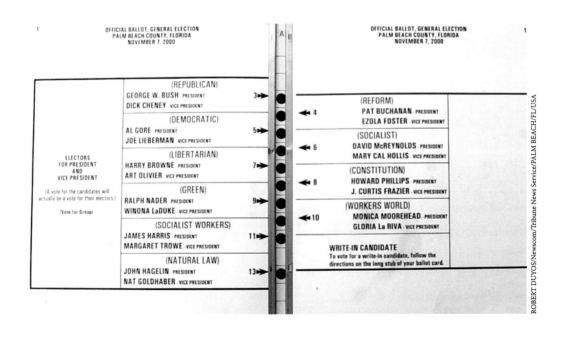

0.3   변동성은 어디에나 존재한다

기업의 매출액은 월례회의에서 발표되곤 한다. 판매 책임자는 일어나서 다음과 같이 말한다. "축하합니다! 이번 달에 매출이 2% 상승하였으므로 오늘 아침에는 모두들 샴페인을 마십시다. 지난달에 매출이 1% 하락해서 영업사원의 절반을 해고하였던 사실을 기억하실 것입니다." 이 상황은 단지 약간 과장되었을 뿐이다. 많은 경영자들은 주요 지표상에서의 단기적인 소규모 변동에 과도하게 반응한다. 시장조사 업체의 어떤 경영자는 다음과 같이 자신의 경험을 말하였다.

> 너무 많은 경영자들이 종이에 인쇄된 모든 숫자들에 대해 동일한 정당성을 부여하곤 한다. 이들은 숫자를 드러난 진실로 받아들이고, 확률 개념을 활용하여 일을 처리하는 것이 어렵다는 사실을 깨닫게 된다. 이들은 숫자를 근본 상황에 관해서 우리가 실제로 알고 있는 범위에 대한 일종의 속기라고 생각하지 않는다.

매출액 및 가격과 같은 기업 데이터는 날씨에서부터 고객의 금전적 어려움과 데이터 수집 과정에서의 불가피한 오류에 이르기까지 다양한 이유로 인해 변동을 한다. 경영자가 해야 할 일은 변동성 이면에 실제 패턴이 존재하는 경우 이에 대해 언급하는 것이다. 통계학은 변동성을 이해하고 변동성이란 가림막 뒤에 존재하는 의미 있는 패턴을 찾는 데 필요한 도구를 제공해 준다. 데이터를 살펴보도록 하자.

정리문제 0.4

휘발유 가격

그림 0.2는 1990년 8월부터 2019년 8월까지 보통 무연 휘발유의 갤런당 주간 평균가격을 보여 주고 있다. 분명히 변동성이 존재한다. 하지만 면밀히 살펴보면 연간 패턴을 발견할 수 있다. 즉 여름 운전 시즌 동안에는 휘발유 가격이 상승하다가, 가을이 되어 수요가 감소하면 가격이 하락한다. 이런 규칙적인 패턴 위에 국제적 사건들이 미친 영향을 살펴볼 수 있다. 예를 들면, 1990년 발생한 걸프 전쟁으로 인해 원유 공급이 위협받았을 때 휘발유 가격이 상승하였으며, 2001년 9월 11일 테러 공격이 미국에서 발생한 이후 세계 경제가 하락하였을 때 휘발유 가격이 하락하였다. 2007년 및 2008년에는 초대형 악재가 발생하였다. 즉 중국과 미국의 높은 수요 그리고 중동과 나이지리아 같은 원유 생산지역에서의 지속

fotog/Getty Images

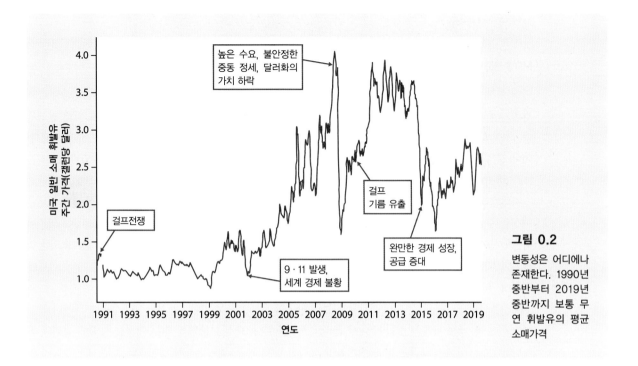

그림 0.2

변동성은 어디에나 존재한다. 1990년 중반부터 2019년 중반까지 보통 무연 휘발유의 평균 소매가격

적인 혼란사태가 원유를 생산하고 휘발유를 정제하는 능력을 압도하였다. 달러화 가치의 급격한 하락에 더해서 산유지에서의 가격이 천정부지로 치솟아 갤런당 4달러를 넘어섰다. 이런 가격 상승에 뒤이어 곧 바로 2008년에 발생한 전 세계적인 금융위기로 인해 경기 침체가 발생하였다. 2010년에 발생한 걸프 기름 유출 사건은 또한 공급 그리고 가격에 영향을 미쳤다. 2015년과 2016년에는 석유 공급 증대와 함께 신흥시장, 그중에서도 중요한 것은 중국에서의 완만한 성장으로 인해 유가가 급격히 하락하였다. 이들 데이터는 중요한 메시지를 내포하고 있다. 즉 미국은 원유의 많은 부분을 수입에 의존하므로 휘발유에 대해 지불하는 가격을 통제할 수 없다.

신흥시장, 그중에서도 중요한 것은 중국에서 완만한 성장이 이루어질 경우 거의 전면적으로 상품가격이 하락하게 된다. 공급 증대는 적어도 수요 감소만큼 중요하다.

변동성은 어디에나 존재한다 : 개체들은 변동한다. 동일 개체에 대한 반복적인 측정도 변동한다. 거의 모든 것들이 시간이 흐름에 따라 변동한다. 어떤 통계량들을 알아야 하는 한 가지 이유는 변동성을 처리하고 우리가 내린 결론에서의 불확실성을 설명하는 데 도움을 주기 때문이다. 변동성이 우리가 내리는 결론에 어떻게 통합되는지 알아보기 위해서 다른 예를 살펴보도록 하자.

HPV 백신

한때 여자들 사이에서 암 사망의 주된 원인이 되었던 자궁경부암은 정기적인 검진검사와 추적검사로 예방하기에 가장 쉬운 여성 암이다. 거의 모든 자궁경부암은 인간 유두종 바이러스(HPV)에 의해 발생된다. HPV의 가장 일반적인 변종으로부터 보호받기 위한 첫 번째 백신은 2006년에 이용 가능하게 되었다. 미국 질병통제예방센터(CDC)는 11세 또는 12세인 모든 소녀들은 백신을 접종받도록 권하였다. CDC는 HPV 바이러스에 의한 항문암과 인후암으로부터의 보호를 위해서 소년들에게도 동일한 권고를 하였다.

자연스러운 의문점은 다음과 같다. "백신은 얼마나 잘 작용하는가?" 의사들은 일부 여성들에게 새로운 백신을 주고 다른 여성들에게는 가짜 백신을 주는 실험(이를 의학상의 '임상실험'이라고 한다)에 의존한다. (백신이 안전하고 효과적인지 여부를 아직 알지 못할 때는 윤리적이라고 할 수 있다.) 가장 중요한 임상실험의 결과는 HPV에 감염되기 전에 백신을 접종받은 26세까지의 여성들 중에서 추정된 98%가 3년에 걸쳐서 자궁경부암을 피할 수 있게 된다는 사실이었다.

백신을 접종한 여성들은 자궁경부암에 걸릴 확률이 훨씬 더 낮아진다. 하지만 변동성은 어디에나 존재하기 때문에, 서로 다른 여성들에 대해 결과도 상이해진다. 백신을 접종한 일부 여성들은 암에 걸리게 되지만, 백신을 접종하지 않은 많은 여성들이 걸리지 않게 된다. 데이터들이 답하려고 했던 의문점들에 대한 통계적 결론은 '평균적으로' 언급한 문구일 뿐이며, 이런 '평균적으로' 언급한 문구들조차도 불확실성이란 요소를 내포한다. 백신이 평균적으로 볼 때 위험을 낮춘다고 100% 확신할 수는 없지만, 통계학은 그 경우에 해당한다고 얼마나 확신하는지를 말할 수 있게 된다.

변동성은 어디에나 존재하기 때문에 결론은 불확실하다. 통계학은 통계학 교육을 받은 사람들이 어디서나 사용하고 이해하는 불확실성에 관해 말해 주는 언어이다. HPV 백신의 경우 의학전문잡지는 이런 언어를 사용하여 우리에게 다음과 같이 말한다. 즉 "백신 효율성은 98%였다(95% 신뢰구간은 86%에서 100%였다)." '98% 효과적'이라는 말은 앞에서 언급한 '근본 상황에 관해서 우리가 실제로 알고 있는 범위에 대한 속기'이다. 범위는 86%에서부터 100%까지이며, 사실이 해당 범위에 위치할 것이라고 95% 신뢰한다. 우리는 이런 표현을 곧 이해할 수 있게 될 것이다. 우리는 변동성과 불확실성을 피할 수 없다. 통계학을 공부하면 이런 현실과 보다 편안하게 지낼 수 있다.

제 **1** 부

데이터 탐구

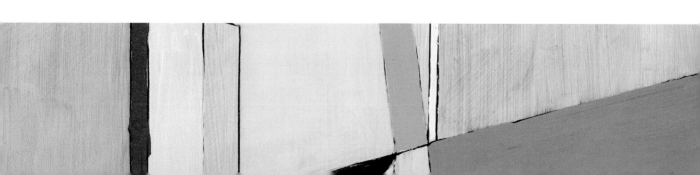

1

그래프를 이용하여 분포를 나타내기

통 계학은 데이터를 분석하는 과학이다. 우리가 사용할 수 있는 데이터의 양은 압도당할 정도로 많다. 예를 들면 미국 정부의 센서스국은 미국 지역사회에 관한 조사를 시행하기 위해서 매년 약 300만 가구로부터 데이터를 수집한다. 천문학자들은 은하계의 수천만 개 별로부터 수집된 데이터를 분석한다. 세계 27개국에 소재한 1만 1,000여 개의 월마트 대형할인점의 계산대 스캐너에는 매주 수억 개의 거래가 기록되며 이는 모두 저장되어 월마트 본사 및 공급업체에 제공된다. 이렇게 쏟아지는 데이터를 처리하기 위해서 취할 수 있는 첫 번째 조치는 데이터에 관한 우리의 생각을 조직화하는 것이다. 다행히 우리는 수백만 개의 데이터를 하나씩 모두 고찰하지 않고도 이런 일을 할 수 있다.

1.1 개체 및 변수

데이터 세트는 개체들로 구성된 그룹에 관한 정보를 포함한다. 정보는 변수로 구성된다.

개체 및 변수

개체(individual)는 데이터 세트에 의해서 설명되는 목적물이다. 개체는 사람일 수도 있고 동물이거나 사물일 수도 있다.

변수(variable)는 개체의 특성을 의미한다. 변수는 상이한 개체에 대해 상이한 값을 취할 수 있다.

예를 들면 대학생들의 데이터베이스에는 현재 등록된 모든 학생들에 관한 데이터를 포함하고 있다. 학생들은 데이터 세트에 의해 설명되는 개체들이다. 데이터는 각 개체에 대해 예를 들면 출생일, 전공분야, 평균학점과 같은 변수들의 값을 포함한다. 실제로 데이터 세트에는 데이터를 이해하는 데 도움이 되는 배경정보도 함께 들어 있다. 통계적인 분석을 하거나 다른 사람의 연구로부터 데이터를 분석하려는 경우, 다음과 같은 점을 고려해야 한다.

1. 누가? 해당 데이터는 어떤 개체를 설명하고 있는가? 데이터에는 얼마나 **많은** 개체가 있는가?
2. 무엇을? 데이터는 얼마나 많은 수의 **변수**를 포함하는가? 해당 변수들의 **정확한 정의**는 무엇인가? 각 변수들은 어떤 **측정단위**로 기록되는가? 예를 들면 무게는 파운드, 천 파운드, 또는 킬로그램으로 기록될 수 있다.
3. 어디서? 학생들의 평균학점 및 수학능력시험 점수는 대학입학 선정기준을 포함하여 많은 변수에 따라 대학마다 상이하다.
4. 언제? 가격, 봉급 등과 마찬가지로 학생들은 매년 변화한다.
5. 왜? 데이터는 어떤 목적을 갖고 있는가? 우리는 특정 질문에 대답하고자 하는가? 해당 개체들에 관해 대답하고자 하는가? 아니면 개체들이 대표한다고 생각되는 보다 큰 그룹에 관해 대답하고자 하는가? 개체 및 변수는 의도한 목적에 적합한가?

성별 또는 대학전공과 같은 일부 변수들은 개체들을 간단히 범주로 분류한다. 하지만 신장 및 평균학점과 같은 다른 변수들은 계산을 할 수 있게 숫잣값을 취한다. 어떤 기업 근로자들의 평균소득을 계산하는 것은 의미가 있지만 '평균' 성별을 알아보는 것은 의미가 없다. 하지만 여성 및 남성 근로자들의 수를 알아보고 이에 관한 계산을 할 수는 있다.

범주변수 및 정량변수

범주변수(categorical variable)는 개체를 몇 개의 그룹 또는 범주 중 하나에 속하도록 분류한다.

정량변수(quantitative variable)는 예를 들면 합산 및 평균과 같은 계산이 가능하도록 숫잣값을 취한다. 정량변수의 값은 통상적으로 예를 들면 초 또는 킬로그램처럼 측정단위로 기록된다.

정리문제 1.1

미국 지역사회 조사

미국 센서스국의 웹사이트를 방문하면 해당 인원 및 가계의 신원은 보호되지만 미국 지역사회 조사를 통해 수집한 세부 데이터를 볼 수 있다. 해당 인원에 관한 데이터 파일을 선택할 경우 **개체**는 해당 조사를 통해 접촉한 가계의 구성원이다. 각 개체에 대해 100개를 초과하는 변수들이 기록된다. 그림 1.1은 해당

	A	B	C	D	E	F	G
	SERIALNO	PWGTP	AGEP	JWMNP	SCHL	SEX	WAGP
2	283	187	66		6	1	24000
3	283	158	66		9	2	0
4	323	176	54	10	12	2	11900
5	346	339	37	10	11	1	6000
6	346	91	27	10	10	2	30000
7	370	234	53	10	13	1	83000
8	370	181	46	15	10	2	74000
9	370	155	18		9	2	0
10	487	233	26		14	2	800
11	487	146	23		12	2	8000
12	511	236	53		9	2	0
13	511	131	53		11	1	0
14	515	213	38		11	2	12500
15	515	194	40		9	1	800
16	515	221	18	20	9	1	2500
17	515	193	11		3	1	

스프레드시트의 각 행은 한 개체에 대한 데이터를 내포하고 있다.

그림 1.1

정리문제 1.1의 미국 지역사회 조사로부터의 데이터를 보여 주는 스프레드시트

데이터의 매우 작은 부분을 보여 주고 있다.

각 행은 어떤 개체에 관한 데이터를 기록하고 있으며, 각 열은 모든 개체들에 관한 어떤 **변수**의 값을 포함하고 있다. 미국 센서스국이 사용한 변수들의 약자를 정의하면 다음과 같다.

SERIALNO 확인된 가계의 번호

PWGTP 파운드로 측정한 체중

AGEP 연령

JWMNP 분으로 측정한 근무지까지의 이동시간

SCHL 최종 학력. 숫자는 특정 학년을 의미하지 않고 범주를 나타낸다. 예를 들면 9 = 고등학교를 졸업한 경우, 10 = 대학은 입학했으나 졸업하지 않은 경우, 13 = 대학을 졸업한 경우

SEX 성별. 1 = 남성, 2 = 여성

WAGP 달러로 측정한 지난해 임금 및 봉급

그림 1.1에서 음영이 표시된 행을 살펴보도록 하자. 이 개체는 체중이 234파운드인 53세의 남자로 근무지까지 10분이 소요되며 대학을 졸업하였고 지난해에 83,000달러를 벌었다.

일련의 가계번호 이외에 여섯 개의 변수가 있다. 교육수준 및 성별은 범주변수이다. 교육수준 및 성별에 대한 값을 숫자로 나타내었지만 이 숫자는 범주를 나타낼 뿐이지 측정단위는 아니다. 다른 네 개의 변

수는 정량변수이다. 이들 변수의 값은 단위로 나타낸다. 즉, 파운드로 측정한 체중, 연령으로 나타낸 나이, 분으로 측정한 근무지까지의 이동시간, 달러로 나타낸 소득이다.

미국 지역사회 조사를 실시하는 **목적**은 정부정책 및 기업시책을 수립하기 위해서 전국을 대표하는 데이터를 수집하는 것이다. 이를 위해 접촉할 가계를 전국의 모든 가계로부터 무작위로 선택한다. 제7장에서 무작위로 선택하는 것이 바람직한 이유를 살펴볼 것이다.

대부분의 데이터에 관한 표에서 각 행은 개체를 의미하고 각 열은 변수를 의미한다. 그림 1.1에 있는 데이터 세트는 용도에 적합하게 나누어진 행 및 열을 갖는 **스프레드시트 프로그램**으로 나타내었다. 데이터를 기입하고 전달하며 간단한 계산을 하기 위해서 스프레드시트가 통상적으로 사용된다.

복습문제 1.1

연료경제

다음은 2019년도 자동차 모델들의 (갤런당 마일로 나타낸) 연료경제를 보여 주는 데이터 세트 중 일부이다.

제조업체 및 모델	자동차 유형	변속기 유형	실린더 수	시내에서의 갤런당 마일	고속도로에서의 갤런당 마일	연간 연료비
스바루 임프레자	중형	수동	4	24	32	1,450달러
닛산 로그 스포츠	소형 스테이션 왜건	자동	4	25	32	1,400달러
현대 엘란트라	중형	자동	4	28	37	1,200달러
쉐보레 임팔라	대형	자동	6	19	28	1,750달러

연간 연료비는 연간 이동거리 15,000마일(시내 55% 및 고속도로 45%) 그리고 평균 연료가격을 가정했을 때의 추정값이다.

(a) 위의 데이터 세트에서 개체는 무엇인가?

(b) 각 개체에 대해 어떤 변수가 있는가? 이 변수들 중에서 어느 것이 범주변수이고, 어느 것이 정량변수인가? 정량변수는 어떤 단위로 측정되는가?

1.2 범주변수 : 원 그래프 및 막대 그래프

데이터의 주요 특징을 살펴보기 위해서 통계적인 도구 및 개념을 사용하여 데이터를 검토할 수 있다. 이런 방법을 **탐구적인 데이터 분석**(exploratory data analysis)이라고 한다. 미지의 땅을 가로지르는 탐험가처럼 우선 우리가 본 것을 단순히 설명하고자 한다. 데이터 세트에 관한 탐구를 하는 데 도움이 되는 두 가지 원칙은 다음과 같다.

데이터에 관한 탐구

1. 먼저 각 변수를 검토해 보자. 그리고 나서 변수들 간의 관계를 살펴보도록 하자.
2. 그래프를 그려 보자. 그리고 나서 데이터의 특성을 보여 주는 숫자적인 개요를 추가시켜 보도
   록 하자.

앞으로 이 원칙들을 따라 진행할 것이다. 제1장부터 3장까지는 단일 변수를 설명하는 방법에 대해 살펴볼 것이다. 제4장부터 6장까지는 이런 변수들 사이의 관계에 대해 알아볼 것이다. 각 경우에 대해 그래프를 그려 보고 나서 보다 완벽하게 설명하기 위해 숫자적인 개요를 추가시킬 것이다.

변수의 성격에 따라 적절한 그래프를 선택하게 된다. 단일 변수에 관해 검토해 보기 위해서 통상적으로 변수의 **분포**를 제시하고는 한다.

변수의 분포

변수의 **분포**(distribution)를 통해 해당 변수가 어떤 값을 취하고 이 값을 얼마나 여러 번 취하는지 알 수 있다.

범주변수의 값은 범주에 대한 라벨이다. **범주변수의 분포**(distribution of a categorical variable)는 범주를 기입하고 각 범주에 포함되는 개체의 총계 또는 백분율을 나타낸다.

무엇을 전공하려 하는가?

2017년 미국에서는 약 150만 명의 학생들이 대학에 등록을 했다. 이들은 무엇을 전공하려 하는가? 다음 데이터는 몇몇 분야를 전공하려는 1학년 신입생들의 백분율을 보여 주고 있다.

전공분야	학생들의 백분율
생물학	15.5
경영학	13.8
보건분야 전문교육	11.7
공학	11.5
사회과학	11.0
예술 및 인문학	8.8
수학 및 컴퓨터 과학	6.2
교육학	4.4
물리학	2.7
기타 전공분야	13.1
합계	98.7

데이터가 일관성이 있는지 알아볼 필요가 있다. 백분율을 합하면 100%가 되어야 하지만 실제로는 98.7%이다. 그 이유는 무엇 때문인가? 이 표를 만드는 데 사용된 데이터는 실제로 많은 세부분야를 전공하려는 학생들의 백분율로 구성된다. 예를 들면, 교육학의 경우 데이터는 초등 교육, 음악/예술 교육, 체육/레크리에이션, 중등학교 교사, 특수 교육, 기타 교육을 전공하려는 학생들의 백분율로 구성된다. 표에서 교육학이라고 제시된 백분율은 이런 백분율들의 합계이다. 이런 백분율들은 각각 소수점 첫째자리까지 반올림되었다. 이런 세부분야 모두에 대한 정확한 백분율을 합하면 100이 되겠지만, 반올림한 백분율은 단지 근접할 뿐이다. 이를 **반올림 오차(roundoff error)**라 한다. 여기서 반올림 오차는 큰 문제가 되지 않으며 사사오입한 결과일 뿐이다.

열에 있는 숫자들을 읽는 데는 시간이 소요된다. 범주변수의 분포도를 보다 실감 나게 보여 주기 위해 원 그래프 또는 막대 그래프를 사용할 수 있다. 그림 1.2 및 1.3은 의도한 대학전공의 분포도를 보여 주고 있다.

원 그래프(pie chart)는 각 조각이 해당 범주의 총계 또는 백분율을 나타내는 '원'으로 범주변수의 분포를 나타낸다. 원 그래프는 손으로 그리기가 어렵지만 적절한 컴퓨터 소프트웨어를 사용할 경우 쉽게 처리할 수 있다. 원 그래프는 전체를 구성하는 모든 범주를 포함해야 한다. 각 범주와 전체와의 관계를 강조하고자 할 경우에만 원 그래프를 사용하도록 하자. 전체(의도한 모든 전공분야)를 완성하고 그림 1.2의 원 그래프를 그리기 위해서는 정리문제 1.2에서 '기타 전공분야'를 포함해야 한다.

막대 그래프(bar graph)는 막대로 각 범주를 나타낸다. 막대의 높이는 범주의 총계 또는 백분율을 보여 준다. 막대 그래프는 원 그래프보다 그리기가 더 용이하며 인지하기도 더 쉽다. 그림 1.3은 의도한 전공분야에 관한 데이터를 두 개의 막대 그래프로 나타내었다. 첫 번째 막대 그래프는 전공분야를 영문 알파벳 순서대로 나열하였다. 그림 1.3(b)처럼 막대를 높이 순서대로 나열하는 방법이 종

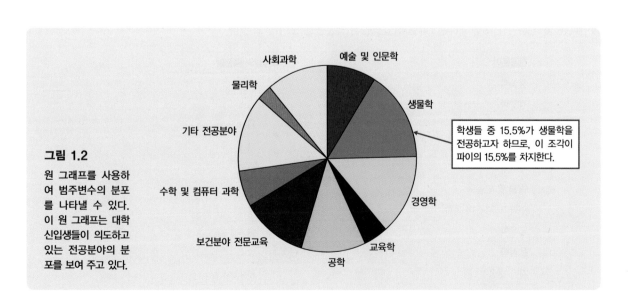

그림 1.2

원 그래프를 사용하여 범주변수의 분포를 나타낼 수 있다. 이 원 그래프는 대학 신입생들이 의도하고 있는 전공분야의 분포를 보여 주고 있다.

학생들 중 15.5%가 생물학을 전공하고자 하므로, 이 조각이 파이의 15.5%를 차지한다.

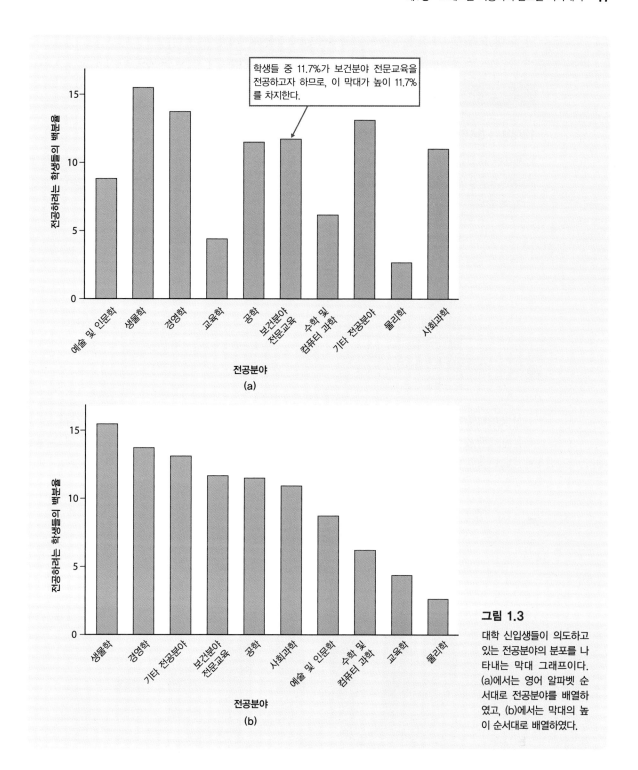

그림 1.3

대학 신입생들이 의도하고 있는 전공분야의 분포를 나타내는 막대 그래프이다. (a)에서는 영어 알파벳 순서대로 전공분야를 배열하였고, (b)에서는 막대의 높이 순서대로 배열하였다.

종 사용된다. 이 막대 그래프를 이용하면 어느 전공분야가 가장 많이 선택되는지 즉시 알 수 있다.

막대 그래프가 원 그래프보다 더 유연하다. 두 그래프 모두 범주변수의 분포를 보여 줄 수 있지만, 막대 그래프는 또한 동일한 단위로 측정한 수량들을 비교할 수 있다.

정리문제 1.3

12세부터 34세는 어떤 오디오 브랜드를 청취하는가?

12세부터 34세에 속하는 미국인들은 어떤 오디오 브랜드를 청취하는가? 한 연구기관은 해당 연령 그룹에 속하는 사람들에게 몇 개의 오디오 브랜드들 중에서 어느 것을 청취하는지 물어보았다. 브랜드별 백분율은 표와 같다.

오디오 브랜드	백분율
판도라	36
스포티파이	46
아이하트 라디오	14
애플 뮤직	20
아마존 뮤직	10
사운드클라우드	23
구글플레이 올 액세스	8

이 데이터를 나타내는 원 그래프를 그릴 수는 없다. 표에 있는 각 백분율은 단일한 전체를 구성하는 각 부분에 대한 것이 아니라, 상이한 각 브랜드와 관련된다. 백분율의 합계가 100이 아니라는 사실에 주목하자. 그림 1.4는 7개 브랜드를 비교한 막대 그래프이다. 막대를 높이 순서대로 다시 한번 배열하였다.

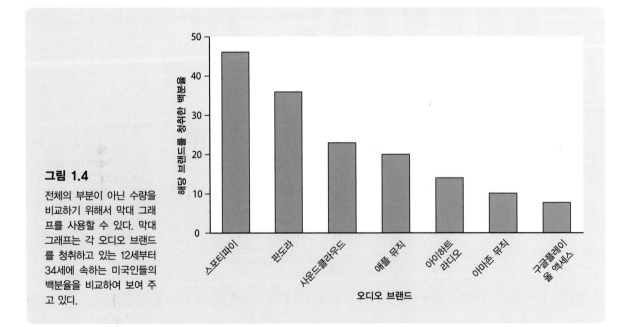

그림 1.4

전체의 부분이 아닌 수량을 비교하기 위해서 막대 그래프를 사용할 수 있다. 막대 그래프는 각 오디오 브랜드를 청취하고 있는 12세부터 34세에 속하는 미국인들의 백분율을 비교하여 보여 주고 있다.

막대 그래프와 원 그래프는 데이터를 제시하는 주요한 방법으로 데이터를 신속하게 이해하는 데 도움이 된다. 단일 범주변수에 관한 데이터는 그래프 없이 쉽게 이해할 수 있기 때문에, 막대 그래프와 원 그래프는 이런 데이터를 분석하는 데 제한적으로 사용된다. 그래프가 필수적으로 사용되는 정량변수에 관해 살펴보도록 하자.

복습문제 1.2

젊은 층의 소셜 미디어 선호도

페이스북은 근소한 차이이지만 모든 연령층에서 소셜 미디어 중 최고의 선택을 받고 있다. 소셜 미디어 사이트를 이용하는 사람 중에서 29%가 페이스북을 가장 자주 사용하고 있다. 하지만 예를 들면 스냅챗과 인스타그램 같은 좀 더 시각적인 소셜 네트워크는 젊은 층을 계속 끌어들이고 있다. "당신은 어떤 소셜 네트워킹 브랜드를 가장 자주 사용하십니까?"라는 질문을 했을 때, 소셜 네트워킹 사이트 또는 서비스를 현재 이용하고 있으며 연령이 12세부터 34세인 미국인이 선택한 최고 브랜드는 표와 같다.

소셜 미디어 사이트	가장 자주 사용한 백분율
페이스북	29
스냅챗	28
인스타그램	26
트위터	6
핀터레스트	1

(a) 이들 최고의 소셜 미디어 사이트들에 대한 백분율의 합계는 얼마인가? 연령이 12세부터 34세인 미국인들 중 몇 퍼센트가 '기타 소셜 미디어' 사이트를 가장 자주 사용하는가?

(b) 이들 데이터를 나타내는 막대 그래프를 그리시오. '기타 소셜 미디어' 브랜드 범주를 포함시키시오.

(c) 이들 데이터를 원 그래프로 나타내는 것이 적절한가? 그 이유를 설명하시오.

(d) 현실세계의 문제에 답하기 위해서 이들 데이터가 수집되었다. 이 데이터를 사용하여 어떤 물음에 답할 수 있는가?

복습문제 1.3

일요일에는 출산을 하지 않는가?

미국의 신생아 출산은 여러분이 생각하는 것처럼 각 요일마다 균등하게 이루어지지 않는다. 다음 표는 2017년도 각 요일마다 출생한 평균 신생아 수를 나타낸다.

요일	신생아 수
일요일	7,164
월요일	11,008
화요일	11,943
수요일	11,949
목요일	11,959
금요일	11,779
토요일	8,203

라벨이 적절하게 표시된 막대 그래프를 그리시오. 원 그래프가 적절할 수 있는가? 주말에 출생한 신생아 수가 더 적은 이유를 생각해 보시오.

1.3 정량변수 : 히스토그램

정량변수는 종종 여러 가지 다양한 값을 취한다. 변수의 분포는 해당 변수가 어떤 값을 취하고 이 값들을 얼마나 자주 취하는지 알려 준다. 분포를 나타내는 그래프는 근처의 유사한 값들을 함께 묶어 분류할 경우 더 명확해진다. 어떤 정량변수의 분포를 나타내는 가장 보편적인 그래프는 **히스토그램**(histogram)이다.

 정리문제 1.4

히스토그램의 작성

미국 각 주의 고등학생들이 4년 내(미국 고등학교는 4년제이다)에 졸업할 백분율은 얼마인가? 졸업률에 관한 데이터를 사용하여 다음과 같은 물음에 답할 수 있다. "고등학생들은 각 주에서 얼마나 성공적으로 졸업하며, 다른 주들과는 어떻게 비교되는가?" 신입생 졸업률은 어떤 주의 해당 연도 고등학교 졸업생들의 수를 계산하고 나서 이를 4년 전에 등록한 9학년 학생(고등학교 1학년 학생)들의 수로 나눈 값이다. 이런 신입생 졸업률은 해당 주로 전입하거나 다른 주로 전출한 고등학생들을 포함하지 못하며, 같은 학년을 다시 다니는 고등학생들은 포함하게 된다. 몇몇 대안적인 측정 방법을 활용할 수 있으며, 각 주는 자신들의 방법을 자유롭게 선택할 수 있지만 이에 따른 졸업률은 10% 이상 차이가 난다. 미국 연방 법률은 모든 주들이 일반적이며 보다 엄밀한 계산법인 **조정된 코호트 졸업률**을 사용하도록 요구하고 있다. 이 방법은 개별 학생들을 추적한다. 조정된 코호트 졸업률은 2010~2011년 사이에 사용하도록 처음 요구되었다. 표 1.1은 2016~2017년 동안의 해당 데이터를 보여 주고 있다.

이 데이터에서 개체는 미국의 각 주들이다. 변수는 고등학생들이 4년 내에 졸업을 한 각 주들의 백분율이다. 미국의 주들에서 이 백분율은 뉴멕시코주의 71.1%에서부터 아이오와주의 91%까지 꽤 변동을 한다. 표가 아니라 히스토그램을 사용하면 어떤 주와 다른 주를 훨씬 더 용이하게 비교할 수 있다. 이 변수의 분포 히스토그램을 그리기 위해서 다음과 같은 절차를 밟아 보도록 하자.

1단계 : 등급을 선택한다. 데이터의 범위를 동일한 폭을 갖는 등급으로 나누어 보자. 표 1.1에 있는 데이터는 그 값이 71.1에서 91.0까지 분포되어 있으므로, 다음과 같이 등급을 나눌 것이다.

정시 졸업생 백분율이 70.0에서 72.5 사이인 경우 (70.0에서 <72.5인 경우)

정시 졸업생 백분율이 72.5에서 75.0 사이인 경우 (72.5에서 <75.0인 경우)

⋮

정시 졸업생 백분율이 90.0에서 92.5 사이인 경우 (90.0에서 <92.5인 경우)

각 개체가 정확히 한 등급에만 포함되도록 하기 위해서 등급을 조심스럽게 특정하는 것이 중요하다. 70.0에서 <72.5라고 표기하는 경우 이는 졸업률이 70.0%에서 시작하여 72.5%까지인데 72.5%는 포함되지 않는 주들을 의미한다. 따라서 정시 졸업률이 72.5%인 주는 그다음 등급, 즉 두 번째 등급에 속하게 된

표 1.1	미국 각 주의 고등학생 정시 졸업률							
주	**백분율**	**지역**	**주**	**백분율**	**지역**	**주**	**백분율**	**지역**
앨라배마	89.3	S	루이지애나	78.1	S	오하이오	84.2	MW
알래스카	78.2	W	메인	86.9	NE	오클라호마	82.6	S
애리조나	78.0	W	메릴랜드	87.7	S	오리건	76.7	W
아칸소	88.0	S	매사추세츠	88.3	NE	펜실베이니아	86.6	NE
캘리포니아	82.7	W	미시간	80.2	MW	로드아일랜드	84.1	NE
콜로라도	79.1	W	미네소타	82.7	MW	사우스캐롤라이나	83.6	S
코네티컷	87.9	NE	미시시피	83.0	S	사우스다코타	83.7	MW
델라웨어	86.9	S	미주리	88.3	MW	테네시	89.8	S
플로리다	82.3	S	몬태나	85.8	W	텍사스	89.7	S
조지아	80.6	S	네브래스카	89.1	MW	유타	86.0	W
하와이	82.7	W	네바다	80.9	W	버몬트	89.1	NE
아이다호	79.7	W	뉴햄프셔	88.9	NE	버지니아	86.9	S
일리노이	87.0	MW	뉴저지	90.5	NE	워싱턴	79.4	W
인디애나	83.8	MW	뉴멕시코	71.1	W	웨스트버지니아	89.4	S
아이오와	91.0	MW	뉴욕	81.8	NE	위스콘신	88.6	MW
캔자스	86.5	MW	노스캐롤라이나	86.6	S	와이오밍	86.2	W
켄터키	89.7	S	노스다코타	87.2	MW	컬럼비아 특별구	73.2	S

다. 반면에 정시 졸업률이 72.4%인 주는 첫 번째 등급에 속한다. 등급 70.0에서 <72.0, 72.0에서 <74.0 등을 사용하더라도 동일하게 타당하다. 각 개체가 정확히 한 등급에만 포함되도록 등급을 정확하게 특정하여야 한다는 사실을 명심해야 한다.

2단계 : 각 등급에 속한 개체의 수를 센다. 표는 각 등급에 속한 개체의 수를 보여 주고 있다.

등급	총수	등급	총수
70.0에서 < 72.5	1	82.5에서 < 85.0	10
72.5에서 < 75.0	1	85.0에서 < 87.5	11
75.0에서 < 77.5	1	87.5에서 < 90.0	14
77.5에서 < 80.0	6	90.0에서 < 92.5	2
80.0에서 < 82.5	5		

합산한 총수가 51, 즉 해당 데이터 세트에 있는 개체의 수(미국 50개 주 및 컬럼비아 특별구)가 51이 되는지 확인해 보자.

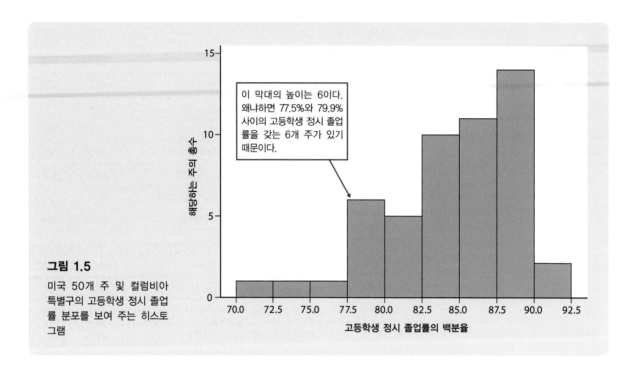

이 막대의 높이는 6이다. 왜냐하면 77.5%와 79.9% 사이의 고등학생 정시 졸업률을 갖는 6개 주가 있기 때문이다.

그림 1.5
미국 50개 주 및 컬럼비아 특별구의 고등학생 정시 졸업률 분포를 보여 주는 히스토그램

3단계 : 히스토그램을 그린다. 수평축에 해당 변수의 분포를 나타내고자 한다. 이 변수에 대한 척도를 표시해 보자. 변수는 각 주에서 4년 내에 졸업한 고등학생의 백분율이다. 척도는 우리가 선택한 등급의 거리이므로 70.0에서부터 92.5까지이다. 수직축은 합산 총수의 척도를 나타낸다. 각 막대는 하나의 등급을 나타낸다. 막대의 밑변은 등급을 의미하고, 막대의 높이는 등급의 총수를 의미한다. 등급에 어떤 개체도 포함되지 않아서 막대의 높이가 0이 아니라면, 막대들 사이에 수평적으로 여백을 갖지 않는 막대를 그려 넣게 된다. 그림 1.5는 우리가 그리려던 히스토그램이다. 막대의 경계에 있는 관찰값, 예를 들면 75.0은 오른쪽에 있는 막대에 포함되어 계산된다.

히스토그램은 막대 그래프와 유사한 것처럼 보이지만 세부사항 및 용도는 서로 상이하다. 히스토그램은 정량변수의 분포를 보여 준다. 히스토그램의 수평축은 해당 변수의 측정단위로 나타낸다. 막대 그래프는 상이한 수량의 크기를 비교한다. 막대 그래프의 수평축은 측정 척도를 가질 필요가 없으며 비교하는 수량들을 확인만 해 주면 된다. 이것들은 범주변수의 값일 수도 있지만 서로 관련되지 않을 수도 있다. 막대 그래프의 경우, 비교하는 수량들을 구별하기 위해서 막대들 사이에 여백을 둔다. 하지만 히스토그램의 경우, 해당 변수의 모든 값이 포함될 수 있도록 여백을 두지 않는다. 히스토그램의 막대들 사이에 간격이 있는 경우, 이는 해당 등급에 속하는 것이 없다는 의미이다.

히스토그램에 있는 막대의 **면적**은 눈으로 식별할 수 있다. 등급은 모두 동일한 너비를 갖고 있으므로 면적은 높이에 의해 결정되며 모든 등급은 공평하게 나타낼 수 있나. 히스토그램에서 등급을 선택하는 데 한 가지 방법만 있는 것은 아니다. 등급의 수가 너무 적은 경우, 몇 개의 등급에 막대의

높이가 높은 '초고층 빌딩'과 같은 모습을 갖게 된다. 반면에 등급의 수가 너무 많은 경우, 대부분의 등급에 관찰값이 한 개이거나 또는 전혀 없는 납작한 '팬케이크'와 같은 모습을 갖는다. 이렇게 등급을 선택할 경우 분포의 형태를 적절히 나타내지 못한다. 분포의 형태를 나타내기 위해서는 등급을 알맞게 선택하여야 한다.

복습문제 1.4

미국의 변화하는 모습

1980년 미국에서 18~34세 성인의 20%가 히스패닉계 백인이 아닌 인종적 결합으로 알려진 소수민족이라고 판단되었다. 2013년 말까지 이 백분율은 두 배 이상이 되었다. 18세에서 34세 사이의 소수민족들은 미국에 어떻게 분포되어 있는가? 미국 전체적으로 볼 때 18~34세 성인의 42.8%가 소수민족이라고 간주된다. 하지만 이 백분율은 메인주 및 버몬트주의 8%에서부터 하와이주의 75%까지 주에 따라 변동한다. 표 1.2는 미국 50개 주 및 컬럼비아 특별구에 관한 데이터를 보여 준다. 0%에서 시작해서 너비가 10%인 등급을 사용한 백분율 히스토그램을 그려 보시오. 즉 첫 번째 막대는 0%에서 <10%, 두 번째 막대는 10%에서 <20% 등을 포함한다. (히스토그램을 그리는 과정을 이해할 수 있도록 손으로 그리시오.)

표 1.2	미국의 각 주에서 18~34세 인구 중 소수민족이 차지하는 백분율				
주	백분율	주	백분율	주	백분율
앨라배마	39	루이지애나	45	오하이오	23
알래스카	40	메인	8	오클라호마	37
애리조나	51	메릴랜드	52	오리건	27
아칸소	31	매사추세츠	31	펜실베이니아	26
캘리포니아	67	미시간	28	로드아일랜드	31
콜로라도	35	미네소타	23	사우스캐롤라이나	41
코네티컷	39	미시시피	48	사우스다코타	19
델라웨어	23	미주리	23	테네시	30
플로리다	52	몬태나	15	텍사스	61
조지아	51	네브래스카	23	유타	22
하와이	75	네바다	54	버몬트	8
아이다호	20	뉴햄프셔	11	버지니아	41
일리노이	42	뉴저지	51	워싱턴	34
인디애나	23	뉴멕시코	67	웨스트버지니아	9
아이오와	16	뉴욕	48	위스콘신	22
캔자스	27	노스캐롤라이나	41	와이오밍	18
켄터키	17	노스다코타	15	컬럼비아 특별구	53

1.4 히스토그램의 해석

통계 그래프를 그리는 자체가 목적이 될 수 없다. 그래프를 그리는 목적은 실제적인 물음에 답하는 데 데이터가 어떤 도움을 주는지 우리가 이해하도록 하는 데 있다. 그래프를 그리고 나서는 언제나 다음과 같이 물어보아야 한다. "그래프를 통해 무엇을 알 수 있는가?" 분포를 보고 나면 다음과 같은 중요한 특징을 알 수 있다.

히스토그램에 대한 검토

데이터의 그래프에서 전반적인 패턴을 살펴보고, 해당 패턴에서 눈에 띄게 벗어난 이탈현상을 관찰해 보자.

히스토그램의 전반적인 패턴은 그것의 **형태, 중앙, 변동성**으로 설명할 수 있다. 이따금 변동성을 퍼진 정도라고도 한다.

이탈현상에서 중요한 것은 **이탈값**(outlier)으로 전반적인 패턴 밖에 위치하는 개체의 값이다.

분포의 중앙을 나타내는 한 가지 방법은 **중간점**으로, 이는 더 작은 값과 더 큰 값의 대략 가운데 위치하는 값이다. 중간점을 발견하기 위해서 가장 작은 값으로부터 가장 큰 값을 갖는 순서대로 관찰값을 배열해 보자. 이때 데이터에 있는 것과 마찬가지로 반복되는 관찰값들을 여러 번 반복해서 포함시켜야 한다. 먼저 가장 큰 관찰값과 가장 작은 관찰값을 서로 교차해서 지우자. 그리고 나서 남아 있는 관찰값들 중 가장 큰 것과 가장 작은 것을 지우고 이 과정을 계속해 보자. 최초에 관찰값들의 수가 홀수인 경우, 단 한 개의 관찰값이 남게 되며 이것이 중간점이다. 최초 관찰값들의 수가 짝수인 경우, 두 개의 관찰값이 남게 되며 이들의 평균이 중간점이 된다.

현재로서는 가장 작은 값과 가장 큰 값을 제시함으로써 분포의 변동성을 설명할 것이다. 제2장에서는 중앙 및 변동성을 설명하는 보다 나은 방법을 살펴볼 것이다. 분포의 전반적인 형태는 다음과 같이 정의할 수 있는 대칭성 또는 한쪽으로 기울어진 비대칭성 측면에서 종종 설명될 수 있다.

대칭적 분포 및 비대칭적 분포

히스토그램의 오른편 및 왼편이 서로를 대략적으로 반영하는 경우, 해당 분포를 **대칭적**(symmetric) 이라고 한다.

(값이 더 큰 관찰값의 절반을 포함하는) 히스토그램의 오른편이 왼편보다 훨씬 더 멀리 연장된 경우, 이 분포는 **오른쪽으로 기울어졌다**(skewed to the right)고 한다. 히스토그램의 왼편이 오른편보다 훨씬 더 멀리 연장된 경우, 이 분포는 **왼쪽으로 기울어졌다**(skewed to the left)고 한다.

분포에 대한 설명

그림 1.5에 있는 히스토그램을 다시 한번 살펴보자. 분포를 설명하기 위해서 전반적인 패턴과 벗어난 정도를 살펴보고자 한다.

형태 : 이 분포는 단 한 개의 최곳값을 갖고 있으며, 이는 학생들 중 87.5%에서 90.0%가 정시에 고등학교를 졸업하는 주들을 나타낸다. 최곳값의 오른편에는 단지 한 개 값이 관찰되는 반면에, 왼편에는 정시 졸업률 77.5%와 87.5% 사이에 위치하는 나머지 대부분 주들이 있다. 하지만 몇몇 주들은 더 낮은 정시 졸업률을 갖고 있기 때문에 해당 히스토그램은 최곳값의 왼편으로 훨씬 더 멀리 연장된다.

중앙 : 표 1.1의 관찰값들을 크기 순서대로 배열하면, 86.0%가 분포의 중간점이라는 사실을 알 수 있다. 총 51개의 관찰값이 있으며, 높은 정시 졸업률 25개와 낮은 정시 졸업률 25개를 서로 교차해서 지울 경우 단 한 개의 정시 졸업률 86.0%가 남게 되고 이를 분포의 중앙에 위치한다고 본다.

변동성 : 고등학생 정시 졸업률은 71.1%에서부터 91.0%까지 분포되어 있으며, 이는 주들 사이에 상당한 변동성이 존재한다는 사실을 보여 준다.

이탈값 : 그림 1.5에 따르면 전반적으로 최곳값이 단 한 개이며 왼쪽으로 기울어진 패턴의 분포 밖에 위치한 관찰값이 없다. 그림 1.6은 동일한 분포를 갖는 또 다른 히스토그램이며, 이전 히스토그램과의 차이는 등급의 너비가 2.5%가 아니라 2%라는 점이다. 이제 고등학생 정시 졸업률이 71.1%인 뉴멕

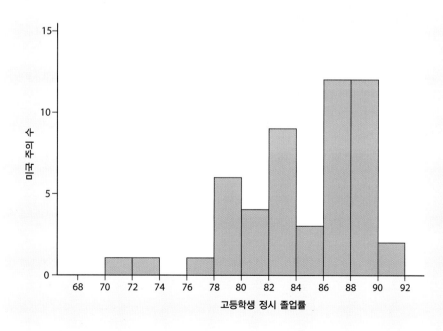

그림 1.6

고등학생 정시 졸업률의 분포를 보여 주는 또 다른 히스토그램이다. 이 히스토그램은 그림 1.5의 것보다 등급의 너비가 좁다. 보다 많은 등급을 갖는 히스토그램은 보다 세부적인 사항을 보여 주기는 하지만 덜 명백한 패턴을 가질 수 있다.

시코주와 73.2%인 컬럼비아 특별구는 나머지 다른 주들과 명백하게 분리된다. 뉴멕시코주와 컬럼비아 특별구는 이탈값인가? 아니면 강하게 기울어진 분포에서 가장 작은 값일 뿐인가? 불행하게도 이에 대한 어떤 규칙이 없다. 특별한 관찰값 또는 예를 들면 10.1을 101로 잘못 타이핑한 실수를 시사하는 강한 이탈값에만 주의를 기울이도록 하자. 컬럼비아 특별구는 종종 미국의 다른 50개 주에 포함되기는 하지만, 많은 변수들에 대해서 나머지 주들과 현저하게 상이할 수 있다.

그림 1.5 및 1.6을 통해 그래프를 해석하는 데는 판단력이 필요하다는 사실을 알 수 있다. 또한 히스토그램에서 등급의 선택은 분포의 형태에 영향을 미칠 수 있다는 사실도 알 수 있다. 이런 점들 때문에 그리고 미세한 세부사항에 대한 우려를 불식시키기 위해서 분포의 주요한 특징에 집중하여야 한다. 사소한 상승 및 감소가 아니라 히스토그램 막대의 주요한 최고점에 유의하도록 하자. 보다 많은 수의 등급 구간을 선택할 경우 히스토그램은 보다 지그재그인 톱니 모양이 될 수 있으며, 이로 인해 서로 근접한 다수의 최댓값을 갖게 된다. 단순히 가장 작은 관찰값 및 가장 큰 관찰값에 주의를 기울이기보다 분명한 이탈값에 주목하도록 하자. 대략적인 대칭 또는 명백한 비대칭에 유의하자.

히스토그램의 전반적인 형태를 설명하는 정리문제를 더 살펴보면 다음과 같다.

정리문제 1.6

아이오와 테스트 점수

그림 1.7은 기초학력 아이오와 테스트의 어휘력 부문에 대한 인디애나주 게리시의 공립학교 7학년(한국의 중학교 1학년에 해당) 학생 947명 전부의 점수를 보여 주고 있다. 분포는 봉우리가 한 개이고 대칭적이다. 실제 데이터는 대부분의 경우 결코 정확하게 대칭적이지는 못하다. 우리는 그림 1.7을 대칭적이라고 받아들일 뿐이다. (위쪽 절반과 아래쪽 절반 가운데 위치한) 중앙은 7에 가깝다. 이는 7학년의 독해수준이다. 점수는 2.1(2학년 수준)에서부터 12.1(12학년 수준)까지 퍼져 있다.

그림 1.7의 수직축은 각 히스토그램 등급에 속한 학생들의 수가 아니라 학생들의 **백분율**이다. 몇 개의 분포들을 비교하려는 경우, 수보다 백분율로 나타낸 히스토그램이 편리하다. 게리시와 이보다 규모가 훨씬 더 큰 로스앤젤레스시를 비교하는 경우 두 히스토그램이 수직축에 동일한 척도를 갖도록 백분율을 사용하게 된다.

히스토그램의 수직 척도를 정하려는 경우, 특히 소프트웨어를 사용하여 수직 척도를 선택할 수 있을 때 이따금 빈도라고 하는 개수 그리고 상대적 빈도라고 하는 백분율을 사용하게 된다.

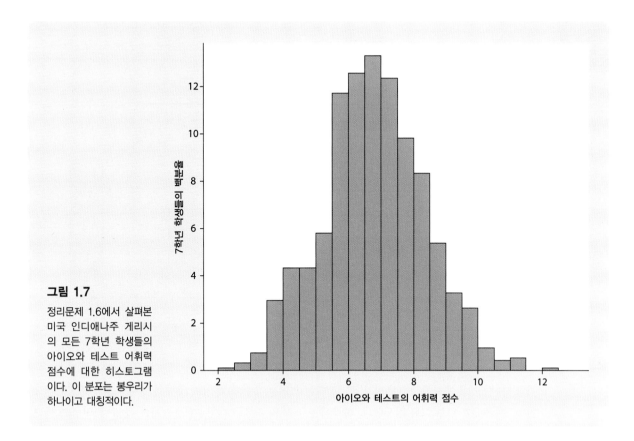

그림 1.7

정리문제 1.6에서 살펴본 미국 인디애나주 게리시의 모든 7학년 학생들의 아이오와 테스트 어휘력 점수에 대한 히스토그램이다. 이 분포는 봉우리가 하나이고 대칭적이다.

누가 SAT 시험을 치르는가?

어느 지역에서 고등학교를 다니느냐에 따라 위 질문에 대한 대답은 "거의 모든 학생이 SAT 시험을 치른다." 또는 "많은 학생이 SAT 시험을 치르지만 모든 학생이 치르는 것은 아니다." 또는 "거의 모든 학생이 SAT 시험을 치르지 않는다."가 될 수 있다. 그림 1.8은 2018년 미국에서 SAT 시험을 치른 각 주의 고등학교 졸업생 백분율에 대한 히스토그램이다.

0%에서부터 100%까지의 범위만을 포함하는 막대 히스토그램을 도출하기 위해서 등급 구간을 현명하게 선택해야만 한다. 몇 개 주에서는 고등학생 100%가 SAT 시험을 치른다. 가장 낮은 백분율은 노스다코타주로 2%이다. 100%에서 시작해서 (실제로는 불가능한) 100%를 초과하는 백분율을 포함하고 이에 따라 데이터에 100%를 초과하는 값이 존재한다고 시사하는 히스토그램이 도출되지 않도록 등급 구간을 정하고자 한다. 따라서 0.01%에서 <10.01%, 10.01%에서 <20.01% 등의 등급 구간을 사용할 것이다. 하지만 수평 척도상에는 가장 가까운 정수에 대한 퍼센트만을 표시할 것이다.

관련 히스토그램에는 세 개의 봉우리가 있다. 즉 10% 이하의 백분율을 나타내는 가장 왼쪽의 높은 봉우리, 60.01%에서 <70.01% 등급에 있는 보다 낮은 봉우리, 90%를 넘는 백분율을 나타내는 높은 봉우리

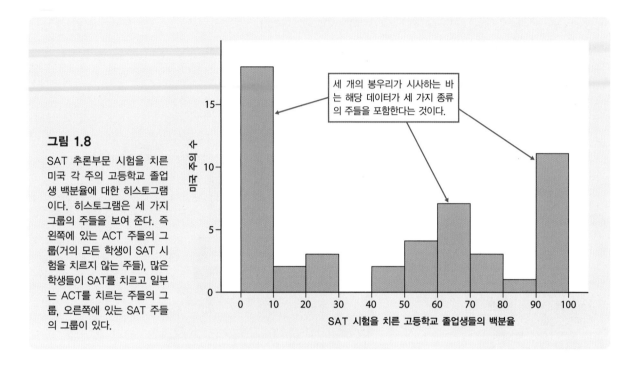

그림 1.8

SAT 추론부문 시험을 치른 미국 각 주의 고등학교 졸업생 백분율에 대한 히스토그램이다. 히스토그램은 세 가지 그룹의 주들을 보여 준다. 즉 왼쪽에 있는 ACT 주들의 그룹(거의 모든 학생이 SAT 시험을 치르지 않는 주들), 많은 학생들이 SAT를 치르고 일부는 ACT를 치르는 주들의 그룹, 오른쪽에 있는 SAT 주들의 그룹이 있다.

가 있다. 한 개를 초과하는 봉우리가 존재한다는 의미는 분포에 몇 가지 종류의 개체가 혼재해 있다는 것이다. 이 경우가 바로 그런 경우이다. 미국에는 두 개의 주요한 대학수학능력시험, 즉 SAT 및 ACT가 있다. 대부분의 주들은 이 중 하나에 강한 선호도를 갖고 있다. 일부 주에서는 많은 학생들이 ACT 시험을 치르고 SAT를 거의 치르지 않는다. 이들 주는 왼쪽에 봉우리를 형성한다. 다른 주에서는 일부 학생들이 ACT를 치르고 또 다른 일부 학생들은 SAT를 치른다. 이들 주는 60.01%에서 <70.01% 등급의 봉우리 근처에 위치하는 막대들이다. 아직 다른 그룹의 주들이 존재하는데, 거기서는 거의 모든 학생들이 SAT를 치르고 극소수의 학생들이 ACT를 치른다. 이들 주는 오른쪽에 높은 봉우리를 형성한다.

이 분포의 중앙 및 변동성을 알더라도 그렇게 유용하지는 않다. 중간점은 봉우리들 사이에 있는 50.01%에서 <60.01%까지의 등급에 위치한다. 히스토그램을 통해 알 수 있는 사실은 고등학생들이 ACT를 주로 치르는 주들, ACT와 SAT 둘 다 치르는 주들, SAT를 주로 치르는 주들에 상응하는 세 개의 봉우리가 존재한다는 점이다.

(범주변수에 대한 막대 그래프의 형태를 설명하는 것이 유용하지 않기는 하지만) 분포의 전반적인 형태는 변수에 관한 중요한 정보가 된다. 일부 변수들은 예측할 수 있는 형태의 분포를 갖는다. 동일한 종 및 동일한 성별 표본에 관한 생물학적인 측정값, 예를 들면 새부리의 길이, 젊은 여성의 키는 대칭적인 분포를 갖는다. 반면에 사람들의 소득에 관한 데이터는 보통 오른쪽으로 강하게 기울어진다. 많은 중간 소득층이 있고 일부 높은 소득층이 있으며 소수의 매우 높은 소득층이 있다. 많은 분포들이 대칭적이지도 않고 기울어지지도 않은 불규칙한 형태를 갖는다. 일부 데이터는 그

림 1.8에서 보는 세 개의 봉우리처럼 다른 형태를 갖기도 한다. 눈으로 전반적인 패턴을 살펴보고 이를 설명하도록 하자.

복습문제 1.5

미국의 변화하는 모습

미국 50개 각 주 및 컬럼비아 특별구에 거주하는 18세부터 34세까지의 소수민족 백분율에 대한 히스토그램을 복습문제 1.4에서 그려 보았다. 이들 데이터는 표 1.2에 있다. 분포의 형태를 설명하시오. 대칭 형태에 가까운가? 또는 기울어진 형태에 가까운가? 이 데이터의 중앙(중간점)은 무엇인가? 최솟값과 최댓값 관점에서 본 변동성은 어떠한가? 소수민족이 차지하는 백분율이 현저하게 크거나 또는 작은 주들이 있는가?

1.5 정량변수 : 스템플롯

히스토그램이 분포를 그래프로 제시하는 유일한 방법은 아니다. 데이터 세트의 규모가 작은 경우 스템플롯은 더 신속하게 작성할 수 있으며 보다 자세한 정보를 알려 줄 수 있다.

스템플롯

스템플롯(stem plot)을 작성하려면 다음과 같은 절차를 밟아야 한다.

1. 각 관찰값을 (가장 오른쪽에 위치한) 마지막 숫자를 제외한 모든 숫자로 구성된 줄기(stem)와 마지막 숫자인 잎(leaf)으로 분리한다. 줄기는 필요한 만큼의 숫자로 구성되지만 각 잎은 단지 한 개의 숫자를 포함할 뿐이다.
2. 꼭대기에 가장 작은 숫자가 놓이게 수직 열에 줄기를 작성하고 이 열의 오른쪽에 수직선을 그린다. 데이터를 전부 나타내는 데 필요한 모든 줄기를 포함하여야 한다.
3. 줄기의 오른쪽으로 행을 따라 작은 숫자에서 큰 숫자 순서로 잎을 작성한다.

정리문제 1.8

스템플롯의 작성

표 1.2는 미국의 각 주 및 컬럼비아 특별구에서 소수민족이라고 생각되는 18세부터 34세까지의 성인 백분율을 보여 준다. 이 데이터에 대한 스템플롯을 작성하기 위해서, 먼저 모든 백분율이 두 자릿수가 되도록 백분율 8 및 9를 08 및 09로 나타내자. 백분율의 십의 자리(가장 왼쪽에 위치한 수)는 줄기가 되고, 마지막 수(일의 자리)는 잎이 된다. 메인주, 버몬트주, 웨스트버지니아주에 대해 줄기를 0이라 쓰는 데서부터 시작하여, 하와이주에 대해서는 7이라고 쓴다. 61%인 텍사스주의 경우 줄기에 6, 잎에 1을 갖게 된다. 67%

그림 1.9

미국 각 주 및 컬럼비아 특별
구에서 소수민족이라고 생각
되는 18세부터 34세까지의 성
인 백분율을 보여 주는 스템플
롯이다. 백분율의 십의 자리는
줄기가 되고, 일의 자리는 잎
이 된다.

```
0 | 889
1 | 1556789
2 | 0223333336778
3 | 011145799
4 | 01112588
5 | 1112234
6 | 177
7 | 5
```

인 캘리포니아주 및 뉴멕시코주는 각각 동일한 줄기에 6, 잎에 7을 갖는다. 이들은 이 줄기에 속한 값들이
다. 순서대로 잎들을 배열하면 6 | 177이 되고, 이는 스템플롯에서 한 개의 행을 구성한다. 그림 1.9는 표
1.2에 있는 데이터에 대한 완전한 스템플롯이다.

스템플롯은 가로로 누운 히스토그램처럼 보이며, 줄기는 등급 구간과 상응한다. 그림 1.9의 첫
번째 줄기는 0%에서 10% 사이의 백분율을 갖는 모든 주들을 포함한다. 그림 1.10의 히스토그램을
검토해 보자. 이것은 등급 구간 0%에서 <10%, 10%에서 <20% 등을 사용한 소수민족 데이터에 관
한 히스토그램이다. 그림 1.9 및 그림 1.10은 동일한 패턴을 보이기는 하지만, 스템플롯은 히스토그
램과 달리 각 관찰값들의 실젯값을 유지한다.

스템플롯에서 등급(스템플롯의 줄기)은 여러분에게 주어진다. 히스토그램은 스템플롯보다 더 유
연하다. 왜냐하면 히스토그램에서 등급을 보다 용이하게 선택할 수 있기 때문이다. 각 줄기가 많은
수의 잎을 포함하는 대규모 데이터 세트의 경우, 스템플롯은 적절하지 않을 수 있다. 예를 들면 그림 1.7
의 아이오와 테스트 점수처럼 대규모 데이터 세트에 대해서는 스템플롯을 작성하지 않는 것이 바
람직하다.

표 1.1에 있는 고등학생 정시 졸업률의 스템플롯을 그려 보도록 하자. 소수점 첫째자리를 잎으로
사용할 경우, 필요한 줄기는 뉴멕시코주에 대한 71에서 시작하여 아이오와주에 대한 91로 종료하
게 되어서 총 21개 줄기가 필요하다. 이 경우처럼 너무나 많은 줄기가 있을 때, 줄기 중 많은 부분에
종종 잎이 없거나 또는 1개 또는 2개의 잎만이 있을 수 있다. 먼저 데이터를 반올림하면 줄기의 수
가 감소할 수 있다. 이 예에서 우리는 스템플롯을 그리기 전에 각 주에 대한 데이터를 가장 가까운
백분율로 반올림할 수 있다. 그 결과는 다음과 같다.

```
7 | 13788899
8 | 0011223333344444666777777788888999999
9 | 00011
```

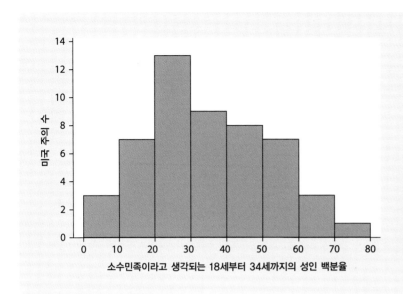

그림 1.10

미국 각 주 및 컬럼비아 특별구에서 소수 민족이라고 생각되는 18세부터 34세까지의 성인 백분율을 보여 주는 히스토그램이다. 등급 너비는 그림 1.9에 있는 스템플롯의 줄기 너비와 일치하도록 선택되었다.

이제는 너무 적은 수의 줄기가 있는 것처럼 보인다. 가장 근접한 백분율로 반올림할 때 발생했던 것처럼 모든 잎들이 단지 몇 개의 줄기에만 속하게 될 경우, 줄기의 수를 두 배로 하기 위해 스템플롯에서 줄기를 분할할 수 있다. 이렇게 하면 각 줄기가 두 번 나타난다. 숫자 0부터 4까지는 위쪽 줄기에 배열하고, 5부터 9까지는 아래쪽 줄기에 배열한다. 가장 가까운 백분율로 반올림한 데이터를 가지고 줄기를 분할할 경우, 해당 스템플롯은 다음과 같다.

```
7 | 1 3
7 | 7 8 8 8 9 9
8 | 0 0 1 1 2 2 3 3 3 3 3 4 4 4 4 4
8 | 6 6 6 7 7 7 7 7 7 7 8 8 8 8 8 9 9 9 9 9 9
9 | 0 0 0 1 1
```

이것은 왼편으로 기울어진 패턴을 더욱 명확하게 보여 준다. 데이터가 스템플롯의 경우에는 반올림이 되었지만 히스토그램의 경우에는 되지 않았기 때문에 히스토그램과 스템플롯 사이에 사소한 차이가 있을 수 있더라도, 이전 스템플롯의 줄기는 사실 그림 1.5의 히스토그램에서 사용되었던 등급 구간과 상응한다. 스템플롯을 작성할 때, 일부 데이터는 반올림이 필요하지만 줄기 분할은 필요하지 않으며, 일부 데이터는 단지 줄기 분할만 필요하고, 다른 데이터는 반올림과 줄기 분할 둘 다 필요하다.

점 도표는 작은 데이터 세트를 나타내는 데 유용한 또 다른 그래프이다. 데이터가 예를 들면 1부터 10까지와 같이 소규모 범위의 정수값처럼 상대적으로 적은 수의 명백한 값을 가질 경우 점 도표가 종종 사용된다. 점 도표는 스템플롯과 유사하며, 각 줄기에 대한 잎들이 점들로 대체될 뿐이다. 점 도표는 일반적으로 히스토그램과 유사한 방향으로 작성된다. 즉 줄기는 수평축을 따라 배열되

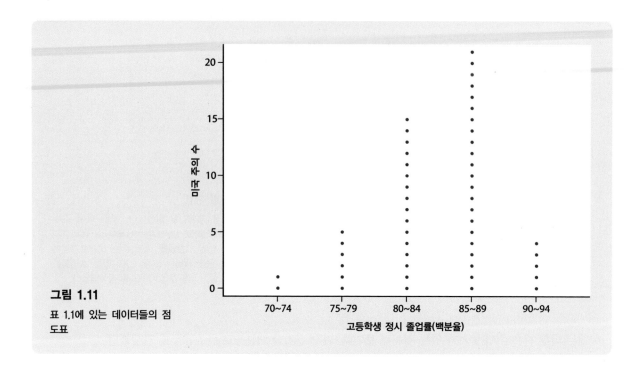

그림 1.11
표 1.1에 있는 데이터들의 점
도표

고 점들은 각 줄기 위로 수직 열을 형성한다. 이와 같이 점 도표는 히스토그램을 닮았다. 그림 1.11
은 표 1.1에 있는 데이터의 점 도표이며, 위의 줄기 분할된 스템플롯에 상응한다. 스템플롯과 마찬
가지로 점 도표는 소규모 데이터 세트의 분포를 눈으로 볼 수 있게 해 준다. 우리는 점 도표보다 스
템플롯을 선호하며, 이 책의 나머지 부분에서는 소규모 데이터 세트의 경우 점 도표보다 스템플롯
을 사용할 것이다.

　(오른쪽으로 기울어진) 그림 1.10과 (왼쪽으로 기울어진) 그림 1.5를 통해 다음과 같은 사실을 알
수 있다. 비대칭적으로 기울어진 방향은 긴 꼬리의 방향이지 대부분의 관찰값들이 군집해 있는 방향이 아
니다.

복습문제 1.6

건강관리비용 지출액

표 1.3은 2015년 당시 GDP가 높은 35개 국가들의 2015년
1인당 건강관리비용 지출액을 보여 주고 있다. 1인당 건강
관리비용 지출액은 (PPP, 즉 구매력 평가로 조정된 달러로
측정한) 공공 및 민간 건강비용 지출액의 합계를 인구수로
나누어 구할 수 있다. 건강관리비용에는 의료서비스, 가족
계획, 영양제공, 긴급의료지원 등과 관련된 비용은 포함되
지만 수도 및 하수도 관련 비용은 제외된다. 100달러까지

우수리를 정리한 후에 이 데이터의 스템플롯을 작성하시
오(따라서 줄기 부분의 단위는 천 달러가 되고, 잎 부분의
단위는 백 달러가 된다). 줄기를 분할하여 첫 번째 줄기에
숫자가 0부터 4까지인 잎을 배열하고, 동일한 값인 두 번
째 줄기에 숫자가 5부터 9까지인 잎을 배열하시오. 분포이
형태, 중앙, 변동성을 설명하시오. 높은 이탈값에 해당하
는 국가는 어디인가?

표 1.3		1인당 건강관리비용 지출액(구매력 평가로 조정된 달러)			
국가	달러	국가	달러	국가	달러
아르헨티나	1390	인도네시아	369	사우디아라비아	3121
오스트레일리아	4492	이란	1262	남아프리카공화국	1086
오스트리아	5138	이탈리아	3351	스페인	3183
벨기에	4782	일본	4405	스웨덴	5299
브라질	1392	한국(남한)	2556	스위스	7583
캐나다	4600	말레이시아	1064	태국	610
중국	762	멕시코	1009	터키	996
콜롬비아	853	네덜란드	5313	아랍 에미리트	2426
덴마크	5083	나이지리아	215	영국	4145
프랑스	4542	노르웨이	6222	미국	9536
독일	5357	폴란드	1704	베네수엘라	106
인도	238	러시아	1414		

1.6 타임플롯

많은 변수들이 시간이 흐름에 따라 간격을 두고 측정된다. 예를 들면 성장하는 아이의 키를 측정하거나 매월 말에 주식가격을 측정할 수 있다. 이런 예에서 우리의 주요 관심사는 시간이 흐름에 따라 나타나는 변화이다. 시간이 흐름에 따라 발생하는 변화를 보여 주기 위해서 **타임플롯**을 작성해 보자.

타임플롯

어떤 변수의 **타임플롯**(time plot)은 해당 변수가 측정된 시간에 대해 각 관찰값을 도표로 나타낸다. 언제나 이 도표의 수평축의 척도로 시간을 배치하고, 수직축의 척도로 측정한 변수를 배치한다. 데이터의 점들을 선으로 연결할 경우 시간의 흐름에 따른 변화를 보다 쉽게 알 수 있다.

정리문제 1.9

(미국 플로리다주 남부에 위치한 대규모 습지인) 에버글레이즈의 수위

미국 에버글레이즈 국립공원(Everglades National Park)의 수위는 이 유일무이한 지역의 생존과 직결된다. 수위에 관한 데이터는 이 지역의 생존에 영향을 미치는 위협에 대한 의문점들에 답변하는 데 도움을 줄

수 있다. 관련 사진은 에버글레이즈로 흘러 들어가는 지표수의 주요 통로인 샤크 리버 슬라우(Shark River Slough)에 위치한 수위 측정소이다. 표준자 기준점을 초과하는 지표수의 높이, 즉 표준자 평균 높이를 샤크 리버 슬라우 측정소에서 매일 측정한다. (표준자 기준점은 1929년에 설정된 수직적인 통제 측정값이며 변화하는 높이를 설정하는 기준이 된다. 표준자 높이를 측정하기 위해서 그것을 0인 점으로 설정하였다.) 그림 1.12는 2000년 1월 1일부터 2019년 8월 27일까지 이 측정소에서 측정한 일간 평균 표준자 높이의 타임플롯을 보여 주고 있다.

타임플롯을 살펴볼 경우, 전반적인 패턴을 면밀히 검토해 보고 이 패턴으로부터 크게 벗어난 것을 알아보아야 한다. 그림 1.12에서 강력한 **주기**(cycle)가 존재함을 알 수 있다. 즉, 수위가 규칙적으로 상승했다가 하강하는 현상이 반복된다. 이 주기를 통해 플로리다주의 (대략 6월에서 11월까지인) 우기와 (대략 12월에서 5월까지인) 건기가 미치는 영향을 알 수 있다. 늦은 가을에 수위가 가장 높아진다. 타임플롯을 면밀히 검토해 보면 매년 변동이 있음을 알 수 있다. 2003년 건기는 일찍 종식되어 4월에 열대성 태풍이 발생하였다. 따라서 2003년 건기의 수위는 다른 해만큼 낮아지지 않

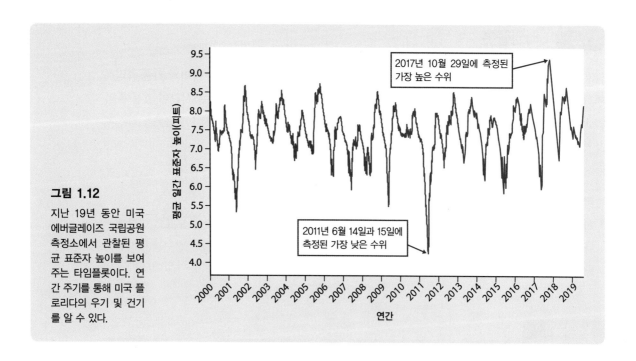

그림 1.12

지난 19년 동안 미국 에버글레이즈 국립공원 측정소에서 관찰된 평균 표준자 높이를 보여 주는 타임플롯이다. 연간 주기를 통해 미국 플로리다의 우기 및 건기를 알 수 있다.

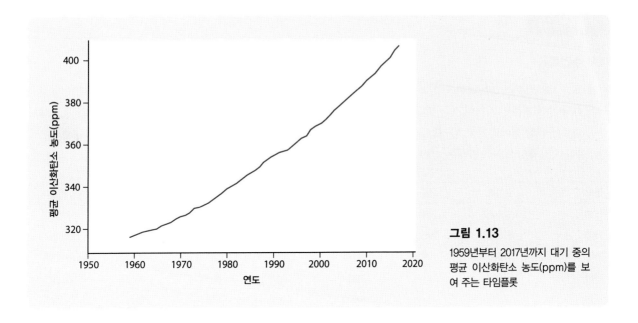

그림 1.13
1959년부터 2017년까지 대기 중의 평균 이산화탄소 농도(ppm)를 보여 주는 타임플롯

았다. 2008년 및 2009년에 미국 동남부 지역에 발생한 가뭄으로 인해 표준자의 평균 높이가 2009년에 급격히 하락하였다. 반면에 2006년 및 2007년 수위의 최고점이 예년에 비해 낮은 이유는 그해에 우기의 수위가 예년에 비해 낮았기 때문이다. 마지막으로, 2011년에는 유독 긴 건기와 더딘 장마로 인해서 남서부 플로리다 지역에서는 80년 만에 최악의 가뭄이 발생하였다. 이는 2011년에 평균 표준자 높이의 급격한 하락으로 나타났다. 2017년 9월에는 허리케인 이르마가 플로리다를 강타했다.

　타임플롯에서 찾아볼 수 있는 또 다른 일반적인 패턴을 **추세**(trend)라고 한다. 이는 시간이 흐름에 따라 장기적으로 상향하거나 하향하는 움직임이다. 많은 경제변수들은 상향하는 추세를 보인다. 소득 및 주택가격은 일반적으로 시간이 흐름에 따라 상향하는 추세를 보이며 (애석하지만) 대학 수업료도 상향하는 추세이다. 그림 1.13은 1959년부터 2017년까지의 평균 연간 이산화탄소 농도를 도표로 나타낸 것이며, 꾸준하게 상향하는 추세를 보여 준다.

　히스토그램과 타임플롯은 어떤 변수에 관해 상이한 종류의 정보를 제공한다. 그림 1.12의 타임플롯은 한 지점에서 시간이 흐름에 따라 발생하는 수위의 변화를 보여 주는 **시계열 데이터**(time series data)를 제시하고 있다. 히스토그램은 **횡단면 데이터**(cross-sectional data)를 보여 주며, 예를 들면 에버글레이즈의 여러 지점에서 동시에 측정한 수위를 들 수 있다.

대학 수업료

다음 표는 1980년부터 2018년까지 미국 4년제 주립대학교들이 해당 주의 거주민 자격이 있는 학생들에게 부과한 평균 수업료에 관한 데이터이다. 달러화로 측정한 거의 모든 변수들은 인플레이션으로 인해 시간이 흐름에 따라 증가하였기 때문에(즉, 달러화의 구매력이 하락하였기 때문에) 변수는 2018년에 달러화가 갖고 있던 구매력과 동일해지도록 조정되었다.

연도	수업료	연도	수업료	연도	수업료	연도	수업료
1980	$2440	1990	$3690	2000	$5120	2010	$8820
1981	$2500	1991	$3900	2001	$5350	2011	$9240
1982	$2660	1992	$4180	2002	$5740	2012	$9510
1983	$2900	1993	$4430	2003	$6370	2013	$9590
1984	$2980	1994	$4600	2004	$6830	2014	$9680
1985	$3090	1995	$4640	2005	$7080	2015	$9960
1986	$3250	1996	$4780	2006	$7180	2016	$10130
1987	$3300	1997	$4880	2007	$7490	2017	$10270
1988	$3360	1998	$5020	2008	$7560	2018	$10230
1989	$3440	1999	$5080	2009	$8270		

(a) 평균 수업료에 관한 타임플롯을 작성하시오.

(b) 이 타임플롯은 전반적으로 어떤 패턴을 보이는가?

(c) 전반적인 패턴으로부터 벗어날 수 있는 가능성은 (2018년 가격으로 나타낸) 수업료가 하락하거나 특히 급격하게 증가했던 기간, 즉 이탈값에서 찾아볼 수 있다. 이 타임플롯에는 이탈값이 존재하는가? 어느 연도에 존재하는가?

(d) 전반적인 패턴을 살펴볼 때 매년마다의 수업료에 관한 시계열을 분석하는 것이 나은가? 아니면 매년마다의 백분율 증가를 분석하는 것이 나은가? 설명하시오.

요약

- 데이터 세트는 많은 개체에 관한 정보를 포함한다. 개체는 사람, 동물, 또는 사물이 될 수 있다. 각 개체에 대해 데이터는 한 개 이상의 변수에 관한 값을 제공한다. 변수는 예를 들면 사람의 키, 성별, 또는 봉급처럼 개체의 일부 특성을 설명한다.

- 일부 변수는 범주변수이고 다른 변수는 정량변수이다. 범주변수는 각 개체를 예를 들면 남성 또는 여성처럼 범주로 분류한다. 정량변수는 예를 들면 센티미터로 측정한 키 또는 달러화로 나타낸 봉급처럼 각 개체의 특성을 측정한 숫잣값을 갖는다.

- 탐구적인 데이터 분석은 데이터의 변수와 변수들 간의 관계를 설명하기 위해서 그래프 및 숫자적인 개요를 사용한다.

- 갖고 있는 데이터의 배경(개체, 변수, 측정단위 등)을 이해하고 나면, 첫 번째로 할 일은 거의 언제나 데이터를 도표화하는 것이다.

- 어떤 변수의 분포는 해당 변수가 어떤 값을 취하고 이 값들을 얼마나 자주 취하는지 알려 준다. 원 그래프 및 막대 그래프는 범주변수의 분포를 나타내는 데 사용된다. 막대 그래프는 또한 동일한 단위로 측정한 일련의 수량을 비교할 수 있다. 히스토그램 및 스템플롯은 정량변수의 분포를 그래프로 나타낸다.

- 그래프를 검토할 때는 전반적인 패턴을 살펴보고, 그 패턴에서 눈에 띄게 벗어난 이탈현상을 관찰하여야 한다.

- 형태, 중앙, 변동성은 정량변수의 분포에 대한 전반적인 패턴을 알려 준다. 일부 분포는 예를 들면 대칭적인 분포 또는 기울어진 분포처럼 단순한 형태를 띤다. 모든 분포가 전반적으로 이렇게 단순한 형태를 갖지는 않

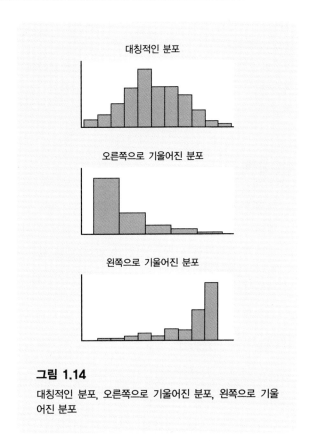

그림 1.14
대칭적인 분포, 오른쪽으로 기울어진 분포, 왼쪽으로 기울어진 분포

으며 특히 관찰값의 수가 적을 때 그러하다.

- 이탈값은 분포의 전반적인 패턴 밖에 위치하는 관찰값이다. 언제나 이런 이탈값을 주시하고 이를 설명할 수 있어야 한다.

- 어떤 변수가 시간이 흐름에 따라 관찰값을 갖는 경우 수평축은 시간을 나타내고 수직축은 해당 변수의 관찰값을 나타내는 그래프, 즉 타임플롯을 작성하게 된다. 타임플롯은 추세, 주기, 또는 시간이 흐름에 따른 다른 변화를 보여 줄 수 있다.

주요 용어

개체	분포	정량변수
막대 그래프	스템플롯	타임플롯
반올림 오차	시계열 데이터	횡단면 데이터
범주변수	원 그래프	히스토그램
변수	이탈값	

연습문제

1. **의과대학 학생** 의과대학을 졸업한 학생들은, 의료전문 분야에서 추가적인 훈련을 받기 위해 병원에서 전문의 실습기간을 거쳐야 한다. 전문의 실습훈련을 받으려는 의과대학 졸업생들의 가상적인 데이터베이스는 다음과 같다. USMLE는 미국 국가의사면허시험의 1단계 성적을 나타낸다.

성명	의과대학	성별	연령	USMLE	희망전공 분야
로리 에이브럼스	플로리다	여성	28	238	가정의학
고든 브라운	메해리	남성	25	205	방사선학
마리아 카브레라	터프츠	여성	26	191	소아과
미란다 이스마엘	인디애나	여성	32	245	내과

   (a) 이 데이터 세트는 어떤 개체들을 설명하는가?

   (b) 의과대학 학생들의 성명 이외에, 이 데이터 세트는 얼마나 많은 변수들을 포함하고 있는가? 이 변수들 중 어느 것이 범주변수이며 어느 것이 정량변수인가? 정량변수라면 어떤 단위로 측정되는가?

2. **당신의 차는 무슨 색깔입니까?** 승용차 및 경트럭의 가장 인기 있는 색깔은, 지역에 따라 그리고 시간의 흐름에 따라 변화한다. 북아메리카 지역에서, 은색 및 흰색은 중형차에서 가장 인기가 있으며, 은색 및 검은색은 컨버터블차와 쿠페차에서 그러하고, 흰색은 경트럭에서 가장 인기가 있다. 이런 변동이 있기는 하지만, 전체적으로 보면 흰색이 8년 연속 전 세계적으로 최고의 선택을 받고 있다. 2018년에 전 세계적으로 판매된 자동차에서 최고의 선택을 받은 색깔들의 분포는 다음과 같다.

색깔	인기도
흰색	39%
검은색	17%
회색	12%
은색	10%
천연색	7%
빨간색	7%
파란색	7%
초록색	

   초록색 자동차들의 백분율은 얼마인가? 색깔에 대한 인기도의 분포를 보여 주는 그래프를 작성하시오.

3. **젊은이들의 죽음** 미국에서 연령이 15~24세인 사람들 중에서 2017년에 32,025명이 사망하였다. 주요 사망 원인 및 사망자 수는 다음과 같다. 사고에 의한 사망은 13,441명, 자살은 6,252명, 살인은 4,905명, 암은 1,374명, 심장병은 1,126명, 증상, 징후, 비정상적인 임상 및 실험실 소견 501명, 선천성 결함은 362명이다.

   (a) 이들 데이터를 보여 주는 막대 그래프를 그리시오.

   (b) 주어진 정보를 활용하여 원 그래프를 그릴 수 있는가? 그 이유를 조심스럽게 설명하시오.

4. **학자금 채무** 2016년 말 미국의 공립 및 비영리 사립 4년제 대학에서 학사학위를 받은 학생들의 평균 학자금 채무는 28,500달러였다. 다음 원 그래프는 학자금 채무의 분포를 보여 준다. 대략 몇 퍼센트의 학생들이 20,000달러에서 49,999달러 사이의 채무를 갖고 있는

가? 50,000달러 이상은 어떠한가? 원 그래프에서 숫자를 결정하는 것이 어렵다는 사실을 알게 될 것이다. 막대 그래프를 사용하기가 훨씬 더 용이하다. (많은 경우 원 그래프에 백분율을 포함시킨다.)

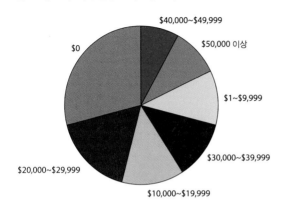

것이라고 볼 수 있다. 총수익은 일반적으로 최초가격에 대한 백분율로 나타낸다. 다음 그림은 1928년부터 2018년까지(91년 동안)의 S&P 500에 포함된 모든 주식들의 연간 결합 수익률 분포를 보여 준다.

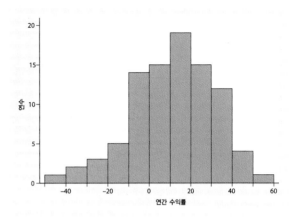

5. **IQ 테스트 점수** 아래 그림은 미국 중서부 농촌지역 학교에 다니는 78명 중학생의 IQ 테스트 점수를 스템플롯으로 나타낸 것이다.

   (a) 네 명의 학생은 이탈값이라고 할 수 있는 낮은 점수를 받았다. 이를 무시하고 이 분포의 형태, 중앙, 변동성에 대해 설명하시오.

   (b) 대부분 학생의 IQ 점수는 100을 중심으로 분포된다. 이 78명의 학생들 중 몇 퍼센트가 100을 초과하는 점수를 받았는가?

7	2 4
7	7 9
8	
8	6 9
9	0 1 3 3
9	6 7 7 8
10	0 0 2 2 3 3 3 3 4 4
10	5 5 5 6 6 6 7 7 7 7 8 9
11	0 0 0 0 1 1 1 1 2 2 2 2 3 3 3 4 4 4 4
11	5 5 6 8 8 9 9 9
12	0 0 3 3 4 4
12	6 7 7 8 8 8
13	0 2
13	6

6. **S&P에 대한 수익** 주식에 대한 수익은 주식가격의 변화에 일정 기간 동안 이루어진 배당금 지급액을 합한

(a) 연간 수익률 분포의 전반적인 형태를 설명하시오.

(b) 이 분포의 대략적인 중앙은 무엇인가? (지금은 중심이 대략적으로 낮은 수익률 반쪽과 높은 수익률 반쪽 중앙에 위치한 값을 갖는다고 본다.)

(c) 가장 작은 연간 수익률과 가장 큰 연간 수익률은 대략 무엇인가? (이것은 분포의 변동성을 설명하는 한 가지 방법이다.)

(d) 수익률이 0보다 작다는 의미는 해당 연도에 주식들의 가치가 하락했다는 것이다. 전체 연도 중 대략 몇 퍼센트가 수익률이 0보다 작은가?

7. **미국의 단독주택 착공** 다음 그림은 1990년 1월과 2019년 7월 사이 미국에서 건설업자가 매월 착공한 단독주택의 수를 보여 주는 타임플롯이다. 단위는 주택 천 채이다.

(a) 이 타임플롯에서 가장 눈에 띄는 패턴, 매년 상승과 하강을 반복한다는 것이다. 1년 중 어느 시기에 주택건설 착공이 가장 많이 이루어지는가? 가장 적게 이루어지는 시기는 언제인가? 이런 순환 주기는 미국 북부지역 날씨로 설명이 가능하다.

(b) 위에서 살펴본 순환 주기 이외에 눈에 보이는 보다 장기적인 추세가 존재하는가? 있다면 이에 대해서 설명하시오.

(c) 2007년 미국에서 발생한 주목할 만한 경제 뉴스는 2006년 중반에 시작된 주택경기 침체였다. 뒤이어 2008년에 금융위기가 시작되었다. 이런 경제현상들은 타임플롯에 어떻게 반영되었는가?

(d) 2011년 1월 이후 타임플롯의 행태를 어떻게 설명할 수 있는가?

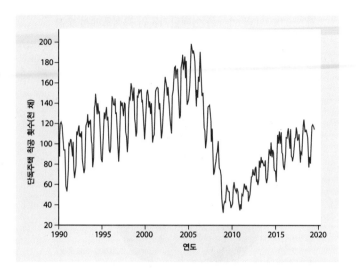

숫자를 이용하여 분포를 설명하기

제 1장에서는 미국 지역사회 조사를 통해 근로자들의 근무지까지의 이동시간에 대해 조사를 하였다. 다음 숫자들은 미국 센서스국이 무작위로 뽑은 노스캐롤라이나주 15명 근로자들의 근무지까지의 이동시간이다.

20　35　8　70　5　15　25　30　40　35　10　12　40　15　20

대부분의 사람들이 근무지까지의 이동시간을 5분의 배수로 추정하는 것은 놀라울 것이 없다. 다음은 위의 데이터를 스템플롯으로 나타낸 것이다.

```
0 | 5 8
1 | 0 2 5 5
2 | 0 0 5
3 | 0 5 5
4 | 0 0
5 |
6 |
7 | 0
```

이 분포는 단 한 개의 최곳값을 가지며 오른쪽으로 기울어졌다. 가장 긴 이동시간(70분)은 이탈값일 수 있다. 이 장에서 우리의 목적은 분산의 중앙 및 변동성을 숫자를 이용하여 설명하는 것이다.

2.1 중앙을 측정하기 : 평균값

중앙을 측정하는 가장 일반적인 방법은 통상적인 산술 평균 또는 **평균값**이다.

평균값 $\bar{x}$

일련의 관찰값들에 대한 **평균값**(mean)을 구하려면 관찰값들을 합산하여 이들의 개수로 나누면 된다. n개의 관찰값들이 $x_1, x_2, \cdots, x_n$인 경우 이들의 평균값은 다음과 같다.

$$\bar{x} = \frac{x_1 + x_2 + \cdots + x_n}{n}$$

수학적 부호를 사용하여 간략히 나타내면 다음과 같다.

$$\bar{x} = \frac{1}{n} \sum x_i$$

평균을 구하는 공식에서 $\sum$(시그마)는 '모두 합산한다'는 의미이다. 관찰값에 표시한 아래 첨자 x_i는 n개 관찰값을 단순히 나타낼 뿐이지 반드시 데이터의 순서나 어떤 특별한 사실을 의미하지 않는다. x 위에 첨부한 줄은 모든 x값의 평균을 의미하며 매우 일반적으로 사용된다. 데이터에 관해 논의하는 사람이 $\bar{x}$ 또는 $\bar{y}$를 사용할 경우 이는 평균을 의미한다.

정리문제 2.1

근무지까지의 이동시간

노스캐롤라이나주 15명 근로자들의 근무지까지의 평균 이동시간은 다음과 같다.

$$\begin{aligned}
\bar{x} &= \frac{x_1 + x_2 + \cdots + x_n}{n} \\
&= \frac{20 + 35 + \cdots + 20}{15} \\
&= \frac{380}{15} = 25.3\text{분}
\end{aligned}$$

실제로는 해당 데이터를 계산기에 입력하고 평균값을 구하면 된다. 실제로 합산하여 나눌 필요는 없지만 계산기가 어떤 과정을 거쳤는지는 알아야 한다.

15개의 이동시간 중 단지 6개만이 평균값보다 더 크다는 사실에 주목하자. 가장 긴 이동시간인 70분을 제외하면 나머지 14명에 대한 평균값은 22.1분이 된다. 관찰값 1개로 인해서 평균값이 3.2분 증가하였다.

정리문제 2.1은 중앙의 측정값으로서의 평균값에 관해 중요한 사실을 시사하고 있다. 즉, 평균

은 몇 개의 극단적인 관찰값의 영향에 민감하다는 사실을 알려 준다. 이 관찰값들은 이탈값일 수도 있다. 그러나 이탈값을 갖지는 않지만 한쪽으로 기울어진 분포도 또한 평균을 긴 꼬리를 갖는 방향으로 위치하게 한다. 평균은 극단적인 관찰값의 영향력을 무시할 수 없기 때문에 한쪽으로 쏠리지 않는 저항력이 있는 측정값은 아니라고 본다.

저항력이 있는 측정값

저항력이 있는 측정값(resistant measure)이란 해당 측정값이 설명하는 분포에 속한 작은 비율의 관찰값들이 갖는 숫잣값이 큰 폭으로 변하더라도 상대적으로 영향을 받지 않는 통계적 측정값을 말한다.

복습문제 2.1

건강관리비용 지출액

표 1.3은 GDP가 높은 35개 국가들의 2015년 1인당 건강관리비용 지출액을 보여 주고 있다. (PPP, 즉 구매력 평가로 조정된 달러로 측정한) 미국의 1인당 지출액은 9,536달러이며, 이는 그 값이 높은 이탈값이다. 미국을 포함한 경우 및 포함하지 않은 경우, 이들 국가의 평균 건강관리비용 지출액을 구하시오. 미국 하나의 이탈값이 평균을 얼마나 증가시키는가?

2.2 중앙을 측정하기 : 중앙값

제1장에서는 약식적인 중앙 측정값을 분포의 중간점으로 사용하였다. 중앙값은 중간점을 정식으로 구한 값이며 이에 대한 특정의 계산 규칙이 있다.

중앙값 *M*

중앙값(median, *M*)은 분포의 중간점으로, 관찰값의 절반은 작고 나머지 절반은 더 커지도록 하는 숫자이다. 분포의 중앙값을 구하기 위해서 다음과 같은 절차를 밟아 보도록 하자.

1. 모든 관찰값들을 작은 것에서부터 큰 것으로 크기 순서대로 배열한다.
2. 관찰값의 수 *n*이 홀수인 경우 중앙값 *M*은 순서대로 배열한 표의 중앙에 위치한 관찰값이다. 관찰값의 수 *n*이 짝수인 경우 중앙값 *M*은 순서대로 배열한 표의 중앙에 위치한 두 개 관찰값의 중간에 위치한다.
3. 순서대로 배열한 표의 처음부터 $(n+1)/2$번째 관찰값을 계산함으로써 언제나 중앙값의 위치를 알 수 있다.

공식 $(n+1)/2$은 중앙값을 직접 구하는 것이 아니며 단지 순서대로 배열한 표에서 중앙값의 위치를 알려 줄 뿐이다. 간단한 계산을 통해 중앙값을 구할 수 있다. 따라서 작은 규모의 데이터 세트에 대해서는 손으로 중앙값을 손쉽게 구할 수 있다. 하지만 개수가 조금 많은 관찰값들을 순서대로 배열하는 일은 지루한 작업이며 더구나 데이터 세트의 규모가 큰 경우 직접 손으로 중앙값을 구하는 일은 그렇게 유쾌한 일이 되지 못한다. 간단한 계산기에도 중앙값을 구하는 $\bar{x}$ 버튼이 있지만, 소프트웨어 또는 그래핑 계산기를 사용하면 중앙값을 구할 수 있다.

정리문제 2.2

중앙값 구하기 : n이 홀수인 경우

노스캐롤라이나주 15명 근로자들의 근무지까지의 이동시간에 대한 중앙값은 무엇인가? 관련 데이터를 순서대로 배열하면 다음과 같다.

5 8 10 12 15 15 20 **20** 25 30 35 35 40 40 70

관찰값의 총수 $n=15$는 홀수이다. 굵은 글씨인 **20**은 순서대로 배열한 위의 표에서 중앙에 있는 관찰값으로, 왼편으로 7개 관찰값이 있고 오른편으로 7개 관찰값이 있다. 중앙값은 $M=20$분이다.

$n=15$이므로 중앙값의 위치에 관한 규칙에 따르면 다음과 같다.

$$\text{중앙값의 위치} = \frac{n+1}{2} = \frac{16}{2} = 8$$

즉, 중앙값은 순서대로 배열한 표에서 8번째 관찰값이다. 눈으로 중앙의 위치를 찾기보다는 위의 규칙을 이용하면 더 신속하게 찾을 수 있다.

정리문제 2.3

중앙값 구하기 : n이 짝수인 경우

뉴욕주에서 근무지까지의 이동시간은 (평균적으로 볼 때) 노스캐롤라이나주에서보다 더 길다. 다음은 무작위로 뽑은 뉴욕주 근로자 20명의 근무지까지의 이동시간을 분으로 나타낸 데이터이다.

10 15 55 20 65 50 12 20 10 10 35 50 30 45 15 10 75 40 35 60

스템플롯은 분포를 보여 줄 뿐만 아니라 관찰값들을 순서대로 배열하기 때문에 중앙값을 쉽게 찾을 수 있도록 해 준다.

```
0
1 | 0 0 0 0 2 5 5
2 | 0 0
3 | 0 5 5
4 | 0 5
5 | 0 0 5
6 | 0 5
7 | 5
```

위의 분포에 따르면 단 한 개의 최곳값이 존재하며 오른쪽으로 기울어졌고 몇 개의 이동시간은 1시간 이상이 된다. 한 개의 중앙 관찰값이 존재하진 않지만, 한 쌍의 중앙 관찰값이 있다. 즉, 스템플롯에 굵은 글씨로 표기한 **30** 및 **35**가 있다. 순서대로 배열한 표에서 이 숫자들 앞에 9개의 관찰값이 있으며 뒤에 9개의 관찰값이 있다. 중앙값은 이들 두 개 관찰값 중간에 위치하며 계산하면 다음과 같다.

$$M = \frac{30+35}{2} = 32.5분$$

$n=20$인 경우, 순서대로 배열한 표에서 중앙값의 위치를 찾는 규칙에 따르면 다음과 같다.

$$M의\ 위치 = \frac{n+1}{2} = \frac{21}{2} = 10.5$$

10.5번째 위치한다는 의미는 '순서대로 배열된 표에서 10번째 관찰값과 11번째 관찰값 중간'에 위치한다는 것이다. 이것은 눈으로 구한 것과 일치한다.

2.3 평균값과 중앙값의 비교

정리문제 2.1 및 정리문제 2.2는 평균값과 중앙값 사이의 중요한 차이점을 보여 준다. 근무지까지의 이동시간의 중앙값(분포의 중간점)은 20분이다. 평균값은 이보다 많은 25.3분이다. 평균값은 오른쪽으로 기울어진 이 분포의 오른쪽 꼬리 부분으로 쏠리게 된다. 평균값과 달리 중앙값은 한쪽으로 쏠리지 않게 저항력이 있다. 근무지까지의 가장 긴 이동시간이 70분이 아니라 700분인 경우 평균값은 67.3분으로 증가하지만, 중앙값은 전혀 변화하지 않는다. 중앙값의 경우, 이탈값은 중앙에서 얼마나 벗어나는지에 관계없이 중앙에서 벗어난 한 개의 관찰값으로 간주될 뿐이다. 평균값은 각 관찰값의 실젯값을 사용하므로 단 한 개의 큰 관찰값도 평균값을 증가시키게 된다.

평균값과 중앙값의 비교

분포가 대략 대칭적인 경우, 평균값과 중앙값은 서로 비슷하다. 분포가 정확히 대칭적인 경우, 평균값과 중앙값은 정확하게 동일하다. 분포가 한쪽으로 기울어진 경우, 평균값은 통상적으로 중앙값보다 꼬리가 긴 쪽으로 쏠리게 된다.

많은 수의 경제변수들은 오른쪽으로 기울어진 분포를 갖는다. 예를 들어 미국 및 캐나다에 소재한 대학들의 기본재산 중앙값은 2018년 기준 약 1억 4,200만 달러이지만, 평균값은 거의 7억 7,000만 달러이다. 대부분의 대학들은 별로 많지 않은 기본재산을 갖고 있지만 소수의 대학들이 매우 많은 기본재산을 갖고 있다. 하버드대학교의 기본재산은 380억 달러가 넘는다. 소수의 부유한 대학들이 평균값을 상승시켰지만 중앙값에는 영향을 미치지 않는다. 소득 및 다른 강하게 기울어진 분포를 갖는 경우 평균값('산술 평균')보다 중앙값('중간점')을 통상적으로 발표한다. 하지만 국민들의 소득

에 대해 1%의 조세를 부과하려는 국가는 소득의 중앙값이 아니라 평균값에 관심을 갖는다. 조세수입은 총소득의 1%가 될 것이며 총 조세수입은 평균 조세수입에 국민의 수를 곱한 값이 된다. 평균값 및 중앙값은 상이한 방법으로 중앙을 측정하며 둘 모두 유용하게 사용된다. 어떤 변수의 평균적인 값(평균값)과 중간적인 값(중앙값) 또는 일반적인 값(최빈값)을 혼동하지 않도록 하자.

일련의 변수들 중에서 **최빈값**(mode)은 가장 자주 나타나는 값이다. 최빈값은 정량 및 범주 데이터 둘 다에 대해 계산할 수 있다. 정리문제 1.3에서 오디오 브랜드의 최빈값은 스포티파이이다. 왜냐하면 12세에서 34세에 속하는 미국인 중 가장 높은 백분율이 이 브랜드를 청취하기 때문이다. 20개의 뉴욕주 근무지 이동시간의 경우 최빈값은 10분이다. 왜냐하면 20개의 이동시간 중에서 이 시간이 가장 자주 발생하기 때문이다. 여러 개의 최빈값이 있을 수도 있다. 예를 들면, 15개의 노스캐롤라이나주 근무지 이동시간의 경우 15분, 20분, 35분, 40분 모두 최빈값이 된다. 왜냐하면 이들 모두 가장 자주 발생하기 때문이다.

복습문제 2.2

뉴욕주에서 근무지까지의 이동시간

정리문제 2.3에서 살펴본 뉴욕주에 거주하는 20명 근로자들의 근무지까지 이동시간의 평균값을 구하시오. 이 데이터에 대한 평균값과 중앙값을 비교하시오. 이 비교를 통해 어떤 일반적인 사실을 알 수 있는가?

복습문제 2.3

신규 주택가격

2019년 7월 미국에서 판매된 신규 주택에서 중위의 판매가격과 중간의 판매가격은 312,800달러와 388,000달러였다. 이 숫자 중 어느 것이 평균값이고 어느 것이 중앙값인가? 이를 어떻게 알 수 있는지 설명하시오.

2.4 변동성을 측정하기 : 4분위수

평균값 및 중앙값은 분포의 중앙을 측정한 두 가지 상이한 값이다. 하지만 어느 한 가지 값만을 사용할 경우 오해가 발생할 수 있다. 미국 센서스국은 2017년 미국 가계 소득의 중앙값이 61,372달러였다고 발표하였다. 모든 가계의 절반이 61,372달러에 미치지 못하는 소득을 벌었고, 다른 절반은 이보다 높은 소득을 얻었다. 소득 분포가 오른쪽으로 기울어졌기 때문에 평균값은 이보다 높은 86,220달러였다. 하지만 중앙값 및 평균값이 이에 관한 모든 정보를 알려 주지는 않는다. 하위 20% 가계는 24,638달러에 미치지 못하는 소득을 얻었고 상위 5% 가계는 237,034달러를 초과하는 소득을 벌었다. 우리는 소득의 중앙뿐만 아니라 변동성에도 관심을 갖고 있다. 분포에 관해 가장 간단하게 유용한 숫자적인 설명을 제시하는 방법은 중앙에 대한 측정값과 변동성에 대한 측정값을 둘 다 제시하는 것이다.

변동성을 측정하는 한 가지 방법은 가장 작은 관찰값과 가장 큰 관찰값을 제시하는 것이다. 예를 들어 노스캐롤라이나주에 거주하는 15명 근로자들의 근로지까지 이동시간은 5분에서부터 70분까지 소요된다. 이 두 개의 단일 관찰값은 데이터의 전체 변동성을 알려 주지만 이탈값일 수도 있다. 데이터 중간의 절반에 대한 변동성을 관찰함으로써 그 정도를 더 잘 나타낼 수 있다. 4분위수는 중간의 절반을 구획한 것이다. 순서대로 배열된 관찰값의 표를 작은 값으로부터 다 세어 보도록 하자. 제1의 4분위수는 배열된 표의 4분의 1에 위치하며, 제3의 4분위수는 표의 4분의 3에 위치한다. 다시 말해 첫 번째 4분위수는 관찰값의 25%보다 크며, 세 번째 4분위수는 관찰값의 75%보다 크다. 두 번째 4분위수는 중앙값으로, 관찰값의 50%보다 크다. 이것이 바로 4분위수의 기본 개념이다. 이 개념을 정확히 하기 위해서 규칙을 만들 필요가 있다. 4분위수를 계산하는 규칙은 중앙값을 구하는 규칙을 사용한다.

4분위수 Q_1 및 Q_3

4분위수(quartile)를 계산하기 위해서 다음과 같은 절차를 밟아 보도록 하자.

1. 증가하는 순서대로 관찰값을 배열하고 관찰값이 순서대로 배열된 표에 중앙값 M의 위치를 정한다.

2. **제1의 4분위수**, Q_1(first quartile, Q_1)은 전체 관찰값에 대한 중앙값의 왼쪽에 위치한 관찰값들의 중앙값이다.

3. **제3의 4분위수**, Q_3(third quartile, Q_3)는 전체 관찰값에 대한 중앙값의 오른쪽에 위치한 관찰값들의 중앙값이다.

다음 정리문제들은 관찰값들의 수가 홀수 및 짝수인 경우, 둘 다에 대해 4분위수 규칙이 어떻게 적용되는지 보여 준다.

정리문제 2.4

4분위수 구하기 : n이 홀수인 경우

노스캐롤라이나주에 거주하는 15명 근로자들의 근무지까지의 이동시간을 시간이 증가하는 순서대로 배열하면 다음과 같다.

$$5 \quad 8 \quad 10 \quad 12 \quad 15 \quad 15 \quad 20 \quad \mathbf{20} \quad 25 \quad 30 \quad 35 \quad 35 \quad 40 \quad 40 \quad 70$$

관찰값의 수가 홀수이므로 중앙값은 가운데 있는 굵은 글씨로 표기한 **20**이다. 제1의 4분위수는 중앙값의 왼편에 있는 7개 관찰값들의 중앙값이다. 따라서 7개 관찰값들 중 4번째인 $Q_1 = 12$분이 된다. 필요하다면 $n = 7$인 경우에 중앙값의 위치를 찾는 규칙을 사용할 수도 있다.

$$Q_1 의\ 위치 = \frac{n+1}{2} = \frac{7+1}{2} = 4$$

제3의 4분위수는 중앙값의 오른쪽에 있는 7개 관찰값들의 중앙값으로, 즉 $Q_3 = 35$분이 된다. 관찰값의 수가 홀수인 경우, 순서대로 배열된 표에서 4분위수의 위치를 찾을 때 전체 관찰값들에 대한 중앙값을 제외시켜야 한다.

4분위수들은 몇 개의 극단적인 관찰값에 의해 영향을 받지 않기 때문에 저항력이 있다. 예를 들어 이탈값이 70이 아니라 700인 경우에도 Q_3는 계속 35가 된다.

정리문제 2.5

4분위수 구하기 : *n*이 짝수인 경우

정리문제 2.3에서 살펴본 뉴욕주에 거주하는 20명 근로자들의 근무지까지의 이동시간을 시간이 증가하는 순서대로 배열하면 다음과 같다.

10 10 10 10 12 15 15 20 20 30 | 35 35 40 45 50 50 55 60 65 75

관찰값의 수가 짝수이므로 중앙값은 가운데 두 개 숫자, 즉 표에 있는 10번째 및 11번째 숫자의 중간에 위치한다. 그 값은 $M = 32.5$분이다. 중앙값이 위치하는 곳에 |로 표시를 하였다. 제1의 4분위수는 전체 관찰값에 대한 중앙값의 왼쪽에 위치한 처음 10개 관찰값의 중앙값이다. $Q_1 = 13.5$분 및 $Q_3 = 50$분이 된다는 사실에 주목하자. 관찰값의 수가 짝수인 경우, 순서대로 배열된 표에서 4분위수의 위치를 찾을 때 모든 관찰값들을 포함시켜야 한다.

위의 정리문제에서 보는 것처럼 몇 개의 관찰값들이 동일한 숫잣값을 갖는 경우에 주의하여야 한다. 모든 관찰값들을 순서대로 배열하고 이들 모두가 상이한 값을 갖는 것처럼 가정하고 규칙을 적용해야 한다.

4분위수를 구하는 몇 가지 규칙이 있다. 일부 계산기와 소프트웨어는 일부 데이터 세트에 대해 우리가 구한 결과와 상이한 결과를 제시하는 규칙을 사용하곤 한다. 우리가 사용하는 규칙은 손으로 하는 계산 가운데 가장 간단한 규칙이며, 다양한 규칙을 적용하여 구한 결과는 일반적으로 서로 근사하다.

다섯 개 숫자로 나타낸 개요 및 박스플롯

가장 작은 관찰값 및 가장 큰 관찰값은 분포 전체에 관해 거의 알려 주는 것이 없지만, 이것들은 중앙값과 4분위수만을 알고 있는 경우 놓치게 될 분포의 꼬리에 관한 정보를 제공해 준다. 중앙 및 변동성 둘 다에 관한 개요를 신속히 알기 위해서는 이 다섯 개 숫자 모두를 이용하여야 한다.

다섯 개 숫자로 나타낸 개요

분포에 관해 **다섯 개 숫자로 나타낸 개요**(five-number summary)는 가장 작은 관찰값, 제1의 4분위수, 중앙값, 제3의 4분위수, 가장 큰 관찰값으로 구성되며 가장 작은 값에서부터 가장 큰 값 순서로 배열한다. 다섯 개 숫자로 나타낸 개요를 부호를 이용하여 다음과 같이 정리할 수 있다.

$$최솟값 \quad Q_1 \quad M \quad Q_3 \quad 최댓값$$

이 다섯 개 숫자는 중앙 및 변동성에 관해 합리적인 수준에서 완전하게 설명을 해 준다. 정리문제 2.4 및 정리문제 2.5에서 살펴본 근무지까지의 이동시간에 관하여 다섯 개 숫자를 이용한 개요는 다음과 같다.

노스캐롤라이나주	5	12	20	35	70
뉴욕주	10	13.5	32.5	50	75

분포에 관한 다섯 개 숫자를 이용한 개요를 기초로 새로운 그래프, 즉 **박스플롯**을 그릴 수 있다. 그림 2.1은 노스캐롤라이나주 및 뉴욕주에서 근무지까지의 이동시간을 비교한 박스플롯이다.

박스플롯

박스플롯(boxplot)은 다섯 개 숫자를 이용한 개요를 그래프로 제시한 것이다.

- 중앙의 박스는 4분위수 Q_1 및 Q_3를 양 끝으로 하여 연결한다.
- 박스 안에 있는 선은 중앙값 M을 나타낸다.
- 선이 박스로부터 바깥으로 가장 작은 관찰값 및 가장 큰 관찰값과 연결된다.

박스플롯은 히스토그램 또는 스템플롯보다 덜 세부적으로 보여 주기 때문에, 그림 2.1에서 보는 것처럼 한 개를 초과하는 분포들을 나란히 비교하는 데 사용된다. 그래프에 숫자 척도를 포함시켜야 한다는 사실을 기억하자. 박스플롯을 살펴볼 때 먼저 분포의 중앙을 나타내는 중앙값의 위치에 주목하고 나서 변동성을 살펴보아야 한다. 중앙의 박스 길이는 데이터의 중앙에서 절반의 변동성을 보여 주며, 극단적인 관찰값(즉, 가장 작은 관찰값 및 가장 큰 관찰값)은 전체 데이터 세트의 변동성을 알려 준다. 그림 2.1에서 보면 근무지까지의 이동시간이 일반적으로 노스캐롤라이나주에서

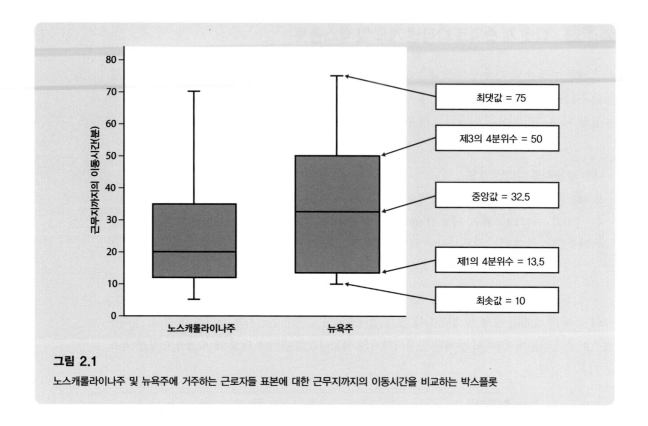

그림 2.1
노스캐롤라이나주 및 뉴욕주에 거주하는 근로자들 표본에 대한 근무지까지의 이동시간을 비교하는 박스플롯

보다 뉴욕주에서 약간 더 길다는 사실을 알 수 있다. 중앙값, 두 개의 4분위수, 최솟값, 최댓값 모두 뉴욕주에서 더 크다. 박스의 길이를 통해서 알 수 있는 것처럼, 뉴욕주에서의 이동시간 또한 변동이 더 크다. 다섯 개 숫자의 위치를 나타내는 그림 2.1의 화살표가 그어진 상자들은 박스플롯의 일부가 아니며 단지 설명하기 위해서 포함되었다.

마지막으로 노스캐롤라이나주의 데이터가 더 강하게 오른쪽으로 기울어졌다. 대칭적인 분포에서 제1 및 제3의 4분위수는 중앙값으로부터 동일한 거리에 위치한다. 반면에 오른쪽으로 기울어진 대부분 분포의 경우, 제3의 4분위수는 제1의 4분위수가 중앙값 아래로 위치하는 거리보다 더 멀게 중앙값 위에 위치한다. 극단값들도 이와 동일하게 위치하지만, 이 값들은 단지 한 개의 관찰값에 불과하며 분포 전체에 관해 시사하는 바는 거의 없다.

복습문제 2.4

중형차들에 대한 에너지 효율 등급

미국 정부는 자국 내에서 판매되는 모든 승용차 및 경트럭에 대한 에너지 효율 등급을 발표하고 있다. 다음은 2019년에 중형차로 분류된 189대의 승용차에 대해 추정한 갤런당 시내 및 고속도로 주행 마일 수를 숫자가 증가하는 순서대로 배열한 표이다.

12	14	16	16	16	17	17	17	18	18	18	18	19	19	19	19	19	19
20	20	20	20	20	20	20	20	21	21	21	21	21	21	22	22	22	22
22	23	23	23	23	23	23	23	23	23	23	23	23	23	24	24	24	24
24	24	24	24	24	24	24	24	24	24	24	24	24	25	25	25	25	25
25	25	25	25	25	25	25	25	25	25	25	25	26	26	26	26	26	26
26	26	26	26	26	26	26	26	26	26	26	26	26	27	27	27	27
27	27	27	27	27	27	27	27	27	27	27	27	27	28	28	28	28	28
29	29	29	29	29	29	29	29	29	29	29	30	30	30	30	30	31	31
31	31	32	32	32	32	32	32	32	32	32	32	33	33	33	33	33
33	34	34	34	34	35	35	35	35	36	41	41	41	41	42	42	43	44
44	46	46	48	50	52	52	52	56

(a) 위의 분포에 대해 다섯 개 숫자로 나타낸 개요를 구하시오.

(b) 위의 데이터에 관한 박스플롯을 그리시오. 박스플롯을 통해 알 수 있는 이 분포의 형태는 무엇인가? 박스플롯의 어떤 특성이 이런 결론에 도달하게 하였는가? 어느 관찰값들이 유별나게 작거나 또는 큰가?

2.6 ## 의심쩍은 이탈값을 분별하기 및 변형된 박스플롯*

정리문제 2.2에서 살펴본 노스캐롤라이나주에서 근무지까지의 이동시간에 대한 스템플롯을 다시 고찰해 보도록 하자. 이 분포에 관해 다섯 개 숫자로 나타낸 개요는 다음과 같다.

$$5 \quad 12 \quad 20 \quad 35 \quad 70$$

이 분포의 변동성을 어떻게 설명할 수 있는가? 가장 작은 관찰값과 가장 큰 관찰값은 대부분 데이터의 변동성을 설명하지 못하는 극단값들이다. 4분위수들 사이의 거리(데이터의 중앙 절반의 범위)는 변동성을 보다 저항력 있게 측정한 값이다. 이 거리를 4분위수 사이의 범위라고 한다.

4분위수 사이의 범위

4분위수 사이의 범위 *IQR*(interquartile range)은 제1의 4분위수와 제3의 4분위수 사이의 거리이다.

$$IQR = Q_3 - Q_1$$

위에서 살펴본 노스캐롤라이나주에서 근무지까지의 이동시간에 관한 데이터의 경우 $IQR = 35 - 12 = 23$분이다. 하지만 예를 들면 *IQR*처럼 변동성에 관한 단 한 개의 숫자상 측정값이 한쪽으로 기울어진 분포를 설명하는 데 그렇게 유용한 것은 아니다. 한쪽으로 기울어진 분포의 양편은 변동성이 상이하므로 한 개 숫자로 이를 모두 보여 줄 수는 없다. 이것이 바로 다섯 개 숫자로 나타낸 개요를 사용하

---

* 이 짧은 절은 선택적이다.

는 이유이다. 4분위수 사이의 범위는 의심쩍은 이탈값을 분별하는 데 필요한 어림 법칙의 기초로서 주로 사용된다.

이탈값에 대한 1.5×*IQR* 법칙

어떤 관찰값이 제3의 4분위수 위로 1.5×*IQR*을 초과하여 위치하거나 제1의 4분위수 아래로 1.5× *IQR*을 초과하여 위치할 경우, 해당 관찰값을 의심쩍은 이탈값이라고 본다.

정리문제 2.6

1.5×*IQR* 법칙의 사용

노스캐롤라이나주에서 근무지까지의 이동시간에 관한 데이터의 경우 $IQR = 23$이므로 다음과 같다.

$$1.5 \times IQR = 1.5 \times 23 = 34.5$$

다음과 같은 두 개 값 사이에 위치하지 않는 관찰값은 의심쩍은 이탈값으로 간주될 수 있다.

$$Q_1 - (1.5 \times IQR) = 12 - 34.5 = -22.5$$
$$Q_3 + (1.5 \times IQR) = 35 + 34.5 = 69.5$$

정리문제 2.2에 있는 데이터를 다시 살펴보도록 하자. 의심쩍은 이탈값은 유일하게 가장 긴 이동시간, 즉 70분뿐이다. 1.5×*IQR* 법칙에 따르면 그다음으로 긴 두 개의 이동시간인 40분은 오른쪽으로 기울어진 분포의 긴 오른쪽 꼬리의 일부분일 뿐이다.

많은 소프트웨어 패키지가 제공하는 변형된 박스플롯에서 의심쩍은 이탈값은 예를 들면 점(•) 과 같이 특별하게 표시한 기호로 박스플롯상에 표기된다. 그림 2.2를 그림 2.1과 비교해 보면, 노스 캐롤라이나주의 가장 큰 관찰값은 이탈값으로 표기된다는 사실을 알 수 있다. 제3의 4분위수에서 시작하는 선분은 최댓값까지 연장되지 않으며, 이제는 40에서 끝난다. 이것은 이탈값으로 식별되 지 않는 노스캐롤라이나주의 가장 큰 관찰값이다. 그림 2.2는 또한 수직적이 아니라 수평적인 변형 된 박스플롯을 보여 준다. 이는 박스플롯에 대한 해석을 변화시키지 않고 일부 소프트웨어 패키지 에서 사용할 수 있는 선택사항이다. 마지막으로 1.5×*IQR* 규칙은 데이터를 관찰하는 방식을 대체 하는 것은 아니며, 대규모 데이터를 자동적으로 분석할 때 가장 유용하게 사용될 수 있다.

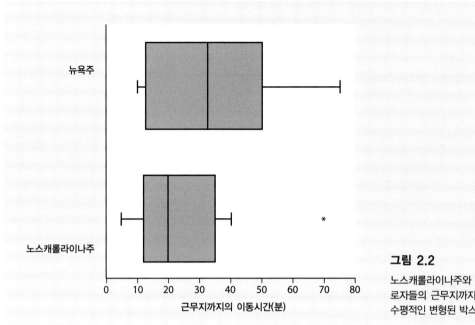

그림 2.2

노스캐롤라이나주와 뉴욕주에 거주하는 근로자들의 근무지까지의 이동시간을 비교한 수평적인 변형된 박스플롯

복습문제 2.5

근무지까지의 이동시간

정리문제 2.3에는 뉴욕주에 거주하는 20명 근로자들의 근무지까지의 이동시간 중 가장 긴 시간인 75분이 있다. 1.5×*IQR* 법칙에 따를 경우 이 이동시간은 의심쩍은 이탈값으로 식별되는가?

2.7 변동성을 측정하기 : 표준편차

다섯 개 숫자로 나타낸 개요가 분포에 관해 가장 일반적으로 사용되는 숫자적인 설명은 아니다. 중앙을 측정한 평균값과 변동성을 측정한 **표준편차**를 결합하여 판별을 한다. 표준편차와 이와 밀접한 개념인 분산은 관찰값들이 평균으로부터 얼마나 멀리 떨어져 있는지 관찰하여 변동성을 측정한다.

표준편차 s

분산(variance) s^2은 평균값으로부터 관찰값들이 벗어난 정도를 제곱한 값들의 평균이다. n개 관찰값들, 즉 $x_1, x_2, \cdots, x_n$의 분산을 부호를 사용하여 나타내면 다음과 같다.

$$s^2 = \frac{(x_1 - \bar{x})^2 + (x_2 - \bar{x})^2 + \cdots + (x_n - \bar{x})^2}{n-1}$$

이를 보다 간결하게 나타내면 다음과 같다.

$$s^2 = \frac{1}{n-1} \sum (x_i - \bar{x})^2$$

표준편차(standard deviation) s는 분산 s^2의 제곱근이다.

$$s = \sqrt{\frac{1}{n-1} \sum (x_i - \bar{x})^2}$$

실제로는 소프트웨어 또는 계산기를 사용하여 관련 데이터로부터 표준편차를 구할 수 있다. 하지만 정리문제에서 단계를 밟아 풀다 보면 분산 및 표준편차가 어떻게 작동하는지 이해하는 데 도움이 된다.

정리문제 2.7

표준편차 계산하기

조지아서던대학교는 2015학년도에 2,786명의 학생들에게 정식으로 입학을 허가하였다. 각 학생들에 대해서 SAT 및 ACT 점수(해당 시험을 치른 경우), 고등학교 평균학점, 입학허가를 받았던 대학에 관한 데이터를 갖고 있다. SAT 수학부문 점수에 관한 데이터 세트로부터 처음 다섯 개의 관찰값을 구하면 다음과 같다.

490   580   450   570   650

위 학생들에 대한 $\bar{x}$ 및 s를 계산해 보자. 평균값을 구하면 다음과 같다.

$$\bar{x} = \frac{490 + 580 + 450 + 570 + 650}{5}$$

$$= \frac{2,740}{5} = 548$$

그림 2.3은 별표(*)로 표시한 평균값을 비롯하여 수직선상에 데이터를 점들로 나타내었다. 편차들은 데이터들이 평균값으로부터 얼마나 벗어났는지를 보여 주며, 이것들이 분산 및 표준편차를 계산하는 데 출발점이 된다.

관찰값 x_i	편차 $x_i - \bar{x}$	제곱한 편차 $(x_i - \bar{x})^2$
490	$490 - 548 = -58$	$(-58)^2 = 3,364$
580	$580 - 548 = 32$	$32^2 = 1,024$
450	$450 - 548 = -98$	$(-98)^2 = 9,604$
570	$570 - 548 = 22$	$22^2 = 484$
650	$650 - 548 = 102$	$102^2 = 10,404$
	합계 = 0	합계 = 24,880

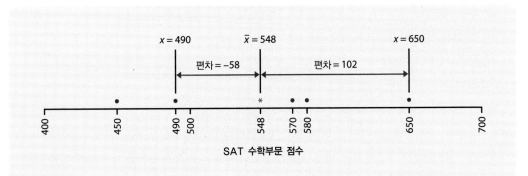

그림 2.3

5명의 학생에 대한 SAT 수학부문 점수를 보여 주고 있다. 평균(*)과 두 개 관찰값이 평균으로부터 벗어난 편차를 표시하고 있다.

분산은 제곱한 편차의 합을 관찰값의 수보다 한 개 적은 수로 나눈 것이다.

$$s^2 = \frac{1}{n-1} \sum (x_i - \bar{x})^2 = \frac{24,880}{4} = 6,220$$

표준편차는 분산의 제곱근이다.

$$s = \sqrt{6,220} = 78.87$$

분산 s^2에서 '평균'은 분산의 총합을 관찰값의 수보다 한 개 적은 수, 즉 n이 아니라 $n-1$로 나눈다는 사실에 주목하자. 그 이유는 편차 $x_i - \bar{x}$를 합하면 언제나 0이 되므로 이들 중 알고 있는 $n-1$이 마지막 것을 결정하기 때문이다. 제곱한 편차의 $n-1$개만이 자유롭게 변할 수 있어서 총합을 $n-1$로 나누어 평균을 하게 된다. 숫자 $n-1$을 분산 또는 표준편차의 **자유도**라고 한다. 일부 계산기는 n으로 나누든지 또는 $n-1$로 나누도록 선택하게 하는데, $n-1$을 사용하여야 한다는 사실을 명심하자.

손으로 하는 세부적인 계산 과정보다 표준편차의 유용성을 결정하는 특성을 이해하는 것이 더 중요하다.

- s는 평균값에 대한 **변동성**을 측정하며, 평균값이 중앙 측정값으로 선택된 경우에만 사용되어야 한다.
- s는 언제나 0이거나 또는 0보다 크다. 변동성이 없을 때만 $s = 0$이 된다. 즉, 모든 관찰값들이 동일한 값을 가질 때만 $s = 0$이 된다. 만약 그렇지 않다면 $s > 0$이 된다. 관찰값들이 자신들의 평균값에 대해 변동성이 커질수록 s가 더욱 커진다.
- s는 원래의 관찰값과 동일한 측정단위를 갖는다. 예를 들어 체중을 킬로그램으로 측정하였다면 평

균 $\bar{x}$ 및 표준편차 s도 역시 킬로그램으로 나타낸다. 이로 인해 표준편차 s가 분산 s^2보다 선호된다. 분산은 제곱한 킬로그램으로 나타낸다.

- 평균값 $\bar{x}$처럼 **표준편차 s도 저항력이 없다.** 몇 개의 이탈값이 s를 매우 크게 만들 수 있다.

제곱한 편차를 사용할 경우 몇 개의 극단적인 관찰값에 평균값 $\bar{x}$가 반응하는 것보다 s가 훨씬 더 민감하게 반응한다. 정리문제 2.1에서 살펴본 노스캐롤라이나주에 거주하는 15명 근로자들의 근무지까지의 이동시간에 대한 표준편차는 16.97분이다. (계산기 또는 소프트웨어를 사용하여 이를 구할 수 있다.) 큰 값의 이탈값을 뺄 경우 표준편차는 12.07분으로 감소한다.

표준편차의 중요성을 아직 명확하게 인지하지 못하였더라도 크게 문제 될 것은 없다. 제3장에서 표준편차가 대칭적인 분포, 즉 정규분포의 주요한 등급에 대해 변동성을 자연스럽게 측정하게 된다는 점을 살펴볼 것이다. 많은 통계적 절차의 유용성이 특정 형태의 분포와 연계된다. 이는 표준편차의 경우에도 분명히 그러하다.

2.8 중앙 및 변동성을 측정한 값을 선택하기

분포의 중앙 및 변동성을 측정하는 두 가지 방법, 즉 다섯 개 숫자로 나타낸 개요 또는 $\bar{x}$ 및 s 중에서 선택하려고 한다. $\bar{x}$ 및 s는 극단적인 관찰값에 민감하기 때문에 분포가 한쪽으로 심하게 기울어지거나 또는 이탈값을 갖는 경우 이것들은 우리를 오도할 수 있다. 실제로 한쪽으로 기울어진 분포의 양편은 변동성이 상이하기 때문에, 단 한 개의 숫자로 변동성을 잘 설명할 수 없다. 두 개의 4분위수와 두 개의 극단적인 값을 포함하는 다섯 개 숫자로 나타낸 개요가 이를 보다 잘 설명할 수 있다.

개요의 선택

- 한쪽으로 기울어진 분포이거나 또는 차이가 크게 나는 이탈값을 갖는 분포인 경우, 평균값 및 표준편차보다 다섯 개 숫자로 나타낸 개요가 통상적으로 더 유용하다.
- 이탈값이 없고 합리적인 수준에서 대칭적인 분포를 하는 경우에만 $\bar{x}$ 및 s를 사용하여야 한다.

이탈값은 중앙 및 변동성에 대한 가장 일반적인 측정값인 평균 $\bar{x}$ 및 표준편차 s에 큰 영향을 미친다. 이탈값이 존재할 경우, 많은 정교화된 통계적 절차도 또한 신뢰할 수 없게 된다. 데이터상에서 이탈값을 발견하게 되면 언제나 이를 설명하려고 노력하여야 한다. 이런 설명은 이따금 예를 들면 10.1을 101로 잘못 타이핑한 것처럼 단순히 타이핑상의 실수일 수 있다. 이따금 측정하는 장치가 잘못될 수도 있고 또는 교실에서 하는 설문조사에서 매일 밤마다 30,000분을 공부한다고 주장하는 학생 (실제로 이렇게 응답하는 학생이 있다)처럼 응답자가 어처구니 없는 대답을 할 수도 있다. 이런 경

우에는 모두 이탈값을 데이터상에서 간단히 제거하면 된다. 뉴욕주 일부 근로자들의 근무지까지의 이동시간처럼 이탈값이 실제 데이터인 경우, 이런 이탈값에 의해 크게 영향을 받지 않는 통계적 방법을 선택하여야 한다. 예를 들어 극단적인 이탈값을 갖는 분포를 설명하려면 $\bar{x}$ 및 s보다 다섯 개 숫자로 나타낸 개요를 사용하는 것이 낫다. 앞으로 이 책은 이런 원칙에 부합되도록 분포를 설명할 것이다.

그래프가 분포를 전체적으로 가장 잘 설명한다는 사실을 기억하자. 데이터가 계산기 또는 통계 프로그램에 입력되었다면, 분포의 모든 상이한 특징을 보여 주는 몇 개의 그래프를 매우 간단하고 신속하게 도출할 수 있다. 중앙 및 변동성에 대한 숫자적인 측정값들은 분포에 관한 특정 사실들을 알려 주지만 전체 형태를 알려 주지는 못한다. 숫자상의 개요는 예를 들면 다수의 최댓값 또는 여러 개의 군집이 존재하는 사실을 알려 줄 수 없다. 복습문제 2.7은 숫자상의 개요에 기초할 경우 그 결과가 얼마나 오도될 수 있는지를 보여 준다. 데이터를 언제나 그래프로 그려 보도록 하자.

복습문제 2.6

$\bar{x}$ 및 s를 손으로 계산하기

라돈은 자연적으로 발생하는 가스이며 미국에서 폐암 발생의 두 번째 주요 원인이 되고 있다. 이것은 토양 속의 우라늄이 자연적으로 파괴되어 발생하며 구조물의 갈라진 틈이나 구멍을 통해 건물로 유입된다. 미국 전체를 조사해 보면 그 수준이 주마다 천차만별하다. 주택에서 라돈수준을 낮출 수 있는 몇 가지 방법이 있으며, 미국 환경보호국은 주택에서 라돈가스를 측정한 수준이 리터당 4피코큐리를 초과할 경우 이를 낮출 수 있는 방법 중 하나를 사용하도록 권하고 있다. 해당 카운티의 평균이 리터당 8.2피코큐리인 미국 오하이오주 프랭클린 카운티의 측정된 네 개 수치는 3.8, 1.9, 12.1, 14.4이다.

Doug Martin/Science Source

(a) 평균값을 단계별로 구하시오. 즉, 4개 관찰값의 합계를 구하고 이를 4로 나누시오.

(b) 표준편차를 단계별로 구하시오. 즉, 평균값에 대한 각 관찰값의 편차를 구하여 이를 제곱한 다음 분산과 표준편차를 구하시오. 정리문제 2.7은 이 단계를 보여 준다.

(c) 이제 데이터를 계산기에 입력하고 평균값 및 표준편차를 계산해 주는 버튼을 사용하여 $\bar{x}$ 및 s를 구해 보자. 이 결과는 손으로 계산하여 구한 값과 일치하는가?

데이터를 설명하는 데 $\bar{x}$ 및 s로는 충분하지 않다

평균값 $\bar{x}$ 및 표준편차 s는 중앙 및 변동성을 측정하지만 분포를 완벽하게 설명하지는 못한다. 다른 형태의 데이터 세트들도 동일한 평균값 및 표준편차를 가질 수 있다. 이런 사실을 알아보기 위해서 계산기를 사용하여 다음 두 개 소

규모 데이터 세트들에 대한 $\bar{x}$ 및 s를 구하시오. 각 데이터 세트의 스템플롯을 작성하고 각 분포의 형태에 관해 논의하시오.

데이터 A	9.14	8.14	8.74	8.77	9.26	8.10	6.13	3.10	9.13	7.26	4.74
데이터 B	6.58	5.76	7.71	8.84	8.47	7.04	5.25	6.89	5.56	7.91	12.50

2.9 기기의 사용

'two-variable statistics' 기능이 있는 계산기도 우리가 필요로 하는 기본적인 계산을 할 수 있지만, 보다 정교화된 기기가 도움이 된다. 그래핑 계산기와 컴퓨터 소프트웨어는 명령어를 주면 계산을 하고 그래프를 그려 주므로 우리는 정확한 방법을 선택하여 그 결과를 해석하기만 하면 된다. 그림 2.4는 뉴욕주 20명 근로자들의 근무지까지의 이동시간(정리문제 2.3)을 설명하는 분석 결과를 보여 주고 있다. 각 분석 결과에서 $\bar{x}$, s, 다섯 개 숫자로 나타낸 개요를 찾아볼 수 있는가? 여기서 제시하고자 하는 바는 다음과 같다. 구하고자 하는 것이 무엇인지 알게 되면 기기를 통해 분석한 결과를 해석할 수 있다.

그림 2.4의 분석 결과들은 Texas Instruments 그래핑 계산기, Microsoft Excel 스프레드시트 프로그램, JMP 통계 소프트웨어를 이용하여 구하였다. JMP의 경우에는 구하고자 하는 계산값을 선택할 수 있지만, Excel 및 계산기의 경우에는 원하지 않는 계산값도 제공한다. 이런 여분의 정보는 무시하면 된다. Excel의 Descriptive Statistics 메뉴를 사용할 경우 4분위수를 제공하지 않으므로, 스프레드시트의 별개 4분위수 기능을 사용하여 Q_1 및 Q_2를 구할 수 있다.

상이한 제3의 4분위수 분석 결과

정리문제 2.5에서 뉴욕주 근로자들의 근무지까지의 이동시간에 대한 4분위수가 $Q_1 = 13.5$ 및 $Q_3 = 50$이라는 사실을 알았다. 그림 2.4에 있는 분석 결과를 살펴보도록 하자. 계산기를 이용하여 얻은 결과는 우리가 얻은 결과와 일치한다. 하지만 Excel을 이용할 경우 $Q_1 = 14.25$가 되며 JMP의 경우에는 $Q_1 = 12.75$가 된다. 어떤 일이 발생하였는가? 4분위수를 구하는 데는 몇 가지 규칙이 있다. 일부 계산기와 소프트웨어는 일부 데이

터 세트에 대해 우리가 구한 결과와는 상이한 결과를 제시하는 규칙을 사용한다. JMP 및 Excel이 이에 해당한다. 다양한 규칙에 기초하여 제시된 결과들은 일반적으로 상호 근사하다. 따라서 그런 차이가 실제로는 문제가 되지 않는다. 우리가 사용하는 규칙은 손으로 계산하는 데 가장 단순한 것이다.

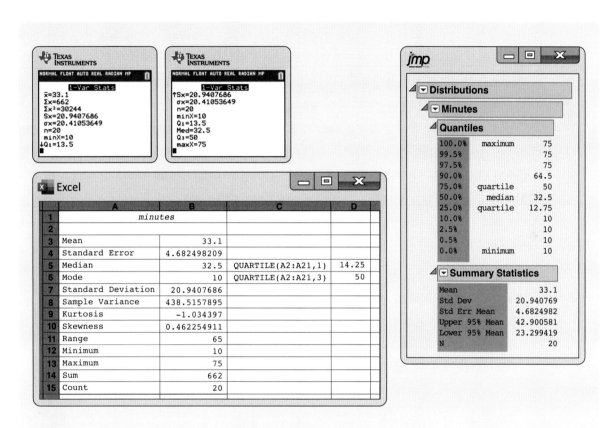

그림 2.4
그래핑 계산기, 스프레드시트 프로그램, 통계 소프트웨어 패키지를 이용하여 뉴욕주에서 근무지까지의 이동시간을 분석하여 얻은 결과

2.10 통계문제를 체계적으로 정리하기

지금까지 살펴본 정리문제 및 복습문제의 대부분은 (예를 들면 그래프 및 계산처럼) 기본적인 방법을 이용하여 분포를 설명하고 비교하였다. 또한 예를 들면 '데이터를 먼저 그래프로 그려 보기' 및 '전반적인 패턴을 살펴보고 그 패턴으로부터 눈에 띄게 이탈한 값을 찾아보기' 등과 같은 분석 방법을 사용할 수 있는 원칙에 대해 알아보았다. 살펴본 데이터들은 단순히 숫자들만이 아니라 예를 들면 에버글레이즈의 수위 또는 근무지까지의 이동시간처럼 특정 상황을 나타낸다. 데이터가 특정

상황으로부터 비롯되었기 때문에, 데이터를 검토하는 최종 단계는 해당 상황에 대해 **결론을 내리는** 것이다. 에버글레이즈의 수위는 플로리다주의 우기 및 건기를 반영하는 연간 주기를 갖고 있다. 근무지까지의 이동시간은 일반적으로 노스캐롤라이나주에서보다 뉴욕주에서 더 길다.

앞에서 논의한 고등학생 정시 졸업률에 관해 다시 살펴보도록 하자. 앞에서 정시 졸업률이 뉴멕시코주의 71.1%에서부터 아이오와주의 91%까지 변동을 하며, 중앙값이 86%라는 사실을 알았다. 각 주의 정시 졸업률은 여러 요인들과 연결된다. 통계학적인 문제에서는, 예를 들면 졸업률과 같은 변수의 차이 또는 변동을 이런 요인들 중 일부로 종종 설명하고자 한다. 예를 들어 가계 소득이 낮은 주들은 고등학생 정시 졸업률이 낮은 경향이 있는가? 미국의 어떤 지역에 속한 주들은 다른 지역에 속한 주들보다 정시 졸업률이 낮은 경향이 있는가?

보다 많은 통계적 방법 및 원칙을 배워 감에 따라 보다 복잡한 통계문제를 해결할 수 있다. 어떤 한 개의 틀이 통계학을 실제 상황에 적용할 때 발생하는 모든 다양한 문제를 해결할 수는 없지만, 다음과 같은 4단계 추론 과정은 유용한 지침이 될 수 있다. 특히 첫 번째 및 마지막 단계는 통계문제가 특정 실제 상황과 연계되어 단순히 계산하고 그래프를 그리는 것 이상의 과정이라는 사실을 강조한다.

통계문제를 체계적으로 정리하기 : 4단계 과정

문제 핵심 : 실제 상황에서 실질적인 의문점은 무엇인가?

통계적 방법 : 이 문제를 해결하기 위해서 어떤 특정의 통계 작업이 필요한가?

해법 : 이 문제를 해결하기 위해서 필요한 그래프를 그리고 계산을 한다.

결론 : 현실문제에서 실제로 도움이 되는 결론을 도출한다.

통계적 기본 지식을 습득할 수 있도록, 정리문제 및 복습문제들은 예를 들면 히스토그램을 그리고 다섯 개 숫자로 나타낸 개요를 구하는 등과 같은 작업을 하도록 요구하였다. 하지만 실제 통계문제는 이런 세부적인 지시 없이 제시된다. 지금부터 특히 이 책의 뒷부분에서, 보다 실제세계 문제와 관련된 문제를 해결하도록 할 것이다. 이런 문제들을 풀고 해법을 제시하는 지침으로서 4단계 과정을 사용하는 것이 바람직하다.

정리문제 2.9

고등학생 정시 졸업률의 비교

문제 핵심 : 미국 연방법은 2010~2011학년도부터 고등학생 정시 졸업률을 공통적인 계산법으로 실시하도록 규정하였다. 이전에는 10% 이상 차이가 나는 몇 개의 계산법 중 하나를 각 주가 선택하였다. 이런 공통적인 계산법으로 인해 주들 사이의 정시 졸업률을 의미 있게 비교할 수 있게 되었다.

제1장의 표 1.1에서, 2016~2017학년도에 고등학생의 정시 졸업률은 뉴멕시코주의 71.1%에서부터

지역	n	평균값	표준표차
중서부지역(MW)	12	86.03	3.12
북동지역(NE)	9	87.12	2.70
(컬럼비아 특별구가 포함된) 남부지역(S)	17	85.14	4.72
(컬럼비아 특별구가 제외된) 남부지역(S)	16	85.89	3.69
서부지역(W)	13	80.5	4.27

```
중서부지역          북동지역          남부지역                    서부지역
7 |               7 |               7 | 3                   7 | 1
7 |               7 |               7 | 8                   7 | 688999
8 | 02334        8 | 14            8 | 02233               8 | 0225
8 | 677889       8 | 667889        8 | 6667899999          8 | 66
9 | 1            9 | 0             9 |                     9 |
```

그림 2.5
미국 네 개 센서스 지역에 대한 정시 졸업률의 분포를 비교한 스템플롯

아이오와주의 91%까지 변동했다는 사실을 알았다. 미국 센서스국은 50개 주와 컬럼비아 특별구를 네 개 지역, 즉 북동지역(NE), 중서부지역(MW), 남부지역(S), 서부지역(W)으로 분류한다. 각 주가 속하는 지역은 표 1.1에 표기되어 있다. 네 개 지역에 속하는 주들은 독특한 정시 졸업률 분포를 보여 주는가? 이들 각 지역에 속한 주들의 평균 정시 졸업률은 어떻게 비교되는가?

통계적 방법 : 그래프 및 숫자적 설명을 사용하여, 미국의 네 개 지역에 속한 주들의 고등학생 정시 졸업률 분포를 설명하고 비교하시오.

해법 : 박스플롯을 사용해서도 분포를 비교할 수 있지만, 스템플롯이 보다 세부적인 사항을 유지하면서 이런 크기의 데이터 세트에 대해 더 잘 작동한다. 그림 2.5는 쉽게 비교할 수 있게 줄기들이 배열된 스템플롯을 보여 준다. 분포를 더 잘 설명할 수 있도록 줄기는 분할되었으며, 데이터는 (소수점이 포함되지 않도록) 가장 가까운 백분율로 반올림되었다. 스템플롯은 일부분이 비슷하며, 표본크기가 상이하여 일부 스템플롯이 다른 것에 비해 더 많은 잎을 갖기 때문에 네 개 스템플롯을 비교할 때는 주의를 기울일 필요가 있다. 북동지역과 중서부지역에 속하는 주들은 서로 유사한 분포를 갖는다. 가장 많은 관찰값들을 갖는 남부지역은 다른 주들과 일정한 거리를 두고 있는 컬럼비아 특별구에 해당하는 낮은 관찰값을 포함하며, 왼쪽으로 기울어진 분포를 한다. 분포가 거의 기울어지지 않고 심각한 이탈값이 없는 경우, $\bar{x}$ 및 s를 각 지역에 속한 주들의 정시 졸업률 분포의 중앙 및 변동성에 대한 요약 측정값으로 제시할 수 있다. 컬럼비아 특별구가 주 데이터에 종종 포함되기는 하지만 주가 아니기 때문에, 이를 포함한 남부지역 요약 통계량과 포함하지 않은 남부지역 요약 통계량을 각각 제시하였다.

결론 : 요약 통계량 표와 스템플롯은 유사한 결론에 도달한다. 중서부지역과 북동지역에 속한 주들은 서

로 가장 유사하며, 컬럼비아 특별구를 제외한 남부지역은 약간 더 낮은 평균값과 더 높은 표준편차를 갖는다. 서부지역에 속한 주들은 다른 세 개 지역보다 더 낮은 평균 졸업률을 가지며, 표준편차는 남부의 것과 유사하지만 중서부지역이나 북동지역의 것들보다는 더 높다.

정리문제 2.9에서 개체는 각 주들이라는 사실을 기억하는 것이 중요하다. 예를 들면, 평균값 87.12는 북동지역에 속하는 9개 주들에 대한 정시 졸업률의 평균값이며, 표준편차는 이 주들이 이 평균값에 대해 얼마나 변동하는지를 알려 준다. 하지만 이들 9개 주의 평균값은 각 주들이 동일한 수의 고등학교 졸업생들을 갖지 않는 한 북동지역 모든 고등학생들에 대한 정시 졸업률과 동일하지는 않다. 북동지역 모든 고등학생들에 대한 정시 졸업률은, 각 주의 정시 졸업률에 대해 더 큰 주에게 더 큰 가중치를 주어 구하는 **가중 평균값**이 되어야 할 것이다. 예를 들면, 뉴욕주는 북동지역에서 가장 인구가 많으며 또한 정시 졸업률이 가장 낮은 주이므로, 북동지역 모든 고등학교 학생들의 정시 졸업률은 87.12보다 낮을 것으로 기대된다. 왜냐하면 뉴욕주가 전반적인 정시 졸업률을 낮출 것이기 때문이다.

복습문제 2.8

열대 다우림의 벌채

"환경보호 활동가들은 벌채, 개척, 화전 등으로 인해서 열대 다우림이 파괴되는 현상에 대해 크게 우려하고 있다." 이 문구는 보르네오섬의 벌채가 미치는 영향에 관한 통계적 연구의 머리말이다. 듀크대학교의 찰스 캐넌 교수와 동료들은 벌채가 한 번도 이루어지지 않은 다우림 지구(그룹 1)와 1년 먼저 벌채가 이루어진 근처의 유사한 다우림 지구(그룹 2) 그리고 8년 먼저 벌채가 이루어진 근처의 유사한 다우림 지구(그룹 3)를 비교하였다. 각 지구의 면적은 0.1헥타르이다. 다음 표는 각 그룹에 속한 다우림 지구들의 나무 종류의 숫자이다. 벌채가 나무 종류의 숫자에 어느 정도 영향을 미치는가? 4단계 과정을 밟아서 설명하시오.

그룹 1	27	22	29	21	19	33	16	20	24	27	28	19
그룹 2	12	12	15	9	20	18	17	14	14	2	17	19
그룹 3	18	4	22	15	18	19	22	12	12			

요약

- 분포에 관한 숫자적인 개요는 최소한 해당 분포의 중앙 및 변동성을 포함하여야 한다.
- 평균값 $\bar{x}$ 및 중앙값 M은 상이한 방법으로 분포의 중앙을 나타낸다. 평균값은 관찰값들의 산술 평균이며 중앙값은 관찰값들의 중간점이다.
- 중앙값을 이용하여 분포의 중앙을 나타낼 경우 4분위수를 통해 변동성을 보여 주어야 한다. 제1의 4분위수 Q_1은 그 아래로 관찰값의 4분의 1이 존재하며, 제3의 4분위수 Q_3는 그 아래로 관찰값의 4분의 3이 존재한다.
- 중앙값, 4분위수, 가장 작은 관찰값, 가장 큰 관찰값으로 구성된 다섯 개 숫자로 나타낸 개요는 분포를 일목요연하게 전반적으로 설명한다. 중앙값은 중앙을 나타내고 4분위수 및 극단값은 변동성을 보여 준다.
- 다섯 개 숫자로 나타낸 개요에 기초한 박스플롯은 여러 개의 분포를 비교하는 데 유용하게 사용된다. 중앙의

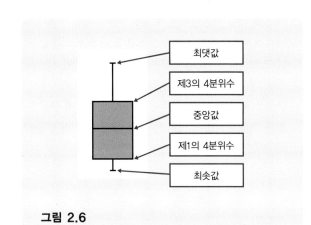

그림 2.6
최댓값, 제3의 4분위수, 중앙값, 제1의 4분위수, 최솟값을 보여 주는 박스플롯

박스는 4분위수를 양 끝으로 하여 연결하며 해당 분포에 대한 중앙의 절반의 변동성을 보여 준다. 중앙값은 박스 내에 표시된다. 박스로부터 극단값으로 선을 그어서 데이터의 전체 변동성을 보여 준다.

- 분산 s^2 및 이것의 제곱근인 표준편차 s는 중앙으로서의 평균값에 대한 변동성을 일반적으로 측정하는 값이다. 전혀 변동성이 없는 경우 표준편차는 0이 되며, 변동성이 커질수록 표준편차는 커진다.
- 분포에 대해 저항력이 있는 측정값은 전체 관찰값의 수에 비해 비율적으로 적은 수의 관찰값이 변화할 경우 이 변화가 얼마나 큰지에 관계없이 상대적으로 영향을 받지 않는다. 중앙값 및 4분위수는 저항력이 있지만 평균값 및 표준편차는 저항력이 없다.
- 평균값 및 표준편차는 이탈값이 없는 대칭적인 분포의 경우 이를 설명하는 데 적합하며, 다음 장에서 살펴볼 정규분포의 경우 가장 유용하다. 다섯 개 숫자로 나타낸 개요는 기울어진 분포를 설명하는 데 더 적합하다.
- 숫자로 나타낸 개요는 분포의 형태를 완전하게 설명하지 못한다. 언제나 관련 데이터를 그래프로 그려 보도록 하자.
- 통계문제는 실제세계 상황과 관련된다. 4단계, 즉 문제 핵심, 통계적 방법, 해법, 결론의 단계를 이용하여 많은 문제를 체계적으로 정리할 수 있다.

주요 용어

박스플롯	중앙값	표준편차
분산	평균값	4분위수

연습문제

1. **대학 졸업생들의 소득** 미국 센서스국의 인구조사에 따르면 대학교 학사학위만을 갖고 있는 25~34세 사람들의 2018년도 평균 및 중앙 소득은 50,350달러 및 60,178달러이다. 이 숫자들 중에서 어느 것이 평균소득이고 어느 것이 중간소득인지 말하시오. 당신의 논리를 설명하시오.

2. **대학의 기부재산** 미국의 전국대학연합회 사무국은 대학 기부재산에 관한 데이터를 수집하였다. 2018년에 미국과 캐나다의 809개 대학은 자신들의 기부재산을 발표하였다. 기부재산 금액을 순서대로 배열할 경우, 이 순서대로 배열된 목록에서 평균 및 4분위수들의 위치는 어떠한가?

3. **캐나다에서도 역시 일요일에는 신생아가 출생하지 않는가?** 앞에서는 1년 동안 각 요일별로 미국에서 출생한 신생아 수를 살펴보았다. 다음 박스플롯은 캐나다 토론토의 보다 자세한 데이터에 기초하여 작성되었다. 1년 365일 동안 출생한 신생아 수를 요일별로 그룹화하였다. 이 박스플롯에 기초하고, 형태, 중앙, 변동성을 이용하여 요일별 분포를 비교하시오. 발견한 사실을 요약하시오.

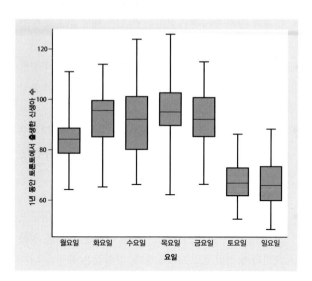

4. **프로 운동선수들의 봉급** 몬트리올 커네이디언스 팀은 1909년 창설되어, 가장 오랫동안 지속적으로 운영된 프로 아이스하키 팀이다. 이 팀은 스탠리컵을 24번 차지하였으며, 캐나다와 미국에서 전통적으로 주요하게 여겨진 4개 스포츠의 가장 성공한 프로 스포츠팀 중 하나가 되었다. 다음 표는 2019~2020년 시즌이 시작되기 전에 2019~2020년 등록 명부에 기재된 선수들의 봉급을 보여 주고 있다. 해당 팀의 소유주에게 봉급 분포를 전체적으로 설명하면서, 가장 중요한 특징들을 개략적으로 설명하시오.

2019~2020년도 몬트리올 커네이디언스 팀의 운동선수 봉급

운동선수	봉급	운동선수	봉급	운동선수	봉급
Carey Price	$15,000,000	Phillip Danault	$3,000,000	Christian Folin	$800,000
Shea Weber	$6,000,000	Brett Kulak	$1,950,000	Victor Mete	$750,000
Jonathan Drouin	$5,500,000	Dale Weise	$1,750,000	Charlie Lindgren	$750,000
Tomas Tatar	$4,981,132	Jordan Weal	$1,300,000		
Karl Alznerr	$4,625,000	Matthew Peca	$1,300,000		
Paul Byron	$4,000,000	Nate Thompson	$1,000,000		
Jeff Petry	$4,000,000	Nicolas Deslauriers	$950,000		
Brendan Gallagher	$4,000,000	Jesperi Kotkaniemi	$925,000		
Andrew Shaw	$3,250,000	Ryan Poehling	$925,000		
Max Domi	$3,150,000	Noah Juulsen	$832,000		

5. **주식 수익률** 지난 세대 동안 주식은 어떤 성과를 내었는가? 월셔(Wilshire) 5000 지수는 미국 전체 주식의 평균 성과를 알려 준다. 평균은 각 기업 주식의 총시장가치로 가중되므로, 이 지수는 평균 투자자의 성과를 측정하는 지수로 간주된다. 다음 표는 1971년부터 2018년까지 월셔 5000 지수에 대한 수익률을 보여 주고 있다. 연간 주식 수익률의 분포에 관해 어떤 말을 할 수 있는가?

1971년부터 2018년까지의 월셔 5000 지수에 대한 수익률(%)

연도	수익률	연도	수익률	연도	수익률
1971	17.68	1980	33.67	1989	29.17
1972	17.98	1981	−3.75	1990	−6.18
1973	−18.52	1982	18.71	1991	34.20
1974	−28.39	1983	23.47	1992	8.97
1975	38.47	1984	3.05	1993	11.28
1976	26.59	1985	32.56	1994	−0.06
1977	−2.64	1986	16.09	1995	36.45
1978	9.27	1987	2.27	1996	21.21
1979	25.56	1988	17.94	1997	31.29
1998	23.43	2005	6.32	2012	16.12
1999	23.56	2006	15.88	2013	34.02
2000	−10.89	2007	5.73	2014	12.07
2001	−10.97	2008	−37.34	2015	−0.24
2002	−20.86	2009	29.42	2016	13.04
2003	31.64	2010	17.87	2017	21.00
2004	12.62	2011	0.59	2018	−5.29

6. **향기는 사업을 번창시키는가?** 업계에서는 고객들이 배경 음악에 반응한다는 사실을 알고 있다. 고객들은 또한 향기에도 반응하는가? 니콜라스 구에겐과 동료 연구자들은 5월 토요일 저녁에 프랑스의 작은 피자 음식점에서 이에 대해 알아보았다. 첫 번째 저녁에는 기분을 편안하게 하는 라벤더 향기를 음식점 전체에 퍼져나가게 하였다. 두 번째 저녁에는 자극적인 레몬 향기를 사용하였으며, 세 번째 저녁에는 대조군으로 어떤 향기도 사용하지 않았다. 다음 표는 각 저녁에 고객들이 지출한 금액(유로)을 보여 주고 있다. 이들 세 개 분포를 비교하시오. 두 가지 향기는 고객들의 지출액 증가와 연관되는가?

고객들이 음식점에서 향기에 노출된 경우 지출한 금액(유로)

향기가 없는 경우									
15.9	18.5	15.9	18.5	18.5	21.9	15.9	15.9	15.9	15.9
15.9	18.5	18.5	18.5	20.5	18.5	18.5	15.9	15.9	15.9
18.5	18.5	15.9	18.5	15.9	18.5	15.9	25.5	12.9	15.9
레몬 향기의 경우									
18.5	15.9	18.5	18.5	18.5	15.9	18.5	15.9	18.5	18.5
15.9	18.5	21.5	15.9	21.9	15.9	18.5	18.5	18.5	18.5
25.9	15.9	15.9	15.9	18.5	18.5	18.5	18.5		
라벤더 향기의 경우									
21.9	18.5	22.3	21.9	18.5	24.9	18.5	22.5	21.5	21.9
21.5	18.5	25.5	18.5	18.5	21.9	18.5	18.5	24.9	21.9
25.9	21.9	18.5	18.5	22.8	18.5	21.9	20.7	21.9	22.5

정규분포

이 제 우리는 분포를 설명하는 데 사용할 수 있는 일종의 연장 통으로 그래프 및 숫자적인 개요를 알게 되었다. 더욱이 단일 정량변수에 관한 데이터를 탐구하는 데 유용한 방법도 알게 되었다.

분포에 관한 탐구

1. 데이터를 언제나 도표로 나타내 보자. 그래프, 통상적으로 히스토그램 또는 스템플롯을 도출해 보자.

2. (형태, 중앙, 변동성 등과 같은) 전반적인 패턴을 살펴보고 이탈값처럼 눈에 띄는 편차를 찾아보자.

3. 숫자적인 개요를 계산하여 중앙 및 변동성을 간단하게 설명해 보자.

이 장에서는 다음과 같은 단계를 하나 더 추가시킬 것이다.

4. 많은 수의 관찰값에 대한 전반적인 패턴은 이따금 매우 규칙적이라서 이를 부드러운 곡선으로 나타낼 수 있다.

3.1 밀도곡선

그림 3.1은 기초학력 아이오와 테스트의 어휘력 부문에 대한 미국 인디애나주 게리시의 7학년(한국의 중학교 1학년에 해당) 학생 947명의 점수를 히스토그램으로 나타낸 것이다. 이 전국적인 테스트에서 많은 학생들의 점수는 매우 규칙적인 분포를 보인다. 히스토그램은 대칭적이며 양 끝의 꼬리 부분은 단 한 개의 중앙에 있는 최곳값으로부터 부드럽게 떨어져 내려온다. 대규모의 공백이나 눈에 띄는 이탈값은 존재하지 않는다. 그림 3.1에 있는 히스토그램의 최고 높은 막대를 관통하여 그려진 부드러운 곡선은 해당 데이터의 전반적인 패턴을 잘 보여 주고 있다.

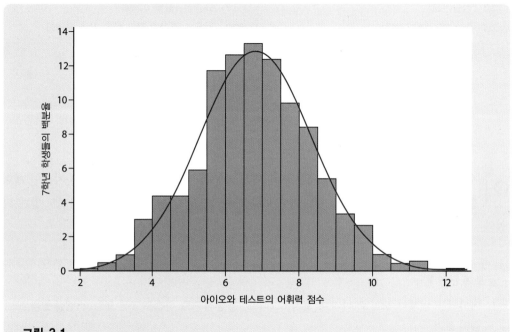

그림 3.1

인디애나주 게리시의 7학년 학생 전체에 대한 아이오와 테스트의 어휘력 점수를 보여 주는 히스토그램이다. 부드러운 곡선은 분포의 전반적인 형태를 나타낸다.

정리문제 3.1

히스토그램에서 밀도곡선으로의 전환

히스토그램에 있는 막대의 면적에 주목해 보자. 막대의 면적은 관찰값의 비율을 나타낸다. 그림 3.2(a)는 그림 3.1과 동일하며 다만 왼쪽 끝부분에 있는 막대들의 색깔을 다르게 나타냈을 뿐이다. 그림 3.2(a)에서 색깔이 다른 막대들의 면적은 어휘력 점수가 6.0 이하인 학생들을 나타낸다. 이런 학생들의 수는 287명이며, 게리시 전체 7학년 학생 중 비율이 287/947 = 0.303이 된다.

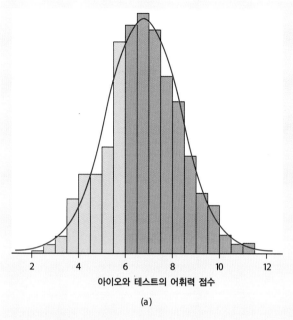

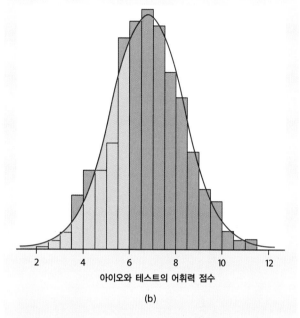

그림 3.2(a)

실제 데이터에서 6.0 이하인 점수의 비율은 0.303이다. 곡선 아래의 총면적이 1이 되도록 수직축의 척도가 조절되었다.

그림 3.2(b)

밀도곡선에 따르면 6.0 이하인 점수의 비율은 0.293이다. 밀도곡선은 데이터의 분포에 대한 훌륭한 어림셈이 된다.

이제는 막대들을 통과하여 그린 곡선을 살펴보도록 하자. 그림 3.2(b)에서 6.0의 왼편으로 곡선 아래 면적을 다른 색깔로 나타내었다. 수직의 눈금을 조정하여 히스토그램의 막대를 더 길거나 또는 더 짧게 그릴 수 있다. 히스토그램의 막대들을 부드러운 곡선으로 전환시키면서 다음과 같은 선택을 하게 된다. 즉, **곡선 아래의 총면적이 정확히 1이 되도록 그래프의 척도를 조절한다.** 총면적이 비율 1, 즉 모든 관찰값을 나타낸다. 이렇게 하면 곡선 아래의 면적을 관찰값의 비율로 해석할 수 있다. 이 곡선은 이제 **밀도곡선이**된다. 그림 3.2(b) 밀도곡선 아래의 색깔이 다른 면적은 어휘력 점수가 6.0 이하인 학생들의 비율을 나타낸다. 이 면적은 0.293으로, 실제 면적 비율인 0.303과 단지 0.010의 차이가 날 뿐이다. 이 면적을 구하는 방법을 곧 살펴볼 것이다. 지금은 밀도곡선 아래의 면적이 947명의 테스트 점수에 대한 실제 분포와 아주 근사하다는 사실에 주목하자.

밀도곡선

밀도곡선(density curve)은 다음과 같은 곡선이다.

- 언제나 수평축 또는 그 위에 있는 곡선이다.
- 해당 곡선 아래의 면적이 정확히 1이 되는 곡선이다.

밀도곡선은 분포의 전반적인 패턴을 보여 준다. 밀도곡선 아래 및 어떤 범위 위의 면적이 해당 영역에 속한 관찰값의 비율이다.

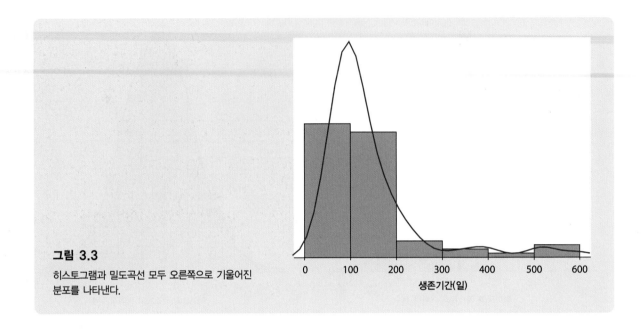

그림 3.3
히스토그램과 밀도곡선 모두 오른쪽으로 기울어진
분포를 나타낸다.

분포와 마찬가지로, 밀도곡선도 여러 가지 형태를 갖는다. 그림 3.3은 의학실험을 하기 위해 전염병 박테리아를 72마리의 돼지쥐(일명 모르모트)에 주사한 후 생존한 날짜를 보여 주는 분포로, 심하게 기울어져 있다. 히스토그램 및 밀도곡선은 둘 다 해당 데이터에 기초하고 소프트웨어를 사용하여 도출되었다. 두 가지 모두 전반적인 형태를 보여 주고 있으며 오른쪽으로 길어진 꼬리에 해당 관찰값들이 조금씩 '돌출되어' 있다. 밀도곡선은 분포의 주요한 특징으로 단 한 개의 높은 최곳값을 보여 주고 있다. 히스토그램은 두 개 막대 사이의 최곳값 근처에서 관찰값을 분할하여 최곳값의 높이를 낮추었다. 밀도곡선은 통상적으로 분포의 전반적인 패턴을 잘 보여 준다. 전반적인 패턴에서 크게 벗어난 이탈값들은 곡선으로 잘 나타내어지지 않는다. 물론 밀도곡선이 실제 데이터 세트를 정확하게 보여 주지는 않는다. 밀도곡선은 사용하기 쉽고 실제 사용하는 데 큰 문제가 되지 않을 정도로 정확하게 해당 데이터를 이상적으로 나타낸 것이다.

복습문제 3.1

밀도함수의 묘사

다음과 같은 형태의 분포를 보여 주는 밀도곡선을 그리시오.

(a) 대칭적이지만 두 개의 최고점을 갖는 분포(즉, 두 개의 강력한 관찰값 군집이 있는 분포)

(b) 단 한 개의 최곳값을 갖고 오른쪽으로 기울어진 분포

3.2 밀도곡선에 대한 설명

중앙 및 변동성에 대한 측정값은 실제 관찰값 세트뿐만 아니라 밀도곡선에도 적용된다. 중앙값 및 4분위수는 적용하기가 용이하다. 밀도곡선 아래의 면적은 관련 관찰값 합계의 비율이다. 중앙값은 양편으로 관찰값이 절반씩 있는 점이다. 따라서 밀도곡선의 중앙값은 양편의 면적이 동일해지는 점이다. 즉, 밀도곡선 아래의 면적 절반은 왼쪽에 위치하고 나머지 절반은 오른쪽에 위치한다. 4분위수는 밀도곡선 아래의 면적을 4분의 1씩 나눈다. 밀도곡선 아래 면적의 4분의 1은 제1의 4분위수 왼쪽에 위치하며, 4분의 3은 제3의 4분위수 왼쪽에 위치한다. 밀도곡선 아래 면적을 눈으로 동일하게 4등분함으로써 밀도곡선의 중앙값 및 4분위수의 위치를 대략적으로 알 수 있다.

밀도곡선은 가상하여 나타낸 이상적인 패턴이므로 대칭적인 밀도곡선은 정확하게 대칭이 된다. 따라서 대칭적인 밀도곡선의 중앙값은 곡선의 중앙에 위치한다. 그림 3.4(a)는 대칭적인 밀도곡선으로, 중앙값이 표시되어 있다. 기울어진 밀도곡선에서 양편의 면적이 동일해지는 점을 찾기는 쉽지 않다. 어떤 밀도곡선에 대한 중앙값을 구하는 수학적인 방법이 있다. 그림 3.4(b)에 있는 기울어진 밀도곡선의 중앙값은 이렇게 구한 것이다.

평균값은 어떤 것인가? 일련의 관찰값들에 대한 평균값은 이들의 산술 평균이다. 관찰값들을 얇은 막대기를 따라 한 줄로 세운 저울추라고 생각할 경우, 평균값은 막대기가 균형을 이루는 점이다. 이는 또한 밀도곡선의 경우에도 그러하다. **평균값은 밀도곡선이 단단한 재질로 만들어졌다면 해당 곡선이 균형을 이루는 점이다.** 그림 3.5는 평균값에 대한 이런 사실을 보여 주고 있다. 대칭적인 곡선은 양편이 동일하기 때문에 중앙에서 균형을 이룬다. 그림 3.4(a)에서 보는 것처럼 대칭적인 밀도곡

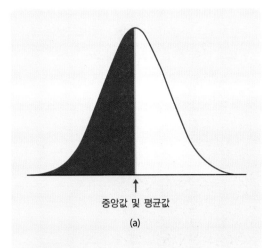

중앙값 및 평균값

(a)

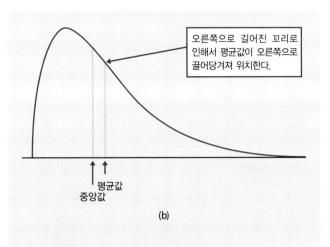

오른쪽으로 길어진 꼬리로 인해서 평균값이 오른쪽으로 끌어당겨져 위치한다.

평균값
중앙값

(b)

그림 3.4(a)
대칭적인 밀도곡선의 중앙값 및 평균값은 대칭적인 곡선의 중앙에 위치한다.

그림 3.4(b)
오른쪽으로 기울어진 밀도곡선의 중앙값 및 평균값을 보여 준다. 평균값은 중앙값으로부터 긴 꼬리 쪽을 향해 끌어당겨져 위치한다.

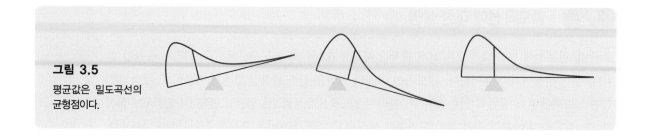

그림 3.5
평균값은 밀도곡선의
균형점이다.

선의 **평균값** 및 중앙값은 동일하다. 기울어진 분포에 대한 평균값은 긴 꼬리 쪽으로 끌어당겨져 위치한다. 그림 3.4(b)는 기울어진 밀도곡선의 평균값이 중앙값보다 긴 꼬리 쪽으로 더 끌어당겨져 위치한다는 사실을 보여 준다. 기울어진 곡선에서 눈으로 균형점을 찾기란 어렵다. 밀도곡선에 대한 평균값을 계산할 수 있는 수학적인 방법이 있어서 그림 3.4(b)에서 중앙값뿐만 아니라 평균값의 위치를 알 수 있다.

밀도곡선의 중앙값 및 평균값

밀도곡선의 **중앙값**(median)은 곡선 아래의 면적을 반으로 분할하는 점, 즉 등적점이다.

밀도곡선의 **평균값**(mean)은 이 곡선을 단단한 재질로 만들었다면 해당 곡선이 균형을 이루는 점, 즉 균형점이다.

대칭적인 밀도곡선에 대한 중앙값 및 평균값은 동일하다. 이 두 개 모두 해당 곡선의 중앙에 위치한다. 기울어진 곡선의 평균값은 긴 꼬리 쪽을 향하여 중앙값으로부터 떨어져 위치한다.

밀도곡선은 데이터의 분포를 이상적으로 제시한 것이기 때문에, 밀도곡선의 평균값 및 표준편차와 실제 데이터에 기초하여 계산한 평균값 $\bar{x}$ 및 표준편차 s를 구별하여야 한다. 밀도곡선의 **평균값**은 통상적으로 μ(그리스 문자로 '뮤'라고 한다)라는 부호로 나타낸다. 밀도곡선의 **표준편차**는 통상적으로 σ(그리스 문자로 '시그마'라고 한다)라는 부호로 표기한다. 우리는 대략 눈으로 밀도곡선의 평균값 μ를 균형점인 위치에서 찾아낼 수 있다. 하지만 일반적으로 밀도곡선의 표준편차 σ를 눈으로 구할 수 있는 쉬운 방법은 없다.

복습문제 3.2

평균값 및 중앙값

그림 3.6은 세 개의 밀도곡선을 보여 주고 있으며 각 밀도곡선에 세 개의 점이 표시되어 있다. 각 밀도곡선상의 세 개 점 중에서 어느 것이 평균값 및 중앙값인가?

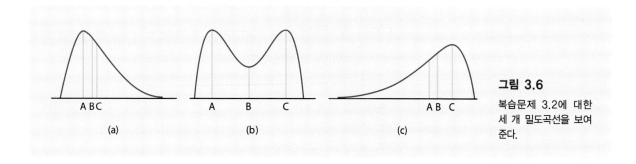

그림 3.6
복습문제 3.2에 대한 세 개 밀도곡선을 보여 준다.

3.3 정규분포

특히 중요한 형태의 밀도곡선을 그림 3.1 및 3.2에서 살펴보았다. 이런 곡선을 **정규곡선**이라고 하며, 이것들이 설명하는 분포를 **정규분포**라고 한다. 정규분포는 통계학에서 중요한 역할을 하지만, 다소 특수하며 통상적이거나 평균이라는 의미에서의 '정규'는 결코 아니다. 이 곡선들은 특수하다는 사실을 인지시키기 위해서 '정규'의 영문자를 Normal, 즉 대문자로 시작하였다. 그림 3.7에 있는 두 개의 정규곡선을 살펴보자. 이들은 다음과 같은 몇 가지 중요한 사실을 보여 주고 있다.

- 모든 정규곡선들은 동일한 전반적인 형태, 즉 대칭적이고 최곳값이 한 개이며 종 모양인 형태를 갖는다.
- 어떤 특정의 정규곡선도 해당 평균값 μ 및 표준편차 σ로 완벽하게 설명할 수 있다.
- 평균값은 대칭적인 곡선의 중앙에 위치하며 중앙값과 동일하다. σ의 변화 없이 μ를 변화시킬

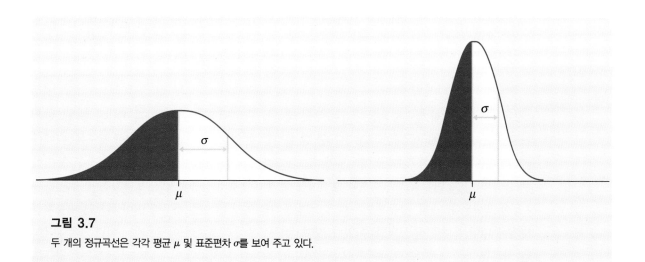

그림 3.7
두 개의 정규곡선은 각각 평균 μ 및 표준편차 σ를 보여 주고 있다.

경우 정규곡선은 변동성의 변화 없이 수평축을 따라 이동한다.
- 표준편차 σ가 정규곡선의 변동성을 통제한다. 표준편차가 큰 곡선일수록 정규곡선 아래의 면적은 평균에 대해 덜 집중화되어 납작하게 더 퍼지게 된다.

표준편차 σ는 정규분포의 변동성을 측정하는 기준이 된다. μ 및 σ는 정규곡선의 형태를 완벽하게 결정할 수 있을 뿐만 아니라, 정규곡선상에서 눈으로 추정하여 σ를 나타낼 수 있다. 어떻게 하는지는 다음과 같다. 정규곡선의 형태를 한 산에서 아래로 스키를 탄다고 가상하자. 산의 정상으로부터 활주를 하게 되면 처음에는 훨씬 더 가파른 각도로 내려오게 된다.

다행히도 거기서 급강하하지 않고 활주를 하여 내려오게 됨에 따라 기울기는 가파르기보다 평평하게 된다.

이런 곡률 변화가 발생하는 점들은 평균값 μ의 양편에 σ의 거리만큼 떨어져 존재한다. 정규곡선을 따라 연필을 움직여 보아도 이런 변화를 감지할 수 있어서 이렇게 표준편차를 구할 수 있다. μ 및 σ만으로는 대부분 분포의 형태를 나타낼 수 없다는 사실을 기억하자. 또한 밀도곡선의 형태는 일반적으로 σ를 드러내지 않는다는 사실도 기억하자. 이런 것들은 정규분포가 갖고 있는 특성들이다.

정규분포

정규분포(Normal distribution)는 정규밀도곡선으로 설명할 수 있다. 어떤 특정 정규분포는 두 개 숫자, 즉 해당 평균값 μ 및 표준편차 σ로 완벽하게 나타낼 수 있다. 정규분포의 평균값은 대칭적인 정규곡선의 중앙에 위치한다. 표준편차는 중앙으로부터 양편의 곡률 변화점까지의 거리이다.

정규분포가 통계학에서 중요한 이유는 무엇 때문인가? 다음과 같은 세 가지 이유가 있다. 첫째, 정규분포는 실제 데이터에 대한 일부 분포를 잘 설명할 수 있다. 정규분포에 근접한 분포에는 (예를 들면 대학수학능력시험 및 미국 아이오와 테스트처럼) 여러 사람들이 치르는 테스트 점수, 동일한 수량을 주의 깊게 반복적으로 측정한 값, (예를 들면 옥수수의 산출량처럼) 생물학적인 집단의 특성 등이 포함된다. 둘째, 정규분포는 예를 들면 동전을 여러 번 던질 경우 앞면이 나오는 비율처럼 가능성에 대한 결과를 잘 설명할 수 있다. 셋째, 정규분포에 기초하여 이루어지는 여러 가지 **통계적 추론** 절차는 다른 대략적으로 대칭적인 분포에도 잘 적용된다. 하지만 많은 데이터 세트들은 정규분

포를 따르지 않는다. 예를 들어 대부분의 소득분배는 오른쪽으로 기울어져서 정규분포를 하지 않는다. 정규분포를 하지 않는 데이터는 흔하며 정규분포를 하는 데이터보다 이따금 더 흥미로울 수도 있다.

3.4 68-95-99.7 법칙

많은 정규곡선들이 존재하지만 이들은 모두 공통적인 특성을 갖고 있다. 특히 모든 정규분포는 다음과 같은 법칙을 준수한다.

68-95-99.7 법칙

평균값이 μ이고 표준편차가 σ인 정규분포의 경우 다음과 같다.

- 관찰값의 약 **68%**는 평균값 μ의 σ 범위 내에 위치한다.
- 관찰값의 약 **95%**는 평균값 μ의 2σ 범위 내에 위치한다.
- 관찰값의 약 **99.7%**는 평균값 μ의 3σ 범위 내에 위치한다.

그림 3.8은 68-95-99.7 법칙을 보여 주고 있다. 이 세 개 숫자를 기억함으로써 세부적인 계산을 끊임없이 하지 않고도 정규분포에 관해 유추할 수 있다. 68-95-99.7 법칙을 이따금 경험 법칙이라고 한다.

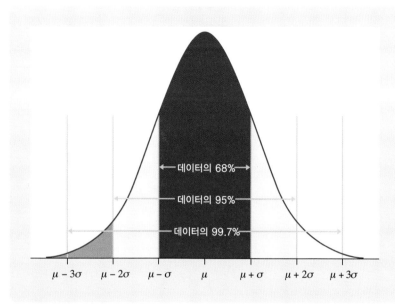

그림 3.8
정규분포에 대한 68-95-99.7 법칙을 보여 준다.

아이오와 테스트 점수

그림 3.1 및 그림 3.2는 인디애나주 게리시의 7학년 학생들에 대한 아이오와 테스트 어휘력 부문의 분포가 정규분포에 가깝다는 사실을 보여 준다. 이 분포가 평균값 $\mu = 6.84$ 및 표준편차 $\sigma = 1.55$인 정확한 정규분포라고 가상하자(이 두 개 숫자는 947명의 실제 점수에 대한 평균값 및 표준편차이다).

그림 3.9는 아이오와 테스트 점수에 68-95-99.7 법칙을 적용하였다. 법칙 중 95는 모든 점수의 95%가 다음 두 개 숫자(점수) 사이에 위치한다는 의미이다.

$$\mu - 2\sigma = 6.84 - (2)(1.55) = 6.84 - 3.10 = 3.74$$
및
$$\mu + 2\sigma = 6.84 + (2)(1.55) = 6.84 + 3.10 = 9.94$$

이 점수의 나머지 5%는 이 범위 밖에 존재한다. 정규분포는 대칭적이기 때문에 나머지 점수들의 절반은 3.74보다 낮고 또 다른 절반은 9.94보다 높다. 즉, 점수들의 2.5%는 3.74보다 낮고, 2.5%는 9.94보다 높다.

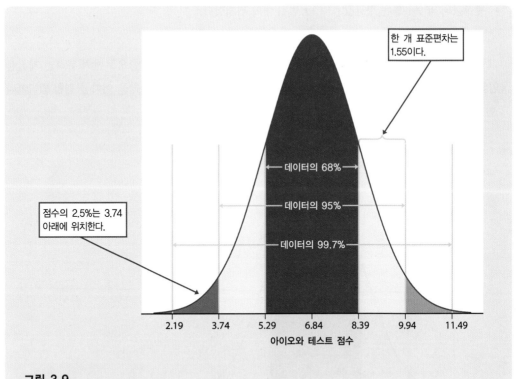

그림 3.9

68-95-99.7 법칙을 미국 인디애나주 게리시의 7학년 학생들에 대한 아이오와 테스트 점수의 분포에 적용하였다. 평균값 및 표준편차는 $\mu = 6.84$ 및 $\sigma = 1.55$이다.

68-95-99.7 법칙은 정확하게 정규분포하는 경우를 설명한다. 하지만 예를 들면 게리시의 아이오와 테스트 실제 점수처럼 실제 데이터는 결코 정확히 정규분포를 하지 않는다. 한 가지 사실로 아이오와 테스트 점수는 단지 소수점 첫째자리까지만 공표된다. 점수는 9.9 또는 10.0일 수 있지만 9.94가 되지는 않는다. 정규분포는 좋은 근사치가 될 수 있으며 테스트가 측정한 학습지식은 소수점 첫째자리에서 멈추는 것이 라기보다 연속적이라고 생각되기 때문에 정규분포를 사용한다.

정리문제 3.2의 경우는 아이오와 테스트 실제 점수를 얼마나 잘 설명하는가? 947개 점수 중에서 900개가 3.74 및 9.94 사이에 위치한다. 나머지 47개 점수 중에서 20개는 3.74보다 낮으며 27개는 9.94보다 높다. 실제 데이터의 꼬리 부분들은 정확한 정규분포의 경우처럼 그렇게 균등하지 않다. 정규분포는 보통 극히 높거나 낮은 꼬리 부분에서보다 분포의 중앙 부분에서 실제 데이터를 더 잘 설명한다.

정리문제 3.3

아이오와 테스트 점수

그림 3.9를 다시 한번 더 살펴보도록 하자. 5.29란 점수는 평균값 아래로 한 개 표준편차 떨어진 점수이다. 점수의 몇 퍼센트가 5.29보다 더 높은가? 그림의 면적을 합하여 봄으로써 답을 구하시오. 다음은 그림을 통한 계산을 보여 주고 있다.

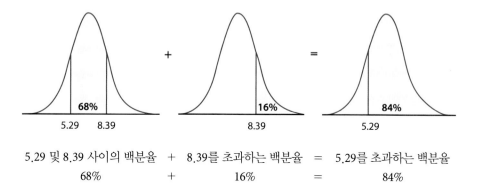

5.29 및 8.39 사이의 백분율 + 8.39를 초과하는 백분율 = 5.29를 초과하는 백분율

68% + 16% = 84%

16%가 어디서부터 왔는지 살펴보도록 하자. 점수의 68%가 5.29 및 8.39 사이에 위치하므로 32%는 이 범위를 벗어나서 위치한다. 이를 양쪽 꼬리 부분으로 균일하게 나누어 쪼개면 5.29 아래로 16%, 8.39 위로 16%가 위치한다.

정규분포에 대해 종종 논의하기 때문에 이를 간단한 부호로 나타내는 것이 편리하다. 평균값 μ 및 표준편차 σ를 갖는 정규분포는 간단하게 $N(\mu, \sigma)$라고 표기한다. 예를 들어 게리시의 아이오와 테스트 점수 분포는 대략 $N(6.84, 1.55)$가 된다.

몬순 강우량

인도 강우량의 80%는 여름 우기 동안에 이루어지며 이는 인도 농업에서 핵심적인 역할을 한다. 1세기 이상 뒤로 거슬러 올라가 보면, 여름 우기 동안의 몬순 강우량은 평균 값 852밀리미터 및 표준편차 82밀리미터인 대략적인 정규 분포에 따라 매년 변화한다. 68-95-99.7 법칙을 이용하여

다음 물음에 답하시오.

(a) 모든 연도 중 95%가 몬순 강우량의 어떤 범위에 위치 하는가?

(b) 가장 건조했던 2.5%에 해당하는 연도의 몬순 강우량 은 얼마인가?

3.5 표준정규분포

68-95-99.7 법칙이 보여 주는 것처럼, 모든 정규분포는 많은 특성을 공유한다. 중앙으로서의 평균 값 μ에 대해 σ를 치수단위로 측정할 경우 모든 정규분포는 사실 동일해진다. 이런 단위로 변환하는 작업을 **표준화**한다고 부른다. 이렇게 표준화하려면 해당 분포의 평균값을 감하고 표준편차로 나누어야 한다.

표준화 및 z-값

x가 평균값 μ 및 표준편차 σ인 분포의 한 개 관찰값인 경우, x의 **표준화된 값**(standardized value) 은 다음과 같다.

$$z = \frac{x - \mu}{\sigma}$$

표준화된 값을 종종 **z-값**(z-score)이라고 한다.

---

z-값은 원래의 관찰값이 평균값에서 어느 방향으로 얼마나 많은 표준편차가 떨어져 있는지 알려 준다. 평균값보다 큰 관찰값은 표준화하면 양의 값을 갖고, 평균값보다 작은 관찰값은 음의 값을 갖는다.

미국 여성의 키를 표준화하기

연령이 20~29세인 미국 여성의 키는 $\mu = 64.1$인치 및 $\sigma = 3.7$인치이고 대략적으로 정규분포한다. 표준 화된 키는 다음과 같다.

$$z = \frac{\text{키} - 64.1}{3.7}$$

여성의 표준화된 키는 자신의 키가 모든 젊은 여성들의 평균 키와 차이가 나는 표준편차의 숫자이다. 예를 들어 키가 70인치인 여성의 표준화된 키는 다음과 같다.

$$z = \frac{70 - 64.1}{3.7} = 1.59$$

즉, 평균 키 위로 1.59개의 표준편차가 떨어진 곳에 위치한다. 이와 유사하게 키가 5피트(60인치)인 여성의 표준화된 키는 다음과 같다.

$$z = \frac{60 - 64.1}{3.7} = -1.11$$

즉, 평균 키 아래로 1.11개의 표준편차가 떨어진 곳에 위치한다.

관찰값을 공통의 척도로 나타내기 위해서 대칭적인 분포를 통해 이를 표준화하곤 한다. 예를 들면 상이한 연령의 2명 어린이의 키를 z-값을 계산하여 비교할 수 있다. 표준화된 키를 통해 각 어린이가 자신의 연령 그룹에 대한 분포에서 어디에 위치하는지 알 수 있다.

표준화한 변수가 정규분포하는 경우, 표준화는 공통의 척도를 제공하는 것 이상의 일을 하게 된다. 표준화를 통해 모든 정규분포를 단일의 분포로 만들 수 있으며, 이 분포는 계속 정규분포한다. 정규분포하는 변수를 표준화하여 **표준정규분포**하는 새로운 변수를 만들게 된다.

표준정규분포

표준정규분포(standard Normal distribution)는 평균값 0 및 표준편차 1인 정규분포 $N(0, 1)$이다.

변수 x가 평균값 μ 및 표준편차 σ인 정규분포 $N(\mu, \sigma)$를 하는 경우, 다음과 같은 **표준화된 변수** (standardized variable)는 표준정규분포한다.

$$z = \frac{x - \mu}{\sigma}$$

복습문제 3.4

미국의 대학수학능력시험인 SAT 대 ACT

린다는 고등학교 졸업반이었던 2018년에 SAT 수학부문에서 680점을 받았다. 2018년도 SAT 수학부문은 평균값 528점 및 표준편차 117점인 정규분포를 하였다. 잭은 ACT를 선택하여 시험을 치렀으며 수학부문에서 26점을 받았다. 2018년도 ACT 수학부문은 평균값 20.5점 및 표준편차 5.5점인 정규분포를 하였다. 이 두 학생에 대한 표준화된 점수를 구하시오. SAT 및 ACT가 동일한 종류의 학습능력을 측정한다고 가정할 경우 누가 더 높은 점수를 받은 것인가?

남성 및 여성의 키

연령이 20~29세인 미국 여성의 키는 평균값 64.1인치 및
표준편차 3.7인치이고 대략적으로 정규분포한다. 동일한
연령대인 미국 남성의 키는 평균값이 69.4인치이고 표준
편차가 3.1인치이다. 키가 5.5피트인 여성 및 남성에 대한
z-값은 얼마인가? z-값은 원래의 표준화되지 않은 키가
제시하지 못했던 어떤 정보를 제시하는지 간단히 설명하
시오.

3.6 정규비율 구하기

정규곡선 아래의 면적은 해당 정규분포로부터 구한 관찰값의 비율이다. 정규곡선 아래의 면적을
구하는 공식은 존재하지 않는다. 해당 면적을 계산하는 소프트웨어 또는 면적 표를 사용하여 계산
한다. 대부분의 표 및 소프트웨어는 누적비율을 계산한다. '누적'이란 '이전의 모든 것'을 의미한다.
이를 다음과 같이 나타낼 수 있다.

누적비율

어떤 분포에서 x에 대한 **누적비율**(cumulative proportion)은 해당 분포에서 x보다 작거나 또는 동
일한 관찰값들의 비율을 의미한다.

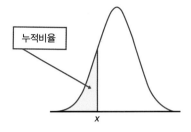

정규비율을 계산하는 핵심은 원하는 면적과 누적비율을 나타내는 면적을 부합시키는 것이다. 원
하는 면적을 대략 그려 보면 잘못되는 경우가 거의 없다. 소프트웨어를 사용하거나 또는 (추가적인
단계를 거쳐) 표로부터 누적비율에 해당하는 면적을 구하시오. 다음의 정리문제는 그림을 통해 이
방법을 보여 주고 있다.

정리문제 3.5

미국 대학의 운동선수가 되기 위한 자격 요건

미국 대학체육협회는 제1부 운동선수가 될 수 있는 자격 요건을 신축적으로 운용하고 있다. 고등학교 평균학점이 낮은 학생들이 대학에 운동선수로 입학하기 위해서는 SAT의 수학부문과 독해부문을 합산한 점수(ACT의 경우 이에 해당하는 합산점수)가 높아야 한다. 2016년 8월부터 운동선수로 입학하기 위해서는 고등학교 핵심과목에서 평균학점이 최소 2.3이 되어야 한다. SAT를 치른 고등학교 핵심과목 평균학점이 2.3인 학생들이 입학 자격자가 되기 위해서는 SAT의 수학부문과 증거에 기초한 독해 및 글쓰기 부문에서 합산하여 최소한 980점을 받아야 한다. 2018년 SAT를 치른 220만 명의 고등학교 졸업반 학생들이 받은 합산점수는 평균값이 1,059점이고 표준편차가 210점인 대략적인 정규분포를 했다. 고등학교 졸업반 학생들 중 어떤 비율이 SAT 합산점수 980점 이상인 자격 요건을 충족시키는가?

그림을 통한 계산은 다음과 같다. 합산점수 980점을 넘는 비율은 정규곡선 아래 980점의 오른쪽 면적이다. 980 < μ이므로 980점은 그래프 중앙의 왼쪽에 위치한다. 980점의 오른쪽 면적은 (언제나 1이 되는) 곡선 아래 총면적에서 980점까지의 누적비율을 감하여 구할 수 있다.

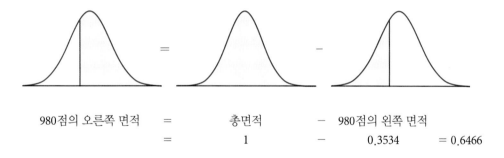

980점의 오른쪽 면적	=	총면적	−	980점의 왼쪽 면적	
	=	1	−	0.3534	= 0.6466

980점의 왼쪽 면적은 소프트웨어를 사용하여 구하면 0.3534가 된다. 소프트웨어를 사용하여 정규곡선 아래의 면적을 구하는 것에 대해서는 이 절의 끝부분에서 논의할 것이다. 결론을 내리면 전체 고등학교 졸업반 학생들 중 약 65%가 SAT 합산점수 980점 이상을 요구하는 요건을 충족시킨다고 할 수 있다.

980점을 정확하게 초과하는 부드러운 곡선 아래의 면적은 **없다**. 따라서 980점 오른쪽의 면적(점수 > 980인 비율)은 980점 및 이 점수 오른쪽의 면적(점수 ≥ 980인 비율)과 동일하다. 실제 데이터는 SAT에서 정확히 980점을 받은 학생을 포함할 수 있다. 정확히 980점인 점수의 비율이 정규분포에서 0이라는 사실은 데이터에 대한 정규분포가 이상적으로 부드럽게 도출한 것이라는 점에서 비롯된다.

소프트웨어를 사용하여 정리문제 3.5에서의 누적비율인 숫잣값 0.3534를 구하려면, 평균값 1,059 및 표준편차 210을 입력하고 980에 대한 누적비율을 구하도록 하면 된다. 소프트웨어는 종종 예를 들면 'cumulative distribution' 또는 'cumulative probability'와 같은 용어를 사용한다. 나중에 확률이란 용어가 적합한 이유에 대해 살펴볼 것이다. 다음은 Minitab을 사용하여 얻은 결과이다.

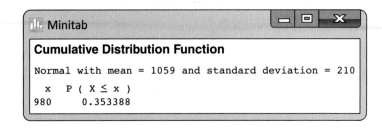

분석 결과 *P*는 '확률'을 의미하지만 '관찰값의 비율'이라고도 읽을 수 있다. 소프트웨어를 사용할 수 없다면 해당 표로부터 정규곡선에 대한 누적비율을 구할 수 있다. 그러기 위해서는 추가적인 단계를 밟아야 한다.

3.7 표준정규표를 이용하기

표로부터 누적비율을 구하기 위해 밟아야 하는 추가적인 조치는 *z*-값의 표준척도 문제를 해결하기 위해서 먼저 표준화하는 것이다. 이를 통해 단지 한 개의 표, 즉 표준정규 누적비율 표를 갖고 해당하는 값을 구할 수 있다. 이 책의 뒷부분에 있는 표 A는 표준정규분포에 대한 누적비율을 보여 주고 있다. 이 표의 윗부분에 있는 그림은 표에 있는 숫자들이 누적비율, 즉 *z*-값의 왼쪽으로 곡선 아래의 면적을 나타낸다는 사실을 보여 준다.

정리문제 3.6

표준정규표

표준정규변수 값 *z*가 1.47보다 작은 값을 취하는 비율은 무엇인가?

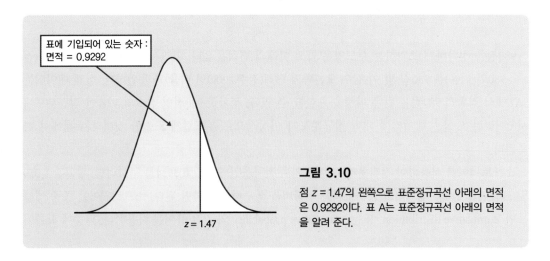

그림 3.10

점 *z* = 1.47의 왼쪽으로 표준정규곡선 아래의 면적은 0.9292이다. 표 A는 표준정규곡선 아래의 면적을 알려 준다.

해법 : 1.47 왼편의 면적을 구하기 위해 표 A의 왼쪽 열에서 1.4를 찾고 다시 맨 위쪽 행에서 소수점 7에 대한 .07을 찾아보자. 1.4 맞은편 및 .07 아래에 기입되어 있는 숫자는 0.9292이다. 이것이 우리가 구하고자 하는 누적비율이다. 그림 3.10은 이 면적을 보여 주고 있다.

표 A를 어떻게 이용하는지 살펴보았으므로, 이 표를 이용하여 정리문제 3.5를 다시 풀어 보도록 하자. 이 표를 이용하는 정규 계산법은 3단계로 나누어 볼 수 있다.

정리문제 3.7

미국 대학의 운동선수가 되기 위한 자격 요건

미국 고등학교 졸업반 학생들의 SAT 점수는 평균값 $\mu=1,059$ 및 표준편차 $\sigma=210$인 정규분포를 한다. 점수가 최소한 980점인 졸업반 학생들의 비율은 얼마인가?

1단계 : 분포의 그림을 그린다. 그림은 정확하게 정리문제 3.5의 것과 동일하다. 그림에 따르면 다음과 같다.

$$980점의 오른쪽 면적 = 1 - 980점의 왼쪽 면적$$

2단계 : 표준화한다. SAT 점수를 x라고 하자. 여기에서 평균 점수를 빼고 표준편차로 나누어 x에 관한 문제를 표준정규 z-값에 관한 문제로 전환시키면 다음과 같다.

$$x \geq 980$$

$$\frac{x-1,059}{210} \geq \frac{980-1,059}{210}$$

$$z \geq -0.38$$

3단계 : 표를 이용한다. 그림에 따르면 $x=980$에 대한 누적비율을 구하여야 한다. 2단계에서 이것은 $z=-0.38$에 대한 누적비율과 동일하다는 사실을 알 수 있다. $z=-0.38$에 대해서 표 A에 기입된 숫자에 따르면 누적비율은 0.3520이 된다. 따라서 -0.38의 오른쪽 면적은 $1-0.3520=0.6480$이 된다.

정리문제 3.7에서 표를 통해 구한 면적(0.6480)은 정리문제 3.5에서 소프트웨어를 통해 구한 면적(0.6466)보다 약간 덜 정확하다. 왜냐하면 표 A를 사용할 경우 소수점 둘째자리까지 z-값을 어림하여야 하기 때문이다. 이런 차이는 실제로 거의 중요하지 않다. 이 방법을 개략적으로 설명하면 다음과 같다.

정규비율을 구하기 위해 표를 이용하기

1단계 : 관찰한 변수 x의 측면에서 문제를 정리한다. 누적비율의 측면에서 구하고자 하는 비율을 보여 주는 분포의 그림을 그린다.

2단계 : 표준정규변수 z 측면에서 문제를 재정리하기 위해 x를 표준화한다.

3단계 : 표준정규곡선 아래에서 해당 면적을 구하기 위해 곡선 아래의 총면적이 1이라는 사실과 표 A를 이용한다.

정리문제 3.8

미국 대학의 운동선수가 되기 위한 자격 요건

미국 대학체육협회는 제1부 운동선수가 될 수 있는 자격 요건을 신축적으로 운용한다는 사실을 기억하자. 고등학교 평균학점이 2.3인 학생은 대학에 운동선수로 입학하기 위해서 SAT의 수학 및 독해 부문을 합하여 980점 이상을 받아야 한다. 고등학교 평균학점이 더 높은 학생은 SAT 점수가 더 낮아도 자격이 주어진다. 예를 들면 고등학교 평균학점이 2.75인 학생은 SAT 점수를 최소한 810점만 받아도 된다. SAT를 치른 학생들 중에서 980점이 아니라 최소한 810점이란 자격 요건을 충족시킨 비율은 얼마인가?

1단계 : 문제를 정리하고 분포의 그림을 그린다. SAT 점수를 x라고 하자. 변수 x는 $N(1059, 210)$ 분포를 한다. SAT 점수 중 810점과 980점 사이에 위치하는 비율은 얼마인가? 그림을 그리면 다음과 같다.

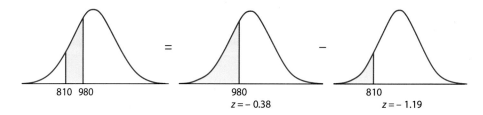

2단계 : 표준화한다. 평균 점수를 빼고 표준편차로 나누어 x를 표준정규 z로 전환시키면 다음과 같다.

$$810 \leq \quad x \quad < 980$$
$$\frac{810-1,059}{210} \leq \frac{x-1,059}{210} < \frac{980-1,059}{210}$$
$$-1.19 \leq \quad z \quad < -0.38$$

3단계 : 표를 이용한다. 위의 그림을 따라 정리하면 다음과 같다(이해를 돕기 위해 그림에 z-값을 추가시켰다).

$$-1.19와 -0.38 사이의 면적 = (-0.38의 면적) - (-1.19의 면적)$$
$$= 0.3520 - 0.1170 = 0.2350$$

고등학교 졸업반 학생 중 약 24%가 810점과 980점 사이의 SAT 점수를 받는다.

우리는 이따금 표 A에 있는 것들보다 더 극단적인 z-값을 접하게 된다. 예를 들어 $z=-4$의 왼쪽 면적은 표에서 직접 구할 수 없다. 표 A의 z-값들은 각 꼬리 부분에 설명하지 못한 면적으로 0.0002만을 남겨 두었을 뿐이다. 실제적으로는 표 A의 범위 밖에 있는 면적이 0인 것처럼 볼 수 있다. 즉, $z=-3.5$ 아래의 면적이 0이고 $z=3.5$ 위의 면적이 0인 것처럼 간주할 수 있다. $z=3.5$ 위의 면적이 0.0002라고 말하는 것과 해당 면적이 약 0이라고 말하는 것은 통계적 연습에서 거의 차이가 없지만, 개념적인 면에서 볼 때 이 면적들이 실제로 0이 아니라고 기억하는 것은 중요하다.

복습문제 3.6

정규표를 이용하기

표 A를 이용하여 다음 물음을 각각 충족시키는 표준정규분포의 관찰값 비율을 구하시오. 각 물음에 대한 표준정규곡선을 그리고, 물음에 대한 대답인 곡선 아래의 면적에 빗금을 치시오.

(a) $z<-0.42$　　(b) $z>-1.58$

(c) $z<2.12$　　(d) $-0.42<z<2.12$

복습문제 3.7

몬순 강우량

인도에서 여름 몬순 강우량은 평균값이 852밀리미터이고 표준편차가 82밀리미터인 대략적인 정규분포를 한다.

(a) 가뭄이 발생하였던 1987년에 강우량은 697밀리미터로 감소하였다. 인도에서 몬순 강우량이 697밀리미터 이하였던 연도의 백분율은 얼마인가?

(b) '정상적인 강우량'은 장기 평균 강우량에 20%를 가감한 강우량, 즉 682밀리미터와 1,022밀리미터 사이의 강우량이 이루어질 경우이다. 정상적인 강우량이 이루어진 연도의 백분율은 얼마인가?

robertharding/Alamy Stock Photo

복습문제 3.8

미국 의과대학 입학시험

미국에 있는 거의 모든 의과대학들은 입학을 희망하는 학생들에게 의과대학 입학시험(MCAT)을 치르도록 하고 있다. 이 시험 네 개 부문의 총점은 472점에서 528점까지의 범위에 걸쳐 있다. 2019년 봄의 평균 점수는 500.9점이고, 표준편차는 10.6점이었다.

(a) MCAT을 치른 학생들 중 총점이 510점을 넘는 학생들의 비율은 얼마인가?

(b) 총점이 505점과 515점 사이인 학생의 비율은 얼마인가?

3.8 비율이 주어진 경우 해당 값을 구하기

정리문제 3.5에서 정리문제 3.8까지는 소프트웨어 또는 표 A를 이용하여 예를 들면 '810점을 초과하는 SAT 점수'처럼 어떤 조건을 충족하는 관찰값의 비율을 구하였다. 하지만 우리는 어떤 값을 초과하거나 그 값에 미치지 못하는 비율이 주어진 경우 해당 관찰값을 구하려 할 수도 있다. 통계 소프트웨어를 사용하면 이를 직접 구할 수 있다.

정리문제 3.9

소프트웨어를 이용하여 상위 10%를 구하기

2018년 SAT 독해 및 글쓰기 점수는 대략적으로 $N(531, 104)$ 분포를 하였다. SAT를 치른 학생들 중 상위 10%에 속하기 위해서는 점수가 몇 점이나 되어야 하는가?

평균값 $\mu = 531$ 및 표준편차 $\sigma = 104$인 정규분포하에서 **오른쪽** 면적이 0.1인 SAT 점수 x를 구하고자 한다. 이는 **왼쪽** 면적이 0.9인 SAT 점수 x를 구하는 것과 같다. 그림 3.11은 이 물음을 그래프의 형태로 설명하고 있다. 해당 소프트웨어에 평균값 531, 표준편차 104, 누적비율 0.9를 입력하게 되면 x를 알려 준다. Minitab의 분석 결과는 다음과 같다.

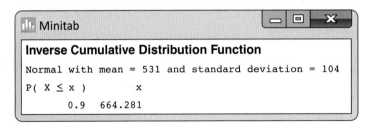

```
Minitab                                                    _  □  X

Inverse Cumulative Distribution Function
Normal with mean = 531 and standard deviation = 104
P( X ≤ x )        x
     0.9    664.281
```

위의 분석 결과에 따르면 $x = 664.281$이 된다. 따라서 664점을 초과하는 점수는 상위 10%에 속하게 된다. (SAT 점수는 정수로만 발표되기 때문에 소수점은 반올림하였다.)

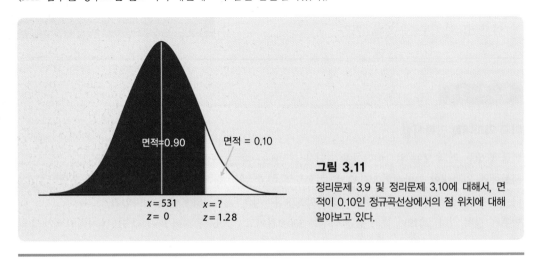

면적=0.90   면적 = 0.10

$x = 531$ $x = ?$
$z = 0$ $z = 1.28$

그림 3.11

정리문제 3.9 및 정리문제 3.10에 대해서, 면적이 0.10인 정규곡선상에서의 점 위치에 대해 알아보고 있다.

통계 소프트웨어가 없는 경우 표 A로 다시 돌아가 보도록 하자. 표에서 해당 비율을 찾고 나서 이에 상응하는 z-값을 왼쪽의 열 및 위쪽의 행으로부터 구한다. 다시 3단계를 밟으면 다음과 같다.

---

z-값을 비표준화하시오

1단계 : 관찰한 변수 x의 측면에서 문제를 정리한다. 누적비율의 측면에서 구하고자 하는 비율을 보여 주는 분포의 그림을 그린다.

2단계 : 표 A를 사용하여 구하고자 하는 누적비율에 가장 근접한 표의 기입 숫자를 구한다. 표에서 상응하는 z-값을 결정한다.

3단계 : z를 $x = \mu + z \times \sigma$를 사용하여 원래의 x 척도로 환원시킬 수 있도록 비표준화한다. (2단계에서 z-값이 음수일 수 있다는 사실에 주목하시오.)

표 A를 이용하여 상위 10%를 구하기

2018년 SAT 독해부문에 대한 점수는 대략적으로 $N(531, 104)$ 분포를 한다. SAT를 치른 학생들 중 상위 10%에 포함되려면 얼마나 높은 점수를 받아야 하는가?

1단계 : 문제를 정리하고 분포의 그림을 그린다. 이는 정리문제 3.9와 동일하며 그림 3.11과 같다. 상위 10%에 속하기 위한 x값은 면적의 90%가 x 왼쪽에 위치하는 x값과 동일하다.

2단계 : 표를 이용한다. 표 A에서 0.9에 가장 근접한 숫자를 찾아보자. 그것은 0.8997이 된다. 이는 $z = 1.28$에 상응하는 값이다. 따라서 $z = 1.28$은 자신의 왼쪽에 위치한 면적이 0.9가 되도록 하는 표준화된 값이다.

3단계 : 표준화된 값을 원래의 값으로 환원시킨다. z-값을 원래의 x 척도로 환원시킬 수 있도록 비표준화한다. 미지수 x의 표준화된 값이 $z = 1.28$이라는 사실을 알고 있으며, 이는 x값이 해당 정규곡선에서 평균값 위로 1.28 표준편차 벗어나서 위치한다는 의미이다. 즉, 다음과 같다.

$$x = \text{평균값} + (1.28)(\text{표준편차})$$
$$= 531 + (1.28)(104) = 664.12$$

상위 10%에 속하기 위해서는 664점 위로 점수를 받아야 한다.

제1의 4분위수 구하기

혈중 콜레스테롤 수치가 높아지면 심장병 위험이 증대된다. 20~24세 남성들에 대한 혈중 콜레스테롤 분

포는 평균값 μ = 혈액 1데시리터당 콜레스테롤 180밀리그램 (mg/dl), 표준편차 σ = 34.8mg/dl인 대략적인 정규분포를 한다. 혈중 콜레스테롤 분포의 제1의 4분위수는 무엇인가?

1단계 : 문제를 정리하고 분포의 그림을 그린다. 콜레스테롤 수치를 x라고 하자. 변수 x는 $N(180, 34.8)$ 분포를 한다. 제1의 4분위수는 자신의 왼쪽에 분포의 25%가 위치하는 값이다. 그림 3.12는 이를 보여 주고 있다.

2단계 : 표를 이용한다. 표 A에서 0.25에 가장 근접한 숫자를 찾아보자. 그것은 0.2514가 된다. 이는 $z = -0.67$에 상응하는 값이다. 따라서 $z = -0.67$은 자신의 왼쪽에 위치한 면적이 0.25가 되도록 하는 표준화된 값이다.

3단계 : 표준화된 값을 원래의 값으로 환원시킨다. $z = -0.67$에 상응하는 콜레스테롤 수치는 평균값 아래로 0.67 표준편차 벗어나서 위치한다. 즉, 다음과 같다.

$$x = 평균값 - (0.67)(표준편차)$$
$$= 180 - (0.67)(34.8) = 156.7$$

20~24세 남성의 혈중 콜레스테롤 수치에 대한 제1의 4분위수는 대략 157mg/dl이다.

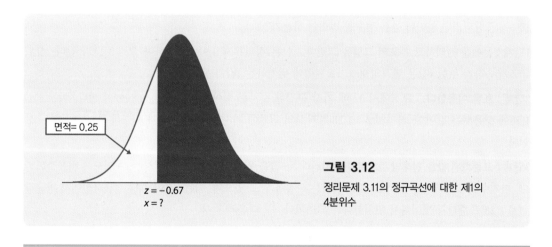

면적= 0.25

$z = -0.67$
$x = ?$

그림 3.12
정리문제 3.11의 정규곡선에 대한 제1의 4분위수

복습문제 3.9

표 A

표 A를 이용하여 다음의 각 조건을 충족시키는 표준정규 변수 z-값을 구하시오. (다음의 각 조건을 충족시키는 가장 근접한 표 A의 z-값을 사용하시오.) 각 경우에 대해서 축 상에 있는 z-값을 갖고 표준정규곡선을 그리시오.

(a) 관찰값의 75%가 자신의 아래에 위치하는 점 z
(b) 관찰값의 15%가 자신의 위에 위치하는 점 z
(c) 관찰값의 15%가 자신의 아래에 위치하는 점 z

복습문제 3.10

미국 의과대학 입학시험

미국에 있는 거의 모든 의과대학들은 입학을 희망하는 학생들에게 의과대학 입학시험(MCAT)을 치르도록 하고 있다. 이 시험 네 개 부문의 총점은 472점에서 528점까지의 범위에 걸쳐 있다. 2019년 봄의 평균 점수는 500.9점이고, 표준편차는 10.6점이었다.

(a) MCAT 점수의 중앙값, 제1의 4분위수, 제3의 4분위수는 무엇인가? 4분위수 사이의 범위는 무엇인가?

(b) MCAT 점수의 중앙 80%를 포함하는 구간을 구하시오.

요약

- 분포의 전반적인 패턴을 때로는 밀도곡선으로 나타낼 수 있다. 밀도곡선은 곡선 아래의 총면적이 1이 된다. 밀도곡선 아래 면적은 해당 값에 포함되는 관찰값의 비율을 알려 준다.

- 밀도곡선은 실제 데이터의 불규칙한 형태를 부드럽게 나타내서 분포의 전반적인 패턴을 이상적으로 보여 준다. 실제 데이터의 평균값 $\bar{x}$ 및 표준편차 s와 구별하기 위해서 밀도곡선의 평균값은 μ로 나타내고 밀도곡선의 표준편차는 σ로 나타낸다.

- 밀도곡선의 평균값, 중앙값, 4분위수는 눈으로 그 위치를 알 수 있다. 평균값은 곡선을 절반으로 나누는 점이다. 4분위수들과 평균값은 곡선 아래의 면적을 4분의 1씩 나눈다. 표준편차 σ는 대부분의 밀도곡선상에서 눈으로 위치를 알 수 없다.

- 평균값 및 중앙값은 대칭적인 밀도곡선의 경우 동일하다. 기울어진 밀도곡선의 평균값은 중앙값보다 긴 꼬리쪽으로 위치한다.

- 정규분포는 일련의 종 모양을 한 대칭적인 밀도곡선, 소위 정규곡선으로 설명할 수 있다. 평균값 μ 및 표준편차 σ로 정규분포 $N(\mu, \sigma)$를 완벽하게 나타낼 수 있다. 평균값은 곡선의 중앙에 위치하며 σ는 μ로부터 양편의 곡률 변화점까지의 거리이다.

- 어떤 관찰값 x를 표준화하기 위해서 분포의 평균값을 감하고 표준편차로 나누어 보자. 이에 따른 z-값은 다음과 같다.

$$z = \frac{x - \mu}{\sigma}$$

이는 x가 분포의 평균값으로부터 얼마나 많은 표준편차가 떨어져 있는지를 알려 준다.

- 측정값이 표준화된 척도로 변환될 경우 모든 정규분포는 동일해진다. 특히 모든 정규분포는 68-95-99.7 법칙을 충족시킨다. 이는 관찰값의 몇 퍼센트가 평균값으로부터 1개 표준편차, 2개 표준편차, 3개 표준편차 범위 내에 위치하는지 알려 준다.

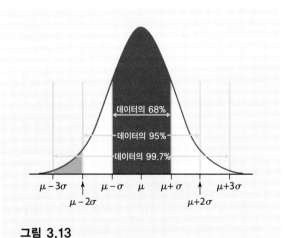

그림 3.13
정규분포에 대한 68-95-99.7 법칙

- x가 $N(\mu, \sigma)$ 분포를 하는 경우 표준화된 변수 $z=(x-\mu)/\sigma$는 평균값 0 및 표준편차 1인 표준정규분포 $N(0, 1)$을 한다. 표 A는 다양한 z-값에 대해 z보다 작은 표준정 규 관찰값의 누적비율을 알려 준다. 표준화함으로써 정 규분포에 대한 표 A를 사용할 수 있다.

주요 용어

누적비율	밀도곡선	정규분포	표준정규분포

연습문제

1. **밀도곡선에 대한 이해** 분포의 비율을 알려 주는 것은, 밀도곡선 아래의 면적이지 밀도곡선의 높이가 아니라 는 사실을 기억하자. 이를 설명하기 위해서 수평축상 의 0에서 높고 폭이 좁은 정점을 갖지만, 1에서는 높은 정점을 갖지 않으며, 수평축상에서 대부분의 면적이 거의 1이 되는 밀도곡선을 그리시오.

2. **표준정규 누적비율** 이 책 뒤에 있는 표 A를 이용하여, 다음의 각 영역에 속하는 표준정규분포 관찰값의 비율 을 구하시오. 각 경우에 대해서 표준정규곡선을 그리 고, 해당 영역을 나타내는 면적에 빗금을 치시오.
   (a) $z \leq -1.63$ (b) $z \geq -1.63$
   (c) $z > 0.92$ (d) $-1.63 < z < 0.92$

3. **달리기 운동을 하는 사람** 운동에 관한 연구에서, 달리 기 운동을 하는 규모가 큰 그룹의 남성들이 러닝 머신 에서 6분 동안 걷기를 하였다. 운동을 한 후 이들의 분 당 심장 박동률은 $N(104, 12.5)$ 분포에 따라 서로 다르 다. 동일한 운동을 한 후 달리기 운동을 하지 않는 남 성 그룹의 심장 박동률은 $N(130, 17)$ 분포를 한다.
   (a) 달리기 운동을 하는 남성들 중 140을 초과하는 심 장 박동률을 갖는 백분율은 얼마인가?
   (b) 달리기 운동을 하지 않는 남성들 중 140을 초과하 는 심장 박동률을 갖는 백분율은 얼마인가?

4. **체질량 지수** 체질량 지수는, 미터로 측정한 키를 제곱 한 값으로 킬로그램으로 측정한 체중을 나누어서 구한 다. 온라인상의 많은 체질량 지수 계산기들은, 파운드 로 측정한 체중과 인치로 측정한 키를 입력하면 이를 계산해 준다. 높은 체질량 지수는 일반적이기는 하지 만 아직도 논쟁의 여지가 있는 과체중 또는 비만을 나 타내는 지표로 사용된다. 미국의 국립건강통계센터가 수행한 연구에 따르면, 2세 미국 남자아이들의 체질량 지수는 평균이 16.8이고 표준편차가 1.9인 정규분포에 근사한다.
   (a) 체질량 지수가 15.0 미만인 2세 미국 남자아이들의 백분율은 얼마인가?
   (b) 체질량 지수가 18.5 미만인 2세 미국 남자아이들의 백분율은 얼마인가?

5. **기업 관리자들에 대한 등급** 일부 기업들은 '종 모양 곡 선에 기초한' 등급을 매겨서 관리자들과 전문직 근로 자들의 성과를 비교하고 있다. 이를 통해 모든 근로자 들이 '평균을 넘는' 평가를 받지 않도록 낮은 성과 등 급을 부여하게 된다. 포드자동차 회사의 '성과 관리 과 정'은 관리자들의 10%에게 A등급을 부여하였고, 80% 에게는 B등급을 부여하였으며, 10%에게 C등급을 부 여하였다. 포드의 성과 점수는 실제로 정규분포한다고 가정하자. 올해 25점 미만의 점수를 받은 관리자들은 C를 받았고, 475점을 초과하는 점수를 받은 관리자들 은 A를 받았다. 이 점수들의 평균 및 표준편차는 무엇 인가?

6. **골다공증** 골다공증은 무기물의 손실로 인해 뼈가 부 서지기 쉬운 상태가 되는 것이다. 골다공증을 진단하 기 위해서는, 정교한 기기를 사용하여 뼈 무기질 밀도 (BMD)를 측정하여야 한다. BMD는 보통 표준화된 형

태로 통보된다. 표준화는 건강한 젊은 성인들의 모집단에 기초하여 이루어진다. 골다공증에 대한 세계보건기구(WHO) 기준은, 젊은 성인들에 대한 평균 아래로 2.5 표준편차 벗어나는 것이다. 연령 및 성별 면에서 유사한 사람들의 모집단에 대한 BMD 측정값은 대략적으로 정규분포를 한다.

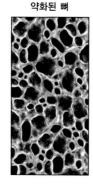

단단한 뼈　　　**약화된 뼈**

(a) WHO 기준에 따를 경우, 건강한 젊은 성인들이 골다공증을 가질 확률은 얼마인가?

(b) 70~79세 여성들은 물론 젊은 성인이 아니다. 이 연령의 평균 BMD는 젊은 성인들에 대한 표준척도에서 약 −2가 된다. 표준편차는 젊은 성인들에 대한 것과 동일하다고 가정하자. 이 노인 인구가 골다공증을 가질 백분율은 얼마인가?

7. **데이터가 정규분포하는가? 몬순 강우량의 경우** 1901년부터 2000년까지 100년 동안 인도에서 발생한 여름철 몬순 강우량(밀리미터)은 다음과 같다.

(a) 이 강우량에 대한 히스토그램을 작성하시오. 평균값 및 중앙값을 구하시오.

(b) 데이터가 합리적인 수준에서 정규분포를 하기는 하지만, 정규성에서 벗어나는 면을 보여 주고 있다. 이 데이터는 어떤 면에서 정규분포하지 않는가?

몬순 강우량(밀리미터)

722.4	792.2	861.3	750.6	716.8	885.5	777.9	897.5	889.6	935.4
736.8	806.4	784.8	898.5	781.0	951.1	1004.7	651.2	885.0	719.4
866.2	869.4	823.5	863.0	804.0	903.1	853.5	768.2	821.5	804.9
877.6	803.8	976.2	913.8	843.9	908.7	842.4	908.6	789.9	853.6
728.7	958.1	868.6	920.8	911.3	904.0	945.9	874.3	904.2	877.3
739.2	793.3	923.4	885.8	930.5	983.6	789.0	889.6	944.3	839.9
1020.5	810.0	858.1	922.8	709.6	740.2	860.3	754.8	831.3	940.0
887.0	653.1	913.6	748.3	963.0	857.0	883.4	909.5	708.0	882.9
852.4	735.6	955.9	836.9	760.0	743.2	697.4	961.7	866.9	908.8
784.7	785.0	896.6	938.4	826.4	857.3	870.5	873.8	827.0	770.2

4

산포도 및 상관

의학적 연구에 따르면 키가 작은 여성은 키가 평균인 여성보다 심장마비에 걸릴 가능성이 더 높으며, 키가 큰 여성이 심장마비에 걸릴 가능성이 가장 낮다고 한다. 보험업계에 따르면 중량이 무거운 차량이 가벼운 차량보다 등록된 차량 10,000대당 사망 건수가 적다고 한다. 위의 연구뿐만 아니라 많은 다른 통계적 연구들은 두 변수 사이의 관계를 고찰한다. 통계적 관계는 전반적인 추세이지 절대적인 법칙이 아니며 개개의 예외를 인정한다. 평균적으로 볼 때 흡연자는 비흡연자보다 일찍 사망하지만, 일부 사람들은 매일 담배 세 갑씩을 피우면서도 90세까지 산다.

두 변수 사이의 통계적 관계를 이해하기 위해서, 동일한 개체들에 대한 두 개 변수를 측정한다. 우리는 보통 다른 변수들도 역시 고려하여야 한다. 예를 들어 키가 작은 여성이 심장마비에 걸릴 위험이 더 높다고 결론을 내리려면, 연구자들은 체중 및 운동습관과 같은 다른 변수들이 미치는 영향을 제거하여야 한다. 이 장과 다음 장에서는 변수들 사이의 관계에 대해 살펴볼 것이다. 주요한 논의사항 중 하나는, 두 변수 사이의 관계가 배경에 잠복해 있는 다른 변수들에 의해 커다란 영향을 받을 수 있다는 사실이다.

4.1 설명변수 및 반응변수

차량의 중량은 사고에 의한 사망을 설명하는 데 도움이 되며 흡연은 기대수명에 영향을 미친다고 생각된다. 이런 각각의 관계에서 두 개 변수는 상이한 역할을 한다. 즉, 한 변수는 다른 변수를 설명하거나 또는 영향을 미친다.

반응변수 및 설명변수

반응변수(response variable)는 연구의 결과를 측정한다. **설명변수**(explanatory variable)는 반응변수의 변화를 설명하거나 또는 영향을 미친다.

독립변수라고 하는 설명변수와 종속변수라고 하는 반응변수를 자주 접하게 된다. 이런 용어 이면에 있는 생각은 반응변수는 설명변수에 의존한다는 것이다. '독립' 및 '종속'이란 용어는 설명과 반응을 구별하는 것과 관련되지 않는 다른 통계학적 의미를 갖고 있기 때문에 이런 용어는 피하고자 한다.

설명변수를 이따금 예측변수라고도 한다. 그 이유는 실제로 적용하는 많은 경우에 설명변수 값에 대한 반응을 예측하기 위해서 설명–반응 관계가 활용되기 때문이다.

한 변수가 다른 변수에 어떤 영향을 미치는지 알아보기 위해서 실제로 한 변수의 값을 설정할 경우, 설명변수와 반응변수를 가장 쉽게 확인할 수 있다.

정리문제 4.1

맥주와 혈중 알코올

맥주를 마실 경우 혈중 알코올 수준에 어떤 영향을 미치는가? 미국의 모든 주에서 운전이 허용되는 법적 한계는 0.08%이다. 오하이오 주립대학교에 다니면서 이 실험에 자발적으로 참여한 학생들은 캔 수로 측정한 다양한 수량의 맥주를 마셨다. 30분이 지난 후 경찰관은 이들의 혈중 알코올 함유량을 측정하였다. 이 경우, 마신 맥주의 캔 수는 설명변수이고 혈중 알코올 농도 백분율은 반응변수이다.

변수들의 값을 배치하여 관계 짓지 아니하고 단지 두 변숫값만을 관찰할 경우, 설명변수 및 반응변수가 있을 수도 있고 없을 수도 있다. 이런 변수들이 존재하는지 여부는 해당 데이터를 어떻게 사용하고자 하는지에 달려 있다.

정리문제 4.2

미국의 대학 학자금 융자 채무

어떤 미국 대학의 학자금 융자 담당자는 전국 학자금 대출 조사 보고서를 통해 최근 졸업생들의 채무 총액, 이들의 현재 소득, 학자금 융자 채무에 대해 이들이 느끼는 압박감의 정도에 관한 데이터를 살펴보고 있다. 예측을 하는 데는 관심이 있지 않으며, 단순히 최근 대학 졸업생들의 상황을 이해하고자 한다. 이 경우 설명변수와 반응변수를 구별하는 것이 적합하지 않다.

어떤 사회학자는 대학 학자금 융자가 주는 압박감을 설명하기 위해서 다른 변수들과 함께 채무 금액 및 소득을 사용하려는 의도를 갖고 동일한 데이터를 살펴보고 있다. 이 경우 채무 금액 및 소득은 설명변수가 되고, 압박감 수준은 반응변수가 된다.

많은 연구에서 목표는 한 개 이상의 설명변수에서 변화가 발생할 경우 반응변수의 변화를 야기하는지 보여 주는 것이다. 일부 다른 설명 및 반응 관계는 이런 직접적인 인과관계를 포함하지 않는다. 1인당 텔레비전 수상기를 더 많이 보유하고 있는 국가들이 더 긴 기대수명을 갖지만, 많은 텔레비전 수상기를 아프리카의 보츠와나로 보낸다고 기대수명이 길어지지는 않는다. 직접적인 인과관계가 존재하지 않을 때조차도, 반응변수를 예측하기 위해 설명변수들이 사용될 수 있다. 예를 들면 여러 해 동안 대학들은 성공적인 대학생활을 예측하기 위해서 SAT 점수를 사용하였다. 2008년에 구글은 인플루엔자의 확산을 정확하게 예측하기 위해서 인터넷 검색 데이터를 활용하였다. (인터넷 검색이 인플루엔자 확산의 원인이 되었다고 생각하기에는 의구심이 들지만, 사람들이 증상이 나타날 때 해당 인플루엔자에 관해 온라인으로 정보를 검색하였다고 보는 것은 그럴듯하다.)

대부분의 통계적 연구는 한 개 이상의 변수에 대한 데이터를 분석한다. 하지만 다행히 여러 변수에 대한 데이터를 통계적으로 분석할 때도 개별 변수를 분석할 때 사용했던 방법에 기초하여 이루어진다. 분석 작업을 진행하는 원칙도 또한 다음과 같이 동일하다.

- 해당 데이터를 도표로 그려 본다. 전반적인 패턴을 관찰하고 이 패턴으로부터 벗어난 값들을 관찰한다.
- 해당 도표가 시사하는 바에 기초하여 관련 데이터의 특성에 적합한 숫자적인 개요를 선택한다.

복습문제 4.1

설명변수 및 반응변수?

대규모 그룹의 대학생에 관한 데이터를 갖고 있다. 다음은 이 학생들에 관해 측정한 네 쌍의 변수이다. 각 쌍의 경우, 두 변수 사이의 관계를 단순히 탐구하는 것이 합리적인가? 또는 한 개는 설명변수로 보고 다른 한 개는 반응변수로 보는 것이 합리적인가? 후자의 방법을 선택한다면 어느 것이 설명변수이고 어느 것이 반응변수인가?

(a) 한 학생이 통계학 과목 웹사이트에 접근한 시간 수와 통계학 과목 최종 시험에서 받은 학점

(b) 운동하는 데 사용한 주당 시간 수와 주당 소비되는 칼로리

(c) 소셜 미디어를 사용하려고 온라인에서 사용한 주당 시간 수와 평균학점

(d) 소셜 미디어를 사용하려고 온라인에서 사용한 주당 시간 수와 IQ

산호초

산호초는 수온 변화에 얼마나 민감한가? 이에 대해 알아보기 위해서 과학자들은 멕시코만과 카리브해의 해수면 온도와 산호의 연간 성장에 관한 데이터를 살펴보았다. 어느 것이 설명변수이고 어느 것이 반응변수인가? 이들은 범주변수인가? 또는 정량변수인가?

4.2 관계를 나타내기 : 산포도

두 개 정량변수 사이의 관계를 나타내는 가장 유용한 그래프는 산포도이다.

산포도

산포도(scatterplot)는 동일한 개체에 대해 측정한 두 개 정량변수 사이의 관계를 보여 준다. 한 변수의 값은 수평축에 나타내고, 다른 변수의 값은 수직축에 나타낸다. 데이터상의 각 개체들은 해당 개체에 대한 두 개 변수의 값으로 결정된 도표상의 점으로 나타낸다.

설명변수가 한 개 있다면 산포도의 수평축(x축)에 이를 나타낸다. 통상적으로 설명변수를 x라 하고 반응변수를 y라 한다는 사실을 기억하자. 설명 및 반응 관계가 존재하지 않는다면, 어떤 변수도 수평축에 위치할 수 있다.

SAT 수학 점수에 대한 4단계 과정

그림 1.8을 통해 미국의 일부 주에서는 대부분의 고등학교 졸업생들이 대학 진학을 위해서 SAT를 치르고 다른 주에서는 ACT를 치른다는 사실을 알았다. 누가 이 시험을 치느냐에 따라 평균 점수에 영향을 미칠 수 있다. 이런 영향에 대해 살펴보기 위해서 다음과 같은 4단계 과정을 밟아가 보자.

문제 핵심 : SAT를 치른 고등학교 학생들의 백분율은 주마다 다르다. 이것은 SAT 수학시험 평균 점수가 주마다 상이한 이유를 설명하는 데 도움이 되는가?

통계적 방법 : SAT를 치는 백분율과 SAT 수학시험의 평균 점수 사이의 관계를 검토해 보자. 설명변수 및 반응변수를 선택하자. 변수들 사이의 관계를 보여 주는 **산포도**를 그려 보자. 관계를 이해하기 위해서 그림을 해석해 보자.

해법(도표 그려 보기) : '시험을 치른 백분율'은 '평균 점수'를 설명하는 데 도움이 될 것이라 생각된다. 따라서 '시험을 치른 백분율'은 설명변수가 되고 '평균 점수'는 반응변수가 된다. 시험을 치른 백분율이 변화할 경우 평균 점수가 어떻게 변화하는지 알아보고자 하므로, 시험을 치른 백분율(설명변수)을 수평축에 나타낸다. 그림 4.1은 산포도이다. 각 점들은 각 주들을 나타낸다. 예를 들어 네바다주의 경우 23%가 SAT를 치렀으며 이들의 SAT 수학시험 평균 점수는 566점이었다. x(수평)축에서 23을 구하고 y(수직)축에서 566을 구해 보자. 네바다주는 수평축상의 23 위로 그리고, 수직축상의 566 오른쪽에 위치한 점 (23, 566)으로 나타낼 수 있다.

결론 : 정리문제 4.4에서 결론에 대해 알아볼 것이다.

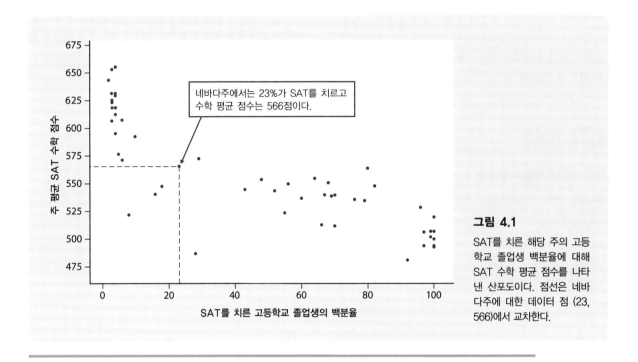

그림 4.1
SAT를 치른 해당 주의 고등학교 졸업생 백분율에 대해 SAT 수학 평균 점수를 나타낸 산포도이다. 점선은 네바다주에 대한 데이터 점 (23, 566)에서 교차한다.

살인 및 자살

자살을 방지하는 일은 정신건강 종사자들이 직면하는 중요한 문제이다. 자살 위험이 높은 지리적 지역을 예측할 수 있는 경우, 정신건강 자원과 관리를 어디에 증대시키거나 또는 향상시킬지를 결정하는 데 도움을 줄 수 있다. 일부 정신과 의사들은 살인과 자살이 어떤 공통적인 원인을 가질 수 있다고 주장하였다. 만일 그렇다면 살인율과 자살률이 상관될 수도 있을 것으로 기대된다. 이것이 참이라면, 살인율이 높은 지역은 자살률도 높을 것으로 예측된

다. 따라서 정신건강 자원을 증대시킬 만한 가치가 있다. 연구 결과는 혼합되어 있다. 어떤 유럽 국가들에서는 이들 둘 사이에 양의 상관이 존재한다는 증거가 있지만, 미국의 경우는 그렇지 않다. 미국 오하이오주 11개 카운티에 대한 2015년 데이터는 다음과 같다. 이들 카운티의 살인율과 자살률을 추정할 수 있을 정도로 충분한 데이터가 존재한다. 인구 10만 명당 비율이다.

카운티	살인율	자살률	카운티	살인율	자살률
버틀러	4.0	11.2	루카스	6.0	12.6
클라크	10.8	15.3	마호닝	11.7	15.2
쿠야호가	12.2	11.4	몽고메리	8.9	15.7
프랭클린	8.7	12.3	스타크	5.8	16.1
해밀턴	10.2	11.0	서밋	7.1	17.9
로레인	3.3	14.3			

살인율과 자살률이 상관되는지 여부를 검토하기 위해서 산포도를 그려 보시오. 이들 데이터에 대해 우리는 단순히 두 변수들 사이의 관계만을 알아보려 하기 때문에, 어떤 변수도 설명변수로 분명히 선택되지는 않는다. 편의상 살인율을 설명변수로 하고 자살률을 반응변수로 사용하자.

복습문제 4.4

항공사들에 의한 아웃소싱

항공사들은 점점 자사 항공기들에 대한 보수 및 유지를 외부기업에 아웃소싱하고 있다. 이를 비판하는 사람들은 항공기에 대한 보수 및 유지가 허술하게 이루어져서 안전을 위협할 수 있다고 우려한다. 이 외에 항공기 운항지연은 종종 보수 및 유지 문제에서 비롯된다. 따라서 일부 사람들은 이런 우려가 타당한지 여부를 알아보기 위해 아웃소싱이 이루어진 주요한 보수 및 유지의 백분율과 항공사에 책임이 있는 운항지연의 백분율에 대한 정부 데이터를 관찰해 볼 필요가 있다고 본다. 검토 결과 2005년 및 2006년 데이터는 이런 우려에 부합되는 것처럼 보인다. 보다 최근의 데이터에 기초할 경우에도 이런 우려가 타당한가? 다음은 2018년 데이터이다.

항공사	아웃소싱 백분율	운항지연 백분율	항공사	아웃소싱 백분율	운항지연 백분율
알래스카	62.8	14	하와이안	75.5	8
얼리전트	8.0	22	제트블루	71.0	19
아메리칸	38.8	20	사우스웨스트	53.6	24
델타	53.7	15	스피릿	20.9	18
프론티어	39.1	31	유나이티드	52.0	18

운항지연과 아웃소싱 사이의 관계를 보여 주는 산포도를 그리시오.

4.3 산포도의 해석

산포도를 해석하기 위해서 제1장 및 제2장에서 살펴본 데이터 분석 전략을 새로운 두 개 변수 상황에도 적용해 보자. 도표의 전반적인 패턴을 방향, 형태, 강도의 측면에서 설명해 보자. 방향은 매우 단순하며 전반적인 패턴이 왼쪽 아래에서 오른쪽 위로 또는 왼쪽 위에서 오른쪽 아래로 이동하는

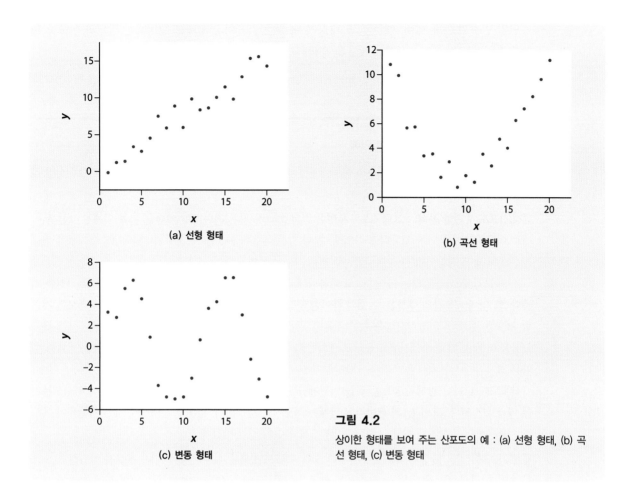

그림 4.2

상이한 형태를 보여 주는 산포도의 예 : (a) 선형 형태, (b) 곡선 형태, (c) 변동 형태

지 아니면 어느 쪽으로도 이동하지 않는지 여부를 알려 준다.

형태는 대략적인 함수 형태와 관련된다. 예를 들면, 대략적인 직선인가? 곡선인가? 어떤 방향으로 변동하는가? 그림 4.2는 세 가지 상이한 형태를 보여 준다. 그림 4.2(a)는 형태가 선형으로 설명되는 산포도이다. 그림 4.2(b)의 형태는 곡선이며, 그림 4.2(c)의 형태는 변동을 한다.

강도는 도표의 점들이 형태를 얼마나 밀접하게 따라가는지와 관련된다. 점들이 직선에 거의 완벽하게 부합되는 경우, 강한 직선관계가 존재한다고 말한다. 직선 근처에 폭넓게 산재되어 있는 경우, 직선관계가 약하다고 말한다.

산포도에 대한 관찰

데이터의 그래프에서 **전반적인 패턴**을 살펴보고 해당 패턴에서 눈에 띄게 벗어난 **이탈현상**을 관찰해 보자.

두 변수 간 관계의 방향, 형태, 강도를 통해 산포도의 전반적인 패턴을 설명할 수 있다.

이탈현상 중 중요한 것은 이탈값으로 전반적인 패턴 밖에 위치하는 개체의 값이다.

단일 변수의 분포 형태, 예를 들면 대칭 형태 또는 기울어진 형태를 설명하는 방법과 산포도 패턴을 설명하는 방법을 혼동하지 않도록 유의하시오.

정리문제 4.4

미국 각 주의 SAT 점수에 대한 이해

산포도가 주에 따라 발생하는 점수의 변동에 관해 의미하는 바를 살펴봄으로써 각 주의 SAT 수학시험 점수를 계속 탐구해 보고자 한다.

해법(산포도에 관한 분석) : 그림 4.1은 분명한 방향을 나타낸다. 전반적인 패턴은 왼쪽 위에서 오른쪽 아래로 이동하고 있다. 즉, 고등학교 졸업생 중 더 많은 비율이 SAT를 치른 주의 경우 SAT 수학시험 평균 점수가 더 낮은 경향이 있다. 이런 경우 두 변수 사이에 음의 관계가 있다고 본다.

두 변수 간 관계의 **형태**는 아래쪽으로 이동함에 따라 약간 곡선의 형태를 갖지만 대략적으로 직선을 이룬다. 그 외에 대부분의 주들은 두 개의 특이한 **군집**으로 분류된다. 그림 1.8의 히스토그램에서 보는 것처럼 ACT를 주로 선택하여 시험을 치른 주들은 왼쪽에 군집을 이루고 SAT를 주로 치른 주들은 오른쪽에 군집을 이룬다. 23개 주에서는 고등학교 졸업반 학생들 중 30% 미만이 SAT를 선택하여 시험을 치르지만, 다른 28개 주에서는 40%를 초과하는 학생들이 SAT를 치른다.

산포도에 나타난 관계의 **강도**는 점들이 관계를 보여 주는 명백한 형태에 얼마나 근접하여 위치하는지에 따라 결정된다. 그림 4.1의 전반적인 관계는 적당하게 강력하다. SAT를 선택하여 치른 백분율이 유사한 주들은 SAT 수학시험 평균 점수도 대략적으로 유사한 경향이 있다.

결론 : SAT를 치른 학생의 백분율이 각 주의 SAT 수학시험 평균 점수 변동 중 많은 부분을 설명한다. SAT를 치른 학생의 백분율이 더 높은 주들은 평균 점수가 더 낮은 경향이 있다. 왜냐하면 평균 점수에 보다 넓은 범위의 학생들이 포함되기 때문이다. SAT를 더 많이 선택하여 치른 주들의 그룹은 ACT를 더 많이 선택하여 치른 주들의 그룹보다 SAT 평균 점수가 더 낮은 경향이 있다. 따라서 SAT 평균 점수는 어떤 주의 교육의 질에 관해 시사하는 바가 거의 없다. SAT 평균 점수에 따라 주의 '순위'를 매기는 것은 현명하지 못하다.

양의 관계 및 음의 관계

두 개의 변수 중 하나의 변수가 평균을 넘는 값을 갖는 경우 다른 변수도 평균이 넘는 값을 갖게 되고, 한 변수가 평균에 못 미치는 값을 갖는 경우 다른 변수도 평균에 못 미치는 값을 갖게 된다면, 이들은 **양의 관계에 있다**(positively associated)고 한다.

두 개의 변수 중 하나의 변수가 평균을 넘는 값을 갖는 경우 다른 변수는 평균에 못 미치는 값을 갖게 되고, 반대로 한 변수가 평균에 못 미치는 값을 갖는 경우 다른 변수는 평균을 넘는 값을 갖게 된다면, 이들은 **음의 관계에 있다**(negatively associated)고 한다.

물론 모든 관계가 양의 관계 또는 음의 관계로 설명할 수 있게 명백한 방향을 갖는 것은 아니다. 다음은 단순하고 중요한 형태이면서 강한 양의 관계를 보여 주는 예이다.

정리문제 4.5

멸종위기에 처한 해우(海牛)

문제 핵심 : 해우는 미국 플로리다주 연안을 따라 서식하는 몸집이 크고 온건하며 행동이 굼뜬 동물이다. 많은 수의 해우가 보트에 치여 부상당하거나 사망하고 있다. 표 4.1은 1977년부터 2018년 사이에 플로리다주에 등록된 보트의 수(천 대)와 이 보트들로 인해 살해된 해우의 수에 관한 데이터를 보여 주고 있다. 이들의 관계를 관찰해 보자. 보트의 수를 제한하면 해우를 보호하는 데 도움이 된다는 주장은 타당한 것처럼 보이는가?

통계적 방법 : '등록된 보트의 수'를 설명변수로 하고 '살해된 해우의 수'를 반응변수로 하는 산포도를 그려 보자. 이 변수들 사이에 존재하는 형태, 방향, 강도에 대해 설명해 보자.

해법 : 그림 4.3은 도출된 산포도이다. 양의 관계가 존재한다. 즉, 보트의 수가 증가함에 따라 살해된 해우의 수도 증가한다. 이들 사이에 나타난 형태는 **선형관계**(linear relationship)이다. 즉, 전반적인 패턴은 왼쪽 아래에서 오른쪽 위로 그은 직선을 따라간다. 점들이 선으로부터 크게 벗어나지 않기 때문에 이 관계

표 4.1			미국 플로리다주의 보트 등록 대수(천 대)와 보트에 치여 사망한 해우의 수					
연도	보트	해우	연도	보트	해우	연도	보트	해우
1977	447	13	1992	679	38	2007	1027	73
1978	460	21	1993	678	35	2008	1010	90
1979	481	24	1994	696	49	2009	982	97
1980	498	16	1995	713	42	2010	942	83
1981	513	24	1996	732	60	2011	922	88
1982	512	20	1997	755	54	2012	902	82
1983	526	15	1998	809	66	2013	897	73
1984	559	34	1999	830	82	2014	900	69
1985	585	33	2000	880	78	2015	916	86
1986	614	33	2001	944	81	2016	931	106
1987	645	39	2002	962	95	2017	944	111
1988	675	43	2003	978	73	2018	951	124
1989	711	50	2004	983	69			
1990	719	47	2005	1010	79			
1991	681	53	2006	1024	92			

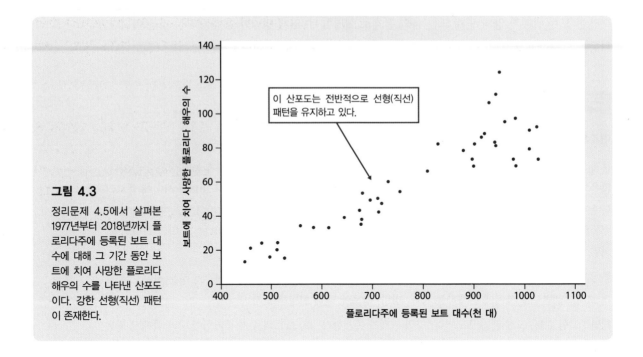

그림 4.3

정리문제 4.5에서 살펴본 1977년부터 2018년까지 플로리다주에 등록된 보트 대수에 대해 그 기간 동안 보트에 치여 사망한 플로리다 해우의 수를 나타낸 산포도이다. 강한 선형(직선) 패턴이 존재한다.

는 강하다고 볼 수 있다.

결론 : 등록된 보트의 수가 증가함에 따라 이 보트에 치여 사망한 해우의 수도 선형으로 증가하였다. 플로리다주 야생생물위원회가 발간한 데이터에 따르면 2018년에 (죽은 이유를 아는 경우와 모르는 경우 둘 다에서) 해우 사망 원인의 15.0%가 보트에 의한 것이었으며, 죽은 이유를 아는 경우에서는 21.6%가 보트에 의한 것이었다. 많은 해우들이 다른 이유로 인해 죽었지만, 보트의 수가 감소할 경우 해우의 죽음도 감소할 것처럼 보인다.

다음 장에서 살펴보겠지만, 이면에 잠재해 있는 어떤 다른 변수들이 산포도에 나타난 관계를 설명하는 데 도움이 되는지 언제나 생각해 보아야 한다. 등록된 보트의 수와 죽은 해우의 수는 매년 기록되기 때문에 시간이 흐름에 따라 어떤 상황이 변화하면 이 관계에도 영향을 미칠 수 있다. 예를 들어 플로리다주에 등록된 보트들이 해가 지남에 따라 속도가 빨라지는 추세라면, 이로 인해 보트의 수는 동일하더라도 살해된 해우의 수는 증가할 수 있다.

복습문제 4.5

살인 및 자살

복습문제 4.3에서 살펴본 산포도에 기초하여 살인율과 자살률 사이의 관계에 대한 방향, 형태, 강도를 설명하시오.

전반적인 형태에서 벗어나는 현상이 있는가?

복습문제 4.6

항공사들에 의한 아웃소싱

복습문제 4.4에서 도출한 산포도에 따르면 보수 및 유지에 대한 아웃소싱과 해당 항공사들에 의한 운항지연 사이에 양의 관계가 존재하는가? 또는 음의 관계가 존재하는가? 또는 어떤 관계도 존재하지 않는가? 관계가 존재한다면, 연관성은 매우 강력한가? 이탈값은 존재하는가?

복습문제 4.7

과속운전을 하면 연료가 낭비되는가?

자동차의 속도가 증가함에 따라 해당 자동차의 연료 소비는 어떻게 변화하는가? 다음은 2013년형 폭스바겐 제타 디젤에 대한 데이터이다. 속도는 시간당 마일로 측정하며, 연료 소비는 갤런당 마일로 측정한다.

속도	20	30	40	50	60	70	80
연료 소비	49	67.9	66.5	59	50.4	44.8	39.1

(a) 산포도를 그리시오. (설명변수는 어느 것인가?)

(b) 두 변수 사이에 존재하는 관계의 형태에 대해 설명하시오. 이는 선형관계에 있지 않다. 이들 관계의 형태가 이치에 맞는 이유에 대해 설명하시오.

(c) 두 변수가 양의 관계에 있거나 또는 음의 관계에 있다고 말하는 것이 이치에 맞지 않는다. 그 이유는 무엇 때문인가?

(d) 두 변수 사이의 관계가 합리적인 수준에서 강력한가? 또는 아주 약한가? 설명하시오.

4.4 범주변수를 산포도에 추가하기

미국 정부의 센서스국은 전국을 네 개 지역, 즉 중서부지역, 북동지역, 남부지역, 서부지역으로 구분한다. SAT 시험 점수는 어떤 지역적인 패턴을 갖는가? 그림 4.4는 그림 4.1의 일부를 반복해서 나타낸 것이지만 중요한 차이가 있다. 이 그림은 중서부지역과 북동지역에 속한 주들만을 나타내었다. '•'는 중서부지역에 속한 주들을 상징하며 '+'는 북동지역에 속한 주들을 상징한다.

지역적으로 비교해 보면 그 차이가 눈에 띄게 나타난다. 북동지역에 속한 9개 주는 모두 SAT를 선택하여 시험을 치르는 주들이다. 해당 주의 고등학교 졸업생 중 적어도 63%가 SAT를 선택하여 시험을 치렀다. 중서부지역에 속한 13개 주는 대부분 ACT를 선택하여 시험을 치르는 주들이다. 이 중 9개 주는 고등학교 졸업생 중 5% 미만이 SAT를 선택하여 시험을 치른다. 중서부지역에 속한 주들 중 3개 주는 명백하게 이탈값을 갖고 있다. (SAT를 치른 비율이 각각 67%, 99%, 100%인) 인디애

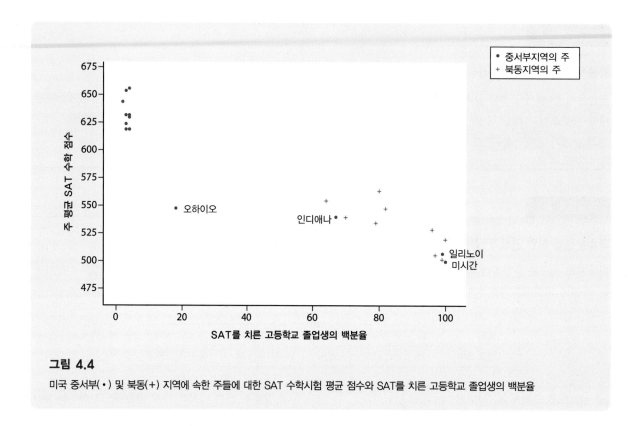

그림 4.4

미국 중서부(•) 및 북동(+) 지역에 속한 주들에 대한 SAT 수학시험 평균 점수와 SAT를 치른 고등학교 졸업생의 백분율

나주, 일리노이주, 미시간주의 평균 점수는 산포도상의 북동지역 군집에 속한다. 고등학교 졸업생 중 18%가 SAT를 선택하여 시험을 치르는 중서부지역의 오하이오주 역시 중서부지역 군집 밖에 위치한다.

미국의 주들을 지역으로 분류함으로써 산포도에 제3의 변수를 도입하였다. '지역'은 네 개의 상이한 값을 갖는 범주변수이지만, 이 그림에서는 네 개 지역 중 단지 두 개 지역에 대해서만 해당 데이터를 산포도로 나타내었다. 이들 두 개 지역은 상이한 두 개의 기호를 사용하여 나타내었다.

산포도에서의 범주변수

산포도에 범주변수를 추가시키려면, 각 범주에 대해 상이한 색깔 또는 기호를 사용하는 것이 바람직하다.

복습문제 4.8

살인 및 자살

복습문제 4.3에 제시된 데이터는 다양한 규모의 카운티를 포함한다. (8만 명을 초과하는) 매우 큰 규모의 인구를 갖 는 카운티들은 다음 표에 표시되어 있다.

카운티	살인율	자살률	인구 8만 명 초과 여부	카운티	살인율	자살률	인구 8만 명 초과 여부
버틀러	4.0	11.2	N	루카스	6.0	12.6	N
클라크	10.8	15.3	N	마호닝	11.7	15.2	N
쿠야호가	12.2	11.4	Y	몽고메리	8.9	15.7	N
프랭클린	8.7	12.3	Y	스타크	5.8	16.1	N
해밀턴	10.2	11.0	Y	서밋	7.1	17.9	N
로레인	3.3	14.3	N				

ⓐ 11개 카운티 모두에 대한 살인율 대 자살률의 산포도를 그리시오. 매우 큰 규모의 인구를 갖는 카운티를 식별할 수 있도록 별개의 기호를 사용하시오.

ⓑ 두 가지 종류의 카운티 모두에 대해 동일한 전반적인 패턴이 유지되는가? 두 가지 종류의 카운티 사이에 가장 중요한 차이점은 무엇인가?

4.5 선형관계의 측정 : 상관

산포도는 두 개의 정량변수 사이에 존재하는 관계의 방향, 형태, 강도를 보여 준다. 선형(직선)관계가 특히 중요하다. 왜냐하면 직선은 아주 일반적인 단순한 패턴이기 때문이다. 점들이 직선에 인접하여 위치하는 경우 선형관계가 강력하고, 점들이 직선 근처에 넓게 산재해 위치하는 경우 선형관계가 약하다. 눈만으로는 선형관계가 얼마나 강력한지 판단하기 어렵다. 그림 4.5에 있는 두 개의 산포도는 정확히 동일한 데이터를 도표로 나타낸 것이지만, 아래쪽 그림은 보다 넓은 도면에 더 작게 그린 것이다. 아래쪽 그림이 보다 강력한 선형관계를 보여 주는 것처럼 보인다. 눈으로만 관찰할 경우 도표를 나타내는 척도를 변화시키거나 산포도를 구성하는 점들 주위의 공간 규모를 변화시키면 관계를 잘못 판단할 수 있다. 그래프를 보완하는 숫자로 나타낸 측정값을 사용하여 위의 데이터 분석 방법을 시행할 필요가 있다. 상관이 우리가 사용하고자 하는 측정값이다.

상관

상관(correlation)은 두 개의 정량변수 사이에 존재하는 선형관계의 방향 및 강도를 측정한다. 상관은 통상 r로 표기한다.

n개의 개체에 대해서 변수 x 및 y에 관한 데이터를 갖고 있다고 가정하자. 첫 번째 개체에 대한 값은 x_1 및 y_1이고 두 번째 개체에 대한 값은 x_2 및 y_2이며 계속해서 이렇게 된다. 두 개의 변수에 대한 평균값 및 표준편차는 x값에 대해 $\bar{x}$ 및 s_x가 되고 y값에 대해 $\bar{y}$ 및 s_y가 된다. x 및 y 사이의 상관 r은 다음과 같다.

$$r = \frac{1}{n-1}\left[\left(\frac{x_1 - \bar{x}}{s_x}\right)\left(\frac{y_1 - \bar{y}}{s_y}\right) + \left(\frac{x_2 - \bar{x}}{s_x}\right)\left(\frac{y_2 - \bar{y}}{s_y}\right) \right.$$
$$\left. + \cdots + \left(\frac{x_n - \bar{x}}{s_x}\right)\left(\frac{y_n - \bar{y}}{s_y}\right)\right]$$

이를 보다 간단히 나타내면 다음과 같다.

$$r = \frac{1}{n-1} \sum \left(\frac{x_i - \bar{x}}{s_x}\right)\left(\frac{y_i - \bar{y}}{s_y}\right)$$

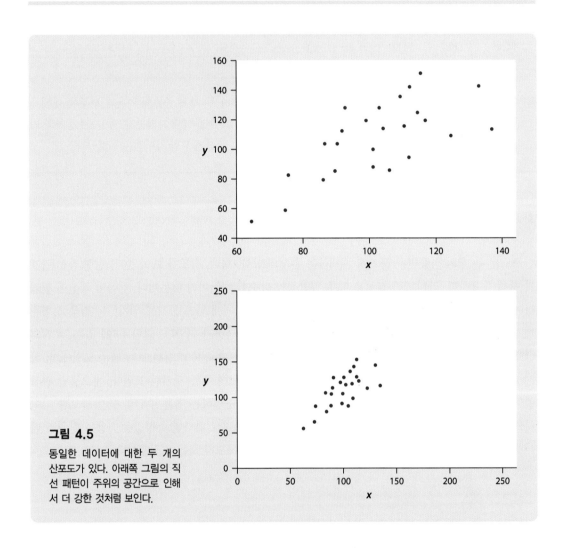

그림 4.5

동일한 데이터에 대한 두 개의 산포도가 있다. 아래쪽 그림의 직선 패턴이 주위의 공간으로 인해서 더 강한 것처럼 보인다.

상관 r을 구하는 공식은 다소 복잡하다. 이것은 상관이 무엇인지를 이해하는 데 도움이 되지만, 두 변수 x 및 y의 적절한 값으로부터 r을 실제로 구하려면 소프트웨어 또는 계산기를 사용하여야만 한다. 복습문제 4.9는 상관의 의미를 확실히 이해할 수 있도록 하기 위해 정의로부터 이를 단계적으로 계산하는 문제이다.

r에 관한 공식은 관찰값을 표준화하는 것에서부터 시작한다. 예를 들면 x는 센티미터로 측정한 키이고 y는 킬로그램으로 측정한 체중이며, n명에 대한 키 및 체중 측정값을 갖고 있다고 가정하자. $\bar{x}$ 및 s_x는 n개 키 측정값의 평균값 및 표준편차이고 둘 다 센티미터로 나타낸다. 다음 값은 제3장에

서 살펴본 것처럼 i번째 사람의 표준화된 키이다.

$$\frac{x_i - \bar{x}}{s_x}$$

표준화된 키는 어떤 사람의 키가 평균값으로부터 위 또는 아래로 얼마나 많은 표준편차만큼 떨어져 있는지 알려 준다. 표준화된 값은 단위로 나타내지 않는다. 이 예에서 표준화된 키는 더 이상 센티미터로 측정되지 않는다. 체중도 또한 표준화할 수 있다. 상관 r은 모든 개체들에 대한 표준화된 키와 표준화된 체중을 곱한 값의 평균이다. 표준편차 s의 경우와 마찬가지로 여기서도 '평균'은 모든 개체 수보다 한 개 적은 값으로 나눈다.

복습문제 4.9

산호초

복습문제 4.2에서는 과학자들이 멕시코만과 카리브해에서 수년에 걸쳐 (섭씨로 측정한) 평균 해수면 온도와 (연간 센티미터로 측정한) 평균 산호 성장에 관한 데이터를 검토한 연구에 대해 알아보았다. 다음은 관련 데이터이다.

해수면 온도	26.7	26.6	26.6	26.5	26.3	26.1
성장	0.85	0.85	0.79	0.86	0.89	0.92

Georgie Holland/AGE Fotostock

(a) 산포도를 그리시오. 어느 것이 설명변수인가? 산포도는 음의 선형 패턴을 보여 주는가?

(b) 상관 r을 단계별로 구하시오. 각 단계에서 반올림하여 소수점 이하 둘째자리까지로 할 수도 있다. 우선 각 변수의 평균값과 표준편차를 구하시오. 그리고 나서 각 변수에 대해 여섯 개의 표준화된 값을 구하시오. 마지

막으로 r을 구하는 공식을 사용하시오. r의 값은 (a)에서 도출한 산포도와 어떻게 합치하는지 설명하시오.

(c) 위의 데이터를 계산기 또는 소프트웨어에 입력하고 나서 상관함수를 이용하여 r을 구하시오. (b)와 동일한 결과를 얻었는지 점검하시오. 반올림에 따른 오차를 고려하시오.

4.6 상관에 관한 사실

상관을 구하는 공식을 이용하면 변수들 사이에 양의 관계가 있는 경우 r이 양수가 된다는 사실을 아는 데 도움이 된다. 예를 들면 키와 체중은 양의 관계가 있다. 키가 평균 이상인 사람들은 체중도 또한 평균 이상인 경향이 있다. 이런 경우 표준화된 키와 표준화된 체중은 모두 양수가 된다. 키가 평균 이하인 사람들은 체중도 또한 평균 이하인 경향이 있다. 이런 경우 표준화된 키와 표준화된 체중은 모두 음수가 된다. 위의 두 경우 모두 r을 구하는 공식에서 얻은 값들은 대부분 양수가 되고, 이

에 따라 r도 양수가 된다. 이와 동일하게 x 및 y가 음의 관계인 경우 r도 음수가 된다는 사실을 알 수 있다. r을 구하는 공식을 보다 자세히 살펴보면 r의 특성을 보다 자세히 알 수 있다. 다음은 상관을 해석하는 데 알아 두어야 할 사항들이다.

1. 상관은 설명변수와 반응변수 사이에 구별을 하지 않는다. 상관을 계산하는 데 있어서 어느 변수를 x 라 하고 어느 변수를 y라 하느냐에 따라 차이가 나지 않는다.

2. r은 관찰값들의 표준화된 값을 사용하기 때문에, x, y 또는 둘 다의 측정단위가 변하더라도 r은 변화 하지 않는다. 센티미터가 아니라 인치로 키를 재고 킬로그램이 아니라 파운드로 체중을 재더라도 키와 체중 사이의 상관은 변화하지 않는다. 상관 r 자체는 측정단위를 갖지 않으며 단지 숫자일 뿐이다.

3. 양수인 r은 변수들 사이에 양의 관계가 있음을 나타내고, 음수인 r은 음의 관계가 있음을 나타낸다.

4. 상관 r은 언제나 -1과 1 사이의 숫자이다. r의 값이 0에 근접할 경우 매우 약한 선형관계를 나타낸 다. r이 0으로부터 -1 또는 1로 이동함에 따라, 선형관계의 강도가 증대한다. r의 값이 -1 또는 1에 근접할 경우, 산포도의 점들은 직선에 근접하여 위치한다는 의미이다. 극단적인 값 $r = -1$ 및 $r = 1$은 점들이 정확히 직선을 따라 위치하는 경우, 즉 완전한 선형관계인 경우에만 가능하다.

정리문제 4.6

산포도에서 상관으로 전환

그림 4.6의 산포도들은 r의 값이 1 또는 -1에 근접해 감에 따라 어떻게 보다 강한 선형관계를 갖게 되는 지 보여 주고 있다. r의 의미를 보다 명확히 하기 위해서, 두 변수의 표준편차가 동일하고 수평축 및 수직 축의 척도는 같다고 본다. 일반적으로 산포도의 외양만 보고 r의 값을 추정하기란 그렇게 용이하지 않다. 산포도에서 척도를 변화시킬 경우 우리의 눈을 혼동시키기만 하지 상관을 변화시키지는 못한다.

그림 4.7의 산포도들은 네 개의 실제 데이터를 보여 주고 있다. 패턴은 그림 4.6의 것들보다 덜 규칙적 이지만, 상관이 선형관계의 강도를 어떻게 측정하는지 보여 주고 있다.

(a) 이것은 그림 4.3에서 살펴본 해우에 대한 산포도를 다시 보여 주고 있다. 강한 양의 선형관계가 있음 을 알 수 있다. $r = 0.919$가 된다.

(b) 이것은 1984년과 2018년 사이에 콜로라도 주립대학교의 윌리엄 그레이 교수가 허리케인 시즌이 시작 되기 전에 예측한 연간 열대성 폭풍의 발생 수에 대해 실제로 발생한 수를 산포도로 나타낸 것이다. 어느 정도의 선형관계가 있음을 알 수 있다. $r = 0.628$이 된다.

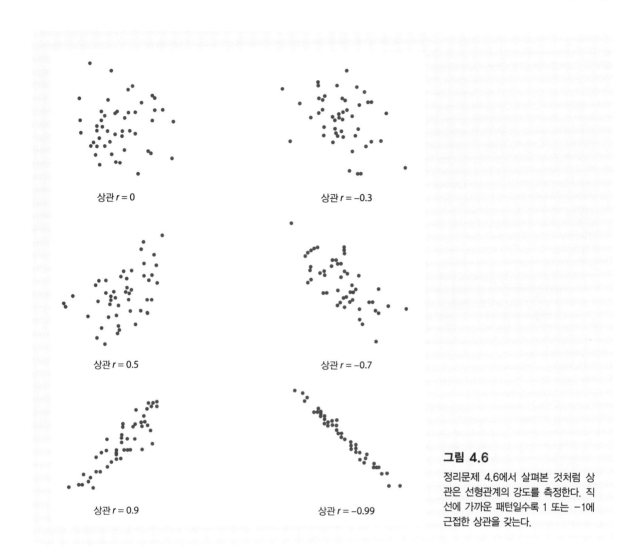

상관 $r = 0$

상관 $r = -0.3$

상관 $r = 0.5$

상관 $r = -0.7$

상관 $r = 0.9$

상관 $r = -0.99$

그림 4.6

정리문제 4.6에서 살펴본 것처럼 상관은 선형관계의 강도를 측정한다. 직선에 가까운 패턴일수록 1 또는 −1에 근접한 상관을 갖는다.

(c) 이것은 뉴트라는 동물의 수족이 절단된 경우 얼마나 신속하게 치유되는지를 연구한 실험에서 얻은 데이터이다. 각 점은 동일한 뉴트의 두 앞다리가 시간당 치유되는 비율을 마이크로미터(1미터의 100만분의 1)로 측정한 값이다. 이 관계는 (a) 및 (b)에서의 선형관계보다 더 약하다. $r = 0.358$이 된다.

(d) 지난해 주식시장의 실적이 올해 주식시장의 실적을 예측하는 데 도움이 되는가? 그렇지 않다. 지난 56년 동안 지난해의 수익률과 올해의 수익률 사이에 존재하는 상관은 $r = -0.081$에 불과하다. 이 산포도는 일련의 점들 사이에 눈에 띄는 선형관계가 존재하지 않음을 보여 준다.

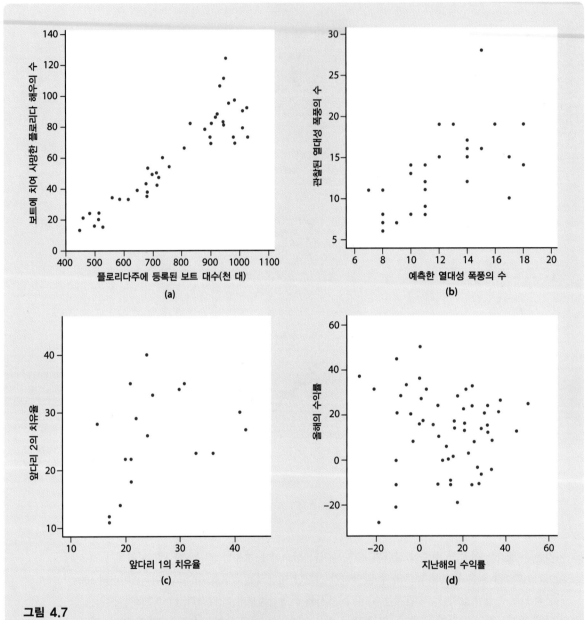

그림 4.7

정리문제 4.6에서 살펴본 것처럼 상관은 선형관계의 강도를 측정한다. 실제 네 개 데이터 세트에 대한 상관은 다음과 같다. (a) r = 0.919, (b) r = 0.628, (c) r = 0.358, (d) r = −0.081.

두 변수 사이의 관계에 대해 살펴보는 것은 한 변수의 분포에 관해 살펴보는 것보다 더 복잡하다. 다음은 상관에 관한 추가적인 사실들이며, r을 사용할 때 유의하여야 한다.

1. 상관에 관해 논의할 경우 두 변수는 정량변수이어야 한다. 그래야만 r을 구하는 공식으로 나타낸 계산이 이치에 맞게 된다. 어느 그룹에 속한 사람들의 소득과 이들이 거주하는 어느 도시 사이에 상관을 계산할 수는 없다. 왜냐하면 도시는 범주변수이기 때문이다.

2. 상관은 두 변수 사이에 존재하는 선형관계에 대한 강도만을 측정한다. 상관은 두 변수 사이에 존재하는 곡선적인 관계가 아무리 강해도 이를 설명하지 않는다. 복습문제 4.12에서 이 중요한 사실에 대해 알아볼 것이다.

3. 평균값 및 표준편차와 마찬가지로 상관은 저항력이 없다. r은 몇 개의 이탈된 관찰값에 의해 강한 영향을 받는다. 이탈값이 산포도에 포함되어 있는 경우 r을 사용하는 데 주의를 기울여야 한다. 이탈값이 포함된 경우와 포함되지 않은 경우 둘 다에 대한 상관을 제시할 때 유익한 정보를 얻을 수 있다.

4. 두 변수 사이의 관계가 선형일 경우라도, 상관이 두 개 변수 데이터를 완벽하게 요약해서 나타내지는 못한다. 상관과 함께 x 및 y 둘 다의 평균값과 표준편차를 표기하여야 한다.

상관에 관한 공식은 평균값과 표준편차를 사용하기 때문에 이 두 값을 상관과 함께 표기하는 것이 적절하다. 다음은 데이터를 이해하는 데 평균값과 상관 모두가 필요한 경우의 한 예이다.

정리문제 4.7

부담 없이 '아메리칸 아이돌'에게 점수를 부여하기

어떤 웹사이트는 텔레비전 쇼 프로그램 '아메리칸 아이돌' 시청자들에게 이 프로그램에 참여한 경연자들에 대해 1에서 10까지 부담 없이 점수를 부여하도록 요청하였다. 여기서 점수가 높을수록 더 나은 연기를 하였다고 본다. 두 사람, 즉 앤절라와 엘리자베스는 이 웹사이트의 요청에 따라서 2020년 최종 시즌 과정에서 참가자들의 점수를 매기기로 하였다. 이들은 서로 얼

마나 의견일치를 보았을까? 이들이 부여한 점수들 사이의 상관은 $r = 0.9$로 나타났으며 이는 의견일치를 보았다는 의미로 해석된다. 하지만 앤절라가 부여한 점수의 평균값은 엘리자베스가 부여한 점수의 평균값보다 0.8점이 더 낮다. 이것은 두 사람이 의견일치를 보지 못했다는 의미인가?

위의 두 가지 사실은 상호 간에 상충되지 않는다. 이들 두 가지는 단순히 다른 종류의 정보일 뿐이다. 평균값의 차이는 앤절라가 엘리자베스보다 더 낮은 점수를 부여했다는 사실을 알려 줄 뿐이다. 하지만 앤절라가 모든 참가자들에게 엘리자베스보다 약 0.8점 더 낮은 점수를 부여하였기 때문에 상관이 높다. x 또는 y의 모든 값에 대해 동일한 숫자를 합산하더라도 상관은 변하지 않는다. 앤절라와 엘리자베스는 어느 연기가 더 나은지에 대해 합의가 이루어졌기 때문에 실제로 일관성 있게 점수를 부여한 것이다. 높은 값의 r은 이 두 사람 사이에 의견일치가 이루어졌다는 의미이다.

물론 각 주의 SAT 점수에 대한 평균값, 표준편차, 상관, 그리고 SAT를 선택하여 시험을 치른 백분율을 알더라도 그림 4.1에서 볼 수 있는 군집을 나타낼 수는 없다. 숫자적인 개요는 데이터에 대한 도표를 보완은 하지만 이를 대체할 수는 없다.

복습문제 4.10

측정단위가 변하는 경우

복습문제 4.9에서 해수면 온도는 섭씨로 측정하였으며, 산호 성장은 연간 센티미터로 측정하였다. 해수면 온도와 산호 성장 사이의 상관은 $r = -0.8111$이다. 이를 화씨로 측정하고 연간 인치로 측정할 경우 상관이 변화하는가? 설명하시오.

복습문제 4.11

상관이 변하는 경우

계산기 또는 소프트웨어를 사용하여 이탈값이 상관에 어떤 영향을 미치는지 알아보도록 하자.

(a) 복습문제 4.3에서 살펴본 11개 카운티에 대한 살인율과 자살률 사이의 상관은 얼마인가?

(b) 새로운 점 A가 추가된 데이터의 산포도를 그리시오. 점 A는 살인율이 30이고, 자살률도 30이다. 원래 데이터에 점 A를 추가한 경우의 새로운 상관을 구하시오.

(c) 산포도를 살펴보고, 점 A를 추가한 경우 상관이 더 강해지는 이유를 설명하시오.

복습문제 4.12

강한 관계는 있지만 상관이 존재하지 않는 경우

자동차의 휘발유 갤런당 마일 수는 속도가 증가함에 따라 처음에는 증가하다가 다시 감소한다. 속도(시간당 마일 수)와 마일리지(갤런당 마일 수)에 관한 다음 데이터에서 보는 것처럼 이들의 관계가 매우 규칙적이라고 가정하자.

속도	20	30	40	50	60	70	80
마일리지	21	26	29	30	29	26	21

마일리지 대 속도에 관한 산포도를 그리시오. 속도와 마일리지 사이에 존재하는 상관이 $r = 0$이라는 사실을 보이시오. 속도와 마일리지 사이에 강한 관계가 존재하지만 상관이 0인 이유를 설명하시오.

요약

- 변수들 사이에 존재하는 관계에 대해 알아보기 위해서, 같은 그룹의 개체들에 관한 변수를 측정하여야 한다.
- 어떤 변수 x가 다른 변수 y의 변화를 설명하거나 또는 변화를 일으킬 수 있다고 생각하는 경우, x를 설명변수라 하고 y를 반응변수라 한다.
- 산포도는 동일한 개체들에 대해 측정한 두 개 정량변수 사이의 관계를 보여 준다. 한 변수의 값은 수평축(x축)에 나타내고 다른 변수의 값은 수직축(y축)에 나타낸다. 각 개체의 데이터는 산포도에 점으로 표시한다. 설명변수가 한 개 있는 경우, 이는 언제나 산포도의 x축에 위치한다.
- 산포도에서 범주변수가 미치는 영향을 알아보기 위해서 서로 상이한 색깔 또는 부호를 사용하여 점들을 표시할 수 있다.
- 산포도를 분석할 때는 변수들 사이에 존재하는 관계의 방향, 형태, 강도를 보여 주는 전반적인 패턴을 살펴보고 나서, 이탈값 또는 해당 패턴으로부터 벗어난 이탈현상을 관찰하여야 한다.
- 방향 : 변수들 사이의 관계가 명확한 방향을 갖는 경우 양의 관계(두 변수의 높은 값이 동시에 발생하는 현상) 또는 음의 관계(한 변수의 높은 값이 다른 변수의 낮은 값과 동시에 발생하는 현상)가 있다고 한다.
- 형태 : 점들이 직선 패턴을 보여 주는 선형관계는 두 변수 사이의 관계를 나타내는 중요한 형태이다. 곡선관계 및 군집도 유의하여야 할 형태이다.
- 강도 : 변수들 사이에 존재하는 관계의 강도는 산포도의 점들이 예를 들면 직선과 같은 단순한 형태에 얼마나 근접하여 위치하는지에 따라 결정된다.
- 상관 r은 두 정량변수 x 및 y 사이에 존재하는 선형관계의 방향 및 강도를 측정한다. 산포도에 관해 상관을 측정할 수 있더라도, 이 r은 직선관계만을 측정한다.
- 상관은 부호를 통해 선형관계의 방향을 나타낸다. 즉, 양의 관계가 성립되는 경우 $r > 0$이 되며, 음의 관계가 성립되는 경우 $r < 0$이 된다. 상관은 언제나 $-1 \le r \le 1$인 조건을 충족시키며, -1 또는 1에 얼마나 근접하느냐에 따라 관계의 강도를 알 수 있다. 완전상관, 즉 $r = \pm 1$인 경우는 산포도의 점들이 정확히 직선에 위치할 경우에만 가능하다.
- 상관은 설명변수와 반응변수를 구별하지 않는다. r의 값은 변수의 측정단위가 변하더라도 영향을 받지 않는다. 상관은 저항력이 없으므로 이탈값이 존재하는 경우 r의 값을 크게 변화시킬 수 있다.

주요 용어

반응변수   산포도   상관   설명변수

연습문제

1. **마스터스 토너먼트에서 골퍼들의 점수** 마스터스 선수권 대회는 네 개의 주요 골프 토너먼트 중 하나다. 다음 그림은 참가하는 모든 골퍼들에 대해서 2019년 마스터스 선수권 대회의 처음 두 개 라운드에 관한 점수를 보여 주는 산포도이다. 골프 점수는 홀의 수이기 때문에, 산포도는 격자 모양을 한다.

(a) 그래프 읽기 : 첫 번째 라운드에서 가장 낮은 점수는 무엇인가? 얼마나 많은 골퍼들이 이렇게 낮은 점수를 받았는가? 첫 번째 라운드에서 가장 낮은 점수를 받은 각 골퍼의 경우, 두 번째 라운드에서 이들의 점수는 무엇인가?

(b) 그래프 읽기 : 호세 마리아 올라자발 그리고 조반

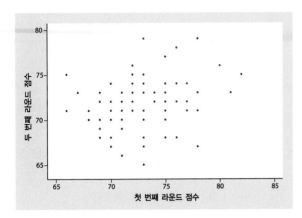

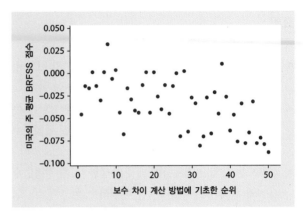

리불라는 두 번째 라운드에서 가장 높은 점수를 받았다. 이 점수는 무엇인가? 첫 번째 라운드에서 이들의 점수는 무엇인가?

(c) 첫 번째 라운드 점수와 두 번째 라운드 점수 사이의 상관은 $r = 0.01$, $r = 0.25$, $r = 0.75$, $r = 0.99$ 중에서 어느 것에 가장 근접하는지 설명하시오. 그래프를 보면, 한 라운드에서 프로 골퍼의 점수를 알 경우 동일한 코스에서 다른 라운드의 점수를 예측하는 데 많은 도움이 되는가?

2. **미국 50개 주의 행복 순위** 인간의 행복 또는 복지는 주관적 또는 객관적으로 평가될 수 있다. 주관적 평가는 사람들이 말하는 것을 청취함으로써 할 수 있다. 객관적 평가는 예를 들면 소득, 기후, 오락 접근성, 주택가격, 교통체증의 부재 등과 같이 복지와 관련된 데이터에 기초하여 시행할 수 있다. 주관적 및 객관적 평가는 일치하는가? 이에 관해 알아보기 위해서, 조사자들은 미국 50개 주 각각에 대해 행복에 관한 주관적 및 객관적 평가를 하였다. 주관적 측정값은 일종의 건강조사인 행태적 위험요인 감독체계(BRFSS)에 있는 생활 만족 질문에 관한 평균 점수이다. 점수가 낮을수록 더 큰 행복도를 나타낸다. 행복을 객관적으로 평가하기 위해, 조사자들은 행복 또는 복지와 관련해서 구할 수 있는 객관적 측정값에 기초하여 50개 주 각각에 대해 (보수 차이 점수라고 하는) 평균 복지 점수를 계산하였다. 그리고 나서 이 점수에 따라 50개 주의 순위를 매겼다(1위인 주가 가장 행복한 주이다). 다음 그림은 보수 차이 점수에 기초한 순위(설명변수)에 대해서 평균

BRFSS 점수(반응변수)의 산포도를 보여 주고 있다.

(a) 평균 BRFSS 점수와 보수 차이 계산 방법에 기초한 순위 사이에 전반적으로 양의 연관관계가 있는가? 또는 음의 연관관계가 있는가?

(b) 전반적인 연관관계는 주관적인 평균 BRFSS 점수와 보수 차이 계산 방법을 사용하여 얻은 객관적인 데이터에 기초한 순위 사이에 일치성을 보이는가? 또는 불일치성을 보이는가?

(c) 이탈값이 존재하는가? 존재한다면 이탈값에 상응하는 BRFSS 점수는 무엇인가?

3. **에볼라 바이러스 및 고릴라** 치명적인 에볼라 바이러스는 중앙아프리카에서 인간과 고릴라 둘 다에게 위험이 된다. 2002년 및 2003년에 발생하여, 콩고에서 7개 가족단위 서식 범위에서 95마리의 고릴라 중 91마리가 사망하였다. 바이러스 전파 속도를 연구하기 위해서, 고릴라 그룹을 처음 감염된 고릴라 그룹으로부터 분리하는 가족단위 서식 범위의 수로 '거리'를 측정하였다. 거리와 나중의 각 고릴라 그룹에서 사망이 발생하기 전까지의 날짜의 수로 나타낸 시간은 다음과 같다.

거리	1	3	4	4	4	5
시간	4	21	33	41	43	46

(a) 산포도를 작성하시오. 설명변수는 어느 것인가? 산포도는 어떤 종류의 패턴을 보이는가?

(b) 거리와 시간 사이의 상관 r을 구하시오.

(c) 날짜로 나타낸 시간을 나중의 각 고릴라 집단에서

사망이 발생하기 전까지의 주의 수로 나타낸 시간으로 대체시킬 경우(분수를 사용하여 4일은 4/7주가 된다) 거리와 시간 사이의 상관이 변화하는가? 설명하시오.

4. **새매 콜로니** 자연의 패턴 중 하나는, 전년도로부터 돌아온 콜로니의 성인 새의 백분율과 콜로니에 합류한 새로운 성인 새의 수를 연계시킨다. 새매의 13개 콜로니에 관한 데이터는 다음과 같다.

Age fotostock/Superstock

돌아온 백분율	74	66	81	52	73	62	52	45	62	46	60	46	38
새로운 성인 새	5	6	8	11	12	15	16	17	18	18	19	20	20

(a) 돌아온 성인 새의 백분율(설명변수)에 대해 새로운 성인 새의 수(반응변수)를 도표로 나타내시오. 성립된 관계의 방향 및 형태를 설명하시오. 상관 r은 이 관계의 강도를 적절하게 측정한 값이 되는가? 그렇다면 r을 구하시오.

(b) 수명이 짧은 새들의 경우 이 변수들 사이에 양의 관계가 성립한다. 즉, 날씨와 먹이 공급이 변화하게 되면 새로운 성인 새 및 돌아온 성인 새의 개체 수가 함께 증가하거나 또는 감소한다. 반면에 수명이 긴 권세의 습성을 갖는 새들의 경우 음의 관계가 성립한다. 왜냐하면 돌아온 새들이 콜로니에서 자신들의 세력권을 주장하고 새로이 들어온 새들에 대해 공간을 남겨 주지 않기 때문이다. 새매는 어떤 종류의 새인가?

5. **아기 새에게 먹이 주기** 카나리아는 자신의 아기 새들이 보다 강도 있게 먹이를 요구할 때 보다 많은 먹이를 제공한다. 연구자들은 카나리아 아기 새들이 먹이를 요구하는 강도가 이들이 받아먹을 먹이의 양을 결정하는 주요 요인이라고 생각한다. 또는 카나리아 어미 새는 자신이 낳은 아기 새인지 여부를 고려할 것이라고 본다. 이에 대해 알아보기 위해서, 연구자들은 카나리아 어미 새가 두 가지 종류의 아기 새, 즉 자신이 낳은 아기 새와 다른 어미 새로부터 부화되어 양육되는 아기 새를 키우도록 하는 실험을 하였다. 먹이를 요구하는 강도가 아기 새가 받아먹을 먹이의 양을 결정한다면, 아기 새들의 '먹이를 요구하는 강도'의 차이는 어린 새들이 받아먹을 먹이의 양의 차이와 강하게 연관되어야 한다. 연구자들은 상대적 성장률(자신이 낳은 아기 새의 성장률에 대한 양육되는 아기 새의 성장률로 측정된다. 양육되는 아기 새가 자신이 낳은 아기 새보다 더 빠르게 성장할 경우 그 값은 1보다 커진다)을 받아먹는 먹이양의 차이를 측정한 값으로 사용하였다. 이들은 먹이를 요구하는 강도의 차이(양육되는 어린 새의 먹이를 요구하는 강도에서 자신이 낳은 아기 새의 먹이를 요구하는 강도를 감하여 구한다)와 상대적 성장률을 기록하였다. 다음은 이 실험을 통해 얻은 결과이다.

먹이를 요구하는 강도의 차이	−14.0	−12.5	−12.0	−8.0	−8.0	−6.5	−5.5
상대적 성장률	0.85	1.00	1.33	0.85	0.90	1.15	1.00
먹이를 요구하는 강도의 차이	−3.5	−3.0	−2.0	−1.5	−1.5	0.0	0.0
상대적 성장률	1.30	1.33	1.03	0.95	1.15	1.13	1.00
먹이를 요구하는 강도의 차이	2.00	2.00	3.00	4.50	7.00	8.00	8.50
상대적 성장률	1.07	1.14	1.00	0.83	1.15	0.93	0.70

(a) 상대적 성장률이 먹이를 요구하는 강도의 차이에 어떻게 반응하는지 보여 주는 산포도를 작성하시오.

(b) 이들 관계의 전반적인 패턴을 설명하시오. 선형관계가 성립하는가? 양의 관계 또는 음의 관계가 있는가? 어떤 관계도 존재하지 않는가? 상관 r을 구하시오. r은 이 관계를 설명하는 데 도움이 되는가?

(c) 먹이를 요구하는 강도가 받아먹을 먹이를 결정하는 주요한 요소이며 이와 함께 강도가 높아질수록 더 많은 먹이를 받아먹을 수 있다면, 먹이를 요구하는 강도의 차이가 증가함에 따라 상대적 성장률

이 증가할 것으로 기대된다. 하지만 먹이를 요구하는 강도와 자기가 낳은 아기 새에 대해 배려하는 선호 둘 다가 받아먹을 먹이의 양을 결정한다면(그리고 상대적 성장률을 결정한다면), 먹이를 요구하는 강도가 증가함에 따라 처음에는 성장률이 증가하지만, 어미 새가 양육되는 새의 먹이를 요구하는 강도의 증가를 점차 무시하게 되면 먹이를 동일하게 줄 것으로(또는 오히려 감소시킬 것으로) 기대된다. 데이터에 따르면 어느 이론을 지지하는 것처럼 보이는가? 설명하시오.

6. **날씨가 좋으면 팁도 많아지는가?** 좋은 날씨는 팁 증가로 연관된다는 사실을 보여 주

고 있다. 금후 날씨가 좋을 것이라는 믿음만으로도 팁이 증가하는가? 연구자들은 미국 뉴저지주에 소재하는 이탈리안 음식점에서 종업원에게 60장의 색인카드를 주었다. 각 고객에게 계산서를 전달하기 전에, 종업원은 무작위로 카드를 뽑아서 카드에 인쇄된 것과 동일한 메시지를 계산서에 적었다. 카드 중 20장에는 다음과 같은 메시지가 적혀 있다. "내일 날씨가 정말로 좋을 것이라고 합니다. 재미있게 지내십시오." 다른 20장에는 다음과 같은 메시지가 적혀 있다. "내일 날씨가 썩 좋지는 않을 것이라고 합니다. 여하튼 재미있게 지내십시오." 나머지 20장은 빈 여백으로 남겨 두어서 종업원이 어떤 메시지도 작성하지 않게 된다. 무작위로 카드를 뽑았으므로, 위의 세 개 실험조건에 고객들을 무작위로 배정하였다고 볼 수 있다. 다음 표는 세 개 메시지에 대한 팁의 백분율을 보여 주고 있다.

(a) 계산서상에 적힌 날씨에 관한 메시지에 대해서 팁의 백분율을 보여 주는 산포도를 작성하시오(수평축에 세 개의 날씨 메시지를 균등한 공간으로 배당하시오). 어떤 날씨라고 적은 경우에 최고의 팁으로 이어지는가?

(b) 날씨와 팁의 백분율 사이에 양 또는 음의 연관관계가 있다고 보는 것이 합리적인가? 이유는 무엇 때문인가? 상관 r은 이 관계를 설명하는 데 도움이 되는가? 이유는 무엇 때문인가?

7. **투자하는 데 필요한 통계학** 투자 보고서에는 종종 상관이 포함된다. 뮤추얼 펀드, 즉 개방형 투자신탁 사이의 상관표를 설명하면서, 투자 보고서는 다음과 같은 말을 추가하였다. "두 개 펀드는 완전한 상관을 가질 수 있다. 하지만 위험수준이 상이하다. 예를 들어 펀드 A와 펀드 B는 완전하게 상관될 수 있다. 하지만 펀드 B가 10% 변동할 때는 언제나 펀드 A는 20% 변화한다." 통계학을 전혀 모르는 사람을 위해서 이런 현상이 어떻게 발생할 수 있는지 간단하게 설명하시오. 설명하는 데 필요한 간단한 그림을 그려 보시오.

8. **투자하는 데 필요한 통계학** 투자신탁 회사의 소식지는 다음과 같이 밝히고 있다. "다각화가 잘 이루어진 포트폴리오는 상관이 낮은 자산들을 포함한다." 소식지에는 다양한 투자군에 대한 수익들 사이의 상관표가 포함되었다. 예를 들어 지방채와 대형 주식 사이의 상관은 0.50이고, 지방채와 소형 주식 사이의 상관은 0.21이다.

(a) 레이철은 지방채에 많이 투자하고 있다. 그녀는 자신이 투자한 채권의 수익을 밀접하게 따르지 않는 투자를 추가하여 다각화시키고자 한다. 이런 목적을 달성하기 위해서 대형 주식을 선택하여야 하는가? 또는 소형 주식을 선택하여

계산서에 적은 날씨	팁의 백분율									
날씨가 좋을 것이라고 적은 경우	20.8	18.7	19.9	20.6	21.9	23.4	22.8	24.9	22.2	20.3
	24.9	22.3	27.0	20.5	22.2	24.0	21.2	22.1	22.0	22.7
날씨가 나쁠 것이라고 적은 경우	18.0	19.1	19.2	18.8	18.4	19.0	18.5	16.1	16.8	14.0
	17.0	13.6	17.5	20.0	20.2	18.8	18.0	23.2	18.2	19.4
날씨에 대해 적지 않은 경우	19.9	16.0	15.0	20.1	19.3	19.2	18.0	19.2	21.2	18.8
	18.5	19.3	19.3	19.4	10.8	19.1	19.7	19.9	21.3	20.6

야 하는가? 설명하시오.

ⓑ 레이철이 자신이 보유한 채권 수익이 하락할 때 상
승하는 추세의 투자를 원하는 경우, 어떤 종류의
상관을 찾아야 하는가?

9. **열대 아메리카산**
큰부리새(투칸)
의 부리 투칸과
에서 가장 큰 종
류인 토코 투칸
은 모든 새들 중
몸체에 비해 가

장 큰 부리를 갖고 있다. 이처럼 비대해진 부리에 대해
예를 들면 먹이를 먹기 위해 멋지게 적응했다고 하는
것처럼 다양한 해석이 있다. 하지만 큰 표면 면적은 외
부 온도가 상승함에 따라 열을 방출하기 위해(이를 통
해서 새를 시원하게 하기 위해) 필요한 기능으로서도
또한 중요하다. 섭씨로 측정한 다양한 온도에서, 몸체
를 통한 총열기의 배출에 대해 부리를 통해 배출된 열
기를 백분율로 나타낸 데이터는 다음과 같다.

온도(℃)	15	16	17	18	19	20	21	22
부리를 통해 배출된 열기의 백분율	32	34	35	33	37	46	55	51
온도(℃)	23	24	25	26	27	28	29	30
부리를 통해 배출된 열기의 백분율	43	52	45	53	58	60	62	62

외부 온도와 몸체를 통한 총열기의 배출에 대해 백분
율로 나타낸 부리를 통한 열기 배출 사이의 관계에 대
해 알아보시오. 4단계 과정을 밟아 설명하시오.

10. **사회적으로 배제될 경우 사람들은 상처를 입는가?** 우리
는 사회적으로 배제될 경우에 대한 감정적인 반응을
'고통'이라고 본다. 사회적으로 배제될 경우, 이는 육
체적 고통으로 인해 촉진된다고 알려진 뇌의 어떤 영
역에서의 활동을 촉진하는가? 만일 그렇다면, 우리는

피실험자	사회적인 심적 고통	뇌의 활동
1	1.26	−0.055
2	1.85	−0.040
3	1.10	−0.026
4	2.50	−0.017
5	2.17	−0.017
6	2.67	0.017
7	2.01	0.021
8	2.18	0.025
9	2.58	0.027
10	2.75	0.033
11	2.75	0.064
12	3.33	0.077
13	3.65	0.124

정말로 사회적 및 육체적 고통을 유사한 방법으로 경
험하게 된다. 심리학자들은 뇌 활동의 변화를 측정하
는 동안 먼저 사회적 활동에 개인들을 포함시켰다가,
조심스럽게 배제시켜 보았다. 이렇게 하고 나서 피실
험자들은 배제되었을 때 어떻게 느꼈
는지를 평가하는 질문지에 답변을 하
였다. 위 표는 13명의 피실험자들에
대한 데이터이다.

설명변수는 피실험자가 포함된 후의
점수에 대해 배제된 후의 점수로 측정된 '사회적인 심
적 고통'이다. (따라서 1보다 큰 값은 배제로 인해 발생
한 심적 고통의 정도를 나타낸다.) 반응변수는 육체적
고통으로 인해 촉진된 뇌의 어떤 영역에서의 활동 변
화이다. 음의 값은 뇌에서의 활동의 감소를 나타내며
심적 고통이 감소했음을 의미한다. 이 데이터는 무엇
을 보여 주는지 4단계 과정을 밟아 논의하시오.

제4장에서 살펴보기 시작한 두 개 변수들 사이의 관계를 계속해서 고찰할 것이다. 제4장에서는 두 개 변수들 사이의 관계를 탐색하는 유용한 도구로 산포도를 제시하였다. 두 변수들이 선형관계인 경우, 상관은 선형관계의 강도를 측정한 숫잣값이다.

이 장에서는 두 개 변수들 사이에 직선관계가 존재할 경우 이를 요약해서 설명하는 방법을 소개하고자 한다. 명백한 설명변수와 강한 직선관계가 존재할 때, 상관값이 큰 경우 이는 설명변수와 반응변수 사이에 인과관계가 존재한다는 의미라고 가정하고 싶어질 것이다. 이것이 사실일 필요는 없다. 상관이 인과관계를 의미하지는 않는다! 이 장에서는 이 문제에 대해 보다 세심하게 고찰할 것이다.

두 정량변수 사이에 존재하는 선형(직선)관계는 이해하기가 용이하여 아주 일반적이다. 제4장에서는 미국 플로리다주 해우의 사망 및 열대성 폭풍우의 예측과 같은 다양한 상황하에서 선형관계를 발견하였다. 상관은 이런 선형관계의 방향 및 강도를 측정한다. 산포도에서 선형관계를 발견하게 되면 해당 산포도에 직선(일명, 회귀선)을 그어서 전반적인 패턴을 개괄적으로 요약해 보고는 한다.

5.1 회귀선

회귀선은 두 변수 사이의 관계를 요약해서 나타내지만 특정한 상황하에서만 가능하다. 즉, 변수 중 하나가 다른 변수를 설명하거나 예측할 경우에만 타당하다. 이처럼 회귀는 설명변수와 반응변수 사이의 관계를 보여 준다.

회귀선

회귀선(regression line)은 설명변수 x가 변화함에 따라 반응변수 y가 어떻게 변화하는지를 보여 주는 직선이다. 우리는 보통 회귀선을 사용하여 주어진 x값에 대해 y값을 예측하고는 한다.

정리문제 5.1

의도적 운동이 아닌 활동을 통해 호리호리한 몸매를 유지할 수 있는가?

일부 사람들은 군살 없이 호리호리한 몸매를 쉽게 유지할 수 있는 이유가 무엇 때문인가? 다음은 군살이 찌는 이유를 밝힌 어떤 연구의 예를 4단계를 밟아 설명하고 있다.

문제 핵심 : 일부 사람들은 과식을 한 경우에도 군살이 찌지 않는다. 어쩌면 조바심 나서 하는 행동과 '의도적으로 하는 운동이 아닌 활동'에서 그 원인을 찾을 수도 있다. 일부 사람들은 과식을 한 경우 자발적으로 의도적 운동이 아닌 활동을 증가시킨다. 연구자들은 의도적으로 8주 동안 16명의 건강한 젊은 성인들에게 과식을 하도록 유도하였다. 이들은 찐 군살을 (킬로그램으로) 측정하고 예를 들면 조바심 나서 하는 행동, 일상적인 생활 등과 같은 의도적인 운동과는 다른 활동으로 인해 발생하는 (칼로리로 측정한) 에너지 사용의 변화를 설명변수로 하였다. 에너지 사용의 변화는 8주 기간의 마지막 날에 측정한 에너지 사용에서 과식을 하기 바로 전날에 측정한 에너지 사용을 감하여 구할 수 있다. 다음은 이에 관한 데이터이다.

의도적 운동이 아닌 활동의 변화(칼로리)	−94	−57	−29	135	143	151	245	355
군살(킬로그램)	4.2	3.0	3.7	2.7	3.2	3.6	2.4	1.3
의도적 운동이 아닌 활동의 변화(칼로리)	392	473	486	535	571	580	620	690
군살(킬로그램)	3.8	1.7	1.6	2.2	1.0	0.4	2.3	1.1

의도적으로 하는 운동이 아닌 활동이 더 큰 폭으로 증가한 사람들은 군살이 덜 찌는 경향이 있는가?

통계적 방법 : 위의 데이터에 기초하여 산포도를 도출하고 그 패턴을 관찰하시오. 선형관계가 형성되면, 상관을 이용하여 그 관계의 강도를 측정하고 산포도상에 회귀선을 그어서 의도적 운동이 아닌 활동의 변화에 따라 찌게 되는 군살을 예측하시오.

해법 : 그림 5.1은 위의 데이터에 관한 산포도이다. 이 그림은 이탈값 없이 중간 정도의 강한 음의 선형관계를 보여 주고 있다. 상관은 $r = -0.7786$이다. 산포도상에 그은 직선은 운동이 아닌 활동의 변화로 인해 찌게 되는 군살을 예측하는 데 사용할 수 있는 회귀선이다.

결론 : 운동이 아닌 활동이 더 큰 폭으로 증가한 사람들은 실제로 군살이 덜 찌었다. 이런 결론 이외에 추가적인 사실을 알아보려면 회귀선에 내해 보다 자세히 살펴보아야 한다.

운동이 아닌 활동의 변화에 대해 찌게 되는 군살을 예측할 수 있는 회귀선을 갖고 있다. 어떤 사람이 과식을 할 때 운동이 아닌 활동으로 인해 에너지 소비가 400칼로리만큼 증가한다고 가정하자. 그림 5.1의

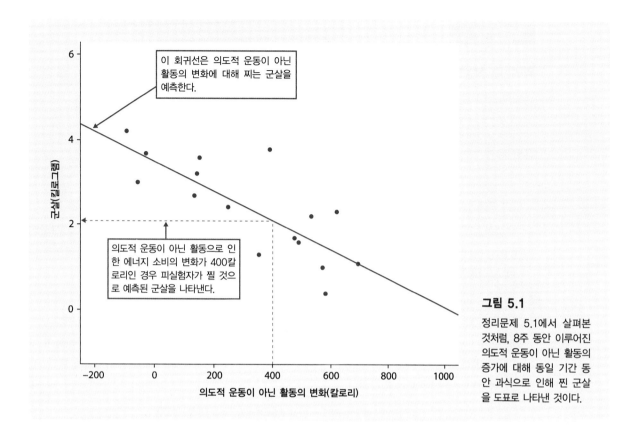

이 회귀선은 의도적 운동이 아닌 활동의 변화에 대해 찌는 군살을 예측한다.

의도적 운동이 아닌 활동으로 인한 에너지 소비의 변화가 400칼로리인 경우 피실험자가 찔 것으로 예측된 군살을 나타낸다.

그림 5.1

정리문제 5.1에서 살펴본 것처럼, 8주 동안 이루어진 의도적 운동이 아닌 활동의 증가에 대해 동일 기간 동안 과식으로 인해 찐 군살을 도표로 나타낸 것이다.

그래프상에서 x축상의 400칼로리에서 회귀선을 향해 위쪽으로 이동하고 나서 다시 y축을 향해 왼쪽으로 이동해 보자. 그래프에 따르면 2킬로그램을 약간 초과하는 군살이 찐다고 예측한다.

여러 종류의 계산기 및 소프트웨어 프로그램들은 입력된 데이터에 기초하여 회귀식을 계산한다. 이렇게 계산된 회귀선을 이해하고 사용하는 것이 회귀선을 어떻게 구하는지에 관한 세부사항을 아는 것보다 더 중요하다.

직선에 관한 복습

y는 (수직축에 표시하는) 반응변수이고 x는 (수평축에 표시하는) 설명변수라고 가정하자. y를 x에 연계시키는 직선은 다음과 같은 형태의 식으로 나타낼 수 있다.

$$y = a + bx$$

위의 식에서 b는 x가 1단위 증가할 경우 y가 변화하는 규모, 즉 **기울기**(slope)가 된다. 숫자인 a는 x = 0인 경우 y의 값, 즉 **절편**(intercept)이 된다.

회귀선을 사용하기

의도적으로 하는 운동이 아닌 활동에 관한 데이터를 나타내는 직선은 다음과 같다.

$$찌는 군살 = a + (b \times 운동이\ 아닌\ 활동의\ 변화)$$

그림 5.1에 있는 선은 다음과 같은 식으로 나타낼 수 있는 회귀선이다.

$$찌는 군살 = 3.505 - 0.00344 \times 운동이\ 아닌\ 활동의\ 변화$$

위의 식에 있는 두 개 숫자의 역할을 분명히 이해할 수 있어야 한다.

- 기울기 $b = -0.00344$는 운동이 아닌 활동의 변화로 인해 추가되는 매 칼로리당 평균적으로 군살이 0.00344킬로그램 감소된다는 의미이다. 회귀선의 기울기는 설명변수가 변화함에 따라 평균적으로 나타나는 반응의 **변화율**이다.
- 절편 $a = 3.505$킬로그램은 어떤 사람이 과식을 할 때 운동이 아닌 활동이 변화하지 않는다면 찔 것으로 추정되는 군살이다.

회귀선의 식을 이용하면 찌게 될 군살을 쉽게 예측할 수 있다. 어떤 사람이 과식을 하면서 운동이 아닌 활동의 변화로 인해 에너지 소비가 400칼로리 증가한다면, 위의 식에 $x = 400$을 대입하여야 한다. 찔 것으로 예측되는 군살은 다음과 같다.

$$찌는 군살 = 3.505 - (0.00344 \times 400) = 2.13킬로그램$$

정리문제 5.1의 산포도에서 직접 추정했을 때처럼, 2킬로그램을 약간 초과한다.

산포도상에 선 그리기를 하려면 다음과 같은 과정을 거치면 된다. 해당 데이터 x값의 범위 내에 있는 극단값 근처의 두 개 x값에 대해서 예측한 y값을 구하려면 회귀식을 이용하면 된다. 각 x값 위로 예측한 각각의 y값을 표시하고 두 점을 통과하는 선을 그리면 된다.

회귀선의 기울기는 두 변수 사이의 관계를 숫자적으로 설명하는 주요한 개념이다. 선을 그리기 위해서 절편값이 필요하기는 하지만 이 값은 통계적으로 볼 때 정리문제 5.2에서 보는 것처럼 설명변수가 실제로 0에 근접한 값을 가질 수 있을 때만 의미가 있다. 정리문제 5.2에서 기울기 $b = -0.00344$는 작다. 이것은 운동이 아닌 활동의 변화가 찌는 군살에 거의 영향을 미치지 않는다는 의미는 아니다. 기울기의 크기는 두 개 변수를 측정하는 단위에 의존한다. 이 예에서 기울기는 운동이 아닌 활동으로 인해 에너지 소비가 1칼로리 증가할 경우 킬로그램으로 측정한 군살의 변화이다. 1킬로그램은 1,000그램이다. 군살을 그램으로 측정할 경우 기울기는 1,000배 더 커져서 $b = -3.44$가 된다. 회귀선의 기울기 크기만 보고 그 관계가 얼마나 중요한지를 판단할 수는 없다.

복습문제 5.1

자동차의 시내 마일리지, 고속도로 마일리지

휘발유를 사용하는 자동차의 고속도로 마일리지를 시내 마일리지와 연계시켜 보자. 미국 정부가 발행하는 2019년 **연료경제** 안내서에 수록된 1,259대 자동차에 관한 데이터를 이용하여 다음과 같은 회귀선을 추정하였다.

고속도로 마일리지 = 8.720 + (0.914 × 시내 마일리지)

이를 이용하여 시내 마일리지로부터 고속도로 마일리지를 예측할 수 있다.

(a) 이 회귀선의 기울기는 얼마인가? 기울기의 숫잣값이 의미하는 바를 말로 설명하시오.

(b) 절편은 얼마인가? 절편값이 통계적으로 의미가 없는 이유를 설명하시오.

(c) 시내 마일리지가 갤런당 16마일인 자동차에 대해 고속도로 마일리지의 예측값을 구하시오. 시내 마일리지가 갤런당 28마일인 자동차에 대해서도 고속도로 마일리지의 예측값을 구하시오.

(d) 범위가 10마일에서 50마일인 시내 마일리지에 대해서 회귀선의 그래프를 그리시오. (x축 및 y축에 대해 척도를 명기하시오.)

복습문제 5.2

축소되는 산림

과학자들은 2000년부터 2012년까지 인도네시아에서(제곱킬로미터로 측정한) 연간 산림 손실을 측정하였다. 이들은 2000년 이래 제곱킬로미터로 측정한 산림 손실을 예측할 수 있는 다음과 같은 회귀선을 구하였다.

산림 손실 = 7,500 + (1,021 × 2000년 이래 연도)

(a) 이 선의 기울기는 무엇인가? 기울기의 숫잣값이 시사하는 바를 말로 설명하시오.

(b) 산림 손실을 연간 제곱미터로 측정할 경우, 기울기는 무엇인가? 1제곱킬로미터는 10^6제곱미터라는 사실을 주목하시오.

(c) 산림 손실을 연간 1,000제곱킬로미터로 측정할 경우, 기울기는 무엇인가?

5.2   최소제곱에 의한 회귀선

대부분의 경우에 선이 산포도상의 모든 점을 정확하게 통과하지는 못한다. 눈으로 판단할 경우 사람들은 서로 다른 선을 그리게 된다. 선을 어떻게 그어야 하는지에 대한 각자의 생각에 의존하지 않는 회귀선을 긋는 방법이 필요하다. 우리는 회귀선을 사용하여 x값으로부터 y값을 예측하기 때문에 발생하는 예측오차는 y에서의 오차, 즉 산포도에서 수직 방향으로의 오차가 된다. 좋은 회귀선은 회귀선으로부터 점까지의 수직거리를 가능한 작게 만드는 선이다.

그림 5.2는 이런 논리를 보여 주고 있다. 이 그림은 그림 5.1에 있던 세 개 점을 회귀선과 함께 보여 주고 있으며, 다만 척도가 확장되었을 뿐이다. 회귀선은 세 개 점 중에서 한 개 점보다 위에 위치

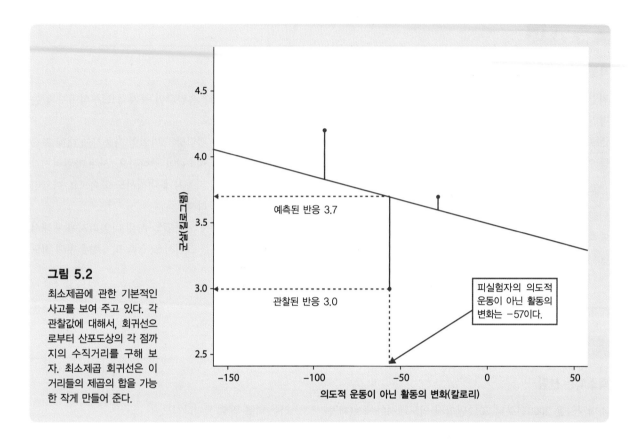

그림 5.2

최소제곱에 관한 기본적인 사고를 보여 주고 있다. 각 관찰값에 대해서, 회귀선으로부터 산포도상의 각 점까지의 수직거리를 구해 보자. 최소제곱 회귀선은 이 거리들의 제곱의 합을 가능한 작게 만들어 준다.

하고 두 개 점보다는 아래에 위치한다. 세 개 예측오차는 수직 선분처럼 보인다. 예를 들어 어떤 사람의 경우 $x = -57$이라고 하자. 이는 운동이 아닌 활동으로 인해 에너지 소비가 오히려 57칼로리 감소했다는 의미이다. 회귀선에 따르면 군살이 3.7킬로그램 찔 것으로 예측되지만 이 사람이 찐 실제 군살은 3.0킬로그램에 불과하다. 예측오차는 다음과 같다.

$$오차 = 관찰된 반응 - 예측된 반응$$
$$= 3.0 - 3.7 = -0.7킬로그램$$

수직거리를 '가능한 작게' 하는 여러 가지 방법이 있지만, 가장 일반적인 방법은 **최소제곱법**이다.

최소제곱에 의한 회귀선

x에 대한 y의 **최소제곱에 의한 회귀선**(least-squares regression line)은 회귀선으로부터 데이터 점까지의 수직거리를 제곱한 값의 총합을 가능한 작게 만든 선이다.

최소제곱에 의한 회귀선이 많이 사용되는 이유 중 하나는 이 회귀선을 간단하게 구할 수 있다는 데 있다. 두 개 변수의 평균값 및 표준편차 그리고 이 두 변수 사이의 상관 측면에서 최소제곱에 의

한 회귀선의 식을 제시할 수 있다.

최소제곱에 의한 회귀선의 식

n개 개체들에 대해서 설명변수 x와 반응변수 y에 관한 데이터를 갖고 있다. 이 데이터에 기초하여 두 개 변수의 평균값 $\bar{x}$ 및 $\bar{y}$, 표준편차 s_x 및 s_y를 계산하고, 또한 이 두 변수의 상관 r을 구하시오. 최소제곱에 기초한 회귀선의 식은 다음과 같이 나타낼 수 있다.

$$\hat{y} = a + bx$$

여기서 기울기는 다음과 같다.

$$b = r\frac{s_y}{s_x}$$

절편은 다음과 같다.

$$a = \bar{y} - b\bar{x}$$

회귀선의 어떤 x값에 대해 반응변수 y의 값을 예측한다는 점을 강조하기 위해서, 회귀선 식을 $\hat{y}$('y 햇'이라고 읽는다)으로 나타낸다. 회귀선을 중심으로 점들이 흩어져 있기 때문에 통상적으로 예측된 반응변수 값이 실제로 관찰된 반응변수 값과 정확히 일치하지는 않는다. 실제로 여러분들은 평균값, 표준편차, 상관을 계산할 필요가 없다. 소프트웨어 또는 계산기를 이용하면 변수 x 및 y 값들로부터 최소제곱에 의한 회귀선의 기울기 b 및 절편 a를 구할 수 있다. 그리고 나서 회귀선을 이해하고 사용하는 데 전념할 수 있다.

5.3 기기의 사용

최소제곱에 의한 회귀는 가장 일반적으로 사용되는 통계적 절차 중 하나이다. 통계적 계산을 하기 위해 사용되는 모든 분석 기기는 최소제곱에 의한 회귀선 및 관련 정보를 제공해 준다. 그림 5.3은 그래핑 계산기, 세 개의 통계 프로그램, 스프레드시트 프로그램을 사용하여, 정리문제 5.1 및 정리문제 5.2의 데이터로부터 구한 회귀분석 결과를 보여 주고 있다. 분석 결과는 각각 최소제곱에 의한 회귀선의 기울기 및 절편을 포함하고 있다. 통계 소프트웨어는 또한 나중에는 많이 사용하겠지만 현재로서는 필요하지 않은 정보도 제공하고 있다. (실제로 Minitab 및 Excel을 사용하여 분석한 결과에서는 이런 부분을 생략하였다.) 다섯 개의 분석 결과에서 기울기 및 절편에 관한 정보가 어디에 위치하는지 알아보도록 하자. 통계적 논리를 일단 이해하게 되면, 거의 모든 소프트웨어의 분석 결과를 이해하고 사용할 수 있다.

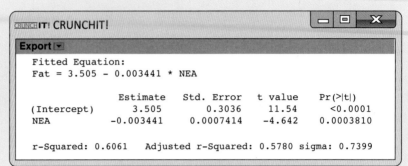

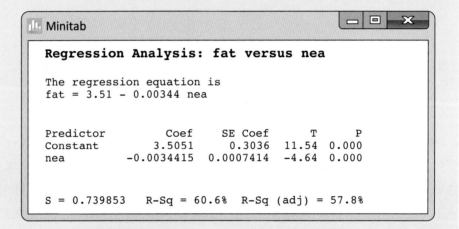

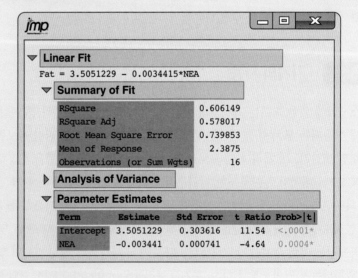

그림 5.3

의도적으로 하는 운동이 아닌 활동 데이터에 대해서 그래핑 계산기, 세 개의 통계 프로그램, 스프레드시트 프로그램을 이용하여 분석한 최소제곱 회귀 결과이다.

	A	B	C	D	E	F
1	SUMMARY OUTPUT					
2						
3	*Regression statistics*					
4	Multiple R	−0.778555846				
5	R Square	0.606149205				
6	Adjusted R Square	0.578017005				
7	Standard Error	0.739852874				
8	Observations	16				
9						
10		Coefficients	Standard Error	t Stat	P-value	
11	Intercept	3.505122916	0.303616403	11.54458	1.53E-08	
12	nea	−0.003441487	0.00074141	-4.64182	0.000381	
13						

그림 5.3 (계속)

복습문제 5.3

산호초

복습문제 4.2 및 복습문제 4.9에서는 과학자들이 멕시코만과 카리브해에서 수년에 걸쳐 (섭씨로 측정한) 평균 해수면 온도와 (연간 센티미터로 측정한) 평균 산호 성장에 관한 데이터를 검토한 연구에 대해 살펴보았다. 다음은 관련 데이터이다.

해수면 온도	26.7	26.6	26.6	26.5	26.3	26.1
성장	0.85	0.85	0.79	0.86	0.89	0.92

(a) 계산기를 사용하여 해수면 온도 x와 산호 성장 y 사이에 존재하는 상관 r을 계산하시오. 이렇게 구한 값에 기초하여 x로부터 y를 예측할 수 있는 최소제곱에 의한 회귀선 식을 구하시오.

(b) 통계 소프트웨어 또는 계산기에 데이터를 입력하고 회귀와 관련된 기능을 이용하여 최소제곱에 의한 회귀선을 구하시오. 이렇게 구한 분석 결과는 (a)의 결과와 일치해야 한다.

(c) 기울기의 숫잣값이 의미하는 바를 말로 설명하시오.

복습문제 5.4

살인과 자살

자살을 방지하는 일은 정신건강 종사자들이 직면하는 중요한 문제이다. 자살 위험이 높은 지리적 지역을 예측할 수 있는 경우, 정신건강 자원과 관리를 어디에 증대시키거나 또는 향상시킬지를 결정하는 데 도움을 줄 수 있다. 일부 정신과 의사들은 살인과 자살이 어떤 공통적인 원인을 가질 수 있다고 주장하였다. 만일 그렇다면 살인율과 자살률이 상관될 수도 있을 것으로 기대된다. 이것이 참이라면, 살인율이 높은 지역은 자살률도 높을 것으로 예측된다. 따라서 정신건강 자원을 증대시킬 만한 가치가 있다. 연구 결과는 혼합되어 있다. 어떤 유럽 국가들에서는 이들 둘 사이에 양의 상관이 존재한다는 증거가 있지만, 미국의 경우는 그렇지 않다. 미국 오하이오주 11개 카운티에 대한

2015년 데이터는 다음과 같다. 이들 카운티의 살인율과 자살률을 추정할 수 있을 정도로 충분한 데이터가 존재한다. 인구 10만 명당 비율이다.

카운티	살인율	자살률	카운티	살인율	자살률
버틀러	4.0	11.2	루카스	6.0	12.6
클라크	10.8	15.3	마호닝	11.7	15.2
쿠야호가	12.2	11.4	몽고메리	8.9	15.7
프랭클린	8.7	12.3	스타크	5.8	16.1
해밀턴	10.2	11.0	서밋	7.1	17.9
로레인	3.3	14.3			

(a) 자살률이 살인율로부터 어떻게 예측될 수 있는지 보여 주는 산포도를 그리시오. 약한 선형관계가 존재하며, 상관은 $r = -0.0645$이다.

(b) 살인율로부터 자살률을 예측하기 위한 최소제곱 회귀선을 구하시오. 이 회귀선을 위에서 그린 산포도에 추가하시오.

(c) 회귀선의 기울기가 시사하는 바를 말로 설명하시오.

(d) 오하이오주에 있는 또 다른 카운티의 살인율은 인구 10만 명당 8.0이다. 이 카운티의 예측된 자살률은 얼마인가?

5.4 최소제곱 회귀에 관한 사실

최소제곱에 의한 회귀선이 널리 사용되는 이유 중 하나는 이것이 여러 가지 편리한 특성을 갖고 있기 때문이다. 최소제곱에 의한 회귀선은 회귀선으로부터 해당 데이터 점까지의 수직거리를 가능한 작게 만든 선이다. 최소제곱에 의한 회귀선에 관해 몇 가지 추가적인 사실을 설명하면 다음과 같다.

사실 1. 설명변수와 반응변수를 구별하는 것이 회귀에서 필수적이다. 최소제곱에 의한 회귀는 회귀선으로부터 데이터 점까지 y축 방향으로의 거리를 가능한 작게 만든다. 두 변수의 역할이 바뀌게 되면 상이한 회귀선을 구하게 된다.

사실 2. 상관과 최소제곱 회귀선의 기울기 사이에는 밀접한 연결관계가 있다. 기울기는 다음과 같다.

$$b = r \frac{s_y}{s_x}$$

정리문제 5.3

찌는 군살을 예측하기 및 운동이 아닌 활동의 변화를 예측하기

그림 5.4는 그림 5.1에서 살펴본 운동이 아닌 활동에 관한 데이터의 산포도를 다시 보여 주고 있다. 다만 차이는 두 개의 회귀선이 그어져 있다는 사실이다. 굵은 선은 운동이 아닌 활동의 변화로부터 찌는 군살

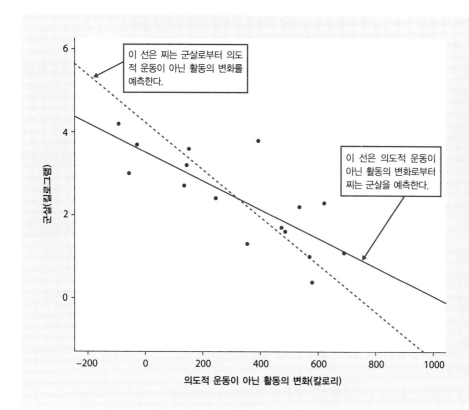

이 선은 찌는 군살로부터 의도적 운동이 아닌 활동의 변화를 예측한다.

이 선은 의도적 운동이 아닌 활동의 변화로부터 찌는 군살을 예측한다.

그림 5.4

정리문제 5.3의 의도적 운동이 아닌 활동 데이터에 대한 두 개의 최소제곱 회귀선을 보여 주고 있다. 굵은 선은 의도적 운동이 아닌 활동의 변화로부터 찌는 군살을 예측한다. 이 선에 대한 식은 (찌는 군살＝3.505−0.00344×의도적 운동이 아닌 활동의 변화)이다. 점선은 찌는 군살로부터 의도적 운동이 아닌 활동의 변화를 예측한다. 이 선에 대한 식은 (의도적 운동이 아닌 활동의 변화＝745.3−176×찌는 군살)이다. 이를 재정리하면 (찌는 군살＝4.23−0.00568×의도적 운동이 아닌 활동의 변화)이다.

을 예측하는 데 사용할 수 있는 회귀선이며, 이는 그림 5.1에서 이미 살펴본 것이다. 우리는 또한 이들 16명의 성인에 관한 데이터를 이용하여, 다른 성인이 8주 동안 과식을 할 경우 찌게 될 군살로부터 이 사람의 의도적 운동이 아닌 활동에 관한 변화를 예측할 수도 있다. 이렇게 되면 변수의 역할이 바뀌게 된다. 즉, 찌는 군살은 설명변수가 되고 의도적 운동이 아닌 활동의 변화는 반응변수가 된다. 그림 5.4에서 점선은 찌는 군살로부터 의도적 운동이 아닌 활동의 변화를 예측하는 최소제곱에 의한 회귀선이 된다. 이들 두 회귀선은 동일하지 않다. 회귀선을 설정할 경우 어떤 변수가 설명변수인지를 명확히 알고 있어야 한다.

기울기와 상관이 언제나 동일한 부호를 갖는다는 사실을 알 수 있다. 예를 들어 산포도에 따를 경우 양의 관계가 존재한다면, b 및 r은 둘 다 양수가 된다. 위에 있는 기울기 b에 대한 공식은 더 많은 의미를 함축하고 있다. 즉, 회귀선을 따라서 x의 한 개 표준편차가 변화할 경우, 이는 y의 r개 표준편차 변화에 해당한다. 변수가 완전 상관된 경우(즉, $r=1$ 또는 $r=-1$인 경우) 예측된 반응변수 $\hat{y}$의 변화는 x의 변화와 (표준편차 단위 측면에서) 동일해진다. 그렇지 않다면 $-1 \leq r \leq 1$이기 때문에, (표준편차 단위 측면에서 본) $\hat{y}$의 변화는 (표준편차 단위 측면에서 본) x의 변화보다 더 작다. 상관이 덜 강해질수록 예측값 $\hat{y}$은 x의 변화에 덜 반응하여 변화하게 된다.

사실 3. 최소제곱 회귀선은 x에 대한 y의 그래프상에서 점 $(\bar{x}, \bar{y})$를 언제나 통과한다. 이는 앞에서 살펴본 최소제곱에 의한 회귀선의 식에 따른 결과이다.

사실 4. 상관 r은 직선인 관계의 강도를 나타낸다. 회귀선을 설정할 때 이는 다음과 같은 특성을 갖는다. 상관의 제곱, 즉 r^2은 x에 대해 y의 최소제곱 회귀식으로 설명할 수 있는 y값의 변동비율이다.

이는 두 변수 사이에 선형관계가 있는 경우, x가 변화함에 따라 이와 함께 y가 변화한다는 사실에 기초하여 y의 변동을 설명할 수 있다는 생각에 따른 것이다. 의도적 운동이 아닌 활동에 관한 데이터의 산포도를 나타내는 그림 5.1을 살펴보도록 하자. 찐 군살이 0.4킬로그램으로부터 4.2킬로그램까지 퍼져 있으며 y의 변동도 이에 따라 나타난다. 이런 변동의 일부는 x(의도적 운동이 아닌 활동의 변화)가 94칼로리 감소하는 경우부터 690칼로리 증가하는 경우까지 다양하게 변화한다는 사실로 설명할 수 있다. x가 -94에서 690까지 변화함에 따라 y도 회귀선을 따라 변화한다. 의도적 운동이 아닌 활동으로 인해 에너지 소비가 0칼로리 변화하는 사람의 경우보다 600칼로리 증가하는 사람의 경우 군살이 덜 찐다고 예측할 수 있다. y를 x에 직선으로 연계시키는 것만으로 y의 모든 변동을 설명할 수는 없다. 점들이 회귀선 위 그리고 아래에 산재해 있으므로 설명되지 않고 남아 있는 변동이 존재한다.

대수학을 사용하지 않고도 y의 관찰값의 변동을 두 부분으로 분할할 수 있다. 한 부분은 x가 변화하면서 최소제곱 회귀선을 따라 나타나는 $\hat{y}$의 변동을 측정한다. 다른 부분은 회귀선 위 그리고 아래에 산재해 있는 점들이 회귀선으로부터 수직으로 떨어진 정도를 측정한다. 제곱한 상관 r^2은 첫 번째 부분을 전체에 대한 비율로 나타낸 것이다.

$$r^2 = \frac{x가 \ 변화함에 \ 따라 \ 회귀선을 \ 따라 \ 나타나는 \ \hat{y}의 \ 변동}{y의 \ 관찰값의 \ 총변동}$$

정리문제 5.4

r^2의 이용

의도적 운동이 아닌 활동에 관한 데이터의 경우 $r = -0.7786$ 및 $r^2 = (-0.7786)^2 = 0.6062$가 된다. 찐 군살의 변동 중 약 61%가 의도적 운동이 아닌 활동 변화와의 선형관계로 설명된다. 나머지 39%는 선형관계로 설명되지 않는 사람들 간의 개별적인 변동이다.

그림 4.3은 미국 플로리다주에 등록된 보트와 이 보트에 치여 사망한 해우 사이에 보다 강한 선형관계가 있음을 보여 준다. 상관은 $r = 0.919$ 및 $r^2 = (0.919)^2 = 0.845$이다. 보트에 치여 사망한 해우의 연간 변동 중 약 85%가 등록된 보트의 수에 대한 회귀선으로 설명된다. 등록된 보트 숫자가 유사한 연도들 사이에 존재하는 변동은 단지 약 15%에 불과하다.

두 개 정량변수 사이에 존재하는 관계에 대해 회귀선을 구할 수는 있지만, 예측하는 데 이 회귀선이 얼마나 유용한지는 선형관계의 강도에 달려 있다. 이처럼 r^2은 회귀선의 식만큼이나 중요하다. 그림 5.3의 모든 분석 결과에는 r^2이 소수점 또는 백분율의 형태로 포함되어 있다. 상관을 관찰할 경우, 관계의 강도를 보다 잘 감지하기 위해서는 이를 제곱하는 것이 필요하다. 완전상관($r = -1$ 또는 $r = 1$)은 점들이 정확히 회귀선상에 위치한다는 의미이다. $r^2 = 1$의 경우 한 변수의 모든 변동이 다른 변수와의 선형관계로 설명된다는 것이다. $r = -0.7$ 또는 $r = 0.7$인 경우 $r^2 = 0.49$가 되며 변동의 대략 절반이 선형관계로 설명된다는 의미이다. r^2의 척도 면에서 보면 상관 ± 0.7은 0과 ± 1 사이의 대략 중간에 위치한다.

위에서 살펴본 사실 2, 3, 4는 최소제곱 회귀선의 특성이기는 하지만, 데이터에 선을 적합하게 맞추려는 보다 높은 수준의 다른 방법에서는 타당하지 않다.

복습문제 5.5

아기 새에게 먹이 주기

제4장의 연습문제 5는 카나리아 어미 새가 자신이 낳은 아기 새와 다른 어미 새가 낳은 아기 새(양육되는 아기 새) 모두를 키우는 경우에 관한 연구 데이터를 제시한다. 연구자들은 양육되는 아기 새들의 먹이를 요구하는 강도가 해당 카나리아 자신이 낳은 아기 새들의 먹이 요구 강도보다 증가하면, 자신이 낳은 아기 새의 성장률에 대해 양육되는 아기 새의 성장률이 어떻게 변화하는지 살펴보았다. 먹이를 요구하는 강도가 받아먹는 먹이의 양을 결정하는 주요한 요인이라면, 즉 강도가 높아진 경우 더 많은 먹이를 받아먹는다면, 먹이를 요구하는 강도의 차이가 증가함에 따라 상대적인 성장률도 증가할 것으로 기대된다. 하지만 먹이를 요구하는 강도와 자신이 낳은 아기 새에 대해 갖게 되는 배려하는 마음 둘 다가 받아먹는 먹이의 양을 결정한다면(이에 따라 상대적인 성장률을 결정한다면), 먹이를 요구하는 강도가 증가함에 따라 성장률이 처음에는 증가

하지만 양육되는 아기 새의 먹이를 요구하는 강도가 증가하더라도 이를 무시하게 되면 성장률에 차이가 없게 된다(또는 감소하기조차 한다).

(a) 이 데이터에 관한 산포도를 그리시오. 양육되는 아기 새와 실제로 낳은 아기 새 사이에 존재하는 먹이를 요구하는 강도 차이로부터 양육되는 아기 새의 상대적인 성장률을 예측할 수 있도록 최소제곱 회귀선을 구하고, 이를 산포도에 추가하시오. 이런 상황에서 예측하는 데 회귀선을 사용하지 말아야 하는가?

(b) r^2은 얼마인가? 상대적인 성장률을 예측하는 데 회귀선의 적합성에 관해 이 값이 의미하는 바는 무엇인가?

5.5 잔차

데이터를 분석하는 주요한 원칙 중 하나는 데이터의 전반적인 패턴과 이 패턴으로부터 눈에 띄게 벗어난 값들을 관찰하는 것이다. 회귀선은 설명변수와 반응변수 사이의 선형관계에 대해 전반적인

패턴을 보여 준다. 회귀선에 대해 데이터의 점들이 벗어난 정도를 관찰함으로써 패턴에서 벗어난 값들을 알 수 있다. 점들로부터 최소제곱 회귀선까지의 수직거리는 가능한 작으며, 이는 이들이 제곱한 값의 합이 가능한 가장 작아지는 값을 갖는다는 의미이다. 이들은 회귀선을 구한 후에 발생하는 반응변수의 '잔존하여 남게 되는' 변동을 나타내므로, 이 거리를 잔차라고 한다.

잔차

잔차(residual)는 반응변수의 관찰값과 회귀선에 기초하여 구한 예측값 사이의 차이이다. 즉, 잔차는 회귀선을 구한 후에 남게 되는 예측오차이다.

$$\text{잔차} = \text{관찰한 } y - \text{예측한 } y$$
$$= y - \hat{y}$$

정리문제 5.5

운동을 더 많이 하면 체중이 더 많이 감소하는가?

여러분은 더 많은 칼로리를 소모할수록, 더 많은 체중을 감량할 수 있다. 핏빗(Fitbit) 및 스마트워치와 같은 착용 가능한 기기를 통해, 이를 착용한 사람들은 걷기, 달리기, 계단 오르기와 같은 일상 활동을 추적할 수 있다. 이처럼 착용 가능한 기기가 체중을 감량하려는 사람들에게는 유용한 도구라고 인식되고 있다. 여러분이 운동하는 양을 증가시킬 경우 이것은 여러분이 소모하는 칼로리의 수를 증대시켜야 하며, 이것이 다시 체중 감량으로 이어져야 한다. 하지만 운동량의 증가가 소모하는 칼로리의 수를 언제나 증대시킨다는 말이 사실인가? 이 문제에 대해 알아보기 위해서, 연구자들은 착용 가능한 가속도계를 사용하여 하루의 평균 분당 카운트(CPM/d)로 332명 피실험자의 신체 활동을 측정하였다. 이들은 또한 각각의 피실험자에 대해서 일간 킬로칼로리(kcal/d)로 총에너지 소비를 측정하였다. 낮은 수준에서 중간 수준의 운동을 할 경우, CPM/d로 측정한 신체 활동의 증가는 실제 에너지 소비의 증대와 양의 연관성이 있었다. 하지만 높은 수준의 신체 활동에서는 이 관계가 덜 명확했다. 가장 높은 수준(상위 10%)의 신체 활동을 하는 34명 피실험자들에 대한 데이터는 다음과 같다.

피실험자	1	2	3	4	5	6	7	8	9
CPM/d	700	640	590	550	510	510	500	500	490
에너지 소비 (kcal/d)	2800	4500	2600	2700	2400	2600	2200	3300	3500
피실험자	10	11	12	13	14	15	16	17	18
CPM/d	450	430	425	420	410	410	405	380	375
에너지 소비 (kcal/d)	2800	2500	3200	2800	3150	3500	2850	3600	2900
피실험자	19	20	21	22	23	24	25	26	27
CPM/d	370	370	360	360	350	350	350	350	345
에너지 소비 (kcal/d)	3700	2500	3100	2450	3200	2700	2300	1950	3150

피실험자	28	29	30	31	32	33	34
CPM/d	340	330	330	330	325	321	320
에너지 소비 (kcal/d)	2000	3650	2700	2400	3100	2500	2950

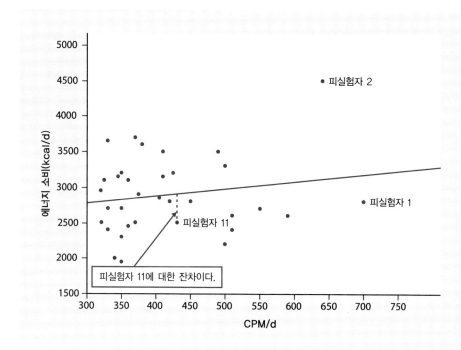

그림 5.5

정리문제 5.5에서 살펴본 에너지 소비(kcal/d) 대 신체 활동(CPM/d)의 산포도이다. 선은 최소제곱 회귀선이다.

그림 5.5는 산포도이며, 여기서 CPM/d는 설명변수 x이고 에너지 소비는 반응변수 y이다. 도표는 약한 양의 관계를 보인다. 즉 높은 CPM/d를 갖는 피실험자는 높은 에너지 소비를 하게 된다. 전반적인 패턴은 적당하게 선형관계이며, 상관은 $r=0.181$이다. 도표상에 있는 선은 CPM/d에 대한 에너지 소비의 최소제곱 회귀선이다. (소수점 둘째자리까지 반올림한) 식은 다음과 같다.

$$에너지 소비 = 2,467.55 + 1.01(CPM/d)$$

CPM/d가 430인 11번째 피실험자에 대해 다음과 같이 예측할 수 있다.

$$에너지 소비 = 2,467.55 + (1.01)(430) = 2,901.85$$

이 피실험자의 실제 에너지 소비는 2,500이었다. 따라서 잔차는 다음과 같다.

$$잔차 = 관찰한 에너지 소비 - 예측한 에너지 소비 = 2,500 - 2,901.85 = -401.85$$

데이터를 나타내는 점이 회귀선 아래에 위치하므로 잔차는 음수가 된다. 그림 5.5의 점선 부분은 잔차의 크기를 나타낸다.

데이터의 각 점들에 대해 잔차가 발생한다. 잔차를 구하려면 먼저 각 x에 대해 반응변수의 예측값을 구하여야 하기 때문에 약간 복잡하다. 통계 소프트웨어 또는 그래핑 계산기를 사용하면 잔차를 모두 한 번에 구할 수 있다. 다음은 통계 소프트웨어를 사용하여 신체 활동 연구에 관한 데이터에 대해서 34개 잔차를 구한 것이다.

피실험자	1	2	3	4	5	6	7	8	9
잔차	−375.307	1385.358	−464.088	−323.645	−583.201	−383.201	−773.090	326.910	537.020
피실험자	10	11	12	13	14	15	16	17	18
잔차	−122.536	−402.315	302.741	−92.204	267.907	617.907	−27.038	748.239	53.295
피실험자	19	20	21	22	23	24	25	26	27
잔차	858.350	−341.650	268.461	−381.539	378.572	−121.428	−521.428	−871.428	333.627
피실험자	28	29	30	31	32	33	34		
잔차	−811.317	848.794	−101.206	−401.206	303.849	−292.107	158.904		

잔차를 통해 데이터들이 회귀선에 대해 얼마나 적합하게 위치하는지 알 수 있으므로, 잔차를 살펴보면 회귀선이 데이터를 얼마나 잘 설명하는지도 알 수 있다. 데이터에 적합한 어느 곡선 또는 직선에 대해서도 잔차를 계산할 수 있지만, 최소제곱 회귀선에 대해 구한 잔차는 다음과 같은 특성을 갖는다. 최소제곱 잔차의 평균값은 언제나 0이 된다.

그림 5.5의 산포도와 그림 5.6의 동일한 데이터에 대한 **잔차 도표**를 비교해 보자. 그림 5.6의 0에

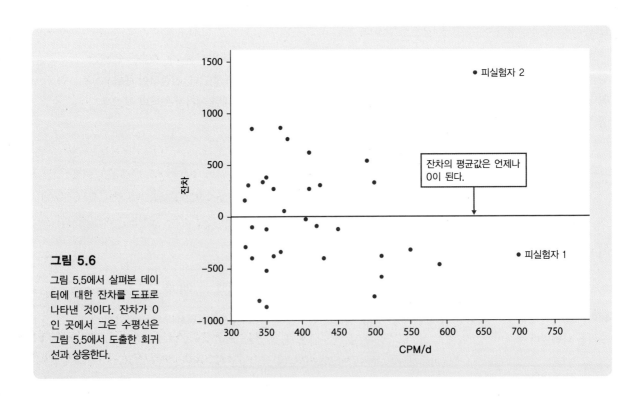

그림 5.6

그림 5.5에서 살펴본 데이터에 대한 잔차를 도표로 나타낸 것이다. 잔차가 0인 곳에서 그은 수평선은 그림 5.5에서 도출한 회귀선과 상응한다.

서 그은 수평선은 우리가 판단하는 데 도움이 된다. '잔차 = 0'에서 그은 선은 그림 5.5의 회귀선에 상응하는 선이다.

잔차 도표

잔차 도표(residual plot)는 회귀선의 잔차를 설명변수에 대해 그린 산포도이다. 잔차 도표는 회귀 선이 해당 데이터에 얼마나 적합한지 평가하는 데 도움이 된다.

잔차 도표는 회귀선을 수평선으로 전환시킨다. 이 도표는 데이터의 점들이 회귀선으로부터 벗 어난 정도를 확대하여 보여 주며, 벗어난 정도가 큰 점들과 이들의 패턴을 보다 쉽게 알 수 있도록 한다.

그림 5.7은 단순화한 형태로 일부 전형적인 잔차 도표의 전반적인 패턴을 보여 준다. 잔차는 수 평 방향에 위치한 설명변수의 해당 값에 대해 수직 방향으로 표시된다. 우리가 설정한 가정들이 준

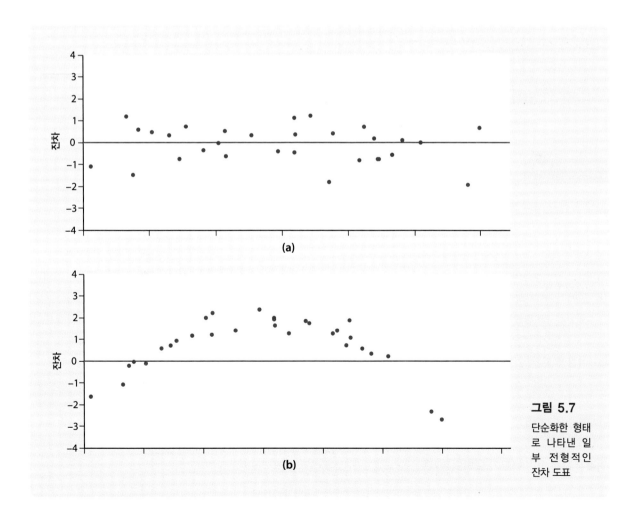

그림 5.7

단순화한 형태로 나타낸 일부 전형적인 잔차 도표

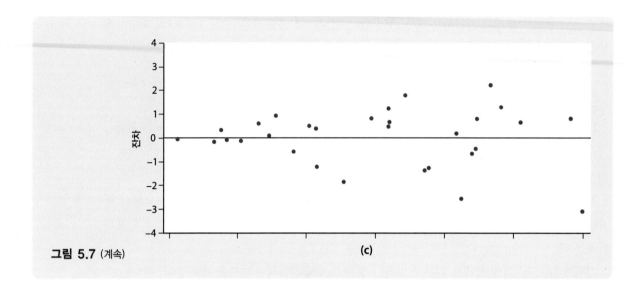

그림 5.7 (계속)

(c)

수될 경우, 해당 도표의 패턴은 그림 5.7(a)처럼 0(잔차들의 평균값)에 중심을 두고 체계적으로 조직화되지 않은 수평 띠가 되며, 0에 대해 대칭적이 된다. 그림 5.7(b)와 같은 곡선 패턴이 시사하는 바는 반응변수와 설명변수 사이의 관계가 선형이 아니라 곡선이라는 것이다. 직선은 이런 관계를 잘 설명할 수 없다. 그림 5.7(c)와 같은 부채꼴 형태의 패턴은 설명변수가 증가함에 따라 최소제곱선에 대한 반응의 변동도 증가한다는 것을 보여 준다. 보다 작은 설명변수 값에 대해 반응을 예측할 경우 더 정확해진다. 왜냐하면 이때 최소제곱선에 대해 반응이 덜 변동하기 때문이다.

복습문제 5.6

손으로 잔차 구하기

복습문제 5.3에서는 평균 해수면 온도 x에 대해서 산호 성장 y를 예측할 수 있는 최소제곱에 의한 회귀선 식을 구하였다.

(a) 위에서 구한 회귀식을 이용하여 6개의 잔차를 구하시오. 즉, 각 관찰값에 대해서 예측값 $\hat{y}$을 구하고 잔차 $y - \hat{y}$을 계산하시오.

(b) 어림에 따른 오차를 고려하여 잔차의 합이 0이 되는지

살펴보시오.

(c) 잔차는 y와 x 사이의 직선적인 연결관계가 제거된 후 남게 되는 반응변수 y의 부분이다. 잔차와 x 사이의 상관이 (어림에 따른 오차를 고려하여) 0이 된다는 사실을 보이시오. 이 상관이 언제나 0이 된다는 사실은 최소제곱에 의한 회귀의 또 다른 특성이다.

복습문제 5.7

과속운전을 하면 연료가 낭비되는가?

복습문제 4.7은 자동차의 다양한 속도 x에 대한 연료 소비 y의 데이터를 보여 주고 있다. 연료 소비는 갤런당 마일로

측정되며, 속도는 시간당 마일로 측정된다. 통계 소프트웨어를 사용하여 구한 최소제곱 회귀선의 식은 다음과 같다.

$$\hat{y} = 70.243 - 0.329x$$

위의 식을 이용하여, 원래 데이터에 잔차를 추가하면 다음과 같다.

속도	20	30	40	50	60	70	80
연료 소비	49.0	67.9	66.5	59.0	50.4	44.8	39.1
잔차	−14.67	7.51	9.40	5.19	−0.13	−2.44	−4.86

(a) 관찰값의 산포도를 그리고 산포도 위에 회귀선을 그리시오.

(b) 회귀선을 이용하여 x로부터 y를 예측할 수 있는가? 설명하시오.

(c) $x=20$에 대한 첫 번째 잔찻값이 어떠한지 입증하시오. 잔차를 합산하면 (어림에 따른 오차를 고려하여) 0이 된다는 사실을 입증하시오.

(d) x의 값에 대해 잔차 도표를 구하시오. 구한 도표상에 높이가 0인 점에서 수평선을 그리시오. 이 수평선에 대한 잔차의 패턴과 (a)에서 구한 산포도상의 회귀선에 대한 데이터 점들의 패턴을 비교하시오.

5.6 영향을 미치는 관찰값

그림 5.5 및 그림 5.6은 두 개의 유별난 관찰값, 즉 피실험자 1 및 피실험자 2를 포함하고 있다. 피실험자 2는 x 및 y 방향 둘 다에서 이탈값이다. 즉, 피실험자 1을 제외하고 모든 피실험자들보다 CPM/d 50카운트 더 높으며, 에너지 소비는 모든 다른 피실험자들보다 850kcal/d 더 높다. CPM/d 및 에너지 소비 척도 둘 다에 대해 극단적인 지점에 위치하기 때문에, 피실험자 2는 상관에 강한 영향을 미친다. 피실험자 2를 제외시킬 경우 상관은 $r=0.181$(약한 양의 관계)에서 $r=-0.043$(약한 음의 관계)으로 하락한다. 운동과 에너지 소비 사이에 약한 양의 관계가 있다고 말하는 것과 약한 음의 관계가 있다고 말하는 것은 질적으로 다르다.

피실험자 2는 상관을 계산하는 데 **영향을 미친다**고 말할 수 있다.

영향을 미치는 관찰값

어떤 관찰값을 누락할 경우 통계적 계산의 결과가 눈에 띄게 변화한다면, 해당 관찰값은 계산에 **영향을 미친다**고 본다.

통계적 계산의 결과가 영향을 미치는 몇 개의 관찰값에 강하게 의존할 경우, 이는 실제적으로 거의 사용될 수 없다.

산포도의 x축 또는 y축에서 이탈값인 점들은 종종 상관에 영향을 미친다. x축에서 이탈값인 점들은 최소제곱 회귀선에 종종 영향을 미친다.

무엇이 눈에 띄는 차이를 구성하는가? 이에 대한 대답은 다소 주관적이다. 반올림 오차와 같은 크기의 계산상 차이는 관찰값이 영향을 미친다는 증거가 종종 되지 못한다. 인수 1.5 이상으로 상이

한 계산상의 차이는 관찰값이 영향을 미친다는 증거가 종종 된다. 연관의 방향이 변화될 경우 이는 종종 관찰값이 영향을 미친다는 증거가 된다. 관찰값을 제거한 후에 계산된 최소제곱 회귀선이 계속해서 산포도상의 원래 데이터에 적합할 경우, 아마도 해당 관찰값은 영향을 미치지 않는다고 생각된다. 하지만 이런 지침들에 대한 예외를 발견할 수도 있으며, 관찰값이 영향을 미친다고 생각해야 하는지 여부에 관해서 통계학자들은 의견의 일치를 보지 못할 수도 있다.

관찰값이 영향을 미치는 경우 또는 관찰값이 영향을 미치는지 여부에 관해 의심이 드는 경우, 해당 관찰값을 포함할 때 그리고 포함하지 않을 때의 통계적 계산을 둘 다 제시한다면 유익한 정보를 제공할 수 있다. 즉, 이를 통해 독자들에게 관찰값이 미치는 영향을 판단할 수 있는 능력을 제공하게 된다.

정리문제 5.6

영향을 미치는 관찰값인가?

그림 5.5 및 그림 5.6에서 피실험자 1은 x축에서 이탈값이며, 피실험자 2보다 CPM/d 60카운트 더 높고 모든 다른 피실험자들보다 CPM/d 110카운트 더 높다. 이것은 상관에 영향을 미치는가? 피실험자 1을 데이터에서 제외시켰을 때 어떤 일이 발생하는지 살펴봄으로써 이에 대해 알아볼 수 있다. 피실험자 1을 제외시킬 경우 상관이 0.181에서 0.229로 증가하여, 인수 1.27만큼 증대된다. 어떤 사람은 이것이 눈에 띄는 변화라고 생각하지 않을 수도 있다. 그림 5.8은 이 관찰값이 최소제곱 회귀선에 영향을 미치지 않는다는

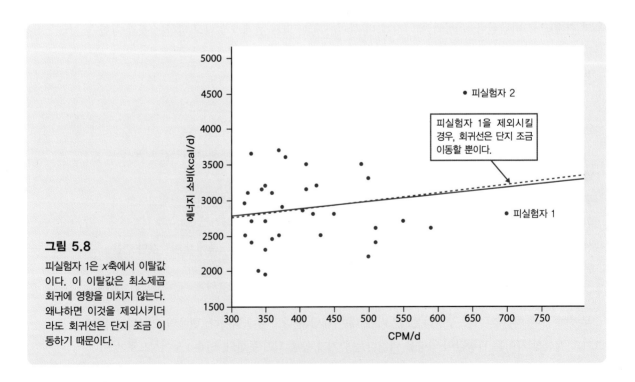

그림 5.8

피실험자 1은 x축에서 이탈값이다. 이 이탈값은 최소제곱 회귀에 영향을 미치지 않는다. 왜냐하면 이것을 제외시키더라도 회귀선은 단지 조금 이동하기 때문이다.

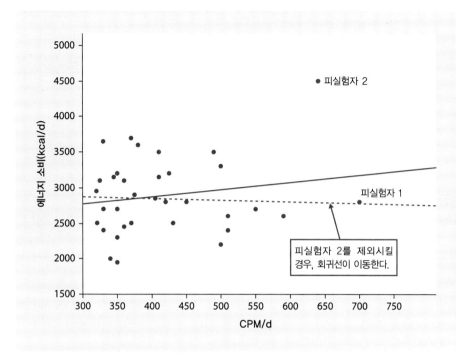

그림 5.9

피실험자 2는 *x*축 및 *y*축에서 이탈값이다. 이 이탈값은 최소 제곱 회귀선에 영향을 미친다. 왜냐하면 이를 제외시킬 경우, 회귀선은 양의 기울기를 갖는 것에서 음의 기울기를 갖도록 이동하기 때문이다.

사실을 보여 준다. 피실험자 1을 제외하고 계산한 회귀선(점선)은 모든 관찰값들을 사용하여 계산한 회귀선(직선)과 거의 다르지 않다. 이탈값이 회귀선에 거의 영향을 미치지 않는 이유는 다른 관찰값들에 기초하여 계산한 점선으로 나타낸 회귀선과 합리적인 수준에서 근접하여 위치하기 때문이다.

피실험자 2는 *x*축과 *y*축 둘 다에서 이탈값이다. 데이터에서 피실험자 2를 제외시킬 때 어떤 일이 발생하는지 살펴봄으로써, 피실험자 2가 영향을 미치는지 여부를 검토할 수 있다. 정리문제 5.5에서 피실험자 2는 CPM/d와 에너지 소비 사이의 상관에 영향을 미친다. 왜냐하면 이를 제외시킬 경우 *r*은 0.181에서 −0.043으로 감소하기 때문이다. 상관의 부호가 변화할 경우 통상적으로 눈에 띄는 변화라고 생각된다. 따라서 피실험자 2는 상관에 대해 영향을 미친다고 본다. 이런 경우 *r*=0.181은 데이터를 매우 유용하게 설명한다고 볼 수 없다. 왜냐하면 그 값이 34명의 피실험자들 중 단지 1명에 강하게 의존하기 때문이다.

이 관찰값은 또한 최소제곱 회귀선에 영향을 미치는가? 그림 5.9에 따르면 그렇다고 볼 수 있다. 피실험자 2를 제외하고 계산한 회귀선(점선)은 모든 관찰값들을 사용하여 계산한 회귀선(직선)과 상이하다. 점선의 기울기가 약간 하향하는데 이것이 시사하는 바는 CPM/d와 에너지 소비 사이의 연관성이 (약하지만) 음이라는 것이다. 반면에 직선의 기울기가 양수라는 점은 약하게 양의 연관성이 존재한다는 것을 시사한다. 이탈값이 회귀선에 영향을 미친다고 보는 이유는, 해당 회귀선이 다른 관찰값들에 기초하여 계산된 점선의 회귀선 위로 충분히 위치하기 때문이다.

피실험자 2가 제외될 경우 양의 연관성이 사라지기 때문에, 많은 운동량(CPM/d)에 대해서는 에너지 소비가 크게 변하지 않고 안정화된다고 연구자들이 결론을 내렸다. 다시 말해 적당한 수준에서 극단적인 수준으로 운동을 증대시키더라도 소비되는 추가적인 칼로리는 거의 없거나 또는 없다고 볼 수 있으며, 이로 인해 추가적인 체중 감량은 거의 없거나 또는 없게 된다.

제2장에서는 이탈값과 영향을 미치는 관찰값을 구별할 필요가 없었다. 근로자 그룹에 대한 평균 봉급 $\bar{x}$를 끌어올릴 단 한 개의 높은 봉급은 다른 봉급들보다 훨씬 더 높기 때문에 이탈값이 된다. 이 이탈값이 제외될 경우, 평균이 변하기 때문에 이것은 또한 영향을 미친다. 하지만 회귀선을 구할 경우 모든 이탈값이 영향을 미치지는 않는다.

복습문제 5.8

살인과 자살

살인율과 자살률에 관한 복습문제 5.4의 데이터를 다시 살펴볼 것이다. 이 데이터를 사용하여 미치는 영향에 관해 알아보도록 하자.

(a) 살인율로부터 자살률을 예측하기에 적합하도록 데이터의 산포도를 그리고, 다음과 같은 두 개의 새로운 점을 추가해 보자. 점 A는 살인율이 21.8이고 자살률이 27.6이다. 점 B는 살인율이 20.2이고 자살률 14.0이다.

이 점들은 각각 어느 축에서 이탈값이 되는가?

(b) 다음의 각 산포도에 대해 회귀선을 각각 추가하시오. (i) 원래의 11개 카운티에 대한 산포도. (ii) 원래의 11개 카운티에 점 A를 추가한 경우에 대한 산포도. (iii) 원래의 11개 카운티에 점 B를 추가한 경우에 대한 산포도. 각 도표에서 볼 수 있는 대로, 각각의 새로운 점이 회귀선을 이동시키는 이유를 간단한 말로 설명하시오.

복습문제 5.9

항공사들에 의한 아웃소싱

복습문제 4.4는 10개 항공사들이 보수 및 유지를 아웃소싱한 백분율과 이들 항공사들이 책임져야 할 운항지연의 백분율에 관한 데이터를 보여 주고 있다.

(a) x축은 아웃소싱한 백분율을 나타내고 y축은 운항지연된 백분율을 나타내는 산포도를 그리시오. 하와이안 항공사가 영향을 미친다고 생각하는가?

(b) 하와이안 항공사가 포함된 상관 r 및 포함되지 않은 상관 r을 구하시오. 상관에 대해 이탈값은 얼마나 영향을

미치는가?

(c) 하와이안 항공사가 포함된 경우 및 포함되지 않은 경우에 대해 x로부터 y를 예측할 수 있는 최소제곱 회귀선을 구하시오. 산포도에 이들 두 회귀선을 그리시오. 이들 회귀선을 이용하여 보수 및 유지의 78.4%를 아웃소싱한 항공사에 발생할 운항지연의 백분율을 예측하시오. 최소제곱 회귀선에 대해 하와이안 항공사는 얼마나 영향을 미치는가?

5.7 상관 및 회귀에 관한 유의사항

상관 및 회귀는 두 변수 사이의 관계를 설명하는 강력한 수단이다. 하지만 이들 수단을 사용할 경우 이들이 갖고 있는 한계를 인지하여야만 한다. 이미 다음과 같은 사실을 알고 있다.

- 상관 및 회귀선은 선형관계만을 설명한다. 두 정량변수 사이의 관계에 대해 계산은 할 수 있지만, 산포도가 선형관계를 보일 때만 그 결과가 유용하다.
- 상관 및 최소제곱 회귀선은 저항력이 없다. 언제나 데이터를 도표로 나타내어 영향을 미칠 수 있는 관찰값이 존재하는지 살펴보도록 하자.

상관 및 회귀를 사용할 경우 다음과 같은 세 가지 점을 추가적으로 유의하여야 한다.

생태학적인 상관에 주의하자. 평균소득과 교육을 받은 연수 사이에는 큰 양의 상관이 존재한다. 하지만 개별적인 개인 소득과 교육을 받은 연수를 비교하면 상관이 작아진다. 평균소득에 기초한 상관은 교육을 받은 연수가 동일한 사람들의 개별적인 개인 소득에 큰 변동이 있다는 사실을 고려하지 않는다. 사람들 사이에 존재하는 개별적인 개인 소득의 변동은 산포도상에서 변동성을 증대시켜 상관을 낮추게 된다. 평균소득과 교육 사이의 상관은 개인 소득과 교육을 받은 연수 사이에 존재하는 관계의 강도를 과장한다. 평균에 기초한 상관을 개체들에 대해 적용할 경우 오도될 수 있다.

> **생태학적인 상관**
>
> 개별적인 값이 아니라 평균값에 기초한 상관을 **생태학적인 상관**(ecological correlation)이라고 한다.

외삽법에 주의하자. 연령이 3세에서 8세 사이인 아이들의 키 성장에 관한 데이터를 갖고 있다고 가정하자. 연령 x와 키 높이 y 사이에 강한 선형관계가 있음을 알 수 있다. 이 데이터에 적합한 회귀선을 구하여 연령이 25세인 사람의 키를 예측하는 데 사용한다면 키가 8피트(약 240센티미터)라고 예측할 것이다. 키의 성장 속도는 느려졌다가 멈추게 되므로 성인의 연령에 직선관계를 적용하는 것은 어리석은 일이다. 모든 x값에 대해 선형관계가 유지되는 경우는 거의 존재하지 않는다. 갖고 있는 데이터에 실제로 존재하는 x값의 범위를 훨씬 벗어나 예측하지 않도록 하여야 한다.

> **외삽법**
>
> **외삽법**(extrapolation)은 회귀선을 구하기 위해서 사용한 설명변수 x값의 범위를 훨씬 벗어나 예측하는 데 회귀선을 사용하는 것이다. 이런 예측들은 보통 정확하지 않다.

잠복변수에 유의하자. 다음과 같은 사실에 유의하는 것이 훨씬 더 중요하다. 두 변수 사이의 관계는 다른 변수들을 고려할 경우에만 종종 이해될 수 있다. 잠복변수는 상관 또는 회귀를 오도할 수 있다.

잠복변수

잠복변수(lurking variable)는 해당 연구의 설명변수 또는 반응변수에 포함되지는 않지만 이 변수들의 관계를 이해하는 데 영향을 미칠 수 있는 변수이다.

상관 또는 회귀에 기초하여 결론을 도출하기 전에 잠복변수가 존재하는지 언제나 생각해 보아야 한다.

정리문제 5.7

마법의 모차르트

캘러머주 (미시간) 교향악단은 다음과 같은 문구를 갖고 학생들에게 모차르트를 접하게 해 주자는 프로그램을 한때 광고하였다. "질문 : 어떤 학생들이 언어능력시험에서 51점을 더 높이 받고 수학능력시험에서 39점을 더 높이 받는가? 대답 : 음악을 접해 본 학생들이다."

우리는 또한 다음과 같이 대답할 수 있다. "축구 경기를 해 본 학생들이다." 그 이유는 무엇 때문인가? 부유하고 충분한 교육을 받은 부모를 갖고 있는 아이들은 그렇지 못한 아이들보다 음악을 접하고 또한 축구 경기를 할 가능성이 더 높다. 이들은 좋은 학교를 다니고 좋은 건강관리를 받으며 열심히 공부하도록 고무될 가능성이 또한 높다. 이런 이점으로 인해 높은 시험 성적을 얻을 수 있다. 이런 가족 배경이 시험 점수가 음악을 접한 경험과 연계되는 이유를 설명하는 잠복변수가 된다.

복습문제 5.10

멸종위기에 처한 해우

제4장의 표 4.1은 미국 플로리다주에 등록된 보트의 수와 보트에 치여 사망한 해우에 관한 42년간의 데이터 를 보여 주고 있다. 그림 4.3은 이 데이터에 강한 양의 선

PhotoDisc/Getty Images

형관계가 있음을 보여 준다. 상관은 $r = 0.919$이다.

(a) 등록된 보트(천 대)에 치여 사망한 해우를 예측할 수 있는 최소제곱 회귀선을 구하시오. 선형 형태가 매우 강하므로 이 회귀선에 기초하여 구한 예측이 매우 정확할 것으로 기대하지만, 이는 플로리다주의 상황이

지난 42년 동안과 유사한 경우에만 가능하다.

(b) 전문가들은 2019년에 플로리다주에 등록될 보트의 수가 950,000대가 될 것이라고 예측하였다. 등록될 보트의 수가 950,000대라면 이 보트들에 치여 사망하게 될 해우의 수는 얼마나 될 것이라고 예측하는가? 이 예측을 신뢰할 수 있는 이유는 무엇 때문인가?

(c) 플로리다주에 등록된 보트가 없는 경우 사망하게 될 해우의 수를 예측하시오. 이런 경우 예측이 불가능한 이유를 설명하시오. (회귀선의 절편을 구하기 위해 $x = 0$이라 하지만, 설명변수 x가 실제로 0에 가까운 값을 갖지 않는다면 $x = 0$인 경우의 예측은 외삽법의 예가 된다.)

수학이 대학에서의 학업을 성공적으로 마칠 수 있는 핵심 요소인가?

15,941명의 고등학교 졸업생에 대한 미국 대학위원회의 연구 결과에 따르면, 소수민족 출신의 학생들이 고등학교에서 얼마나 많은 수학과목을 수강하는지와 나중에 대학 학업을 성공적으로 마치는 것 사이에 강한 상관이 있다는 사실을 발견하였다. 신문 기사는 미국 대학위원회의 책임자가 다음과 같이 말하는 것을 인용하여 보도하였다. "수학이 대학에서의 학업을 성공적으로 마치기 위한 핵심 요소이다." 아마도 그럴 것이다. 하지만 또한 잠복변수에 대해서도 생각해 보아야 한다. 어떤 요인들로 인해 소수민족 출신의 학생들이 고등학교에서 수학과목을 더 많이 선택하거나 또는 더 적게 선택하는가? 이런 요인들이 또한 대학 학업을 성공적으로 마치는 데 영향을 미치는가?

5.8 연관관계가 인과관계를 의미하지는 않는다

상관 및 회귀에 관해 많은 주의를 기울이도록 하는 잠복변수에 대해 생각해 보자. 두 변수 사이의 관계를 살펴볼 경우 종종 설명변수의 변화가 반응변수의 변화를 일으키는 인과관계를 보이고자 한다. 두 변수 사이에 강한 연관관계에 있다고 해서 원인 및 결과를 보여 주는 인과관계가 존재한다고 결론을 내릴 수는 없다. 이따금 관찰된 관계가 실제로 인과관계를 반영할 수 있다. 천연가스로 난방을 하는 가정은 날씨가 추운 달에 더 많은 가스를 사용한다. 왜냐하면 날씨가 추워질 경우 난방을 하기 위해서 더 많은 가스를 소비하기 때문이다. 하지만 다른 경우에 두 변수 사이의 관계는 잠복변수에 의해 설명되며, x가 y를 일으킨다는 결론은 잘못되었거나 입증을 할 수 없다.

자동차를 많이 보유할수록 수명이 길어지는가?

어떤 연구에 따르면 자동차를 두 대 보유한 사람들이 한 대만을 보유한 사람들보다 더 오래 산다고 한다. 자동차를 세 대 보유할 경우에는 더욱 그러하다. 자동차 대수 x와 수명 y 사이에는 상당한 정도의 양의 상관관계가 존재한다.

인과관계가 기본적으로 의미하는 바는 x가 변화함으로써 y의 변화를 일으킨다는 것이다. 더 많은 자동차를 구입함으로써 수명을 연장할 수 있는가? 물론 그렇지 않다. 이 연구는 풍요로움의 지표로서 자동차 대수를 사용하였다. 풍요로운 사람들은 더 많은 자동차를 보유하는 경향이 있다. 이들은 아마도 교육을 더 잘 받고 더 나은 보살핌을 받으며 더 좋은 의료혜택을 받기 때문에, 수명이 더 긴 경향이 있다. 보유한 자동차 대수와 수명은 관련이 없다. 보유한 자동차 대수와 수명 사이에는 인과관계가 존재하지 않는다.

정리문제 5.8과 같은 상관을 '터무니없는 상관'이라고 한다. 상관은 실질적이다. 터무니없는 것은 변수들 중 한 개가 변화하면 다른 변수의 변화를 일으킨다고 결론을 내리는 것이다. 예를 들면 정리 문제 5.8의 개별적인 풍요로움과 같이 x 및 y 둘 모두에 영향을 미치는 잠복변수가 x 및 y 사이에 직접적인 연관이 존재하지 않음에도 불구하고 높은 상관이 나타나도록 한다.

연관관계가 인과관계를 의미하지는 않는다

설명변수 x와 반응변수 y 사이의 연관관계가 매우 강하더라도, 이 자체만을 갖고 x의 변화가 실제로 y의 변화를 일으키는 증거라고 볼 수는 없다.

정리문제 5.9

SAT 점수와 교사 봉급

미국 50개 주와 컬럼비아 특별구에 대한 2018년 데이터를 사용하여, SAT 수학부문 점수와 교사 평균 봉급 사이의 관계를 살펴보도록 하자. 그림 5.10은 이들 데이터에 대한 산포도이며, SAT 수학부문 점수와 봉급이 음으로 상관된다($r = -0.266$)는 사실을 보여 준다.

SAT 수학부문 평균 점수는 시험 응시자들의 백분율에 의해 부분적으로 결정된다. SAT를 요구하지 않는 주들에서는 더 적은 수의 학생들이 SAT에 응시한다. 이런 주들에서는 일반적으로 더 나은 학력을 갖춘 학생들만이 SAT를 치르게 되고, 이에 따라 평균 점수도 높아진다. SAT를 요구하는 주들은 더 높은 생

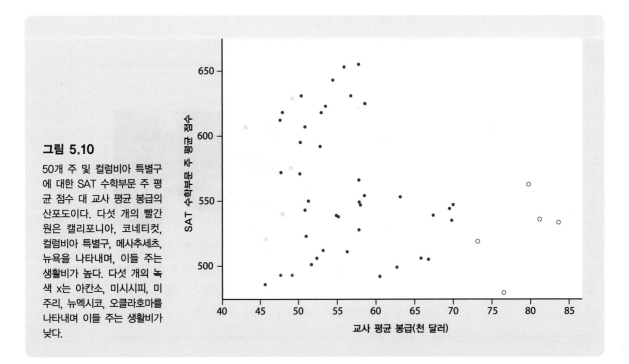

그림 5.10

50개 주 및 컬럼비아 특별구에 대한 SAT 수학부문 주 평균 점수 대 교사 평균 봉급의 산포도이다. 다섯 개의 빨간 원은 캘리포니아, 코네티컷, 컬럼비아 특별구, 메사추세츠, 뉴욕을 나타내며, 이들 주는 생활비가 높다. 다섯 개의 녹색 x는 아칸소, 미시시피, 미주리, 뉴멕시코, 오클라호마를 나타내며 이들 주는 생활비가 낮다.

활비가 필요한 주들이며, 이에 따라 교사 평균 봉급도 더 높다. 그림 5.10에 있는 빨간색 원으로 나타낸 점들은 캘리포니아, 코네티컷, 컬럼비아 특별구, 메사추세츠, 뉴욕이며, 이들 주는 생활비가 높다. 녹색 x 로 나타낸 점들은 아칸소, 미시시피, 미주리, 뉴멕시코, 오클라호마이며, 이들 주는 생활비가 낮으며 SAT 를 요구하지 않는다. 이런 잠복변수들이 음의 상관관계를 설명할 수 있다. SAT 응시자들의 백분율을 설명하고 나면 연관관계는 실제로 역전된다!

면역성 부여와 사망률

홍역은 전염성이 높은 심각한 질병이다. 1963년 홍역 백신이 도입되고 폭넓게 백신 접종이 이루어지기 전에는 대략 매 2년 내지 3년마다 대규모 전염병이 발생하였고, 홍역으로 인해 5세 미만의 많은 어린이들을 포함하여 매년 약 260만 명이 사망하였다. 세계보건기구가 발표하는 데이터에는 1990년부터 2017년까지 홍역에 대해 면역성이 부여된 전 세계 12~23개월 연령대 어린이의 백분율과 5세 미만 아이들에 대한 1,000명의 정상 출생아당 전 세계 사망률이 포함된다. 이 기간 동안 홍역에 대해 면역성이 부여된 백분율과 5세 미만 아이 사망률 사이의 상관은 $r = -0.953$이다.

5세 미만 아이들의 사망률은 부분적으로 홍역으로 인한 사망에서 기인한다. 사망을 예방하는 홍역에 대한 면역성 부여와 사망률 사이에 직접적인 인과관계가 있다. 음의 상관이 존재한다는 것은 면역성이 부여되면 사망을 줄일 수 있다는 사실을 반영한다. 하지만 5세 미만 아이들의 사망에는 예를 들면 기타 질병과 영양실조와 같은 많은 다른 요인들이 작용하며, 이런 요인들은 백신 접종률이 낮은 지역에 더 만연되어 있을 수 있다. 초기에 관리한다면 예방하거나 심각한 증상을 낮출 수 있는 홍역 치료법도 또한 존재한다. 이런 모든 요인들로 인해서 사망률이 높아질 수 있으며 면역성 부여에 따른 실제 효과를 가릴 수 있다.

정리문제 5.9에서 얻은 교훈은 연관관계가 인과관계를 의미하지는 않는다는 것이다. 잠복변수는 관찰된 연관관계를 설명하는 데 도움을 줄 수 있으며, 일단 설명을 하게 되면 관찰된 연관관계를 역전시키기조차 한다. 제6장에서는 이런 현상을 '심슨의 역설'이라고 한다.

정리문제 5.10에서 얻은 교훈은 단순히 '연관관계가 인과관계를 의미하지는 않는다'는 것보다 더 미묘하다. 직접적인 인과관계가 존재하는 경우라도, 상관을 전부 설명할 수는 없다. 계속해서 잠복변수를 고려해 보아야 한다. 세심한 통계적 연구를 통해서 잠복변수를 예상해 볼 수 있으며 이를 측정할 수 있다. 세계보건기구는 가능한 일부 잠복변수에 대한 데이터를 제공한다. 면밀한 통계적 분석을 통해 이 변수들이 미치는 영향을 제거하면, 사망률에 면역성 부여가 미치는 직접적인 영향에 더욱 근접할 수 있다. 이것은 인과관계에 대해 알아보는 차선의 방법이다. x가 y를 일으킨다는 증거를 찾을 수 있는 최선의 방법은 x를 변화시키고 잠복변수를 통제하에 두는 실험을 하는 것이다. 제8장에서는 이 실험에 대해 논의할 것이다.

실험을 할 수 없을 때 관찰된 연관관계를 설명하기란 어려우며 논쟁의 대상이 된다. 통계학이 개입된 많은 격렬한 논쟁들은 실험으로 해결될 수 없는 인과관계에 관한 의문점들을 포함한다. 총포규제법이 시행되면 폭력적인 범죄를 낮출 수 있는가? 휴대전화를 사용하면 뇌종양이 발생하는가? 자유무역이 증대되면 많은 교육을 받은 사람들의 소득과 보다 적은 교육을 받은 사람들의 소득 간 차이가 확대되는가? 이런 모든 의문점들은 공공문제가 되며 변수들 사이의 연관관계와 관련된다. 또한 상호작용하는 많은 변수들 사이에 존재하는 복잡한 관계를 설정하는 데 원인 및 결과를 규명하고자 한다.

정리문제 5.11

흡연은 폐암을 일으키는가?

실험을 하지 않고 강력한 인과관계를 설정하는 것은 어렵기는 하지만 이따금 가능하기도 하다. 흡연이 폐암을 일으킨다는 증거는 비실험적 증거를 통해서도 강하게 제시될 수 있다.

의사들은 오래전부터 대부분의 폐암 환자들이 흡연자라는 사실에 주목하였다. 흡연자와 '이들과 유사한' 비흡연자를 비교해 보면, 흡연과 폐암으로 인한 사망 사이에 매우 강한 연관관계가 있음을 알 수 있다. 이런 연관관계는 잠복변수로 설명될 수 있는가? 예를 들면 니코틴 중독과 폐암 둘 다에 걸리기 쉽게 하는 유전적인 요인이 있을 수 있는가? 그렇다면 흡연이 폐암에 직접적인 영향을 미치지 않더라도 흡연과 폐암 사이에는 양의 연관관계가 발생할 수 있다. 이런 반대 의견은 어떻게 극복될 수 있는가?

이런 질문에 대해 일상적인 용어로 대답해 보자. 실험을 할 수 없을 때 인과관계를 설정하는 기준에는 어떤 것들이 있는가?

- 연관관계가 강하다. 흡연과 폐암 사이의 연관관계는 매우 강하다.
- 연관관계가 일치한다. 여러 나라에 거주하는 상이한 종류의 사람들에 관한 많은 연구들이 흡연을 폐암과 연계시키고 있다. 따라서 한 그룹 또는 한 연구에 특정된 잠복변수가 이런 연관관계를 설명할 기회는 줄어든다.
- 분량이 많아질수록 보다 강한 반응과 연관된다. 하루에 더 많은 양을 흡연하거나 또는 더 오랜 기간 동안 흡연하는 사람들이 더 자주 폐암에 걸린다. 금연을 하게 된 사람들은 이 위험을 낮출 수 있다.
- 제기되는 원인이 결과에 비해 적절하게 선행한다. 흡연이 이루어지고 나서 폐암이 발생한다. 폐암으로 사망한 남자의 수는 흡연이 일상화되고 나서 약 30년이 지난 후에 증가하였다. 폐암은 어

떤 다른 암들보다도 남성들의 사망 원인이 되고 있다. 폐암은 여성들이 흡연을 하기 전까지는 여성들에게 드물게 발생하였다. 여성들이 흡연을 시작하고 나서 약 30년 후에 폐암이 발생하였으며, 이로 인한 사망이 증가하여 유방암으로 인한 사망을 추월하게 되었다.

- 주장하여 내세우는 원인이 그럴듯하다. 동물실험을 통해 흡연으로 인한 타르가 암을 일으킨다는 사실을 알 수 있다.

의료당국은 흡연이 폐암을 일으킨다고 주저 없이 말하고 있다. 미국 공중위생국은 오래전부터 흡연이 '미국에서 사망 및 장애를 일으키는 가장 큰 원인'이라고 말하여 왔다. 인과관계를 보여 주는 증거가 압도적으로 많지만 잘 계획된 실험을 통해서 얻은 증거만큼은 강력하지 않다.

복습문제 5.12

교육수준과 소득

근로자의 교육수준과 소득 사이에 강한 양의 연관관계가 존재한다. 예를 들어 미국 센서스국은 2018년에 다음과 같은 발표를 하였다. 즉, 취업한 (25~34세) 젊은 성인들의 소득 중앙값은 중학교 이하의 학력을 가진 경우 28,511달러가 되며, 고등학교를 졸업한 경우 이는 35,327달러로 증가하고, 대학교 졸업 이상의 학력을 가진 경우 다시 60,178 달러로 증가한다. 이런 연관관계는 부분적으로 교육을 받은 경우 더 나은 일자리를 잡을 수 있는 자격 요건을 충족시킨다는 인과관계를 반영한다고 볼 수 있다. 이를 설명할 수 있는 잠복변수에 대해 생각해 보자. (어떤 종류의 사람들이 더 많은 교육을 받는 경향이 있는지 생각해 보자.)

복습문제 5.13

벌이가 나아지려면 결혼을 해야 하는가?

데이터에 따르면 결혼한 남자들과 이혼하거나 또는 홀아비가 된 남자들이 결혼을 하지 않았던 남자들보다 벌이가 상당히 더 많다고 한다. 하지만 이것은 남성들이 결혼함으로써 자신들의 소득을 높일 수 있다는 의미는 아니다. 왜냐하면 결혼을 하지 않았던 남자들이 결혼 여부를 제외한 많은 다른 면에서 결혼한 남자들과 다르기 때문이다. 결혼 여부와 소득 사이의 연관관계를 설명하는 데 도움이 될 수 있는 잠복변수에 대해 생각해 보자.

5.9 상관, 예측, 빅데이터

2008년에 구글의 연구원들은 미국 질병통제예방센터보다 훨씬 더 빠르게 미국 전역에서 독감이 퍼지는 것을 추적할 수 있었다. 컴퓨터 알고리즘을 사용하여 수백만 개의 인터넷 검색을 탐색함으로써, 연구원들은 온라인상에서 사람들이 검색했던 것과 이들이 독감 증상을 갖고 있었는지 여부 사이에 상관을 발견하였다. 연구원들은 이런 상관을 이용하여 놀라울 정도로 정확한 예측을 하였다.

구글, 페이스북, 신용카드 회사 등이 수집한 방대한 데이터베이스나 '빅데이터'는 페타바이트 또는 10^{15}바이트 규모의 데이터를 포함하며, 크기가 계속 커지고 있다. **빅데이터**(big data)를 활용하여 연구자, 경영자, 산업계는 공중위생, 경제동향, 소비자 행태에 관해 정확한 예측을 할 수 있다. 빅데이터를 활용하여 예측하는 일은 점점 더 흔해지고 있다. 영리한 알고리즘을 통해 탐색한 빅데이터는 흥미로운 가능성을 열어 주고 있다. 구글의 경험이 표준이 될 것인가?

빅데이터를 옹호하는 사람들은 종종 그것이 갖고 있는 가치에 대해 다음과 같이 주장한다. 첫째, 상관이 정확한 예측을 하기 위해 알아야 하는 전부이기 때문에 인과관계에 관해 걱정을 할 필요가 없다. 둘째, 충분한 데이터를 갖고 있어서 그 자체가 말을 해 주기 때문에 과학적이고 통계적인 이론은 필요하지 않다.

이런 주장들은 옳은가? 설명변수와 반응변수 사이에 인과관계가 존재하지 않는데도 불구하고, 예측할 목적으로 상관이 잘못 이용될 수 있다. 하지만 상관의 이면에 무엇이 있는지 알지 못할 경우, 무엇이 예측을 실패하게 할 수 있는지를 알지 못한다. 특히 새로운 상황을 외삽법으로 추정하기 위해 상관을 이용할 때 그러하다. 구글이 2008년에 독감의 확산을 성공적으로 예측하고 나서 몇 번의 겨울이 지나는 동안, 자신들이 발견한 상관을 활용하여 독감의 확산을 정확하게 계속해서 추적하였다. 하지만 2012~2013년 독감이 확산되는 계절에, 미국 질병통제예방센터의 데이터에 따르면 독감 확산에 대한 구글의 추정치는 거의 두 배 과장되었다. 이에 대한 설명 중 하나는 뉴스가 독감에 관한 이야기로 가득 찼으며, 이로 인해서 그렇지 않았다면 건강했을 사람들에 의해 인터넷 검색이 증대되었다는 것이다. 검색어가 독감 확산과 상관되었던 이유를 이해하는 데 실패하였기 때문에, 이전의 상관을 활용하여 외삽법으로 장래를 추정할 수 있다고 잘못 가정하였다.

편의(데이터가 어떤 그룹을 대표하지 못하기 때문에 해당 특정 그룹에 관해 참인 것으로부터 멀어지는 체계적인 이탈)는 오차의 또 다른 출처이며, 대량의 데이터로 인해 제거되지 않는다. 빅데이터는 종종 수많은 웹 검색, 신용카드 사용, 가장 가까운 전화탑 근처에서 사용한 휴대전화를 기록한 결과인 거대한 데이터 세트이다. 이것이 관심 그룹에 대해 좋은 정보를 갖고 있다는 것과 같은 의미는 아니다. 예를 들면, 원칙적으로 트위터상의 모든 메시지를 기록하고, 이 데이터를 사용하여 여론에 관한 결론을 도출하는 것은 가능할지 모른다. 하지만 트위터 사용자들은 전체적으로 대중을 대표하지는 못한다. 2013년의 퓨 리서치 인터넷 프로젝트에 따르면, 미국에 기반한 사용자들은 불균형적으로 젊은 도시 또는 교외지역 거주자이며 흑인이다. 다시 말해 트위터를 통해 생성된 대규모 데이터는 목표가 미국 전체 성인의 여론에 관한 결론을 도출하는 것일 때 편의가 발생할 수 있다.

빅데이터의 실패에 대해서는 거의 보도하지 않고 성공만을 주지시키고 있는 뉴스 보도가 빅데이터는 오류가 없다는 인식을 증대시킨다. 숫자들이 자체적으로 말을 하기 때문에 이론이 필요하지 않다는 주장은 빅데이터의 성공과 실패에 관한 모든 경우가 보도되지 않을 때 오도된다. 통계 이론은 데이터 분석가들이 심각한 오류를 범하는 것을 막을 수 있도록 많은 것을 말해 준다. 실수를 범

하는 사례를 제시하고 적절한 통계적 이해와 도구를 사용하여 이런 실수들을 어떻게 피할 수 있는
지 설명하는 일은 중대한 기여를 한다.

빅데이터 시대는 흥미진진하고 도전적이며, 연구자, 경영자, 산업계에 놀랄 만한 기회를 열어 주
었다. 하지만 단순히 규모가 크다는 이유만으로 빅데이터를, 예를 들면 편의와 외삽법과 같은 통계
적 함정으로부터 면제시켜 주지는 않는다.

요약

- 회귀선은 설명변수 x가 변화함에 따라 반응변수 y가 어떻게 변화하는지를 보여 주는 직선이다. x값을 회귀선의 식에 대입하면 주어진 x값에 대해서 y값을 예측할 수 있다.

- 회귀선의 식 $\hat{y} = a + bx$에서 기울기 b는 설명변수 x가 변화할 경우 회귀선을 따라 예측한 반응변수 $\hat{y}$이 변화하는 비율을 의미한다. 특히 b는 x가 1만큼 증가할 때 $\hat{y}$의 변화이다.

- 회귀선의 식 $\hat{y} = a + bx$에서 절편 a는 설명변수가 $x = 0$인 경우 예측한 반응변수 $\hat{y}$의 값을 의미한다. x는 실제로 0 근처의 값을 취할 수 없으므로 이 예측은 통계적 관심대상은 아니다.

- 산포도에 적합한 회귀선을 구하는 가장 일반적인 방법은 최소제곱법이다. 최소제곱 회귀선은 직선 $\hat{y} = a + bx$로, 이는 직선으로부터 관찰된 점까지의 수직거리를 제곱한 값의 총합을 최소화한 것이다.

- x에 대한 y의 최소제곱 회귀선은 기울기 $b = rs_y/s_x$ 및 절편 $a = \overline{y} - b\overline{x}$인 선이다. 이 회귀선은 언제나 점 $(\overline{x}, \overline{y})$를 통과한다.

- 최소제곱 회귀선은 설명변수와 반응변수의 선택에 달려 있다.

- 상관 및 회귀는 밀접하게 연계된다. 상관 r은 x 및 y 둘 다를 표준화된 단위로 측정할 경우 최소제곱 회귀선의 기울기이다. 상관의 제곱, 즉 r^2은 어떤 변수에 대한 최소제곱 회귀식으로 설명할 수 있는 다른 변수의 변동 비율이다.

- 상관 및 회귀는 주의를 기울여서 해석하여야 한다. 변수들 간의 관계가 대략 선형관계라는 사실을 확인하고 이탈값과 영향을 미치는 관찰값이 있는지 알아보기 위해서 데이터를 도표로 그려 보시오. 잔차의 도표를 통해 이런 사실을 보다 쉽게 알 수 있다.

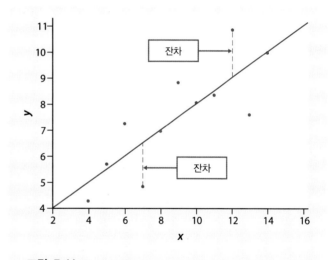

그림 5.11
최소제곱선과 잔차를 보여 주는 산포도

- 상관 또는 회귀선을 크게 변화시키는 특정한 점인 영향을 미치는 관찰값을 찾아보도록 하자. x축에서 본 이탈값은 종종 회귀선에 영향을 미친다. 영향력 있는 관찰값을 포함한 경우 그리고 포함하지 않은 경우 둘 다에 대한 통계적 계산을 제시하는 것이 도움이 될 수 있다.

- 개별 관찰값에 기초한 상관보다 평균값에 기초한 상관이 더 강한 관계를 보여 주는 경향인 생태학적인 상관에 유념하자. 평균값에 기초한 상관을 개별 관찰값에

적용하는 것처럼 해석을 잘못하지 않도록 주의하자.

- 회귀선을 구하는 데 사용한 데이터의 범위를 훨씬 벗어나는 설명변수의 값에 대해 예측을 하기 위해서, 회귀선을 사용하는 외삽법을 피하도록 하자.
- 잠복변수는 설명변수와 반응변수 사이의 관계를 설명할 수 있다. 중요한 잠복변수를 무시할 경우 상관 및 회귀가 오도될 수 있다.

- 무엇보다도 두 변수 사이에 강한 연관관계가 있다는 이유만으로 두 변수 사이에 강한 인과관계가 존재한다고 결론을 내리지 않도록 주의하여야 한다. 높은 상관이 인과관계를 의미하지는 않는다. 연관관계가 인과관계에서 비롯되었다는 가장 좋은 증거는 실험을 통해 얻을 수 있다. 이런 실험에서 설명변수는 직접 변화하지만 반응변수에 미치는 다른 영향들은 통제된다.

주요 용어

기울기	외삽법	잠복변수
빅데이터	잔차	절편
생태학적인 상관	잔차 도표	최소제곱에 의한 회귀선

연습문제

1. **펭귄의 잠수** 황제펭귄에 관한 어떤 연구는, 먹이를 찾기 위해 펭귄이 얼마나 깊이 잠수하  는지에 관한 사실과 물속에서 얼마나 오랫동안 머무르는지에 관한 사실 사이의 관계를 조사하였다. 가장 얕은 깊이의 잠수를 제외하고 모든 경우에, 상이한 종류의 펭귄에 대해 상이한 선형관계가 있다. 이 연구는 '잠수 깊이(D)에 대한 잠수시간(DD)의 관계'라는 제목으로 한 마리 펭귄에 관한 산포도를 발표하였다. 잠수시간 DD는 분으로 측정되며, 깊이 D는 미터로 측정된다. 이 보고서는 다음과 같이 발표하였다. "이 펭귄에 대한 회귀식은 다음과 같다. $DD = 2.69 + 0.0138D$"

    (a) 회귀선의 기울기는 무엇인가? 이 기울기가 이 펭귄의 잠수에 관해 의미하는 바를 말로 설명하시오.

    (b) 이 회귀선에 의하면, 200미터 깊이로 일반적인 잠수를 할 경우 얼마나 오랫동안 지속할 수 있는가?

    (c) 잠수는 40미터부터 300미터까지의 깊이로 이루어진다. 회귀식을 이용하여, D = 40 및 D = 300에 대한 DD를 구하시오. 그리고 나서, D = 40부터 D = 300까지의 회귀선을 도표에 그리시오.

2. **사회적으로 배제될 경우 사람들은 상처를 입는가?** 제4장 연습문제에서, 사회적 배제로 인해 '실제 고통'을 받는지를 보여 주는 데이터를 살펴보았다. 즉, 사회적 배제로 인한 고통이 증가함에 따라, 육체적 고통에 반응하는 뇌 영역의 활동이 증가한다. 산포도에 따르면 적절하게 강한 선형관계가 존재한다는 사실을 알 수 있다. 다음 그림은 이들 데이터에 대한 통계 소프트웨어(JMP) 회귀분석 결과를 보여 주고 있다.

    (a) 뇌 활동으로부터 사회적 고통 점수를 예측하기 위한 최소제곱 회귀선의 식은 무엇인가? 이 문제의 틀 내에서 기울기를 해석하시오.

    (b) 뇌 활동과의 직선관계로 이들 피실험자의 사회적 고통 점수 변동의 몇 퍼센트를 설명할 수 있는가?

    (c) 다음 그림의 정보를 활용하여, 뇌 활동과 사회적 고통 점수 사이의 상관 r을 구하시오. r의 부호가

양인지 또는 음인지 어떻게 알 수 있는가?

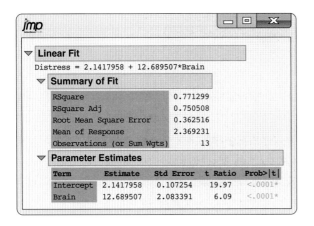

3. **열대 아메리카산 큰부리새(투칸)의 부리** 제4장 연습문제에서, 다양한 온도에서 몸체를 통한 총열기의 배출에 대해 백분율로 나타낸, 부리를 통해 배출된 열기에 관한 데이터를 살펴보았다. 데이터에 따르면, 높은 온도에서 부리를 통해 배출된 열기가 더 높으며, 관계가 대략적으로 선형이라는 사실을 알 수 있다. 다음 그림은 이 데이터에 대한 통계 소프트웨어(Minitab)의 회귀분석 결과를 보여 주고 있다.

(a) 온도로부터, 몸체를 통한 총열기의 배출에 대해 백분율로 나타낸, 부리를 통해 배출된 열기를 예측하는 데 필요한 최소제곱 회귀선의 식은 무엇인가? 이 회귀선의 기울기가 부리를 통해 배출된 열기와 온도 사이의 관계에 대해 무엇을 의미하는지 말로 설명하시오.

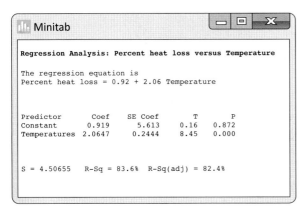

(b) 최소제곱 회귀선의 식을 이용하여, 온도가 섭씨 25도일 경우 부리를 통해 배출된 열기를 몸 전체를 통한 총열기의 배출에 대한 백분율로 예측하시오.

(c) 온도와의 직선관계를 통해 부리를 통해 배출된 열기의 몇 퍼센트를 설명할 수 있는가?

(d) 그림의 정보를 이용하여 부리를 통해 배출된 열기와 온도 사이의 상관 r을 구하시오. r의 부호가 $+$인지 또는 $-$인지 어떻게 알 수 있는가?

4. **남편 및 부인** 20대 미국 여성들의 평균 키는 64.3인치이고, 표준편차는 약 2.7인치이다. 동일한 연령대 미국 남성들의 평균 키는 약 69.9인치이고, 표준편차는 3.1인치이다. 남편과 부인 키 사이의 상관은 약 $r = 0.5$라고 가정하자.

(a) 젊은 부부의 경우, 부인 키에 대한 남편 키의 회귀선에서 기울기 및 절편은 무엇인가?

(b) 부인 키가 56인치에서 72인치 사이인 회귀선의 그래프를 그리시오. 부인 키가 67인치인 경우 남편의 키를 예측하시오. 그래프상에 부인 키와 예측한 남편 키를 표시하시오.

(c) 단 한 쌍의 부부에 대한 이런 예측이 매우 정확할 것이라고 기대하지는 않는다. 그 이유는 무엇 때문인가?

5. **경제학 원론의 학점** 크루그먼 교수의 경제학 원론 수업에서 기말시험 이전에 얻은 학생의 총점과 기말시험 점수 사이의 상관은 $r = 0.5$이다. 이 수업에서 모든 학생들에 대한 기말시험 이전 총점은 평균이 280이고 표준편차는 40이다. 기말시험 점수는 평균 75이고 표준편차는 8이다. 크루그먼 교수는 줄리의 기말시험지를 분실하였지만, 기말시험 이전 총점이 300이었다는 사실을 알고 있다. 크루그먼 교수는 기말시험 이전 총점으로부터 기말시험 점수를 예측하기로 하였다.

(a) 이 수업에서 기말시험 이전 총점에 대한 기말시험 점수의 최소제곱 회귀선 기울기는 무엇인가? 절편은 무엇인가? 이 문제의 틀 내에서 기울기를 설명하시오.

(b) 회귀선을 이용하여 줄리의 기말시험 점수를 예측하시오.

(c) 줄리는 이 방법이 자신이 기말시험에서 얼마나 시험을 잘 보았는지 정확하게 예측하지 못한다고 생각한다. r^2을 사용하여 줄리의 실제 점수가 예측한 점수보다 더 높거나 또는 더 낮을 수 있다는 주장을 해 보시오.

6. **여자 형제 및 남자 형제** 자매 및 형제의 육체적 특징은 얼마나 강하게 상관하는가? 12쌍의 성인들의 키(인치)에 관한 데이터는 다음과 같다.

형제	71	68	66	67	70	71	70	73	72	65	66	70
자매	69	64	65	63	65	62	65	64	66	59	62	64

(a) 통계 소프트웨어를 사용하여, 남자 형제의 키로부터 여자 형제의 키를 예측하기 위한 상관 및 최소제곱선의 식을 구하시오. 이 데이터에 관한 산포도를 도출하고, 도표상에 회귀선을 추가하시오.

(b) 남자인 다미앵의 키는 70인치이다. 여자 형제인 토냐의 키를 예측하시오. 산포도 및 상관에 기초할 경우, 예측한 값이 매우 정확할 것이라고 생각하는가? 이유를 설명하시오.

7. **깨끗한 수질의 유지** 깨끗한 물을 공급하기 위해서는, 오염물질의 수준을 규칙적으로 측정하여야 한다. 측정 방법은 간접적이다. 즉, 일반적인 분석 방법은 용해된 오염물질에 대한 화학적 반응을 통해 색깔이 만들어지고, 이 용해물질에 빛을 통과시켜서 '흡수도'를 측정하게 된다. 이런 측정값들을 조정하기 위해, 실험실에서는 이미 알고 있는 표준 용해 상태를 측정하며, 흡수도와 오염물질 농축도를 연계시키는 회귀를 사용하게 된다. 이런 작업이 통상적으로 매일 시행된다. 상이한 질산염 수준에 대해 용해도를 측정한 데이터는 다음과 같다. 질산염은 물 1리터당 밀리그램으로 측정된다.

(a) 화학 이론에 따르면, 데이터들은 직선상에 위치하여야 한다. 상관이 적어도 0.997이 안될 경우, 잘못된 것이며 조정 절차가 반복된다. 데이터를 도표로

질산염	50	50	100	200	400	800	1200	1600	2000	2000
용해도	7.0	7.5	12.8	24.0	47.0	93.0	138.0	183.0	230.0	226.0

나타내고 상관을 구하시오. 조정이 다시 한번 더 이루어져야 하는가?

(b) 조정 과정은 질산염 수준을 설정하고 용해도를 측정한다. 이렇게 구한 선형관계는, 용해도 측정값으로부터 물의 질산염 수준을 추정하는 데 사용된다. 질산염 수준을 추정하는 데 사용된 선의 식은 무엇인가? 이 선의 기울기는 질산염 수준과 용해도 사이의 관계에 대해 무엇을 시사하는가? 용해도가 40인 물에서 추정된 질산염 수준은 무엇인가?

(c) 용해도로부터 구한 질산염 수준의 추정값은 매우 정확하다고 생각하는가? 이유를 설명하시오.

8. **새매 콜로니** 자연의 패턴 중 하나는, 전년도로부터 돌아온 콜로니의 성인 새의 백분율과 콜로니에 합류한 새로운 성인 새의 수를 연계시킨다. 새매의 13개 콜로니에 관한 데이터는 다음과 같다.

돌아온 백분율 x	74	66	81	52	73	62	52	45	62	46	60	46	38
새로운 성인 새 y	5	6	8	11	12	15	16	17	18	18	19	20	20

제4장의 연습문제에서, 상관이 $r = -0.748$인 적절하게 강한 선형관계가 존재함을 살펴보았다.

(a) x로부터 y를 예측하기 위한 최소제곱 회귀선을 구하시오. 산포도를 도출하고 도표상에 선을 그리시오.

(b) 회귀선의 기울기가 시사하는 바를 말로 설명하시오.

(c) 생태학자는 13개 콜로니에 기초해서 구한 회귀선을 이용하여, 전년도로부터 돌아온 성인 새의 백분율이 60%인 경우 얼마나 많은 새로운 성인 새가 콜로니에 합류하는지를 예측하였다. 예측한 값은 무엇인가?

9. **당뇨병 관리** 당뇨병을 앓고 있는 사람들은 혈당수치를 주의 깊게 관리하여야 한다. 이들은 포도당 측정기로 하루에 몇 번씩 공복 시 혈중 포도당(FPG)을 측정한다. 정기적인 의료 건강진단 시 행해지는 또 다른 측정 방법은 HbA라고 한다. 이것은 부착된 포도당 분자를 갖는 적혈구 세포의 대략

당뇨병 포도당 수준의 두 가지 측정값

피실험자	HbA (%)	FPG (mg/ml)	피실험자	HbA (%)	FPG (mg/ml)	피실험자	HbA (%)	FPG (mg/ml)
1	6.1	141	7	7.5	96	13	10.6	103
2	6.3	158	8	7.7	78	14	10.7	172
3	6.4	112	9	7.9	148	15	10.7	359
4	6.8	153	10	8.7	172	16	11.2	145
5	7.0	134	11	9.4	200	17	13.7	147
6	7.1	95	12	10.4	271	18	19.3	255

Glow Wellness/Alamy

적인 백분율이다. 이것은 몇 개월의 기간 동안 포도당에 노출된 평균을 측정한다. 위 표는 당뇨병 교육 수업을 마친 5개월 후 18명의 당뇨병 환자에 관한 HbA 및 FPG 데이터를 보여 주고 있다.

(a) HbA를 설명변수로 하는 산포도를 도출하시오. 양의 선형관계가 존재하지만 놀라울 정도로 약하다.

(b) 피실험자 15는 *y*축에서 이탈값이다. 피실험자 18은 *x*축에서 이탈값이다. 피실험자 18명 모두에 대한 상관을 구하시오. 피실험자 15를 제외하고 상관을 구하시오. 피실험자 18을 제외하고 상관을 구하시오. 이 피실험자들 중 한 명이 상관에 영향을 미치는가? 또는 두 명 모두 상관에 영향을 미치는가? 이 점들을 각각 제거했을 때 *r*이 반대 방향으로 변화하는 이유를 간략하게 설명하시오.

10. **비버 및 딱정벌레** 비버는 딱정벌레에게 이로운가? 연구자들은 지름이 각각 4미터인 23개 원 모양의 구획을 만들었으며, 여기서 비버들은 북아메리카산 사시나무를 베어 넘겼다. 각 구획에서, 연구자들은 비버들이 베어 넘긴 나무들의 그루터기 수와 딱정벌레 유충의 수를 세어 보았다. 생태학자들은 그루터기에서 나온 새싹들이 사시나무의 다른 성장 부분보다 더 부드러워서, 딱정벌레들은 새싹들을 선호한다고 생각한다. 만약 그렇다면, 그루터기가 더 많아질수록 딱정벌레 유충도 더 많아진다고 보아야 한다. 관련 데이터는 다음과 같다.

그루터기	2	2	1	3	3	4	3	1	2	5	1	3
딱정벌레 유충	10	30	12	24	36	40	43	11	27	56	18	40
그루터기	2	1	2	2	1	1	4	1	2	1	4	
딱정벌레 유충	25	8	21	14	16	6	54	9	13	14	50	

'비버가 딱정벌레에게 이롭다'는 주장에 부합되는지 알아보기 위해서 이 데이터를 분석하시오. 4단계 과정을 밟아 설명하시오.

11. **열대성 폭풍우의 예측** 윌리엄 그레이 교수는 (허리케인 벨트로부터 꽤 떨어진) 콜로

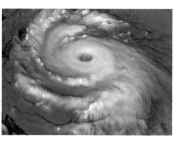

NASA/Goddard Space Flight Center/ Scientific Visualization Studio

라도 주립대학교에서 열대성 기상 상태 프로젝트를 주관하고 있다. 매년 허리케인 시즌 전에 그가 발표하는 예측은 많은 주의를 끌고 있다. 1984년부터 2018년까지의 기간 동안, 그레이 박사가 예측한 대서양 열대성 폭풍우의 수와 실제 발생한 폭풍우의 수에 관한 데이터는 다음과 같다.

연도	예측한 수	실제 수
1984	10	13
1985	11	11

(계속)

1986	8	6
1987	8	7
1988	11	12
1989	7	11
1990	11	14
1991	8	8
1992	8	7
1993	11	8
1994	9	7
1995	12	19
1996	10	13
1997	11	8
1998	10	14
1999	14	12
2000	12	15
2001	12	15
2002	11	12
2003	14	16
2004	14	15
2005	15	28
2006	17	10
2007	17	15
2008	15	16
2009	11	9
2010	18	19
2011	16	19
2012	13	19
2013	18	14
2014	10	8
2015	8	11
2016	14	15
2017	14	17
2018	14	15

이 데이터를 분석하시오. 그레이 박사의 예측은 얼마나 정확한가? 허리케인 시즌 전에 16개의 폭풍우를 예측한 연도에는, 얼마나 많은 열대성 폭풍우를 기대할 수 있는가? 피해가 극심했던 2005년도 허리케인 시즌이 물음의 대답에 어떤 영향을 미치는가? 4단계 과정을 밟아 설명하시오.

12. **여성이 남성보다 빨리 달리는가?** 여성은 생리적 기능상 장거리 달리기를 하는 데 남성보다 더 적합한가? 여성은 종국적으로 장거리 경주에서 남성보다 기량이 뛰어난가? 연구자들은 마라톤 경기에서 남성 및 여성에 대한 (초단위로 측정한) 세계 기록을 검토하였다. 이 데이터에 기초하여 연구자들은 (1992년에) 마라톤 경기에서 여성이 남성보다 빨리 달릴 것이라고 예측하였다. 여성에 관한 데이터는 다음과 같다.

연도	1926	1964	1967	1970	1971	1974	1975
시간	13,222.0	11,973.0	11,246.0	10,973.0	9,990.0	9,834.5	9,499.0

연도	1977	1980	1981	1982	1983	1985
시간	9,287.5	9,027.0	8,806.0	8,771.0	8,563.0	8,466.0

남성에 관한 데이터는 다음과 같다.

연도	1908	1909	1913	1920	1925	1935	1947
시간	10,518.4	9,751.0	9,366.6	9,155.8	8,941.8	8,802.0	8,739.0

연도	1952	1953	1954	1958	1960	1963	1964
시간	8,442.2	8,314.8	8,259.4	8,117.0	8,116.2	8,068.0	7,931.2

연도	1965	1967	1969	1981	1984	1985	1988
시간	7,920.0	7,776.4	7,713.6	7,698.0	7,685.0	7,632.0	7,610.0

최소제곱 회귀를 사용하여 이 데이터를 분석하고, 남성과 여성의 기록이 언제 동일해질지 추정하시오. 이 추정은 얼마나 신뢰할 수 있는가? 4단계 과정을 밟아 설명하시오.

6

이원분류표

제4장 및 제5장에서는 두 개 정량변수들 사이의 관계를 살펴보았다. 이 장에서는 두 개 범주변수들 사이의 관계를 설명하기 위해 이원분류표를 사용할 것이다. 예를 들면, 성별, 인종, 직업과 같은 일부 변수들은 본질적으로 범주변수이다. 다른 범주변수들은 정량변수의 값들을 몇 개 부류로 분류함으로써 만들 수 있다.

두 개 범주변수들 사이의 관계를 살펴보기 위해서, 몇 개 범주로 분류되는 개체들의 개수 또는 백분율을 사용한다. 정량변수와 마찬가지로 잠복변수의 영향력에 주의를 기울이고, 관찰된 패턴이 추가적인 데이터나 보다 폭넓은 상황에서도 계속해서 유지된다고 가정하지 않도록 조심하여야 한다.

정리문제 6.1

누가 대학학위를 취득하는가?

2017년에 미국 국가교육통계센터는 2020~2021년에 남성 및 여성에 수여될 대학학위의 수를 산출하였다. 이것은 두 개 범주변수를 설명하기 때문에 **이원분류표**(two-way table)가 된다. 하나는 개체들의 성별이며, 다른 하나는 취득한 학위이다. 표에 있는 각 행은 개체의 성별을 나타내기 때문에 성별은 행 변수이며, 각 열은 학위를 나타내기 때문에 수여된 대학학위는 열 변수이다. 수여되는 대학학위의 자연적인 순서는 '준학사'에서부터 '전문학위/박사학위'이기 때문에 열도 이런 순서로 배열될 것이다. 표에 있는 기재사항은 대학학위별 각 성별의 (천 명 단위로 나타낸) 개체의 수이다. 오른쪽 여백의 기재사항은 행에 있

표 6.1	성별 대학학위				
성별	수여될 학위(천 명)				합계
	준학사학위	학사학위	석사학위	전문학위/박사학위	
여성	639	1087	460	97	2283
남성	402	804	329	87	1622
합계	1041	1891	789	184	3905

는 기재사항들의 합계이며, 오른쪽 하단의 기재사항은 2020~2021년에 대학학위를 받을 것으로 추정된 모든 학생들의 총합이다.

6.1   한계분포

표 6.1에 포함된 정보를 가장 잘 이해할 수 있는 방법은 무엇인가? 먼저 각 변수의 분포를 따로따로 살펴보도록 하자. 범주변수의 분포는 각 결과가 얼마나 자주 발생하는지 알려 준다. 표의 오른쪽에 있는 '합계' 열은 각 행의 합계를 보여 준다. 이런 열들의 합계는 전체 그룹 3905(단위는 천)명 학생들의 성별 분포를 알려 준다. 여성은 2283(단위는 천)명이며, 남성은 1622(단위는 천)명이다.

행 및 열에 대한 합계가 없다면, 이원분류표를 공부하면서 해야 할 첫 번째 일은 이를 계산하는 것이다. 성별만에 대한 분포 및 수여된 학위만에 대한 분포는 이원분류표의 오른편 및 아래쪽 가장자리에 위치하기 때문에 한계분포라고 한다.

한계분포

이원분류표에 있는 범주변수들 중 한 개의 **한계분포**(marginal distribution)는 표가 설명하는 모든 개체들 중에서 해당 변숫값들의 분포를 말한다.

백분율은 종종 개수보다 더 많은 정보를 제공한다. 각 열의 합계를 표의 총합으로 나누어 백분율로 전환시키게 되면 성별 한계분포를 백분율로 나타낼 수 있다.

정리문제 6.2

한계분포의 계산

표 6.1에 있는 여성인 학생들의 백분율은 다음과 같다.

$$\frac{\text{여성 합계}}{\text{표 총합계}} = \frac{2283}{3905} = 0.585 = 58.5\%$$

이런 계산을 다시 하면 남성인 학생들의 한계분포도 구할 수 있다(또는 100%에서 58.5%를 감하여서도 구할 수 있다). 완전한 분포는 다음과 같다.

반응	백분율
여성	$\frac{2283}{3905} = 58.5\%$
남성	$\frac{1622}{3905} = 41.5\%$

남성들보다 더 많은 여성들이 대학학위를 받을 것으로 추정되었다. 모든 사람이 성별 및 교육 측면에서 본 네 개 부류 중 한 개에 속하게 되므로 총합은 100%이다.

이원분류표의 각 한계분포는 단일 범주변수에 대한 분포이다. 제1장에서 살펴본 것처럼 막대 그래프 또는 원 그래프를 이용하여 이런 분포를 나타낼 수 있다. 그림 6.1은 표본에 있는 학생들에 대한 성별 분포를 보여 주는 막대 그래프이다.

이원분류표에 대해 알아보려면 여러 가지 백분율을 계산하여야 한다. 다음은 원하는 백분율을 구하는 데 적합한 계산법을 알 수 있는 방법이다. "어떤 그룹이 구하고자 하는 백분율의 합계를 나타내는가?" 이 그룹에 대한 합계가 백분율을 구할 수 있는 계산에서 분모가 된다. 정리문제 6.2에서는 '학생들'에 대한 백분율을 구하고자 하였으므로, 학생들의 수(표의 합계)가 분모가 된다.

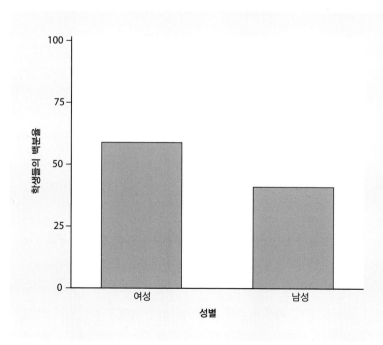

그림 6.1
조사에 참여한 성인들의 성별 분포를 보여 주는 막대 그래프이다. 표 6.1에 대한 한계분포 중 한 개이다.

비디오 게임과 성적

컴퓨터, 비디오, 온라인, 가상적인 현실 게임이 유행함에 따라 이것이 청소년에게 나쁜 영향을 미치는지에 대해 우려를 하고 있다. 여기서 사용되는 데이터는 미국 코네티컷 주의 고등학교에 다니는 14세부터 18세까지의 청소년에게 시행된 표본조사에 기초하고 있다. 다음은 비디오 게임을 하는 남학생들과 비디오 게임을 하지 않는 남학생들의 성적 분포를 보여 주고 있다.

	평균성적		
	A 및 B	C	D 및 F
게임을 한다	736	450	193
게임을 하지 않는다	205	144	80

(a) 얼마나 많은 학생들이 이 표에 포함되어 있는가? 이들 중 얼마나 많은 학생들이 비디오 게임을 하는가?

(b) 성적의 한계분포를 구하시오. 표에 포함된 남학생들 중 몇 퍼센트가 C학점 이하의 성적을 받는가?

대학교 학부생들의 연령

다음은 대학에 등록하고 있는 미국 학생들의 연령 및 성별을 보여 주는 미국 센서스국 데이터를 이원분류 표로 나타낸 것이다. 이 표에 있는 숫자들은 천 단위로 나타낸 학생들의 수이다.

연령 그룹	여성	남성
15~19세	2348	1831
20~24세	4280	3713
25~34세	2166	1714
35세 이상	1492	853

(a) 얼마나 많은 학부생들이 이 표에 포함되어 있는가?

(b) 연령 그룹의 한계분포를 구하시오. 학부생 중 몇 퍼센트가 20세부터 24세까지의 연령 그룹에 포함되는가?

6.2 조건부 분포

표 6.1은 성별만에 관한 한계분포 및 학위만에 관한 한계분포와 같은 두 개의 한계분포 이상의 정보를 포함하고 있다. 한계분포는 두 변수 사이의 관계에 대해 어떠한 것도 알려 주지 않는다. 두 개 범주변수 사이의 관계를 설명하기 위해서는, 표에 있는 숫자를 이용하여 적합한 백분율을 계산하여야 한다.

전문학위/박사학위를 받은 여성 및 남성의 비율을 비교해 보려 한다고 하자. 이렇게 하기 위해 각 성별 범주에 대한 백분율을 비교해 보자. 여성 범주에 대해 알아보기 위해 표 6.1의 '여성' 열만을 살펴보자. 전문학위/박사학위를 받은 여성의 백분율을 구하기 위해서, 이런 여성들의 수를 여성 총수(여성 열의 합계)로 나누어 보자.

$$\frac{\text{전문학위/박사학위를 받은 여성}}{\text{여성 열의 합계}} = \frac{97}{2283} = 0.042 = 4.2\%$$

여성 열에 있는 네 개 기재사항 모두에 대해 위와 같은 계산을 하면, 여성들에게 수여된 학위의 조건부 분포를 구할 수 있다. 여기서 '조건부'라는 용어를 사용하는 이유는, 이 분포가 여성이라는 조건을 충족시키는 학생들만을 설명해 주기 때문이다.

조건부 분포

조건부 분포(conditional distribution)는 다른 변수의 주어진 값을 갖는 개체들 사이에서 해당 변숫값의 분포를 말한다. 다른 변수 각각의 값에 대해 별개의 조건부 분포가 존재한다.

> **정리문제 6.3**

여성과 남성의 비교

문제 핵심 : 2020~2021년에 여성과 남성이 받을 것으로 추정되는 학위 측면에서 여성과 남성은 어떤 차이를 보이는가?

통계적 방법 : 성별 범주에 따라 이 물음에 관한 대답의 이원분류표를 작성하시오. 각 성별 범주에 대한 대답의 조건부 분포를 구하시오. 이들 두 분포를 비교하시오.

해법 : 표 6.1은 우리가 필요로 하는 이원분류표이다. 여성에 대한 조건부 분포를 구하기 위해서, 먼저 '여성' 열만을 살펴보도록 하자. 그러고 나서 남성에 대한 조건부 분포를 구하기 위해서, '남성' 열만을 살펴보도록 하자. 다음은 계산을 하여 구한 두 개의 조건부 분포이다.

반응	준학사학위	학사학위	석사학위	전문학위/박사학위
여성	$\frac{639}{2283} = 28.0\%$	$\frac{1087}{2283} = 47.6\%$	$\frac{460}{2283} = 20.1\%$	$\frac{97}{2283} = 4.2\%$
남성	$\frac{402}{1622} = 24.8\%$	$\frac{804}{1622} = 49.6\%$	$\frac{329}{1622} = 20.3\%$	$\frac{87}{1622} = 5.4\%$

각 열의 백분율들은 100%가 되어야 한다. 왜냐하면 각 성별 범주에서 모든 사람은 네 개 학위 중 한 개를 받기 때문이다. 하지만 일반적으로 백분율을 합하면 정확히 100%가 되지 않는다. 왜냐하면 고정된 소수점 자릿수까지 반올림을 하기 때문이다. 이것을 반올림 오차라 하며, 여기에도 반올림 오차가 있음을 알 수 있다.

결론 : 준학사학위를 받을 것으로 생각되는 여성들의 백분율은 준학사학위를 받을 것으로 생각되는 남성들의 백분율보다 높다. 반면에 준학사학위 이외의 학위들을 받을 것으로 생각되는 남성의 백분율은 여성의 백분율보다 약간 더 높다.

반올림 오차

반올림 오차(roundoff error)는 반올림한 소수점 숫잣값과 반올림하기 전의 정확한 값 사이의 작은 차이이다.

소프트웨어를 이용하여 이런 계산을 할 수 있다. 대부분의 소프트웨어 프로그램에서 비교하고자 하는 조건부 확률을 선택할 수 있다. 그림 6.2의 분석 결과는 수여된 학위의 두 개의 조건부 분포,

Minitab

Tabulated statistics: sex, degree

Rows: Sex Columns: Degree

	Associate's	Bachelor's	Master's	Professional/Doctorate	All
Men	402	804	329	87	1622
	24.78	49.57	20.28	5.36	100.00
Women	639	1087	460	97	2283
	27.99	47.61	20.15	4.25	100.00
All	1041	1891	789	184	3905
	26.66	48.43	20.20	4.71	100.00

Cell contents: Count
% of row

jmp

Contingency Table

Degree

Sex: Count row %	Associate's	Bachelor's	Master's	Professional/ Doctorate	Total
Men	402	804	329	87	1622
	24.78	49.57	20.28	5.36	
Women	639	1087	460	97	2283
	27.99	47.61	20.15	4.25	
Total	1041	1891	789	184	3905

그림 6.2

성별 및 교육에 따른 성인의 이원분류표에 대한 Minitab과 JMP의 분석 결과이다. Minitab 분석 결과는 열의 합계의 개수와 백분율을 포함하고 있다. 'Men' 열 및 'Women' 열은 각 성별 범주에 대한 반응의 조건부 분포를 보여 주며, 'All' 열은 이런 모든 성인들에 대한 반응의 한계분포를 보여 준다. Minitab과 JMP는 표에서 변수들을 알파벳순으로 배열한다는 점에 주목하자. JMP 분석 결과에 있는 각 기재사항은 열의 합계의 개수와 백분율을 포함한다. 각 칸에 있는 두 번째 기재사항은 상이한 성별 범주에 대한 반응의 조건부 분포를 제시하고 있다. 'Total'의 열 및 행은 이런 모든 성인들에 대한 반응의 상응하는 한계 합계를 보여 준다.

즉 성별 범주 각각에 대한 조건부 분포 그리고 또한 모든 학생들에 대해 수여된 학위의 조건부 분포
를 보여 준다. 분포는 정리문제 6.2 및 정리문제 6.3의 결과와 (반올림까지) 일치한다.

이원분류표에 대해서는 두 개의 조건부 분포가 존재한다는 사실을 기억하자. 정리문제 6.3은 두
개 성별 범주에 대해 수여된 학위의 조건부 분포를 제시하고 있다. 그림 6.3(a)는 각 학위 범주에 대

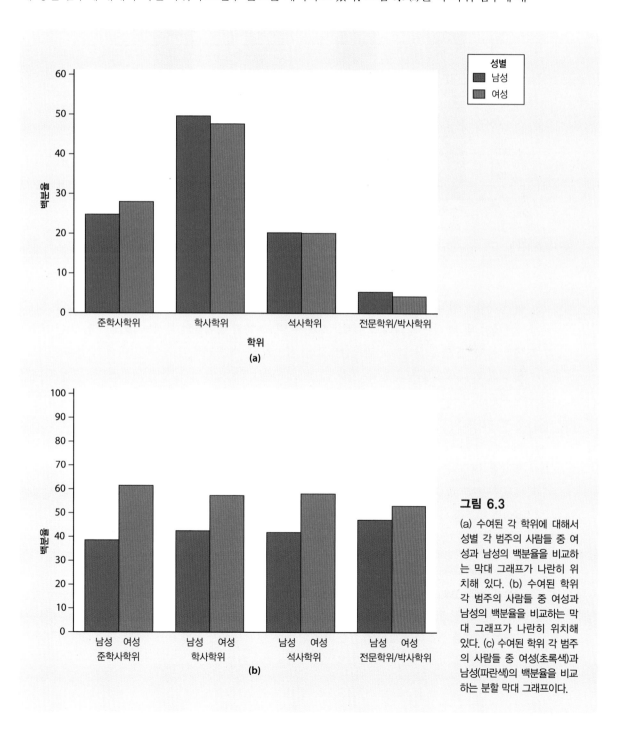

그림 6.3

(a) 수여된 각 학위에 대해서
성별 각 범주의 사람들 중 여
성과 남성의 백분율을 비교하
는 막대 그래프가 나란히 위
치해 있다. (b) 수여된 학위
각 범주의 사람들 중 여성과
남성의 백분율을 비교하는 막
대 그래프가 나란히 위치해
있다. (c) 수여된 학위 각 범주
의 사람들 중 여성(초록색)과
남성(파란색)의 백분율을 비교
하는 분할 막대 그래프이다.

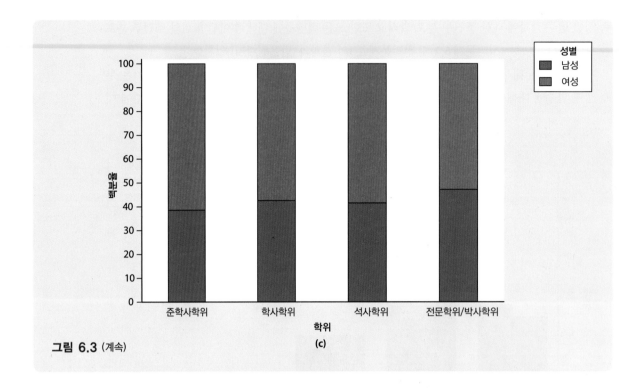

그림 6.3 (계속)

(c)

하여 남성과 여성에 관한 별개의 막대가 나란히 있는 막대 그래프에서 이 비교를 하고 있다. 이 그 래프에서 네 개 파란색 막대의 합계는 100%이며, 초록색 막대들의 합계도 100%이다. 또한 표 6.1 에 있는 네 개 열을 분리해서 관찰함으로써, 성별의 네 개 조건부 분포, 즉 수여된 네 개 학위 각각 에 대해 한 개씩을 관찰해 볼 수 있다. 그림 6.3(b)는 다시 한번 각 학위 범주에 대하여 남성과 여성 에 관한 별개의 막대가 나란히 있는 막대 그래프에서 이 비교를 하고 있다. 나란히 있는 각 쌍에 대 한 백분율은 합산하면 100%가 된다는 사실에 주목하자. 그림 6.3(c)도 이런 비교를 하고 있다. 그림 6.3(c)에서 각 막대는 두 개 색깔로 나타낸 두 부분으로 분리(분할)된다. 각 막대의 상부는 각 학위 를 받은 여성의 비율을 나타내며, 하부는 남성의 비율을 나타낸다. 각 막대는 각각의 상이한 그룹 에 속한 모든 학생들을 나타내기 때문에 높이가 1이 된다. 각 막대가 부분으로 분리되며 각 부분은 상이한 범주를 나타내는, 그림 6.3(c)와 같은 막대 그래프를 이따금 **분할 막대 그래프**라고 한다.

분할 막대 그래프

분할 막대 그래프(segmented bar graph)는 각 막대가 부분들로 분할되어서 두 개 범주변수들에 관 한 데이터를 제시하는 막대 그래프이다. 각 막대는 한 변수의 특정 값을 취하는 관찰값들을 나타 내며, 막대를 구성하는 다른 각 부분의 길이는 두 번째 변수가 특정 값을 취하는 관찰값들의 비율 을 나타낸다.

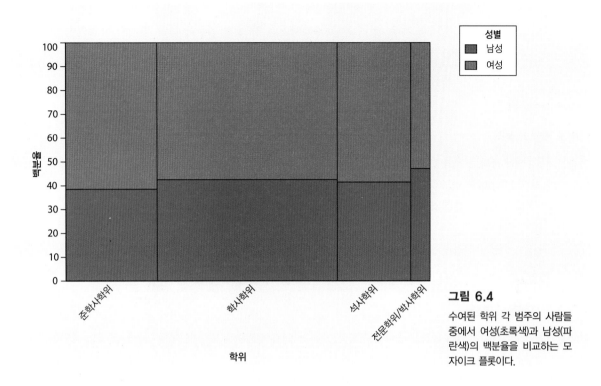

그림 6.4

수여된 학위 각 범주의 사람들 중에서 여성(초록색)과 남성(파란색)의 백분율을 비교하는 모자이크 플롯이다.

그림 6.4는 분할 막대 그래프의 변형인 **모자이크 플롯**을 보여 준다. 이제 막대는 상이한 폭을 가지며, 이 폭들은 네 개 학위 범주 각각에 속하는 학생들의 비율을 나타낸다. 따라서 폭들은 수여된 학위의 한계분포를 의미한다. 각 막대는 다시 두 개 부분으로 분리(분할)되며, 이들을 두 개 색깔로 나타낸다. 각 막대의 상부(초록색)는 각 학위를 받은 학생들 중 여성의 비율을 나타낸다. 다른 부분, 즉 하부(파란색)는 남성의 비율을 나타낸다. 각 막대는 높이가 100%이다. 왜냐하면 각 막대는 상이한 각 그룹에 속한 모든 사람들을 나타내기 때문이다. 모자이크 플롯은 분할 막대 그래프보다 더 많은 정보를 제공한다. 왜냐하면 수여된 학위가 주어진 경우, 성별 조건부 분포뿐만 아니라 수여된 학위의 조건부 분포도 보여 주기 때문이다.

그림 6.4는 조건부 분포 두 개 세트 중 한 개만을 보여 주고 있다. 다른 조건부 분포(즉 성별이 주어진 경우 수여된 학위의 조건부 분포)를 보여 주기 위해서는 또 다른 그래프가 필요하다. 또한 그림 6.3 및 그림 6.4의 그래프들은 총 개수가 아니라 백분율 또는 비율만을 나타낸다.

(정량변수에 대한 산포도가 그랬던 것처럼) 어떤 단일 그래프도 범주변수들 사이의 관계 형태를 보여 주지는 못한다. (예를 들면 상관처럼) 어떤 단일 숫잣값도 연관관계의 강도를 요약해서 나타내지는 못한다. 막대 그래프는 유연성이 있어서 충분히 도움이 되기는 하지만 제시하고자 하는 비교가 어떤 것인지에 대해 생각해 보아야 한다. 숫잣값의 경우도 적합한 백분율을 선택하여야 한다. 필요한 백분율이 어떤 것인지에 대해 결정을 하여야 한다. 다음과 같은 요령이 있다. 설명 및 반응 관계가 존재하는 경

우 각 설명변수의 별개 값에 대해서 반응변수의 조건부 분포를 비교해 보자. 성별이 수여된 학위에 영향을 미친다고 생각할 경우, 정리문제 6.3에서처럼 각 성별 범주에 대해 수여된 학위의 조건부 분포를 비교하시오.

복습문제 6.3

비디오 게임과 성적

복습문제 6.1에서 비디오 게임을 하는 남학생들과 비디오 게임을 하지 않는 남학생들의 성적 분포에 대해 살펴보았다. 성적과 비디오 게임을 했던 경험 사이의 관계를 알아보기 위해서 비디오 게임을 하는 남학생과 하지 않는 남학생에 대한 성적(반응변수)의 조건부 분포를 구하시오. 어떤 결론을 도출할 수 있는가?

복습문제 6.4

대학교 학부생들의 연령

복습문제 6.2에서 미국 대학교 학부생들의 연령 및 성별을 보여 주는 미국 센서스국 데이터를 살펴보았다. 20세부터 24세까지의 학생 그룹에서보다 25세부터 34세까지의 학생 그룹에서 여학생의 백분율이 더 높은 것이 아닌가 생각된다. 데이터는 이런 의구심과 일치하는가? 정리문제 6.3에서와 마찬가지로 4단계 과정을 밟아 설명하시오.

복습문제 6.5

한계분포가 전부는 아니다

다음은 두 개의 행과 두 개의 열을 갖는 이원분류표에 대해 행 합계와 열 합계를 보여 주고 있다.

a	b	50
c	d	50
60	40	100

위와 동일한 합계가 되도록 a, b, c, d에 대해 두 개의 상이한 숫자 조를 만들어 보시오. 이것은 두 변수 사이의 관계를 변수에 대한 두 개의 개별적인 분포로부터 알 수 없다는 사실을 알려 준다.

6.3 심슨(Simpson)의 역설

정량변수의 경우처럼, 잠복변수가 미치는 영향으로 인해 범주변수 사이의 관계가 변화하거나 심지어 역전될 수도 있다. 다음은 데이터를 살펴보지 않고 사용하는 사람들에게 주의를 환기하는 경우이다.

정리문제 6.4

의료용 헬리콥터는 생명을 구하는가?

사로고 인한 희생자들은 이따금 사고 현장에서 병원으로 헬리콥터를 이용하여 이송된다. 이런 의료용 헬리콥터는 생명을 구하는가? 헬리콥터로 이송되고 나서 사망한 희생자의 백분율과 도로를 이용한 통상적인 운송수단으로 이송되어 사망한 희생자의 백분율을 비교해 보자. 다음은 실제를 반영한 가상적인 데이터이다.

© Ashley Cooper/Getty Images

	헬리콥터	도로
사망한 희생자	64	260
생존한 희생자	136	840
합계	200	1,100

이 표에 따르면 헬리콥터로 이송된 환자 중 32%(200명 중 64명)가 사망하였으며, 도로를 이용하여 이송된 환자 중 24%(1,100명 중 260명)가 사망하였다. 이것은 다소 납득하기가 어렵다.

이에 대한 설명은 다음과 같다. 심각한 사고의 경우에 대부분 헬리콥터로 이송되므로 헬리콥터로 이송된 환자들은 보통 심각한 상황에 있다. 이들은 헬리콥터로 이송되는지 여부에 관계없이 사망할 가능성이 높다. 다음은 동일한 데이터를 사고의 심각성에 따라 분류한 것이다.

심각한 사고		
	헬리콥터	도로
사망	48	60
생존	52	40
합계	100	100

덜 심각한 사고		
	헬리콥터	도로
사망	16	200
생존	84	800
합계	100	1,000

최초의 이원분류표와 동일한 1,300명의 사고 희생자를 나타내는지 확인해 보기 위해서 위의 표를 검토해 보자. 예를 들면 200명(100명+100명)이 헬리콥터로 이송되었고 이 중 64명(48명+16명)이 사망하였다.

심각한 사고의 희생자들 중 헬리콥터로 이송된 경우 52%(100명 중 52명)가 생존하였고 도로를 이용한 운송수단으로 이송된 경우 40%가 생존하였다. 덜 심각한 사고만을 고려할 경우 헬리콥터로 이송된 경우 84%가 생존한 반면에 도로를 이용한 운송수단으로 이송된 경우 80%가 생존하였다. 두 가지 종류의 희생자 그룹 모두에 대해서 헬리콥터로 이송된 경우의 생존율이 더 높다.

헬리콥터로 이송을 하면 두 가지 희생자 그룹 모두에서 결과가 나아지지만, 모든 희생자들을 합할 경우 결과가 나빠지는 상황은 어떻게 발생할 수 있는가? 데이터를 검토해 보면 명백하게 설명할 수 있다. 도로를 이용하여 이송한 환자 1,100명 중 100명만이 심각한 사고를 당한 반면에, 헬리콥터

로 이송한 경우 환자 중 절반이 심각한 사고를 당하였다. 이처럼 헬리콥터는 사망할 가능성이 큰 환자를 이송한다. 사고의 심각성이 잠복변수가 된다. 왜냐하면 이를 밝히기 전까지는 생존과 병원까지의 이송 방법 사이에 존재하는 진정한 관계를 덮어서 가리기 때문이다. 정리문제 6.4는 심슨의 역설을 보여 주고 있다.

심슨의 역설

여러 개의 그룹 모두에 대해서 적용되는 연관관계 또는 비교관계는 한 개의 단일 그룹으로 만들기 위해서 데이터를 결합시켜 합할 경우 방향이 역전될 수 있다. 이런 역전현상을 **심슨의 역설** (Simpson's paradox)이라고 한다.

심슨의 역설에서 잠복변수는 범주변수이다. 즉, 사고 희생자를 '심각한 사고' 또는 '덜 심각한 사고'로 인한 희생자로 분류했던 것처럼, 범주변수는 개체를 그룹으로 나누어 분류한다. 심슨의 역설은 잠복변수가 존재할 경우 관찰된 연관관계가 오도될 수 있다는 사실의 극단적인 형태일 뿐이다.

복습문제 6.6

필드에서의 득점 슈팅

다음은 2017~2018년도 미국 미시간대학교의 남자 농구팀 소속 두 명의 선수에 대한 필드에서의 득점 슈팅 데이터이다.

	찰스 매슈스		덩컨 로빈슨	
	성공	실패	성공	실패
2점짜리 슈팅	171	136	44	30
3점짜리 슈팅	34	73	78	125

(a) 찰스 매슈스는 시도한 필드에서의 득점 슈팅 중 몇 퍼센트를 성공시켰는가? 덩컨 로빈슨은 시도한 필드에서의 득점 슈팅 중 몇 퍼센트를 성공시켰는가?

(b) 찰스가 성공한 모든 2점짜리 슈팅과 모든 3점짜리 슈팅의 백분율을 구하시오. 덩컨에 대해 동일한 백분율을 구하시오.

(c) 찰스는 두 가지 형태의 슈팅 모두에서 성공 백분율이 더 낮지만 전체적으로 백분율이 더 높다. 이것은 불가능한 것처럼 보인다. 데이터를 참조하면서 이런 일이 어떻게 발생할 수 있는지 설명하시오.

복습문제 6.7

배심원 풀제에서의 편의 발생 여부?

뉴질랜드 법무성은 법정에서의 배심원 구성에 관한 연구를 하였다. 뉴질랜드 원주민인 마오리 사람들이 배심원 풀제에서 적절하게 대표성을 갖는지가 관심의 대상이었다. 다음은 뉴질랜드 두 개 지역, 즉 로투라 및 넬슨에서의 연구 결과이다(모든 지역에서 유사한 결과를 얻었다).

로투라 지역

	마오리 사람	비마오리 사람
배심원 풀에 있는 경우	79	258
배심원 풀에 있지 않은 경우	8,810	23,751
합계	8,889	24,009

넬슨 지역

	마오리 사람	비마오리 사람
배심원 풀에 있는 경우	1	56
배심원 풀에 있지 않은 경우	1,328	32,602
합계	1,329	32,658

(a) 백분율을 비교하여 각 지역의 배심원 풀에 있는 모든 마오리 사람의 백분율이 배심원 풀에 있는 비마오리 사람의 백분율보다 작다는 사실을 보이시오.

(b) 데이터를 결합하여 종족(마오리 사람 또는 비마오리 사람)에 따른 결과('배심원 풀에 있는 경우' 또는 '배심원 풀에 있지 않은 경우')를 단일의 이원분류표로 나타

내시오. 어느 종족 그룹이 배심원 풀에서 종족 면으로 더 높은 백분율을 보이는가?

(c) 비마오리 사람이 두 개 지역에서 모두 더 높은 백분율을 보이지만 마오리 사람이 전반적으로 볼 때 어떻게 더 높은 백분율을 가질 수 있는지 사람들이 이해할 수 있도록 데이터에 근거하여 말로 설명하시오.

요약

- 집계의 이원분류표는 두 개 범주변수에 관한 데이터를 구성한 것이다. 행 변수는 표를 가로질러 횡단하는 행이라는 명칭을 붙이고 열 변수는 표를 따라 아래로 내려가는 열이라는 명칭을 붙인다. 이원분류표는 결과를 범주로 그룹화하여 많은 정보를 요약하는 데 자주 사용된다.

- 이원분류표에서 행 합계 및 열 합계는 두 개 개별 변수에 대한 한계분포를 알려 준다. 이 분포를 표의 합계에 대한 백분율로 나타내면 더 명확해진다. 한계분포는 변수들 사이에 존재하는 관계에 대해 어떤 것도 알려 주지 않는다.

- 이원분류표에 대해 2개 조의 조건부 분포, 즉 열 변수의 각 고정된 값에 대한 행 변수의 분포, 그리고 행 변수의 각 고정된 값에 대한 열 변수의 분포가 존재한다. 1개 조의 조건부 분포를 비교하는 것은 행 변수와 열 변수 사이의 연관관계를 설명하는 한 가지 방법이다.

- 열 변수의 한 개 특정 값에 대한 행 변수의 조건부 분포를 구하려면, 표에서 해당 한 개 열만을 살펴보도록 하자. 해당 열에 기입될 각 숫자는 열의 합계에 대한 백분율로 나타내어진다.

- 막대 그래프는 범주변수를 제시하는 유연한 방법이다. 두 개 범주변수 사이의 연관관계를 설명할 수 있는 유

일한 최선의 방법은 없다.

- 제3의 변수의 개별값 각각에 대한 두 개 변수 사이의 비교는 해당 제3의 변수의 모든 값에 대한 데이터가 결합

될 경우 변화하거나 또는 심지어 역전될 수도 있다. 이를 심슨의 역설이라고 한다. 심슨의 역설은 관찰된 관계에 대해 잠복변수가 미치는 영향의 한 예이다.

주요 용어

반올림 오차	심슨의 역설	조건부 분포
분할 막대 그래프	이원분류표	한계분포

연습문제

1. **점성술은 과학적인가?** 미국 시카고대학교의 일반사회조사는 전국적으로 가장 중요한 사회과학 표본조사이다. 이 조사는 무작위 표본의 성인들에게 점성술이 매우 과학적이거나 다소 과학적인지 또는 전혀 과학적이 아닌지에 대해 의견을 물어보았다. 세 가지 교육수준을 갖는 표본의 사람들에 대한 집계의 이원분류표는 다음과 같다.

	학위의 종류		
	전문대학 학위	대학 학위	대학원 학위
전혀 과학적이 아니다	47	181	113
매우 과학적이거나 또는 다소 과학적이다	36	43	13

보유한 학위의 두 가지 조건부 분포, 즉 점성술이 전혀 과학적이 아니라는 의견을 갖고 있는 사람들에 대한 조건부 분포와 점성술이 매우 과학적이거나 다소 과학적이라는 의견을 갖고 있는 사람들에 대한 조건부 분포를 구하시오. 계산에 기초하여 점성술이 전혀 과학적이 아니라고 말하는 사람들과 매우 과학적이거나 다소 과학적이라고 말하는 사람들 사이의 차이를 그래프와 말로 설명하시오.

2. **인종과 사형** 유죄가 입증된 살인자가 사형을 받을지 여부는, 희생자가 속한 인종에 따라 영향을 받는 것처럼 보인다. 미국에서 몇 명의 연구자는 1970년대 및 1980년대에 이 문제에 관해 연구하고 나서, 획기적이

고 종종 인용되면서 논쟁의 대상이 되는 몇 개의 논문을 발표하였다. 이 연구들 중 한 개로부터 피고인이 살인죄로 유죄가 입증된 326개 경우에 대한 데이터는 다음과 같다.

	백인 피고인			흑인 피고인	
	백인 희생자	흑인 희생자		백인 희생자	흑인 희생자
사형인 경우	19	0	사형인 경우	11	6
사형이 아닌 경우	132	9	사형이 아닌 경우	52	97

(a) 이 데이터를 이용하여 피고인의 인종(백인 또는 흑인) 대 사형 여부(사형인 경우 또는 사형이 아닌 경우)의 이원분류표를 작성하시오.

(b) 심슨의 역설이 준수된다는 사실을 보이시오. 전체적으로 보면 백인 피고인들에게 더 높은 백분율로 사형이 선고되었다. 하지만 흑인 및 백인 범죄자 둘 다에 대해서 흑인 피고인들에게 더 높은 백분율로 사형이 선고되었다.

(c) 이 데이터를 이용하여 판사가 이해할 수 있는 말로 이 역설이 준수되는 이유를 설명하시오.

3. **금연 보조제** 금연 보조세인 챈틱스(Chantix)가 금연에 미치는 효력을 역시 금연 보조제인 부프로피온(bupropion)[이것은 웰부트린(Wellbutrin) 또는 자이반(Zyban)이라고 보다 일반적으로 알려져 있다] 및 위약

과 비교하여 평가하기 위해서, 많은 무작위 실험이 시도되었다. 챈틱스는 뇌에 있는 니코틴 수용체를 목표로 하며 이들에 부착되어 니코틴이 근접하는 것을 차단하는 반면에, 부프로피온은 금연하도록 도와주기 위해 자주 사용되는 항우울제라

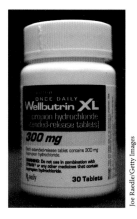

Joe Raedle/Getty Images

는 면에서, 챈틱스는 대부분의 다른 금연 보조제와 다르다. 하루에 적어도 10개비의 담배를 피우는 전반적으로 건강한 흡연자가 챈틱스($n = 352$) 또는 부프로피온($n = 329$) 또는 위약($n = 344$)을 복용하도록 무작위로 배정되었다. 반응 측정값은 연구가 이루어지는 9주부터 12주 동안 계속해서 금연을 하는 것이다. 결과를 보여 주는 이원분류표는 다음과 같다.

	처방		
	챈틱스	부프로피온	위약
9~12주 동안 금연	155	97	61
9~12주 동안 흡연	197	232	283

9주부터 12주 동안에 흡연한 피실험자가 처방에 의존하는지 여부를 어떻게 알 수 있는가? 4단계 과정을 밟아 설명하시오.

4. **동물실험** "인간의 생명을 구할 수 있다면 의학적 실험을 하기 위해서 동물을 사용하는 것은 타당하다." 미국의 일반사회조사는 1,152명의 성인들에게 이런 주장에 대해 어떻게 반응하는지 물어보았다. 이들의 반응을 보여 주는 이원분류표는 다음과 같다.

반응	남성	여성
강력하게 동의한다	76	59
동의한다	270	247
동의하지도 않고 반대하지도 않는다	87	139
동의하지 않는다	61	123
강력하게 반대한다	22	68

의견의 분포는 남성과 여성 사이에 어떻게 다른가? 4단계 과정을 밟아 설명하시오.

5. **대학학위** "미국 전역에 있는 대학들은 불가사의하게 자취를 감추는 남성들의 문제를 해결하려고 안간힘을 쓰고 있다." 이것은 미국 워싱턴포스트에 실린 기사에 있는 문구이다. 미국 국립교육통계센터가 추정한 2023~2024년도 취득 예정인 학위의 수에 관한 데이터는 다음과 같다. 표에 기입된 숫자는 천 단위로 나타낸 학위의 수이다.

학위	여성	남성
준학사학위	644	405
학사학위	1,092	806
석사학위	467	335
전문학위 또는 박사학위	99	89

학위를 취득하는 데 있어서, 남성과 여성의 수 및 분포를 간략하게 대조하시오. 미국 전역에 걸쳐 대학으로부터 남성들이 '자취를 감추고' 있는가? 4단계 과정을 밟아 설명하시오.

6. **비만 치료 수술의 합병증** 비만 치료 또는 체중 감량을 위해서 비만한 사람들에게 행해지는 다양한 수술 방법이 있다. 체중을 감량하는 데는 의료장치로 위의 크기를 줄이는 방법(위 밴드 이식법), 위의 일부를 잘라 버리는 방법(위 절제 수술법), 소장을 잘라서 위의 작은 주머니로 새로운 통로를 내는 방법(위 우회로 수술법)이 있다. 어느 방법을 사용하더라도 합병증이 발생할 수 있기 때문에, 미국 국립건강연구소는 체질량 지수가 적어도 40인 비만한 사람과 체질량 지수가 35이고 예를 들면 당뇨병처럼 심각한 다른 의료문제를 갖고 있는 사람들에게 비만 치료 수술을 권하고 있다. 심각한 합병증에는 잠재적으로 생명을 위협한 경우, 영구적으로 신체적 불구가 발생하는 경우, 치명적인 결과를 초래하는 경우 등이 있다. 위의 세 가지 수술 방법에 대해 생명을 위협하지는 않는 합병증, 심각한 합병증, 무합병증의 횟수를 수년에 걸쳐 미국 미시간주에서 수집하여 이를 이원분류표로 나타내었다. 이는 다음과 같다.

	합병증의 형태			
	생명을 위협하지는 않는 합병증	심각한 합병증	무합병증	합계
위 밴드 이식법	81	46	5,253	5,380
위 절제 수술법	31	19	804	854
위 우회로 수술법	606	325	8,110	9,041

위의 데이터가 세 가지 형태의 수술법에 대한 합병증의 차이에 관해 시사하는 바는 무엇인가? 4단계 과정을 밟아 설명하시오.

7. **흡연자와 건강** 미국 미시간대학교의 건강 및 은퇴 연구소는 매 2년마다 50세가 넘은 22,000명 이상의 미국인들에 대해서 조사를 실시한다. 이 연구소는 건강 상태(육체적 및 정신적 건강 행태), 심리사회학적 항목, 경제적 항목(소득, 자산, 기대, 소비), 은퇴를 포함하는 많은 문제에 관해 정보를 수집한 2009년도 인터넷에 기초한 조사에 참여하였다. 질문 중 두 가지는 다음과 같다. "당신의 건강은 극히 우수합니까? 또는 매우 좋습니까? 또는 좋습니까? 또는 그저 그렇습니까? 또는 좋지 않습니까?" 그리고 "당신은 지금 흡연을 하고 있습니까?" 다음의 이원분류표는 위의 두 가지 질문에 대한 답변을 요약한 것이다.

건강 상태	현재 흡연 여부	
	흡연한다	흡연하지 않는다
극히 우수하다	25	484
매우 좋다	115	1,557
좋다	145	1,309
그저 그렇다	90	545
좋지 않다	29	11

현재 흡연하는 사람들과 흡연하지 않는 사람들의 건강에 대한 자신들의 평가상의 차이에 관해서, 이 데이터는 무엇을 시사하는가?

제 2 부

데이터 생성

학습 주제

데이터의 과학인 통계학은 여러 상황에서 사용될 수 있는 개념 및 방법을 제공한다. 때때로 우리들은 개체의 집단을 설명하는 데이터를 갖고 해당 데이터가 의미하는 바에 대해 알아보고자 한다. 이는 탐구적 데이터 분석이 담당해야 할 일이며, 제1장부터 제6장까지에서 살펴본 방법들이 사용될 수 있다. 때때로 우리는 특정 질문은 갖고 있지만 이 물음에 대답할 수 있는 데이터를 갖고 있지 못한 경우가 있다. 타당한 대답을 얻기 위해서는 이 물음에 대답할 수 있도록 설계된 방법으로 데이터를 생성하여야 한다. 이 장에서는 표본을 사용하여 데이터를 생성하는 방법을 살펴볼 것이다. 제8장에서는 데이터를 생성하는 아주 다른 방법인 실험을 하기 위한 통계적 설계에 대해 알아볼 것이다.

현재 갖고 있는 질문이 다음과 같다고 가정하자. "대학생들 중 몇 퍼센트가 개인의 가치에 위배되는 법률을 준수하지 말아야 한다고 생각하는가?" 이 물음에 대답하기 위해서는 대학생들과 인터뷰를 하여야 한다. 하지만 모든 대학생들과 인터뷰할 수는 없으므로, 전체 학생 모집단을 대표하기 위해 선택된 표본에 질문을 하게 된다. 전체 **모집단**의 의견을 제대로 대표하는 **표본**을 어떻게 선택할 수 있는가? 표본을 선택하기 위해 필요한 통계적 설계가 이 장의 주제이다. 다음과 같은 사실을 알게 될 것이다.

- 모집단에 대한 타당한 결론을 도출하기 위해 마련된 표본의 데이터를 신뢰하려면, 적절한 통계적 설계가 필요하다.
- 하지만 대규모 인간 모집단으로부터 표본추출을 할 경우, 타당한 설계를 하였더라도 많은 실제

적인 어려움이 계속해서 발생한다.

- (특히 휴대전화 및 인터넷과 같은) 기술 도입에 따른 충격으로 인해서, 표본추출을 통해 신뢰할 수 있는 전국적인 데이터를 생성하는 일이 더욱 어렵게 되었다.

7.1 모집단 대 표본

정치학자들은 대학생 연령대의 성인 중 몇 퍼센트가 자신을 보수주의자라고 생각하는지 알고 싶어 한다. 자동차 회사는 18세부터 35세까지 연령대의 성인 중 몇 퍼센트가 연료 및 전기를 사용하는 새로운 하이브리드 자동차의 텔레비전 광고를 기억하는지 알기 위해서 시장조사기관과 계약을 체결하고자 한다. 정부에 근무하는 경제학자들은 평균 가계 소득에 대해 알아보고자 한다. 이런 모든 경우에 개체들의 대규모 집단에 관한 정보를 수집하고자 한다. 시간, 비용, 불편함으로 인해 모든 개체와 접촉하기란 불가능하다. 따라서 전체에 대한 결론을 도출하기 위해 집단의 일부분에 대해서만 정보를 수집하게 된다.

모집단, 표본, 표본추출 설계

통계학에서 **모집단**(population)은 정보를 원하는 개체들의 전체 집단이다. **표본**(sample)은 실제로 정보를 수집한 모집단의 일부분이다. 표본을 사용하여 전체 모집단에 관한 결론을 도출한다. **표본추출 설계**(sampling design)는 모집단으로부터 표본을 어떻게 선택하는지 정확하게 설명한다.

'모집단' 및 '표본'의 정의에 관한 세부적인 사항을 살펴보도록 하자.

우리는 종종 표본에 기초하여 전체에 대한 결론을 도출하고는 한다. 모든 사람들은 아이스크림의 표본을 맛보고 나서, 그 맛에 기초하여 아이스크림콘을 주문한다. 아이스크림은 균일해서 단 한 번 본 맛이 전체를 대표할 수 있다. 대규모이며 다양한 모집단으로부터 대표적인 표본을 선택하는 일은 그렇게 용이하지 않다. **표본조사**(sample survey)를 계획하는 첫 번째 단계는 어떤 **모집단**을 설명하고자 하는지 정확히 말하는 것이다.

두 번째 단계는 무엇을 측정하고자 하는지 말하는 것이다. 즉 변수를 정확히 정의하는 것이 필요하다. 다음 정리문제에서 보는 것처럼 이런 예비적인 단계는 복잡할 수 있다.

정리문제 7.1

현재인구조사

미국에서 이루어지는 가장 중요한 정부 표본조사는 미국 노동통계국을 대신해서 조사국이 시행하는 현재인구조사이다. 현재인구조사는 매월 약 60,000가구와 접촉하여 작성된다. 이 조사를 통해 월간 실업률이 발표되고 많은 다른 경제적 및 사회적 정보가 제공된다(그림 7.1 참조). 실업을 측정하기 위해서는 가

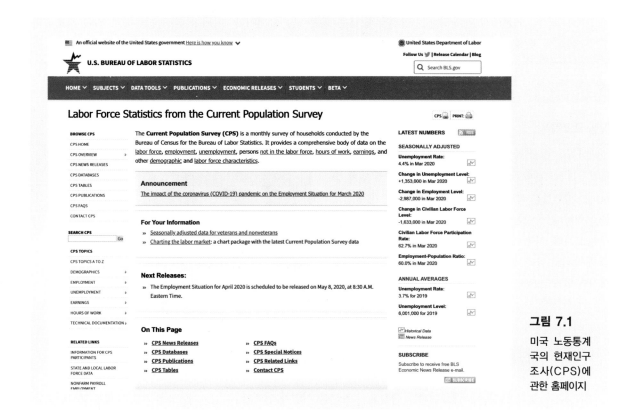

그림 7.1

미국 노동통계
국의 현재인구
조사(CPS)에
관한 홈페이지

장 먼저 설명하고자 하는 인구를 정확히 말하여야 한다. 어떤 연령 집단이 포함될 것인가? 불법 이민자들 또는 감옥에 수감되어 있는 사람들이 포함될 것인가? 미국의 현재인구조사에 따르면 인구는 민간인이며 감옥과 같은 시설에 수감되지 않은 16세 이상의 (합법적이거나 또는 그렇지 못한) 모든 미국 거주민이라고 정의한다. 뉴스에서 발표되는 실업률은 바로 이렇게 특정된 인구를 참고하고 있다.

두 번째 질문은 더욱 어렵다. 이 질문은 다음과 같다. '실업 상태'는 무엇을 의미하는가? 예를 들면 학생처럼 일자리를 구하고 있지 않은 사람은 보수를 받으려 노동을 하지 않는다는 이유만으로 실업 상태에 있다고 해서는 안 된다. 현재인구조사의 표본으로 선택된 경우, 면담자는 노동할 수 있는지 여부와 지난 4주 동안 실제로 구직 활동을 하였는지 여부를 제일 먼저 물어볼 것이다. 그렇지 않다고 답하면, 고용 상태에 있지도 않고 실업 상태에 있지도 않기 때문에 노동 인구에서 제외된다. 이처럼 지난 4주 동안 일자리를 찾지 않은 낙담한 근로자들은 계산에서 배제된다.

노동 인구에 포함된다면, 면담자는 계속하여 고용 여부에 관해 물어볼 것이다. 표본조사가 시행되는 해당 주 동안 보수를 받고 노동을 하거나 또는 자영업에 종사하는 경우, 고용 상태에 있다고 본다. 보수를 받지 않고 가족사업에 최소한 15시간 동안 근무하였다면, 고용 상태에 있다고 본다. 일자리는 있지만 휴가, 파업, 기타 타당한 이유로 인해 노동을 하지 않았다면, 이 또한 고용 상태에 있다고 본다. 실업률이 6.7%라는 의미는 '노동 인구' 및 '실업 인구'에 대해 현재인구조사에서 정의한 개념을 사용할 경우 표본 중 6.7%가 실업 상태에 있다는 의미이다.

표본조사를 계획하는 마지막 단계는 표본추출 설계이다. 이제 표본추출을 하기 위한 기초적인 통계적 설계를 소개할 것이다.

학생 고고학자

고고학적인 발굴 작업을 통해 수많은 도자기 파편, 깨진 돌기구, 다른 문화 유물들을 발굴하게 된다. 이런 일에 종사하는 학생들은 각 문화 유물을 분류하고 이에 대해 번호를 부여한다. 상이한 범주별 집계는 해당 장소를 이해하는 데 중요하다. 따라서 발굴 작업 책임자는 문화 유물 중 2%를 무작위로 골라서 학생들의 작업을 점검한다. 이 경우 모집단 및 표본은 무엇인가?

7.2 어떻게 표본을 잘못 추출하는가

능히 모집단을 대표한다고 생각되는 표본을 어떻게 선택할 수 있는가? 표본추출 설계는 모집단으로부터 표본을 선택하는 특수한 방법이다. 가장 용이하지만 최선이 아닌 설계는 바로 근처의 개체들을 선택하는 것이다. 예를 들어 얼마나 많은 사람들이 일자리를 갖고 있는지 알고자 한다면, 상점가에 가서 지나가는 사람들에게 일자리가 있는지 물어볼 수 있다. 접하기 가장 용이한 모집단의 구성원들을 골라서 선택한 표본을 **편리 표본**(convenience sample)이라고 한다. 편리 표본은 종종 모집단을 대표하지 못하는 데이터를 생성하게 된다.

상점가에서 표본추출하기

상점가에서 물건 사는 손님들의 표본은 신속하고 저렴하게 구할 수 있다. 하지만 상점가에서 만나는 사람들은 일반적인 사람들보다 더 부유한 경향이 있다. 이들은 또한 10대이거나 은퇴한 사람이기 쉽다. 나아가 면접자가 세심한 훈련을 받지 않았다면 이들은 옷을 잘 입고 존경할 만한 외모의 사람들에게 질문을 하고, 옷차림이 허술하거나 험상궂은 사람들은 피하는 경향이 있다. 상점가에서 만나게 되는 사람들의 종류는 하루 중 시간별로 변하며 일주일 중 요일별로 변한다. 간단히 말해, 상점가에서 하는 인터뷰를 통해서는 전체 모집단을 대표하는 표본과 접하지 못하게 된다.

상점가에서 이루어지는 인터뷰는 거의 확실히 중산층을 과도하게 대표하고, 빈곤층을 불충분하게 대표한다. 이런 현상은 이와 같은 표본추출을 할 때마다 거의 발생하게 된다. 즉, 잘못된 표본추출 설계로 인해 발생한 체계적인 오차이지, 한 표본에서 나타나는 단순한 불운이 아니다. 이를 **편의**라고 한다. 즉, 상점가에서 이루어진 조사들의 결과는 동일하게 모집단에 관한 진상을 반복해서 놓치게 된다.

편의

통계적 연구에 대한 설계가 체계적으로 어떤 결과에 유리하게 작용하는 경우 **편의**(bias)가 발생한다.

> ### 정리문제 7.3

온라인 투표

2019년 6월 와이오밍주 샤이엔시 KGAB 방송국의 어떤 뉴스 프로그램은 자신의 웹사이트에 온라인 투표를 게시하였다. 이 투표는 와이오밍주에서 향후 몇 년에 걸쳐 예산 부족액이 10억 달러가 될 것이라고 추정한 사실에 비추어, 주정부 수입을 증대시키는 한 가지 방법으로 마리화나를 합법화할지 여부를 고려하여야 하는가에 관한 것이다. 1,100명이 넘는 응답자 중에서 57%는 "그래야 한다, 여하튼 불법적이어서는 안 된다."라고 답하였다. 24%는 "지출을 삭감하고 기분전환용 마리화나를 합법화하자."라고 답했으며, 16%는 "절대 안 된다. 문제를 해결하기보다는 더 많은 문제를 야기할 것이다."라고 답했다. 3%는 "지출을 삭감하자."라고 답하였으며, 0%는 "주정부 소득세를 부과하는 것이 더 낫다."라고 답하였다. 이 투표 결과에 따르면 와이오밍주에서 마리화나를 합법화하는 데 강한(81%) 지지가 있는 것처럼 보인다.

사람들은 이런 투표에 참여할지 여부를 선택하기 때문에 kgab.com을 통한 투표는 편의가 발생한다. 공개된 초대에 참여하는 노고를 아끼지 않는 사람들은 통상적으로 명확하게 정의된 모집단을 대표하지 못한다. 이들은 일반적으로 기명투표를 하거나 또는 전화로 해당 프로그램에 참여하거나 또는 온라인 투표를 하는 사람들이다. 이와 같은 투표는 자발적인 응답 표본추출의 예가 된다.

자발적인 응답 표본

자발적인 응답 표본(voluntary response sample)은 광범위하게 걸쳐 이루어진 호소에 반응하여 자신의 의견을 드러내는 사람들로 구성된다. 자발적인 응답 표본의 경우 강한 의견을 갖고 있는 사람들이 반응할 가능성이 가장 크기 때문에 편의가 발생한다.

정리문제 7.3에서 KGAB가 실시한 투표에 응답한 사람들은 아마도 유권자이거나 또는 심지어

등록된 유권자인지 아닌지에 대해 알지 못한다. 실제로 2018년 10월에 와이오밍대학교의 와이오밍 조사·분석센터에 의해 시행된 와이오밍 주민에 대한 전화조사에 따르면, 마리화나 합법화에 찬성한 비율은 49%에 불과하였다.

복습문제 7.2

캠퍼스에서의 표본추출

캠퍼스에서 심리학 전공 학생들을 위한 클럽을 만들고자 하며, 심리학 전공 학생들 중 몇 퍼센트가 참여할 것인지 알아보고자 한다. 회비는 35달러이며 캠퍼스에 와서 발표하는 사람에게 강연료를 지불하는 데 사용될 것이다. 여러분은 4학년 우등생들을 위해 개설된 세미나 수업을 수강하는 5명의 심리학 전공자들에게 이 클럽에 참여하고자 하는지를 물었으며, 5명의 학생들 중 4명이 관심을 보였다. 이런 표본추출 방법은 편의가 발생하는가? 만일 발생한다면 편의가 발생할 방향은 무엇인가?

7.3 단순 무작위 표본

표본을 선택하는 기회를 사용하는 **무작위** 표본추출은 통계적 표본추출의 핵심적 원칙이다. 자발적인 응답 표본에서는 사람들이 반응할지 여부를 선택한다. 편의 표본에서는 면접자가 선택을 한다. 두 경우 모두에서 개인적인 선택으로 인해 편의가 발생한다. 이에 대해 통계학자들이 제시한 교정법은 개인적인 감정이 섞이지 않은 일반적인 가능성으로 표본을 선택하게 만드는 것이다. 우연히 선택된 표본은 표본 수집자에 의한 편향된 선택과 응답자에 의한 자기 선택을 모두 배제할 수 있다. 우연히 표본을 선택할 경우 모든 개체들에게 선택될 동일한 기회를 제공함으로써 편의를 감소시킬 수 있다. 부유한 사람과 가난한 사람, 젊은 사람과 늙은 사람, 흑인과 백인, 이들 모두가 표본에 포함될 동일한 기회를 갖게 된다.

표본을 선택하는 기회를 사용하는 가장 간단한 방법은 모자(모집단) 속에 이름을 적은 쪽지를 넣고 한 움큼(표본) 꺼내는 것이다. 이것이 단순 **무작위** 표본추출의 기본 생각이다. 모자로부터 이름이 적힌 쪽지를 꺼낸다는 생각은 단순 무작위 표본을 개념화하는 데 좋은 방법이기는 하지만, 일반적으로 볼 때 대규모 모집단의 경우 이것이 단순 무작위 표본을 얻는 좋은 방법은 아니다.

단순 무작위 표본

크기가 n인 **단순 무작위 표본**(simple random sample)은, n개 개체들의 각 세트가 실제로 선택된 표본이 될 수 있는 동등한 기회를 갖는 방법으로 모집단으로부터 선택된 n개 개체로 구성된다.

단순 무작위 표본은 각 개체에게 선택될 동등한 기회를 줄 뿐만 아니라 모든 가능한 표본에게 선

택될 동등한 기회도 준다. 각 개체에게는 동등한 기회를 주지만 각 표본에게는 동등한 기회를 주지 않는 또 다른 무작위 표본추출 설계가 있다.

단순 무작위 표본의 경우, 이것은 모집단의 어떤 부분에게도 유리하게 작용하지 않는다는 사실을 기억하면서 모자로부터 이름이 적힌 쪽지를 꺼내는 개념적인 상황을 그려 보자. 이것이 바로 단순 무작위 표본추출이 편의 표본추출이나 자발적인 응답 표본추출보다 표본을 추출하는 더 나은 방법인 이유이다. 하지만 쪽지에 이름을 적고 이를 잘 섞어서 모자로부터 이를 꺼내는 작업은 속도가 느리고 불편하다. 실제로 표본추출 담당자들은 소프트웨어를 사용한다. 소프트웨어를 사용하지 않는 경우 **무작위 숫자** 표를 사용하여 무작위로 고를 수 있다. 실제로 표본을 선택하는 데 사용되는 소프트웨어는 무작위 숫자를 생성하는 데서 시작하며, 표를 사용한다는 것은 소프트웨어가 보다 신속히 할 것을 단지 손으로 한다는 것이다.

무작위 숫자

무작위 숫자 표(table of random digits)는 다음과 같은 두 가지 특성을 갖는 숫자 0, 1, 2, 3, 4, 5, 6, 7, 8, 9를 사용한 난수표이다.

1. 표에 기입되는 각 난은 0부터 9까지 10개 숫자가 들어갈 확률이 동일하다.
2. 기입되는 각 난은 서로 독립적이다. 즉, 표의 한쪽 부분을 안다고 해서 다른 쪽 부분에 관한 정보를 알 수 없다.

이 책 뒷부분에 있는 표 B는 무작위 숫자 표이다. 표 B는 숫자들, 즉 19223950340575628713으로 시작된다. 표를 더 읽기 쉽게 만들기 위해서, 숫자들을 다섯 개 묶음씩 번호가 매겨진 행으로 나타내었다. 이 묶음과 행은 아무런 의미가 없다. 표는 무작위적으로 선택된 숫자들을 나열한 긴 목록일 뿐이다. 단순 무작위 표본을 고르기 위해서 이 표를 사용하는 데 두 가지 단계가 있다.

단순 무작위 표본을 고르기 위해서 표 B를 사용하는 방법

분류표기 : 모집단의 각 개체들에게 동일한 길이로 숫자상의 분류표기를 부여한다.

표 : 단순 무작위 표본을 고르기 위해서 분류표기로서 사용했던 길이의 연속적인 숫자 묶음을 표 B에서 읽는다. 표본은 표에서 찾은 분류표기의 개체들을 포함하고 있다.

두 개 숫자를 갖고 100개 항목까지 분류할 수 있다. 01, 02, …, 99, 00. 세 개 숫자를 갖고는 1,000 개 항목까지 분류할 수 있으며 계속 이렇게 할 수 있다. 모집단을 포괄할 가장 짧은 분류표기를 언제나 사용하시오. 표준적인 연습으로서 분류표기 1(또는 01 또는 001 또는 필요한 대로 이처럼 사용한다)을 갖고 시작하도록 권한다. 표로부터 숫자 묶음을 읽는 경우, 모든 개체들에게 선택될 수 있는 동일한 기회를 주게 된다. 왜냐하면 동일한 길이의 모든 분류표기는 표에서 발견될 기회가 동일하기 때문이다. 예를 들면 표에 있는 어떤 숫자의 짝들도 100개의 가능한 분류표기, 즉 01, 02, …, 99, 00 중 어느 것이 될 가능성이 동일하기 때문이다. 분류표기로 사용되지 않았거나 이미 표본에 있는 분류표기를 복제한 숫자 묶음은 무시하시오. 표는 어떤 순서가 없기 때문에 예를 들면 행 또는 열을 따르거나 기타 다른 방법으로 표 B에서 숫자를 읽을 수 있다. 표준적인 연습으로서 행을 따라 읽을 것을 권한다.

봄방학을 지낼 숙박시설의 표본추출

어떤 대학신문은 봄방학 행선지에 관한 기사를 게재할 예정이다. 해당 기자는 손님으로서 학생들에 대한 숙박시설들의 태도에 관해 묻기 위해, 각 행선지에서 무작위로 뽑은 네 개 숙박시설을 골라내고자 한다. 다음은 어떤 도시에 있는 숙박시설의 목록이다.

01 Aloha Kai	08 Captiva	15 Palm Tree	22 Sea Shell
02 Anchor Down	09 Casa del Mar	16 Radisson	23 Silver Beach
03 Banana Bay	10 Coconuts	17 Ramada	24 Sunset Beach
04 Banyan Tree	11 Diplomat	18 Sandpiper	25 Tradewinds
05 Beach Castle	12 Holiday Inn	19 Sea Castle	26 Tropical Breeze
06 Best Western	13 Lime Tree	20 Sea Club	27 Tropical Shores
07 Cabana	14 Outrigger	21 Sea Grape	28 Veranda

분류표기 : 28개 숙박시설을 분류하기 위해서는 두 개 숫자가 필요하기 때문에, 모든 분류표기는 두 개 숫자를 갖게 된다. 위의 숙박시설 목록에 01부터 28까지 분류표기를 첨부하였다. (주요 휴양지에 있는 1,240개 숙박시설로부터 표본을 추출하려면, 휴양지들에 0001, 0002, …, 1239, 1240이라는 분류표기를 하게 된다.) 모집단의 개체에 어떻게 분류표기를 하였는지 언제나 말하시오.

표본 선택 : 표 B를 사용하려면, 네 개 숙박시설을 선택할 때까지 두 개 숫자의 그룹들을 읽어야 한다. (어떤 라인도 무방하지만) 라인 130에서 시작하면 다음과 같다.

69051　64817　87174　09517　84534　06489　87201　97245

분류표기는 두 개 숫자이기 때문에 표로부터 연속적인 두 개 숫자의 그룹들을 읽어 보자. 따라서 처음 세 개의 두 개 숫자 그룹들은 69, 05, 16이 된다. 처음의 69처럼 분류표기로 사용되지 않을 그룹은 무시한다. 또한 예를 들면, 이 행에서 두 번째 및 세 번째의 17처럼 반복적으로 나타나는 분류표기도 무시한다. 왜냐하면 동일한 숙박시설을 두 번 선택할 수 없기 때문이다. 이제 표본에는 05, 16, 17, 20이라고 분류표기된 숙박시설이 포함된다. 이것들은 Beach Castle, Radisson, Ramada, Sea Club이다.

나중에 접하게 될 다른 형태의 무작위 표본뿐만 아니라, 단순 무작위 표본으로부터의 결과도 신뢰할 수 있다. 왜냐하면 개인적인 감정이 섞이지 않은 동등한 기회를 사용하여 편의를 피할 수 있기

때문이다. 온라인 투표와 상점가에서의 인터뷰도 또한 표본을 만들 수 있다. 하지만 이 표본들로부터의 결과를 신뢰할 수 없다. 왜냐하면 편의가 발생할 수 있는 방법으로 선택되었기 때문이다. 어떤 표본에 관해 묻는 첫 번째 질문은 무작위로 선택되었는지 여부에 관한 것이다.

총기 판매

"여러분은 개인 판매와 총기 전시를 포함해서 모든 잠재적 총기 구매자들에 대해 배경정보 확인을 요구하는 것을 지지하십니까? 또는 반대하십니까?" 미국 ABC 뉴스와 워싱턴포스트는 2019년 9월 성인 1,003명에게 이런 질문을 하였으며, 89%가 찬성하였고 9%는 반대하였다. 나머지는 의견을 말하지 않았다. 이 표본의 의견이 모든 성인들의 의견을 공정하게 반영한다고 생각하는가? 다음은 타임이 제시한 여론조사 방법의 중요한 특징 중 일부이다.

- ABC 뉴스/워싱턴포스트는 이 여론조사를 하기 위해 미국 전역에 있는 1,003명의 성인에 대해 2019년 9월 2일부터 5일까지 전화 인터뷰를 시행하였다.
- 유선전화 인터뷰를 하기 위해, 미국 대륙의 유선전화 사용 가계에 대한 표본은 무작위 숫자로 다이얼을 돌려서 선택하였다. 이 경우 전화번호부에 실리거나 실리지 않은 모든 유선전화 번호는 선택될 확률이 동일하다. 유선전화 번호는 전체 아홉 개 센서스 구역에서 추정된 분포에 비례하여 선택되었다. 데이터베이스는 모든 나열된 유선전화 번호로 구성되며, 한 번에 목록의 25%가 4주에서 6주 단위로 갱신된다.
- 무선전화 번호도 위와 유사한 무작위 과정을 거쳐 생성되었다. 그리고 나서 이들 두 개 표본들을 혼합하고, 유선전화만 사용하는 사람들, 무선전화만 사용하는 사람들, 유무선을 둘 다 사용하는 사람들의 적절한 비율을 유지할 수 있도록 조정되었다.

유선전화 번호를 선택하는 일은, 소위 **무작위 숫자로 다이얼 돌리기**라고 하는 전국 표본을 선택하기 위한 일반적인 방법을 잘 설명해 준다. 여론조사 시행에 관한 정보는 독자들에게 일부 기본적인 사항들을 알려주기는 하지만, 전국조사에 관한 데이터 수집과 분석을 하는 일은 이런 짧은 설명보다 훨씬 더 복잡하다. 하지만 여론조사 시행에 관한 설명도 역시 중요한 정보를 내포하고 있다. 여론조사를 시행할 때의 표본크기를 알 수 있고, 표본을 선택할 때 무작위 과정이 사용되었음을 또한 알 수 있다.

아파트 생활

대학도시에서의 아파트 생활에 관한 보고서를 작성하려 한다. 거주민들과 깊이 있는 인터뷰를 하기 위해서 무작위로 네 개의 아파트 단지를 선택하기로 하였다. 소프트웨어 또는 표 B를 사용하여 다음과 같은 아파트 단지로부터 네 개의 단순 무작위 표본을 선택하였다. 표 B를 사용한다면　　라인 133에서 시작하시오.

Ashley Oaks	Country View	Mayfair Village
Bay Pointe	Country Villa	Nobb Hill
Beau Jardin	Crestview	Pemberly Courts
Bluffs	Del-Lynn	Peppermill
Brandon Place	Fairington	Pheasant Run
Briarwood	Fairway Knolls	River Walk
Brownstone	Fowler	Sagamore Ridge
Burberry Place	Franklin Park	Salem Courthouse
Cambridge	Georgetown	Village Square

복습문제 7.4

소수민족 출신의 경영자

어떤 기업은 경영자의 직무수행 평가제도에 관해서 소수민족 출신 경영자들의 태도를 알아보고자 한다. 다음은 해당 기업의 소수민족 출신 경영자들의 목록이다. 소프트웨어 또는 표 B의 라인 127을 사용하여 직무수행 평가제도에 관해 세부적으로 인터뷰할 세 명을 다음에서 고르시오.

Adelaja	Draguljic	Huo	Modur
Ahmadiani	Fernandez	Ippolito	Rettiganti
Barnes	Fox	Jiang	Rodriguez
Bonds	Gao	Jung	Sanchez
Burke	Gemayel	Mani	Sgambellone
Deis	Gupta	Mazzeo	Yajima

복습문제 7.5

비석의 표본추출

미국 일리노이주 콜스 카운티에 있는 지역 가계족보 연구회는 1825년부터 1985년까지 해당 지역의 묘지에 있는 55,914개의 비석에 대해 기록을 하였다. 역사학자들은 이 기록들을 사용하여 콜스 카운티의 역사에서 아프리카계 미국인들에 관해 알아보고자 한다. 이들은 먼저 395개 기록의 단순 무작위 표본을 뽑아서 실제로 비석을 찾아보고 그 정확성을 점검하려 한다.

(a) 55,914개 기록을 어떻게 분류표기할 것인가?

(b) 라인 141에서 시작하는 표 B를 사용하여 단순 무작위 표본에 해당하는 처음 여섯 개 기록을 고르시오.

7.4　표본에서 도출한 추론에 대한 신뢰성

표본의 목적은 더 큰 모집단에 관한 정보를 제공하는 것이다. 표본 데이터에 기초하여 모집단에 관한 결론을 도출하는 과정을 **추론**(inference)이라고 한다. 왜냐하면 표본에 관해 알고 있는 것으로부터 모집단에 관한 정보를 추론하기 때문이다.

편의 표본 또는 자발적인 응답 표본으로부터 하는 추론은 표본을 선택하는 방법이 편향되었기 때문에 오도될 수 있다. 우리는 표본이 모집단을 공정하게 대표하지 못한다고 거의 확신한다. 무작위 표본추출에 의존하는 첫 번째 이유는 가용할 수 있는 개체들의 목록으로부터 표본을 선택할 때 편의를 제거할 수 있기 때문이다.

그럼에도 불구하고 무작위 표본으로부터의 결론은 전체 모집단에 대한 결론과 정확히 일치하지 않을 수 있다. 미국의 월간 현재인구조사로부터 구한 실업률처럼 표본 결과는 모집단에 대한 사실의 추정값에 불과하다. 동일한 모집단으로부터 무작위적으로 복수 표본을 선택할 경우, 거의 확실하게 상이한 개체들을 고르게 된다. 따라서 표본 결과는 단지 우연히 다소 차이가 난다. 적절하게 설계된 표본은 체계적인 편의를 피할 수는 있지만, 그 결과가 정확하게 옳은 경우는 거의 없으며 표본에 따라 달라진다.

무작위 표본을 신뢰할 수 있는 이유는 무엇 때문인가? 근본적인 이유는 무작위 표본추출에 기초한 결과가 표본에 따라 자기 멋대로 변화하지 않는다는 데 있다. 선택하는 기회를 신중하게 사용하기 때문에, 그 결과는 기회의 행태를 결정짓는 확률 법칙을 준수하게 된다. 이 법칙으로 인해 표본에 따른 결과가 모집단에 관한 사실에 얼마나 근접하는지 알 수 있다. 무작위 **표본추출을 사용하는 두 번째 이유는 확률 법칙으로 인해서 모집단에 관해 신뢰할 만한 추론을 할 수 있다는 점이다.** 무작위 표본에 기초한 결과는 발생할 수 있는 오차 규모의 경계를 설정한 오차범위를 갖는다. 이것을 어떻게 처리하느냐는 통계적 추론에 관한 기법의 일부이다. 앞으로 추론과 그 세부적인 사항을 살펴볼 것이다.

다음과 같은 점을 밝혀 둘 필요가 있다. 무작위 표본이 크면 더 작은 무작위 표본보다는 더 정확한 결과를 얻을 수 있다. 매우 큰 표본을 취하게 되면 표본 결과가 모집단에 관한 사실에 매우 근접한다고 신뢰할 수 있다. 미국에서 현재인구조사의 경우 약 60,000가구와 접촉을 하므로 전국 실업률을 매우 정확하게 추정할 수 있다. 1,000명 또는 1,500명과 접촉한 여론조사로는 덜 정확한 결과를 얻게 된다.

표본크기가 더 커지면 언제나 결과가 더 정확해진다는 생각은 일반적인 오해이다. 2019년 7월 미국 민주당 대선후보 토론 이후에 뉴저지주에서 실시된 온라인 여론조사에 따르면, 여론조사 13,468표 중 53%를 처지한 버니 샌더스 후보가 토론에서 승리하였다고 보았다. 하지만 무작위 표본인 807명의 민주당 유권자에 대한 퀴니피액대학교 여론조사에 따르면, 단지 8%만이 샌더스 후보를 승자로 보았다. 다른 여론조사들도 유사한 결과를 발표하였다.

조사 결과를 볼 때 표본크기가 크기 때문에 조사가 정확하다고 가정하지 말아야 한다. 표본이 어떻게 선택되었는지에 보다 많은 주의를 기울여야 한다. 표본이 아무리 크더라도, 편의가 발생하는 표본추출 기법을 사용할 경우 계속해서 편의가 있는 결과를 얻게 된다.

복습문제 7.6

보다 많은 사람들에게 물어보자

2016년 대선 예비선거 여론조사에서 ABC 뉴스/워싱턴포스트는 2016년 10월 10일부터 13일까지 유권자 740명을 표본으로 추출하여 클린턴에게 투표할지 여부를 물어보았다. 그리고 나서 2016년 10월 22일부터 25일까지 표본추출한 유권자 1,135명에게 동일한 질문을 하였다. 하지만 2016년 11월 8일에 실시되는 대선 직전인 2016년 11월 3일부터 6까지 실시된 최종 여론조사에서는 유권자 2,220명을 표본으로 추출하여 동일한 질문을 하였다. ABC 뉴스/워싱턴포스트가 이렇게 한 이유는 무엇 때문인가?

7.5 다른 표본추출 설계

넓은 영역에 걸쳐서 퍼져 있는 대규모 모집단으로부터의 무작위 표본추출에 대한 설계는 통상적으로 단순 무작위 표본의 경우보다 더 복잡하다. 예를 들면 모집단 내에서의 중요한 그룹들을 별개로 표본추출하고 나서 이 표본들을 혼합하는 것이 일반적이다. 이것이 **층화된 무작위 표본**의 기본 생각이다.

층화된 무작위 표본

층화된 무작위 표본(stratified random sample)을 수집하려면 우선 모집단을 **층**(stratum)이라고 하는 유사한 개체들의 그룹으로 분류하여야 한다. 각 층에서 별개의 단순 무작위 표본을 선택하고 이 단순 무작위 표본들을 혼합하여 완전한 표본을 만들어야 한다.

표본을 추출하기 전에 알려진 사실에 기초하여 층을 선택하여야 한다. 예를 들면 선거구 주민들은 도시지역 층, 교외지역 층, 농촌지역 층으로 구분될 수 있다. 동일한 층에 속한 개체들이 서로 유사하다는 사실을 이용함으로써 층화된 설계는 보다 정확한 정보를 만들어 낼 수 있다.

정리문제 7.6

알래스카에서의 자동차 안전벨트 착용

미국의 각 주들은 연방정부가 설정한 지침에 따라 운전자들의 안전벨트 착용에 관해 매년 조사를 하고 있다. 지침에 따르면 무작위 표본추출을 하여야 한다. 안전벨트 착용은 임의적인 낮 시간에 무작위적으로 선택한 도로의 지점에서 관찰된다.

　알래스카주에서 시행된 조사의 경우, 장소는 이 주의 모든 장소에서 뽑은 단순 무작위 표본이 아니며, 이 주의 자치구를 층으로 사용한 층화된 표본이다. 자동차 안전벨트 조사 표본은 5개 자치구(층)에서 무작위로 선택한 도로 지점 256개로 구성된다. 이곳들은 2005년부터 2009년까지 자동차 충돌로 인한 사망자들의 85%를 차지한 곳들로서 앵커리지에서 무작위 표본 112곳, 마타누스카-수시트나에서 무작위 표본 56곳, 페어뱅크스 노스 스타에서 무작위 표본 40곳, 케나이 반도에서 무작위 표본 24곳, 주노에서 무작위 표본 24곳을 선택하였다. 자치구의 표본크기는 자치구 인구에 비례한다.

　가장 대규모의 표본조사는 **다단계 표본**(multistage sample)을 사용한다. 예를 들면 정리문제 7.5에서 살펴본 여론조사는 세 가지 단계를 거쳤다. 즉, (지역별로 층화된) 전화교환국들의 무작위 표본을 추출한다. 그리고 나서 각 전화교환국들 내에서 가계들의 전화번호에 대한 단순 무작위 표본을 수집한다. 또다시 각 가계의 성인을 무작위로 선택한다.

　단순 무작위 표본보다 더 복잡한 표본추출 설계를 통해 구한 데이터의 분석은 기초통계학의 범위를 벗어난다. 하지만 단순 무작위 표본은 보다 정교한 설계를 하기 위한 건물의 벽돌과 같다. 다른 설계를 통한 분석은 기본 개념에서라기보다 세부적인 복잡한 면에서 더 차이가 난다.

복습문제 7.7

대도시 시카고에서의 표본추출

(캘리포니아주 로스앤젤레스 카운티의 뒤를 이어) 일리노이주 쿡 카운티에는 미국에서 두 번째로 많은 인구가 거주하고 있다. 쿡 카운티는 30개의 교외 타운십(미국 정부의 측량단위로, 6평방마일 사방의 땅을 이른다)과 시카고시를 구성하는 추가적인 8개의 타운십을 갖고 있다. 교외 타운십은 다음과 같다.

Barrington	Elk Grove	Maine	Orland	Riverside
Berwyn	Evanston	New Trier	Palatine	Schaumburg
Bloom	Hanover	Niles	Palos	Stickney
Bremen	Lemont	Northfield	Proviso	Thornton
Calumet	Leyden	Norwood Park	Rich	Wheeling
Cicero	Lyons	Oak Park	River Forest	Worth

시카고 타운십은 다음과 같다.

Hyde Park	Lake	North Chicago	South Chicago
Jefferson	Lake View	Rogers Park	West Chicago

도시와 교외지역은 다를 수 있기 때문에 다단계 표본의 첫 번째 단계는 4개 교외 타운십과 보다 인구가 밀집된 2개 시카고 타운십의 층화된 표본을 구하는 것이다. 소프트웨어 또는 표 B를 사용하여 이 표본을 구하시오. (표 B를 사용한다면 알파벳 순서로 분류표기를 하고 교외 타운십의 경우 라인 118에서 시작하며 시카고 타운십의 경우 라인 127에서 시작한다.)

복습문제 7.8

학술적 부정행위

대학생들의 학술적 부정행위에 대해 알아보기 위해서 2단계 표본추출 설계를 사용하였다. 첫 번째 단계는 30개 대학의 표본을 구하는 것이다. 그리고 나서 연구자들은 각 대학에서 200명의 4학년생, 100명의 3학년생, 100명의 2학년생으로 구성된 층화된 표본에 설문지를 발송하였다. 선택된 대학들 중 하나에는 1,127명의 1학년생, 989명의 2학년생, 943명의 3학년생, 895명의 4학년생이 있다. 각 학년별로 알파벳 순서의 학생 목록을 갖고 있다. 층화된 표본추출을 하기 위해서 분류표기를 어떻게 할지 설명하시오. 소프트웨어 또는 라인 138에서 출발하는 표 B를 사용하여 각 층으로부터 표본에서 처음 네 명의 학생을 선택하시오. 한 층에서 네 명의 학생을 선택한 후 다음 층에 대해 계속해서 학생들을 선택하시오. 표 B를 사용하는 경우, 다음 층에 있는 학생들을 선택하려면 중단한 표에서 계속하시오.

7.6 표본조사에 관한 주의사항

무작위 선택을 할 경우, 모집단의 목록으로부터 표본을 선택하는 데 수반되는 편의를 제거할 수 있다. 하지만 모집단이 사람들로 구성된 경우, 표본으로부터 정확한 정보를 얻으려면 좋은 표본추출 설계 이상의 것이 필요하다.

우선, 우리는 정확하고 완벽한 모집단 목록이 필요하다. 이런 목록은 거의 사용할 수 없기 때문에 대부분의 표본은 과소적용되는 정도에 따라 문제가 발생한다. 예를 들어, 가계에 대한 표본조사를 할 경우 노숙자뿐만 아니라 재소자와 기숙사에 거주하는 학생들도 포함되지 않는다. 전화번호에 전화를 걸어서 시행하는 여론조사의 경우, 전화가 없는 가계뿐만 아니라 휴대전화만 갖고 있는 가계도 제외된다. 포함되지 않은 사람들과 모집단의 나머지 부분이 상이한 경우, 전국표본조사의 결과는 편의를 갖게 된다.

대부분의 표본조사에서 편의가 발생하는 가장 큰 이유는 무응답이며, 이는 선택한 사람과 접촉할 수 없거나 또는 협조를 거부할 경우에 발생한다. 면밀한 계획을 세우고 몇 차례 면담을 시도하더라도 표본조사에 대해 응답을 하지 않는 경우가 50%를 초과한다. 무응답이 도시지역에서 더 높기 때문에, 최종 표본이 농촌지역으로 치우치는 것을 피하기 위해서 대부분의 표본조사는 무응답자를 동일 지역에 있는 다른 사람으로 대체한다. 접촉한 사람이 집에 거의 있지 않은 사람과 다르거나 또는 물음에 답변하지 않은 사람과 다른 경우, 편의가 계속 남아 있게 된다.

과소적용 및 무응답

과소적용(undercoverage)은 모집단 내 일부 그룹이 표본을 선택하는 과정으로부터 배제된 경우에 발생한다. **무응답**(nonresponse)은 어떤 표본에 뽑힌 사람을 접촉할 수 없거나 또는 그 사람이 참여하기를 거절하는 경우에 발생한다.

정리문제 7.7

무응답은 얼마나 나쁜가?

미국 센서스국에서 시행하는 미국지역조사는 알고 있는 여론조사 중에서 무응답 비율이 가장 낮다. 2018년 표본에 선택된 가계 중에서 약 8.0%만이 응답을 하지 않았다. '집에 결코 있지 않거나' 다른 이유를 포함해서 전체 무응답 비율이 3.3%에 불과하였다. 약 30만 가구에 대해 시행되는 월간 조사가 매 10년마다 시행되는 전국 센서스에서 일부 가계들에게 과거에 보내졌던 '장문의 설문지'를 대신하게 되었다. 미국지역조사에 대한 참여는 의무적이고, 미국 센서스국은 전화로 조사를 하며 그러고 나서 어떤 가계가 우편 설문지에 회답하지 않을 경우 개인적으로 접촉한다.

시카고대학교의 종합사회조사는 미국에서 가장 중요한 사회과학조사이다(그림 7.2 참조). 종합사회조사는 표본과 개인적으로 접촉하며 대학에 의해 시행된다. 2016년 응답률은 61.3%이었으며, 세계에서 가

그림 7.2

미국 시카고대학교 전국여론조사센터의 종합사회조사에 대한 홈페이지이다. 종합사회조사는 1972년 이래로 폭넓게 다양한 문제에 관한 여론을 추적하였다.

장 높은 응답률 그룹에 속하였다.

　뉴스 매체 및 여론조사 회사가 시행하는 여론조사는 어떠한가? 이들이 무응답 비율은 언급하지 않기 때문에 우리는 이에 대해 알지 못한다. 하지만 그 자체만으로도 좋지 않은 신호이다. 2014년 1월에 실시된 일반서적 독자들과 전자서적 독자들에 대한 조사에서, 퓨 리서치 센터는 표본추출된 전화번호들의 처리 상황을 공개하였다. 세부적인 내용은 다음과 같다. 최초에 26,388개 유선전화 번호와 16,000개 무선전화 번호에 전화를 걸었으며, 유선전화 번호 중 7,767개 그리고 무선전화 번호 중 9,654개가 작동 중이었다. 이런 작동하는 전화번호 중에서 퓨 리서치 센터는 3,839개 유선전화 번호 그리고 4,747개 무선전화 번호와 교신할 수 있었으며, 이는 각각 작동 중인 전화번호의 약 50%에 해당한다. 시도했던 통화의 많은 부분은 음성메시지로 보내졌다. 통화한 전화번호들 중에서, 유선전화 번호의 13.6% 그리고 무선전화 번호의 18.6%가 협조를 하였다. 이런 협조적인 전화번호들 중에서, 일부 번호는 언어장벽 또는 어린이 휴대전화와의 통화로 인해서 적당하지 않았다. 일부 통화는 끝내지 못하고 도중에 끊어졌다. 요컨대, 전화번호를 돌린 작동하는 번호 17,421개 중에서 최종적인 표본추출은 유선전화 번호 500개 그리고 무선전화 번호 505개이었다. 유선전화 번호의 경우 응답률이 약 6%이며, 무선전화 번호의 경우 약 5%이다. 이는 궁극적으로 인터뷰를 했던 표본의 적격한 응답자 비율이다. 인터뷰를 하지 않은 사람들이 인터뷰를 한 사람들과 체계적으로 상이한지 여부를 알지 못한다. 이들 두 그룹이 유사할 것 같지는 않으며, 유사하다는 증거가 없다. 유사하지 않다면 편의(아마도 상당한 편의)가 존재하여서, 일반적으로 모집단에 대해 무엇이 진실인지 나타내는 지표로서 결과를 신뢰할 수 없게 한다. 개인적인 결정이나 공공정책 결정이 이런 결과에 기초한 경우라면 불행한 일이다.

　이 밖에 응답자 또는 면접자의 태도에 따라서도 표본조사 결과에서 **응답편의**가 발생할 수 있다. 예를 들면, 투표는 수고스럽더라도 해야만 한다고 사람들은 알고 있다. 따라서 지난번 선거에서 투표를 하지 않았던 많은 사람들이 면접자에게 투표를 했다고 말하게 된다. 면접자의 인종 또는 성별은 인종관계에 관한 질문이나 여권신장론에 관한 질문에 대한 응답에 영향을 미칠 수 있다. 응답자들에게 지난 일을 생각하게 하는 질문에 대한 답변은 잘못된 기억으로 인해 종종 부정확해진다. 예를 들면, 많은 사람들이 과거의 일을 최근 시점으로 기억상 앞당겨 끼워 넣게 된다. "지난 6개월 동안 치과를 방문해 본 적이 있습니까?"라고 질문할 경우 8개월 전에 치과를 방문한 사람들도 종종 "네."라고 대답한다. 면접자에 대한 세심한 훈련과 면접자들 사이의 변동을 피하기 위한 주의 깊은 감독이 응답편의를 낮출 수 있다. 훌륭한 면접 기술이 표본조사가 성공하기 위한 또 다른 측면이다.

응답편의

응답편의(response bias)는 조사 응답자가 고의로 또는 실수로 인해 거짓으로 대답한 경우 발생한다.

편의에 관한 논의를 할 경우, 여론조사를 하면서 편의가 발생할 수 있는 두 가지 방법을 구별하는 것이 중요하다. 자발적인 표본추출 또는 과소적용을 통해 표본을 선택하는 데서 편의가 발생할 수 있다. 하지만 잘 선택된 표본에서조차도 질문에 대한 무응답이나 거짓 답변으로 인해 편의가 발생하기도 한다. 자발적인 표본추출과 무응답을 혼동해서는 안 된다. 자발적인 표본추출은 표본의 선택과 관련되지만, 무응답은 표본이 선택된 후에 응답하지 않는 참여자들에 의해 이루어진 선택과 관련된다.

문구효과(wording effect)는 표본조사에 대한 답변에 가장 중요한 영향을 미친다. 혼동시키거나 또는 사람을 선도하는 설문은 강한 편의를 발생시킬 수 있으며, 문구의 변화로 인해 조사 결과가 크게 변화될 수 있다. 설문의 순서까지도 중요하다. 다음의 예를 살펴보도록 하자.

정리문제 7.8

설문이 무엇이었는가?

이민 강제수용소의 환경에 관해 미국인들은 어떻게 느끼는가? "이민 강제수용소의 환경이 심각한 문제라고 생각하십니까? 그렇지 않다고 생각하십니까?" 여론조사에서 이 질문을 하였을 때, 공화당원 중 42%가 심각한 문제라고 말하였다. 하지만 매우 동일한 표본에게 "이민 강제수용소의 상황이 비인간적이라고 생각하십니까? 그렇지 않다고 생각하십니까?"라고 물었을 때 공화당원 중 13%만이 환경이 비인간적이라고 말하였다. 상이한 질문이 이민 강제수용소의 환경에 대한 태도에 매우 상이한 느낌을 주게 된다.

동성애자 대통령을 선출하는 것에 대해 어떻게 생각하는가? 36%만이 "우리들은(미국인들은)" 동성애자 대통령을 선출할 준비가 되어 있다고 생각한다. 하지만 70%는 자신들은 개인적으로만 동성애자 대통령을 선출하는 것을 받아들일 수 있다고 말한다.

정리문제 7.9

당신은 행복하십니까?

대학생들로 구성된 표본에게 다음과 같은 두 가지 질문을 하였다.

"당신의 인생은 대체로 얼마나 행복하십니까?" (1부터 5까지의 척도로 대답하시오.)
"지난달에 이성과 얼마나 많은 데이트를 하였습니까?"

위와 같은 순서대로 물었을 때, 데이트와 행복은 연관되지 않거나 또는 데이트는 행복과 거의 관계가 없는 것처럼 보인다. 하지만 질문의 순서를 바꿀 경우, 답변들 사이에 강한 연관성이 있다. 즉, 더 큰 행복은 더 많은 데이트와 연관된다. 데이트하는 것을 생각나게 하는 질문을 할 경우, 이것은 데이트의 성공을 행복의 큰 요인으로 만들게 된다.

응답자에게 던져진 정확한 설문을 읽을 때까지, 표본조사의 결과를 신뢰하지 마시오. 무응답의 규모와 조사 일자도 또한 중요하다. 좋은 통계적 설계는 신뢰할 만한 조사의 일부가 된다. 하지만 단지 일부일 뿐이다.

복습문제 7.9

의사 10만 명을 대상으로 한 조사

2010년 미국 의사협회는 의료개혁에 대한 의사들의 입장에 관해 조사를 하였다. 그러면서 보고서는 '의사 10만 명을 대상으로 한 조사'라고 하였다. 이 조사를 시행하면서 미국에서 개업하고 있는 무작위로 뽑은 10만 명의 의사들에게 설문지를 보냈다. 우편을 통해 4만 명 그리고 이메일을 통해 6만 명에게 보내졌다. 완료된 설문 총 2,379개를 받았다.

(a) 이 조사에서 표본추출이 이루어진 모집단은 무엇이고,

표본크기는 무엇인지 주의 깊게 말하시오. 미국에서 개업하고 있는 모든 의사들에 대해서 이 연구로부터 결론을 도출할 수 있는가?

(b) 이 조사에서 무응답의 비율은 얼마인가? 이것은 조사 결과의 신뢰성에 어떤 영향을 미치는가?

(c) 보고서를 '의사 10만 명을 대상으로 한 조사'라고 할 경우, 오해의 소지가 발생할 이유는 무엇 때문인가?

7.7 기술이 미치는 영향

미국의 경우 종합사회조사, 미국지역조사, 현재인구조사를 포함하는 몇 개의 전국표본조사는 관련 국민의 일부 또는 전부를 개인적으로 인터뷰하며 시행된다. 이런 방법은 비용이 많이 소요되며 시간이 많이 소요되므로, 대부분의 전국조사는 정리문제 7.5에서 살펴본 것처럼 무작위 숫자로 전화 거는 방법을 이용하여 전화로 관련자와 접촉한다. 기술, 특히 휴대전화가 보급됨에 따라, 이런 전통적인 무작위 숫자로 전화 거는 방법은 시대에 뒤떨어진 방법이 되었다.

먼저 **통화선별기**가 이제는 일반화되었다. 대부분의 미국 가계는 전화 자동응답기, 보이스 메일, 발신자 번호 표시서비스를 이용하고 있으며 이를 통해 전화를 선별할 수 있게 되었다. 여론조사기관에서 걸려온 전화에 대해 거의 응답하지 않는다.

보다 큰 문제는 **휴대전화만을 사용**하는 가계의 수가 급속하게 증가한다는 사실이다. 2009년 말까지 무선 휴대전화는 사용하지만 통상적인 유선 전화기를 사용하지 않는 미국 가계가 25%였으나, 2014년 말까지 이 비율은 45%로 증가하였으며, 2017년 중반까지 53.9%에 달하였다. 이들 숫자에서 알 수 있듯이 유선전화 번호만을 사용하여 무작위 숫자로 전화 거는 방법은 분명히 문제가 있다. 그렇다면 무선전화 번호를 여론조사할 때 추가만 하면 되는가? 그렇게 간단한 문제가 아니다. 미국 연방 규정은 무선 휴대전화에 자동적으로 전화 거는 방법을 금지하고 있다. 이로 인해 무선 휴대전화의 번호에 컴퓨터화된 무작위 숫자로 전화 거는 방법은 배제되며 손으로 직접 걸어야 한다. 이렇게 되면 비용이 많이 발생한다. 무선 휴대전화는 어디서나 사용이 가능하며, 많은 사람들

이 다른 지역으로 이전하더라도 계속 그 번호를 유지한다. 따라서 지역별로 계층화하는 작업이 어렵다. 또한 무선 휴대전화 사용자는 운전을 하거나 또는 다른 이유로 인해 안전하게 통화하지 못할 수 있다.

통화를 선별하는 사람들과 무선 휴대전화만을 갖고 있는 사람들은 일반인들보다 연령이 젊은 경향이 있다. 미국의 경우 2017년 중반까지 연령이 25세부터 29세까지인 성인의 73.3%가 유선 전화가 없는 가계에서 살았다. 따라서 유선 전화만을 사용하여 무작위 숫자로 전화를 거는 조사는 편의가 발생할 수 있다. 주의 깊게 시행되는 조사는 편의를 낮추기 위해서 응답에 가중치를 준다. 예를 들어 표본에 연령이 젊은 성인들이 너무 적게 포함된 경우, 참여한 젊은 성인들의 응답에 추가적인 가중치를 부여한다. 일반 모집단에서 젊은 성인들이 차지하는 비율에 기초하여 1보다 더 큰 숫자를 응답한 수에 곱하여 이 작업을 할 수 있다.

하지만 응답률은 계속해서 하락하고 무선 휴대전화만을 사용하는 인구가 계속해서 증가함에 따라, 유선전화를 사용하여 무작위 숫자로 전화를 거는 조사 방법의 장래는 밝지 않다. 많은 여론조사기관들은 이제 편의를 조정하기 위해서 자신들의 표본에 무선 휴대전화 사용자들의 최소 할당량을 포함시킨다.

다른 방법은 전화를 이용한 설문조사가 아니라, 점점 더 인기를 얻고 있는 조사 방법인 웹을 이용한 설문조사를 하는 것이다. 이런 웹을 이용한 설문조사는 보다 전통적인 조사 방법에 비해 몇 가지 이점이 있다. 전통적인 방법보다 더 저렴한 비용으로 많은 양의 조사 데이터를 수집하는 것이 가능하다. 모든 사람이 무료서비스를 제공하는 전용 사이트에 설문조사를 올려놓을 수 있다. 따라서 대규모 데이터 수집이 인터넷에 접근할 수 있는 거의 모든 사람들에게 가능해졌다. 나아가 웹을 이용한 설문조사는 응답자들에게 멀티미디어 조사 콘텐츠를 전달할 수 있게 해 준다. 이를 통해 전통적인 방법을 사용하여서는 실행하기 극히 어려울 수도 있었던 조사의 새로운 영역을 열 수 있다. 일부 사람들에 따르면 웹을 이용한 조사가 궁극적으로는 전통적인 조사 방법을 대체하게 될 것이라고 한다.

웹을 이용한 설문조사는 수행하기 용이하지만, 잘 수행하기란 쉽지 않다. 세 가지 중대한 문제점은 자발적인 응답, 과소적용, 무응답이다. 자발적인 응답은 온라인 설문조사에서 몇 가지 형태로 나타난다. 정리문제 7.3은 여론조사에 참여하도록 개인들을 특정 웹사이트로 초대하는 방식이다. 다른 웹 설문조사들은 온라인 토론 그룹, 이메일 초대장, 접속량이 많은 사이트의 배너 광고를 통해 참여를 요청한다.

정리문제 7.10

새학기 준비물 쇼핑

금융 회사인 널드월렛사에 따르면 자신들이 원하는 새학기 준비물을 구매하려는 자녀들로 인해 부모들의 52%가 압박감을 느낀다고 한다. 이들 준비물에는 부모들이 통상적으로 지출하고자 하는 것보다 비용이 더 많이 든다. 널드월렛사는 이 숫잣값을 어떻게 구할 수 있었는가? 그것은 2019년 5월 30일~6월 3일 사이에 해리스 인터랙티브에 의해 시행된 2010명의 미국 성인들에 대한 온라인 설문조사 결과이다. 이것은 자발적인 응답의 보다 정교한 예이다. 여론조사기관, 이 경우에는 해리스 인터랙티브가 자발적 참가자 명단을 갖고 있을 때 이런 현상이 나타난다. 이 참가자들은 인터넷상에서 설문지를 작성하기 위해 모집되며, 종종 현금 및 선물과 교환할 수 있는 포인트를 받게 된다. 참가자들은 여론조사 회사의 웹사이트로 가서 나중에 특정 조사를 하기 위해 자신들이 선택될 경우 사용하게 될 신상정보를 작성함으로써 참여할 수 있다. 해리스 인터랙티브는 전 세계적으로 600만 명 이상의 온라인 연구 참가자 명단을 사용하며, 널드월렛사를 위한 여론조사를 하기 위해 이들 중에서 표본을 선택하게 된다. 미국 여론연구협회는 온라인 참가자 명단에 관한 보고서에서 모집단 값을 정확히 추정하는 것이 목적인 경우 비확률적 온라인 참가자 명단(무작위 표본이 아닌 참가자 명단)을 사용하는 데 관해 경고를 한다. 이 협회는 또한 이런 종류의 표본에서 구한 표본추출 오차의 한계를 발표하지 않는 것이 좋다고 말한다. 왜냐하면 조사 결과에 대해 오해의 소지가 있기 때문이다. 널드월렛사는 자신들의 여론조사 방법론 부분에서 추정값에서의 잠재적 편의 문제를 언급하지는 않았지만 다음과 같이 말하였다. "이 온라인 설문조사는 확률적 표본에 기초하지 않았다. 따라서 이론적 표본추출 오차에 대한 추정값을 계산할 수 없다."

과소적용은 웹사이트를 이용한 세심한 여론조사에서조차도 계속 심각한 문제가 되고 있다. 왜냐하면 2019년 기준 미국인 중 약 10%가 인터넷 접속을 할 수 없으며, 약 73%만이 광대역 인터넷 접속을 할 수 있을 뿐이기 때문이다. 인터넷 접속을 할 수 없는 사람들은 전체 모집단보다 빈곤하거나, 소수인종이거나, 시골에 거주할 가능성이 더 높다. 따라서 웹사이트를 이용한 여론조사에서 편의가 발생할 잠재력이 분명히 존재한다. 웹사이트에 접속할 수 있는 사람들로부터도 무작위 표본을 선택하는 용이한 방법은 없다. 왜냐하면 무작위 숫자로 전화 거는 방법을 사용하여 주택 전화번호를 생성하는 것처럼 무작위로 개인 이메일 주소를 생성하는 기술은 존재하지 않으며, 또한 각 개인은 여러 개의 이메일 주소를 보유하고 있을 수 있기 때문이다. 그런 기술이 존재하더라도, 스팸 메일 발송을 겨냥해서 만든 규범 및 규정들로 인해 대량의 이메일 발송은 어렵다. 현재로서는 웹사이트를 이용한 여론조사는, 예를 들면 학교가 갖고 있는 학생들의 이메일 주소 목록을 사용하여 해당 대학교 학생들에 대해 조사하는 경우처럼 제한된 모집단에 대해서만 작동을 잘한다. 다음은 웹사이트를 사용한 성공적인 조사의 예이다.

정리문제 7.11

의사와 위약

위약은 환자에게 직접적인 약효는 없지만 환자들이 그럴 것이라고 기대하기 때문에 반응이 나타날 수 있는 알약과 같은 가짜 의료약이다. 개인적인 실습을 하려는 학구적인 의사들은 자신들의 환자들에게 때때로 위약을 주는가? 거의 모든 의사들은 이메일 주소를 등록해 놓고 있기 때문에, 시카고 지역에 소재하는 의과대학들의 내과 의사들에 대한 웹사이트 조사가 가능하다.

각 의사들에게 연구의 목적을 설명하고 익명을 보장해 주며 응답할 수 있도록 개별적인 웹사이트 연결을 가능케 한다는 이메일을 보냈다. 전체적으로 보면 443명의 의사들 중에서 231명이 응답하였다. 응답 비율은 이메일이 의과대학에서 팀으로 왔기 때문에 높아졌다. 결과는, 45%는 자신들이 때때로 임상에서 위약을 사용한다고 답하였다.

복습문제 7.10

무작위 숫자로 전화 걸기에 관한 추가적인 논의

2017년 중반까지 성인 중 약 53.9%가 무선 휴대전화만 있고 유선전화가 없는 가계에 거주하고 있었다. 연령이 25세부터 29세까지인 성인 중에서는 이 비율이 거의 73.3%가 되는 반면에, 65세가 넘은 성인들 중에서는 그 백분율이 단지 23.9%에 불과하다.

Steven Puetzer/Getty Images

(a) 유선전화만을 갖고 있는 성인들의 의견과 무선 휴대전화만을 갖고 있는 성인들의 의견이 상이해질 수 있도록 설문지를 작성하시오. 의견의 상이성에 대한 방향을 제시하시오.

(b) (a)에서 마련된 설문지에 관해 유선전화만을 갖고 있

는 가계에 대해서 무작위 숫자로 전화 거는 방법을 이용하여 조사가 시행되었다고 가정하자. 결과에 편의가 발생하는가? 편의의 방향은 어떠한가?

(c) 대부분의 조사는, 이제 무작위 숫자로 전화 걸기를 통해 접촉한 유선전화 표본을 무선 휴대전화 번호들에 대한 무작위 전화 걸기를 통해 접촉한 응답자들의 제2의 표본으로 보충을 한다. 유선전화 응답자들에 대해 가계 규모 및 전화기 수를 고려하여 가중치를 둔다. 반면에 무선 휴대전화 응답자들에 대해서는 무선 휴대전화로만 통화할 수 있는지 또는 유선전화로도 통화할 수 있는지 여부에 따라 가중치가 주어진다. 유선전화 표본과 무선 휴대전화 표본 둘 다를 포함하는 것이 중요한 이유를 설명하시오. 전화기의 수가 중요한 이유를 설명하시오. (힌트 : 전화기의 수가 무작위 숫자로 전화 거는 방법에 의한 표본으로 어떤 가계가 포함될 수 있는 가능성에 어떻게 영향을 미치는가?)

요약

- 표본조사는 정보를 얻고자 하는 모든 개체들의 모집단으로부터 표본을 고른다. 모집단에 대한 결론은 표본의 데이터에 기초한다. 관심이 있는 모집단과 측정하고자 하는 변수를 정확히 명시하는 것이 중요하다.

- 표본의 설계는 모집단으로부터 표본을 고르는 데 사용하는 방법을 설명한다. 무작위 표본추출 설계는 표본을

선택할 가능성을 사용한다.

- 기본적인 무작위 표본추출 설계는 단순 무작위 표본이다. 단순 무작위 표본은 일정한 규모의 모든 가능한 표본에 대해 선택될 수 있는 동일한 기회를 준다.

- 모집단의 개체들에게 명칭을 붙이고 표본을 고르기 위해서 무작위 숫자를 사용하여 단순 무작위 표본을 고르

시오.

- 층화된 무작위 표본을 고르기 위해서는 다음과 같이 한다. 모집단을 반응에 대해 중요한 측면에서 서로 유사한 개체들의 그룹인 층으로 분류한다. 그리고 나서 각 층으로부터 별개의 단순 무작위 표본을 고른다.
- 무작위 표본추출을 사용하지 않을 경우 편의 또는 표본이 모집단을 대표하는 방법 면에서 체계적인 오차가 발생한다. 응답자가 자신을 선택하는 자발적인 응답 표본의 경우 특히 대규모 편의가 발생하기 쉽다.
- 사람들을 대상으로 하는 경우, 무작위 표본인 경우라 할지라도 과소적용으로 인한 편의, 응답편의, 또는 적합하지 않은 문구로 작성된 설문으로 인한 오도된 결과를 가질 수 있다. 표본조사를 할 경우 무작위 표본추출 설계

이외에 위와 같은 잠재적인 문제들을 능숙하게 처리하여야 한다.

- 대부분의 전국적인 표본조사는 무작위적으로 거주지와 전화번호를 고르기 위해서 무작위 숫자로 전화 걸기를 통해 시행된다. 통화 선별로 인해서 이런 조사 방법에 대한 무응답이 증가하며 무선 휴대전화만을 사용하는 가계의 증대로 인한 과소적용도 증가하기 때문에, 많은 여론조사들은 편의를 조정하기 위해서 자신들의 표본에 무선 휴대전화 사용자들의 최소 할당을 포함한다. 웹사이트를 이용한 여론조사들이 보다 빈번해지고 있지만, 많은 경우 자발적인 응답, 과소적용, 무응답으로 어려움을 겪고 있다.

주요 용어

과소적용	문구효과	편의
다단계 표본	응답편의	표본
단순 무작위 표본	자발적인 응답 표본	표본조사
모집단	추론	표본추출 설계
무응답	층화된 무작위 표본	
무작위 숫자 표	편리 표본	

연습문제

1. **안전벨트 착용** 미국 텍사스주 엘패소시에서 이루어진 어떤 연구는 운전자들의 안전벨트 착용을 조사하였다. 무작위로 선택된 편의점에서 운전자들을 관찰하였다. 운전자들이 자동차에서 내린 후 안전벨트 착용에 관한 질문이 포함된 물음에 답하도록 요청하였다. 이들 중 75%는 언제나 안전벨트를 착용한다고 답하였지만 이들이 편의점 주차장에 진입했을 때는 단지 61.5%만이 안전벨트를 착용하고 있었다. 이 조사에 대한 응답에서 관찰된 편의가 발생한 이유를 설명하시오. 안전벨트 착용에 관한 대부분의 조사에서 이와 동일한 방향으로 편의가 발생할 것이라고 생각하는가?

2. **아마존 삼림의 표본추출** 삼림의 넓은 지역을 연구하기 위해서 층화된 표본이 널리 사용되고 있다. 위성 사진에 기초하여 아마존 내부

age fotostock/Superstock

의 삼림지역은 14개 형태로 구분된다. 삼림학 전문가들은 상업적으로 가장 가치가 있는 형태들, 즉 품질 1,

2, 3 수준의 충적기 극상(식물 군락 안정기) 삼림과 발육이 잘된 2류의 삼림을 연구하였다. 이들은 각 형태의 지역을 큰 구획으로 나누고, 각 형태의 구획을 무작위로 뽑아서, 각 구획 내에 가로와 세로가 20미터와 25미터인 직사각형을 설정하여 나무의 종류를 세었다. 세부적인 데이터는 다음과 같다.

삼림 형태	구획 총수	표본크기
극상 1	36	4
극상 2	72	7
극상 3	31	3
2류의 삼림	42	4

충화된 표본인 18개의 구획을 고르시오. 구획들의 분류표기를 어떻게 할지 명확하게 설명하시오. 표 B를 사용한다면 라인 112에서 시작하시오.

3. **체계적인 무작위 표본** 체계적인 무작위 표본에 따르면, 무작위로 선택된 출발점으로부터 고정된 간격으로 모집단의 명부를 살펴보게 된다. 예를 들어, 대학생들 사이의 데이트에 관한 연구를 하기 위해서, 다음과 같이 결혼하지 않은 200명 남자 대학생의 체계적 표본을 추출하기로 하였다고 하자. 9,000명의 모든 결혼하지 않은 남자 대학생 인명부를 갖고 시작해 보자. 9,000/200 = 45이므로, 인명부에 있는 처음 45명의 이름 중 무작위로 한 명을 선택하고 나서 그 후부터는 매 45번째 이름을 선택하게 된다. 예를 들어, 첫 번째 이름이 23번째 위치한다면, 체계적 표본은 23, 68, 113, 158, ···, 8978번째 위치한 이름들로 구성된다.

   ⓐ 표 B를 사용하여 200명의 인명부로부터 5명의 이름으로 이루어진 체계적 무작위 표본을 선택해 보자. 표 B의 라인 128에서 시작하자.

ⓑ 단순 무작위 표본과 마찬가지로, 체계적 표본도 모든 개체들에게 선택되는 동일한 기회를 제공한다. 이것이 참인 이유를 설명하시오. 그럼에도 불구하고 체계적 표본은 단순 무작위 표본이 아닌 이유도 주의 깊게 설명하시오.

4. **여론조사 설문을 작성하기** 다음과 같은 각 문구가 표본 여론조사 설문으로서 어떠한지 논의하시오. 설문이 충분히 분명한가? 바라는 응답이 나오도록 왜곡되지 않았는가?

   ⓐ "기후변화로 인한 위협이 증가하고 있다는 점에서, 화석연료에 대한 의존성을 감소시켜야만 한다. 여러분은 동의하는가 또는 동의하지 않는가?"

   ⓑ "전국적인 건강보험제도는 모든 사람에게 건강보험을 제공하고 관리비용을 낮출 수 있기 때문에, 받아들여져야 한다는 데 동의하는가?"

   ⓒ "부모들의 경제 활동 참여에 따른 음의 외부효과 그리고 부모 대신에 낮 시간 동안 아이들을 보살피는 데이케어 규모의 증가와 어린아이들의 발병률 사이를 연계시킨 소아과인 증거에 비추어 볼 때, 데이케어 프로그램에 대한 정부보조금 제공을 지지하는가?"

5. **잘못된 설문을 작성하기** 잘못된 표본조사 설문을 작성하시오.

   ⓐ 어떤 답변을 하도록 고안된 편의가 있는 설문을 작성하시오.

   ⓑ '동일한 설문'을 두 가지 다른 방법으로 표현하여 상이한 반응을 얻을 수 있도록 작성하시오.

   ⓒ 많은 사람들이 정직한 답변을 할 수 없도록 하는 설문을 작성하시오.

8

데이터 생성 : 실험

표본조사는 조사 중인 모집단을 어지럽히지 않으면서 모집단에 관한 정보를 수집하는 것을 목표로 한다. 표본조사는 관찰적 연구의 한 종류이다. 다른 관찰적 연구로는 야생동물의 행태 또는 교실에서 교사와 학생 간의 상호작용을 관찰하는 것들을 꼽을 수 있다. 이 장에서는 데이터를 생성하는 매우 다른 방법인 실험에 대한 통계적 설계에 관해서 살펴볼 것이다.

처리를 할 경우 반응이 변화하는지 여부에 대해 결론을 내려야 하는 상황에서 실험이 사용된다. 관찰적 연구와 실험을 구별하는 것이 이후에 결론을 내리는 데 중요하게 된다. 잘 설계된 실험만이 인과관계를 결론짓는 데 건실한 기초가 된다.

8.1 관찰 대 실험

관찰적인 연구와는 대조적으로 실험은 단순히 개체들을 관찰하거나 또는 질문하지 않는다. 반응을 관찰하기 위해서 적극적으로 처리를 시행한다. 실험은 예를 들면 "아스피린이 심장발작 가능성을 낮추는가?" 또는 "펩시콜라와 코카콜라 중 어느 것을 마실지 알지 못하는 상황하에서 둘 다 맛볼 경우 대부분의 대학생들이 코카콜라보다 펩시콜라를 더 선호하는가?"와 같은 질문에 대답할 수 있다.

관찰 대 실험

관찰적 연구(observational study)는 개체를 관찰하고 관심 있는 변수를 측정하지만 응답에 영향을 미치려고 하지는 않는다. 관찰적인 연구의 목적은 어떤 집단이나 상황을 설명하는 것이다. 반면에 **실험**(experiment)은 개체들의 반응을 관찰하기 위해서 이들에 대한 처리를 사려 깊게 시행한다. 실험의 목적은 이런 처리가 반응의 변화를 일으키는지 여부에 대해 알아보는 것이다.

통계적 표본에 기초한 경우라도 관찰적인 연구는 처리가 미치는 영향을 측정하는 데 불충분한 방법이다. 변화에 대한 반응을 알아보기 위해서는 실제로 변화를 주어야 한다. 연구의 목표가 원인 및 결과를 이해하는 것일 때, 실험이 충분히 설득력 있는 데이터를 얻을 수 있는 유일한 방법이다. 이런 이유로 인해 관찰과 실험을 구별하는 것은 통계학에서 가장 중요한 일 중 하나이다.

정리문제 8.1

비디오 게임을 할 경우 이것이 외과수술의 숙련도를 향상시키는가?

복강경 수술에서는 비디오 카메라와 여러 개의 얇은 기구들이 환자의 복강에 삽입된다. 외과 의사는 환자의 신체 내부에 위치한 비디오 카메라의 이미지를 이용하여 삽입된 기기를 조작함으로써 수술을 진행한다. 비디오 게임과 복강경 수술에 관련된 많은 기술들이 유사하기 때문에, 이전에 비디오 게임을 한 경험이 더 많은 외과 의사들이 복강경 수술에 필요한 기술들을 보다 용이하게 습득할지 모른다는 가설이 제기되었다.

33명의 외과 의사가 이 연구에 참여하였으며, 이들은 세 개 범주, 즉 비디오 게임을 한창 할 때 비디오 게임을 한 시간 수에 따라 결코 하지 않은 범주, 하루에 3시간 미만을 한 범주, 하루에 3시간을 초과하여 한 범주로 분류하였다. 더 많은 비디오 게임을 했다고 말한 사람들이 복강경 수술 숙련도를 측정하는 모의훈련장비 프로그램에서 더 잘한 것으로 밝혀졌다. 하지만 저자들은 결론을 내리면서 다음과 같이 정확하게 지적하고 있다. "이것은 상관적(관찰적) 연구이다. 따라서 인과관계가 명백하게 결정될 수는 없다."

해당 데이터가 이전에 비디오 게임을 한 경험과 모의훈련장비 프로그램에서 성취한 향상된 점수 사이에 명백한 연관성이 존재한다는 사실을 보여 주기는 하였지만, 보다 많은 비디오 게임을 하는 것이 모의훈련장비 프로그램에서의 점수를 향상시킨다고 결론 내릴 수 없다. 비디오 게임을 더 많이 하는 사람들은 관심사항과 비디오 게임을 하는 데 필요한 타고난 숙련도 양 측면에서 게임을 하지 않는 사람들과 다를 수 있다. 비디오 게임을 보다 많이 하는 사람들은, 예를 들면 비디오 게임과 복강경 수술 둘 다에서 요구되는 정교한 운동능력, 눈과 손의 조정능력, 심도 있는 인지력 측면에서 더 많은 능력을 갖고 있기 때문에 더 높은 점수를 받았을 수 있다. 비디오 게임을 하는 사람들은 게임을 하기 전부터 이런 면에서 보다 많은 능력을 갖고 있을 수 있다.

비디오 게임을 하는 것이 실제로 복강경 수술 숙련도를 향상시키는지 여부에 관한 문제를 해결해 줄 수 있는 실험을 쉽게 생각해 볼 수 있다. 무작위로 선택한 외과 의사 그룹의 절반을 '처리군'으로 보고, 나머지 절반을 '대조군'으로 본다. 처리군은 비디오 게임을 여러 주 동안 정기적으로 하도록 하며, 대조군은 비디오 게임을 삼가도록 한다. 이 실험은 비디오 게임을 하는 데 따른 효과를 분리한다.

정리문제 8.1의 요점은 스스로 비디오 게임을 몇 시간 할 것인지 선택한 사람들을 관찰하는 것과 어떤 사람들은 비디오 게임을 하고 다른 사람들은 삼가도록 요구하는 실험 사이에 대조를 해 보는 것이다. 단순히 사람들의 비디오 게임 선택만을 관찰할 경우, 비디오 게임을 더 많이 하기로 선택하는 데 따른 효과는 더 많이 하기로 선택한 사람들의 특성과 혼합되어 있다. 이런 특성은 설명변수와 반응변수 사이의 진실된 관계를 알기 어렵게 하는 잠복변수이다. 그림 8.1은 이런 혼합관계를 그림으로 보여 주고 있다.

혼합된 관계

두 개 변수, 즉 설명변수 또는 잠복변수가 반응변수에 미치는 영향을 서로 구별할 수 없을 때 이들 두 변수는 구별하지 못하게 혼합되었다고 본다.

어떤 변수가 다른 변수에 미치는 영향을 관찰하는 연구는 설명변수가 잠복변수와 구별하지 못하도록 혼합되어 있기 때문에 종종 실패하게 된다. 잘 설계된 실험은 이런 혼합 상태를 방지하기 위해 조치를 취한다.

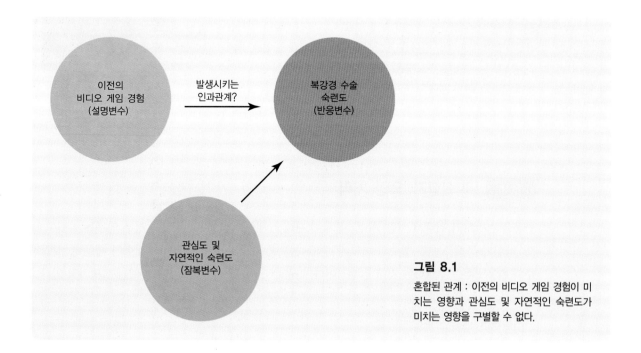

그림 8.1

혼합된 관계 : 이전의 비디오 게임 경험이 미치는 영향과 관심도 및 자연적인 숙련도가 미치는 영향을 구별할 수 없다.

글자체는 중요하다!

필요한 노력이 높을 것으로 인식되는 경우, 그것이 식사 내용을 변화시키는 것이든지 또는 일상적인 운동습관을 받아들이는 것이든지 간에 행태를 변화시키는 데 장애물이 된다. 연구자들은 40명의 학생을 20명씩 두 개 그룹으로 나누었다. 첫 번째 그룹은 읽기 편한 글자체(예를 들면 바른 글씨체, 12포인트)로 인쇄된 운동 프로그램의 지시사항을 읽는다. 두 번째 그룹은 읽기 힘든 글자체(예를 들면 흘린 글씨체, 12포인트)로 된 동일한 지시사항을 읽는다. 이들은 프로그램을 인지하는 데 몇 분이나 소요되는지(제한이 없다) 평가하고, 운동 프로그램을 일상적인 생활의 일부로 받아들일 가능성을 나타내기 위해서 7점 등급의 척도(7 = 가능성이 가장 높은 등급)를 사용하였다. 연구자들은 읽기 힘든 글자체로 인쇄된 운동 프로그램을 읽은 사람들은 인지하는 데 더 오랜 시간이 소요되며 운동 프로그램을 일상적인 생활의 일부로 받아들일 가능성이 더 적을 것이라고 가설을 세웠다. 이것은 실험인가? 그 이유는 무엇 때문인가? 설명변수와 반응변수는 무엇인가?

흡연중지와 제2형 당뇨병

연구자들은 9년 동안 10,892명의 중년 성인 그룹을 연구하였다. 이들은 흡연을 중지한 사람들이 비흡연자나 계속 흡연을 하는 사람들보다 흡연을 중지한 지 3년 이내에 제2형 당뇨병에 걸릴 위험이 더 높다는 사실을 발견하였다. 흡연중지가 당뇨병에 걸릴 단기적인 위험을 증대시킨다고 볼 수 있는가? (체중 증가는 제2형 당뇨병을 일으키는 주요 요인으로 알려져 있으며 이는 흡연을 중지하는 데 따른 부작용이라고 종종 본다. 흡연자들은 종종 건강상의 이유로 흡연을 중지한다.) 이런 연구에 기초하여 흡연을 하는 중년 성인들에게 흡연을 중지할 경우 당뇨병을

일으킬 수 있다고 말하면서 계속해서 흡연하라고 권하여야 하는가? 위의 두 가지 질문에 대해 신중히 답변하시오.

8.2 피실험자, 요인, 처리

반응을 관찰하기 위해서 사람, 동물, 물체에 대해 실제로 어떤 것을 시행할 경우 연구는 실험이 된다. 실험의 목적은 어떤 변수의 변화에 대해 다른 변수의 반응을 보여 주는 것이기 때문에, 설명변수와 반응변수를 구별하는 것이 필수적이다. 다음은 실험에 관한 기본적인 용어를 설명하고 있다.

> **피실험자, 요인, 처리**
>
> 실험에서 연구의 대상이 되는 개체를 이들이 특히 사람인 경우 **피실험자**(subject)라고 한다.
>
> 실험에서 설명변수를 보통 **요인**(factor)이라고 한다.

처리(treatment)는 피실험자에 대해 적용하는 특정의 실험조건이다. 실험이 두 가지 이상의 요인을 갖는 경우, 처리는 각 요인들의 특정 값을 결합한 것이다.

정리문제 8.2

(수양아이로) 양육 대 고아원

버려진 아이가 수양아이로 맡아 기르는 가정에서 양육될 경우 유사한 아이가 고아원에서 양육되는 경우보다 더 나은가? 부쿠레슈티 조기개입 프로젝트에 따르면 이 물음에 대한 대답은 긍정적이다. 피실험자는 출생 시 버려진 136명의 아이들로, 루마니아 부쿠레슈티시의 고아원에서 살았다. 이 아이들 중 무작위로 뽑힌 절반은 수양아이를 맡아 기르는 집에서 살았고, 나머지 절반은 고아원에서 살았다. 단 한 가지 요인, 즉 보살핌의 형태가 있으며 이것은 두 개의 값, 즉 수양아이로 양육하는 것과 고아원에서 양육하는 것이 있다. 단지 한 가지 요인이 있는 경우, 그 요인의 수준 또는 값은 처리에 해당한다. 반응변수에는 정신적 및 육체적 성장에 대한 측정값이 포함된다. (버려진 아이를 수양할 가정을 찾는 일은 루마니아에서 그 당시에 용이하지 않았다. 따라서 이 연구를 하기 위해 해당 가정에 대가를 지불하였다.)

정리문제 8.3

정책 정당화 : 실용주의적 정당화 대 도덕적 정당화

자신이 속한 조직의 정책에 대해 지도자가 하는 정당화는 해당 정책의 지지에 어떤 영향을 미치는가? 한 연구는 300명의 피실험자들로 구성된 표본을 사용하여 공공정책 및 민간정책 둘 다에 대한 도덕적 정당화, 실용주의적 정당화, 모호한 정당화를 비교하였다. 공공정책의 예로서, 피실험자들은 은퇴계획수립기관에 자금을 제공하기 위한 어떤 정치가의 제안을 읽었다. 도덕적 정당화는 "은퇴자들이 존엄하게 그리고 안락하게 사는 것이 중요하다."이며, 실용주의적 정당화는 "공공자금을 고갈시키지 않을 것이다."이고, 모호한 정당화는 "충분한 자금을 보유하고 있다."이었다. 민간정책의 경우, 직원들에게 건강한 식사를 제공하려는 최고경영자의 계획을 피실험자들이 읽었다. 도덕적 정당화는 "직원들의 복지를 향상시키는 식사제공을 증대시켜야 한다."이며, 실용주의적 정당화는 "직원들의 생산성을 향상시켜야 한다."이고, 모호한 정당화는 "현 상태를 향상시켜야 한다."이었다.

이 실험은 두 가지 요인을 갖고 있다. 세 개 값을 갖는 제안에 대해 사용되는 정당화의 형태, 그리고 두 개 값을 갖는 공공정책 대 민간정책이 그것이다. 각 요인의 각 값에 대한 여섯 개 조합이 여섯 개 처리를 구성한다. 그림 8.2는 이런 처리에 대한 배치도를 보여 주고 있다. 피실험자들은 크기가 50명인 여섯 개 그룹으로 나뉘며, 각 그룹은 한 개의 처리에 배정된다. 예를 들면, 그룹 3에 배정된 사람들은 모호한 정당화를 표현한 공공정책 문구를 읽었다. 처리조건들 중 한 개에 대한 제안을 읽은 후, 피실험자들은 공공정책에 대한 지지, 지도자의 도덕적 성격, 정책윤리성을 측정하는 물음에 답하였다. 이들이 반응변수가 된다.

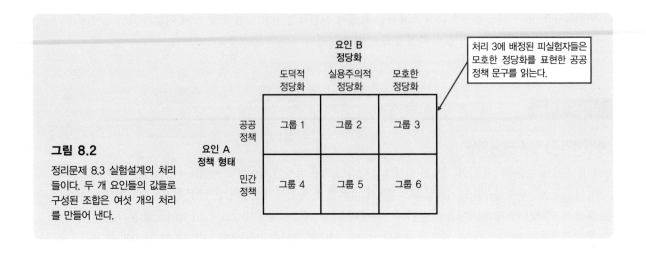

그림 8.2

정리문제 8.3 실험설계의 처리들이다. 두 개 요인들의 값들로 구성된 조합은 여섯 개의 처리를 만들어 낸다.

정리문제 8.2 및 정리문제 8.3을 통해서 관찰적 연구에 대해 실험이 갖는 장점들을 살펴보았다. 실험에서 우리는 관심 있는 특정 처리가 미치는 영향에 대해 알 수 있다. 피실험자를 처리에 할당함으로써, 구별하지 못하게 혼동되는 것을 피할 수 있다. 예를 들어 수양아이를 맡아 기르는 가정 대 고아원이 어린아이의 성장에 미치는 영향에 관한 관찰적 연구는, 보다 건강하거나 보다 민첩한 어린아이가 수양가정에서 양육되는 경향이 있기 때문에 종종 편의가 발생한다. 정리문제 8.2에서 시행된 무작위적인 할당으로 인해 편의가 제거될 수 있다. 나아가 예를 들면 정리문제 8.3에서 살펴본 특정 제안들처럼 관심의 대상이 아닌 요인들은 불변하도록 피실험자의 환경을 통제할 수 있다.

실험의 또 다른 장점은 몇 가지 요인들의 혼합된 영향을 동시에 살펴볼 수 있다는 것이다. 몇 가지 요인들의 상호작용은 각 요인의 단독적인 영향만을 살펴볼 경우 예측할 수 없었던 효과를 보여준다. 어쩌면 도덕적 정당화는 공공정책에 대한 지지를 끌어올릴 수 있지만, 민간정책에 대해서는 그렇지 않다. 정리문제 8.3의 두 가지 요인에 대한 실험은 이를 이해하는 데 도움이 된다.

복습문제 8.3

망고 숙성하기

망고는 세계 여러 곳에서 '과일의 왕'이라고 여겨진다. 망고는 일반적으로 성숙한 녹색 단계에서 수확되며, 운송, 저장 등과 같은 마케팅 과정 중에 익어 간다. 이 과정 동안 과일의 약 30%가 폐기된다. 이런 이유로 인해 수확 단계와 저장조건이 수확 후 품질에 미치는 영향에 관해 관심을 갖게 되었다. 어떤 실험에서 과일은 (꽃에서 과일로 이행되는) 결실 후 80일, 95일, 110일에 수확이 이루어졌으며, 그러고 나서 20℃, 30℃, 40℃의 온도에서 저장되었다. 각 수확시기 및 저장온도에 대해, 무작위로 선택하여 망고 표본을 구하였으며, 숙성하기까지의 시간을 측정하였다.

(a) 요인, 처리, 반응변수는 무엇인가? 그림 8.2와 같은 도표를 사용하여 요인들과 처리들을 배열하시오.

(b) 실험자는 간결하게 아홉 개의 망고나무를 선택해서, 한 개의 나무를 아홉 개의 처리 각각에 무작위로 배정

하기로 하였다. 그러고 나서 나무에 있는 모든 망고들은 동일한 처리를 받는다. 이것이 망고를 처리에 배정

하는 좋은 방법이라고 생각하는가? 여러분의 추론을 간략하게 설명하시오.

8.3 어떻게 실험을 잘못하는가

실험은 한 변수가 다른 변수에 미치는 영향을 살펴보는 데 선호되는 방법이다. 관심이 있는 특정한 처리를 부과하고 다른 영향들은 통제함으로써, 원인 및 결과를 분명히 밝힐 수 있다. 통계적 설계는 효율적인 실험을 하는 데 종종 필수적으로 요구된다. 그 이유를 알아보기 위해서, 관찰적 연구의 경우와 마찬가지로 실험도 구별하지 못하게 혼합되어서 곤란을 겪는 예를 살펴보도록 하자.

정리문제 8.4

통제되지 않은 실험

미국의 어떤 대학은 대부분의 경영대학원이 요구하는 경영대학원 입학시험(GMAT)을 학생들이 준비할 수 있도록 강좌를 정기적으로 개설하고 있다. 올해에는 온라인 강좌만을 개설하였다. 온라인 강좌를 수강한 학생들의 GMAT 평균 점수가 교실에서 개설된 강좌를 수강했던 학생들의 장기간 평균 점수보다 10% 더 높다. 온라인 강좌가 더 효과적인가?

이 실험은 매우 간단하게 설계가 되었다. 피실험자(학생)들의 한 집단은 처리(온라인 강좌)에 노출되었고, 결과(GMAT 점수)가 관찰되었다. 설계는 다음과 같다.

피실험자 → 온라인 강좌 → GMAT 점수

GMAT 강좌를 보다 면밀히 검토하면, 온라인 강좌를 수강한 학생들이 과거에 교실에서 이루어진 강좌를 수강한 학생들과 매우 상이하다는 사실을 알 수 있다. 특히 이들의 연령이 더 높고 직장생활을 할 가능성이 더 높다. 온라인 강좌는 이런 성인들에게 인기가 있으며 이들의 점수를 이전에 강좌를 수강했던 학부생들의 점수와 비교할 수 없다. 온라인 강좌는 교실에서 이루어지는 강좌보다 덜 효과적일 수도 있다. 온라인 강좌 대 교실에서 이루어진 강좌의 효과는 잠복변수로 인한 효과와 구별할 수 없게 혼합되어 있다. 이런 혼합으로 인해서 실험은 온라인 강좌에 유리하게 편의가 발생하였다.

이 실험에 대한 간단한 설계는 온라인 강좌를 수강한 학생들과 과거 교실에서 이루어진 강좌를 수강한 학생들 사이에 있을지도 모를 상이성을 통제하지 못하였다. 올해에 온라인 강좌와 교실에서 이루어지는 강좌가 둘 다 개설되었다면 상황이 달라질 것인가? 학생들이 자신들이 원하는 강좌를 선택한다면, 즉 연령이 높은 학생들이 온라인 강좌에 수강신청을 하고 보다 젊은 학생들이 교실에서 이루어지는 강좌에 수강신청을 하는 경향이 있다면, 강좌의 형태가 미치는 영향은 잠복변수인 연령과 구별할 수 없게 계속 혼합되어 있다. 이런 실험은 온라인 강좌를 수강한 학생들과 교실에서 이루어진 강좌를 수강한 학생들 사이에 있을지도 모를 상이성을 통제하는 데 다시 한번 실패하게 된다. 이런 통제되지 않은 실험에 대한 해법

은 다음 절에서 살펴볼 것이다.

많은 실험실에서 이루어지는 실험은 다음과 같이 정리문제 8.4와 같은 설계를 사용한다.

피실험자 → 처리 → 반응의 측정

무생물체를 개체로 하는 실험실의 통제된 환경에서는, 단순 설계가 자주 잘 작동된다. 현장실험과 살아 있는 피실험자에 대한 실험은 보다 가변적인 상황에 노출되며 보다 가변적인 피실험자를 다루어야 한다. 실험실 밖에서 통제되지 않은 실험을 할 경우, 잠복변수와 구별할 수 없는 혼합된 관계로 인해 종종 쓸모없는 결과를 얻게 된다.

복습문제 8.4

불행한 결혼생활, 불행한 소화기관

불행한 결혼생활이 개인의 건강에 어떤 영향을 미칠 수 있는지 알아보기 위해서, 과학자들은 최소 3년 동안 결혼생활을 유지한 24세에서 61세 사이의 건강한 부부 43쌍을 모집하였고 이들이 실험에 참가하였다. 연구원들은 부부들에게 예를 들면 금전 또는 처가 및 시댁 식구 문제와 같이 이견을 일으킬 수 있는 민감한 주제에 대해 논의하도록 요청하였고, 이들의 대화를 녹화하였다. 이들은 이런 데이터를 사용하여, 불쾌감을 나타낸다고 볼 수 있는 눈알 굴리기를 포함하여 언어적 및 비언어적 갈등 상황을 분석하였다. 이들 연구팀은 또한 논쟁하기 전 그리고 논쟁한 후에 혈액 샘플을 채취하였으며, 배우자에 대해 가장 적대적이었던 부부에서 누수성 내장의 생체표지자인 LPS 결합 단백질이 더 높은 수준이었다는 사실을 발견하였다. 부부들은 민감한 주제에 관해 논의할 때 언쟁을 하고 적대적인 행동을 하였다. 싸움으로 이어질 수 있는 분노와 불행은 심리적 또는 정신적 건강문제에 관한 징후가 될 수 있다. 이런 사실들이 원인과 결과에 관한 결론들을 신뢰하지 못하게 하는 이유를 설명하시오. 잠복변수 그리고 혼합된 관계라는 용어를 사용하여 설명하시오.

8.4　무작위 비교실험

정리문제 8.4와 같이 구별할 수 없게 혼합되어 있는 상황에 대한 해결책은 물론 일부 학생들은 교실에서 이루어지는 강좌를 수강하고 다른 유사한 학생들은 온라인 강좌를 수강하도록 하는 비교실험을 하는 것이다. **대조군**(control group)은 표준처리(처리가 전혀 아닐 수도 있다) 또는 어떤 경우에는 가짜처리를 받으며, 다른 처리군들과의 비교를 하기 위한 기초가 된다. 비록 많은 실험에서 처리들 중 한 개가 대조처리가 되지만, 비교실험의 경우에는 이것이 필요하지 않다. 정리문제 8.4에서, 비교실험은 대조처리 또는 교실수업처리를 포함하지 않고, 새롭게 개발된 두 개의 온라인 과정만을 비교할 수 있다. 대부분의 잘 설계된 실험들은 두 개 이상의 처리들(이들 중 한 개는 가짜처리이거나 또는 전혀 처리가 아닐 수 있다)을 비교한다. 실험 설계의 일부는 주요한 원칙으로 비교하면서 요인(설명변수)과 처리의 배정에 대해 설명하는 것이다.

하지만 정리문제 8.4의 끝부분에서 논의한 것처럼, 비교하는 것만으로는 신뢰할 수 있는 결과를 도출하는 데 충분하지 않다. 실험을 시작할 때 눈에 띄게 상이한 그룹들에게 처리를 하게 되면, 편의가 발생할 수 있다. 학생들에게 온라인 강좌 또는 교실에서 이루어지는 강좌를 선택할 수 있도록 허용할 경우, 연령이 더 많고 일자리를 갖고 있는 학생들은 온라인 강좌에 수강신청할 가능성이 크다. 온라인 여론조사에서 자발적인 참가자들이 결과에 편의를 발생시키는 것처럼, 개인적인 선택으로 인해 위의 경우에도 편의가 발생한다. 표본추출에서 발생하는 편의문제에 대한 해법은 무작위 선택이었으며, 실험의 경우에도 마찬가지다. 어떤 처리에 배정된 피실험자들은 가용할 수 있는 피실험자들 중에서 무작위적으로 선택하여야 한다.

무작위 비교실험

두 개 이상의 처리에 대한 비교와 처리에 대한 피실험자의 무작위적인 배정 둘 다를 사용하여 시행되는 실험을 **무작위 비교실험**(randomized comparative experiment)이라고 한다.

정리문제 8.5

교실에서 이루어지는 강좌 대 온라인 강좌

어떤 대학은 교실에서 이루어지는 강좌를 수강한 25명 학생들의 학습진척과 동일한 내용을 온라인 강좌로 수강한 25명 학생들의 학습진척을 비교하였다. 가용할 수 있는 50명의 피실험자들로부터 25명의 단순무작위 표본을 추출하여 온라인 강좌를 수강하는 학생들로 하였다. 나머지 25명은 대조군이 되며, 이들은 교실에서 이루어지는 강좌를 수강한다. 따라서 결과는 두 개 그룹이 있는 무작위 비교실험이 된다. 그림 8.3은 그림을 이용하여 설계를 개괄적으로 보여 주고 있다.

선별하는 절차는 표본추출의 경우와 동일하다.

분류표기 : 50명의 학생들에게 01부터 50까지 분류표기를 한다.

표 : 무작위 숫자 표로 가서 연속적인 두 개 숫자 그룹들을 읽어 보자. 처음 25개 분류표기는 온라인 강좌를 수강한 그룹을 구성한다. 통상적으로 했던 것처럼 반복되는 분류표기와 분류표기로 사용되지 않는 숫

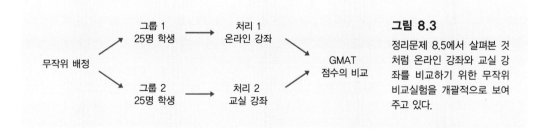

그림 8.3

정리문제 8.5에서 살펴본 것처럼 온라인 강좌와 교실 강좌를 비교하기 위한 무작위 비교실험을 개괄적으로 보여주고 있다.

자 그룹은 무시한다. 예를 들어 이 책 뒤에 있는 표 B의 라인 125에서 시작할 경우 선택된 처음 5명은 21, 49, 37, 18, 44란 분류표기를 갖는 학생들이다.

정리문제 8.5의 설계는 두 개의 처리(두 개의 교육 상황)를 비교하기 때문에 비교실험이라고 한다. 피실험자들은 처리에 우연하게 배정되기 때문에 무작위 추출이 된다. 그림 8.3에 있는 개괄적인 '흐름도'는 다음과 같은 필수적인 사항을 모두 보여 주고 있다. 즉, 무작위 추출, 집단의 크기 및 이들이 받게 되는 처리, 반응변수를 보여 주고 있다. 나중에 살펴보겠지만 일반적으로 크기가 거의 같은 처리 그룹을 사용하는 통계적 이유가 있다. 그림 8.3과 같은 설계를 완전 무작위 실험 설계라고 한다.

완전 무작위 설계

완전 무작위(completely randomized) 실험 설계에서 모든 피실험자들은 모든 처리에 무작위적으로 배정된다.

완전 무작위 설계는 어떤 숫자의 처리도 비교할 수 있다. 다음은 세 개의 처리를 비교하는 예이다.

정리문제 8.6

에너지 보존

많은 공익기업들은 자신들의 고객들이 에너지를 보존하도록 촉진하기 위해서 여러 가지 프로그램을 도입하고 있다. 전기 회사는 각 가구에 현재의 전기 사용과 이렇게 한 달 동안 사용할 경우 전기요금이 얼마가 될지 보여 주는 작은 숫자판을 설치하려고 한다. 이런 숫자판이 전기 사용을 줄일 수 있는가? 더 저렴한 방법도 거의 동등하게 작동할 수 있는가? 해당 회사는 실험을 해 보기로 결정하였다.

더 저렴한 방법은 외부에 설치된 계량기로부터 측정된 전기 사용량에 관해서 분포를 알기 쉽게 보여 주는 도표 및 정보를 제공하는 것이다. 실험은 이들 두 가지 방법(숫자판, 도표)과 또한 통제된 방법을 비교하는 것이다. 통제된 고객의 대조군은 에너지 보존에 관한 정보는 얻었지만 전기 사용을 숙고하는 것에 대해서는 어떤 도움도 받지 못한다. 반응변수는 연간 총전기사용량이다. 해당 전기 회사는 실험에 참여하고자 하는 동일한 도시에 있는 60개 가구를 찾아서, 위의 세 개 처리 각각에 20개 가구씩 무작위로 배정하였다. 그림 8.4는 이런 실험 설계를 개괄적으로 보여 주고 있다.

표 B를 사용하는 경우, 가구에 01부터 60까지의 분류표기를 한다. 표를 이용하여 숫자판을 받을 20가구의 단순 무작위 표본을 선택한다. 표 B에서 도표를 받을 20개 가구를 추가적으로 계속 선택한다. 나머지 20개 가구가 대조군을 구성한다.

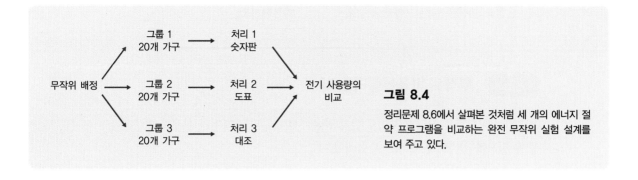

그림 8.4

정리문제 8.6에서 살펴본 것처럼 세 개의 에너지 절약 프로그램을 비교하는 완전 무작위 실험 설계를 보여 주고 있다.

정리문제 8.5 및 정리문제 8.6은 한 가지 요인의 값을 비교하는 완전 무작위 설계를 설명하고 있다. 정리문제 8.5에서 요인은 강좌의 형태이다. 정리문제 8.6에서는 에너지 보존을 촉진하는 데 사용하는 방법이다. 정리문제 8.3에서 살펴본 정책 정당화에 관한 실험은 두 가지 요인, 즉 정당화의 형태 그리고 공공정책 대 민간정책을 갖는다. 이들을 혼합하면 그림 8.2에서 살펴본 여섯 개 처리가 형성된다. 완전 무작위 설계에 의하면 피실험자들은 이들 여섯 개 처리에 무작위적으로 배정된다. 처리에 대한 배정이 일단 이루어지면, 완전 무작위 설계를 하는 데 필요한 무작위 추출은 지루하지만 간단하게 할 수 있다.

복습문제 8.5

비디오 게임을 할 경우 이것이 외과수술의 숙련도를 향상시키는가? 다른 시각

복강경 수술에서는 비디오 카메라와 여러 개의 얇은 기구들이 환자의 복강에 삽입된다. 외과 의사는 환자의 신체 내부에 위치한 비디오 카메라의 이미지를 이용하여 삽입된 기기를 조작함으로써 수술을 진행한다. 동작 감지 인터페이스를 갖춘 닌텐도 Wii가 다른 비디오 게임보다 복강경 수술에 필요한 움직임을 보다 면밀하게 재현하는 것으로 밝혀졌다. 닌텐도 Wii로 훈련할 경우 이것이 복강경 수술 숙련도를 향상시킬 수 있다면, 복강경 수술 모의훈련장비에서 하는 더 비싼 훈련을 보완할 수 있다. 42명의 전문의 수련자들이 선택되었고, 모두들 일련의 복강경 기본 숙련도에 대해 검사를 받았다. 21명을 무작위로 선택해서 하루에 한 시간씩, 일주일에 5일간, 4주 동안 체계적인 닌텐도 Wii 훈련을 받았다. 나머지 21명은 대조군이었으며, 어떤 닌텐도 Wii 훈련도 받지 않았고 동일한 기간 동안 비디오 게임을 자제하도록 요청하였다. 4주 말에 42명의 전문의 수련자 모두는 동일한 일련의 복강경 수술 숙련도에 대해 검사를 다시 한번 받았다. 모의훈련장비에서 가상의 담낭 제거 수술을 완료하는 데 소요된 시간상의 차이(이전 그리고 이후의 차이)를 측정하였다.

(a) 여기서 설명한 연구와 정리문제 8.1에서 한 연구를 비교하시오. 이들 두 연구 사이의 중요한 차이는 무엇인가? 이들 두 연구에서 상이한 비디오 게임과 복강경 수술 숙련도에 대한 상이한 측정치가 사용되었다는 사실을 무시하고, 어떤 연구가 비디오 게임을 할 경우 이것이 복강경 수술 숙련도를 향상시키는 데 도움이 된다는 더 강력한 증거를 제시하는지 그리고 그 이유는 무엇인지를 간결하게 설명하시오.

(b) 그림 8.3의 모형을 쫓아서, 이 실험에 대한 설계를 개괄적으로 설명하시오. 반응변수는 무엇인가?

(c) 라인 130에서 시작하는 표 B를 사용하여, 21명의 전문

의 수련자들을 닌텐도 훈련을 받는 그룹에 무작위로   배정하시오.

8.5   무작위 비교실험의 논리

무작위 비교실험은 처리의 차이로 인해 반응에서 관찰되는 차이가 실제로 발생한다는 증거를 제시할 수 있도록 설계된다. 논리는 다음과 같다.

- 피실험자들을 무작위적으로 배정함으로써, 처리를 시행하기 전에 모든 면에서 유사한 그룹을 구성할 수 있다.
- 무작위적으로 시행된 비교 설계는 실험적 처리 이외의 다른 영향들이 모든 그룹에 동일하게 작용한다는 사실을 확신시켜 준다.
- 따라서 평균적인 반응의 차이는 처리에서 비롯되거나 또는 피실험자를 처리에 무작위적으로 배정하는 기회에서 비롯된다.

'~ 또는 ~'이란 말에 주의를 기울일 필요가 있다. 정리문제 8.5에서 온라인 강좌에 등록한 학생들의 GMAT 평균 점수와 교실에서 이루어지는 강좌에 등록한 학생들의 GMAT 평균 점수 사이의 차이는 두 가지 형태 강좌의 효과 면에서의 차이에서 비롯된다고 단정적으로 말할 수는 없다. 두 개 그룹이 동일한 형태의 강좌를 수강하더라도, 학생들의 배경과 학습습관에서의 차이로 인해 차이가 나타날 수 있다. 우연한 기회로 인해 학생들을 어떤 그룹 또는 다른 그룹에 배정하게 되면, 이로 인해 그룹 사이에 기회의 차이가 발생할 수 있다. 예를 들어 각 그룹에 단지 한 명의 학생만을 배정하는 실험은 신뢰할 수 없다. 이런 경우 실험 결과는 어느 그룹이 운좋게 학습 배경이 더 강한 학생을 갖게 되느냐에 너무 의존하게 된다. 하지만 많은 피실험자를 각 그룹에 배정할 경우 기회가 미치는 영향력은 평균화되어서 처리 그 자체가 차이를 일으키지 않는다면 두 그룹에서 평균적인 반응에는 차이가 거의 없게 된다. '기회의 변동을 낮추기 위해서 충분한 피실험자를 사용하시오'라는 말이 통계적 실험 설계에서 세 번째 중요한 사고 논리이다.

실험 설계의 원칙

통계적 실험 설계의 기본 원칙은 다음과 같다.

1. **통제한다** : 두 개 이상의 처리를 비교함으로써, 잠복변수가 반응변수에 미치는 영향을 가장 간단하게 통제한다.
2. **무작위화한다** : 피실험자들을 처리에 배정하는 기회를 활용한다.
3. **충분한 피실험자를 사용한다** : 기회에 따른 실험 결과의 변동을 낮추기 위해, 각 그룹에서 충분한 피실험자들을 사용한다.

두 개 그룹 간 반응의 차이가 너무 커서 기회에 따른 변동만 가지고서는 이런 차이가 발생하지 않는다는 사실을 알고자 한다. 기회에 따른 변동만 있는 경우에 발생할 것으로 예상되는 것보다 처리의 효과가 더 큰지 알아보기 위해서, 기회의 행태를 설명하는 확률 법칙을 사용할 수 있다. 처리의 효과가 있는 경우, 이를 **통계적으로 유의하다**고 한다.

통계적 유의성

우연한 기회에 의해서는 거의 발생하지 못할 정도로 매우 큰 관찰된 효과가 존재하는 경우, 이를 **통계적으로 유의하다**(statistically significant)고 한다.

무작위로 시행된 비교실험에서 그룹 사이에 통계적으로 유의한 차이가 관찰되는 경우, 처리로 인해 실제로 이런 차이가 발생했다는 증거가 된다. 여러 연구 분야에서 조사 결과를 발표할 때 '통계적으로 유의하다'라는 문구를 종종 사용한다. 무작위로 시행된 비교실험의 큰 장점은, 설명변수와 반응변수 사이에 원인 및 결과의 관계가 존재한다는 증거를 보여 주는 데이터를 생성할 수 있다는 것이다. 일반적으로 볼 때, 강한 연관관계가 인과관계를 의미하지는 않는다고 한다. 잘 설계된 실험을 통해 생성된 데이터에서 통계적으로 유의한 연관관계는 인과관계를 의미한다.

복습문제 8.6

기도 및 명상

어떤 잡지에서 "예를 들면 명상 및 기도와 같은 비육체적 치료법이 통제된 과학적 연구에서 고혈압, 불면증, 궤양, 천식과 같은 질병에 효과가 있음을 보였다."라는 기사를 읽었다. 이 기사에서 '통제된 과학적 연구'가 의미하는 바를 간략하게 설명하시오. 이런 연구가 원칙적으로, 예를 들면 명상이 고혈압에 대해 효과적인 치료법이 될 수 있다는 증거가 되는 이유는 무엇 때문인가?

복습문제 8.7

에너지 보존

정리문제 8.6에서는 가정에 숫자판 또는 도표를 제공할 경우 전기 소비를 줄일 수 있는지 여부를 알아보는 실험에 대해 살펴보았다. 해당 전기 회사의 어떤 임원은 대조군을 포함시키는 것에 반대하며 다음과 같이 말하였다. "(숫자판 또는 도표가 제공되기 전인) 지난해의 전기 사용량과 올해 동일한 기간 동안의 전기 소비량을 단순 비교하는 것이 더 간단한 방법이다. 각 가정이 올해에 전기를 덜 사용하였다면 숫자판 또는 도표가 효과가 있다는 의미이다." 이 설계가 정리문제 8.6에서 한 설계보다 열등한 이유를 분명하게 설명하시오.

건강한 식사와 백내장

여성들의 건강 이니셔티브 관찰연구로부터 표본추출한 1,808명의 참여자를 이용하여 건강한 식사와 백내장 발병 사이의 관계를 평가하였다. 건강 식사 지수에서 높은 점수를 받을 경우, 이를 통해 변경 가능하다고 생각되는 행태 중에서 이것은 백내장 발병의 위험을 낮추는 가장 강한 예측 지표가 되었다. 건강 식사 지수는 미국 농무성이 고안하였으며, 어떤 사람의 식사가 추천된 건강한 식사 패턴에 얼마나 잘 부합되는지를 측정한다. 이 보고서는 다음과 같이 결론을 내리고 있다. "이 데이터는 다양한 비타민과 무기물이 풍부한 식사를 할 경우 미국에서 가장 일반적 형태의 백내장 발병을 늦추는 데 도움이 될 수 있다고 제시하는 일련의 증거 중 하나가 될 수 있다."

(a) 이것이 실험이 아니라 관찰적 연구인 이유를 설명하시오.

(b) 연구 결과가 통계적으로 유의함에도 불구하고, 연구자들은 강한 언어를 사용하지 않고, '제시하는' 그리고 '될 수 있다'라는 단어를 사용하여 결론을 말하고 있다. 연구의 본질이 주어진 상황하에서, 이런 언어가 적절하다고 생각하는가? 그 이유는 무엇 때문인가?

8.6 실험에 관한 주의사항

무작위 비교실험의 논리는 비교되는 실제 처리를 제외하고 모든 면에서 모든 피실험자를 동일하게 취급하는 능력에 달려 있다. 따라서 좋은 실험이 되기 위해서는, 모든 피실험자가 실제로 동일하게 취급되도록 세부적인 사항까지 세심한 주의를 기울여야 한다.

의학적 실험에서 일부 피실험자들은 매일매일 알약을 복용하고 대조군은 알약을 복용하지 않은 경우, 피실험자들은 동일하게 취급되지 않는다. 따라서 많은 의학적 실험들은 위약으로 통제된다. 비타민 E가 심장병에 미치는 영향을 연구한 실험이 좋은 예다. 모든 피실험자들은 실험이 이루어지는 수년 동안 동일한 의학적 배려를 받는다. **위약**(placebo)은 가능한 처리와 유사하지만 유효성분을 포함하고 있지 않은 가짜처리이다. 이 실험에서 위약은 비타민 E 알약처럼 보이지만 유효성분을 전혀 포함하고 있지 않은 알약이다. 두 번째 예로, 어떤 연구는 부분적인 연골파열의 회복에 대한 내시경 수술 방법 대 비수술 방법의 회복 결과를 비교하였다. 비수술 그룹에 무작위로 배정된 환자들은 의사가 모든 수술도구를 갖추고, 수술하는 것처럼 무릎을 움직이며, 실제로 하는 것처럼 하는 가짜 수술을 받았다. 그 후에 환자들은 실제로 수술을 받았는지 또는 가짜로 수술을 받았는지 여부를 알지 못하게 된다.

많은 환자들은 어떤 처리 또는 심지어 위약에도 적절하게 반응한다. 이는 어쩌면 환자들이 의사를 신뢰하거나 또는 처리가 잘 작용할 것이라고 믿기 때문일 것이다. 위약처리 또는 치료적 가치가 없는 처리에 대한 적절한 반응을 위약효과라고 한다. 대조군이 어떤 알약도 복용하지 않은 경우, 처리군에서 비타민 E가 미치는 효과는 단순히 알약을 복용하는 데 따른 효과, 즉 위약효과와 혼합되게 된다. 즉 비타민 E를 복용한 그룹의 상태가 향상될 경우, 그것이 단순히 알약을 복용하는 데서 비롯되었는지 또는 알약에 포함된 실제 비타민 E 성분을 섭취하는 데서 비롯되었는지 여부를 알지 못한다. 비교를 하기 위해서 위약군을 갖게 될 경우, 처리군에서 비타민 E 알약을 복용하는 데 따른 효과가 위약군에서 단순히 알약을 복용하는 데 따른 효과보다 더 큰지 여부를 알 수 있다.

나아가 이런 연구 방법을 통상적으로 **이중맹검법**이라고 한다. 피실험자는 자신이 비타민 E를 복용하는지 또는 위약을 복용하는지 알지 못한다. 이들을 치료하는 의사들도 알지 못한다. 이중맹검법은 예를 들면 비타민이 위약보다 더 좋은 효과가 있다고 확신하는 의사들에 의해 발생할 수 있는 무의식적인 편의를 피할 수 있다. 많은 의학연구에서 무작위적인 실험을 하는 통계학자들만이 각 환자가 어떤 처리를 받는지 알고 있다.

이중맹검법

이중맹검법(double-blind) 실험에서는 피실험자뿐만 아니라 이들과 상호작용하는 사람들도 각 피실험자가 어떤 처리를 받는지 알지 못한다.

위약에 대해 진짜 약을 검사할 때, 위약은 유효성분을 포함하지 않는다고 하였지만 이것이 시사하는 것보다 상황은 더 복잡할 수 있다. 검사되는 많은 약들은 예를 들면 구강건조증과 같은 부작용을 갖고 있기 때문에, 활성위약이 사용될 수 있다. 활성위약은 진짜 약의 부작용을 흉내 낸 성분을 갖고 있지만 특정 질병을 치료하지는 않는다. 이것은 피실험자가 진짜 약을 복용했는지 또는 위약을 복용했는지 여부를 알지 못하도록 할 수 있기 때문에 중요하다. 제약 회사들은 이런 위약들을 만들어 내며, 많은 경우 활성위약의 내용물에 관한 정보를 제공하지 않는다. 불행하게도, 이것은 제약 회사들로 하여금 진짜 약과 위약 그룹에서 구강건조증 발생이 비슷하다는 것과 같은 광고를 통한 주장을 가능하게 한다.

위약 통제 및 이중맹검법은 있을지도 모를 구별하지 못하게 혼합되는 현상을 제거할 수 있는 방법들이다. 하지만 잘 설계된 실험조차도 종종 또 다른 문제, 즉 **현실성 결여** 문제에 직면하게 된다. 현실적인 실제적 한계는 피실험자, 처리 또는 실험 설정이 실제로 연구하고자 하는 상황을 현실적으로 그대로 복제하지 못한다는 것이다. 다음 두 개의 정리문제는 이런 예이다.

정리문제 8.7

좌절감에 관한 연구

어떤 심리학자는 실패 및 좌절감이 작업팀 구성원들 사이의 관계에 미치는 영향을 알아보고자 한다. 이를 위해 학생들의 팀을 구성하고 심리학 실험실로 오게 해서 팀워크가 필요한 게임을 하도록 한다. 게임은 이들이 규칙적으로 지도록 조작되어 있다. 심리학자는 한쪽에서만 볼 수 있는 창문을 통해 학생들을 관찰하면서, 게임을 하는 저녁시간 동안에 이들의 행태 변화를 면밀히 관찰한다.

곧 종료될 것이라는 사실을 알면서 적은 상금을 받기 위해 실험실에서 게임을 하는 것은, 바르게 작동하지 않다가 종국에 가서는 소속 회사에 의해 버림받을 새로운 제품을 개발하기 위해 몇 달 동안 일하는 것과 거리가 멀다. 실험실에서 학생들의 행태가 자신들의 제품이 버림받는 작업팀의 행태에 관해 많은 것을 시사하는가? 많은 행태과학실험들은 자신들이 실험에서 피실험자라는 사실을 알고 있는 학생들이나 지원자들을 피실험자로 사용한다. 이것은 종종 현실적인 상황 설정이 아니다.

정리문제 8.8

자동차 후미 가운데 위치한 브레이크등

1986년 이래로 미국에서 판매되는 모든 차량에 대해 설치하도록 규정된 자동차 후미 가운데 위치한 브레이크등은 실제로 추돌사고를 낮추었는가? 이런 브레이크등이 설치되도록 요구되기 전에 렌트용 차량과 사업용 차량들을 갖고 시행된 무작위 비교실험에 따르면 이런 제3의 브레이크등이 추돌사고를 50% 낮추었다고 한다. 하지만 모든 차량에 대해 제3의 브레이크등이 설치되도록 규정되고 나서는 단지 5% 감소하였을 뿐이다.

어떤 일이 발생하였는가? 이 실험이 시행되었을 때 대부분의 차량들에는 이런 제3의 추가적인 브레이크등이 설치되어 있지 않았다. 따라서 뒤에서 쫓아오는 운전자들의 시선을 집중시킬 수 있었다. 그러나 거의 모든 차량들이 제3의 브레이크등을 갖게 됨에 따라 더 이상 주의를 끌 수 없게 되었다.

현실성이 결여될 경우, 그것은 실험의 결론을 가장 관심을 끄는 상황에 적용하는 데 한계로 작용한다. 대부분의 실험들은 추론한 결론을 실제 실험 상황보다 더 폭넓은 상황에서도 적용될 수 있도록 일반화하고자 한다. 실험을 통한 통계적 분석은 결과가 얼마나 일반화될 수 있는지에 관해 알려 주는 바가 없다. 그럼에도 불구하고 무작위 비교실험은 인과관계에 대해 확신할 수 있는 증거를 제시하기 때문에 통계학에서 가장 중요한 연구 방법 중 하나이다.

복습문제 8.9

달걀과 콜레스테롤

의학전문잡지에 실린 어떤 논문은 하루에 세 개씩 달걀을 통째로 먹는 것이 노른자가 없는 같은 양의 달걀 대용품을 먹는 것과 비교해서 콜레스테롤 수준에 미치는 영향을 알아본 실험을 발표하였다. 이 논문은 해당 실험을 37명의 피실험자로 구성된 무작위 단순맹검 실험으로 설명하였다. 여기서 '단순맹검'은 무엇을 의미한다고 생각하는가? 이중맹검 실험이 가능하지 않은 이유는 무엇 때문인가?

8.7 **짝을 이룬 쌍 설계 및 다른 블록 설계**

완전 무작위 설계는 실험하기 위한 가장 단순한 통계적 설계이다. 이것은 통제, 무작위 추출, 적절한 수의 피실험자에 관한 원칙을 분명하게 설명한다. 하지만 완전 무작위 설계는 보다 정교한 통계적 설계에 종종 미치지 못한다. 특히 피실험자들을 여러 가지 방법으로 짝을 이룰 경우 단순 무작위 추출보다 더 정확한 결과를 얻을 수 있다.

짝을 짓는 작업과 무작위 추출을 혼합한 설계를 **짝을 이룬 쌍 설계**(matched pairs design)라고 한다. 짝을 이룬 쌍 설계는 단지 두 개의 처리만을 비교한다. 가능한 밀접하게 짝을 이루는 피실험자들의 쌍을 선택한다. 우연한 기회를 이용하여, 쌍 중에서 한 피실험자가 첫 번째 처리를 받을지 결정한다. 해당 쌍 중에서 다른 피실험자는 다른 처리를 받는다. 즉, 처리에 대한 피실험자들의 무작위적인 배정은 짝을 이루는 각 쌍 내에서 이루어지지, 모든 피실험자들에 대해서 동시에 이루어지지 않는다. 때때로 짝을 이루는 쌍 설계에서 각 '짝'은 두 개의 처리를 번갈아 가면서 받는 단지 한 명의 피실험자로 구성된다. 각 피실험자는 자신의 통제 역할을 한다. 처리의 순서가 피실험자의 반응에 영향을 미칠 수 있으므로 각 피실험자에 대해 처리의 순서를 무작위적으로 결정한다.

정리문제 8.9

해충을 격퇴하는 방충제 시험하기

컨슈머 리포트는 두 개 방충제의 효과를 비교하는 방법에 대해 설명하고 있다. 그중 한 개 방충제에 포함된 유효성분은 15% 디트이다. 다른 방충제의 경우는 레몬 유칼립투스 오일이 함유되어 있다. 자원한 피실험자들은 방충제를 뿌리고 나서 30분 뒤부터, 매 시간마다 1회씩 8피트짜리 새장에 팔을 집어넣는다. 여기에는 알을 낳기 위해 혈분이 필요한, 병을 옮길 우려가 없는 200마리의 암컷 모기가 들어 있다. 피실험자들은 5분 동안 자신의 팔

을 넣고 있어야 한다. 피실험자가 5분 동안 두 번 이상 모기에 물릴 경우 해당 방충제는 실패했다고 간주된다. 반응은 방충제가 실패할 때까지 1시간이란 기간의 횟수이다. 이 실험을 하기 위한 두 개의 설계를 비교해 보자.

실험 설계 1, 즉 완전 무작위 설계에서, 모든 피실험자들은 두 개 방충제 중 한 개에 무작위로 배정된다. 절반은 15% 디트가 함유된 방충제에 배정되며, 나머지 절반은 레몬 유칼립투스 오일이 함유된 방충제에 배정된다. 그리고 실험 설계 2에서는 짝을 이룬 쌍 설계를 활용하였으며, 여기서 모든 피실험자들은 두 개 방충제를 모두 사용한다. 각 피실험자의 경우, 왼쪽 팔에 방충제 중 하나를 뿌리며, 오른쪽 팔에는 다른 방충제를 뿌린다. 반응이 어느 팔에 뿌리느냐에 달려 있을 수 있다. 이런 가능성을 없애기 위해, 어느 팔에 어떤 방충제를 뿌리느냐는 무작위로 결정된다.

주로 유전적인 이유로 인해, 일부 피실험자들은 다른 피실험자들보다 모기에 더 잘 물린다. 완전 무작

위 설계는 모기에 더 잘 물리는 피실험자들을 두 개 그룹 사이에 대체적으로 공평하게 분포시킬 수 있는 가능성에 달려 있다. 짝을 이룬 쌍 설계는 두 개 방충제 모두를 사용하여 각 피실험자의 반응을 비교한다. 이런 점이 두 개 방충제의 효과상 차이를 알아볼 때, 판단을 더 용이하게 해 준다.

짝을 이룬 쌍 설계는 처리 비교 원칙과 무작위 추출 원칙을 사용한다. 하지만 무작위 추출이 완전하지는 않다. 모든 피실험자들을 두 개 처리에 동시적으로 배정하지 않는다. 대신에 각 짝을 이룬 쌍 내에서만 무작위 추출을 한다. 짝을 이루는 과정을 통해서 피실험자들 사이의 변동 효과를 낮출 수 있다. 짝을 이룬 쌍 설계는 각 짝이 블록을 형성하는 블록 설계의 한 종류이다.

블록 설계

블록(block)은 처리에 대한 반응에 영향을 미칠 것으로 기대되는 점에서 실험 전에 유사하다고 알려진 개체들의 그룹이다.

블록 설계(block design)에서 처리에 대한 개체들의 무작위 배정은 각 블록 내에서 따로따로 이루어진다.

블록 설계는 짝을 이룸으로써 동등한 처리 그룹을 만들어 낸다는 사고와 처리 그룹을 무작위로 형성한다는 원칙을 혼합시킨 것이다. 블록은 **통제**의 또 다른 형태이다. 블록을 만들기 위해 변수들을 실험에 포함시킴으로써 해당 변수 이외의 효과를 통제할 수 있다. 다음은 블록 설계의 전형적인 예이다.

정리문제 8.10

남성, 여성 그리고 광고

여성과 남성은 광고에 서로 상이하게 반응한다. 동일한 물품에 대한 세 가지 광고의 효과를 비교하는 실험은 광고에 대한 전반적인 반응을 평가할 뿐만 아니라, 남성 및 여성의 반응도 따로따로 살펴보고자 한다.

완전 무작위 설계는 남성 및 여성 둘 다의 모든 피실험자를 단일의 합동체로서 간주한다. 무작위 추출을 통해 피실험자들은 성별에 관계없이 세 개 처리 그룹에 배정된다. 이 방법은 남성과 여성 사이의 차이를 무시한다. **블록 설계**는 여성과 남성을 따로따로 고려한다. 여성들을 한 그룹이 각 한 개의 광고를 시청하는 세 개 그룹에 무작위적으로 배정한다. 그리고 나서 이와는 별개로 남성들을 세 개 그룹에 무작위적으로 배정한다. 그림 8.5는 이와 같이 개선된 설계를 개괄적으로 설명하고 있다. 블록에 대한 피실험자들의 배정이 무작위적이지 않다는 점에 주목하시오.

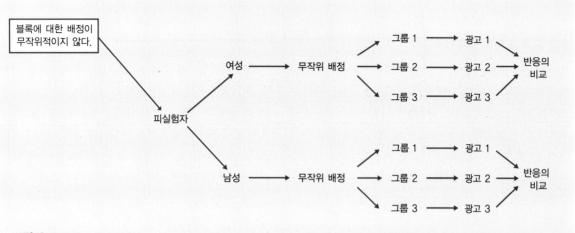

그림 8.5

정리문제 8.10의 블록 설계를 개괄적으로 보여 주고 있다. 블록은 남성 및 여성 피실험자로 구성된다. 처리는 동일한 물품에 대한 세 가지 광고이다.

정리문제 8.11

복지정책의 비교

어떤 사회정책실험은 새롭게 제안된 몇 가지 복지제도가 가계 소득에 미치는 영향을 평가하고, 이를 현재의 복지제도와 비교하고자 한다. 가계의 장래 소득은 현재 소득과 강하게 연관되기 때문에, 이 실험에 참여하기로 동의한 가계들은 소득수준이 유사한 몇 개 블록으로 나뉜다. 그리고 나서 각 블록에 속한 가계들은 복지제도들 사이에 무작위적으로 배정된다.

블록 설계를 통해서 각 블록에 대한 각각의 결론을 도출할 수 있다. 예를 들면 정리문제 8.10에서 남성 및 여성에 관해 각각의 결론을 도출할 수 있다. 블록화하면 또한 전반적인 결론을 보다 정확하게 내릴 수 있다. 왜냐하면 세 가지 광고의 전반적인 효과를 살펴볼 때, 남성과 여성 사이의 체계적인 차이가 제거될 수 있기 때문이다. 블록화하는 사고는 통계적 실험 설계의 주요한 추가 원칙이다. 현명한 실험자들은 피실험자들 사이의 변동을 발생시키는 가장 중요하면서 불가피한 원인에 기초하여 블록을 만든다. 그리고 나서 무작위 추출을 통해 남아 있는 변동의 영향을 평균화하고 처리를 편의가 발생하지 않게 비교할 수 있다.

표본 설계와 마찬가지로 복잡한 실험에 대한 설계는 해당 전문가들의 몫이다. 우리는 관련 사항을 단지 약간 살펴보았을 뿐이므로 완전 무작위 실험에 보다 많은 할애를 할 것이다.

수영 중 호흡 빈도수의 비교

영국의 연구자들은 두 가지 호흡 빈도수가 가슴크롤수영법에서 기록시간 및 몇 가지 생리적 요소에 미치는 영향을 조사하였다. 호흡 빈도수는 수영하면서 두 번 손발을 놀릴 때마다 한 번 호흡하는 경우(B2)와 네 번 손발을 놀릴 때마다 한 번 호흡하는 경우(B4)가 있다. 피실험자들은 10명의 남자 대학생 수영선수들이다. 각 피실험자는 200미터를 수영하는 데 한 번은 B2의 빈도수로 호흡하고 또 다른 날에 B4의 빈도수로 호흡한다.

(a) 이런 설계에서 필요한 무작위화를 포함하여 짝을 이룬 쌍 실험 설계에 대해 논의하시오. 무작위화를 어떻게 이행할지에 대해 설명하시오.

(b) 이 실험은 완전 무작위 설계를 이용해서도 할 수 있는가? 이 설계와 짝을 이룬 쌍 설계는 어떻게 다른가?

(c) 수영 선수들이 자신들의 호흡 빈도수를 선택하고 이 선택한 빈도수에 따라 200미터를 수영한다고 가상하자. 이들 두 개 호흡 빈도수에 따른 기록을 비교할 경우 어떤 문제가 발생하는가?

통계학 교수법

브리검 영 대학교 통계학과는 교수법을 비교하기 위해서 무작위 비교실험을 해 보았다. 반응변수에는 수강한 학생들의 기말시험 성적과 통계학에 대한 학생들 태도의 측정값이 포함된다. 이 연구는 다음과 같은 두 가지 대단위 강의 교수법을 비교하였다. 하나는 일반적인 교수법(오버헤드 프로젝터 교육용 기기 및 분필을 사용하는 교수법)이고 다른 하나는 멀티미디어 교수법이다. 이 연구의 개체들은 기초통계학 여덟 개 강좌이다. 4명의 강사가 있으며 이들은 각각 두 강좌씩 강의한다. 강사들이 다르기 때문에 이들의 강의는 네 개 블록을 형성한다. 강의 및 강사는 다음과 같다고 가정하자.

강의	강사	강의	강사
1	Grimshaw	5	Tolley
2	Hilton	6	Grimshaw
3	Reese	7	Tolley
4	Reese	8	Hilton

블록 설계를 개괄적으로 설명하고, 해당 설계가 필요한 무작위 추출을 하시오.

요약

- 특정 질문에 대해 관찰적 연구 또는 실험을 통해서 답변할 수 있도록 데이터를 생성할 수 있다. 전체를 대표하기 위해 관심 있는 모집단의 일부를 선택하는 표본조사는 관찰적 연구의 한 가지 형태이다. 관찰적 연구와 달리, 실험은 해당 실험의 피실험자들에게 어떤 처리를 적극적으로 한다.

- 반응에 미치는 영향을 서로 구별할 수 없을 때 변수들이 구별하지 못하게 혼합되어 있다고 한다. 관찰적 연구와 통제되지 않은 실험은 설명변수가 잠복변수와 구별하지 못하게 혼합되어 있어서, 설명변수의 변화로 인

해 실제로 반응변수가 변화한다는 사실을 종종 보여 주지 못한다.

- 실험에서 우리는 보통 피실험자라고 부르는 개체들에 대해 한 개 이상의 처리를 부과한다. 각 처리는 요인이라고 하는 설명변수들의 값을 결합시킨 것이다.

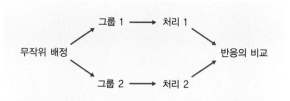

그림 8.6
두 개의 처리를 비교하는 무작위 비교실험을 개괄적으로 보여 준다.

- 실험 설계는 처리의 선택과 피실험자들이 처리에 배정되는 방법을 알려 준다.
- 통계적 실험 설계의 기본 원칙은 편의를 낮추기 위한 통제 및 무작위화와 기회에 따른 변동을 낮추기 위한 충분한 피실험자의 사용, 즉 반복검증이다.
- 통제의 가장 단순한 형태가 비교이다. 실험은 처리의 효과가 예를 들면 잠복변수와 같은 다른 영향과 혼합되어 구별하지 못하는 것을 피하기 위해서 두 개 이상의 처리를 비교하여야 한다.
- 무작위화는 우연한 기회를 이용하여 피실험자들을 처리에 배정한다. 무작위화는 처리가 적용되기 전에 (기회에 따른 변동을 제외하고는) 유사한 처리 그룹들을

만들어 낸다. 무작위화 및 비교를 통해 실험에서 편의 또는 체계적으로 한쪽으로 치우치는 현상을 방지할 수 있다.

- 피실험자들에게 숫자상의 분류표기를 하고 나서 처리 그룹을 고르기 위해 소프트웨어를 사용하거나 또는 무작위 숫자 표를 사용함으로써 무작위화할 수 있다.
- 각 처리를 많은 피실험자들에게 적용하게 되면, 기회에 따른 변동이 감소하고 실험은 처리들 사이의 차이에 보다 민감하게 된다.
- 좋은 실험이 되기 위해서는 좋은 통계적 설계뿐만 아니라, 세부적인 사항에 대해서도 주의를 기울여야 한다. 많은 행태적 실험 및 의학적 실험은 이중맹검법을 사용한다. 대조군에게는 위약을 제공한다.
- 실험에서 현실성 결여가 존재하는 경우, 실험 결과를 일반화하는 데 어려움이 따른다.
- 비교 이외에, 통제의 두 번째 형태는 반응에 중요한 영향을 미치는 측면에서 볼 때 유사한 개체들의 블록을 만들어서 무작위화를 제한하는 것이다. 그리고 각 블록 내에서 따로따로 무작위화가 시행된다.
- 짝을 이룬 쌍은 단지 두 개의 처리를 비교하기 위해서 블록화하는 일반적인 형태이다. 어떤 경우에는 짝을 이룬 쌍 설계에서 각 피실험자가 무작위적인 순서로 두 개의 처리를 모두 받는다. 다른 경우에는 짝을 이룬 쌍 설계에서 피실험자들이 가능한 밀접하게 쌍으로 짝을 이루며 한 쌍의 각 피실험자는 처리 중 한 개를 받게 된다.

주요 용어

관찰적 연구	블록	완전 무작위
대조군	블록 설계	이중맹검법
무작위 비교실험	실험	짝을 이룬 쌍 설계

연습문제

1. **운동을 멈추지 마시오!** 상이한 수준의 육체 활동이 미치는 영향에 대한 조사가 핀란드에서 일란성 남자 쌍둥이에 대해 시행되었다. 각 쌍둥이 쌍의 경우, 쌍둥이들은 생활 거의 대부분에서 동일한 활동수준을 유지하였지만, 한 명은 직장 또는 가정에서의 압박으로 인해 지난 수년 동안 활동을 현저하게 감소시켰다. 쌍둥이 각각에 대해서 체지방 비율, 지구력 수준, 인슐린 감수성을 측정하였다. 덜 활동을 한 쌍둥이의 경우, 측정 결과에 따르면 체지방 비율이 더 높고 지구력이 약화되었으며 대사질환의 초기 단계를 알려 주는 인슐린 민감성 수준을 보였다.

   (a) 이 조사에서는 어떤 종류의 설계가 사용되었는가? 설명변수 및 반응변수를 제시하시오.

   (b) 이것은 실험인가 또는 관찰적 연구인가?

   (c) 이 조사는 측정이 맹검법으로 시행되었다고 하였다. 이것이 의미하는 것과 중요한 이유를 설명하시오.

2. **관찰 대 실험** 미국 펜실베이니아대학교의 연구자들은, 심장 수술을 받은 처음 2년 동안에 이혼, 별거 또는 사별한 환자들이, 결혼한 상태인 환자들보다 사망하거나 새로운 기능장애를 일으킬 확률이 40% 더 크다는 사실을 발견하였다. 이 데이터는 심장 수술을 받은 1,576명의 피실험자들을 포함한다. 이들 중 65%가 결혼한 상태이며, 33%는 이혼, 별거 또는 사별하였다. 2%는 결혼을 한 적이 없다. 이런 발견은 통계적으로 유의하다고 보고되었다.

   (a) 이 연구의 추가적인 세부사항들을 읽지 않은 상태에서, 이것이 관찰적 연구라고 어떻게 알 수 있는가?

   (b) 이 연구에서 결혼한 상태인 피실험자들 대 이혼, 별거 또는 사별한 피실험자들 사이에 상이할 수 있는 변수들을 제시해 보시오. 혼합된 변수 중에는 어떠한 것이 있는가? 설명하시오.

   (c) 이 연구의 한계를 간략하게 요약하시오. 이런 한계에도 불구하고, 이 연구가 심장 수술을 받은 사람들에 대한 건강회복계획을 세우는 데 유용한 정보를 제공하는 이유를 설명하시오.

3. **통곡물과 신진대사** 통곡물이 풍부한 식사가 신진대사에 미치는 영향을 조사하는 연구가 이루어졌다. 대사증후군이 있는 50명의 성인들을 무작위로 두 개 그룹으로 나누었다. 두 개 그룹 모두 칼로리가 낮은 식사를 했지만, 한 그룹의 경우 곡물 모두가 통곡물(현미밥, 통밀빵 등)이었으며, 다른 그룹의 경우 곡물 모두가 정제된 곡물(흰 쌀밥, 흰 밀가루빵 등)이었다. 12주 말에 두 개 그룹은 체중이 감소했지만, 정제된 곡물 그룹은 11파운드 체중이 감소하였고, 통곡물 그룹은 8파운드 체중이 감소하였다. 하지만 통곡물 그룹의 경우 더 많은 복부 체지방이 감소하였고 다른 건강상의 이득을 얻었다.

   (a) 이 실험 설계를 개략적으로 설명하시오.

   (b) 성인들에게 라벨을 붙이고, 처리군(통곡물 그룹)에 배정될 처음 10명의 성인을 선택하시오. 표 B를 사용할 경우, 라인 107에서 시작하시오.

4. **손으로 하는 필기 대 키보드로 하는 필기** 손으로 필기를 하는 사람들이 키보드를 사용하여 필기를 하는 사람들보다 자신들이 필기한 것을 더 잘 기억하는가? 이를 검정하기 위해서, 연구자들은 36명의 연구 참여자들에게 크게 읽어 준 긴 단어 목록을 필기하도록 하였다. 그리고 나서 필기한 목록을 옆으로 제쳐 두고, 가능한 한 많은 단어를 기억하도록 하였다. 단어들을 필기하는 두 가지 방법이 사용되었다. 한 가지 방법은 청색 볼펜과 메모지를 사용하는 것이다. 다른 방법은 풀 사이즈 키보드를 장착한 노트북을 사용하는 것이다. 정확하게 기억한 단어의 수가 반응이 된다.

   (a) 완전 무작위 실험을 개괄적으로 설명하고, 단어를 필기하는 방법이 정확하게 기억하는 단어의 수에 미치는 영향을 살펴보시오.

   (b) 동일한 36명의 피실험자를 사용하여, 짝을 이룬 쌍

실험 설계를 자세히 설명하시오.

ⓒ 연구자들은 다음과 같이 발표하였다. 메모지에 단어를 필기할 때 해당 단어를 더 잘 기억하며, 결과는 통계적으로 유의하다. 이 연구 결과를 설명하면서 통계적으로 유의하다는 것은 무엇을 의미하는가?

5. **숙면을 유도하기** 밤에 자는 동안 여러분이 깨는 횟수는, 취침 전에 포도주를 한 잔 마시는지 여부 그리고 취침 전에 간식을 먹는지 여부에 의해 영향을 받는가? 이 물음에 대해 알아보기 위해서, 두 개의 설명변수, 즉 취침 전에 포도주 한 잔을 마시는지 여부 그리고 간식을 먹는지 여부를 가지고 실험 설계를 간단히 설명하시오. 반응변수는 무엇인지 명확히 밝히시오. 또한 예를 들면 전날 밤의 취침시간과 같은 잠복변수를 어떻게 다룰지 말하시오.

6. **숙면을 유도하기** 여성과 남성의 수면습관은 다를 수 있다. 여성과 남성을 블록으로 사용하여 위에서 살펴본 완전 무작위 설계를 개선할 수 있다. 피실험자 300명에는 120명의 여성과 180명의 남성이 포함된다. 취침 전에 포도주 한 잔을 마시는지 여부 그리고 간식을 먹는지 여부가 수면에 미치는 영향을 비교하기 위해서 블록 설계를 개괄적으로 설명하시오. 이 설계에서 각 그룹에 얼마나 많은 피실험자가 배정되는지 명확하게 말하시오.

제**3**부

데이터 생성으로부터
추론으로의 전환

9

확률의 소개

데이터에 관한 과학인 통계학을 이해하기 위해서 우연한 행태에 관한 수학인 확률을 이해하여야 하는 이유는 무엇 때문인가? 데이터를 추출한 보다 큰 모집단에 대한 통찰력을 갖기 위해서 데이터를 수집한다. 하지만 모집단의 일부만을 관찰하여 해당 모집단에 대해 무엇이 참인지 결정할 경우 어느 정도의 불확실성이 개입된다. 이럴 때 우연한 행태 또는 불확실성에 관한 수학이 도움이 될 수 있다. 어떻게 도움이 될 수 있는지 알아보기 위해서 일반적인 표본조사를 살펴보도록 하자.

정리문제 9.1

여러분의 가계 구성원은 총을 보유하고 있습니까?

모든 미국 성인 중 어떤 비율이 가계 구성원이 총을 보유하고 있다고 말하는가? 우리는 알지 못하지만 워싱턴포스트/ABC 뉴스 여론조사의 결과는 알고 있다. 이 여론조사는 무작위 표본 1,003명의 성인을 추출하였다. 이 여론조사에 따르면 해당 표본에서 461명은 자신들의 가계 구성원이 총을 보유하고 있다고 말하였다. 따라서 가계 구성원이 총을 보유하고 있다고 말한 사람들의 비율은 다음과 같다.

$$\text{표본비율} = \frac{461}{1{,}003} = 0.46 \text{ (즉, 46\%이다.)}$$

표본이 모든 성인들의 단순 무작위 표본인 경우 모든 성인들은 선택된 1,003명에 포함될 동일한 기회를 갖게 된다. 이 46%를 모집단에서 알지 못하는 비율의 추정값으로 사용하는 것은 합리적이다. 표본의 46%

가 자신의 가계 구성원이 총을 보유한다고 말한 것은 사실이다. 여론조사를 통해 이들에게 질문하였기 때문에 우리는 이 사실을 알고 있다. 모든 성인 중 몇 퍼센트가 가계 구성원이 총을 보유한다고 말을 할지 알지 못한다. 하지만 약 46%가 여론조사 시 그렇게 말했다고 추정한다. 이것이 통계학의 기본 방법이다. 표본의 결과를 사용하여 모집단에 관한 어떤 것을 추정한다.

워싱턴포스트/ABC 뉴스 여론조사에서 두 번째 무작위 표본으로 1,003명을 추출할 경우 어떤 일이 발생하는가? 새로운 표본은 다른 사람들을 포함한다. 정확히 461명이 그렇다고 응답하지 않을 것이 거의 확실하다. 즉 가계 구성원이 총을 보유한다고 말할 성인들의 비율에 대한 워싱턴포스트/ABC 뉴스 여론조사 추정값은 표본마다 변하게 될 것이다. 어떤 무작위 표본에서는 성인의 46%가 가계 구성원이 총을 보유한다고 말하고, 이와 동시에 추출된 다른 무작위 표본에서는 64%가 그렇다고 말할 수 있는가? 무작위 표본은 표본을 선택하는 행위로 인해서 발생되는 편의는 제거하지만, 무작위로 선택할 때 발생되는 변동성 때문에 참인 모집단 비율과 완벽하게 일치할 수는 없다. 동일한 모집단으로부터 표본을 반복적으로 추출할 때 변동성이 너무 크다면, 어느 한 표본의 결과를 신뢰할 수 없다.

이것이 바로 통계학을 발전시키기 위해서 확률에 관한 사실들이 필요한 경우이다. 여론조사가 추첨을 사용하여 표본을 선택할 경우, 확률 법칙이 표본의 행동을 결정하게 된다. 워싱턴포스트/ABC 뉴스 여론조사에 따르면 표본들 중 하나의 추정값이 모집단인 모든 성인들에 관한 참값의 ±3.5% 내에 위치할 확률은 0.95라고 한다. 이 문구를 이해하기 위해 필요한 첫 번째 단계는 '확률이 0.95이다'가 무엇을 의미하는지 이해하는 것이다. 이 장에서 학습하고자 하는 바는 확률 이론에 관한 수학을 사용하지 않으면서 확률에 대해 말로 이해하는 것이다.

9.1 확률 개념

무작위 표본 및 무작위화한 비교실험을 신뢰할 수 있는 이유를 이해하기 위해서는 우연한 행태는 면밀히 살펴보아야만 한다. 이를 통해 알 수 있는 중요한 사실은 다음과 같다. 우연한 행태는 단기적으로는 예측할 수 없지만, 장기적으로는 규칙적이며 예측할 수 있는 패턴을 갖는다.

동전 던지기와 무작위 표본 고르기를 생각해 보자. 그 결과를 앞서서 예측할 수는 없다. 왜냐하면 동전 던지기를 반복적으로 해 보거나 또는 표본을 여러 번 고를 때, 그 결과가 변화하기 때문이다. 하지만 이를 많이 반복할 경우에는 명백히 드러나는 패턴, 즉 규칙적인 패턴의 결과가 존재할 수 있다. 이 주목할 만한 사실이 확률 개념의 기초가 된다.

정리문제 9.2

동전 던지기

동전 던지기를 할 때는 단지 두 가지 결과, 즉 앞면 또는 뒷면만이 나올 수 있다. 그림 9.1은 동전 던지기를 5,000번씩 두 번 했을 때 나타나는 결과를 보여 주고 있다. 1번부터 5,000번까지 동전 던지기를 한 숫자 각각에 대해서, 앞면이 나온 비율을 도표로 나타내었다. (붉은 직선으로 나타낸) 시도 A에서는 앞면이 나올 비율이 첫 번째 동전 던지기에서 0이고 두 번째 동전 던지기에서는 0.5로 증가하며 뒷면이 두 번 더 나옴에 따라 비율은 0.33 및 0.25로 하락하였다. 반면에, (점선으로 나타낸) 시도 B에서는 처음 다섯 번 계속해서 앞면이 나오면 여섯 번째 동전 던지기를 할 때까지 앞면이 나오는 비율은 1이 된다.

앞면이 나올 동전 던지기의 비율이 처음에는 변동이 심하다. 시도 A에서는 그 비율이 낮게 시작되었으며 시도 B에서는 높게 시작되었다. 하지만 동전 던지기를 점점 더 많이 하게 됨에 따라, 두 개 시도 모두에서 앞면이 나올 비율은 0.5에 근접하여 이를 유지한다. 동전 던지기를 매우 여러 번 시행하는 세 번째 시도를 할 경우, 앞면이 나올 비율은 장기적으로 다시 0.5에 머무르게 된다. 이것이 확률에 관한 직관적인 사고이다. 확률 0.5는 '매우 여러 번 시도할 경우 절반에서 그 결과가 나타난다'는 의미이다. 확률 0.5는 그래프상에서 수평선으로 나타내었다.

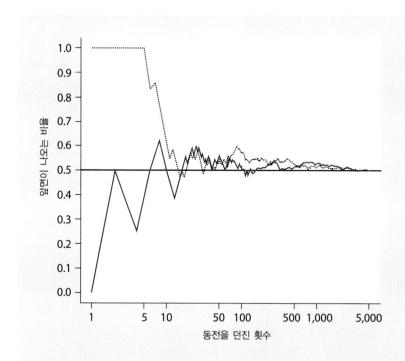

그림 9.1

동전을 던져서 앞면이 나오는 비율은 동전 던지기를 더 많이 함에 따라 변화한다. 하지만 궁극적으로는 그 비율이 앞면이 나올 확률인 0.5에 근접하게 된다. 이 그림은 두 개 동전을 각각 5,000번씩 던져서 얻은 결과이다.

　동전이 두 개 면을 가지고 있다는 사실만으로 앞면이 나올 확률이 0.5라고 할 경우 이에 대해 의구심을 제기할 수도 있다. 하지만 확신할 수는 없다. 사실 동전을 던지지 않고 평면에서 동전을 돌릴 경우 앞면이 나올 확률은 0.5가 아니라 약 0.45가 될 수도 있다. 확률에 대한 기본 생각은 경험에 기초한다. 즉, 이론화하기보다는 관찰에 기초한다. 확률은 매우 여러 번 시도할 경우 어떤 일이 벌어지는지 보여 주므로, 확률을 분명히 규명하기 위해서는 실제로 많은 시도를 관찰하여야 한다. 동전 던지기의 경우, 일부 부지런한 사람들은 실제로 수천 번 동전을 던지기도 한다.

정리문제 9.3

동전 던지기를 했던 사람들

프랑스의 박물학자 뷔퐁 백작(1707~1788)은 동전 던지기를 4,040번 시행하였다. 그 결과는 다음과 같았다. 2,048번 앞면이 나왔고 앞면이 나온 비율은 2,048/4,040 = 0.5069이었다.

　1900년경에 영국의 통계학자 칼 피어슨은 역사적으로 유명한 동전 던지기 24,000번을 하였다. 그 결과는 다음과 같았다. 12,012번 앞면이 나왔고 앞면이 나온 비율은 0.5005이었다.

　남아프리카공화국의 수학자 존 케리츠는 제2차 세계대전 중 독일인에 의해 투옥되어 있는 동안 동전 던지기를 10,000번 하였다. 그 결과는 다음과 같았다. 5,067번 앞면이 나왔고 앞면이 나온 비율은 0.5067이었다.

무작위 및 확률

　개별적인 결과는 불확실하지만 그럼에도 불구하고 매우 여러 번 반복할 경우 결과가 규칙적인 패턴이나 분포를 갖는다면 그런 현상을 **무작위**(random)하다고 한다.

　무작위한 현상에 관한 어떤 결과의 **확률**(probability)은 매우 오랫동안 반복할 경우 해당 결과가 나타나는 비율이다.

무작위성을 이해하는 가장 좋은 방법은 그림 9.1에서처럼 무작위한 행태를 관찰하는 것이다. 동전과 같은 물품을 가지고 이렇게 해 볼 수도 있지만, 무작위한 행태에 관한 컴퓨터 시뮬레이션을 이용하면 보다 신속하게 할 수 있다. 적은 횟수의 동전 던지기나 많지 않은 횟수의 동전 던지기를 할 경우 그 비율이 확률이 될 수 없다. 확률은 장기간에 걸쳐 나타나는 현상만을 설명한다. 물론 우리는 확률을 정확하게 관찰할 수는 없다. 예를 들면 동전 던지기를 영구히 계속할 수 있다. 수학적 확률은 무한히 장기간에 걸친 시도를 할 경우 나타날 것으로 생각되는 현상에 기초하여 이상화한 것이다.

9.2 무작위성에 대한 탐색

무작위적인 숫자, 즉 난수는 여러 가지로 사용된다. 이것들은 무작위 표본을 고르고, 온라인 포커 게임에서 카드를 뒤섞으며, 온라인에서 결제할 때 신용카드 번호를 부호화하고 교통의 흐름과 전염병 후 확산에 대한 시뮬레이션의 일부로 사용된다. 무작위성은 어디서 유래되고 무작위 숫자는 어떻게 구할 수 있는가? 우리는 무작위성을 어떤 행태를 보이는가로 정의하였다. 즉, 단기적으로는 예측할 수 없지만 장기적으로는 규칙적인 패턴을 보인다. 확률은 장기적으로 규칙적인 패턴을 나타낸다. 이런 의미에서 보면 세상에서 관찰되는 많은 것들이 무작위적이다. 이런 것들이 모두 '정말로' 무작위적인 것은 아니다. 무작위적인 행태를 어떻게 발견하고 무작위적인 숫자, 즉 난수를 어떻게 구할 수 있는지 간단히 살펴보기로 하자.

무작위적인 숫자를 구할 수 있는 가장 용이한 방법은 컴퓨터 **프로그램**을 이용하는 것이다. 물론 컴퓨터 프로그램은 하라고 지시한 것을 할 뿐이다. 프로그램을 다시 돌리면 정확히 동일한 결과를 얻을 수 있다. 이 책 뒤의 표 B에 있는 무작위 숫자, 온라인 포커 게임에서 카드를 뒤섞는 무작위 숫자들은 컴퓨터 프로그램에서 비롯된다. 따라서 이것들은 '실제로' 무작위적이지는 않다. 영리한 컴퓨터 프로그램은 실제로 무작위적이지는 않지만 무작위한 것처럼 보이는 결과를 만들어 낸다. 이런 모조적인 무작위 숫자들은 표본을 선택하고 카드를 뒤섞는 데 아무런 문제가 되지 않는다. 하지만 이런 숫자들은 과학적인 시뮬레이션을 왜곡할 수 있는 숨겨진 패턴을 가질 수 있다.

예를 들면 동전 및 주사위와 같은 물체들은 정말로 무작위적인 결과를 만들어 낼 것이라고 생각할 수 있다. 하지만 던져진 동전은 물리학의 법칙을 따른다. (힘, 각도 등과 같이) 던질 때 투입된 모든 요인을 알고 있다면 결과가 앞면이 될지 또는 뒷면이 될지 미리 알 수 있다. 동전 던지기로 나온 결과는 무작위적이라고 하기보다는 예측할 수 있다. 동전 던지기로 나온 결과들이 무작위적인 것처럼 보이는 이유는 무엇 때문인가? 나온 결과가 던지기 할 때 투입되는 요인에 극히 민감하기 때문에, 동전 던지기를 할 때 들어간 힘의 극히 작은 변화에도 앞면이 뒷면으로 바뀌고 반대로 뒷면이 앞면으로 바뀌게 된다. 실제로 그 결과를 예측할 수 없다. 확률은 동전 던지기를 설명하는 물리학보다 훨씬 더 유용하다.

'투입되는 요소의 변화는 작지만 나타나는 결과의 변화는 큰' 행태를 갖는 현상을 **혼동적**이라고 한다. 혼동적인 행태를 컴퓨터에 투입할 수 있다면, 모의적인 숫자보다 더 나은 결과를 얻을 수 있다. 동전 및 주사위는 어색하고 불편하지만 여러분들이 웹사이트(www.random.org)를 이용하면 여러 가지 혼동적인 상황으로부터 무작위 숫자를 구할 수 있다.

정말로 무작위적인 것이 있는가? 현재 과학으로 알 수 있는 바로는 원자 내부의 행태가 무작위적이다. 즉, 우리가 많은 정보를 갖고 있더라도 미리 행태를 예측할 수 있는 방법이 없다.

복습문제 9.1

확률이 의미하는 것

확률은 어떤 사건이 일어날 가능성을 측정한 값이다. 다음의 확률들을 아래의 가능성에 관한 문구와 일치되게 맞추시오. (확률은 보통 말로 표현한 문구보다 가능성을 더 정확하게 측정한 값이다.)

0   0.05   0.45   0.50   0.55   0.95   1

(a) 이 사건은 불가능하다. 결코 발생할 수가 없다.

(b) 이 사건은 확실하다. 시도할 때마다 발생한다.

(c) 이 사건은 발생할 가능성이 매우 높다. 하지만 장기간에 걸쳐 연속적으로 시행할 경우 때때로 발생하지 않는다.

(d) 이 사건은 약간 덜 자주 발생한다.

9.3   확률 모형

도박사들은 동전, 카드, 주사위를 던졌을 때 장기적으로 명백한 패턴을 보인다는 사실을 수 세기 동안 인지하여 왔다. 확률에 관한 개념은 우연한 결과가 수천 번 나왔을 때 평균값을 거의 확실하게 알 수 있다는 관찰된 사실에 의존한다. 장기적인 규칙성을 어떻게 수학적으로 설명할 수 있는가?

어떻게 진행되는지 알아보기 위해서 먼저 매우 단순한 무작위적인 현상, 즉 동전 던지기에 대해 생각해 보자. 동전을 던졌을 때 결과를 먼저 알 수 없다. 그렇다면 무엇을 알고 있는가? 결과가 앞면 또는 뒷면이라고 말할 수는 있다. 이 결과들의 각 확률은 1/2이라고 믿는다. 동전 던지기에 대한 설명은 다음과 같은 두 부분으로 구성된다.

- 가능한 결과의 목록
- 각 결과의 확률

이런 설명이 **확률 모형**의 기초가 된다. 다음은 확률과 관련된 기본 용어들이다.

확률 모형

무작위적인 현상의 **표본공간**(sample space) S는 모든 가능한 결과의 집합이다.

사건(event)은 무작위적인 현상의 결과 또는 일련의 결과이다. 즉, 사건은 표본공간의 부분집합이다.

확률 모형(probability model)은 무작위적인 현상을 수학적으로 설명한 것이며 두 부분, 즉 표본공간 S 및 확률을 사건에 배정하는 방법으로 구성된다.

표본공간 S는 매우 단순할 수도 있고 또는 매우 복잡할 수도 있다. 동전을 던졌을 때 두 가지 결과, 즉 앞면(H)과 뒷면(T)이 나올 뿐이다. 표본공간은 다음과 같다. $S = \{H, T\}$. 워싱턴포스트/ABC

뉴스 여론조사가 미국에서 성인 1,003명의 무작위 표본을 뽑는 경우, 표본공간에는 성인 2억 5,400만 명 중에서 1,003명에 속할 수 있는 모든 가능한 선택이 포함된다. 이 경우 S는 극단적으로 커지게 된다. S의 각 구성 요소는 표본이 될 수 있으므로 S는 모든 가능한 표본의 수집 또는 '공간'이 된다. 따라서 S를 **표본공간**이라고 한다.

정리문제 9.4

주사위 굴리기

두 개 주사위 굴리기는 카지노에서 돈을 잃는 일반적인 방법이다. 두 개 주사위를 굴리고 순서대로(첫 번째 주사위, 두 번째 주사위) 정면의 숫자를 기록할 때 36가지 가능한 결과가 있다. 그림 9.2는 이런 결과들을 보여 주고 있다. 이것들이 표본공간 S를 구성한다. 굴린 두 개 주사위의 합이 5가 되는 상황이 사건이며, 이를 A라고 하자. 여기에는 36개 결과 중 4개가 포함된다.

확률을 표본공간에 어떻게 배정할 수 있는가? 주사위를 여러 번 실제로 던짐으로써만 해당 두 개 주사위의 실제 확률을 구할 수 있으며, 이럴 때에도 단지 대략적으로만 구할 수 있다. 따라서 이상적이며 완벽하게 균형 잡힌 주사위를 가정한 확률 모형을 사용할 것이다. 이 모형은 주의를 기울여서 만든 카지노 주사위의 경우에 대해서 아주 정확하며, 보드게임용으로 만든 값싼 주사위의 경우에는 덜 정확하다.

주사위가 완벽하게 균형을 이루었다면 그림 9.2에 있는 36가지 결과는 모두 일어날 **가능성이 동일**하다. 즉, 36가지 결과 각각은 장기적으로 주사위를 굴리는 모든 경우에 36분의 1로 나타날 수 있다. 따라서 각 결과의 확률은 1/36이 된다. (두 개 주사위의 합이 5가 되는) 사건 A에는 네 가지 결과가 있으므로 이 사건

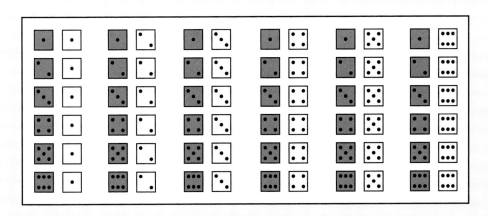

그림 9.2
두 개의 주사위를 굴릴 경우 나올 수 있는 36가지 결과를 보여 주고 있다. 주사위가 완벽하게 균형을 이루도록 만들어졌다면, 이런 결과들 모두는 동일한 확률을 갖게 된다.

의 확률은 4/36가 된다. 이런 방법으로 어떤 사건에도 확률을 배정할 수 있다. 따라서 우리는 완벽한 확률 모형을 갖게 된다.

일반적으로 표본공간의 모든 결과들이 발생할 가능성이 동일한 경우, 어떤 사건이 발생할 확률은 다음과 같다.

$$\frac{\text{해당 사건이 발생하는 건수}}{\text{표본공간에 있는 결과들의 총수}}$$

정리문제 9.5

주사위 굴리기 및 주사위 점의 개수를 세기

도박사들은 주사위 정면에 있는 점의 총합에만 관심을 갖고 있다. 두 개 주사위를 굴리고 점의 개수를 센 표본공간은 다음과 같다.

$$S = \{\, 2, 3, 4, 5, 6, 7, 8, 9, 10, 11, 12 \,\}$$

위의 표본공간 S와 그림 9.2를 비교해 보면 다음과 같은 사실을 알 수 있다. 알아보고자 하는 무작위적인 현상에 대한 세부적인 설명을 변화시킴으로써 S를 변화시킬 수 있다.

위의 새로운 표본공간에서 확률은 어떠한가? 11가지 결과는 발생할 가능성이 동일하지 않다. 왜냐하면 주사위 두 개의 합이 7이 되는 방법은 여섯 가지가 있지만, 2 또는 12가 되는 방법은 단지 한 가지가 있을 뿐이기 때문이다. 핵심은 다음과 같다. 그림 9.2에서 각 결과의 확률은 1/36이다. 주사위를 굴려서 합이 7이 되는 사건은 36가지 결과 중 여섯 가지를 포함하므로 확률은 6/36이 된다. 이와 유사하게 합이 2가 되는 확률은 1/36이 되고, 합이 5가 되는 확률은 4/36이 된다(그림 9.2에 해당하는 네 가지 결과가 있다). 다음은 완벽한 확률 모형이다.

합계	2	3	4	5	6	7	8	9	10	11	12
확률	1/36	2/36	3/36	4/36	5/36	6/36	5/36	4/36	3/36	2/36	1/36

복습문제 9.2

표본공간

대규모 통계학 강좌로부터 무작위적으로 한 학생을 선택하시오. 다음의 각 경우에 대해서 표본공간 S를 설명하시오. (일부 경우에 자유롭게 S를 설정할 수 있다.)

(a) 해당 학생은 애완동물을 갖고 있는가? 또는 갖고 있지 않는가?

(b) 해당 학생의 신장은 몇 미터인가?

(c) 해당 학생의 휴대전화 번호 마지막 세 자리는 무엇인가?

(d) 해당 학생이 출생한 달은 몇 월인가?

9.4   **확률 법칙**

무작위로 시행될 때 주사위 던지기는 매우 간단하다. 그렇더라도 이상적으로 완전히 균형 잡힌 주사위를 가정하여야 한다. 대부분의 상황에서 '올바르고 정확한' 확률 모형을 제시하기란 용이하지 않다. 모든 확률 배정에 대해 참인 사실들을 나열하여 제시함으로써 이 작업을 진행할 수 있다. 이런 사실들은 확률 개념을 장기간에 걸쳐 반복적으로 발생하는 비율로 본다는 점으로부터 추론된다.

1. 어떤 확률도 0과 1 사이의 숫자이다. 모든 비율이 0과 1 사이의 숫자이므로, 확률도 또한 0과 1 사이의 숫자가 된다. 확률이 0인 사건은 결코 발생하지 않으며, 확률이 1인 사건은 시도할 때마다 발생한다. 확률이 0.5인 사건은 장기적으로 볼 때 시도 중 절반에서 발생한다.

2. 모든 가능한 결과를 합하면 확률은 1이 되어야 한다. 시도할 때마다 어떤 사건은 발생하여야 하므로, 모든 가능한 결과들에 대한 확률의 합계는 정확히 1이 되어야 한다.

3. 두 사건이 공통적인 결과를 갖지 않는다면, 한 사건 또는 다른 사건이 발생할 확률은 두 개 사건의 개별 확률을 합산한 것이다. 한 사건이 모든 시도에서 발생할 확률은 40%이고 다른 사건이 모든 시도에서 발생할 확률은 25%이며 두 사건은 결코 같이 발생할 수 없다면, 모든 시도에서 한 사건 또는 다른 사건이 발생할 확률은 65%이다. 왜냐하면 40% + 25% = 65%이기 때문이다.

4. 어떤 사건이 발생하지 않을 확률은 1에서 해당 사건이 발생할 확률을 감한 값이다. 어떤 사건이 모든 시도에서 발생할 확률이 예를 들면 70%라고 할 경우, 나머지 30%에서는 발생하지 않는다. 어떤 사건이 발생할 확률과 해당 사건이 발생하지 않을 확률을 합하면 언제나 100% 또는 1이 된다.

수학적 기호를 사용하면 위의 네 가지 법칙을 보다 간결하게 나타낼 수 있다. 여기서 알파벳의 대문자는 사건을 의미한다. A가 어떤 사건이라면 이것의 확률은 $P(A)$로 표현할 수 있다. 다음의 확률 법칙은 부호를 사용하여 나타낸 것이다. 이 법칙을 적용할 때, 이것들은 단지 장기적인 비율에 관해서 직관적으로 참인 사실들을 다른 형태로 표현한 것일 뿐이라는 점을 기억하자.

확률 법칙

법칙 1 : 어떤 사건 A에 대한 확률 $P(A)$는 다음을 충족시킨다. $0 \le P(A) \le 1$.

법칙 2 : S가 확률 모형에서 표본공간이라면, $P(S) = 1$이 된다.

법칙 3 : 두 사건이 공통적인 결과를 갖지 않아서 결코 같이 발생하지 않는다면, 사건 A와 사건 B는 별개사건이 된다. A와 B가 별개사건인 경우 다음이 성립한다.

$$P(A \ \text{또는} \ B) = P(A) + P(B)$$

이를 **별개사건에 대한 덧셈 법칙**(addition rule for disjoint events)이라고 한다.

법칙 4 : 어떤 사건 A에 대해서 다음이 성립한다.

$$P(A가 \; 발생하지 \; 않는다) = 1 - P(A)$$

합산 법칙은 사건들이 공통의 결과를 갖지 않는다는 의미에서, 별개인 세 개 이상의 사건에도 적용된다. 사건 A, B, C가 별개인 경우, 이 사건들 중 한 개가 발생할 확률은 $P(A) + P(B) + P(C)$이다.

정리문제 9.6

확률 법칙의 사용

이름을 명명하여 부르지는 않았지만 정리문제 9.5에서 확률을 구하기 위해 합산 법칙을 이미 사용하였다. 두 개의 주사위를 합산해서 5가 되는 사건은 정리문제 9.4에서 살펴본 네 개의 별개 결과를 포함한다. 따라서 합산 법칙(법칙 3)에 따르면 이 사건의 확률은 다음과 같다.

$$P(합산해서 \; 5가 \; 되는 \; 사건) = P(\boxdot \; \vdots) + P(\because \; \therefore) + P(\therefore \; \because) + P(\vdots \; \boxdot)$$

$$= \frac{1}{36} + \frac{1}{36} + \frac{1}{36} + \frac{1}{36}$$

$$= \frac{4}{36} = 0.111$$

합산 법칙을 사용하여 구한 정리문제 9.5의 확률은 모두 0과 1 사이에 있으며, 이를 총합할 경우 정확하게 1이 되는지 알아보시오. 즉, 이 확률 모형은 법칙 1 및 법칙 2를 준수한다.

두 개 주사위를 합산해서 5가 아닌 다른 결과가 나올 확률은 얼마인가? 법칙 4에 따르면 다음과 같다.

$$P(합산해서 \; 5가 \; 되지 \; 않는 \; 사건) = 1 - P(합산해서 \; 5가 \; 되는 \; 사건)$$

$$= 1 - 0.111 = 0.889$$

이 모형은 개별 결과에 대해 확률을 배정한다. 어떤 사건의 확률을 구하려면, 해당 사건을 구성하는 결과의 확률을 합산하면 된다. 예를 들면 다음과 같다.

$$P(합산한 \; 결과가 \; 홀수인 \; 사건) = P(3) + P(5) + P(7) + P(9) + P(11)$$

$$= \frac{2}{36} + \frac{4}{36} + \frac{6}{36} + \frac{4}{36} + \frac{2}{36}$$

$$= \frac{18}{36} = \frac{1}{2}$$

Image Source Plus/Alamy Stock Photo

복습문제 9.3

누가 GMAT 시험을 치는가?

많은 경우에 '확률 법칙'은 백분율에 관한 기초적인 사실일 뿐이다. 경영대학원 입학시험(GMAT) 웹사이트는 2018년에 이 시험을 치른 사람들이 가진 국적의 지리적 지역에 대한 정보를 다음과 같이 제공하였다. 아프리카 1.9%, 오스트레일리아 및 태평양의 섬 0.3%, 캐나다 2.4%, 중앙아시아 및 남아시아 14.3%, 동아시아 및 동남아시아 36.1%, 동유럽 1.7%, 멕시코 · 카리브해 · 라틴아메리카 3.2%, 중동 2.2%, 미국 30.3%, 서유럽 7.6%이었다.

(a) 2018년에 GMAT를 치른 사람들 중 몇 퍼센트가 아메리카(캐나다, 미국, 멕시코 · 카리브해 · 라틴아메리카) 지역의 국적이었는가? 이 물음에 답하기 위해서 어떤 확률 법칙을 사용하였는가?

(b) 2018년에 GMAT를 치른 사람들 중 몇 퍼센트가 미국 이외 지역의 국적을 갖고 있는가? 이 물음에 답하기 위해서 어떤 확률 법칙을 사용하였는가?

복습문제 9.4

과체중?

확률 법칙은 백분율 또는 비율에 관한 기초적인 사실일 뿐이지만, 우리는 사건과 그것의 확률이란 용어를 사용할 필요가 있다. 20세 이상인 미국 성인을 무작위적으로 선택해서 다음 두 개의 사건을 정의하시오.

A = 선택된 사람이 뚱뚱하다

B = 선택된 사람이 과체중이기는 하지만 뚱뚱하지는 않다

미국 국립건강통계센터에 따르면 $P(A) = 0.40$이고 $P(B) = 0.32$가 된다.

(a) 사건 A 및 사건 B가 별개인 이유를 설명하시오.

(b) 사건 'A 또는 B'가 무엇을 의미하는지 간략하게 설명하시오. $P(A$ 또는 $B)$는 무엇인가?

(c) C는 선택된 사람이 정상체중 또는 그 이하의 체중일 사건이라면, $P(C)$는 무엇인가?

복습문제 9.5

캐나다의 공용어

캐나다에는 두 개의 공용어, 즉 영어 및 프랑스어가 있다. 캐나다인을 무작위적으로 선택하여 "모국어가 무엇인가?"라는 질문을 하였다. 다음은 다양한 별개의 언어에 대한 응답의 분포를 보여 주고 있다.

모국어	영어	프랑스어	기타
확률	0.57	0.21	?

(a) 캐나다에서 모국어가 영어 또는 프랑스어 이외의 언어일 확률은 무엇인가?

(b) 위의 분포에서 '?' 대신에 어떤 확률을 채워 넣어야 하는가?

(c) 캐나다에서 모국어가 영어가 아닐 확률은 얼마인가?

9.5 유한 확률 모형

정리문제 9.4, 정리문제 9.5, 정리문제 9.6은 확률들을 사건들에 배정하는 한 가지 방법을 설명하고 있다. 즉, 확률을 각 개별 결과에 배정하고 나서 해당 사건의 확률을 구하기 위해 이 확률들을 합산하였다. 결과들의 수가 유한한(고정되고 제한된) 경우에만 이런 사고가 적절하다.

유한 확률 모형

유한한 표본공간을 갖는 확률 모형을 **유한**(finite) 확률 모형이라고 한다.

유한 모형에서 확률을 배정하려면, 모든 개별적 결과의 확률을 목록으로 작성하여야 한다. 이 확률들은 0과 1 사이의 숫자이어야 하며 합산하면 정확히 1이 되어야 한다. 어떤 사건의 확률은 해당 사건을 구성하는 결과들의 확률을 합산한 것이다.

이 책에서는 유한 확률 모형을 이산적 확률 모형이라고 이따금 부를 것이며, 실제로 통계학자들은 종종 유한 확률 모형을 이산적 확률 모형이라고 한다.

정리문제 9.7

위조 데이터

조세환급, 송장, 비용 계산 청구 등에 있는 위조된 가짜 숫자들은 적법한 문서에는 없는 패턴을 보여 준다. 예를 들면 너무 많은 대략적인 숫자들처럼 일부 패턴은 명백하며 교묘하게 속이려는 사람들에 의해 쉽게 피할 수 있다. 다른 것들은 보다 미묘하다. 적법한 문서에 있는 번호들의 첫 번째 숫자는 벤포드의 법칙이라고 알려진 모형을 종종 따른다는 놀라운 사실이 존재한다. 무작위적으로 선택한 서류에서 첫 번째 숫자를 생략하여 X라고 하자. 벤포드의 법칙은 X에 대해 다음과 같은 확률 모형을 제시하고 있다(첫 번째 숫자는 0이 될 수 없다는 사실에 주목하자).

첫 번째 숫자 X	1	2	3	4	5	6	7	8	9
확률	0.301	0.176	0.125	0.097	0.079	0.067	0.058	0.051	0.046

결과들의 확률을 합산하면 정확히 1이 되는지 알아보자. 따라서 이것은 적합한 유한(또는 이산적) 확률 모형이다. 조사자들은 업체가 지불한 송장과 같은 문서에서의 첫 번째 숫자들과 이들의 확률을 비교함으로써 가짜 서류인지를 알아낸다.

첫 번째 숫자가 6과 같거나 또는 더 클 확률은 다음과 같다.

$$P(X \geq 6) = P(X = 6) + P(X = 7) + P(X = 8) + P(X = 9)$$
$$= 0.067 + 0.058 + 0.051 + 0.046 = 0.222$$

이것은 문서에서 첫 번째 숫자가 1이 될 확률보다 더 작다.

$$P(X = 1) = 0.301$$

위조된 가짜 서류들은 너무 적은 1이란 숫자를 갖고, 너무 많은 더 높은 숫자들을 갖는 경향이 있다.

첫 번째 숫자가 6보다 더 크거나 또는 같을 확률이 6보다 엄밀히 더 클 확률과 같지 않다는 점에 주목하자. 후자의 확률은 다음과 같다.

$$P(X > 6) = 0.058 + 0.051 + 0.046 = 0.155$$

결과 $X = 6$은 '더 크거나 또는 같을' 확률에는 포함되지만 '엄밀히 더 클' 확률에는 포함되지 않는다.

정리문제 9.8

완전 무작위 설계

제8장에서는 완전 무작위 실험 설계를 논의하였다. 실험을 하기 위해 세 명의 남성, 즉 아리, 루이스, 트로이 그리고 세 명의 여성, 즉 안나, 데브, 후이가 있다고 가상하자. 여섯 명의 피실험자 중에서 세 명은 완전 무작위로 새로운 실험적인 체중 감량 처리에 배정되어야 하고, 나머지 세 명은 가짜 체중 감량에 배정되어야 한다. 이들 피실험자 중에서 처리 그룹에 배정될 세 명을 선택하는 모든 가능한 20가지 방법은 다음과 같다. (나머지 세 명은 가짜 체중 감량 그룹에 배정된다.)

처리 그룹	처리 그룹
아리, 루이스, 트로이	루이스, 트로이, 안나
아리, 루이스, 안나	루이스, 트로이, 데브
아리, 루이스, 데브	루이스, 트로이, 후이
아리, 루이스, 후이	루이스, 안나, 데브
아리, 트로이, 안나	루이스, 안나, 후이
아리, 트로이, 데브	루이스, 데브, 후이
아리, 트로이, 후이	트로이, 안나, 데브
아리, 안나, 데브	트로이, 안나, 후이
아리, 안나, 후이	트로이, 데브, 후이
아리, 데브, 후이	안나, 데브, 후이

이들 20개 처리 그룹들은 여섯 명의 피실험자 중에서 처리 그룹에 배정된 세 명의 결과들이며, 이들 결과는 표본공간을 구성한다. 완전 무작위 설계하에서, 20개 처리 그룹(결과)들 각각은 발생할 확률이 동일하다. 따라서 각각은 처리 그룹에 배정된 실제 그룹이 될 확률이 1/20이다. 모든 남성이 처리 그룹에 배정될 확률은 1/20이며, 처리 그룹이 모두 남성 또는 모두 여성으로 구성될 확률은 2/20이다.

복습문제 9.6

주사위 굴리기

그림 9.3은 주사위 굴리기에 대한 몇 개의 유한 확률 모형을 보여 주고 있다. 특정 주사위에 대해 어느 모형이 실제로 정확한지는 주사위를 여러 번 던짐으로써만 알 수 있다. 하지만 일부 모형은 정당하지 않다. 즉, 법칙을 준수하지 않는다. 어떤 모형이 정당하고 어떤 모형이 정당하지 않은가? 정당하지 않은 모형의 경우 무엇이 잘못되었는지 설명하시오.

		확률			
결과	모형 1	모형 2	모형 3	모형 4
⚀	1/7	1/3	1/3	1
⚁	1/7	1/6	1/6	1
⚂	1/7	1/6	1/6	2
⚃	1/7	0	1/6	1
⚄	1/7	1/6	1/6	1
⚅	1/7	1/6	1/6	2

그림 9.3
복습문제 9.6에서 살펴본 주사위의 여섯 개 면에 배정된 확률을 보여 주는 네 개 모형이다.

복습문제 9.7

벤포드의 법칙

무작위적으로 선택한 비용 계산 청구서의 첫 번째 숫자는 벤포드의 법칙을 따른다(정리문제 9.7 참조). 다음과 같은 사건을 생각해 보자.

A = { 첫 번째 숫자가 4 이상이다 }
B = { 첫 번째 숫자가 짝수이다 }

(a) 어떤 결과가 사건 A를 구성하는가? $P(A)$는 얼마인가?
(b) 어떤 결과가 사건 B를 구성하는가? $P(B)$는 얼마인가?
(c) 어떤 결과가 사건 'A 또는 B'를 구성하는가? $P(A$ 또는 $B)$는 얼마인가? 이 확률이 $P(A)+P(B)$와 같지 않은 이유는 무엇 때문인가?

9.6 연속적 확률 모형

무작위 숫자 표를 사용하여 0과 9 사이의 숫자를 선택하는 경우 발생할 수 있는 10개의 결과 각각에 대해 유한 확률 모형은 1/10의 확률을 배정한다. 0과 1 사이의 무작위적인 숫자를 선택하려 하며, 0 과 1 사이의 어떤 숫자도 결과로 받아들인다고 가정하자. 무작위 숫자 생성 소프트웨어가 이 작업을 할 것이다. 예를 들어 소프트웨어를 사용하여 0과 1 사이의 5개 무작위 숫자를 생성하면 다음과 같다.

$$0.2893511 \quad 0.3213787 \quad 0.5816462 \quad 0.9787920 \quad 0.4475373$$

이때 표본공간은 해당 구간의 전체 숫자이다.

$$S = \{\, 0과 1 \text{ 사이의 모든 숫자} \,\}$$

무작위로 생성된 숫자의 결과를 Y라고 하자. $\{\, 0.3 \le Y \le 0.7 \,\}$와 같은 사건에는 확률을 어떻게 배정할 수 있는가? 무작위 숫자를 선택하는 경우처럼 모든 결과는 발생할 가능성이 동일하다고 하자. 하지만 Y의 개체값 각각에 대해서 확률을 배정하고 이를 합산할 수는 없다. 왜냐하면 해당 구간에서 발생할 수 있는 값이 무한하기 때문이다. 실제로 Y의 개체값 목록을 작성할 수조차도 없다. 예를 들면 Y에서 0.3 다음으로 큰 값이 무엇인가?

밀도곡선 아래의 면적처럼 사건들에게 확률을 직접적으로 배정하는 새로운 방법을 사용하게 된다. 어느 밀도곡선도 그 아래 면적은 정확하게 1이 되며, 이는 총확률이 1이라는 의미이다. 제3장에서 살펴본 데이터의 모형에서와 같은 밀도곡선을 접하게 된다.

연속적 확률 모형

연속적 확률 모형(continuous probability model)은 확률을 밀도곡선 아래의 면적으로 배정한다. 값들의 해당 범위 위와 밀도곡선 아래의 면적이 해당 범위에서 발생하는 결과의 확률이 된다.

정리문제 9.9

무작위 숫자

무작위 숫자를 생성하는 장치는 0부터 1까지 전체 구간에 걸쳐 결과가 균일하게 분산되도록 숫자를 연속적으로 길게 만들어 낸다. 그림 9.4는 10,000개 무작위 숫자들의 히스토그램이다. 분포가 매우 균일하지만 정확하게 균일하지는 않다. 10,000개 숫자가 균일하게 분포되었다면 막대의 높이도 정확하게 동일해진다(각 막대에는 1,000개 숫자가 있게 된다). 하지만 개수는 낮게는 978개부터 높게는 1,060개까지 분포된다.

제3장에서와 마찬가지로 막대의 총면적이 정확하게 1이 되도록 히스토그램의 척도를 조정하였다. 이제 완벽하게 무작위적인 숫자들의 분포를 보여 주는 밀도곡선을 구할 수 있게 되었다. 이 밀도곡선은 그림 9.4와 같다. 0부터 1 사이의 구간에서 높이는 1이 된다. 이것은 **균일 분포** 밀도곡선이다. 이것은 생성된 매우 많은 무작위적인 숫자들의 결과에 대한 연속적 확률 모형이다. 완전하게 균형이 잡힌 동전과 주사

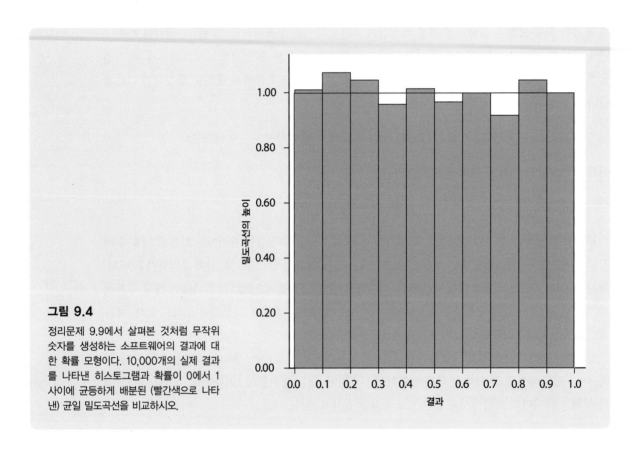

그림 9.4

정리문제 9.9에서 살펴본 것처럼 무작위 숫자를 생성하는 소프트웨어의 결과에 대한 확률 모형이다. 10,000개의 실제 결과를 나타낸 히스토그램과 확률이 0에서 1 사이에 균등하게 배분된 (빨간색으로 나타낸) 균일 밀도곡선을 비교하시오.

위에 대한 확률 모형처럼, 밀도곡선은 생성된 완전하게 균일한 무작위적인 숫자들을 이상적으로 설명한 것이다. 소프트웨어를 이용하여 생성된 결과는 대략적으로 잘 나타내지만, 실제 결과가 이상적인 모형과 정확히 같게 보이는 데는 10,000번의 시도로는 충분하지 않다.

균일 분포

균일 분포(uniform distribution)는 정의된 값의 범위 내에서 모든 숫자(일정한 길이의 매 구간)에 동일한 확률을 배정하는 연속적 확률분포이다.

균일 밀도곡선은 0부터 1까지의 구간에서 높이가 1이 된다. 이 곡선 아래의 면적은 1이 되며, 어떤 사건의 확률은 해당 사건에 상응하는 구간 위와 곡선 아래 사이의 면적이 된다. 그림 9.5는 밀도곡선 아래의 면적으로 확률을 구하는 방법을 설명하고 있다. 무작위적인 숫자를 생성하는 방법으로 0.3과 0.7 사이의 숫자를 만들 확률은 다음과 같다.

$$P(0.3 \leq Y \leq 0.7) = 0.4$$

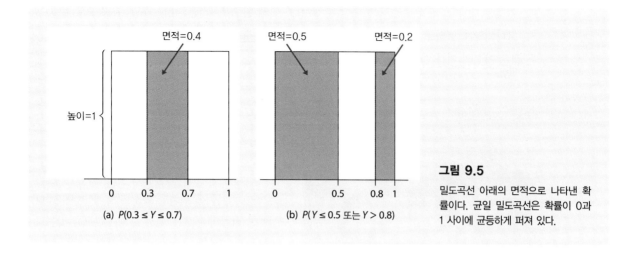

그림 9.5

밀도곡선 아래의 면적으로 나타낸 확률이다. 균일 밀도곡선은 확률이 0과 1 사이에 균등하게 퍼져 있다.

왜냐하면 0.3부터 0.7까지의 구간 위와 밀도곡선 아래 사이의 면적이 0.4이기 때문이다. 곡선의 높이는 1이고 직사각형의 넓이는 높이와 길이를 곱한 값이기 때문에, 어떤 구간에 대한 확률은 해당 구간의 길이와 같아진다. 따라서 다음과 같다.

$$P(Y \leq 0.5) = 0.5$$
$$P(Y > 0.8) = 0.2$$
$$P(Y \leq 0.5 \ \text{또는} \ Y > 0.8) = 0.7$$

위에서 마지막 사건은 겹치지 않는 두 개 구간으로 구성되므로, 해당 사건 위의 총면적은 그림 9.5(b)에서 보는 것처럼 두 개 면적을 합산함으로써 구할 수 있다. 확률을 배정할 때 확률 법칙을 모두 준수하여야 한다.

연속적 확률 모형은 개별 결과에 대해서가 아니라 결과의 구간들에 대해 확률을 배정한다. 실제로 모든 연속 확률 모형은 모든 개별 결과에 대해서 확률 0을 배정한다. 값이 있는 구간들만이 양의 확률을 갖게 된다. 이것이 사실인지 알아보기 위해서 예를 들면 $P(Y = 0.8)$과 같은 특정 결과를 생각해 보자. 어떤 구간의 확률은 길이와 동일하다. 점 0.8은 길이가 없으므로 확률은 0이 된다. 이를 달리 표현하면 $P(Y > 0.8)$ 및 $P(Y \geq 0.8)$은 둘 다 0.2가 된다. 왜냐하면 이것은 그림 9.5(b)에서 0.8과 1 사이의 면적이기 때문이다.

밀도곡선을 사용하여 확률을 배정할 수 있다. 밀도곡선에 대해서는 제3장에서 살펴보았으며, 우리에게 가장 친근한 밀도곡선은 정규곡선이다. 정규곡선을 사용하여 데이터의 분포를 설명하며, 이를 활용하여 두 개 숫자 사이의 값을 취하는 데이터의 비율에 관한 물음에 답할 수 있다. **정규분포**는 데이터를 설명할 뿐만 아니라 **연속 확률 모형**이다. 데이터를 이상적으로 설명하는 것으로서의 정규분포와 정규 확률 모형 사이에는 밀접한 연관이 있다. 모든 젊은 여성의 키를 관찰해 볼 경우, 이것은 평균 $\mu = 64.1$인치, 표준편차 $\sigma = 3.7$인치인 정규분포를 밀접히 따라간다는 사실을 알 수 있다. 이것은 대규모 데이터 세트에 대한 분포이다. 이제 한 명의 젊은 여성을 무작위적으로 뽑아 보자. 그녀의 키를 X라고 하자. 이런 무작위적인 선택을 매우 여러 번 반복할 경우 X값들의 분포는 모든 젊은 여성의 키를 설명하는 것과 동일한 정규분포를 하게 된다.

젊은 여성들의 키

무작위로 선택한 20~29세 여성들의 키가 68인치와 70인치 사이에 위치할 확률은 얼마인가? 우리가 선택한 여성의 키 X는 $N(64.1, 3.7)$ 분포를 갖는다. $P(68 \leq X \leq 70)$를 구하고자 한다. 이것은 그림 9.6에서 정규곡선 아래의 면적이다. 소프트웨어를 사용하면, 즉시 다음과 같은 답을 구할 수 있다. $P(68 \leq X \leq 70) = 0.0905$.

우리는 또한 표준화를 하고, 표준정규확률표인 표 A를 사용하여 확률을 구할 수 있다. 대문자 Z를 표준정규변수로 사용할 것이다.

$$P(68 \leq X \leq 70) = P\left(\frac{68-64.1}{3.7} \leq \frac{X-64.1}{3.7} \leq \frac{70-64.1}{3.7} \right)$$
$$= P(1.05 \leq Z \leq 1.59)$$

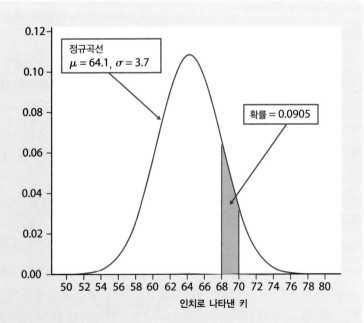

그림 9.6

정규곡선 아래의 면적으로 나타낸 정리문제 9.10의 확률을 보여 준다.

$$= P(Z \le 1.59) - P(Z \le 1.05)$$
$$= 0.9441 - 0.8531 = 0.0910$$

계산법은 제3장에서와 동일하며, 확률이란 용어가 새롭게 사용되었을 뿐이다. 제3장에서는 모집단에 대한 값들이 일정한 구간에 포함될 비율 또는 백분율이 무엇인가를 질문하였다. 이제 다음과 같은 질문을 한다. 무작위로 선택한 값이 해당 구간에 포함될 확률은 무엇인가? 확률은 비율과 같다.

복습문제 9.8

무작위 수

정리문제 9.9 및 그림 9.4에서 살펴본 무작위 숫자를 이상적으로 생성하는 방법으로 구한 0과 1 사이의 무작위 수를 Y라고 하자. 다음의 확률을 구하시오.

(a) $P(Y \le 0.6)$

(b) $P(Y < 0.6)$

(c) $P(0.4 \le Y \le 0.8)$

(d) $P(0.4 < Y \le 0.8)$

복습문제 9.9

무작위 수를 합산하기

0과 1 사이에 있는 두 개 무작위 수를 구하여 이들을 합산하고 X라고 하자. 합계 X는 0과 2 사이의 어떤 값을 취하게 된다. X의 밀도곡선은 그림 9.7에 있는 삼각형이다.

(a) 이 곡선 아래의 면적이 1이라는 사실을 기하학적으로 입증하시오.

(b) X가 1보다 작을 확률은 무엇인가? 밀도곡선을 그리고, 이 확률을 나타내는 면적에 빗금을 치고 나서, 해당 면적을 구하시오. (c)에 대해서도 이렇게 하시오.

(c) X가 0.5보다 작을 확률은 얼마인가?

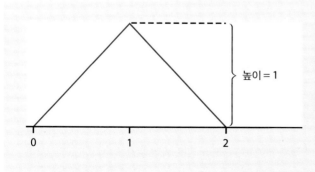

높이 = 1

그림 9.7

복습문제 9.9에서 살펴본 것처럼 두 개 무작위 수의 합계에 대한 밀도곡선이다. 이 밀도곡선은 0과 2 사이에 확률이 퍼져 있다.

미국 의과대학 입학시험

평균 $\mu = 500.9$ 및 표준편차 $\sigma = 10.6$인 정규분포는 미국 의과대학 입학시험(MCAT)의 총점을 잘 설명해 주고 있다. 이것은 무작위로 선택한 학생의 점수에 대한 연속적 확률 모형이 된다. 무작위로 선택한 학생의 점수를 X라고

하자.

(a) '선택된 학생이 510점 이상의 점수를 받는다'는 사건을 X 측면에서 기술하시오.

(b) 위의 사건에 대한 확률을 구하시오.

9.7 확률변수

정리문제 9.7, 정리문제 9.9, 정리문제 9.10에서 편리하고 간단한 표기법을 사용하였다. 정리문제 9.10에서 X는 무작위적으로 여성을 선택하여 그녀의 키를 측정한 결과를 의미한다. 또 다른 무작위적인 선택을 할 경우, X가 상이한 값을 갖는다는 사실을 알고 있다. 그 값이 어떤 무작위적인 선택에서 다른 무작위적인 선택으로 변화하기 때문에, 키 X를 **확률변수**라고 한다.

> **확률변수**
>
> **확률변수**(random variable)는 그 값이 무작위적인 현상의 숫자적인 결과가 되는 변수이다.
>
> 확률변수 X의 **확률분포**(probability distribution)는 X가 어떤 값을 취하고 이 값에 확률이 어떻게 배분되는지를 알려 준다.

우리는 보통 예를 들면 X 또는 Y처럼 알파벳 마지막 부분에 위치한 대문자로 확률변수를 나타낸다. 물론 우리에게 가장 관심이 큰 확률변수는 예를 들면 무작위 표본의 평균값 $\bar{x}$와 같은 결과이다. 우리는 계속해서 눈에 익은 이런 표기법을 사용할 것이다. 두 가지 형태의 확률 모형, 즉 유한(또는 이산적) 확률 모형 및 연속적 확률 모형에 상응하는 두 가지 형태의 확률변수가 있다.

유한 확률변수 및 연속적 확률변수

정리문제 9.7에서 첫 번째 숫자 X는 값들이 정수 {1, 2, 3, 4, 5, 6, 7, 8, 9}인 확률변수이다. X의 분포는 이런 결과들 각각에 대해 확률을 배정한다. 이런 유한한 결과를 갖는 변수들을 **유한 확률변수**(finite random variable)라고 한다.

정리문제 9.8에서 살펴본 무작위적인 숫자 생성 방법에 의한 결과 Y를 생각해 보시오. Y의 값들은 0과 1 사이에 있는 전체 숫자 구간을 채우게 된다. Y의 확률분포는 그림 9.4에서 보는 밀도곡선으로 주어진

다. 구간에 있는 어떤 값도 취할 수 있고 밀도곡선 아래의 면적으로 확률을 나타내는 이런 변수를 **연속적 확률변수**(continuous random variable)라고 한다.

확률변수는 그 값이 무작위적인 현상이 숫자적인 결과가 되는 변수라고 정의하였다. 하지만 무작위적인 현상의 결과가 숫자가 아닌 상황이 존재한다. 정리문제 9.2에서는 동전 던지기로 나올 수 있는 결과가 앞면 및 뒷면이었다. 이런 결과를 숫자로 나타낼 수 있다. 즉 1은 앞면을 나타내고, 0은 뒷면을 나타낸다. 무작위적인 현상의 비숫자적인 결과를 나타내기 위해서 숫자를 사용하는 것은 통계학에서 일반적인 관례이다. 수학적인 목적을 위해서, 비숫자적인 결과를 숫자로 나타낸다는 것을 의미한다고 하더라도 확률변수가 숫잣값을 취하도록 제한하는 것이 편리하다.

복습문제 9.11

경영학 교과목의 학점

미국 인디애나대학교는 교과목의 학점 분포를 온라인상에 발표한다. 2019년 봄 학기에 학수번호가 '경영학 100'인 교과목을 택한 학생들은 9%가 A+, 15%가 A, 13%가 A−, 10%가 B+, 13%가 B, 8%가 B−, 7%가 C+, 11%가 C, 0%가 C−, 2%가 D+, 4%가 D, 0%가 D−, 8%가 F를 각각 받았다. '경영학 100'을 택한 학생들을 무작위적으로 고르시오. '무작위적으로 고른다'는 것은 모든 학생들에게 선택될 수 있는 동일한 기회를 준다는 의미이다. 4점 척도(A+ = 4.3, A = 4, A− = 3.7, B+ = 3.3, B = 3.0, B− = 2.7, C+ = 2.3, C = 2.0, C− = 1.7, D+ = 1.3, D = 1.0, D− = 0.7, F = 0.0)에서, 학생들의 학점은 다음과 같은 확률분포를 갖는 확률변수 X이다.

X의 값	0.0	0.7	1.0	1.3	1.7	2.0	2.3	2.7	3.0	3.3	3.7	4.0	4.3
확률	0.08	0.00	0.04	0.02	0.00	0.11	0.07	0.08	0.13	0.10	0.13	0.15	0.09

(a) X는 유한 확률변수인가? 또는 연속적 확률변수인가? 설명하시오.

(b) $P(X \geq 3.0)$이 의미하는 바를 말로 설명하시오. 이것의 확률은 얼마인가?

(c) '학생이 B−보다 더 낮은 학점을 받았다'라는 사건을 확률변수 X의 값 측면에서 작성하시오. 이 사건의 확률은 얼마인가?

복습문제 9.12

1마일 달리기

미국 일리노이대학교에서 시행한 신체 건강한 12,000명의 남학생에 대한 연구에 의하면 1마일을 달리는 데 소요되는 시간이 평균이 7.11분이고 표준편차가 0.74분인 대략적인 정규분포를 한다. 이 집단에서 무작위적으로 학생을 골라서 1마일을 달리는 데 걸리는 시간을 Y라고 하자.

(a) Y는 유한 확률변수인가? 또는 연속적 확률변수인가?

설명하시오.

(b) $P(Y \geq 8)$이 의미하는 바를 말로 설명하시오. 이것의 확률은 얼마인가?

(c) '학생이 6분보다 더 적은 시간으로 1마일을 달릴 수 있다'라는 사건을 확률변수 Y의 값 측면에서 작성하시오. 이 사건의 확률은 얼마인가?

요약

- 확률현상(우연한 실험)은 예측할 수는 없지만 그럼에도 불구하고 매우 여러 번 반복할 경우 규칙적인 분포를 하는 결과들을 갖게 된다.

- 어떤 사건의 확률은 무작위한 현상이 여러 번 반복된 시도에서 해당 사건이 발생한 횟수의 비율이다.

- 확률현상에 대한 확률 모형은 표본공간 S와 확률 P의 배정으로 구성된다.

- 표본공간 S는 발생할 수 있는 무작위적인 현상의 모든 가능한 결과들의 집합이다. 결과들의 집합을 사건이라고 한다. P는 사건 A에 대한 확률로, 숫자 $P(A)$를 배정한다.

- 확률을 배정할 때, 확률의 기본 성격을 설명하는 다음의 법칙을 준수하여야 한다.

  1. 어떤 사건 A에 대해서 다음이 성립한다. $0 \leq P(A) \leq 1$.

  2. $P(S) = 1$

  3. **합산 법칙**: 사건 A 및 사건 B가 공통의 결과를 갖지 않을 경우, 이들은 개별적인 사건이다. 사건 A 및 사건 B가 개별적인 사건인 경우, 다음과 같다. $P(A$ 또는 $B) = P(A) + P(B)$.

  4. 어떤 사건 A에 대해서 다음이 성립한다. $P(A$가 발생하지 않는다$) = 1 - P(A)$.

- 표본공간 S가 유한한 결과들을 포함할 때, 유한 확률 모형은 배정된 확률들의 합이 정확하게 1이 되도록 이 값들 각각에 대해서 0과 1 사이의 확률을 배정한다. 어떤 사건의 확률은 해당 사건을 구성하는 모든 결과들에 대한 확률의 합계이다. 유한 확률 모형을 이산적 확률 모형이라고도 한다.

- 표본공간은 숫자들의 어떤 구간에 있는 모든 값들을 결과로서 포함할 수 있다. 연속적 확률 모형은 확률을 밀도곡선 아래의 면적으로 배정한다. 어떤 사건의 확률은 해당 사건을 구성하는 값들의 위와 밀도곡선 아래 사이에 위치한 면적이다.

- 확률변수는 무작위적인 현상의 결과로 결정된 숫잣값을 취하는 변수이다. 확률변수 X의 확률분포는 X가 어떤 값이 되고 이 값에 확률이 어떻게 배정되는지를 알려 준다.

- 확률변수 X 및 이것의 분포는 이산적일 수도 있고 또는 연속적일 수도 있다. 유한한 값들을 갖는 이산적 확률변수의 분포는 각 값의 확률을 알려 준다. 연속적 확률변수는 숫자들 사이의 구간에 있는 모든 값을 취한다. 밀도곡선은 연속적 확률변수의 확률분포를 설명해 준다.

주요 용어

균일 분포	유한 확률 모형	확률 모형
무작위	유한 확률변수	확률변수
연속적 확률 모형	표본공간	확률분포
연속적 확률변수	확률	

연습문제

1. **표본공간** 다음과 같은 각 상황에서, 무작위적인 현상에 대한 표본공간 S를 설명하시오.
   (a) 어떤 농구 선수는 네 번의 자유투를 던지려고 한다. 여러분은 성공과 실패의 차례(순서)를 기록한다.

   Darrell Walker/HWMS/Icon SMI 945/Icon Sportswire/Athens GA United States

   (b) 어떤 농구 선수는 네 번의 자유투를 던지려고 한다. 여러분은 농구 선수가 획득한 득점수를 기록한다.

2. **미국 고등학생들의 외국어 학습** 미국 공립 고등학교에서 학생을 무작위로 선택하여, 영어 이외의 다른 언어, 즉 외국어를 공부하는지 여부를 물어보았다. 다음은 답변한 결과의 분포이다.

외국어	스페인어	프랑스어	독일어	기타	배우지 않는다
확률	0.30	0.08	0.02	0.03	0.57

   (a) 이 확률 모형이 적절한 이유를 설명하시오.
   (b) 무작위로 선택한 학생이 영어 이외의 언어, 즉 외국어를 공부할 확률은 무엇인가?
   (c) 무작위로 선택한 학생이 프랑스어 또는 독일어 또는 스페인어를 공부할 확률은 무엇인가?

3. **자동차 색깔** 신형 승용차 또는 경트럭을 무작위로 골라서 이들의 색깔에 주목해 보자. 2018년도에 전 세계적으로 팔린 자동차의 가장 인기 있는 색깔들의 확률은 다음과 같다.

색깔	흰색	검은색	회색	은색	천연색	빨간색	파란색
확률	0.39	0.17	0.12	0.10	0.07	0.07	0.07

   (a) 여러분이 선택한 자동차가 위에 명시된 것과 다른 색을 가질 확률은 무엇인가?
   (b) 무작위로 선택한 자동차가 흰색도 아니고 은색도 아닐 확률은 무엇인가?

4. **카드 뽑기** 여러분은 일곱 장의 카드 세트로부터, 무작위로(즉, 모든 선택은 동일한 확률을 갖는다) 한 장의 카드를 뽑으려 한다. 여러분이 볼 수는 없지만, 카드는 다음과 같다.

   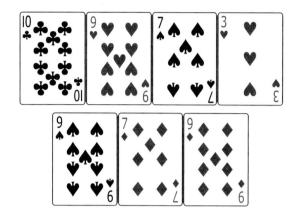

   (a) 9란 숫자를 뽑을 확률은 무엇인가?
   (b) 빨간색 9란 숫자를 뽑을 확률은 무엇인가?
   (c) 7이란 숫자를 뽑지 않을 확률은 무엇인가?

5. **미국의 인종** 미국 센서스국은 각 사람들로 하여금 다양한 인종 목록으로부터 선택하도록 한다. 즉, 미국 센서스국 측에서 보면, 사람들은 자신이 속한다고 선언한 인종에 속하게 된다. '히스패닉/라티노'는 별개의 범주이다. 미국 국민을 무작위로 선택할 경우, 미국 센서스국에 따르면 확률이 다음과 같다고 한다(히스패닉은 미국 내에서 스페인어를 쓰는 라틴아메리카계 주민이다).

	히스패닉	비히스패닉
아시아인	0.003	0.064
흑인	0.011	0.131
백인	0.161	0.605
기타	0.009	0.016

   (a) 이것은 정당한 확률 배정이라는 사실을 입증하시오.
   (b) 무작위로 선택한 미국인이 히스패닉일 확률은 무엇인가?
   (c) 미국에서 역사적으로 볼 때, 비히스패닉 백인이 다

수이다. 무작위로 선택한 미국인이 이 그룹에 속하지 않을 확률은 무엇인가?

6. **출생 순서** 부부는 세 명의 자녀를 가질 계획이다. 딸 (G)과 아들(B)을 낳을 여덟 가지 출생 순서가 있다. 예를 들면 GGB는 처음 두 명의 자녀가 딸이고 세 번째 자녀는 아들이다. 여덟 가지 출생 순서는 모두 (대략적으로) 동등한 가능성을 갖는다.

(a) 세 명의 자녀에 대한 성별의 여덟 가지 출생 순서를 쓰시오. 이 출생 순서 중 어느 하나의 확률은 무엇인가?

(b) X는 부부가 갖게 될 딸의 수이다. $X = 2$일 확률은 무엇인가?

(c) (a)의 결과에 기초하여, X의 분포를 구하시오. 즉, X는 무슨 값을 취하고 해당하는 각 값의 확률은 무엇인가?

7. **표본조사의 정확성** 표본조사를 하기 위해서 2016년 미국 대선 직전에 2,220명의 등록된 유권자로 구성된 단순 무작위 표본과 접촉하였으며 누구에게 투표할지를 물어보았다. 대선 결과에 따르면, 등록된 유권자의 46%가 도널드 트럼프에게 투표하였다. 트럼프에게 투표한 표본의 비율은, 어떤 2,220명의 유권자가 표본에 포함되느냐에 따라 변동한다. 이런 상황에서 트럼프에게 투표할 계획이었던 표본의 비율(이 비율을 V라고 하자)은, 평균 $\mu = 0.46$과 표준편차 $\sigma = 0.011$을 갖는 대략적인 정규분포를 한다는 사실을 나중에 알게 될 것이다.

(a) 응답자들이 진실되게 답변하였다면, $P(0.44 \leq V \leq 0.48)$는 무엇인가? 이것은 표준비율 V가 플러스 또는 마이너스 0.02 내에서, 모비율 0.46을 추정할 확률이다.

(b) 실제로, 실제표본 응답자의 43%가 트럼프에게 투표할 계획이라고 말하였다. 응답자들이 진실되게 답변하였다면, $P(V \geq 0.43)$는 무엇인가?

8. **절친한 친구의 숫자** 여러분은 절친한 친구를 얼마나 갖고 있는가? 성인들이 갖고 있다고 주장하는 절친한 친구의 숫자는 평균 $\mu = 9$ 및 표준편차 $\sigma = 2.5$이며 사람에 따라 변동한다. 여론조사는 1,100명의 성인들로 구성된 단순 무작위 표본에게 이런 질문을 하였다. 이런 상황에서 표본 평균 반응 $\bar{x}$는 평균 9 및 표준편차 0.075를 갖는 대략적인 정규분포를 한다. $P(8.9 \leq \bar{x} \leq 9.1)$은 무엇인가? 이것은 표본 결과 $\bar{x}$가 ± 0.1 내에서 모평균 $\mu = 9$를 추정할 확률이다.

확률 모형은 고속도로망, 전화통신망 또는 컴퓨터 처리망을 통한 교통량, 인구의 유전적 구성, 원자 내 미립자의 에너지 상태, 전염병 또는 소문의 확산, 위험한 투자에 대한 수익률을 설명할 수 있다. 우리는 주로 통계적 추론의 기초가 되기 때문에 확률에 관심을 갖지만, 발생 가능성에 관한 수학은 여러 연구분야에서 중요한 역할을 한다. 제9장에서 개략적으로 살펴본 확률은 기본적인 사고와 사실에 중점을 두었지만, 이제는 다소 자세히 살펴보고자 한다. 확률을 보다 숙지하게 되면, 보다 복잡한 무작위 현상을 모형화할 수 있다.

수학을 강조하지는 않겠지만, 이 장에서 살펴볼 모든 사항(그리고 더 많은 사항)들이 제9장에서 다룬 네 가지 법칙에서 비롯된다. 이를 다시 한번 정리하면 다음과 같다.

확률 법칙

법칙 1 : 어떤 사건 A에 대해서 다음과 같다. $0 \leq P(A) \leq 1$.

법칙 2 : S가 표본공간이라면 다음과 같다. $P(S) = 1$.

법칙 3 : 덧셈 법칙 : A 및 B가 별개사건이라면 다음과 같다.

$$P(A \text{ 또는 } B) = P(A) + P(B)$$

법칙 4 : 어떤 사건 A에 대해서 다음이 성립한다.

$$P(A\text{가 발생하지 않는다}) = 1 - P(A)$$

10.1 일반 덧셈 법칙

A 및 B가 별개사건인 경우 법칙 3을 사용하여 $P(A$ 또는 $B)=P(A)+P(B)$라는 사실을 알고 있다. 사건 A 및 사건 B가 별개가 아니라서 어떤 공통의 결과를 갖고 있을 때, $P(A$ 또는 $B)$를 계산하길 원할 수 있다. **벤 다이어그램**(Venn diagram)을 사용하면, 이들 두 개 상황 사이의 차이를 구별하는 데 도움이 될 수 있다. 이 다이어그램은 몇 개 사건들 사이의 관계를 시각화하는 데 도움이 된다.

그림 10.1의 벤 다이어그램은 표본공간 S를 직사각형 영역으로 보여 주며, 사건 A 및 사건 B를 S 내부의 영역으로 보여 준다. 그림 10.1의 사건 A 및 사건 B는 중첩되지 않기 때문에, 즉 공통의 결과를 갖지 않기 때문에 별개의 사건이다. 이것을 별개가 아닌 두 개 사건을 보여 주는 그림 10.2의 벤 다이어그램과 비교하시오. 사건 $\{A$ 및 $B\}$는 사건 A 및 사건 B 둘 다에 공통되는 결과를 포함하는 중첩 영역으로 나타난다.

두 개 사건이 별개가 아닐 때, 한 사건 또는 다른 사건이 발생할 확률은 $P(A)+P(B)$보다 작다. 그림 10.3에서 볼 수 있는 것처럼, 사건 A 및 사건 B 둘 다에 공통적인 결과들은 이들 두 개 확률을 합산할 때 두 번 계산된다. 따라서 이런 이중계산을 피하려면 합산으로부터 $P(A$ 및 $B)$를 감하여야 한다. 별개이거나 또는 별개가 아닌 두 개 사건에 대한 덧셈 법칙은 다음과 같다.

두 개 사건에 대한 덧셈 법칙

두 개 사건 A 및 B에 대해 다음과 같다.

$$P(A \text{ 또는 } B)=P(A)+P(B)-P(A \text{ 및 } B)$$

사건 A 및 사건 B가 별개인 경우, 두 개 사건이 모두 발생하는 사건 $\{A$ 및 $B\}$는 어떤 결과도 포함

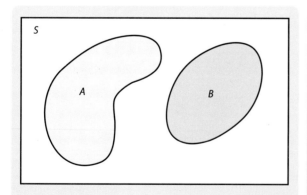

그림 10.1

별개사건 A 및 B를 보여 주는 벤 다이어그램이다.

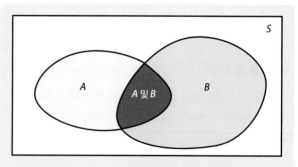

그림 10.2

별개가 아닌 사건 A 및 사건 B를 보여 주는 벤 다이어그램이다. 사건 $\{A$ 및 $B\}$는 사건 A 및 사건 B에게 공통적인 결과로 구성된다.

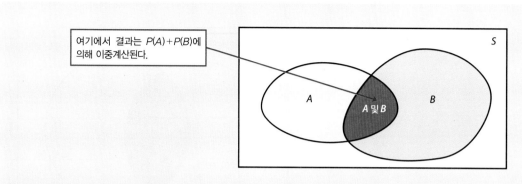

그림 10.3

일반 덧셈 법칙 : 사건 A 및 사건 B에 대해서 다음이 성립한다. $P(A$ 또는 $B)=P(A)+P(B)-P(A$ 및 $B)$.

하지 않으므로 확률은 0이 된다. 일반 덧셈 법칙은 별개사건들에 대한 덧셈 법칙인 법칙 3을 포함하므로, 일반 덧셈 법칙을 사용하여 언제나 $P(A$ 또는 $B)$를 구할 수 있다.

책 읽기 : 종이 형태 대 디지털 형태

전용 전자장치보다는 태블릿 및 스마트폰으로 전자책을 읽는 미국인의 비율이 증가하고 있기는 하지만, 종이책은 디지털 책보다 계속해서 훨씬 더 인기가 있다(디지털 책은 전자책과 오디오책 둘 다를 포함한다). 2019년 조사에 따르면, 이전 12개월 동안 성인의 65%가 종이책을 읽었으며, 25%는 디지털 책을 읽었고, 18%는 종이책과 디지털 책 둘 다를 읽었다. 무작위로 성인 한 명을 선택하시오. 그러면 다음과 같아진다.

$$P(\text{종이책 또는 디지털 책})=P(\text{종이책})+P(\text{디지털 책})-P(\text{종이책 및 디지털 책})$$
$$=0.65+0.25-0.18=0.72$$

즉 성인의 72%가 이전 12개월 동안에 종이책 또는 디지털 책 또는 이들 둘 다를 읽었다. '책을 읽지 않은 성인'은 종이책도 디지털 책도 읽지 않았다.

$$P(\text{책을 읽지 않은 성인})=1-0.72=0.28$$

벤 다이어그램은 영역을 더하고 빼는 것을 생각할 수 있게 해 주기 때문에 사건들과 이들의 확률을 명백하게 설명한다. 그림 10.4는 정리문제 10.1에서 살펴본 '종이책' 및 '디지털 책'에서 비롯된 모든 사건들을 보여 준다. 그림에 있는 네 개 확률들은 전체 표본공간을 구성하는 네 개의 별개사건들에 관한 것이기 때문에 합산하면 1이 된다. 이 확률들은 모두 정리문제 10.1의 정보로부터 얻은

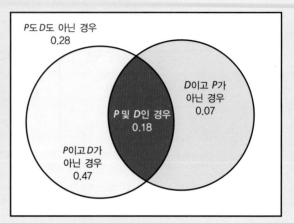

그림 10.4

정리문제 10.1에 대한 종이 형태 대 디지털 형태의 벤 다이어그램과 확률

것이다. 예를 들면, 무작위로 선택한 성인이 이전 12개월 동안에 종이책은 읽었지만 디지털 책은 읽지 않았을 경우(그림에서 'P이고 D가 아닌 경우')의 확률은 다음과 같다.

$$P(종이책은 읽었지만 디지털 책은 읽지 않은 경우)$$
$$=P(종이책을 읽은 경우)-P(종이책 그리고 디지털 책을 읽은 경우)$$
$$=0.65-0.18=0.47$$

복습문제 10.1

유튜브 채널

2019년 첫 번째 주 동안에, 퓨 리서치 센터는 영어로 게재된 유튜브 비디오의 종류를 관찰하였다. A를 게재된 비디오가 스포츠를 포함하여 어떤 종류의 게임을 포함하는 사건이라고 하자. B를 게재된 비디오가 스포츠를 포함하여 취미와 기술을 포함하는 사건이라고 하자. 퓨 리서치 센터에 따르면 다음과 같다.

$$P(A)=0.30, \; P(B)=0.13, \; P(A \text{ 또는 } B)=0.34$$

(a) 사건들, 즉 {A 및 B인 경우}, {A 그리고 B가 아닌 경우}, {B 그리고 A가 아닌 경우}, {A도 B도 아닌 경우}를 보여 주는 그림 10.4와 유사한 벤 다이어그램을 그리시오.

(b) 이 사건들을 각각 말로 설명하시오.

(c) 네 개 사건 모두의 확률을 구하고, 위에서 그린 벤 다이어그램에 해당 확률을 추가하시오. 구한 네 개 확률의 합은 1이 되어야만 한다.

10.2 사건의 독립성과 곱셈 법칙

개별 확률 $P(A)$ 및 $P(B)$를 알고 있는 경우, 두 개 사건이 모두 발생하는 확률 $P(A$ 및 $B)$를 언제 구할 수 있는가? 이 절에서는 사건 A 및 사건 B가 독립적일 때 특별한 상황에서 이것이 어떻게 이루어질 수 있는지를 보여 줄 것이다. 10.4절에서 살펴볼, $P(A$ 및 $B)$를 구하는 더 일반적인 법칙은 10.3절에서 살펴볼 조건부 확률을 필요로 한다.

정리문제 10.2

PTC의 맛을 느낄 수 있는가?

오른쪽에 있는 분자식은 PTC인데, 이는 다음과 같이 진기한 특성을 갖는 물질이다. 즉, 사람들 중 70%만이 이것이 쓴맛을 갖는다고 인지하며, 나머지 30%는 이를 전혀 느끼지 못한다. 이런 차이는 유전적이며, 이는 혀에 미각 수용기를 암호화하는 단일 유전자에 의존한다. 흥미롭게도 PTC 분자가 자연에서 발견되지는 않지만, 그것을 맛보는 능력은 자연적으로 발생하는 다른 쓴 물질을 맛보는 능력과 강하게 상관되는데, 그중 많은 것이 독소이다. 무작위적으로 뽑은 두 사람에게 PTC를 맛보도록 하여, 다음과 같은 결과를 얻었다.

$$A = \{\text{첫 번째 사람이 PTC의 쓴맛을 느낄 수 있다}\}$$
$$B = \{\text{두 번째 사람이 PTC의 쓴맛을 느낄 수 있다}\}$$

$P(A) = 0.7$ 및 $P(B) = 0.7$이라는 사실을 알고 있다. 두 사람 모두 PTC의 맛을 느낄 수 있는 확률 $P(A$ 및 $B)$는 얼마인가?

이 물음에 대답하는 방법을 생각해 보자. 첫 번째 사람은 전체 표본의 70%에서 PTC의 쓴맛을 느낄 수 있으며, 두 번째 사람도 해당 표본의 70%에서 쓴맛을 느낄 수 있다. 전체 표본의 70%의 70%에서 이런 두 사람을 구할 수 있다. 즉, $P(A$ 및 $B) = 0.7 \times 0.7 = 0.49$이다.

첫 번째 사람이 PTC의 쓴맛을 느낄 수 있다는 사실을 알더라도 두 번째 사람에 관해 아무것도 알 수 없기 때문에, 정리문제 10.2의 논리가 타당하다. 첫 번째 사람이 PTC의 쓴맛을 느낄 수 있든지 또는 느낄 수 없든지 간에 두 번째 사람이 쓴맛을 느낄 수 있는 확률은 계속해서 0.7이다. '첫 번째 사람이 PTC의 쓴맛을 느낄 수 있다'는 사건과 '두 번째 사람이 PTC의 쓴맛을 느낄 수 있다'는 사건은 독립적이다. 이제 확률에 관한 또 다른 법칙을 도출할 수 있다.

독립사건에 대한 곱셈 법칙

어떤 사건이 발생한다는 사실을 알더라도 이것이 다른 사건이 발생할 확률을 변화시키지 않는다면 두 개 사건 A 및 B는 독립적이다. A 및 B가 독립적인 경우, 다음과 같다.

$$P(A \text{ 및 } B) = P(A)P(B)$$

정리문제 10.3

독립사건? 또는 종속사건?

곱셈 법칙을 이용하려면 사건들이 독립적인지 여부를 결정해야만 한다. 다음은 사건들이 독립적이라고 가정할 때를 인지할 수 있도록 도와주는 예이다.

정리문제 10.2에서 무작위적으로 뽑은 사람이 PTC의 쓴맛을 느낄 수 있는 능력이, 역시 무작위적으로 뽑은 두 번째 사람이 쓴맛을 느낄 수 있는지에 대해 어느 것도 알려 주지 않는다고 생각하였다. 이 경우 두 사건은 독립사건이 된다. 하지만 두 사람이 동일한 가계의 구성원인 경우, PTC의 쓴맛을 느낄 수 있는 능력이 유전된다는 사실을 통해 이 두 사건이 독립적이지 않다는 사실을 알려 준다.

이런 독립성은 예를 들면 확률 게임처럼 인위적인 상황에서 분명히 인지할 수 있다. 동전은 기억을 하지 못하고, 대부분의 동전 던지는 사람들은 동전이 떨어지는 것에 영향을 미칠 수 없기 때문에, 연속적인 동전 던지기는 독립적이라고 가정할 수 있다. 따라서 세 번 연속으로 앞면이 나올 확률은 $0.5 \times 0.5 \times 0.5 = 0.125$가 된다.

반면에, 동일한 한 벌의 카드로부터 분배한 연속적인 카드들의 색깔은 독립적이지 않다. 52장으로 구성된 한 벌의 카드에는 26장의 빨간색 카드와 26장의 검은색 카드가 있다. 잘 섞은 한 벌의 카드로부터 나누어 준 첫 번째 카드에 대해서 빨간색 카드일 확률은 $26/52 = 0.50$이다. 첫 번째 카드가 빨간색이라는 사실을 일단 알게 되면 남아 있는 51장 카드 중 25장의 빨간색 카드가 있을 뿐이라는 점을 알게 된다. 따라서 두 번째 카드가 빨간색일 확률은 $25/51 = 0.49$에 불과하다. 첫 번째 사건의 결과를 알 경우, 이는 두 번째 사건의 확률을 변화시킨다.

모든 사건이 독립적이라면 곱셈 법칙은 세 개 이상의 사건들에게도 확장될 수 있다. 사건 A, B, C가 독립사건이라는 의미는, 어떤 한 개 또는 두 개에 관한 정보가 나머지 사건의 확률을 변화시킬 수 없다는 것이다. 설명하는 사건들이 연결관계가 없는 것처럼 보일 경우, 확률 모형을 설정할 때 종종 독립사건이라고 가정한다.

두 개의 사건 A 및 B가 독립적이라면, A가 발생하지 않을 사건도 또한 사건 B와 독립적이다. 예를 들어, 무작위적으로 두 사람을 뽑아서 이들이 PTC의 쓴맛을 느낄 수 있는지 물어보았다고 하자. 70%는 PTC의 쓴맛을 느낄 수 있고 30%는 느낄 수 없으므로, 첫 번째 사람이 쓴맛을 느끼고 두 번째 사람이 쓴맛을 느끼지 못할 확률은 $(0.7)(0.3) = 0.21$이 된다.

정리문제 10.4

폭격기의 무사귀환?

제2차 세계대전 동안에 영국인들은 다음과 같은 사실을 발견하였다. 폭격기가 점령된 유럽지역에서 임무수행 중 적의 공격으로 인해 추락할 확률은 0.05이었다. 따라서 폭격기가 출격을 하고 안전하게 귀환할

Historical/Getty Images

확률은 0.95이다. 출격은 독립적이라고 가정하는 것이 합리적이다. A_i는 폭격기가 i번째 출격을 수행하고 안전하게 귀환하는 사건이라고 하자. 두 번의 출격을 수행하고, 안전하게 귀환할 확률은 다음과 같다.

$$P(A_1 \text{ 및 } A_2) = P(A_1)P(A_2)$$
$$= (0.95)(0.95) = 0.9025$$

곱셈 법칙은 또한 세 개 이상의 독립사건에도 적용되기 때문에, 세 번의 출격을 수행하고 안전하게 귀환할 확률은 다음과 같다.

$$P(A_1 \text{ 및 } A_2 \text{ 및 } A_3) = P(A_1)P(A_2)P(A_3)$$
$$= (0.95)(0.95)(0.95) = 0.8574$$

1941년에 조종사의 첫 번째의 임무수행은 서른 번의 출격이었다. 서른 번의 출격을 하고 나서, 무사하게 귀환할 확률은 다음과 같다.

$$P(A_1 \text{ 및 } A_2 \text{ 및 } \cdots \text{ 및 } A_{30}) = P(A_1)P(A_2) \cdots P(A_{30})$$
$$= (0.95)(0.95) \cdots (0.95)$$
$$= (0.95)^{30} = 0.2146$$

두 번째의 임무수행을 완료한 후, 무사귀환할 확률은 훨씬 더 작았다.

다음은 확률을 계산하기 위해서 독립사건에 대해 곱셈 법칙을 사용하는 또 다른 예이다.

정리문제 10.5

신속한 HIV 테스트

문제 핵심 : AIDS를 발병시키는 바이러스인 HIV 테스트를 받기 위해서 병원을 방문한 많은 사람은 테스트 결과를 알아보기 위해서 병원에 다시 오지 않는다. 이제 병원에서는 사람들이 기다리는 동안에 테스트 결과를 알려 주는 '신속한 HIV 테스트'를 사용한다. 예를 들면, 말라위의 어떤 병원에서 신속한 테스트 방법을 사용함에 따라 테스트 결과를 알게 된 사람들의 백분율이 69%에서 99.7%로 증가하였다.

신속한 HIV 테스트 방법을 사용할 경우의 문제점은 이 방법이 실험실 테스트 방법보다 덜 정확하다는 것이다. HIV 항체를 갖고 있지 않은 사람들에게 이 신속한 테스트 방법을 적용하면 잘못된 양성반응(즉, 항체가 있다고 잘못 알려 주는 경우)이 발생할 확률은 약 0.004이다. HIV 항체가 없는 200명에게 신속한 테스트 방법을 사용할 경우, 잘못된 양성반응이 적어도 한 명에게 발생할 확률은 얼마인가?

통계적 방법 : 상이한 사람들에 대한 테스트 결과들이 독립적이라고 가정하는 것은 합리적이다. 확률이 각각 0.004인 200개의 독립사건이 존재한다. 이 사건들 중 적어도 한 개에서 잘못된 양성반응이 발생할

확률은 얼마인가?

해법 : 사건 '적어도 한 개의 잘못된 양성반응이 발생하는 경우'는 많은 결과를 결합하게 된다. 이런 상황에서 사건 A에 대한 앞에서 살펴본 법칙 4를 다음과 같이 나타낼 수 있다.

$$P(A가 \ 발생하지 \ 않는다) = 1 - P(A)$$

위의 법칙을 활용하면 보다 직접적으로 해법을 구할 수 있다. 여기서 사건 A는 '적어도 한 개의 잘못된 양성반응이 발생하는 경우'에 해당한다. '잘못된 양성반응이 발생하지 않는 경우'일 때 사건 A가 발생하지 않는다. 이 문제를 해결할 수 있는 가장 간단한 방법은 법칙 4를 사용하는 것이다.

$$P(적어도 \ 한 \ 개의 \ 잘못된 \ 양성반응이 \ 발생하는 \ 경우) = 1 - P(잘못된 \ 양성반응이 \ 발생하지 \ 않는 \ 경우)$$

이제 $P(잘못된 \ 양성반응이 \ 발생하지 \ 않는 \ 경우)$를 먼저 구해 보자.

음성인 어떤 사람에 대해 음성반응 결과가 나올 확률은 $1 - 0.004 = 0.996$이다. 테스트를 받은 항체가 없는 200명 모두에게 음성반응이 나올 확률을 구하기 위해서, 다음과 같이 곱셈 법칙을 사용하자.

$$\begin{aligned} P(잘못된 \ 양성반응이 \ 발생하지 \ 않는 \ 경우) &= P(항체가 \ 없는 \ 200명 \ 모두에게 \ 음성반응이 \ 나올 \ 확률) \\ &= (0.996)(0.996) \cdots (0.996) \\ &= 0.996^{200} = 0.4486 \end{aligned}$$

따라서 구하고자 하는 확률은 다음과 같다.

$$P(적어도 \ 한 \ 개의 \ 잘못된 \ 양성반응이 \ 발생하는 \ 경우) = 1 - 0.4486 = 0.5514$$

결론 : 200명 중 아무도 바이러스에 감염되지 않았지만 이 중 적어도 한 명이 HIV 테스트에서 양성반응을 받을 확률은 1/2보다 크다.

일상의 대화에서 '독립적' 그리고 '별개의'는 관련이 없거나, 어떤 방법으로든 분리되거나, 또는 연결되지 않은 사건을 언급하는 것으로 종종 해석된다. 하지만 이것들은 확률에서 매우 상이한 의미를 갖는다. 공정한 동전을 한 번 던져 올릴 경우, 앞면 또는 뒷면이 나오게 된다. 이들 두 개 사건은 확률이 1/2이다. 하지만 '동전이 앞면과 뒷면이 나오는 경우'의 사건은 불가능하며 확률은 0이 된다. '동전이 앞면이 나오는 경우'의 사건 그리고 '동전이 뒷면이 나오는 경우'의 사건은 별개이다. 이들 사건이 독립적인 경우 '동전이 앞면이 나오고 나서 뒷면이 나오는 경우'의 사건 확률은 $1/2 \times 1/2 = 1/4$이 된다.

사건들의 별개성과 독립성을 혼돈하지 않도록 주의해야 한다. A 및 B가 별개인 경우, A가 발생했다는 사실은 B가 발생할 수 없다는 사실을 시사한다. 그림 10.1을 다시 한번 살펴보도록 하자. 그림에서 알 수 있듯이 별개사건들이 독립적이지는 않다. 독립성은 벤 다이어그램으로 나타낼 수 없다. 왜냐하면 독립성에는 단순히 사건을 구성하는 결과들보다는 사건의 확률이 개입되기 때문이다.

A 및 B가 독립적인 경우 특수한 곱셈 법칙 $P(A$ 및 $B) = P(A)P(B)$가 준수되지만, 그렇지 않은 경우 이 법칙은 준수되지 않는다. 독립성을 정당화할 수 없을 때 이런 단순 법칙을 사용해서는 안 된다. 다음 세 개 절에 걸쳐서 두 개 사건이 언제 독립적인지를 결정하는 데 도움을 줄 보다 세부적인 사항을 살펴보고, 독립적이지 않은 사건들에 대해 사용할 수 있는 일반 곱셈 법칙도 소개할 것이다.

복습문제 10.2

나이가 많은 대학생

미국 정부 데이터에 따르면 미국 성인 중 4%가 학업에 전념하는 대학생이며, 성인 중 37%가 55세 이상이라고 한다. 그럼에도 불구하고 $(0.04)(0.37) = 0.015$이기 때문에 성인 중 약 1.5%가 55세 이상인 대학생이라고 결론 내릴 수는 없다. 설명하시오.

복습문제 10.3

미국에서 흔한 이름

미국 센서스국에 따르면 미국 내에서 가장 흔한 이름 10개는 (순서대로 나열할 경우) Smith, Johnson, Williams, Brown, Jones, Miller, Davis, Garcia, Rodriguez, Wilson이다. 이 이름들이 미국 전체 거주민의 9.6%를 차지한다. 호기심에서 여러분들이 현재 수강하고 있는 과목들에 대한 교과서의 저자들을 살펴보도록 하자. 모두 9명의 저자가 있다고 하자. 이 저자들의 이름 중 어느 것도 위에서 말한 가장 흔한 이름이 아니라면 놀라운 일인가? (저자들의 이름은 독립적이며 모든 거주민의 이름과 동일한 확률분포를 한다고 가정하자.)

복습문제 10.4

사라지는 인터넷 참고문헌

인터넷 사이트는 종종 사라지거나 이동을 해서 이들에 대한 참고문헌을 찾아낼 수 없다. 실제로 주요한 의학전문잡지에 인용된 인터넷 사이트 중 47%가 사라졌다. 어떤 논문이 7개의 인터넷 참고문헌을 포함하고 있는 경우, 7개 인터넷 사이트가 모두 존재할 확률은 얼마인가? 이 확률을 계산하기 위해서 어떤 가정을 하여야 하는가?

10.3　조건부 확률

어떤 사건에 배정할 확률은 다른 사건이 발생했다는 사실을 알 경우 변화할 수 있다. 이런 생각은 확률을 적용하는 많은 경우에 주요한 열쇠가 된다. 예를 들면 제6장에서 논의했던 것과 같은 이원분류표의 틀 내에서 이해하는 것이 가장 간단한 방법이다.

수입산 자동차

미국에서 판매되는 수입산 자동차를 승용차, 경트럭, 중형트럭, 대형트럭으로 분류하였다. 또한 수입지에 따라 NAFTA 또는 기타 국가로 분류하였다. '경트럭'에는 SUV와 미니밴이 포함되며, 'NAFTA'는 캐나다 또는 멕시코에서 생산되었다는 것을 의미한다. 2018년에 판매된 자동차 대수를 알려 주는 이원분류표는 다음과 같으며, 경트럭/승용차 또는 중형트럭/대형트럭 그리고 NAFTA/기타 국가로 분류된다.

	NAFTA	기타 국가	합계
경트럭/승용차	4,337,091	3,881,650	8,218,741
중형트럭/대형트럭	189,722	40,995	230,717
합계	4,526,813	3,922,645	8,449,458

이원분류표의 각 칸에 기입된 사항은 특정의 2개 분류에 따른 자동차 대수이다. 예를 들면 '경트럭/승용차'의 행 그리고 'NAFTA'의 열이 교차하는 곳의 기재사항에 따르면, 판매된 4,337,091대는 NAFTA 회원국인 캐나다와 멕시코에서 생산된 경트럭 또는 승용차이다. 오른쪽 열의 기재사항은 각 행의 합계이며(판매된 8,218,741대는 경트럭 또는 승용차이다), 아래쪽 행의 기재사항은 각 열의 합계이다(즉, 판매된 3,922,645대는 캐나다, 멕시코 외의 기타 국가들로부터 수입된 규모이다). 마지막으로, 오른편 아래쪽의 기재사항인 8,449,458대는 판매된 자동차의 총대수이다.

판매된 자동차를 무작위로 선택할 경우 캐나다 또는 멕시코에서 생산되었을 확률은 얼마인가? 판매된 자동차는 8,449,458대이며, 이 중에서 4,526,813대가 캐나다 또는 멕시코에서 생산되었기 때문에 무작위로 선택한 자동차가 캐나다 또는 멕시코에서 생산되었을 확률은 'NAFTA'의 비율일 뿐이며 다음과 같다.

$$P(\text{NAFTA}) = \frac{4,526,813}{8,449,458} = 0.536$$

이와 유사하게, 무작위로 선택한 자동차가 캐나다 또는 멕시코에서 생산된 중형트럭/대형트럭일 확률은 판매된 'NAFTA' 중형트럭/대형트럭의 비율이다. 즉, 다음과 같다.

$$P(\text{NAFTA 그리고 중형트럭/대형트럭}) = \frac{189,722}{8,449,458} = 0.022$$

선택한 자동차가 중형트럭/대형트럭이라고 가상하자. 즉, 해당 차량은 이원분류표의 '중형트럭/대형트럭' 행에 있는 230,717대 중의 하나이다. 차량이 중형트럭/대형트럭이라는 정보가 주어진 경우, 해당 차량이 캐나다 또는 멕시코에서 생산되었을 확률은 '중형트럭/대형트럭' 행에 있는 NAFTA산 자동차의 비율이다. 즉, 다음과 같다.

$$P(\text{NAFTA} \mid \text{중형트럭/대형트럭}) = \frac{189{,}722}{230{,}717} = 0.822$$

이를 **조건부 확률**(conditional probability)이라고 한다. 여기서 | 는 '~이라는 정보가 주어진 조건하에서'라고 읽을 수 있다.

판매된 모든 수입산 차량의 53.6%가 캐나다 또는 멕시코에서 생산되었지만, 중형트럭/대형트럭의 82.2%는 캐나다 또는 멕시코에서 수입되었다. 어떤 사건(자동차가 중형트럭/대형트럭인 경우)이 발생한 사실을 알게 되면, 다른 사건(자동차가 캐나다 또는 멕시코에서 수입된 경우)의 확률을 종종 변화시킨다는 것은 상식이다. 위에서 조건부 확률이 자동차 대수의 이원분류표로 제시되기는 했지만, 조건부 확률은 다음과 같이 최초 확률 측면에서 나타낼 수 있다.

$$
\begin{aligned}
P(\text{NAFTA} \mid \text{중형트럭/대형트럭}) &= \frac{189{,}722}{230{,}717} \\[6pt]
&= \frac{\dfrac{189{,}722}{8{,}449{,}458}}{\dfrac{230{,}717}{8{,}449{,}458}} \\[6pt]
&= \frac{P(\text{NAFTA 그리고 중형트럭/대형트럭})}{P(\text{중형트럭/대형트럭})}
\end{aligned}
$$

어떤 사건 A가 발생했다는 조건하에서 다른 사건 B의 조건부 확률 $P(B \mid A)$는, A의 모든 발생에 대해 B가 발생하는 비율이다.

조건부 확률

$P(A) > 0$인 경우, A가 주어진 조건하에서 B의 조건부 확률은 다음과 같다.

$$P(B \mid A) = \frac{P(A \text{ 및 } B)}{P(A)}$$

그림 10.5는 A가 주어진 조건하에서 B의 조건부 확률을 보여 주는 벤 다이어그램이다.

사건 A가 발생할 수 없는 경우, 조건부 확률 $P(B \mid A)$는 의미가 없다. $P(B \mid A)$에 대해 논의할 때는 언제나 $P(A) > 0$이어야 한다. $P(B \mid A)$에서 사건 A 및 사건 B의 분명한 역할을 명심해야 한다. 사건 A는 주어진 정보를 나타내며, 사건 B는 계산하고자 하는 확률과 관련된 사건이다. 다음은 이런 구별되는 특징을 보여 주는 예이다.

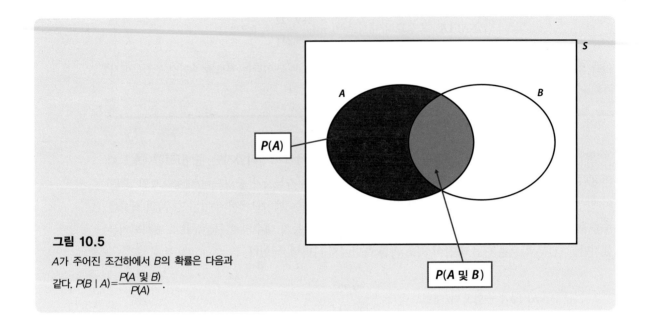

그림 10.5

A가 주어진 조건하에서 B의 확률은 다음과 같다. $P(B \mid A) = \dfrac{P(A \text{ 및 } B)}{P(A)}$.

정리문제 10.7

NAFTA 내에서의 트럭

무작위로 선택한 자동차가 캐나다 또는 멕시코에서 생산되었다는 정보가 주어진 경우, 이것이 중형트럭/대형트럭일 확률은 얼마인가? 조건부 확률에 대한 정의를 사용하면 다음과 같다.

$$P(\text{중형트럭/대형트럭} \mid \text{NAFTA}) = \frac{P(\text{중형트럭/대형트럭 및 NAFTA})}{P(\text{NAFTA})}$$

$$= \frac{\dfrac{189,722}{8,449,458}}{\dfrac{4,526,813}{8,449,458}}$$

$$= \frac{0.022}{0.536} = 0.041$$

판매된 캐나다 또는 멕시코산 자동차 중 4.1%만이 중형트럭/대형트럭이다.

다음과 같은 두 개의 상이한 조건부 확률을 혼돈하지 않도록 유의해야 한다.

$$P(\text{NAFTA} \mid \text{중형트럭/대형트럭}) = 0.822$$

$$P(\text{중형트럭/대형트럭} \mid \text{NAFTA}) = 0.041$$

첫 번째 조건부 확률은 다음 물음에 답한다. "중형트럭/대형트럭 중 캐나다 또는 멕시코에서 생산되는 비율은 얼마인가?" 두 번째 조건부 확률은 다음 물음에 답한다. "캐나다 또는 멕시코에서 생산된 자동차 중 중형트럭/대형트럭의 비율은 얼마인가?"

조건부 확률이 적용되는 많은 경우에 발생 건수를 보여 주는 표보다는 몇 개 사건에 대한 확률이 제시된다. 다음은 조건부 확률 공식을 활용하는 예이다.

정리문제 10.8

책 읽기 : 종이 형태 대 디지털 형태 (계속)

정리문제 10.1을 다시 한번 살펴보도록 하자. 2019년 조사에 따르면, 이전 12개월 동안 성인의 65%가 종이책을 읽었으며, 25%는 디지털 책을 읽었고, 18%는 종이책과 디지털 책 둘 다를 읽었다. 무작위로 성인을 선택한 경우, 해당 성인이 디지털 책을 읽었다는 조건이 주어졌다면 종이책을 읽었을 조건부 확률은 다음과 같다.

$$P(\text{종이책 읽기} \mid \text{디지털 책 읽기}) = \frac{P(\text{종이책과 디지털 책 둘 다 읽기})}{P(\text{디지털 책 읽기})}$$

$$= \frac{0.18}{0.25} = 0.72$$

이전 12개월 동안 디지털 책을 읽었던 성인들 중에서 72%가 종이책도 역시 읽었다.

복습문제 10.5

컴퓨터 게임

판매된 컴퓨터 게임의 유형별 분포는 다음과 같다.

게임 유형	확률
액션	0.269
사격수	0.209
역할연기	0.113
스포츠	0.111
모험	0.079

전투	0.078
자동차 레이스	0.058
전술	0.037
기타	0.046

컴퓨터 게임이 액션 게임이 아니라는 조건이 주어진 경우, 그것이 역할연기 게임일 조건부 확률은 얼마인가?

10.4 일반 곱셈 법칙

조건부 확률의 정의는, 여러 사건이 독립적이지 않을 때도 이들이 동시에 발생할 확률을 계산할 수 있는 보다 일반적인 형태의 곱셈 법칙으로 이어진다. 더 중요한 사실은 10.5절에서 조건부 확률을 사용하여 두 개 사건의 독립성에 대해 수학적 표현을 사용하는 정의를 제시할 수 있다는 점이다.

두 개 사건에 대한 곱셈 법칙

두 개 사건 A 및 B가 모두 발생할 확률은 다음과 같이 구할 수 있다.

$$P(A \text{ 및 } B) = P(A)P(B|A)$$

여기서 $P(B|A)$는 A가 발생한다는 조건하에서 B가 발생할 조건부 확률이다.

요컨대, 이 법칙이 의미하는 바는 두 개 사건이 모두 발생하기 위해서는 첫 번째 사건이 발생하여야 하며 그리고 나서 첫 번째 사건이 발생했다는 조건하에서 두 번째 사건이 발생하여야 한다는 것이다. 다음 두 개의 정리문제가 보여 주는 것처럼, 주어진 정보를 활용하여 이를 확률적 형태로 나타내게 되면 일반 곱셈 법칙을 적용하는 것은 간단하다.

정리문제 10.9

X세대와 인터넷

퓨 인터넷 및 기술 프로젝트에 따르면 다음과 같다. X세대(1965년과 1980년 사이에 출생한 성인) 중 91%는 인터넷을 사용하며, 온라인 X세대 중 89%는 자신들이 인터넷을 사용하는 것은 개인적으로 좋은 것이라고 말하였다. X세대 중 몇 퍼센트가 온라인을 사용하며 그리고 인터넷은 자신들에게 개인적으로 좋은 것이라고 말하는가?

$$P(\text{온라인을 사용하는 경우}) = 0.91$$

P(인터넷을 사용하는 것은 개인적으로 좋은
 것이라고 말하는 경우 | 온라인을 사용하는 경우) $= 0.89$

P(온라인을 사용하며 그리고 인터넷을 사용하는
 것은 개인적으로 좋은 것이라고 말하는 경우) $= P$(온라인을 사용하는 경우)$\times$

P(인터넷을 사용하는 것은 개인적으로 좋은
 것이라고 말하는 경우 | 온라인을 사용하는 경우)

$$= (0.91)(0.89)$$
$$= 0.8099$$

즉, 모든 X세대 중 약 81%가 온라인을 사용하며 그리고 인터넷을 사용하는 것은 개인적으로 좋은 것이라고 말한다.

여러분은 이를 통해서 사고하는 방법을 생각해 보아야 한다. X세대 중 91%가 온라인을 사용하며 그리고 이들 중 89%가 인터넷을 사용하는 것은 개인적으로 좋은 것이라고 말한다면, 91%중 89%가 온라인을 사용하며 그리고 인터넷을 사용하는 것은 개인적으로 좋은 것이라고 말한다.

어떤 사건의 조건부 확률은 일반적으로 우리가 조건화한 사건에 달려 있다는 사실을 기억하는 것이 중요하다. P(인터넷을 사용하는 것은 개인적으로 좋은 것이라고 말하는 경우 | 온라인을 사용하는 경우) = 0.89라는 사실을 살펴보았지만, 인터넷을 사용하지 않는 사람들은 인터넷을 사용하는 것은 개인적으로 좋은 것이라고 말할 수 없기 때문에 P(인터넷을 사용하는 것은 개인적으로 좋은 것이라고 말하는 경우 | 온라인을 사용하지 않는 경우) = 0이 된다.

위의 곱셈 법칙을 확장하여, 몇 개의 사건들이 모두 발생하는 확률을 구할 수 있다. 요점은 각 사건을 앞의 사건들이 모두 발생한다는 조건하에 두는 것이다. 따라서 세 개 사건 A, B, C에 대해서는 다음과 같다.

$$P(A \text{ 및 } B \text{ 및 } C) = P(A)P(B|A)P(C|A \text{ 및 } B \text{ 모두})$$

다음은 확장된 곱셈 법칙의 예이다.

정리문제 10.10

전화를 통한 자금 모금

문제 핵심 : 자선단체는 예상되는 기부자 명단에 있는 사람들에게 기부금을 약정해 달라고 전화를 걸어 자금을 모금한다. 명단에 있는 사람들 중 40%와 통화를 할 수 있다. 자선단체와 통화한 사람들 중 30%가 기부금을 약정한다. 하지만 기부금을 약정한 사람들 중 절반만이 실제로 기부금을 낸다. 예상되는 기부자 명단에 있는 사람들 중 몇 퍼센트가 실제로 기부금을 내는가?

통계적 방법 : 사건과 이들의 확률 측면에서 주어진 정보를 설명하면 다음과 같다.

A = {자선단체가 예상되는 기부자와 통화를 한다}라면, 그때 $P(A) = 0.4$가 된다.

B = {예상되는 기부자가 약정을 한다}라면, 그때 $P(B|A) = 0.3$이 된다.

C = {예상되는 기부자가 실제로 기부한다}라면, 그때 $P(C|A \text{ 및 } B \text{ 모두}) = 0.5$가 된다.

우리는 $P(A \text{ 및 } B \text{ 및 } C)$를 구하고자 한다.

해법 : 곱셈 법칙을 사용하면 다음과 같다.

$$P(A \text{ 및 } B \text{ 및 } C) = P(A)P(B|A)P(C|A \text{ 및 } B \text{ 모두})$$
$$= 0.4 \times 0.3 \times 0.5 = 0.06$$

결론 : 예상되는 기부자들 중에서 6%만이 실제로 기부를 한다.

위의 정리문제들에서 보는 것처럼, 확률 용어로 문제를 구성하는 일이 확률적 사고를 성공적으로 적용하는 데 종종 핵심적인 역할을 한다.

복습문제 10.6

헬스클럽

성인 중 8%가 헬스클럽에 가입했으며 이 헬스클럽 회원 중 45%가 적어도 일주일에 두 번씩 헬스클럽에 간다. 모든 성인 중 몇 퍼센트가 적어도 일주일에 두 번씩 헬스클럽에 가는가? 확률 측면에서 주어진 정보를 작성하고, 일반적인 곱셈 법칙을 사용하시오.

복습문제 10.7

X세대와 인터넷

정리문제 10.9에서 살펴본 바에 따르면 X세대 중 91%는 온라인을 사용하며, 온라인 X세대 중 89%가 인터넷을 사용하는 것은 개인적으로 좋은 것이라고 말한다. X세대는 미국 성인 인구의 20.3%를 구성한다. 미국 전체 성인 인구 중 몇 퍼센트가 X세대이고, 온라인을 사용하며, 인터넷을 사용하는 것은 개인적으로 좋은 것이라고 말하는가? 사건과 확률을 정의하고 정리문제 10.9의 방식을 따르시오.

10.5 사건들이 독립적이라는 사실을 보여 주기

조건부 확률 $P(B|A)$는 일반적으로 무조건적인 확률 $P(B)$와 같지 않다. 그 이유는 사건 A가 발생할 경우 일반적으로 사건 B가 발생할지 여부에 관해 추가적으로 정보를 제공하기 때문이다. A가 발생한다는 사실을 알더라도 B에 관한 추가적인 정보를 제공하지 않는다면 A와 B는 독립사건이다. 독립성에 관한 정확한 정의를 조건부 확률 측면에서 할 수 있다.

독립사건

둘 모두 양의 확률을 갖는 두 개 사건 A와 B는 다음과 같은 경우 **독립사건**이 된다.

$$P(B|A) = P(B)$$

이 반대도 또한 참이다. 사건 A 및 사건 B가 독립적인 경우, $P(B|A)=P(B)$이다. 따라서 이것은 두 개 사건이 독립적인지 여부를 점검하는 방법을 알려 준다.

정리문제 10.11

책 읽기 : 종이 형태 대 디지털 형태 (결론)

정리문제 10.1을 다시 한번 살펴보도록 하자. 2019년 조사에 따르면, 이전 12개월 동안 성인의 65%가 종이책을 읽었으며, 25%는 디지털 책을 읽었고, 18%는 종이책과 디지털 책 둘 다 읽었다. 무작위로 성인을 선택한 경우, 해당 성인이 종이책을 읽었을 확률은 디지털 책을 읽었는지 여부에 의존하는가? 확률적인 표현을 사용한다면, 선택된 성인이 종이책을 읽었다는 사건은 해당 성인이 디지털 책을 읽었다는 사건과 독립적인지 여부를 묻고 있다. 정리문제 10.8에서, 선택된 성인이 디지털 책을 읽었다는 조건이 주어진 경우 종이책을 읽었을 조건부 확률은 다음과 같다는 사실을 알고 있다.

$$P(\text{종이책 읽기} \mid \text{디지털 책 읽기}) = \frac{P(\text{종이책과 디지털 책 둘 다 읽기})}{P(\text{디지털 책 읽기})}$$
$$= \frac{0.18}{0.25} = 0.72$$
$$\neq P(\text{종이책 읽기})$$

'종이책을 읽었을' 사건 그리고 '디지털 책을 읽었을' 사건은 독립적이지 않다. 성인 중 65%가 종이책을 읽었던 반면에, 디지털 책을 읽었던 성인 중에서 종이책을 읽었던 비율은 72%이다.

사건의 독립성에 관한 정의로부터 독립사건에 대한 곱셈 법칙 $P(A$ 및 $B)=P(A)P(B)$는 일반 곱셈 법칙의 특별한 경우라는 사실을 알 수 있다. 왜냐하면 A 및 B가 독립적인 경우 $P(A$ 및 $B)=P(A)$ $P(B \mid A)=P(A)P(B)$이기 때문이다. 정리문제 10.11에서 '종이책을 읽었을' 사건과 '디지털 책을 읽었을' 사건은 다음과 같은 사실을 직접 입증함으로써 독립적이 아니라는 것을 또한 보여 줄 수 있다.

$$P(\text{종이책 및 디지털 책 읽기}) \neq P(\text{종이책 읽기})P(\text{디지털 책 읽기})$$

이 장에서는 독립성의 의미 그리고 사건들이 독립적인지를 결정하는 데 사용될 정의를 이해하는 것에 초점을 맞추고 있지만, 이런 독립성은 예를 들면 계속적인 동전 던지기에서 독립성을 가정하는 것처럼 데이터 세트의 관찰값들에 대해 종종 하는 가정이다.

복습문제 10.8

독립적인가?

미국 버클리대학교 교수 봉급에 대한 2017년 보고서에 따르면 다음과 같다. 253명 조교수 중 94명, 314명 부교수 중 134명, 949명 정교수 중 244명이 여성이었다. 이 보고서는 교수 구성원들을 남성 또는 여성으로 분류하기만 했다는 사실에 주목하시오.

(a) 무작위로 선택한 버클리대학교에 재직 중인 교수(조교

수, 부교수, 정교수인지에 상관없다)가 여성일 확률은 얼마인가?

(b) 선택된 사람이 정교수라는 조건이 주어진 경우, 무작

위로 선택한 교수가 여성일 조건부 확률은 얼마인가?

(c) 버클리대학교 교수들의 등급(조교수, 부교수, 정교수) 과 성별은 독립적인가? 어떻게 알 수 있는가?

10.6 트리 다이어그램

확률 모형은 종종 몇 가지 단계를 가지며, 각 단계에서 확률은 이전 상태의 결과에 대해 조건부 확률이 된다. 이런 모형들은 몇 가지 기본 법칙들이 보다 정교한 계산법으로 통합되도록 한다. 다음은 그런 예이다.

정리문제 10.12

누가 온라인으로 데이트를 하는가?

문제 핵심 : 온라인 데이트나 모바일 데이트 앱을 사용하는 미국 성인의 수는 지속적으로 증가하고 있으며, 18~24세의 젊은 성인들에서 가장 큰 폭으로 증가하고 있다. 65세 미만 성인들만의 구성에 대해 살펴보도록 하자. 약 17%가 18~24세이며, 41%는 25~44세이고, 나머지 42%는 45~64세이다. 퓨 리서치 센터가 발표한 바에 따르면 18~24세 성인 중 27%가 온라인 데이트 사이트를 이용하였으며, 25~44세 성인 중 22% 그리고 45~64세 성인 중 13%가 이 사이트를 이용하였다. 65세 미만 미국 성인 중에서 몇 퍼센트가 온라인 데이트 사이트를 이용하는가?

통계적 방법 : 확률 방법을 사용해서 위의 백분율을 확률로 나타내시오. 65세 미만인 성인을 뽑을 경우 다음과 같다.

$$P(18{\sim}24세인\ 경우) = 0.17$$
$$P(25{\sim}44세인\ 경우) = 0.41$$
$$P(45{\sim}64세인\ 경우) = 0.42$$

65세 미만인 모든 성인은 위의 세 가지 연령 그룹 중 하나에 속하므로 이들 세 개 확률을 합산하면 1이 된다. 온라인 데이트 사이트를 이용한 각 그룹의 백분율은 조건부 확률이며 다음과 같다.

$$P(온라인\ 데이트를\ 이용하는\ 경우\ |\ 연령이\ 18{\sim}24세인\ 경우) = 0.27$$
$$P(온라인\ 데이트를\ 이용하는\ 경우\ |\ 연령이\ 25{\sim}44세인\ 경우) = 0.22$$
$$P(온라인\ 데이트를\ 이용하는\ 경우\ |\ 연령이\ 45{\sim}64세인\ 경우) = 0.13$$

무조건적인 확률 P(온라인 데이트를 이용하는 경우)를 구하고자 한다.

해법 : 그림 10.6의 트리 다이어그램은 이런 정보를 체계화한 것이다. 각 선분은 이 문제에서 하나의 단계를 나타낸다. 완전한 나뭇가지 각각은 2단계를 거친 경로를 보여 준다. 각 선분에 표기된 확률은 가지가 뻗

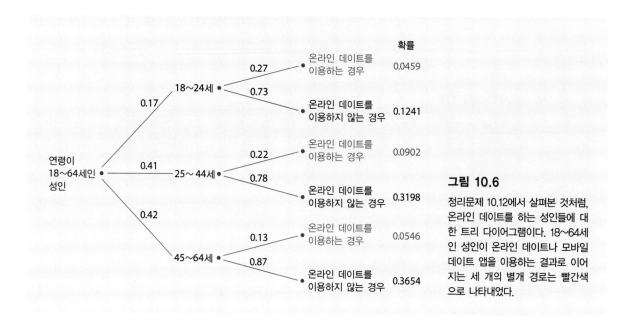

그림 10.6

정리문제 10.12에서 살펴본 것처럼, 온라인 데이트를 하는 성인들에 대한 트리 다이어그램이다. 18~64세인 성인이 온라인 데이트나 모바일 데이트 앱을 이용하는 결과로 이어지는 세 개의 별개 경로는 빨간색으로 나타내었다.

은 마디에 도착했다는 조건하에서 해당 선분을 따라가는 성인의 조건부 확률이다.

65세 미만인 성인은 왼쪽에서 출발하여 세 개 연령 그룹 중 하나로 분류된다. 이 그룹들에 대한 확률은 그림에서 맨 왼쪽의 선분에 기록되어 있다. 맨 위쪽 가지인 18~24세 그룹을 살펴보도록 하자. '18~24세' 가지로부터 뻗어 나온 두 개 선분은 다음과 같은 조건부 확률을 보여 준다.

$$P(\text{온라인 데이트를 이용하는 경우} \mid \text{연령이 18~24세인 경우}) = 0.27$$
$$P(\text{온라인 데이트를 이용하지 않는 경우} \mid \text{연령이 18~24세인 경우}) = 0.73$$

이 트리 다이어그램은 세 개 연령 그룹 모두에 대한 확률을 보여 준다.

이제 곱셈 법칙을 사용해 보자. 65세 미만의 성인을 무작위로 뽑았을 때 18~24세 연령 그룹에 속하면서 온라인 데이트 사이트를 이용했을 확률은 다음과 같다.

$$P(\text{연령이 18~24세이며 그리고 온라인 데이트를 이용하는 경우})$$
$$= P(\text{연령이 18~24세인 경우})P(\text{온라인 데이트를 이용하는 경우} \mid \text{연령이 18~24세인 경우})$$
$$= (0.17)(0.27) = 0.0459$$

위의 확률은 맨 위쪽 가지의 끝에 위치한다. 곱셈 법칙에 따르면 트리 다이어그램에서 모든 완전한 가지의 확률은 해당 가지에 있는 선분들의 확률을 곱한 값이다.

'온라인 데이트를 이용하는 경우'에 대한 세 가지 별개의 경로가 있다. 즉, 세 가지 연령 그룹 각각에 대해 한 개씩 있다. 이들 경로는 그림 10.6에서 빨간색으로 나타냈다. 세 개 경로는 별개이기 때문에 65세 미만 성인이 온라인 데이트 사이트를 이용할 확률은 이들 확률을 합산한 것으로, 다음과 같다.

$$P(\text{온라인 데이트를 이용하는 경우}) = (0.17)(0.27) + (0.41)(0.22) + (0.42)(0.13)$$
$$= 0.0459 + 0.0902 + 0.0546 = 0.1907$$

결론 : 65세 미만의 미국 성인 중 20%에 약간 못 미치는 비율이 온라인 데이트 사이트를 이용하였다.

트리 다이어그램

트리 다이어그램(tree diagram)은 몇 단계를 거치는 확률 모형을 체계화하여 도표로 나타내는 방법이다. 해당 도표에서 맨 왼쪽 나뭇가지 선분들은 결과의 확률을 나타내며, 오른쪽으로 이어진 나뭇가지들은 이런 결과들이 주어진 경우의 조건부 확률을 나타낸다.

트리 다이어그램을 사용하는 것보다도 이를 설명하는 데 더 많은 시간이 소요된다. 일단 트리 다이어그램을 그릴 수 있을 정도로 해당 문제를 충분히 이해했다면, 나머지는 쉽게 해결된다. 트리 다이어그램의 중요한 특성은 마지막 나뭇가지에 있는 사건들은 모두 별개이며 표본공간에 있는 모든 결과를 포함한다는 점이다. 따라서 트리 다이어그램의 마지막 나뭇가지에 있는 확률들을 합산하면 1이 되어야 한다. 트리 다이어그램을 이용하면 대답하기 용이한 온라인 데이트에 관한 또 다른 물음은 다음과 같다.

정리문제 10.13

젊은 성인들의 온라인 데이트

문제 핵심 : 온라인 데이트를 한 65세 미만 성인 중 몇 퍼센트가 18~24세에 속하는가?

통계적 방법 : 확률적으로 표현한다면 조건부 확률 P(연령이 18~24세인 경우 | 온라인 데이트를 이용하는 경우)를 구하고자 한다. 트리 다이어그램과 조건부 확률의 정의를 사용하면 다음과 같다.

$$P(\text{연령이 18~24세인 경우 | 온라인 데이트를 이용하는 경우})$$

$$= \frac{P(\text{연령이 18~24세이며 그리고 온라인 데이트를 이용하는 경우})}{P(\text{온라인 데이트를 이용하는 경우})}$$

해법 : 그림 10.6에 있는 트리 다이어그램을 다시 살펴보도록 하자. P(온라인 데이트를 이용하는 경우)는 정리문제 10.12에서 살펴본 것처럼 세 개의 빨간색 확률을 합산하여 구할 수 있다. P(연령이 18~24세이며 그리고 온라인 데이트를 이용하는 경우)는 트리 다이어그램에 있는 맨 위의 나뭇가지를 따라가서 구한 결과이다. 따라서 다음과 같다.

$$P(\text{연령이 18~24세인 경우 | 온라인 데이트를 이용하는 경우})$$

$$= \frac{P(\text{연령이 18~24세이며 그리고 온라인 데이트를 이용하는 경우})}{P(\text{온라인 데이트를 이용하는 경우})}$$

$$= \frac{0.0459}{0.1907} = 0.2407$$

결론 : 온라인 데이트 사이트를 이용했던 65세 미만 성인 중 약 24%가 18~24세에 속한다. 이 조건부 확률과 65세 미만 성인 중 17%가 18~24세에 속한다는 (무조건적인) 최초 정보를 비교하시오. 어떤 성인이 온라인 데이트를 이용한다는 사실을 알 경우, 이는 해당 성인이 젊었을 확률을 증대시킨다.

정리문제 10.12 및 정리문제 10.13은 트리 다이어그램에 관한 일반적인 상황을 설명하고 있다. (예를 들면 온라인 데이트와 같은) 결과들은 (예를 들면 세 개의 연령 그룹과 같은) 몇 개의 출처를 갖는다. 트리 다이어그램을 활용하여 다음과 같은 사실로부터 시작해서 결과의 전반적인 확률을 구할 수 있다. 정리문제 10.12에서 이에 대해 살펴보았다.

- 각 경로 출처의 확률
- 각 경로 출처가 주어진 경우, 해당 결과의 조건부 확률

그리고 나서 결과가 발생했다고 주어진 경우, 결과의 확률과 조건부 확률의 정의를 사용하여 경로 출처 중 한 개의 조건부 확률을 구할 수 있다. 정리문제 10.13에서 이에 대해 살펴보았다.

복습문제 10.9

흰 고양이와 청각장애

jkitan/Getty Images

고양이들은 일반적으로 예민한 청각을 갖고 있지만 유전적 구성의 이상으로 인해 파란색 눈을 가진 흰 고양이들 중에는 소리를 듣지 못하는 청각장애가 매우 흔하다. 일반 고양이 개체수의 약 95%가 흰 고양이가 아니며(즉, 순백색 고양이가 아니며), 흰 고양이가 아닌 경우 선천적인 청각장애는 극히 드물다. 하지만 흰 고양이 중에서 두 개의 파란색 눈을 가진 경우 약 75%가 청각장애이

며, 한 개의 파란색 눈을 가진 경우 40%가 청각장애이다. 다른 색의 눈을 가진 경우 19%가 청각장애이다. 이 밖에 흰 고양이 중에서 약 23%가 두 개의 파란색 눈을 가지며, 4%가 한 개의 파란색 눈을 갖는다. 나머지는 다른 색의 눈을 갖고 있다.

(a) 흰 고양이(결과 : 한 개의 파란색 눈을 가진 경우, 두 개의 파란색 눈을 가진 경우, 다른 색의 눈을 가진 경우) 그리고 청각장애(결과 : 청각장애가 있는 경우, 청각장애가 없는 경우)를 선택하는 트리 다이어그램을 그리시오.

(b) 무작위로 선택한 흰 고양이가 청각장애일 확률은 얼마인가?

온라인 데이트와 연령

정리문제 10.12에서는 세 개의 연령 그룹이 주어진 조건하에서 세 개 연령 그룹 각각에 속할 성인의 확률 그리고 온라인 데이트 사이트를 이용하는 조건부 확률을 보여 주고 있다. 이런 정보를 사용하여 물음에 답하시오.

(a) 해당 성인이 온라인 데이트를 이용하지 않는다는 조건하에서 세 개 연령 그룹 각각에 대한 조건부 확률을 구하시오. 이것은 '온라인 데이트를 이용하지 않는다'는 조건하에서의 연령 그룹에 대한 조건부 분포이다.

(b) 세 개 연령 그룹에 대한 조건부 분포를 무조건 분포와 비교하시오. 비교 결과는 기대했던 것인가? 설명하시오.

흰 고양이와 청각장애 (계속)

복습문제 10.9에 기초하여 다음 물음에 답하시오.

(a) 청각장애를 갖고 있는 흰 고양이 중에서 무작위로 선택한 고양이가 두 개의 파란색 눈을 가질 확률은 얼마인가? 한 개의 파란색 눈을 가질 확률은 얼마인가? 다른 색의 눈을 가질 확률은 얼마인가? 이들 세 개의 확률을 합산하면 1이 된다는 사실을 입증하시오. 흰 고양이가 청각장애일 조건하에서 이들 세 개 확률은 눈 색깔에 대한 조건부 분포이다.

(b) 흰 고양이가 두 개의 파란색 눈을 가지며 그리고 청각장애일 확률을 구하시오. 흰 고양이 중에서 두 개의 파란색 눈을 갖는 사건과 청각장애일 사건, 이들 두 사건에 관해 어떤 사실을 말할 수 있는가?

10.7 베이즈 정리

이 절에서는 베이즈 정리에 대해 살펴볼 것이다. 여기서 살펴볼 문제들은 조건부 확률과 트리 다이어그램에서 다룬 내용들을 사용하여 해결할 수도 있지만, 베이즈 정리는 통일된 구조를 제공하며 베이지언 통계학이라고 알려진 통계학 주요 영역에서의 기본적인 결과이다. 베이즈 정리의 기호들을 처음 보면 압도될 수도 있다. 하지만 트리 다이어그램과 연결해 생각하면 이 정리의 사고 틀과 기호법을 이해하는 데 도움이 된다.

전립선 특이항원(PSA) 검사는 전립선암을 선별하기 위해 시행하는 간단한 혈액검사이다. 50세 이상의 남성에 대한 신체검사 때 통상적으로 실시되며, 4ng/mL을 초과하는 경우 전립선암이 발생했을지도 모른다는 사실을 시사한다. 검사 결과가 반드시 옳은 것은 아니다. 암이 존재하지 않을 때 암의 존재 가능성을 이따금 보여 주며, 존재하고 있는 전립선암을 종종 놓치기도 한다. 암이 있거나 또는 없다는 조건하에서 양의 검사 결과(4ng/mL 초과) 및 음의 검사 결과에 대한 대략적인 조건부 확률은 다음과 같다.

	검사 결과	
	양성	음성
암이 있는 경우	0.21	0.79
암이 없는 경우	0.06	0.94

이런 확률들은 선별검사의 특성이며, 전립선암이 상대적으로 드문 30~40세 남성에 대한 검사 또는 전립선암이 훨씬 더 흔한 50세 이상 남성에 대한 검사에서 동일하다.

선별검사의 관심대상인 50세 이상 남성 모집단의 경우 약 6.3%가 전립선암이 있는 것으로 밝혀졌다. 그림 10.7은 이 모집단에서 사람을 선택하기(결과 : 전립선암이 있는 경우 또는 전립선암이 없는 경우) 그리고 혈액을 검사하기(결과 : 양의 검사 결과 또는 음의 검사 결과)에 대한 트리 다이어그램을 보여 준다.

PSA 검사가 양인 조건하에서 어떤 사람에게 전립선암이 없을 조건부 확률을 '허위 양성률'이라고 한다. 허위 양성률은 진단검사의 특성 그리고 모집단의 질병 발생 둘 다에 달려 있다. 정리문제 10.14는 트리 다이어그램의 정보를 사용하여 PSA 검사의 허위 양성률을 계산하고 있다.

정리문제 10.14

허위 양성률

문제 핵심 : PSA 검사에서 전립선암이 있을 때 양의 검사 결과를 제시할 조건부 확률은 0.21이며, 전립선암이 없을 때 양의 검사 결과를 제시할 조건부 확률은 0.06이다. PSA 검사를 사용하여 이 모집단에 대한 전립선암 선별검사를 할 경우 허위 양성률은 얼마인가?

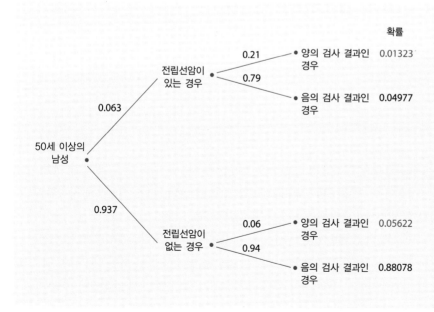

그림 10.7

PSA 검사에 대한 트리 다이어그램이다. 빨간색 확률은 전립선암이 있으며 그리고 양의 검사 결과가 나올 확률이고, 파란색 확률은 전립선암이 없으며 그리고 양의 검사 결과가 나올 확률이다.

통계적 방법 : 사건과 이들의 확률 측면에서 주어진 정보를 나타내면 다음과 같다.

$$B_1 = \{전립선암이 \ 있는 \ 경우\}라면, \ P(B_1) = 0.063이다.$$
$$B_2 = \{전립선암이 \ 없는 \ 경우\}라면, \ P(B_2) = 0.937이다.$$
$$A = \{양의 \ 검사 \ 결과인 \ 경우\}라면, \ P(A \mid B_1) = 0.21 \ 및 \ P(A \mid B_2) = 0.06이다.$$

$P(B_2 \mid A)$를 구하고자 한다.

해법 : 조건부 확률에 관한 정의에 따르면 다음과 같다.

$$P(B_2 \mid A) = \frac{P(B_2 \ 및 \ A)}{P(A)}$$

위의 식 오른편에 있는 두 개 확률은 모두 트리 다이어그램의 정보로부터 쉽게 구할 수 있다. 곱셈 법칙을 사용하여 구한 $P(B_2 \ 및 \ A) = P(B_2) \times P(A \mid B_2) = (0.937)(0.06) = 0.05622$는 그림 10.7에 있는 트리 다이어그램의 파란색 확률이다. 트리 다이어그램에서는 '양의 검사 결과'에 대한 두 개의 별개 경로, 즉 각 질병 상태에 대한 한 개씩의 경로가 있다. 두 개 경로는 별개이므로 $A = \{양의 \ 검사 \ 결과인 \ 경우\}$의 확률은 다음과 같은 확률들의 합계이다.

$$P(A) = P(A \ 및 \ B_1) + P(A \ 및 \ B_2)$$
$$= P(B_1) \times P(A \mid B_1) + P(B_2) \times P(A \mid B_2)$$
$$= (0.063)(0.21) + (0.937)(0.06)$$
$$= 0.01323 + 0.05622 = 0.06945$$

이처럼 $P(A)$는 그림 10.7에 있는 트리 다이어그램의 빨간색 확률과 파란색 확률의 합계이다. 위의 답변들을 결합시킬 경우 허위 양성률은 다음과 같다.

$$P(B_2 \mid A) = \frac{P(B_2 \ 및 \ A)}{P(A)}$$
$$= \frac{0.05622}{0.06945} = 0.81$$

결론 : PSA 검사를 50세 이상인 남성에 대해 일상적인 선별검사로 사용할 경우 허위 양성률은 약 81%가 된다.

전립선암 치료는 요실금과 발기부전을 포함하여 심각한 부작용을 일으킬 수 있으며, 전립선암 진단을 받은 많은 남성들이 암 치료를 받지 않고 방치할 경우 결국에는 다른 원인으로 사망할 수 있다. 실제로 선별검사가 전반적인 사망률을 감소시키지 않았다는 사실이 일부 대규모 임상실험에서 발견되었다. 2011년 10월에 미국 예방서비스 태스크포스(USPSTF)는 일반인들의 전립선암 검진을 위해서 PSA 검사를 사용하지 말 것을 권고하는 보고서 초안을 발표하였다. 허위 양성률이 매우 높으며, 이는 일상적인 선별검사에서 양의 검사 결과 중 약 4/5가 암이 없는 사람의 경우에 발생한다

는 사실로 나타난다. 이것은 USPSTF가 결정을 내릴 때 중요한 사실로 활용되었다.

정리문제 10.14에서는 질병상태가 주어진 조건하에서 검사 결과의 조건부 확률을 제시하였다. 하지만 우리는 검사 결과가 주어진 조건하에서 질병상태의 조건부 확률에 관심을 갖고 있으며, 이는 역조건하에서의 조건부 확률이다. 이들 조건부 확률 사이의 관계는 베이즈 정리로 공식화할 수 있다.

베이즈 정리

B_1, B_2, $\cdots$, B_n은 양의 확률을 갖는 별개의 사건들이며 이들 확률의 합계는 1이라고 가상하자. A가 0보다 큰 확률을 갖는 사건이라면, 다음과 같다.

$$P(B_i \mid A) = \frac{P(A \mid B_i)P(B_i)}{P(A \mid B_1)P(B_1) + P(A \mid B_2)P(B_2) + \cdots + P(A \mid B_n)P(B_n)}$$

정리문제 10.14에서는 단지 두 개의 사건 B_1 및 B_2가 있을 때 베이즈 정리에서 사용했던 기호와 일치하는 표기법을 의도적으로 사용하였다. 일반적인 형태의 정리에서 사건 B_1, B_2, $\cdots$, B_n은 트리 다이어그램의 가장 왼쪽 선분에 해당하며, 모든 결과는 정확히 B_i 중 하나에 속한다. 그리고 나서 각 사건 B_i는 조건부 확률 $P(A \mid B_i)$로써 A로 가는 선분을 갖게 된다. B_i에서 시작해서 A를 통해 이어지는 나뭇가지의 확률은 $P(B_i) \times P(A \mid B_i)$이다. 베이즈 정리에 따르면 $P(B_i \mid A)$는 B_1, B_2, $\cdots$, B_n에서 A를 통해 이어지는 n개 나뭇가지의 확률들의 합계로 나눈 B_i에서 A를 통해 이어지는 나뭇가지의 확률이다. 다음과 같은 또 다른 정리문제를 살펴보도록 하자.

정리문제 10.15

누가 인터넷을 사용하는가?

문제 핵심 : 인터넷 사용은 밀레니얼 세대(1981년과 1986년 사이에 태어난 성인), X세대(1965년과 1980년 사이에 태어난 성인), 베이비붐 세대(1946년과 1964년 사이에 태어난 성인), 침묵 세대(1946년 이전에 태어난 성인)들 사이에 차이가 있다. 모든 밀레니얼 세대, X세대, 베이비붐 세대, 침묵 세대 중에서 밀레니얼 세대가 30%, X세대가 27%, 베이비붐 세대가 32%, 침묵 세대가 11%를 구성한다. 또한 밀레니얼 세대 중 100%, X세대 중 91%, 베이비붐 세대 중 85%, 침묵 세대 중 78%가 인터넷을 사용한다. 이들 네 개 그룹에서 인터넷 사용자 중 몇 퍼센트가 밀레니얼 세대인가? X세대는 어떤가? 베이비붐 세대는 어떤가? 침묵 세대는 어떤가?

통계적 방법 : 사건과 이들의 확률 측면에서 주어진 정보를 표현하면 다음과 같다.

$$B_1 = \{\text{밀레니얼 세대}\},\ P(B_1) = 0.30$$
$$B_2 = \{\text{X세대}\},\ P(B_2) = 0.27$$

$$B_3 = \{\text{베이비붐 세대}\}, \ P(B_3) = 0.32$$
$$B_4 = \{\text{침묵 세대}\}, \ P(B_4) = 0.11$$
$$A = \{\text{인터넷을 사용하는 경우}\}\text{라면}, \ P(A \mid B_1) = 1.00$$
$$\text{그리고 } P(A \mid B_2) = 0.91$$
$$\text{그리고 } P(A \mid B_3) = 0.85$$
$$\text{그리고 } P(A \mid B_4) = 0.78\text{이다.}$$

$P(B_1 \mid A)$, $P(B_2 \mid A)$, $P(B_3 \mid A)$, $P(B_4 \mid A)$를 구하시오.

해법 : 베이즈 정리를 활용하면 다음과 같다.

$$
\begin{aligned}
P(B_1 \mid A) &= \frac{P(A \mid B_1)P(B_1)}{P(A \mid B_1)P(B_1)+P(A \mid B_2)P(B_2)+P(A \mid B_3)P(B_3)+P(A \mid B_4)P(B_4)} \\
&= \frac{(1.00)(0.30)}{(1.00)(0.30)+(0.91)(0.27)+(0.85)(0.32)+(0.78)(0.11)} \\
&= \frac{0.30}{0.9035} = 0.3320
\end{aligned}
$$

이와 유사한 계산 과정을 거치면 다음과 같다. $P(B_2 \mid A) = 0.2719$, $P(B_3 \mid A) = 0.3011$, $P(B_4 \mid A) = 0.0950$

결론 : 1987년 이전에 태어난 인터넷 사용자 중 약 33%가 밀레니얼 세대이고, 27%는 X세대이며, 30%는 베이비붐 세대이다. 나머지 10%는 침묵 세대의 구성원들이다.

$P(B_1)$, $P(B_2)$, $P(B_3)$, $P(B_4)$는 네 개 연령 범주에 대한 **사전확률**이다. 어떤 사람이 인터넷을 사용했다는 사실을 알고 있다면, 베이즈 정리를 사용하여 조건부 확률 $P(B_1 \mid A)$, $P(B_2 \mid A)$, $P(B_3 \mid A)$, $P(B_4 \mid A)$를 계산할 수 있다. 이것들은 어떤 사람이 인터넷을 사용했다는 정보가 주어진 조건하에서 네 개 연령 범주에 대한 **사후확률**이 된다. 우리가 예상했던 바와 같이 밀레니얼 세대의 경우 사후확률이 사전확률보다 더 크며, 침묵 세대의 구성원인 경우 사후확률이 사전확률보다 더 작다.

복습문제 10.12

허위 음성률

특정 질병에 대한 진단검사의 경우, 해당 검사가 음(−)이라는 조건하에서 어떤 사람에게 해당 질병이 있을 조건부 확률을 허위 음성률이라고 한다. 정리문제 10.14에서 살펴본 특성을 갖는 PSA 선별검사를 사용하여 전립선암에 걸릴 확률이 6.3%인 50세 이상의 남성들에 대해 전립선암 진단검사를 한다고 가상하자. 베이즈 정리를 사용하여 허위 음성률을 계산하시오.

복습문제 10.13

허위 양성률

진단검사의 허위 양성률은 해당 인구 집단의 질병률 그리고 진단검사의 특성 둘 다에 달려 있다. PSA 선별검사를 사용하여 3%만이 전립선암에 걸린 해당 인구 집단에 대해 진단검사를 한다고 가상하자. 이때 정리문제 10.14에서 제시된 특성을 갖는다.

(a) PSA 검사를 사용하여 이 인구 집단에 대한 전립선암 선별검사를 할 경우 허위 양성률을 계산하시오. 해당 인구 집단의 6.3%가 전립선암에 걸렸다고 계산한 정리문제 10.14의 허위 양성률과 이것은 어떻게 비교되는가? 허위 양성률이 이렇게 변하는 이유를 간단하게 설명하시오.

(b) 허위 양성률과 해당 인구 집단 질병률 사이의 관계는 무엇인가? 매우 희귀한 질병에 대한 선별검사에 관해 이것은 무엇을 시사하는가?

요약

- 사건 A 및 사건 B가 공통의 결과를 갖지 않는 경우 이들은 별개사건이다. 이 경우 다음과 같다. $P(A \text{ 또는 } B) = P(A) + P(B)$.

- 사건 A의 조건하에서 사건 B의 조건부 확률 $P(B|A)$는 다음과 같다. $P(B|A) = \dfrac{P(A \text{ 및 } B)}{P(A)}$.
  이때 $P(A) > 0$이다. 실제로는 정의에 의하기보다 직접 가용할 수 있는 정보로부터 조건부 확률을 매우 자주 구한다.

- 사건들 중 하나가 발생한다는 사실을 알더라도 다른 사건에 배정하는 확률을 변화시키지 않는다면, 사건 A 및 사건 B는 독립사건이다. 즉, $P(B|A) = P(B)$이다. 이 경우 다음과 같다. $P(A \text{ 및 } B) = P(A)P(B)$.

- 확률에서 다음과 같은 법칙이 준수된다.
  별개사건에 대한 덧셈 법칙 : 사건 $A, B, C, \cdots$가 쌍을 이룰 때 모두 별개사건인 경우, 다음과 같다.
  $$P(A \text{ 또는 } B \text{ 또는 } C \text{ 또는 } \cdots)$$
  $$= P(A) + P(B) + P(C) + \cdots$$
  독립사건에 대한 곱셈 법칙 : 사건 $A, B, C, \cdots$가 독립사건인 경우 다음과 같다.
  $P(\text{이 사건들 모두가 발생하는 경우}) = P(A)P(B)P(C)\cdots$
  일반 덧셈 법칙 : 어떤 두 개 사건 A 및 B에 대해 다음과 같다.

$$P(A \text{ 또는 } B) = P(A) + P(B) - P(A \text{ 및 } B)$$

일반 곱셈 법칙 : 어떤 두 개 사건 A 및 B에 대해 다음과 같다.

$$P(A \text{ 및 } B) = P(A)P(B \mid A)$$

- 트리 다이어그램은 몇 개 단계가 있는 확률 모형을 구성하여 제시한 것이다.

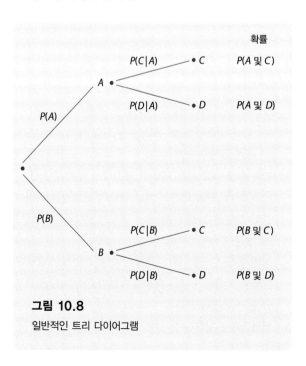

그림 10.8
일반적인 트리 다이어그램

주요 용어

곱셈 법칙	독립사건	벤 다이어그램	트리 다이어그램
덧셈 법칙	베이즈 정리	조건부 확률	

연습문제

1. **슬롯머신으로 게임하기** 슬롯머신은 오늘날 비디오 게임이 되었고, 결과는 무작위 숫자 생성기가 결정한다.

   이전의 슬롯머신은 다음과 같았다. 슬롯머신의 레버를 잡아당기면 세 개의 휠이라고 하는 바퀴 모양의 것이 뱅뱅 돌아갔다. 각 휠에는 20개의 상징적인 그림이 표기되어 있으며 휠이 돌기를 멈추었을 때 나타날 확률은 모두 동일하다. 세 개의 휠은 서로에 대해 독립적이다. 가운데 휠에는 20개 상징적인 그림 중에서 9개의 체리가 있고 왼쪽 및 오른쪽 휠에는 각각 한 개의 체리가 있다고 가상하자.

   (a) 세 개의 휠 모두에서 체리가 나올 경우 잭팟을 받게 된다. 잭팟을 받을 확률은 무엇인가?

   (b) 세 개의 휠에서 두 개의 체리와 체리 이외의 다른 상징적인 그림 한 개가 나올 세 가지 방법이 있다. 이 방법들 각각에 대해 확률을 구하시오.

   (c) 휠이 멈추었을 때 정확히 두 개의 체리가 나올 확률은 무엇인가?

2. **힘줄 수술** 여러분은 힘줄이 끊어져서 재생 수술을 받아야 한다. 외과 의사는 해당 수술의 위험성을 다음과 같이 설명하고 있다. 3%에서 감염이 발생하며, 14%에서 재생 수술이 실패할 수 있고, 1%에서 감염과 수술 실패가 둘 다 발생할 수 있다. 재생 수술이 성공하고 감염도 발생하지 않을 백분율은 얼마인가? 4단계 과정을 밟아 설명하시오.

3. **취업하려는 지원자 심사하기** 어떤 회사는 심리학자를 고용하여 지원자들이 조립 작업에 적합한지 여부를 평가하고 있다. 심리학자는 지원자들을 A(적합), B(한계적으로 적합), C(비적합)로 분류한다. 이 기업은 종업원이 근무하고 1년 내에 해당 기업을 퇴직하게 될 사건 D에 관심을 갖고 있다. 지난 5년 동안 고용된 모든 종업원들에 대한 데이터에 따르면, 확률이 다음과 같다.

   $P(A) = 0.4$　　　$P(B) = 0.3$　　　$P(C) = 0.3$
   $P(A \text{ 및 } D) = 0.1$　$P(B \text{ 및 } D) = 0.1$　$P(C \text{ 및 } D) = 0.2$

   사건 A, B, C, D의 벤 다이어그램을 도출하고, 심리적인 평가와 1년 이내에 발생할 퇴직(또는 퇴직하지 않음)의 모든 결합에 대한 확률을 벤 다이어그램에 표기하시오. 종업원이 1년 이내에 퇴직할 확률 $P(D)$는 무엇인가?

4. **힘줄 수술 (계속)** 여러분은 힘줄이 끊어져서 재생 수술을 받아야 한다. 외과 의사는 해당 수술의 위험성을 다음과 같이 설명하고 있다. 3%에서 감염이 발생하며, 14%에서 재생 수술이 실패할 수 있고, 1%에서 감염과 수술 실패가 둘 다 발생할 수 있다. 재생 수술이 성공한 상황에서 감염이 발생할 확률은 무엇인가? 4단계 과정을 밟아 설명하시오.

5. **대학의 학위** 미국 고등교육에서 눈에 띄는 추세는 남성들보다 여성들이 각 학위를 더 많이 취득하는 것이다.

   미국 국가교육통계센터는 학위별 그리고 학위를 취득

한 성별에 따라 분류한 '취득할 학위의 수'를 예측하였다. 2027~2028년에 미국에서 취득하게 될 것으로 예상되는 학위의 수(단위 : 천)는 다음과 같다.

	전문학사학위	학사학위	석사학위	박사학위	합계
여성	653	1,106	473	101	2,333
남성	411	816	340	90	1,657
합계	1,064	1,922	813	191	3,990

(a) 여러분이 학위 취득자를 무작위로 선택할 경우, 선택된 사람이 남성일 확률은 얼마인가?

(b) 여러분이 선택한 사람이 석사학위를 받았다는 조건하에서, 선택된 사람이 남성일 조건부 확률은 얼마인가?

(c) '남성을 선택한 경우' 및 '석사학위 취득자를 선택한 경우'의 사건들이 독립적인가? 설명하시오.

6. **대학의 학위 (계속)** 위의 문제에서, 2027~2028년에 미국에서 취득할 것으로 예상되는 학위의 수를 살펴보았다. 이들 데이터를 이용하여 다음 물음에 답하시오.

(a) 무작위로 선택한 학위 취득자가 여성일 확률은 얼마인가?

(b) 여러분이 선택한 사람이 여성이라는 조건하에서, 선택된 사람이 전문학사학위를 받을 조건부 확률은 얼마인가?

(c) 곱셈 법칙을 사용하여, 여성 전문학사학위 취득자를 선택할 확률을 구하시오. 표로부터 직접 확률을 구해서 이를 점검하시오.

7. **사슴과 소나무 묘목**
교외 정원사들이 알고 있는 것처럼, 사슴은 거의 모든 초록색의 식물을 먹는다. 미국 오하이오주의 환경센터에서 소나무 묘목에 관한

Peter Skinner/Science Source

연구를 하면서, 연구자들은 얼마나 많은 묘목이 가시덤불로 덮여 있느냐에 따라 사슴에 의한 피해 정도가 변한다는 사실에 주목하였다.

	사슴에 의한 피해	
가시덤불로 덮인 정도	발생한다	발생하지 않는다
전혀 없다	60	151
<1/3	76	158
1/3부터 2/3까지	44	177
>2/3	29	176

(a) 무작위로 선택한 묘목이 사슴에 의해 피해를 입을 확률은 얼마인가?

(b) 가시덤불로 덮인 정도가 주어진 각 경우에 대해, 무작위로 선택한 묘목이 피해를 입을 조건부 확률은 얼마인가?

(c) 소나무 묘목이 가시덤불로 덮인 정도에 관해 알 경우, 이는 사슴이 입힐 피해의 확률을 변화시키는가? 만일 그렇다면, 덤불과 사슴에 의한 피해는 독립적이지 않다.

8. **락토오스 과민성** 락토오스(젖당) 과민성으로 인해서, 락토오스를 포함하는 유제품을 소화하는 데 곤란을 겪게 된다. 이는 특히 아프리카계 및 아시아계에서 흔히 발생한다. 미국에서 (한 개를 초과하는 인종에 속한다고 생각하는 집단과 사람들은 무시하고) 인구의 82%는 백인이며, 14%가 흑인이고, 4%는 아시아인이다. 나아가 백인 중 15%, 흑인 중 70%, 아시아인 중 90%가 락토오스 과민성이다.

(a) 전체 인구의 몇 퍼센트가 락토오스 과민성인가?

(b) 락토오스 과민성인 사람 중 몇 퍼센트가 아시아인인가?

제 9장에서 확률에 관해 살펴보기 시작하였다. 무작위한 현상의 장기적인 행태를 설명하고 예측하기 위한 도구로서 확률법칙, 확률 모형, 확률분포를 소개하였다. 이 장에서는 두 개의 가능성만을 갖는 사건이 여러 번의 독립적인 시도에서 발생할 수 있는 횟수의 비율을 구하는 데 활용되는, 단순하지만 매우 유용한 확률분포에 관해 살펴볼 것이다. 제18장에서는 이런 분포를 사용하여 모집단의 어떤 결과의 비율에 관해 추론을 할 것이다. 제19장에서는 이를 사용하여 두 개 모집단의 어떤 결과들에 대한 비율을 비교할 것이다.

11.1 이항 상황 및 이항분포

어떤 농구 선수가 다섯 번의 자유투를 던졌다. 몇 번이나 성공을 하는가? 어떤 표본조사는 무작위로 1,200개 유선전화 번호에 전화를 걸었다. 전화를 건 번호 중 얼마나 많은 수가 근무지 번호에 해당하는가? 열 그루의 충충나무를 심었다. 몇 그루나 겨울을 날 수 있는가? 위의 모든 상황에서는 고정된(알려진) 수의 시도 중에서 성공적인 결과의 수를 알 수 있는 확률 모형이 필요하다. 위의 상황은 다음과 같은 특성을 공유하고 있다.

이항 상황

1. 고정된 개수인 n개의 관찰값이 있다.

2. n개 관찰값은 모두 독립적이다. 즉, 어떤 관찰값의 결과를 알더라도 다른 관찰값에 배정되는 확률을 변화시킬 수 없다.

3. 각 관찰값은 편의상 '성공' 및 '실패'라고 부르는 단지 두 개 범주 중 한 개에 속한다.

4. p라고 하는 성공의 확률은 각 관찰값에 대해 같다.

이항 상황의 예로 동전 던지기 n번을 생각해 보자. 동전을 던질 때마다 앞면 또는 뒷면이 나온다. 어떤 동전 던지기 결과를 알더라도, 다른 동전 던지기에서 앞면이 나올 확률을 변화시킬 수 없다. 따라서 동전 던지기는 독립적이다. 앞면을 성공이라고 한다면, p는 앞면이 나올 확률이며 동일한 동전을 던지는 한 계속해서 같다. 동전을 던질 경우, p는 대략 0.5가 된다. 동전을 던지지 않고 평면에서 동전을 돌릴 경우, p는 0.5가 아니다. 앞면이 나오는 횟수는 이산적 확률변수 X이다. X의 분포를 이항분포라고 한다.

이항분포

이항 상황에서 성공의 횟수 X는 모수 n 및 p를 갖는 **이항분포**(binomial distribution)를 한다. 모수 n은 관찰값의 수이며 p는 어떤 한 개 관찰값에서 성공이 나올 확률이다. X가 취할 수 있는 가능한 값들은 0부터 n까지의 정수이다.

이항분포는 유한 확률 모형의 중요한 형태이다. 이항 상황에 주의를 기울일 필요가 있다. 왜냐하면 모든 상황이 이항분포를 하지는 않기 때문이다.

정리문제 11.1

혈액형

유전학에 따르면 자녀들은 부모로부터 별개로 유전인자를 받는다고 한다. 어떤 부모로부터 태어난 자녀가 각각 O형일 확률은 0.25이다. 이 부모가 다섯 명의 자녀를 갖고 있다면, O형인 자녀의 수는 각 관찰값에서 성공확률이 0.25인 5개의 독립적 관찰값에서 성공하는 수 X로 나타낼 수 있다. 따라서 X는 $n = 5$, $p = 0.25$인 이항분포를 하게 된다.

남자아이의 수

보다 많은 생각이 필요한 유전적인 예는 다음과 같다.

대형 병원에서 지난해 출생한 아이들 중 두 명을 뽑아서 남자아이의 수(0명, 한 명, 또는 두 명)를 세어 보자. 캐나다 및 미국에서 무작위로 뽑은 아이가 남자아이일 확률은 약 0.52이다(0.5가 아닌 이유가 수수께끼이다). 이처럼 남자아이의 수는 $n = 2$, $p = 0.52$인 이항분포를 한다.

다음으로 대형 병원에서 계속 출생하는 아이들을 관찰해 보자. X는 첫 번째 남자아이가 출생할 때까지 태어난 아이들의 수이다. 출생은 독립적이며, 각 출생에서 남자아이가 태어날 확률은 0.52이다. 하지만 이 경우에는 고정된 수의 관찰값이 없기 때문에 X는 이항분포가 아니다. '첫 번째 성공이 이루어질 때까지 관찰값의 수를 센다'는 것은 '고정된 수의 관찰값에서 성공의 수를 센다'는 것과 다른 상황이다.

마지막으로 정확히 두 명의 아이를 갖고 있는 가정을 무작위로 뽑아서 남자아이의 수를 세어 보자. 이런 가정을 주의 깊게 연구한 결과에 따르면 남자아이의 수가 이항분포하지 않는다. 정확히 한 명의 남자아이를 가질 확률이 너무 높다. 처음 두 명의 아이가 남자아이 및 여자아이일 경우, 이 가정이 세 번째 아이를 가질 확률은 더 낮아진다. 이처럼 두 명의 아이에서 출산을 멈춘 가정을 보면, 무작위로 뽑은 가정을 살펴본 경우보다 남자아이와 여자아이가 각각 한 명인 것이 보다 일반적이다. 아이가 두 명인 가정에서 계속 태어난 아이의 성별은 독립적이지 않다. 왜냐하면 부모의 선택이 유전적 특질과 관련되기 때문이다.

11.2 통계적 표본추출에서의 이항분포

통계학에서 이항분포는 모집단에서 '성공'의 비율 p에 관한 추론을 하고자 할 때 중요한 개념이다. 다음은 이에 관한 전형적인 예이다.

토마토의 단순 무작위 표본 뽑기

토마토의 물리적 손상은 산지에서 소비자에 이르기까지 유통 시스템 전반에 걸쳐서 발생할 수 있으며, 이는 신선한 토마토의 시장 손실에 큰 영향을 미친다. 도매업자는 포장하여 출하하는 장소에서 10,000개의 토마토를 출하하면서 10개의 단순 무작위 표본을 검사하였다. (도매업자는 알지 못하지만) 출하할 때 토마토의 11%는 가장 일반적으로 상처가 나는 물리적 손상으로 인해 시장성이 없는 것으로 간주될 수 있다고 가상하자.

이것은 완벽한 이항 상황은 아니다. 이항분포에 따르면, 크기가 10개인 단순 무작위 표본은 1개의 토마토를 연속적으로 열 번 독립적으로 뽑은 것이며 시장성이 없는 토마토를 뽑을 확률은 뽑을 때마다 동일하다고 가정한다. 토마토 1개가 없어지면 출하할 때 남아 있는 시장성이 없는 토마토의 비율을 변화시킨다. 이처럼 첫 번째 뽑은 토마토가 시장성이 없거나 또는 그렇지 않은지를 알게 되면, 두 번째로 뽑은 토마토가 시장성이 없을 확률이 변하게 된다. (이것은 또한 독립성 가정을 위반한다는 사실에 주목하자. 무작위로 뽑은 토마토가 독립적일 확률이 이전에 뽑은 토마토의 결과에 달려 있기 때문에 이 가정은 위반되었다.) 하지만 10,000개 출하할 때 1개의 토마토가 없어지면 그 구성은 남아 있는 9,999개로 거의 변하지 않는다. 실제로 X의 분포는 $n=10$ 및 $p=0.11$인 이항분포와 매우 유사하다.

정리문제 11.3은 단순 무작위 표본을 뽑는 통계적 상황에서 이항분포를 어떻게 사용할 수 있는지 보여 준다. 모집단이 표본보다 훨씬 더 클 때, 크기가 n인 단순 무작위 표본에서 성공의 횟수는 표본크기 n과 모집단에서의 성공비율 p를 갖는 대략적인 이항분포를 한다.

성공의 횟수에 관한 표본추출 분포

성공비율이 p인 모집단으로부터 크기가 n인 단순 무작위 표본을 뽑아 보자. 모집단이 표본보다 훨씬 더 클 때, 표본에서 성공의 횟수 X는 모수 n 및 p를 갖는 대략적인 이항분포를 한다.

정리문제 11.3에서 표본크기 10개는 모집단 크기 10,000개의 5%보다 훨씬 적다. 따라서 우리가 선택한 표본에서 시장성이 없는 토마토의 개수가 대략적으로 이항분포하는 것처럼 보고 문제를 처리할 수 있다. 통계학 수업을 수강하고 있는 100명의 학생 중에서 20명의 학생을 표본으로 뽑아 캠퍼스 밖에서 사는 학생들의 비율을 추정하고자 할 경우, 캠퍼스 밖에서 사는 표본에 있는 학생들의 수 X는 대략적으로 이항분포를 하지 않는다. 왜냐하면 모집단의 5%를 초과하여 표본을 추출하였기 때문이다.

복습문제 11.1

무작위 번호로 전화 걸기에 대한 응답률

여론조사를 위해서 무작위 번호로 전화를 걸어 응답자를 선택할 경우, 응답률(여론조사에서 사용할 수 있는 응답을 실제로 하는 백분율)은 휴대전화로 접촉한 사람들의 약 10%이다. 여론조사기관이 20개의 휴대전화 번호에 전화를 걸었다. X는 여론조사기관에 응답한 횟수이다. X는 이항분포를 하는가?

복습문제 11.2

무작위 번호로 전화 걸기에 대한 응답률

여론조사를 위해서 무작위 번호로 전화를 걸어 응답자를 선택할 경우, 응답률은 휴대전화로 접촉한 사람들의 약

10%이다. X는 여론조사기관이 여론조사에 대한 두 번째 응답을 얻기 전까지 전화를 걸었던 횟수이다. X는 이항분 포를 하는가?

타일 상자

6인치 석판 바닥 타일 상자 안에는 상자당 40개의 타일이 들어 있다. 횟수 X는 한 상자 안에 들어 있는 깨진 타일의 수이다. 대부분의 상자에는 깨진 타일이 들어 있지 않다는 사실을 알고 있다. 하지만 어떤 상자에 깨진 타일이 있는 경우, 보통 몇몇 개의 깨진 타일이 들어 있다. X는 이항분 포를 하는가?

캐나다의 장애가 있는 성인

캐나다의 통계 데이터에 따르면 (15세 이상) 캐나다 성인 중 22.3%가 장애로 인해 일상생활을 하는 데 한계가 있다. 단순 무작위 표본으로 15세 이상 4,000명의 캐나다인을 뽑 을 경우, 장애로 인해 일상생활에 한계가 있다고 말하는 표본에 있는 사람 수의 대략적인 분포는 어떻게 되는가? 이 상황에서 대략적인 분포가 타당한 이유를 설명하시오.

11.3 이항확률

n개 관찰값들에서 성공하는 상이한 방법들에 대한 확률들을 합산함으로써, 이항확률변수가 어떤 값을 취하는 확률 공식을 구할 수 있다. 다음은 이를 설명해 주는 예이다.

유전된 혈액형

동일한 부모로부터 출생한 자녀들의 혈액형은 독립적이며 부모의 유전 적 구성에 따라 고정된 확률을 갖는다. 어떤 부모로부터 출생한 각 자 녀가 O형일 확률은 0.25이다. 이 부모가 다섯 명의 자녀를 갖고 있다면 이들 중 정확히 두 명이 O형일 확률은 얼마인가?

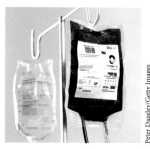

O형인 자녀들의 수는 $n = 5$ 시행과 각 시행에서 성공확률 $p = 0.25$를 갖는 이항확률변수 X이다. $P(X = 2)$를 구하고자 한다.

풀이 방법은 특정한 예에 의존하지 않기 때문에, 간단히 성공은 'S'라 하고 실패는 'F'라고 하자. 두 단계를 거쳐 문제를 풀어 보도록 하자.

단계 1 : 다섯 번의 시행 중 두 번, 예를 들면 첫 번째 및 세 번째 시행이 성공할 확률을 구해 보자. 이에 따른 결과는 SFSFF이다. 시행들은 독립적이기 때문에, 독립사건에 대한 곱셈 법칙이 적용된다. 따라서 구하고자 하는 확률은 다음과 같다.

$$\begin{aligned} P(\text{SFSFF}) &= P(S)P(F)P(S)P(F)P(F) \\ &= (0.25)(0.75)(0.25)(0.75)(0.75) \\ &= (0.25)^2(0.75)^3 \end{aligned}$$

단계 2 : 2개의 S와 3개의 F를 갖는 어떤 배열도 동일한 확률을 갖게 된다는 점에 주목하자. 2개의 S와 3개의 F가 있을 때는 언제나 0.25를 두 번 곱하고 0.75를 세 번 곱해야 하기 때문에 이것은 사실이다. $X = 2$인 확률은 배열이 어떻게 되었든지 간에 2개의 S와 3개의 F를 가질 확률이다. 다음은 모든 가능한 배열이다.

SSFFF	SFSFF	SFFSF	SFFFS	FSSFF
FSFSF	FSFFS	FFSSF	FFSFS	FFFSS

확률이 모두 같은 10개의 경우가 존재한다. 따라서 두 번 성공하는 경우의 전체 확률은 다음과 같다.

$$P(X = 2) = 10(0.25)^2(0.75)^3 = 0.2637$$

이런 계산법은 어떤 이항확률에도 적용된다. 이렇게 하기 위해서는, n개 관찰값에서 k번 성공하는 배열의 수를 세어야만 한다. 이런 배열을 모두 실제로 나열하지 않고 수를 세기 위해서, 다음과 같은 방법을 사용하자.

이항계수

n개의 관찰값에서 k번의 성공을 배열하는 방법의 수는 다음과 같은 **이항계수**(binomial coefficient)로 구할 수 있다.

$$\binom{n}{k} = \frac{n!}{k!(n-k)!}$$

여기서 $k = 0, 1, 2, \cdots, n$이다.

이항계수 공식은 **팩토리얼** 부호를 사용한다. 양의 정수 n에 대해서 이것의 팩토리얼, 즉 $n!$은 다음과 같다.

$$n! = n \times (n-1) \times (n-2) \times \cdots \times 3 \times 2 \times 1$$

추가적으로, $0! = 1$이라고 정의한다.

이항계수의 분모에서 두 개 팩토리얼이 더 커지게 되면, 분자에서 $n!$의 많은 부분을 상쇄하게 된다. 예를 들면, 정리문제 11.4에서 우리에게 필요한 이항계수는 다음과 같다.

$$\binom{5}{2} = \frac{5!}{2!3!}$$

$$= \frac{(5)(4)(3)(2)(1)}{(2)(1) \times (3)(2)(1)}$$

$$= \frac{(5)(4)}{(2)(1)} = \frac{20}{2} = 10$$

이항계수 $\binom{5}{2}$는 분수 $\frac{5}{2}$와 관련이 없다. 이것의 의미를 기억하는 간편한 방법은 '5개 중에서 2개를 선택'한다고 생각하는 것이다. 이항계수는 용도가 많지만, 여기서는 이항확률을 구하는 데 도움이 되는 것으로만 살펴볼 것이다. 이항계수 $\binom{n}{k}$는 n개의 관찰값 중에서 k개의 성공을 배열할 수 있는 상이한 방법의 수를 나타낸다. 이항확률 $P(X = k)$는 k개가 성공하는 어떤 특정 배열의 확률을 이 값에 곱하여 구할 수 있다. 다음은 우리가 구하고자 하는 결과이다.

이항확률

X가 n개 관찰값과 각 관찰값에서 성공확률 p인 이항분포를 할 경우, X의 가능한 값은 $0, 1, 2, \cdots,$ n이 된다. k가 이 값들 중 어느 하나라면, 다음과 같다.

$$P(X = k) = \binom{n}{k} p^k (1-p)^{n-k}$$

정리문제 11.5

토마토 검사하기

정리문제 11.3에서 살펴본 시장성이 없는 토마토의 개수 X는 $n=10$ 및 $p=0.11$인 대략적인 이항분포를 한다.

표본이 1개를 초과하지 않는 시장성이 없는 토마토를 포함할 확률은 다음과 같다.

$$P(X \leq 1) = P(X = 1) + P(X = 0)$$

$$= \binom{10}{1}(0.11)^1 (0.89)^9 + \binom{10}{0}(0.11)^0 (0.89)^{10}$$

$$= \frac{10!}{(1!)(9!)}(0.11)(0.3504) + \frac{10!}{(0!)(10!)}(1)(0.3118)$$

$$= (10)(0.11)(0.3504) + (1)(1)(0.3118)$$

$$= 0.3854 + 0.3118 = 0.6972$$

위의 계산을 하기 위해서 $0! = 1$ 및 $a^0 = 1$이라는 사실을 이용하였다. 모든 표본의 약 70%가 한 개를 초과하지 않는 시장성 없는 토마토를 포함하게 될 것이라는 점을 알았다. 사실 표본들의 약 31%가 시장성이 없는 토마토를 포함하지 않는다. 크기가 10인 표본을 사용하여 도매업자에게 출하 시 받아들일 수 없는 토마토가 있다고 신뢰성 있게 말할 수는 없다.

제9장에서 살펴본 보완 법칙은 어떤 이항확률의 계산을 더 간단하게 할 수 있도록 한다. 예를 들면 표본이 적어도 한 개의 시장성이 없는 토마토를 포함할 확률은 다음과 같다.

$$P(X \geq 1) = P(X = 1) + P(X = 2) + \cdots + P(X = 10)$$
$$= 1 - P(X = 0)$$
$$= 1 - 0.3118 = 0.6882$$

이항확률을 손으로 계산할 때 보완 법칙에 유념하는 것이 필요하다.

복습문제 11.5

교정

교과서에서 발견되는 오자는 ('the'를 'teh'로 타이핑하는 경우처럼) 존재하지 않는 단어 오자이거나 또는 존재는 하지만 틀린 낱말을 사용하는 낱말 오자이다. 철자를 검사하는 소프트웨어는 존재하지 않는 단어 오자는 찾아내지만, 낱말 오자는 찾아내지 못한다. 사람이 교정을 볼 경우 낱말 오자의 70%를 찾아낼 수 있다. 학생인 친구에게 주의 깊게 10개의 낱말 오자를 포함시킨 논문의 교정을 보아 달라고 요청하였다.

(a) 이 학생이 낱말 오자를 찾아내는 통상적인 비율인 70%에 부합될 경우, 찾아낸 낱말 오자의 수에 관한 분포는 무엇인가? 놓친 낱말 오자의 수에 관한 분포는 무엇인가?

(b) 10개의 낱말 오자 중에서 3개 이상을 놓칠 경우, 성과가 좋지 않은 것처럼 보인다. 교정을 보면서 낱말 오자 중 70%를 찾아내는 사람이 10개 낱말 오자 중 정확히 3개를 놓칠 확률은 얼마인가? 소프트웨어를 사용하여 10개 낱말 오자 중 3개 이상을 놓칠 확률을 구하시오.

복습문제 11.6

무작위 번호로 전화 걸기에 대한 응답률

여론조사를 위해서 무작위 번호로 전화를 걸어 응답자를 선택할 경우, 응답률은 휴대전화로 접촉한 사람들의 약 10%이다. 여론조사기관은 무작위로 20개 무선전화 번호에 전화를 건다.

(a) 정확히 2개 통화만이 응답을 할 확률은 얼마인가?
(b) 많아야 2개 통화만이 응답을 할 확률은 얼마인가?
(c) 적어도 2개 통화가 응답을 할 확률은 얼마인가?
(d) 2개 통화보다 더 적게 응답을 할 확률은 얼마인가?
(e) 2개 통화보다 더 많이 응답을 할 확률은 얼마인가?

이항분포의 평균 및 표준편차

X가 성공확률 p인 n개 관찰값에 기초한 이항분포를 한다면, 이것의 평균 μ는 무엇인가? 즉, 이항 상황하에서 매우 여러 번 반복할 경우, 평균 성공 횟수는 무엇인가? 이 물음에 대한 대답을 생각해 볼 수 있다. 농구 선수가 자유투를 던져서 80%를 성공한다면, 열 번 시행에서 성공할 평균 횟수는 열 번의 80%, 즉 여덟 번이 된다. 일반적으로 이항분포의 평균은 $\mu = np$가 된다. 이런 사실을 정리하면 다음과 같다.

이항분포의 평균 및 표준편차

X가 관찰값의 개수가 n이고 성공확률이 p인 이항분포를 한다면, X의 평균 및 표준편차는 다음과 같다.

$$\mu = np$$
$$\sigma = \sqrt{np(1-p)}$$

위의 간단한 공식은 이항분포에만 적용된다는 사실을 기억하자. 다른 분포에는 사용할 수 없다.

정리문제 11.6

토마토 검사하기

정리문제 11.5에서 살펴본 토마토 검사하기에 대해서 계속 알아보도록 하자. 시장성이 없는 토마토의 개수 X는 $n = 10$ 및 $p = 0.11$인 이항분포를 한다. 그림 11.1의 히스토그램은 이런 확률분포를 보여 준다(확률은 장기적인 비율이기 때문에 확률을 막대 높이로 나타낼 경우 X의 분포는 매우 여러 번 반복되는 형태로 나타난다). 분포는 오른쪽으로 매우 강하게 기울어져 있다. X는 0부터 10까지 정수의 값을 취하지만, 5보다 큰 값을 취할 확률은 매우 작아서 히스토그램에 나타나지 않는다.

그림 11.1에 있는 이항분포의 평균 및 표준편차는 다음과 같다.

$$\mu = np$$
$$= (10)(0.11) = 1.1$$
$$\sigma = \sqrt{np(1-p)}$$
$$= \sqrt{(10)(0.11)(0.89)} = \sqrt{0.979} = 0.9894$$

평균이 그림 11.1의 확률 히스토그램에 표시되어 있다.

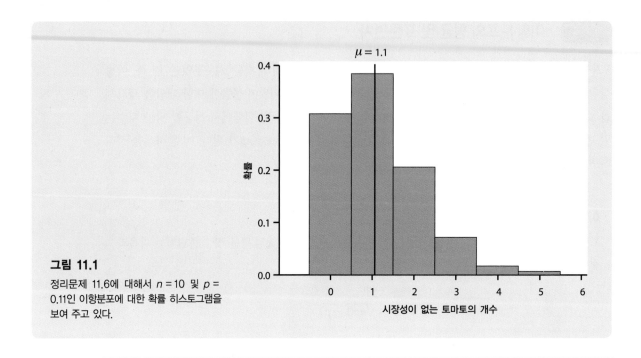

그림 11.1

정리문제 11.6에 대해서 $n=10$ 및 $p=0.11$인 이항분포에 대한 확률 히스토그램을 보여 주고 있다.

복습문제 11.7

무작위 번호로 전화 걸기에 대한 응답률

여론조사를 위해서 무작위 번호로 전화를 걸어 응답자를 선택할 경우, 응답률은 휴대전화로 접촉한 사람들의 약 10%이다. 여론조사기관은 무작위로 20개 무선전화 번호에 전화를 건다.

(a) 상대방이 응답을 하는 평균 전화 횟수는 얼마인가?

(b) 상대방이 응답을 하는 전화 횟수의 표준편차는 얼마인가?

(c) 응답할 확률이 $p=0.05$라고 가상하자. 이 새로운 p는 표준편차에 어떤 영향을 미치는가? $p=0.01$인 경우 표준편차는 얼마인가? 성공확률이 0에 근접함에 따라 이항분포의 표준편차 행태에 관해 시사하는 바는 무엇인가?

복습문제 11.8

교정

정리문제 11.5의 교정 문제로 돌아가 보자.

(a) X가 놓친 낱말 오자의 개수라면, X의 분포는 무엇인가? Y가 찾아낸 낱말 오자의 개수라면, Y의 분포는 무엇인가?

(b) 찾아낸 오자의 평균 개수는 얼마인가? 놓친 오자의 평균 개수는 얼마인가? 성공의 개수와 실패의 개수를 합산하면 언제나 n, 즉 관찰값의 수가 된다.

(c) 찾아낸 오자의 개수에 대한 표준편차는 얼마인가? 놓

친 오자의 개수에 대한 표준편차는 얼마인가? 성공의 개수에 대한 표준편차와 실패의 개수에 대한 표준편차 는 언제나 동일하다.

11.5 이항분포에 대한 정규분포로의 근사

관찰값의 수 n이 큰 경우 이항확률 공식을 사용하는 것은 실질적이지 못하다. 소프트웨어 또는 그 래핑 계산기를 이용하면 손으로 계산할 수 있는 범위를 벗어난 문제들을 해결할 수 있다. 기기를 사 용할 수 없다면 다음과 같은 대안이 있다. n이 클 때 이항확률과 근사한 정규확률 계산법을 사용할 수 있다. 이런 사실을 정리하면 다음과 같다.

이항분포에 대한 정규분포로의 근사

X는 n개 관찰값과 성공확률 p인 이항분포를 한다고 가정하자. n이 클 경우 X의 분포는 근사하게 정규분포 $N(np, \sqrt{np(1-p)})$를 한다.

경험적으로 보면 n이 매우 커서 $np \geq 10$ 및 $n(1-p) \geq 10$일 때 정규분포로의 근사를 사용할 수 있다.

정규분포로의 근사는 기억하기가 용이하다. 왜냐하면 X가 이항분포와 정확하게 동일한 평균 및 표준편차를 갖는 정규분포를 하는 것처럼 변화하기 때문이다. 정규분포로의 근사에 관한 정확성은 표본크기 n이 증가함에 따라 향상된다. 고정된 n에 대해 p가 1/2에 근접하면 가장 정확해지며, p가 0 또는 1에 가까워지면 정확성이 가장 낮아진다. 이것이 위에서 살펴본 경험 법칙이 n뿐만 아니라 p 에도 의존하는 이유이다.

정리문제 11.7

부모와 함께 살기

2016년을 기점으로 해서 1880년 이래 처음으로 연령이 18~34세인 젊은 성인들은 자신들의 집에서 로맨 틱한 파트너와 함께 살기보다는 부모와 함께 살 가능성이 더 커졌다. 젊은 성인 중 약 32%가 현재 부모와 함께 살고 있기는 하지만 이는 성별에 따라 차이가 있다. 즉, 남성 중 34%가 부모와 함께 살고 있는 반면 에 여성은 29%가 부모와 함께 산다. 전국적인 무작위 표본인 1,200명의 젊은 성인 중에서 400명 이상이 부모와 함께 살 확률은 얼마인가?

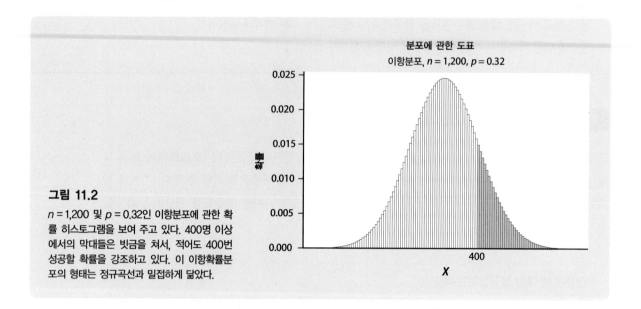

그림 11.2

$n = 1,200$ 및 $p = 0.32$인 이항분포에 관한 확률 히스토그램을 보여 주고 있다. 400명 이상에서의 막대들은 빗금을 쳐서, 적어도 400번 성공할 확률을 강조하고 있다. 이 이항확률분포의 형태는 정규곡선과 밀접하게 닮았다.

미국에는 6,000만 명이 넘는 젊은 성인들이 있기 때문에 표본크기 1,200명은 모집단의 5%에 훨씬 못 미친다. 따라서 부모와 함께 사는 표본의 수는 $n = 1,200$ 및 $p = 0.32$인 이항분포를 하는 확률변수 X이다. 표본에서 적어도 400명의 젊은 성인이 부모와 함께 살 확률 $P(X \geq 400)$을 구하기 위해서, $X = 400$부터 $X = 1,200$까지의 모든 결과에 대한 이항확률을 합산해야 한다. 그림 11.2는 통계 프로그램을 사용하여 구한 이항분포의 확률 히스토그램이다. 정규분포로의 근사가 제시하는 것처럼, 분포의 형태는 정규분포처럼 보인다. 구하고자 하는 확률은 빗금 친 막대들의 높이를 합산한 것이다. 이 확률을 구하는 세 가지 방법은 다음과 같다.

1. **통계 소프트웨어를 사용하는 방법.** 통계 소프트웨어를 사용하면 정확한 이항확률을 구할 수 있다. 대부분의 경우, 소프트웨어를 사용하여 누적확률 $P(X \leq x)$를 구할 수 있다. 다음과 같이 나타내는 것에서부터 시작해 보자.

$$P(X \geq 400) = 1 - P(X \leq 399)$$

$P(X \leq 399)$에 대한 통계 소프트웨어, 예를 들면 Minitab의 분석 결과는 다음과 같다.

```
Binomial with n=1200 and p=0.32
  X  P(X<=x)
399  0.831350
```

구하고자 하는 확률은 $1 - 0.831350 = 0.168650$이다.

2. **많은 수의 표본을 시뮬레이션해 보는 방법.** 그림 11.3은 모집단에 관한 참값이 $p = 0.32$일 때 크기가 1,200명인 5,000개의 표본으로부터 구한 X의 히스토그램을 보여 준다. 그림 11.2의 정확한 분포

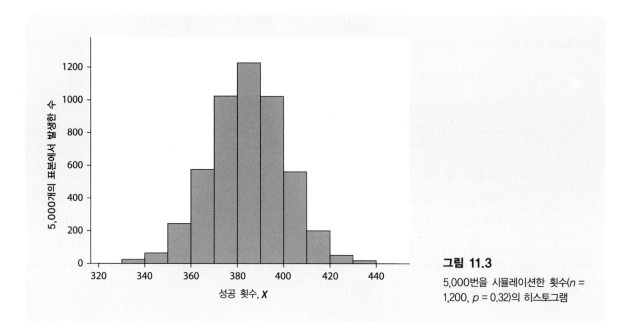

그림 11.3
5,000번을 시뮬레이션한 횟수(n = 1,200, p = 0.32)의 히스토그램

처럼, 시뮬레이션한 분포도 정규분포하는 것처럼 보인다. 이들 5,000개의 표본 중에서 832개가 적어도 400인 X를 갖기 때문에, 시뮬레이션을 통해 추정된 확률은 다음과 같다.

$$P(X \geq 400) = \frac{832}{5000} = 0.1664$$

이 추정값은 참인 확률과 약 0.002만큼 차이가 난다. 대수의 법칙에 따르면, 이런 시뮬레이션의 결과는 점점 더 많은 표본들을 시뮬레이션함에 따라 참인 확률에 근접하게 된다.

3. 통계 소프트웨어를 사용하지 않는 방법. 이전의 두 가지 방법은 모두 통계 소프트웨어를 사용해야 한다. 정규분포로의 근사를 사용하게 되면 소프트웨어를 사용해야 하는 필요성을 피할 수 있다.

정리문제 11.8

이항확률의 정규분포로의 근사

다음과 같은 이항분포와 동일한 평균 및 표준편차를 갖는 정규분포를 사용하여, 정리문제 11.7의 X에 대한 근사치를 구해 보자.

$$\mu = np = (1,200)(0.32) = 384$$
$$\sigma = \sqrt{np(1-p)} = \sqrt{(1,200)(0.32)(0.68)} = 16.159$$

X를 표준화하면 표준정규변수 Z를 구할 수 있으며, 구하고자 하는 확률은 다음과 같다.

$$P(X \geq 400) = P\left(\frac{X-384}{16.159} \geq \frac{400-384}{16.159}\right)$$
$$= P(Z \geq 0.99)$$
$$= 1 - 0.8389 = 0.1611$$

정규분포 근사치 0.1611은 정리문제 11.7에서 계산하여 구한 참인 확률과 약 0.007만큼 차이가 난다.

이항분포를 계산하는 기기를 사용할 수 있을 때, 이항확률의 정확한 계산값을 사용하지 않을 이유가 거의 없다. 시뮬레이션과 정규분포를 통한 근삿값이 정확한 계산값과 매우 일치한다고 해서, 정확한 계산값을 가용할 수 있을 경우에도 이런 값들은 사용해야 하는 것은 아니다. 이런 간단한 경우에 이들 두 가지 방법을 설명하는 이유는 다음과 같다. 정확한 계산값을 구하는 것이 기기를 사용하더라도 너무 복잡한 경우, 시뮬레이션과 정규분포를 통한 근삿값이 둘 다 유용하게 사용될 수 있기 때문이다.

복습문제 11.9

벤포드의 법칙

앞에서 살펴본 벤포드의 법칙에 따르면 무작위로 뽑은 송장 금액의 첫 번째 숫자가 1 또는 2가 될 확률이 0.477이라고 한다. 매도인으로부터 받은 90장의 송장을 검토하고 나서 첫 번째 숫자가 1 또는 2인 송장이 29장임을 알았다. 벤포드의 법칙이 준수된다면 숫자 1 및 2가 나올 횟수는 $n = 90$ 및 $p = 0.477$인 이항분포를 한다. 너무 적은 수의 1 및 2가 나온다면 진실성을 의심해 볼 수 있다. 송장 금액들이 벤포드의 법칙을 따른다면 29장 이하가 나올 대략적인 확률은 얼마인가? 송장 금액의 진실성에 관해 의구심이 드는가?

복습문제 11.10

표본조사 오차에 대한 점검

과소적용, 무반응, 표본조사 오차를 일으키는 기타 원인들이 미치는 영향을 점검하는 한 가지 방법은 모집단에 관해 알려진 사실과 표본을 비교하는 것이다. 캐나다 인구의 약 24%는 1세대이다. 즉, 이들은 캐나다 밖에서 출생하였다. 따라서 1,500명의 무작위 표본에서 1세대 캐나다인의 수 X는 이항분포($n = 1,500$, $p = 0.24$)를 하며 변화해야 한다.

(a) X의 평균 및 표준편차는 얼마인가?
(b) 정규분포로의 근사를 사용하여, 표본이 340명에서 390명 사이의 이민 1세대 캐나다인을 포함할 확률을 구하시오. 안전하게 정규분포로의 근사를 사용할 수 있는지 점검해 보시오.

요약

- 성공 횟수 X는 다음과 같은 이항 상황에서 이항분포를 한다. n개의 관찰값이 있으며, 관찰값들은 서로 독립적이다. 각 관찰값은 성공 또는 실패로 귀착하며, 각 관찰값은 동일한 성공확률 p를 갖는다.

- n개 관찰값 및 성공확률 p인 이항분포는, 성공비율이 p인 큰 모집단으로부터 뽑은 크기가 n인 단순 무작위 표본에서 성공 횟수의 표본추출 분포에 대한 좋은 근삿값을 제공한다.

- X가 모수 n 및 p를 갖는 이항분포를 하는 경우, X의 가능한 값들은 정수 $0, 1, 2, \cdots, n$이 된다. X가 이 값들 중 어느 것을 취할 이항확률은 다음과 같다.

$$P(X=k) = \binom{n}{k} p^k (1-p)^{n-k}$$

- 실제로 이항확률은 소프트웨어를 사용하여 가장 정확한 값을 구할 수 있다.

- 이항계수는 다음과 같다.

$$\binom{n}{k} = \frac{n!}{k!(n-k)!}$$

이것은 n개 관찰값 중에서 k개의 성공이 배열될 수 있는 방법의 수를 나타낸다. 여기서 팩토리얼 $n!$은 다음과 같다.

$$n! = n \times (n-1) \times (n-2) \times \cdots \times 3 \times 2 \times 1$$

- 이항 횟수 X의 평균 및 표준편차는 다음과 같다.

$$\mu = np$$
$$\sigma = \sqrt{np(1-p)}$$

- 이항분포에 대한 정규분포로의 근사에 따르면, X가 모수 n 및 p인 이항분포를 갖는 횟수인 경우 n이 클 때 X는 $N(np, \sqrt{np(1-p)})$에 근사하게 된다고 한다. $np \geq 10$ 및 $n(1-p) \geq 10$일 때만 이 근사치를 사용하시오.

주요 용어

이항계수　　　　　　　　　　이항분포　　　　　　　　　　이항확률

연습문제

1. **운동 경기에서의 이항분포 상황** 이항분포가 다음과 같은 운동 경기 상황 중 하나에는 모형으로서 대략적으로 타당하지만, 다른 하나에는 타당하지 않다. 이들 두 개 상황을 간단하게 논의해 봄으로써 그 이유를 설명해 보자.

   (a) 미국의 프로 미식축구 연맹의 어떤 선수는, 과거에 필드에서의 득점 시도 중 90%를 성공시켰다. 이번  시즌에는 필드에서의 득점 시도를 20번 하였다. 이런 시도의 결과는 거리, 각도, 바람 등에 따라서 크게 달라진다.

   (b) 미국의 프로 농구 연맹의 어떤 선수는, 과거에 자유투 시도 중 90%를 성공시켰다. 이번 시즌에는 150번 자유투를 던졌다. 농구에서 자유투는, 언제나 다른 선수들의 방해 없이 농구 골대 그물망으로부터 15피트 떨어진 곳에서 시도된다.

2. **유전학** 유전학적 이론에 따르면, 스위트피의 이종교배에 따른 제2세대에서의 꽃 색깔은 빨간색 또는 흰색이 3 : 1의 비율로 나타난다고 한다. 즉, 각 묘목이 빨

간색 꽃을 가질 확률이 3/4이며, 별개 묘목들의 꽃 색깔은 독립적이다.

blickwinkel/Alamy Stock Photo

(a) 이 묘목 4개 중 정확히 3개가 빨간색 꽃을 가질 확률은 얼마인가?

(b) 이런 종류의 60개 묘목이 씨앗으로부터 발육할 때, 빨간색 꽃이 피는 묘목의 평균수는 얼마인가?

(c) 60개의 묘목이 씨앗으로부터 발육할 때, 적어도 45개의 빨간색 꽃이 피는 묘목을 얻을 확률은 얼마인가? 정규분포로의 근사를 사용하시오. 소프트웨어를 사용할 수 있다면, 정확한 이항분포 확률을 구하고 두 가지 결과를 비교하시오.

3. **HIV 검사 시 잘못된 양성반응** AIDS를 일으키는 바이러스인 HIV에 대한 혈청 중 항체 존재 여부를 신속하게 알려 주는 검사는, HIV 항체를 갖고 있지 않은 사람이 검사를 받을 때 약 0.004의 확률로 양성반응을 나타낸다. 어떤 병원은 HIV 항체를 갖고 있지 않은 1,000명의 사람을 검사하였다.

(a) 양성반응이 나타날 검사 수의 분포는 무엇인가?

(b) 양성반응이 나타날 검사의 평균수는 얼마인가?

(c) 이 분포에 대해 정규분포로의 근사를 안전하게 사용할 수 없다. 이유를 설명하시오.

4. **2018년 현대 자동차의 자동차 판매** 현대 자동차 아메리카는 2018년 미국에서 677,946대를 판매하였으며, 미국에서 제작된 엘란트라가 200,415대 판매되어 선두를 달렸다. 2018년에 그다음으로 많이 팔린 차종은 투싼으로 135,348대가 판매되었다. 이 밖에 싼타페가 123,989대, 쏘나타가 105,118대 각각 판매되었다. 이 자동차 회사는 2018년 현대 자동차 구매자들을 대상으로, 그들의 구매에 대한 만족도를 물어보기 위해서 설문조사를 하고자 한다.

(a) 2018년 판매된 현대 자동차 중에서 엘란트라가 차지하는 비율은 얼마인가?

(b) 현대 자동차가 단순 무작위 표본인 1,000명의 현대 자동차 구매자들에 대해 설문조사를 실시할 경우, 표본에서 엘란트라 구매자 수에 대한 기댓값 및 표준편차는 얼마인가?

(c) 표본에서 엘란트라 구매자가 300명 미만일 확률은 얼마인가?

5. **객관식 시험** 객관식 시험에 대한 단순 확률 모형은 다음과 같다. 가능한 질문들인 모집단으로부터 무작위로 선택한 문제에 대해, 각 학생은 정확하게 대답할 확률 p를 갖는다. (준비가 잘된 학생은 준비가 덜된 학생보다 더 높은 p를 갖게 된다.) 상이한 질문들에 대한 답변은 독립적이다.

(a) 스테이시는 $p = 0.75$인 준비가 잘된 학생이다. 대략적인 정규분포를 사용하여, 100문제 시험에 대해 70%와 80% 사이에서 스테이시가 점수를 받을 확률을 구하시오.

(b) 250문제 시험에 대해 70%와 80% 사이에서 스테이시가 점수를 받을 확률은 얼마인가? 문제 수가 많은 시험에서 스테이시가 받은 점수가 그녀의 '참인 점수'에 근접할 확률이 더 높다는 사실을 알게 될 것이다.

6. **무작위 숫자로부터 π를 추정하기** 케니언대학 학생인 에릭 뉴먼은 기본적인 기하학을 이용하여, 여름 연구 프로젝트의 일부인 무작위 숫자 생성기 소프트웨어를 평가하고자 한다. 그는 단위 정사각형에서 2,000개의 독립적인 무작위 점 (X, Y)를 생성하였다. 즉, X 및 Y는 0과 1 사이의 독립적인 무작위 숫자이며 각각 그림 9.5에서 살펴본 밀도함수를 갖는다. (X, Y)가 단위 정사각형 내의 어떤 영역에 속할 확률은 해당 영역의 면적이다.

(a) 점 (X, Y)의 가능한 값들의 영역인 단위 정사각형을 도출하시오.

(b) $X^2 + Y^2 < 1$인 점 (X, Y)들의 세트는 반지름이 1인 원을 나타낸다. 이 원을 (a)에서 도출한 그림에 추가하고 두 영역이 교차하는 곳에 A라고 라벨을 붙이도록 하자.

(c) 영역 A에 포함되는 2,000개 점들의 총수를 T라고 하자. T는 이항분포를 한다. n 및 p를 구하시오. (힌트 : 원의 면적이 πr^2이라는 사실을 기억하자.)

(d) T의 평균 및 표준편차는 얼마인가?

(e) 에릭 뉴먼은 π를 추정하기 위해서 무작위 숫자 생성기와 위의 사실들을 어떻게 사용하는지 설명하시오.

앞에서 살펴본 것처럼, 확률은 무작위 표본과 무작위 비교실험에 의해 생성된 데이터로부터 보다 폭넓은 모집단으로 일반화하기 위해서 사용할 수 있는 도구이다. 이 장에서는 이 과정을 정식으로 형식화하기 시작할 것이다. 보다 구체적으로, 표본의 평균이 해당 표본이 추출된 모집단의 평균에 관한 정보를 어떻게 제공할 수 있는지에 관해서 생각해 볼 것이다.

매년 봄 미국 정부의 현재인구조사는 소득에 관한 세부적인 사항을 질문한다. 2018년에 포함된 128,579가구의 평균 '총화폐소득'은 90,021달러였다(물론 소득의 중앙값은 더 낮은 63,179달러였다). 이 90,021달러는 표본을 설명하고 있지만, 이를 이용하여 모든 가구의 평균소득을 추정할 수 있다. 이것은 통계적 추론의 한 예가 된다. 즉, 표본의 정보를 이용하여 보다 폭넓은 모집단에 관한 것을 추론하는 것이다.

무작위 표본과 무작위 비교실험의 결과들은 우연이란 요소를 포함하고 있기 때문에, 우리가 내린 추론이 언제나 옳다고 보장할 수는 없다. 보장할 수 있는 것은, 이런 방법이 통상적으로 옳은 대답을 제공한다는 점이다. 통계적 추론의 논리는 다음과 같은 물음에 대한 답변에 의존한다. "이런 방법을 매우 여러 번 사용할 경우, 얼마나 자주 옳은 대답을 해 줄 수 있는가?" 무작위 표본 또는 무작위 비교실험을 통해 데이터를 구했다면, 확률 법칙은 다음과 같은 물음에 대답할 수 있다. "여러 번 시도한다면 어떤 일이 발생하는가?" 이 장에서는 이 물음에 답하는 데 도움이 되는 확률에 관한 사실들을 살펴볼 것이다.

12.1 모수 및 통계량

보다 폭넓은 모집단에 관한 결론을 도출하기 위해서 표본 데이터를 사용하기 시작하였기 때문에, 어떤 숫자가 표본을 설명하는지 또는 모집단을 설명하는지 주의를 기울여 살펴보아야 한다. 우리가 사용하게 될 용어는 다음과 같다.

모수 및 통계량

모수(parameter)는 모집단을 설명하는 숫자이다. 실제로 전체 모집단을 조사하여 검토할 수 없기 때문에, 모수의 값을 알 수 없다.

통계량(statistic)은 미지의 모수를 사용하지 않으면서도 표본 데이터로부터 계산할 수 있는 숫자이다. 실제로 미지의 모수를 추정하기 위해서 종종 통계량을 사용한다.

정리문제 12.1

가계 소득

2018년 미국 정부의 현재인구조사를 통해 접촉한 표본인 128,579가구들의 평균소득은 $\bar{x} = 90,021$달러이다. 숫자 90,021달러가 바로 이 현재인구조사 표본을 설명하고 있기 때문에 **통계량**이 된다. 이 조사를 통해 결론을 도출하고자 하는 모집단은 1억 2,800만 개의 미국 가구이다. 관심을 갖고 있는 **모수**는 바로 이 모든 가구들의 평균소득이다. 우리는 이 모수의 값을 알지 못한다.

통계량 및 모수를 기억하시오. 통계량은 표본으로부터 나오고, 모수는 모집단으로부터 나온다. 우리가 단지 데이터를 분석하거나 또는 데이터의 패턴을 찾거나 특징을 요약만 하려 한다면, 모집단과 표본 사이의 구별이 중요하지 않다. 이제는 데이터(표본)가 모집단에 관해 말하는 것을 이해하려 하므로, 이 둘을 구별하는 것이 필수적이다. 우리가 사용하는 부호는 둘 사이를 구별하여야만 한다. 모평균을 μ로 나타내고, **모표준편차**를 σ로 나타낸다. 이것들은 추론을 하기 위해 표본을 사용할 때, 미지의 고정된 모수들이다. **표본평균**은 자주 접했던 $\bar{x}$이며, 이는 표본에 있는 관찰값들의 평균값이다. **표본표준편차**는 s이며, 이는 표본에 있는 관찰값들의 표준편차이다. 동일한 모집단으로부터 다른 표본을 택할 경우, 이것들은 거의 확실하게 상이한 값을 갖게 될 통계량이다. 표본 또는 실험으로부터 구한 표본평균 $\bar{x}$ 및 표본표준편차 s는 근저가 되는 모집단 평균 μ 및 표준편차 σ의 추정값들이다.

모수 및 통계량 : 표기법

모평균(population mean)은 μ로, **모표준편차**(population standard deviation)는 σ로, **표본평균** (sample mean)은 $\bar{x}$로, **표본표준편차**(sample standard deviation)는 s로 각각 표기한다.

복습문제 12.1

유전공학

가장 심각한 피부암 종류인 진행된 흑색종을 치료하는 새로운 방법은 다음과 같다. 암세포를 보다 잘 인지하고 파괴하도록 하기 위해서 유전학적으로 백혈구 세포를 강화시키고 이를 환자에 주입한다. 이 방법에 의한 최초 연구에 참여한 사람들은 기존의 치료법에 반응하지 않는 흑색종을 앓고 있는 11명이었다. 이 실험의 결과는 신체의 면역반응을 유발시켜 암과 싸우도록 도와주는 세포의 존재에 대한 검사로 측정되었다. 11명의 환자에 대해 100,000개 세포당 활동적인 세포의 평균 숫자는 주입 전에 **3.8**개이었으며 주입 후에는 **160.2**개가 되었다. 고딕체로 쓰인 숫자들은 각각 모수인가? 또는 통계량인가?

복습문제 12.2

미국 플로리다주의 유권자

플로리다주는 최근의 미국 대선에서 중요한 역할을 하였다. 2019년 9월 유권자로 등록된 기록에 따르면, 플로리다주 유권자의 **37%**가 민주당원으로 등록되었고, **35%**는 공화당원으로 등록되었다(나머지 대부분은 어떤 정당도 선택하지 않았다). 2020년 미국 대통령 선거에 대한 여론조사를 하기 위해 무작위적으로 전화번호를 선택하여 통화를 하는 기기를 점검하고자 한다. 이 기기를 사용해서 플로리다주의 거주지 전화번호 250개를 무작위적으로 선택하여 통화를 하였다. 통화를 한 등록 유권자 중 **35%**가 등록된 민주당원이었다. 고딕체로 쓰인 각 숫자들은 모수인가? 또는 통계량인가?

12.2 통계적 추정 및 대수의 법칙

통계적 추론은 표본 데이터를 사용하여 전체 모집단에 관한 결론을 도출한다. 좋은 표본은 무작위로 선택되기 때문에, 이런 표본에 기초하여 계산된 $\bar{x}$와 같은 통계량은 확률변수이다. 다음과 같은 물음에 대해 대답하는 확률 모형을 이용하여, 표본 통계량의 행태를 설명할 수 있다. "이를 여러 번 시행한다면 어떤 일이 발생하는가?" 다음은 통계적 추론을 하는 데 가장 중요한 확률 개념을 이해하도록 도와주는 예이다.

정리문제 12.2

이 포도주는 나쁜 냄새가 나는가?

포도주 제조가 예술이라고 일컬어지는 이유 중 하나는 많은 것들이 생산 중에 잘못될 수 있기 때문이다. 포도주는 화학적으로 섬세하며, 세심하게 관리되고 제조되어야 한다. 예를 들면 디메틸 황화물(DMS)과 같은 황화합물이 포도주 제조 과정에 자연적으로 생성된다. 이 DMS는 모든 포도주에 존재한다. 낮은 수준에서 이것은 포도주의 완전성, 감미성, 복잡성에 기여한다. 하지만 불행하게도 더 높은 수준에서 DMS는 식물, 익힌 양배추, 양파 또는 유황 냄새를 일으킬 수 있다. 레스토랑에서 포도주 한 병을 주문할 경우, 불쾌한 냄새가 없다는 것을 확인하도록 새롭게 개봉한 포도주 병의 작은 샘플이 제공된다.

포도주 양조업자들은 사람의 코로 탐지할 수 있는 DMS의 가장 낮은 농도, 즉 '냄새 임곗값'을 알아야 한다. 사람들은 DMS를 탐지하는 능력 면에서 변동하며, 이런 변동성을 이해하는 것이 중요하다. 상이한 사람들은 상이한 임곗값을 갖기 때문에, 모든 성인으로 구성된 모집단에서 평균 임곗값 μ에 관해 물어보고자 한다. 숫자 μ는 이 모집단을 설명하는 모수이다.

μ를 추정하기 위해서 천연 포도주와 DMS가 첨가된 동일한 포도주를 시음자들에게 제공하였다. DMS가 첨가된 포도주인지를 알 수 있는 가장 낮은 농도를 구하기 위해, 서로 다른 농도의 DMS가 천연 포도주에 첨가되었다. 무작위로 선택된 10명에 대한 (포도주 1리터당 DMS 마이크로그램으로 측정한) 냄새의 임곗값들은 다음과 같다.

$$28 \quad 40 \quad 28 \quad 33 \quad 20 \quad 31 \quad 29 \quad 27 \quad 17 \quad 21$$

이 사람들에 대한 평균 임곗값은 $\bar{x} = 27.4$이다. 표본 결과인 $\bar{x} = 27.4$를 사용하여 미지의 μ를 추정하는 일은 합리적인 것처럼 보인다. 무작위로 뽑은 표본은 모집단을 잘 대표해야 하므로, 표본평균 $\bar{x}$는 모평균 μ 근처에 위치해야 한다. 물론 $\bar{x}$가 μ와 정확히 일치할 것으로 기대하지는 않는다. 또 다른 무작위로 뽑은 표본을 사용할 경우, 아마도 상이한 $\bar{x}$를 구하게 될 것이다.

$\bar{x}$가 정확하게 일치하는 경우는 거의 없고 표본에 따라 변화한다면, 그럼에도 불구하고 이것이 모평균 μ에 대한 합리적인 추정값인 이유는 무엇 때문인가? 대답은 다음과 같다. **점점 더 큰 표본을 계속해서 취하게 되면, 통계량 $\bar{x}$는 모수 μ에 점점 더 근접하게 된다.** 보다 많은 사람들을 계속해서 측정할 수 있다면, 궁극적으로 모든 성인에 대한 냄새의 평균 임곗값을 매우 정확하게 추정할 수 있다는 사실을 알고 있다. 이런 사실을 대수의 법칙이라고 한다. 이것은 예를 들면 정규분포와 같은 특별한 경우에만 타당하지 않고, 어떤 모집단에 대해서도 타당하기 때문에 주목할 필요가 있다.

대수의 법칙

평균이 μ인 모집단으로부터 무작위적으로 관찰값을 선택할 경우, 선택한 관찰값의 수가 증가함에 따라 관찰값의 평균 $\bar{x}$는 모평균 μ에 점점 더 근접하게 된다.

대수의 법칙은 확률의 기본 법칙으로부터 시작해서, 수학적으로 증명할 수 있다. $\bar{x}$의 행태는 확률적인 사고와 유사하다. 장기적으로 보면, 어떤 값을 취하는 결과의 비율은 해당 값의 확률에 근접하고, 결과의 평균은 모평균에 근접한다. 앞에서 살펴본 그림 9.1은 어떤 예에서 비율이 확률에 어떻게 근접하는지를 보여 준다. 다음은 표본평균이 모평균에 어떻게 근접하는지 보여 주는 예이다.

정리문제 12.3

실행해 보는 대수의 법칙

모든 성인에 대한 냄새 임곗값의 분포에서 평균은 25가 된다. 평균 $\mu=25$는 추정하고자 하는 모수의 참값이다. 그림 12.1은 이 모집단으로부터 무작위로 뽑은 표본의 평균 $\bar{x}$가 표본에 더욱 많은 사람들을 추가시킴에 따라 어떻게 변화하는지 보여 주고 있다.

정리문제 12.2에서 첫 번째 사람의 냄새 임곗값은 28이므로, 그림 12.1의 선은 거기에서 시작한다. 처음 두 사람에 대한 평균은 다음과 같다.

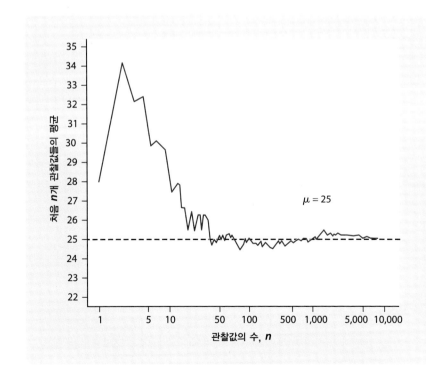

그림 12.1

실행해 보는 대수의 법칙 : 보다 많은 관찰값들을 추가시킴에 따라 표본평균 $\bar{x}$는 모평균 μ로 항상 근접한다.

$$\bar{x} = \frac{28 + 40}{2} = 34$$

위의 값은 그래프에서 두 번째 점이 된다. 먼저, 그래프는 보다 많은 관찰값을 추가함에 따라 표본평균이 변화한다는 사실을 보여 준다. 하지만 궁극적으로 관찰값의 평균은 모평균 $\mu = 25$에 근접하고, 그 값에 머무르게 된다.

모집단으로부터 무작위적으로 사람들을 다시 뽑게 된다면, 그림 12.1에서 왼쪽에서부터 오른쪽으로 이전과는 상이한 경로를 밟게 될 것이다. 대수의 법칙에 따르면, 경로가 어떻든 간에 보다 많은 사람들을 뽑게 됨에 따라 언제나 25에 머무르게 된다.

대수의 법칙은 카지노 도박 및 보험 회사와 같은 사업의 기초가 된다. 몇 번의 게임에서 도박꾼의 이득(또는 손실)은 불확실하다. 이것이 바로 일부 사람들이 도박에 관심을 갖는 이유이다. 그림 12.1에서 100개 관찰값의 평균조차도 μ에 아주 근접하지는 못한다. 평균적인 결과를 예측할 수 있는 것은 장기에서만 가능하다. 도박장에서는 수만 번의 게임이 이루어진다. 따라서 개별적인 도박꾼들과 달리 도박장 운영자는 대수의 법칙으로 설명할 수 있는 장기적인 규칙성에 의존할 수 있다. 수만 번의 게임에서 도박장 운영자가 이길 수 있는 평균은 게임에서 이기는 수의 분포의 평균에 매우 근접하게 된다. 말할 필요도 없이, 이런 평균이 도박장 운영자에게 이윤을 보장해 준다. 이것이 바로 도박장 운영이 사업이 될 수 있는 이유이다.

복습문제 12.3

보험

보험은 발생할 것 같지 않지만 발생하면 높은 비용이 소요되는 위험에 우리 모두가 노출된다는 생각에 기초한다. 여러분의 아파트를 부숴 버릴 수 있는 화재 또는 홍수를 생각해 보자. 보험은 위험을 분산시킨다. 즉, 우리가 작은 금액의 보험료를 내고 보험에 들면, 보험 회사는 아파트가 부서진 소수의 사람들에게 큰 금액을 보상해 준다. 보험 회사는 수백만 명인 아파트 소유주의 기록을 살펴보고, 연간 아파트 손실의 평균액수가 $\mu = 150$달러라는 사실을 알게 된다.

(우리들 대부분에게는 손실이 발생하지 않지만, 소수의 사람들은 갖고 있는 거의 모든 것을 잃게 된다. 150달러는 평균 손실액이다.) 보험 회사는 150달러에 비용 및 이윤을 합한 금액으로 화재보험을 판매하려 한다. 단지 10명에게만 이런 보험을 판매하는 것이 현명하지 못한 이유를 분명하게 설명하시오. 이런 보험을 수천 명에게 판매하는 것이 안전한 사업인 이유를 설명하시오.

12.3 표집분포(표본추출분포)

대수의 법칙을 통해, 대상자를 충분히 측정하면 통계량 $\bar{x}$가 미지의 모수 μ에 궁극적으로는 매우 근접한다는 사실을 알 수 있다. 하지만 정리문제 12.2의 포도주 냄새 임곗값에 관한 연구에서는 단지

10명의 피실험자가 있을 뿐이다. 피실험자가 10명인 표본으로부터 $\bar{x}$에서 μ를 추정하는 것에 대해 무엇을 말할 수 있는가? 다음과 같은 질문을 함으로써 이런 모든 표본들의 틀 내에 이 한 표본을 포함시켜 보자. "모집단으로부터 대상자가 10명인 표본을 여러 번 뽑을 경우, 어떤 일이 발생하는가?" 다음은 이 물음에 어떻게 대답하는지를 알려 준다.

- 모집단으로부터 대상자가 10명인 표본을 여러 번 추출한다.
- 각 표본에 대해 표본평균 $\bar{x}$를 계산한다.
- $\bar{x}$의 값을 히스토그램으로 나타낸다.
- 히스토그램에 나타난 분포의 형태, 중앙, 변동성을 검토한다.

실제로는 비용이 너무 많이 소요되어, 예를 들면 모든 미국 성인과 같이 규모가 큰 모집단으로부터 많은 표본을 뽑을 수 없다. 하지만 소프트웨어를 사용하여 많은 표본을 흉내 낼 수는 있다. 소프트웨어를 사용하여 우연한 행태를 흉내 내는 것을 **시뮬레이션**(simulation)이라고 한다.

정리문제 12.4

많은 표본에서 어떤 일이 발생하는가?

광범위한 연구 결과에 따르면 성인들의 디메틸 황화물(DMS)에 대한 냄새의 임곗값은 평균이 μ = 리터당

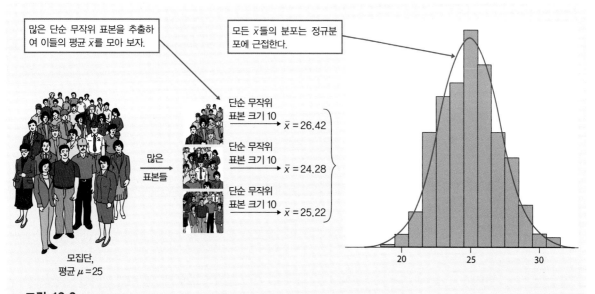

그림 12.2
표집분포(표본추출분포)에 대한 해석 : 동일한 모집단으로부터 많은 표본을 추출하고, 이들 표본 모두로부터 $\bar{x}$를 구해서 $\bar{x}$의 분포를 제시해 보자. 히스토그램은 1,000개 표본의 결과를 보여 주고 있다.

25마이크로그램이고 표준편차가 $\sigma = $ 리터당 7마이크로그램으로, 대략적인 정규분포를 한다고 본다. 이를 냄새 임곗값의 모집단분포라고 한다.

그림 12.2는 많은 표본을 뽑아서 각 표본에 대해 표본평균 임곗값 $\bar{x}$를 구하는 과정을 보여 준다. 왼쪽에 있는 모집단으로부터 무작위 표본을 뽑아 이 표본에 대한 $\bar{x}$를 계산하며, 이렇게 많은 표본들로부터 구한 $\bar{x}$들을 함께 모아 보자. 첫 번째 표본에서 $\bar{x} = 26.42$가 된다. 두 번째 표본은 또 다른 10명의 사람을 포함하며 $\bar{x} = 24.28$이 된다. 이렇게 계속해서 구해 보자. 오른쪽에 있는 히스토그램은 각각 10명으로 구성된 무작위 표본 1,000개의 개별적인 $\bar{x}$값의 분포를 보여 주고 있다. 이 히스토그램은 통계량 $\bar{x}$의 표집분포(표본추출분포)를 보여 준다.

모집단분포 및 표집분포(표본추출분포)

어떤 변수의 **모집단분포**(population distribution)는 모집단의 모든 개체들에 대한 해당 변숫값의 분포이다.

어떤 통계량의 **표집분포(표본추출분포)**(sampling distribution)는 동일한 모집단으로부터 추출한 동일한 규모의 모든 가능한 표본들에 대한 해당 통계량 값의 분포이다.

주의사항 : 모집단분포는 모집단을 구성하는 개체들을 설명한다. 표집분포(표본추출분포)는 모집단으로부터 추출한 많은 표본에서 **통계량**이 어떻게 변화하는지 설명한다.

엄밀하게 말하면, 표집분포(이하에서는 표본추출분포 표기를 생략한다)는 위의 모집단에서 10개의 개체들로 구성된 모든 가능한 표본을 살펴볼 경우 나타나게 될 이상적인 패턴이다. 그림 12.2에서 한 1,000번의 시도처럼, 고정된 수의 시도를 할 경우 얻게 될 분포는 표집분포의 근사치일 뿐이다. 통계학의 확률 이론을 이용할 경우, 시뮬레이션하지 않고 표집분포를 구할 수 있다. 하지만 시뮬레이션에 의하든지 또는 확률 수학에 의해 표집분포를 구할 경우 그에 대한 해석은 동일하다.

데이터 분석 방법을 이용하여 어떤 분포를 설명할 수 있다. 이런 방법들을 그림 12.2에 적용해 보자. 분포의 형태, 중앙, 변동성에 대해 어떻게 설명할 수 있는가?

- 형태 : 정규분포처럼 보인다. 세부적으로 검토해 보면, 많은 표본으로부터 구한 $\bar{x}$의 분포는 정규분포에 매우 근접한다는 사실을 알 수 있다.
- 중앙 : 1,000개 $\bar{x}$의 평균은 24.95이다. 즉, 분포는 모평균 $\mu = 25$에 매우 근접하도록 중앙으로 모여 있다.
- 변동성 : 1,000개 $\bar{x}$의 표준편차는 2.214이며, 이는 개체들의 모집단의 표준편차인 $\sigma = 7$보다 눈에 띄게 더 작다.

위의 결과들은 어떤 표집분포의 단지 한 개 시뮬레이션을 설명하고 있을 뿐이지만, 무작위 표본추출을 사용할 때 언제나 참인 사실들을 보여 주고 있다.

복습문제 12.4

표집분포 대 모집단분포

2018년 미국 시간사용조사에는 9,600명의 조사 참가자가 각각 밤에 몇 분 동안 수면을 취한다고 추정하는지에 대한 데이터가 포함되어 있다. 이 취침시간은 평균이 529.2분이고 표준편차가 135.6분인 정규분포를 한다. 참가자 100명으로 구성된 한 단순 무작위 표본은 평균시간 $\bar{x}=514.4$분을 갖는다. 크기가 100명인 두 번째 단순 무작위 표본은 평균시간 $\bar{x}=539.3$분을 갖는다. 여러 번의 단순 무작위 표본

을 추출한 후에 표본평균 $\bar{x}$의 많은 값들은 평균이 529.9분이고 표준편차가 13.56분인 정규분포를 한다.

(a) 모집단은 무엇인가? 모집단분포는 어떤 값들을 설명하는가? 이 분포는 무엇인가?

(b) $\bar{x}$의 표집분포는 어떤 값들을 설명하는가? 이 표집분포는 무엇인가?

12.4 $\bar{x}$의 표집분포(표본추출분포)

그림 12.2에 따르면 모집단으로부터 추출한 많은 무작위 표본들을 선택할 경우, 해당 표본평균들의 표집분포는 최초 모집단의 평균을 중앙으로 하여 모이고, 개별 관찰값들의 분포보다 덜 퍼진다고 한다. 이런 사실들을 정리하면 다음과 같다.

표본평균의 평균 및 표준편차

평균이 μ이고 표준편차가 σ인 대규모 모집단으로부터 추출한 크기가 n인 어떤 단순 무작위 표본의 평균이 $\bar{x}$라고 가정하자. 이렇게 되면 $\bar{x}$의 표집분포는 평균 μ와 표준편차 $\sigma/\sqrt{n}$를 갖게 된다.

이런 사실들은 n이 모집단 크기에 비해 너무 크지 않다고, 즉 기껏해야 모집단 크기의 5%를 초과하지 않는다고 가상한다.

$\bar{x}$의 표집분포의 평균 및 표준편차에 관한 이런 사실들은 모집단이 정규분포를 하는 특별한 경우에만 적용되는 것이 아니라, 어떤 모집단에도 적용된다. 이들은 통계적 추론에서 다음과 같은 중요한 의미를 갖는다.

- 통계량 $\bar{x}$의 평균은 모집단의 평균 μ와 언제나 같다. 즉, $\bar{x}$의 표집분포는 μ를 중앙으로 하여 모인다. 표본추출을 반복적으로 시행하다 보면, $\bar{x}$는 이따금 모수 μ의 참값보다 클 수도 있고 작을 수도 있지만, 모수를 과대추정하거나 또는 과소추정하는 체계적인 추세가 존재하지 않는다. 이

로 인해 '치우침이 없다'는 의미에서 편의가 발생하지 않는다고 본다. $\bar{x}$의 평균이 μ와 같기 때문에, 통계량 $\bar{x}$는 모수 μ의 불편 추정량이라고 한다.

- 불편 추정량은 많은 표본에서 '평균적으로 볼 때 옳다.' 추정량이 대부분의 표본에서 모수에 얼마나 근접하는지는 표집분포의 변동성에 의해 결정된다. 개별 관찰값들이 표준편차 σ를 갖는 경우, 크기가 n인 표본들의 표본평균 $\bar{x}$는 표준편차 $\sigma/\sqrt{n}$를 갖는다. 즉, 평균들은 개별 관찰값들보다 덜 변동한다.

- $\bar{x}$ 분포의 표준편차는 개별 관찰값들의 표준편차보다 더 작을 뿐만 아니라, 표본을 더 많이 추출할수록 더 작아진다. 대규모 표본들의 결과는 소규모 표본들의 결과보다 덜 변동한다.

불편 추정량

불편 추정량(unbiased estimator)은 통계량 표집분포의 평균이 추정하고자 하는 모집단 모수의 참인 값과 같아지는 경우의 모수를 추정하기 위해 사용되는 통계량이다.

위 논의의 핵심은 대규모 무작위 표본으로부터 구한 표본평균이 모평균을 정확하게 추정한다고 생각하는 것이다. 표본크기 n이 클 경우, $\bar{x}$의 표준편차는 작으며 거의 모든 표본들은 참인 모수 μ에 매우 근접한 $\bar{x}$값을 제공한다. 하지만 **표집분포의 표준편차는 $\sqrt{n}$의 비율로만 작아진다. $\bar{x}$의 표준편차를 절반으로 줄이기 위해서, 관찰값은 두 배가 아니라 네 배로 많아져야 한다.** 따라서 매우 정확한 추정값(표준편차가 매우 작은 추정값)을 구하려면 비싼 대가를 치러야 한다.

표본평균 $\bar{x}$의 표집분포에 관한 중앙 및 변동성에 대해 살펴보았지만, 형태에 대해서는 살펴보지 못했다. 표집분포의 형태는 모집단분포의 형태에 의존한다. 중요한 사실은, 두 개 분포 사이에는 다음과 같은 단순한 관계가 성립한다는 것이다. 즉 모집단분포가 정규분포를 하게 되면, 표본평균의 표집분포도 또한 정규분포를 하게 된다.

정규분포하는 모집단에 대한 표본평균의 표집분포

개별 관찰값들이 $N(\mu, \sigma)$ 분포를 하는 경우, 규모가 n인 단순 무작위 표본의 표본평균 $\bar{x}$는 $N(\mu, \sigma/\sqrt{n})$ 분포를 하게 된다.

모집단분포가 정규분포를 하게 되면, 표본평균의 표집분포도 표본크기 n에 관계없이 정규분포 한다는 사실에 주목하자.

모집단분포 및 표집분포

개별 성인들의 디메틸 황화물(DMS)에 대한 냄새 임곗값을 측정하면, 그 값들은 평균이 μ = 리터당 25마이크로그램이고 표준편차는 σ = 리터당 7마이크로그램인 정규분포를 한다. 이것이 냄새 임곗값의 모집단분포이다.

위의 모집단으로부터 10명의 성인으로 구성된 단순 무작위 표본을 많이 추출하여, 그림 12.2처럼 각 무작위 표본에 대한 표본평균 $\bar{x}$를 구해 보자. 표집분포는 $\bar{x}$의 값들이 표본들 사이에서 어떻게 변화하는지를 알려 준다. 이 표집분포 또한 평균이 μ = 25이고 표준편차가 다음과 같은 정규분포를 한다.

$$\frac{\sigma}{\sqrt{n}} = \frac{7}{\sqrt{10}} = 2.2136$$

그림 12.3은 위의 두 개 정규분포를 비교하여 보여 주고 있다. 두 개 모두 모평균을 향해 중앙으로 몰려 있지만, 표본평균들이 개별 관찰값들보다 훨씬 더 적게 변동한다.

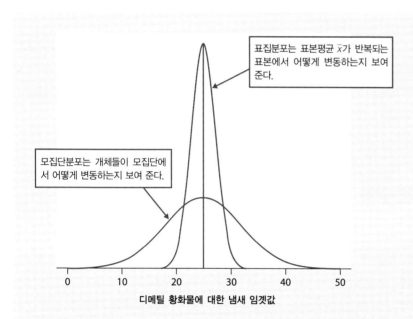

표집분포는 표본평균 $\bar{x}$가 반복되는 표본에서 어떻게 변동하는지 보여 준다.

모집단분포는 개체들이 모집단에서 어떻게 변동하는지 보여 준다.

디메틸 황화물에 대한 냄새 임곗값

그림 12.3

정리문제 12.5에서 살펴본 것처럼, 개별 관찰값들의 분포(모집단분포)를 여러 번 추출한 10개 관찰값들의 평균 $\bar{x}$의 표집분포와 비교하고 있다. 두 개 분포 모두 동일한 평균을 갖지만, 관찰값들의 평균이 개별 관찰값들보다 변동이 덜하다.

표본평균들이 더 적게 변동하는 것은 확률 계산을 통해서도 보여 줄 수 있다. (소프트웨어를 사용하거나 표준화하여 표 A를 사용하면) 모든 성인 중 약 52%가 20과 30 사이에서 냄새 임곗값을 가지며, 크기가 10명의 성인으로 구성된 표본들의 평균 중 거의 98%가 이 사이에서 냄새 임곗값을 갖는다는 사실을 알 수 있다.

젊은 남성들의 표본

정부 표본조사는 20세부터 34세 연령대의 남성들에 관한 단순 무작위 표본에 대해서 평균 총콜레스테롤 수치를 측정하고자 한다. 연구자들은 이들 표본으로부터 구한 평균 $\bar{x}$를 이 모집단의 평균 총콜레스테롤 수치 μ의 추정값으로 발표하려고 한다.

(a) $\bar{x}$가 μ의 '불편' 추정량이라고 말하려는 의도를 통계학

에 대해 알지 못하는 사람에게 설명해 보시오.

(b) 표본 결과 $\bar{x}$는 위의 연구가 사용한 단순 무작위 표본의 크기에 관계없이 모집단 μ의 불편 추정량이 된다. 대규모 표본이 소규모 표본보다 더 신뢰할 만한 결과를 제공하는 이유에 대해 통계학을 알지 못하는 사람에게 설명해 보시오.

표본의 크기가 커질수록, 추정값은 더 정확해진다

20세부터 34세 연령대의 모든 남성들에 대한 총콜레스테롤 수치는 평균이 μ = 데시리터당 182밀리그램(mg/dl)이고 표준편차가 σ = 37mg/dl인 정규분포를 한다고 가정하자.

(a) 이 모집단으로부터 100명의 남성으로 구성된 단순 무작위 표본을 추출하시오. $\bar{x}$의 표집분포는 무엇인가? $\bar{x}$가 180mg/dl과 184mg/dl 사이의 값을 취할 확률은

얼마인가? 이것은 $\bar{x}$가 μ를 ±2mg/dl 한도 내에서 추정할 확률이다.

(b) 이 모집단으로부터 1,000명의 남성으로 구성된 단순 무작위 표본을 추출하시오. $\bar{x}$가 μ의 ±2mg/dl에 포함될 확률은 얼마인가? 표본이 커질수록 정확한 μ 추정값을 구할 확률이 훨씬 더 높아진다.

12.5 중심 극한 정리

$\bar{x}$의 평균 및 표준편차에 관한 사실들은 모집단분포의 형태가 무엇이든지 간에 참이다. 하지만 모집단분포가 정규분포하지 않을 때, 표집분포의 형태는 어떠한가? 표본크기가 증가함에 따라 $\bar{x}$의 분포는 형태를 변화시킨다는 사실, 즉 모집단분포의 형태와는 덜 유사해지고 정규분포와 더욱 유사해진다는 사실은 주목할 만하다. 표본이 충분히 클 경우, $\bar{x}$의 분포는 정규분포에 매우 근접하게 된다. 모집단이 유한 표준편차 σ를 갖는 한, 모집단분포의 형태가 어떠하든지 간에 이는 사실이다. 확률 이론의 이 유명한 사실을 중심 극한 정리라고 한다. 이것은 모집단이 정확히 정규분포할 경우, $\bar{x}$의 분포도 정확히 정규분포한다는 사실보다 훨씬 더 유용하다.

중심 극한 정리

평균이 μ이고 유한 표준편차가 σ인 어떤 모집단으로부터, 크기가 n인 단순 무작위 표본을 추출해 보자. **중심 극한 정리**(central limit theorem)에 따르면, n이 클 경우 표본평균 $\bar{x}$의 표집분포는 대략

적으로 정규분포를 한다. 즉, $\bar{x}$는 대략적으로 다음과 같다.

$$N\left(\mu, \frac{\sigma}{\sqrt{n}}\right)$$

중심 극한 정리에 따르면, 정규확률 계산을 이용하여 모집단분포가 정규분포하지 않을 때에도 많은 관찰값들의 표본평균에 관한 질문에 대답할 수 있다.

중심 극한 정리에 대한 보다 일반적인 해석에 따르면, 많은 소규모 무작위 수량들의 합계 또는 평균의 분포는 정규분포에 근접한다고 본다. (수량들이 너무 고도로 상관되지 않는 한) 서로 상관되더라도 그리고 (한 개의 무작위 수량이 너무 커서 다른 것들을 압도하지 않는 한) 상이한 분포를 갖더라도 이것은 참이다. 중심 극한 정리는 정규분포가 관찰된 데이터들의 공통적인 모형이 되는 이유를 설명해 준다. 많은 소규모 영향력들의 평균인 변수는 대략적으로 정규분포를 하게 된다.

$\bar{x}$가 정규분포에 근접하기 위해서 표본크기 n이 얼마나 커야 하는지는 모집단분포에 달려 있다. 모집단분포의 형태가 정규분포에서 크게 벗어난 경우에는, 보다 많은 관찰값들이 필요하다. 다음은 모집단이 정규분포가 아닌 두 가지 예이다.

실제에서의 중심 극한 정리

2019년에 미국 현재인구조사의 연간 사회 및 경제 보충편에는 141,251명의 개인 소득에 관한 데이터를 포함하고 있다. 그림 12.4(a)는 이들의 총 개인 소득에 관한 히스토그램이다. 예상한 대로, 소득의 분포는 오른쪽으로 강하게 기울어져서 매우 멀리 퍼져 나갔다. 이 분포의 오른쪽 꼬리는 히스토그램이 보여 주는 것보다 훨씬 더 길다. 왜냐하면 극소수의 고소득은 이 척도에 막대로 나타내기 어렵기 때문이다. 실제로 공간을 절약하기 위해서, 400,000달러까지만 나타내었다. 하지만 소득이 400,000달러를 훨씬 더 초과하는 소수의 사람들이 존재한다. 이들 141,251명의 평균소득은 43,663달러였다.

이들 141,251명을 평균이 $\mu = 43,663$달러인 모집단이라고 간주하자. 크기가 100명인 단순 무작위 표본을 추출해 보자. 이 표본에서 평균소득은 $\bar{x} = 46,279$달러이며 이는 모집단의 평균보다 더 높다. 크기가 100인 또 다른 단순 무작위 표본을 추출해 보자. 이 표본에서 평균소득은 $\bar{x} = 41,266$달러이며, 이는 모집단의 평균보다 더 낮다. 이런 추출을 여러 번 시행할 경우 어떤 일이 발생하는가? 그림 12.4(b)는 각각 크기가 100인 500개 표본에 대한 평균소득의 히스토그램이다. 쉽게 비교하기 위해서, 그림 12.4(a) 및 12.4(b)의 척도는 동일하게 하였다. 개인 소득의 분포는 기울어졌으며 변동성이 크지만, 표본평균의 분포는 대략적으로 대칭을 이루며 변동성이 훨씬 더 작다.

그림 12.4(c)는 형태를 보다 명확하게 살펴보기 위해서 그림 12.4(b)에 있는 히스토그램의 중앙 부분을 확대한 것이다. $n = 100$은 표본크기가 매우 크지는 않으며 모집단분포가 극단적으로 기울어져 있지만, 표본평균의 분포는 정규분포에 근접한다는 사실을 알 수 있다.

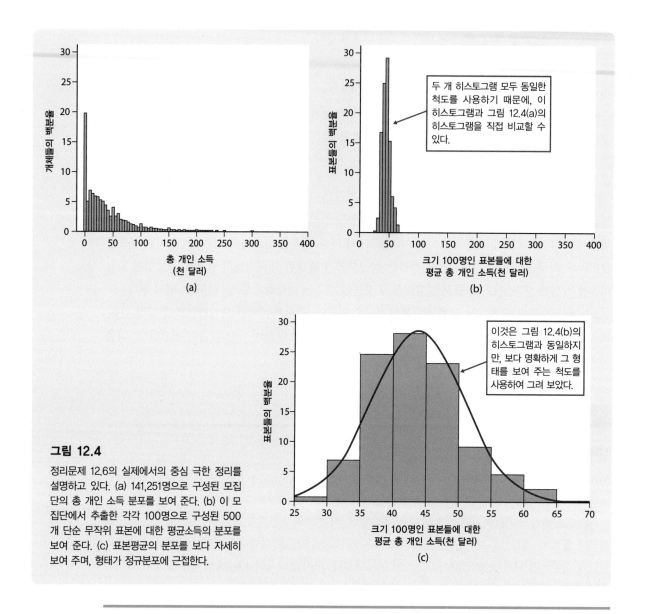

그림 12.4

정리문제 12.6의 실제에서의 중심 극한 정리를 설명하고 있다. (a) 141,251명으로 구성된 모집단의 총 개인 소득 분포를 보여 준다. (b) 이 모집단에서 추출한 각각 100명으로 구성된 500개 단순 무작위 표본에 대한 평균소득의 분포를 보여 준다. (c) 표본평균의 분포를 보다 자세히 보여 주며, 형태가 정규분포에 근접한다.

그림 12.4(a)와 그림 12.4(b) 및 12.4(c)를 비교해 보면, 이 장에서 살펴보고자 하는 두 가지 가장 중요한 사실을 알 수 있다.

표본평균에 관해 생각해 보기

무작위 표본들의 평균은 개별 관찰값들보다 덜 변동한다. 무삭위 표본들의 평균은 개별 관찰값들보다 더 정규분포한다.

정리문제 12.7

실제에서의 중심 극한 정리

지수분포는 전자부품의 수명 그리고 고객을 만족시키거나 기계를 수리하는 데 필요한 시간에 대한 모형으로 사용된다. 그림 12.5(a)는 단일 관찰값의 지수 모집단분포, 즉 밀도곡선을 보여 준다. 이 분포는 강하게 오른쪽으로 기울어졌으며, 대부분의 예상되는 결과들은 0 근처에 위치한다. 이 분포의 평균 μ는 1이며, 표준편차 σ도 또한 1이다.

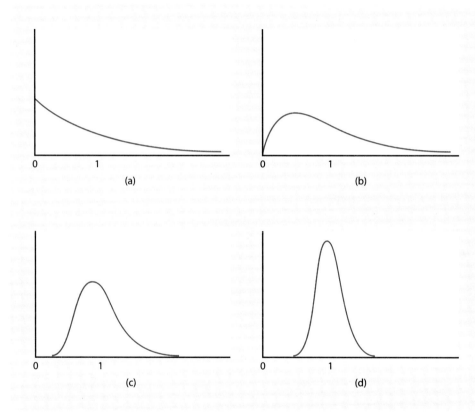

그림 12.5

정리문제 12.7에서 살펴본 실제에서의 중심 극한 정리를 설명하고 있다. 강하게 정규분포를 하지 않는 모집단으로부터의 표본평균 $\bar{x}$의 분포는 표본크기가 증가함에 따라 점점 더 정규분포하게 된다. 각 그림은 다음과 같은 경우의 분포를 보여 준다. (a) 1개 관찰값의 분포 (모집단분포), (b) 2개 관찰값에 대한 $\bar{x}$의 분포, (c) 10개 관찰값에 대한 $\bar{x}$의 분포, (d) 25개 관찰값에 대한 $\bar{x}$의 분포.

지수분포에서 표본을 추출할 때 수학을 사용하여 $\bar{x}$의 이론적인 표집분포를 도출할 수 있다. 그림 12.5(b), 그림 12.5(c), 그림 12.5(d)는 이 모집단에서 추출한 크기 2개, 10개, 25개인 표본들의 표본평균에 대한 이론적인 밀도곡선이다. n이 증가함에 따라 형태는 보다 정규분포에 근접한다. 평균은 계속해서 μ =1이며, 표준편차는 $1/\sqrt{n}$의 값을 취함으로써 감소한다. 10개 관찰값에 대한 밀도곡선은 아직도 다소 오른쪽으로 기울었지만 μ=1 및 $\sigma=1/\sqrt{10}$=0.32를 갖는 정규곡선을 이미 갖고 있다. n=25에 대한 밀도곡선은 더욱더 정규분포한다. 모집단분포 형태와 10개 또는 25개 관찰값들의 평균의 분포 형태는 현저한 대조를 이룬다.

중심 극한 정리에 기초한 정규분포 계산법을 이용하여, 그림 12.5(a)의 강한 비정규분포에 대한 물음에 답해 보자.

정리문제 12.8

에어컨에 대한 보수 및 유지

문제 핵심 : 기술자가 에어컨 한 대에 대해 예방적인 보수유지를 하는 데 필요한 (시간으로 측정한) 기간은 그림 12.5(a)의 밀도곡선처럼 보이는 지수분포로 설명할 수 있다. 이런 지수분포는 예를 들면 기계정지까지의 기간 또는 기계작동까지의 기간처럼 많은 공학 및 산업 문제들에서 나타난다. 평균은 $\mu = 1$시간이고 표준편차는 $\sigma = 1$시간이다. 귀사는 어떤 아파트에 있는 70대의 에어컨을 보수하고 유지하는 계약을 체결하였다. 기술자들의 이 아파트 방문시간에 대해 계획을 세워야 한다. 각 에어컨에 대해 평균 1.1시간을 배정하면 문제가 없는가? 아니면 평균 1.25시간을 배정하여야 하는가?

통계적 방법 : 이런 종류의 에어컨과 관련된 제작 및 분배 과정은 한 에어컨에서 다음 에어컨으로의 변동이 무작위적으로 이루어져야 된다고 생각한다. 따라서 이 70대의 에어컨을 이런 종류의 모든 에어컨들로부터 추출한 단순 무작위 표본으로 보아야 한다. 70대의 에어컨에 대한 평균 보수유지시간이 1.1시간을 초과할 확률은 얼마인가? 평균 보수유지시간이 1.25시간을 초과할 확률은 얼마인가?

해법 : 중심 극한 정리에 따르면, 70대를 보수 및 유지하는 데 소요된 표본평균시간 $\bar{x}$는 평균이 모집단평균 $\mu = 1$시간과 같고 표준편차가 다음과 같은 대략적인 정규분포를 한다.

$$\frac{\sigma}{\sqrt{70}} = \frac{1}{\sqrt{70}} = 0.12시간$$

따라서 $\bar{x}$의 분포는 대략 $N(1, 0.12)$가 된다. 정규곡선은 그림 12.6에서 굵은 선으로 그린 곡선이다(점선으로 그린 곡선은 이 문제를 해결하는 데 필요하지 않으며, 아래에서 이에 대해 논의할 것이다).

이 정규분포를 사용하면, 구하고자 하는 확률은 다음과 같다.

$$P(\bar{x} > 1.10시간) = 0.2014$$
$$P(\bar{x} > 1.25시간) = 0.0182$$

소프트웨어를 사용하면 이 확률들을 즉각적으로 구할 수 있다. 또는 표준화하여 표 A를 사용할 수도 있다. 예를 들면 다음과 같다.

$$P(\bar{x} > 1.10) = P\left(\frac{\bar{x} - 1}{0.12} > \frac{1.10 - 1}{0.12}\right)$$
$$= P(Z > 0.83) = 1 - 0.7967 = 0.2033$$

위의 결과는 어림한 것이다. 소프트웨어를 사용하거나 또는 $\bar{x}$를 표준화할 때 표준편차 0.12를 사용하는 것을 잊지 마시오.

결론 : 한 대당 1.1시간을 배정할 경우, 해당 아파트에서 배정된 시간 내에 작업을 완수하지 못할 확률은

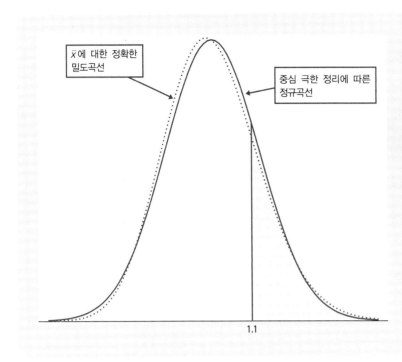

$\bar{x}$에 대한 정확한 밀도곡선

중심 극한 정리에 따른 정규곡선

1.1

그림 12.6

정리문제 12.8에서 살펴본 것처럼, 에어컨을 보수하고 유지하는 데 필요한 평균시간에 대해 (점선으로 나타낸) 정확한 분포와 (굵은 선으로 나타낸) 중심 극한 정리에 따른 정규분포에 근사한 분포를 보여 준다. 구하고자 하는 확률은 1.1의 오른쪽 면적이다.

20%가 된다. 1.25시간을 배정할 경우 이 확률은 2%로 하락한다. 따라서 한 대당 1.25시간을 배정하여야 한다.

더 많은 수학을 사용한다면, 지수분포를 갖고 70개 관찰값에 대한 $\bar{x}$의 실제 밀도곡선을 구할 수 있다. 이것은 그림 12.6에서 점선으로 나타낸 곡선이다. 굵은 선으로 나타낸 정규곡선이 대략적으로 이와 유사하다는 사실을 알 수 있다. 1.1시간을 배정했을 때의 정확하게 옳은 확률은 1.1의 오른편에 점선으로 나타낸 밀도곡선 아래의 면적이다. 이것은 0.1977이다. 중심 극한 정리의 정규곡선 어림값 0.2014는 단지 약 0.004만큼 차이가 날 뿐이다.

복습문제 12.7

중심 극한 정리는 무엇을 의미하는가?

중심 극한 정리가 무엇을 의미하는지에 대해 질문을 받은 학생은 다음과 같이 대답하였다. "모집단으로부터 크기가 점점 더 큰 표본을 추출하게 되면 표본값들의 히스토그램이 점점 더 정규분포하게 된다."라는 의미이다. 이 학생의 대답이 옳은가? 설명하시오.

해충인 호리비단벌레 찾아내기

호리비단벌레는 물푸레나무에 심각한 피해를 입히고 있다. 미국의 어떤 주 농무성은 이 벌레를 찾아내기 위해서, 해당 주 전역에 걸쳐 덫을 놓았다. 이 덫들을 주기적으로 점검하였을 때, 덫에 잡힌 이 벌레의 평균 숫자는 단지 2.2마리에 불과하였다. 하지만 일부 덫에서는 많은 벌레들이 발견되었다. 잡힌 벌레 수의 분포는 이산적이며 강하게 기울어졌다. 그리고 표준편차는 3.9이었다.

(a) 50개의 덫에서 발견된 이 벌레의 평균수 $\bar{x}$의 평균 및 표준편차는 얼마인가?

(b) 중심 극한 정리를 이용하여 50개 덫에서 발견된 벌레의 평균수가 3.0마리보다 클 확률을 구하시오.

보험

어떤 보험 회사는 아파트를 소유한 수백만 명의 전체 모집단에서 손상에 의한 연간 평균 손실액이 $\mu = 150$달러이고 손실액의 표준편차가 $\sigma = 300$달러라는 사실을 알고 있다. 손실액의 분포는 강하게 오른쪽으로 기울어져 있다. 즉, 대부분의 보험에서는 손실액이 0달러이지만 소수의 보험에서 큰 손실이 발생한다. 해당 보험 회사가 10,000개의 보험을 판매하였다면, 평균 손실액이 160달러보다 크지 않다는 가정에 기초하여 보험료를 안전하게 설정할 수 있는가? 정리문제 12.8에서 살펴본 것처럼 4단계 과정을 밟아 설명하시오.

12.6 표집분포(표본추출분포) 및 통계적 유의성

표본평균의 표집분포를 면밀하게 살펴보았다. 하지만 표본에서 계산할 수 있는 어떤 통계량도 표집분포를 갖는다.

중앙값, 분산, 표준편차

정리문제 12.5에서는 평균 $\mu =$ 리터당 25마이크로그램이고, 표준편차 $\sigma =$ 리터당 7마이크로그램인 정규분포 모집단에서 크기가 10명인 1,000개의 단순 무작위 표본을 추출하였다. 정규분포는 모든 성인에 내한 DMS 냄새 임곗값들의 분포이다. 그림 12.3은 표본평균들의 분포에 관한 히스토그램이다.

이제는 평균 $\mu = 25$ 및 표준편차 $\sigma = 7$인 정규분포 모집단에서 크기가 5명인 1,000개의 단순 무작위 표본을 추출해 보자. 각 표본에 대해 표본중앙값, 표본분산, 표본표준편차를 계산해 보시오. 그림 12.7은 1,000개 표본 결과들의 히스토그램들을 보여 준다. 이들 히스토그램은 3개 통계량의 표집분포를 제시한 다. 표본중앙값의 표집분포는 대칭적이고, 25를 중심으로 하여 대략적으로 정규분포한다. 표본분산의 표 집분포는 강하게 오른쪽으로 기울어졌다. 표본표준편차의 표집분포는 오른쪽으로 아주 약간 기울어졌다.

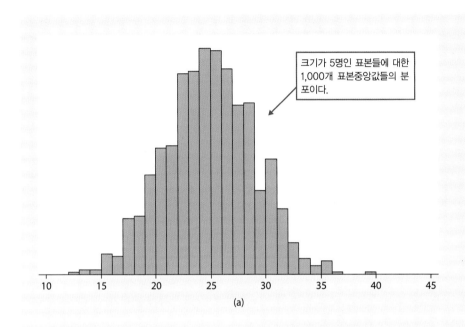

크기가 5명인 표본들에 대한 1,000개 표본중앙값들의 분포이다.

(a)

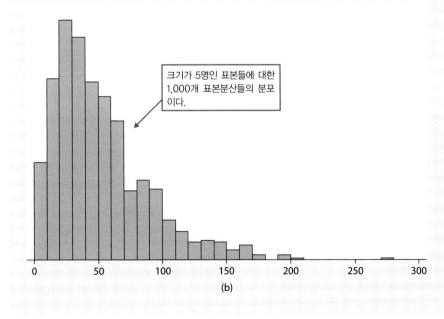

크기가 5명인 표본들에 대한 1,000개 표본분산들의 분포이다.

(b)

그림 12.7

(a) $\mu = 25$ 및 $\sigma = 7$인 정규분포 모집단에서 크기가 5명인 표본들에 대한 1,000개 표본중앙값들의 분포이다. (b) $\mu = 25$ 및 $\sigma = 7$인 정규분포 모집단에서 크기가 5명인 표본들에 대한 1,000개 표본분산들의 분포이다. (c) $\mu = 25$ 및 $\sigma = 7$인 정규분포 모집단에서 크기가 5명인 표본들에 대한 1,000개 표본표준편차들의 분포이다.

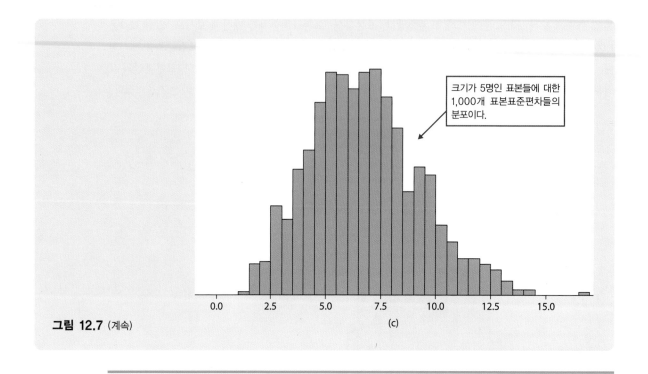

크기가 5명인 표본들에 대한 1,000개 표본표준편차들의 분포이다.

그림 12.7 (계속)
(c)

표본통계량의 표집분포는 관심을 갖고 있는 특정 표본통계량, 표본통계량이 계산된 개켓값들의 모집단분포, 표본들이 모집단에서 선택되는 방법에 의해 결정된다. 표집분포를 통해 모집단에서 선택한 또 하나의 그러한 표본에서 표본통계량의 어떤 특정 값을 관찰할 확률을 결정할 수 있다. 이런 생각을 제8장에서 처음 소개한 개념에 적용해 보자.

제8장에서는 확률 법칙을 사용하여 단지 우연에만 맡겼을 때 기대할 수 있는 것보다 관찰된 처리효과가 더 큰지 여부를 알 수 있다고 말하였다. 매우 커서 우연히는 거의 발생할 것 같지 않은 관찰된 효과를 통계적으로 유의하다라고 하였다. 관찰된 효과가 우연에만 맡겼을 때 거의 발생할 것 같지 않은지 여부를 이렇게 결정히는가? 처리효과가 없다는 가정하에서 우리가 말했던 우연에만 맡기는 경우에 의해 결정한다.

관찰된 처리효과를 표본통계량의 값, 예컨대 처리군에서의 반응평균에서 대조군에서의 반응평균을 뺀 값으로 나타내도록 하자. 그리고 나서 효과가 없다는 가정하에서 표본통계량의 표집분포를 고려하여 관찰된 효과가 통계적으로 유의한지 여부를 결정할 수 있다. 처리가 실제로 효과가 없는 경우, 우리가 관찰했던 것과 같은 극단적인 값을 관찰할 확률을 이런 표집분포를 이용하여 결정한다. 다음의 정리문제는 이런 계산을 설명해 준다.

정리문제 12.10

표집분포 및 통계적 유의성

65세 이상인 성인들은 다른 연령대의 성인들과 유사한 미각을 갖고 있는가? 이들은 젊은 연령대의 성인들만큼 좋은 포도주를 음미할 능력이 있는가? 65세 이상의 성인들로 구성된 모집단으로부터 크기가 이들 성인 5명인 단순 무작위 표본을 추출했다고 가상하자. 이들이 DMS가 첨가된 포도주인지를 확인할 수 있는 가장 낮은 농도(냄새 임곗값)를 구하기 위해서 천연 포도주와 상이한 농도의 DMS가 첨가된 동일한 포도주 둘 다를 이들에게 제시하였다. 5명의 피실험자들에 대한 냄새 임곗값들의 중앙값을 계산하여 이 값이 35라는 사실을 알았다. 만일 65세 이상 성인들의 미각이 다른 연령대 성인들의 미각과 동일하다면(다시 말해 처리가 65세 이상의 연령대인 경우 처리효과가 없다면), 이 표본중앙값이 모든 성인으로 구성된 모집단으로부터 추출한 크기 5명인 단순 무작위 표본에서 계산한 표본중앙값과 유사할 것으로 기대된다. 정리문제 12.9에서 이 표집분포에 대해 알아보았다. 그림 12.7(a)를 살펴보면 65세 이상 연령대 성인들의 미각이 다른 성인들의 미각과 동일할 경우 35는 중앙값으로서 매우 큰 값이라는 사실을 알 수 있다. 따라서 관찰된 중앙값 35는 65세 이상 연령대 성인들의 미각이 일반적인 모집단에 있는 성인들의 미각과 상이하다는 증거로 제시될 수 있다.

복습문제 12.10

분산의 통계적 유의성

정리문제 12.9에서는 개별 성인들의 DMS 냄새 임곗값 분포로부터 크기 5명인 단순 무작위 표본의 표본분산에 관한 표집분포를 살펴보았다[그림 12.7(b) 참조]. 이 모집단분포는 평균 μ=리터당 25마이크로그램 및 표준편차 σ=리터당 7마이크로그램인 정규분포를 한다. 정리문제 12.10에서는 65세 이상 연령대의 성인들로부터 크기 5명인 단순 무작위 표본을 추출하였다. 이 단순 무작위 표본의 분산은 9.2라고 가상하자. 65세 이상 연령대 성인들의 미각이 모든 다른 성인들의 미각과 상이하지 않다면, 이 값이 통계적으로 유의하다고 생각할 수 있는가? 설명하시오.

요약

- 통계문제에서 모수는 예를 들면 모평균 μ처럼 모집단을 설명하는 숫자이다. 미지의 모수를 추정하기 위해서 예를 들면 표본평균 $\bar{x}$처럼 표본으로부터 계산한 통계량을 사용한다.
- 대수의 법칙에 따르면 관찰값의 수가 증가함에 따라 실제로 관찰된 평균 $\bar{x}$는 모평균 μ에 근접한다고 본다.
- 어떤 변수의 모집단분포는 모집단의 모든 개체들에 대한 해당 변수의 값을 설명한다.
- 어떤 통계량의 표집분포는 동일한 모집단에서 추출한 동일한 크기의 모든 가능한 표본에서 해당 통계량의 값들을 설명한다.
- 표본이 모집단으로부터 추출한 단순 무작위 표본일 때, 표본평균 $\bar{x}$에 대한 표집분포의 평균은 모평균 μ와 같다. 즉, $\bar{x}$는 μ의 불편 추정량이다.

- 모집단의 표준편차가 σ인 경우, 크기가 n인 단순 무작위 표본에 대한 $\bar{x}$의 표집분포의 표준편차는 $\sigma/\sqrt{n}$가 된다. 즉, 평균들은 개별 관찰값들보다 덜 변동한다.
- 표본이 정규분포를 하는 모집단으로부터 추출한 단순 무작위 표본일 때, 표본평균 $\bar{x}$도 또한 정규분포를 한다.
- 평균 μ 및 유한 표준편차 σ를 갖는 어떤 모집단으로부

터 크기가 n인 단순 무작위 표본을 추출해 보자. 중심 극한 정리에 따르면, n이 클 때 $\bar{x}$의 표집분포(표본추출분포)는 대략적으로 정규분포한다. 즉, 평균들은 개별 관찰값들보다 더 정규분포한다. $N(\mu, \sigma/\sqrt{n})$ 분포를 이용하여, $\bar{x}$를 포함하는 사건들의 어림확률을 계산할 수 있다.

주요 용어

대수의 법칙	모표준편차	통계량
모수	불편 추정량	표본평균
모집단분포	시뮬레이션	표본표준편차
모평균	중심 극한 정리	표집분포(표본추출분포)

연습문제

1. **미국 의과대학 입학시험(MCAT)** 미국의 거의 모든 의과대학들은 학생들에게 MCAT을 치를 것을 요구하고 있다. 여러분의 대학에서 MCAT을 치렀던 학생들과 평균 점수 μ를 추정하기 위해서, 학생들의 단순 무작위 표본의 점수를 알아보고자 한다. 점수는 정규분포를 따르며, 발표된 정보를 통해서 표준편차가 10.6이라는 사실을 알고 있다. 여러분의 대학에서 MCAT을 치른 학생들의 평균 점수는 (여러분에게는 알려지지 않았지만) 500이라고 가정하자.
   (a) 무작위로 어떤 학생을 선택하였다면 이 학생의 점수가 495점에서 505점 사이일 확률은 얼마인가?
   (b) 25명의 학생을 표본으로 추출하였다. 이 학생들의 평균 점수 $\bar{x}$의 표집분포는 무엇인가?
   (c) 여러분 표본의 평균 점수가 495점부터 505점 사이에 위치할 확률은 얼마인가?

2. **포도당 검사** 셀리아의 담당의사는 그녀가 (임신기간 중 혈중 포도당 수준이 높아지는) 임신형 당뇨병에 걸릴 것을 우려하고 있다. 실제 포도당 수준과 포도당 수준을 측정하는 혈액검사 두 가지 모두에 변동이 있다.

달콤한 음료수를 마시고 1시간 후에, 포도당 수준이 130mg/dl(데시리터당 밀리그램)을 초과하는 경우 해당 환자는 임신형 당뇨병을 앓고 있다고 분류된다. 달콤한 음료수를 마시고 1시간 후에 셀리아의 측정된 포도당 수준은 $\mu = 122$mg/dl 및 $\sigma = 12$mg/dl인 정규분포에 따라 변동한다.
   (a) 포도당 측정이 단 한 번 이루어진 경우, 셀리아가 임신형 당뇨병으로 진단될 확률은 얼마인가?
   (b) 포도당 측정이 별개의 4일간 시행되고 평균을 판단기준인 130mg/dl과 비교할 경우, 셀리아가 임신형 당뇨병으로 진단될 확률은 얼마인가?

3. **일상적인 활동** 가벼운 비만인 사람들은 더 마른 사람들보다 덜 활동적인 것처럼 보인다. 어떤 연구는 사람들이 서 있거나 또는 걷는 데 사용하는 일간 평균 분수를 관찰하였다. 가벼운 비만인 사람들의 경우 (서 있거나 또는 걷는) 일상적 활동의 평균 분 수는 평균이 373분이고 표준편차가 67분인 대략적인 정규분포를 한다. 마른 사람들에 대한 일상적인 활동의 평균 분 수는 평균이 526분이고 표준편차가 107분인 대략적인 정

규분포를 한다. 연구자들은 가벼운 비만인 5명의 사람으로 구성된 단순 무작위 표본과 마른 5명의 사람으로 구성된 단순 무작위 표본에 대해 일상적인 활동의 분수를 기록하였다.

(a) 5명의 가벼운 비만인 사람의 일상적인 활동의 평균 분 수가 420분을 초과할 확률은 얼마인가?

(b) 5명의 마른 사람의 일상적인 활동의 평균 분 수가 420분을 초과할 확률은 얼마인가?

4. **포도당 검사 (계속)** 셀리아가 달콤한 음료수를 마시고 1시간 후에 측정한 포도당 수준은 $\mu = 122\text{mg/dl}$ 및 $\sigma = 12\text{mg/dl}$인 정규분포에 따라 변동한다. 4회의 검사 결과의 평균 포도당 수준이 L보다 높을 확률이 단지 0.05일 수준 L은 무엇인가? (힌트 : 정규분포 계산을 거꾸로 해 보자. 필요하다면 제3장을 복습하시오.)

5. **보통주에 대한 수익률** 앤드루는 40년 후에 은퇴할 계획을 세우고 있다. 그는 자신의 은퇴 자금 중 일부를 주식에 투자하려 하므로, 과거의 수익률에 관한 정보를 찾고 있다. 1969년부터 2018년까지 S&P에 대한 연간 수익률은 평균이 9.8%이고 표준편차는 16.8%이다. 적정한 연도 수에 걸친 평균 수익률은 정규분포에 근사한다. 향후 40년에 걸쳐 보통주에 대한 평균 연간 수익률이 10%를 초과할 확률은 얼마인가? (변동의 지난 패턴이 지속된다고 가정하자.) 평균 수익률이 5% 미만일 확률은 얼마인가? 4단계 과정을 밟아 설명하시오.

6. **소지품을 포함한 항공기 승객들의 중량이 더 무거워지고 있다** 항공기 승객들의 중량이 증가함에 따라 미국 연방 항공국(FAA)은 2003년에 의류와 휴대할

수 있는 소지품을 포함하여 승객의 평균 중량이 195파운드라고 가정할 것을 항공사에게 요청하였다. 하지만 승객들은 변동이 커서 연방 항공국은 표준편차를 명시하지는 않았다. 합리적인 표준편차는 35파운드이다. 중량은 특히 남성과 여성을 둘 다 포함할 경우 정규분포하지 않는다. 하지만 심하게 비정규분포하지도 않는다. 어떤 근거리 왕복 여객기에 22명의 승객이 탑승하였다. 승객들의 총중량이 4,500파운드를 초과할 대략적인 확률은 얼마인가? 4단계 과정을 밟아 설명하시오. (힌트 : 중심 극한 정리를 적용하기 위해서, 평균 중량의 측면에서 문제를 재구성하시오.)

7. **MCAT을 치른 학생들의 표본추출** 여러분의 대학에서 MCAT을 치른 학생들의 평균 점수 μ를 추정하기 위해서, 학생들의 단순 무작위 표본의 점수를 알아보고자 한다. 발표된 정보를 통해서, 점수는 표준편차가 약 10.6인 대략적인 정규분포를 한다는 사실을 알고 있다. 표본평균 점수의 표준편차를 1로 낮추기 위해서 얼마나 큰 단순 무작위 표본을 추출하여야 하는가?

8. **MCAT을 치른 학생들의 표본추출 (계속)** 여러분의 대학에서 MCAT을 치른 학생들의 평균 점수 μ를 추정하기 위해서, 학생들의 단순 무작위 표본의 점수를 알아보고자 한다. 발표된 정보를 통해서, 점수는 표준편차가 약 10.6인 대략적인 정규분포를 한다는 사실을 알고 있다. 어느 방향으로든 1점을 초과하지 않는 오차를 갖는 μ를 추정하기 위해서, 표본평균 $\bar{x}$를 구하고자 한다.

(a) 모든 표본의 99.7%에서 μ의 1점 내에 있는 $\bar{x}$를 구하려면, $\bar{x}$는 무슨 표준편차를 가져야 하는가? (68-95-99.7 법칙을 사용하시오.)

(b) $\bar{x}$의 표준편차를 (a)에서 구한 값까지 낮추기 위해서는 얼마나 큰 단순 무작위 표본이 필요한가?

13

신뢰구간 : 기본

학습 주제

제7장 및 제8장에 따르면, 데이터를 생성하는 방법(표본추출, 실험설계)은 보다 폭넓은 모집단으로 일반화할 수 있는 좋은 기초를 갖고 있는지 여부에 영향을 미친다. 제9장, 제10장, 제11장에서는 확률, 즉 우리가 한 추론의 성격을 결정하는 수학적 도구에 관해 논의하였다. 제12장에서는 표집분포에 관해 논의하였는데, 이는 반복적인 단순 무작위 표본의 행태가 어떠한지를 알려 주며, 표본으로부터 계산한 통계량(특히 표본평균)은 해당 표본이 추출된 모집단의 상응하는 모수에 관해 시사하고자 하는 바를 알려 준다. 이 장에서는 통계적 추정법의 기본 논리에 관해 논의할 것이며, 특히 모평균의 추정을 강조할 것이다.

표본을 추출하고 나서, 표본에 있는 개체들의 반응을 알게 된다. 표본을 추출하는 통상적인 이유는 표본에 있는 개체들에 관해 알기 위한 것이 아니라, 해당 표본이 대표하는 보다 폭넓은 모집단에 관한 어떤 결론을 표본 데이터로부터 추론하고자 하는 데 있다.

통계적 추론

통계적 추론(statistical inference)은 표본 데이터로부터 모집단에 관한 결론을 도출하는 데 필요한 방법을 제공한다.

상이한 표본은 상이한 결론으로 이어질 수 있기 때문에, 도출한 결론이 옳다고 확신할 수 없다. 도출한 결론이 얼마나 신뢰할 만한지 말하기 위해서, 통계적 추론은 확률이란 개념을 사용한다. 이 장에서는 두 개의 가장 일반적인 형태의 추론 중 한 개, 즉 모집단 모숫값을 추정하기 위한 신뢰구간을 소개할 것이다. 다음 장에서는 다른 형태의 추론, 즉 모집단에 관한 주장의 근거가 되는 증거를 평가하기 위한 유의성 검정을 살펴볼 것이다. 두 가지 형태의 추론 모두 통계학의 표집분포에 기초하고 있다. 즉, 두 가지 모두 추론 방법을 여러 번 적용할 경우 어떤 일이 발생하는지 설명하기 위해서 확률 개념을 사용한다.

이 장에서는 통계적 추론의 기본적인 논리에 대해 살펴볼 것이다. 이런 논리를 가능한 한 명확하게 하기 위해서, 너무 단순하여 현실적이지 못한 상황으로부터 시작할 것이다. 다음은 이 장에서 살펴볼 상황이다.

평균에 관한 추론을 하기 위해 필요한 단순조건

1. 관심 있는 모집단으로부터 추출한 단순 무작위 표본을 갖고 있다. 무반응이나 다른 실질적인 어려움은 없다. 표본크기에 비해 모집단이 크다.

2. 측정한 변수는 모집단에서 정확한 정규분포 $N(\mu, \sigma)$를 한다.

3. 모평균 μ는 알지 못하지만, 모표준편차 σ는 알고 있다.

모집단이 예를 들면 적어도 20배 클 경우, 모집단이 표본크기에 비해 크다는 조건이 적절하게 충족되었다고 본다. 완전한 단순 무작위 표본을 갖고 있으며, 모집단은 정확하게 정규분포를 하고, 모표준편차 σ를 알고 있다는 조건들은 모두 비현실적이다. 제15장에서는 '단순조건'으로부터 현실적인 실제에서의 통계로 논의를 전환시킬 것이다. 그 뒤부터는 완전히 현실적인 상황에서의 추론에 대해 살펴볼 것이다.

이런 '단순조건'은 비현실적이지만, 이에 대해 알아보는 이유는 무엇 때문인가? 한 가지 이유는 이런 단순조건하에서 정규분포 및 표본평균의 표집분포에 관해 앞에서 배운 내용들을, 평균에 관한 추론을 하기 위해 필요한 방법을 단계적으로 발전시키는 데 적용할 수 있기 때문이다. 단순조건하에서 사용되는 논리는 더 복잡한 수학이 필요한 보다 현실적인 상황에도 적용된다.

모집단이 정확하게 정규분포하는지 알지 못하고 모집단 σ를 알지 못하더라도, 표본표준편차를 마치 모집단 σ처럼 취급한다면 이 장과 다음 두 장에서 논의하는 방법들은 표본크기가 충분히 큰 경우 대략적으로 옳다. 따라서 이 방법들이 실제로 사용될 수 있는 상황들이 (드물기는 하지만) 존재한다.

13.1   통계적 추정법의 논리

체질량 지수를 사용하여 체중에 관한 문제들을 알아볼 수 있다. 체질량 지수는 킬로그램으로 측정한 체중을 미터로 측정한 키를 제곱한 값으로 나누어 계산된다. 많은 온라인 체질량 지수 계산기는 체중을 파운드로 입력하고 키를 인치로 입력할 수 있도록 만들어졌다. 체질량 지수가 18.5 미만인 성인의 경우 과소체중으로 간주되고, 25를 초과하는 경우 과체중으로 본다. 미국에서 이와 관련한 데이터는 전국 건강 및 영양조사 보고서를 참조하여 구할 수 있으며 이는 미국인들의 건강을 관찰하는 정부 표본조사이다.

정리문제 13.1

젊은 남성들의 체질량 지수

미국의 전국 건강 및 영양조사 보고서에 바탕을 두고 연령이 20세부터 29세인 936명의 남성에 관한 데이터를 수집하였다. 이들 936명 남성의 평균 체질량 지수는 $\bar{x} = 27.2$이었다. 이 표본에 기초하여, 이 연령 집단에 속한 2,320만 명인 모든 남성의 모집단에 대해 평균 체질량 지수 μ를 추정하고자 한다.

'단순조건'에 부합하기 위해서, 전국 건강 및 영양조사 보고서에 대한 표본을 정규분포 모집단으로부터 추출한 단순 무작위 표본으로 간주할 것이다. 표준편차 $\sigma = 11.6$이라는 사실을 알고 있다고 가정할 것이다(이들 936명의 남성들에 대한 표본표준편차는 $11.63kg/m^2$이다. 정리문제의 목적에 부합하게 이것을 11.6으로 반올림하고 이것이 모표준편차 σ인 것처럼 본다).

다음은 아주 간단하게 통계적 추정법의 논리를 설명하고 있다.

1. 알지 못하는 모평균 체질량 지수 μ를 추정하기 위해서, 무작위 표본의 평균 $\bar{x} = 27.2$를 사용하도록 하자. $\bar{x}$가 μ와 정확하게 같을 것으로 기대하지 않기 때문에, 이 추정값이 얼마나 정확한지 알고자 한다.
2. $\bar{x}$의 표집분포를 알고 있다. 반복되는 표본에서, $\bar{x}$는 평균 μ 및 표준편차 $\sigma/\sqrt{n}$를 갖는 정규분포를 한다. 따라서 936명의 젊은 남성으로 구성된 단순 무작위 표본의 평균 체질량 지수 $\bar{x}$는 다음과 같은 표준편차를 갖는다.

$$\frac{\sigma}{\sqrt{n}} = \frac{11.6}{\sqrt{936}} = 0.4(\text{어림한 값})$$

3. 정규분포에 관한 68-95-99.7 법칙에 따르면, $\bar{x}$는 모든 표본의 95%에서 평균 μ로부터 2개 표준편차 내에 있다. 표준편차는 0.4이므로 2개 표준편차는 0.8이 된다. 따라서 크기가 936명인 전체 표본의 95%에 대해 표본평균 $\bar{x}$와 모평균 μ 사이의 차이는 0.8보다 더 작다. μ가 $\bar{x} - 0.8$과 $\bar{x} + 0.8$ 사이의 구간 어디에 위치한다고 추정하면, 전체 가능한 표본 중 95%에 대해 옳다고 할 수 있다. 이 표본에 대한 구간은 다음과 같다.

$$\bar{x} - 0.8 = 27.2 - 0.8 = 26.4$$
$$\bar{x} + 0.8 = 27.2 + 0.8 = 28.0$$

4. 전체 가능한 표본의 95%에 대해 모평균을 갖는 방법으로 26.4에서 28.0까지의 구간을 구했으므로, 모든 젊은 남성의 평균 체질량 지수 μ가 26.4보다 더 낮지 않고 28.0보다 더 높지 않은 구간 내의 어떤 값을 취한다고 95% 신뢰할 수 있다.

$\bar{x}$의 표집분포는 표본평균 $\bar{x}$가 μ에 얼마나 근접하는지를 알려 준다는 생각에 기초하여 위와 같은 논리가 전개되었다. 통계적 추정법은 단지 이런 정보를 변환시켜서 알지 못하는 모평균 μ가 $\bar{x}$에 얼마나 근접하는지를 말할 뿐이다. $\bar{x} \pm 0.8$ 사이의 구간을 μ에 대한 95% 신뢰구간이라고 한다.

복습문제 13.1

중학교 졸업반 학생들의 수학 숙련도

미국의 교육진척전국평가에는 중학교 졸업반 학생들을 대상으로 한 수학시험도 포함된다. 시험 점수는 0점에서 500점까지의 영역을 갖는다. 문제를 풀기 위해서 평균을 사용할 정도의 능력을 보여 줄 경우, 이는 기초수준의 수학학습능력과 관련된 숙련도 및 지식의 한 예가 된다. 숙달수준능력과 관련된 지식 및 숙련도의 예는 스템플롯을 보고 해석할 수 있는 정도이다.

2019년 수학시험에 대한 교육진척전국평가 표본에는 147,400명의 중학교 졸업반 학생들이 있었다. 평균 수학점수는 $\bar{x} = 282$이었다. 전체 중학교 졸업반 학생들로 구성된 모집단에 대한 평균 점수 μ를 추정하고자 한다. 교육진척전국평가 표본을 표준편차가 $\sigma = 40$인 정규분포 모집단으로부터 뽑은 단순 무작위 표본이라고 본다.

(a) 여러 번 표본을 뽑는다면, 표본평균 $\bar{x}$는 모집단의 알지 못하는 평균 점수 μ와 동일한 평균을 갖는 정규분포에 준하여 표본에 따라 변화한다. 이 표집분포의 표준편차는 얼마인가?

(b) 68-95-99.7 법칙에 따르면, $\bar{x}$에 대한 모든 값 중에서 95%가 알지 못하는 평균 μ의 양편으로 _____ 내에 위치하게 된다. 알맞은 숫자를 기입하시오.

(c) 이 표본에 기초한 모평균 점수 μ의 95% 신뢰구간은 무엇인가?

13.2 오차범위 및 신뢰수준

미국의 전국 건강 및 영양조사 보고서 표본에 기초하여 구한, 젊은 남성들의 평균 체질량 지수에 대한 95% 신뢰구간은 $\bar{x} \pm 0.8$이다. 표본 결과를 갖게 되면 이 표본에 대해 $\bar{x} = 27.2$이라는 사실을 알고 있으므로, 신뢰구간은 27.2 ± 0.8이 된다. 대부분의 신뢰구간은 다음과 유사한 형태를 갖는다.

$$\text{추정값} \pm \text{오차범위}$$

추정값(위의 예에서 $\bar{x} = 27.2$이다)은 알지 못하는 모숫값에 대한 추정이다. 오차범위 ± 0.8은 추정값의 변동에 기초하여 추정이 얼마나 정확하다고 믿는지를 알려 준다. 구간 $\bar{x} \pm 0.8$은 모든 가능한 표본의 95%에서 알지 못하는 모수를 포함하기 때문에, 95% 신뢰구간을 갖는다고 한다.

오차범위

오차범위(margin of error)는 주어진 신뢰수준에서 신뢰구간을 정의하기 위해 통계적 추정값에 더하거나 빼는 숫자이다.

신뢰구간

모수에 대한 **수준 C 신뢰구간**(level C confidence interval)은 다음과 같은 두 부분으로 구성된다.

- 데이터로부터 계산된 구간은 통상적으로 다음과 같은 형태를 갖는다.

추정값 ± 오차범위

- **신뢰수준**(confidence level) C는 반복된 표본들에서 참인 모숫값이 신뢰구간에 위치할 확률을 알려 준다. 즉, 신뢰수준은 해당 방법에 대한 성공률이다.

이런 형태의 신뢰구간과 이에 대한 해석은 평균 및 비율을 포함하여 이 책에서 살펴보게 될 거의 모든 모수에 적용된다.

통상적으로 결론을 아주 확신하고자 하기 때문에, 사용자들은 보통 90% 이상의 신뢰수준을 선택한다. 가장 일반적인 신뢰수준은 95%이다.

신뢰수준에 대한 해석

신뢰수준은 해당 구간을 구한 방법의 성공률을 말한다. 특정 표본의 95% 신뢰구간은 μ를 포함하는 95%의 표본이 될지 또는 불행히 μ를 포함하지 않는 5%의 표본이 될지 알지 못한다.

위의 예에서 알지 못하는 μ가 26.4와 28.0 사이에 위치할 것으로 95% 신뢰한다고 말할 경우, 이는 "옳은 결과를 95% 제공하는 방법을 사용하여 해당 숫자를 구했다."라는 말을 간단하게 표현한 것이다.

정리문제 13.2

그림으로 보는 통계적 추정법

그림 13.1 및 그림 13.2는 신뢰구간의 행태를 설명하고 있다. 이 그림들을 주의 깊게 살펴보도록 하자. 이 그림들이 의미하는 바를 이해했다면, 통계학의 기초가 되는 주요한 사고 중 하나를 깨달은 것이다.

그림 13.1은 젊은 남성들의 평균 체질량 지수에 대한 신뢰구간 $\bar{x} \pm 0.8$의 행태를 보여 주고 있다. 모집단으로부터 936명의 젊은 남성들로 구성된 단순 무작위 표본을 여러 개 뽑았다고 가정하자. 첫 번째 표본은 $\bar{x} = 27.2$이며, 두 번째 표본은 $\bar{x} = 27.4$이고, 세 번째 표본은 $\bar{x} = 26.8$ 등이다. 표본평균은 표본에 따라 변화하지만, 각 표본에 기초한 신뢰구간을 구하기 위해서 공식 $\bar{x} \pm 0.8$을 사용할 때, 이 구간들 중 **95%**는 알지 못하는 모평균 μ를 포함한다. 표본크기 및 표준편차 σ는 동일하기 때문에 각 신뢰구간에 대해 동일한 오차범위 0.8을 사용한다는 사실에 주목하자.

그림 13.2는 상이한 형태로 95% 신뢰구간에 대한 생각을 설명하고 있다. 이는 동일한 모집단으로부터 많은 단순 무작위 표본을 뽑아서 각 표본에 대해 95% 신뢰구간을 계산한 결과이다. 각 신뢰구간의 중앙이 $\bar{x}$에 위치한다. 따라서 이는 표본에 따라 변동한다. 이런 변동의 장기적인 패턴을 보여 주기 위해서, $\bar{x}$

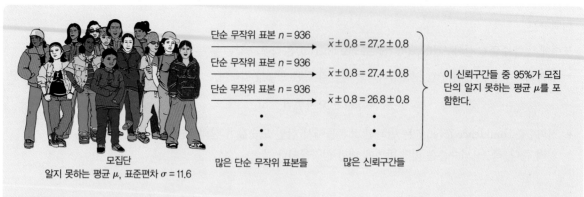

그림 13.1

$\bar{x} \pm 0.8$이 모평균 μ에 대한 95% 신뢰구간이라고 말하는 것은 반복된 표본에서 이 신뢰구간들 중 95%가 μ를 포함한다는 의미이다.

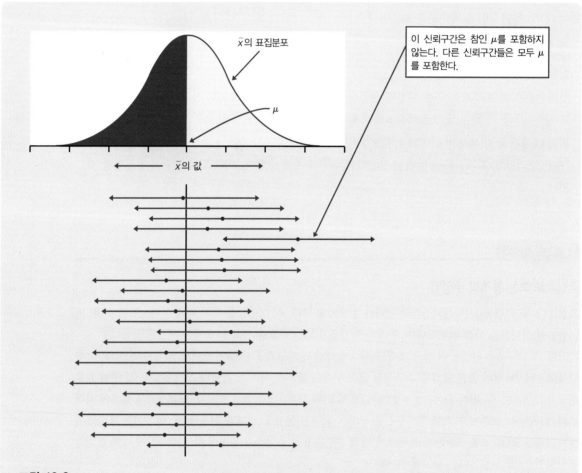

그림 13.2

동일한 모집단으로부터 추출한 25개 표본이 그림과 같은 95% 신뢰구간을 제시하고 있다. 장기적으로, 모든 표본들 중 95%가 모평균 μ를 포함하는 신뢰구간을 보여 준다.

의 표집분포는 이 그림의 맨 위에 있다. 모평균 μ는 표집분포의 중앙에 위치한다. 25개의 단순 무작위 표본들에 대한 95% 신뢰구간은 그림의 아랫부분에 있다. 각 신뢰구간의 중앙 $\bar{x}$는 점으로 나타내었다. 이 점의 양편에 있는 화살표는 신뢰구간을 의미한다. 이 25개의 신뢰구간 중 1개를 제외하고 모두 μ의 참값을 포함한다. 매우 많은 수의 표본을 취할 경우, 신뢰구간의 95%는 μ를 포함하게 된다.

복습문제 13.2

정신적 및 육체적 건강

2019년 12월에 갤럽여론조사는 표본의 18세 이상 연령대 성인 5,120명 중 46%가 자신들의 정신적 및 육체적 건강 둘 다 좋거나 훌륭하다고 말했다고 발표하였다. 즉, 갤럽여론조사는 다음과 같이 발표하였다.

"18세 이상 연령대 성인 5,120명으로 구성된 혼합표본에 기초하여 구한 결과에 따르면, … 표본추출 오차범위는 95% 신뢰수준에서 2%이다."

(a) 백분율로 나타낸 신뢰구간은 다음과 같은 형태를 갖는다.

추정값 ± 오차범위

갤럽여론조사가 제시한 정보에 기초할 경우, 자신들의 정신적 및 육체적 건강이 둘 다 좋거나 훌륭하다고 말한 18세 이상 연령대 모든 성인의 백분율에 대한 95% 신뢰구간은 무엇인가?

(b) 이 구간에서 95% 신뢰를 갖는다는 것은 무엇을 의미하는가?

13.3 모평균에 대한 신뢰구간

정리문제 13.1에서, 알지 못하는 모평균 μ에 대한 95% 신뢰구간을 구할 수 있는 논의를 개괄적으로 살펴보았다. 이제는 이 논의를 공식으로 전환시켜 보자.

정리문제 13.1에서, 신뢰구간을 결정할 때 95%는 어떤 역할을 했는가? 젊은 남성들의 평균 체질량 지수에 대한 95% 신뢰구간을 구하기 위해서, 평균으로부터 양쪽 방향으로 두 개 표준편차만큼 나아가도록 함으로써 먼저 정규표집분포의 가운데 95%를 찾아낼 수 있다. 값 95%는 이 가운데 95%를 포함하기 위해 평균으로부터 양쪽 방향으로 얼마나 많은 표준편차를 나아가야 하는지를 결정한다. 수준 C의 신뢰구간을 구하기 위해, 먼저 정규표집분포하에서 가운데 면적 C를 구해 보자. 가운데 면적을 포함하기 위해 평균으로부터 양쪽 방향으로 얼마나 많은 표준편차를 나아가야 하는가? 모든 정규분포는 표준 척도에서 동일하기 때문에, 표준정규곡선으로부터 필요한 모든 것을 구할 수 있다.

그림 13.3은 표준정규곡선하에서 가운데 면적 C가 두 개의 점 z^* 및 $-z^*$에 의해서 어떻게 구별되는지 보여 준다. 특정 면적을 구별 짓는 z^*와 같은 숫자를 표준정규분포의 **임계값**이라고 한다.

임곗값

임곗값(critical value)은 표준정규곡선이 z^*와 $-z^*$ 사이의 사전에 특정된 면적 C를 갖도록 선택된 숫자 z^*이다.

여러 가지 C에 대한 z^*값들은 이 책 뒤에 첨부된 표 C의 아랫부분, 즉 z^*라고 명칭이 붙은 행에서 찾아볼 수 있다. 가장 폭넓게 사용되는 신뢰수준은 다음과 같다.

신뢰수준 C	90%	95%	99%
임곗값 z^*	1.645	1.960	2.576

위의 표에서 보면 C = 95%에 대해 $z^* = 1.960$이 된다. 이는 68-95-99.7 법칙에 기초한 어림값 $z^* = 2$보다 약간 더 정확하다. 물론 소프트웨어를 사용하여 전체 신뢰구간뿐만 아니라 임곗값 z^*를 구할 수 있다.

그림 13.3은 $-z^*$와 z^* 사이의 표준정규곡선 아래에 면적 C가 존재한다는 사실을 보여 주고 있다. 따라서 어떤 정규곡선도 평균 양편으로 나아간 표준편차 z^* 내에서 면적 C를 갖게 된다. 즉, C 값의 비율은 $\mu - (z^* \times \sigma)$와 $\mu + (z^* \times \sigma)$ 사이에 위치한다.

$\bar{x}$의 정규표집분포는 모평균 μ의 양편으로 나아간 $z^* \times \sigma / \sqrt{n}$ 내에서 면적 C를 갖게 된다. 왜냐하면 이것은 평균 μ 및 표준편차 $\sigma / \sqrt{n}$를 갖기 때문이다. $\bar{x}$에서 출발하여 양쪽 방향으로 $z^* \sigma / \sqrt{n}$ 나아갈 경우, 모든 표본 중 비율 C로 모평균 μ를 포함하는 구간을 갖게 된다. 이 구간은 다음과 같다.

$$\text{즉, } \bar{x} - z^* \frac{\sigma}{\sqrt{n}} \text{부터 } \bar{x} + z^* \frac{\sigma}{\sqrt{n}} \text{까지 또는 } \bar{x} \pm z^* \frac{\sigma}{\sqrt{n}} \text{의 구간이다.}$$

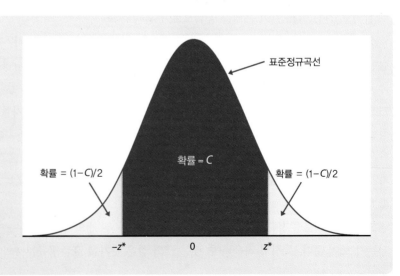

그림 13.3

임곗값 z^*는 $-z^*$와 z^* 사이 표준정규곡선 아래의 가운데 부분 확률 C를 포괄하는 수치이다.

이것은 μ에 대한 수준 C의 신뢰구간이다.

정규모집단의 평균에 대한 신뢰구간

알지 못하는 평균 μ와 알고 있는 표준편차 σ를 갖는 정규모집단으로부터, 크기가 n인 단순 무작위 표본을 뽑아 보자. 수준 C의 **μ에 대한 신뢰구간**(confidence interval for μ)은 다음과 같다.

$$\bar{x} \pm z^* \frac{\sigma}{\sqrt{n}}$$

신뢰수준 C에 상응하는 임곗값 z^*는 그림 13.3에서 살펴보았으며, 표 C의 아랫부분에서도 찾아볼 수 있다.

신뢰구간을 구하는 단계는 통계문제를 해결하는 데 사용하는 다음과 같은 4단계 과정으로 나타낼 수 있다.

신뢰구간 : 4단계 과정

문제 핵심 : 모수 추정이 필요한 실제적인 의문점은 무엇인가?

통계적 방법 : 모수를 확인하고, 신뢰수준을 선택하며, 해당 상황에 적합한 신뢰구간의 유형을 고른다.

해법 : 다음과 같은 두 가지 면에서 문제를 해결한다.

1. 사용하고자 하는 신뢰구간에 대한 조건을 점검한다.
2. 신뢰구간을 계산한다.

결론 : 해당 상황에서 구한 결과를 설명하기 위해서, 실제적인 의문점으로 돌아간다.

정리문제 13.3

날씨가 좋으면 팁도 많아지는가?

문제 핵심 : 날씨가 좋을 것이라고 기대하게 되면, 보다 관대한 행위를 하게 되는가? 심리학자들은 내일의 날씨가 좋을 것이라는 문구를 계산서상에 기입할 때 음식점에서의 팁의 액수를 연구하였다. 다음은 20명의 손님으로부터 받은 팁이며, 금액에 대한 백분율로 나타내었다.

20.8	18.7	19.9	20.6	21.9	23.4	22.8	24.9	22.2	20.3
24.9	22.3	27.0	20.4	22.2	24.0	21.1	22.1	22.0	22.7

이것은 작성된 측정값들의 세 개 세트 중 한 개이며, 다른 것들은 내일의 날씨가 좋지 않을 것이라는 문구

가 계산서상에 기입되거나 또는 어떤 문구도 계산서상에 기입되지 않을 때 받은 팁들에 관한 기록이다. 다른 조건하에서 받은 팁과 비교하기 위해 팁의 평균을 추정하고자 한다. '단순조건'을 충족시키기 위해, 이 음식점 단골 고객과의 과거 경험에 비추어 볼 때 백분율로 나타낸 팁의 표준편차가 $\sigma = 2$라는 사실을 알고 있다고 가상하자.

통계적 방법 : 내일의 날씨가 좋은 것이라는 문구가 기입된 계산서를 받을 때, 해당 음식점을 방문한 모든 손님에 대한 팁의 평균 백분율 μ를 95% 신뢰구간으로 추정할 것이다. 이 신뢰구간은 해당 상황에 적합하다.

해법 : 추론을 하기 위한 조건을 점검하는 것부터 시작해 보자. 이 정리문제에서 먼저 신뢰구간을 구하고 나서, 통계적인 실제 결과가 결코 완벽하게 충족시키지 못하는 조건을 어떻게 처리하는지 논의할 것이다.

표본의 팁 평균 백분율은 $\bar{x} = 22.21$이다. 95% 수준의 신뢰에 대한 임곗값은 $z^* = 1.960$이다. 따라서 μ에 대한 95% 신뢰구간은 다음과 같다.

$$\bar{x} \pm z^* \frac{\sigma}{\sqrt{n}} = 22.21 \pm 1.960 \frac{2}{\sqrt{20}}$$
$$= 22.21 \pm 0.88$$
$$= 21.33 \text{부터 } 23.09 \text{까지}$$

결론 : 내일의 날씨가 좋을 것이라는 문구가 기입된 계산서를 받을 때 해당 음식점을 방문한 모든 손님에 대한 팁의 평균 백분율이 21.33에서 23.09 사이에 위치할 것이라고 95% 신뢰한다.

실제에서 '해법' 단계의 첫 번째 부분은 추론하기 위한 조건을 점검하는 것이다. '단순조건'은 다음과 같다.

1. **단순 무작위 표본** : 우리는 이 음식점을 방문한 전체 손님들로 구성된 모집단으로부터 실제적인 단순 무작위 표본을 구하지 못한다. 과학자들은 종종 피실험자들을 구하는 방법에 특이한 것이 없는 경우, 피실험자들이 단순 무작위 표본인 것처럼 간주한다. 하지만 실제적인 단순 무작위 표본을 얻는 것이 언제나 더 낫다. 왜냐하면 그렇지 않고는 숨겨진 편의가 존재하지 않는다는 사실을 확신할 수 없기 때문이다. 비교하고자 하는 처리 중 하나를 얻기 위해서 이 20명의 손님이 더 큰 손님 집단으로부터 무작위로 배정되었다는 의미에서, 이 연구는 실제로 무작위 비교실험이 된다.

2. **정규분포** : 심리학자들은 과거의 경험에 비추어 볼 때 동일한 조건하에서 동일한 음식점을 방문한 손님들에 관한 이와 같은 측정값들은 대략 정규분포를 할 것으로 기대한다. 모집단은 알 수 없지만, 표본

27	0
26	
25	
24	099
23	4
22	0122378
21	19
20	3468
19	9
18	7

그림 13.4

정리문제 13.3에서의 팁의 백분율을 보여 주는 스템플롯이다.

은 검토할 수 있다. 그림 13.4는 스템플롯이다. 형태가 대체로 종 모양을 하고 있으며 적정하게 벗어난 이탈값은 있지만 강하게 비대칭적인 모습을 하고 있지는 않다. 이런 모양은 정규분포를 하는 모집단으로부터 뽑은 소규모 표본에서 종종 나타난다. 따라서 모집단이 정규분포할 것이라는 데 의심을 할 이유가 없다.

3. 알고 있는 σ : $\sigma = 2$라는 사실을 알고 있다고 가정하는 것은 정말로 비현실적이다. 제16장에서 σ를 알아야 하는 필요성을 제거하는 일이 용이하다는 사실을 깨닫게 될 것이다.

위에서 한 논의가 제시하는 것처럼, 단순 무작위 표본 및 정규분포하는 모집단과 같은 조건들이 정확하게 충족되지 않을 때도 추론 방법이 종종 사용된다. 이 장에서 우리는 '단순조건'이 충족되는 것처럼 간주하였다. 실제로 추론을 현명하게 하려면 판단력이 필요하다. 제14장과 각 추론 방법에 관해 논의하는 이후의 장들에서, 판단하는 데 필요한 더 나은 기본지식을 살펴볼 것이다.

복습문제 13.3

임곗값 구하기

신뢰수준 75%에 대한 임곗값 z^*는 이 책 뒤에 있는 표 C에 있지 않다. 소프트웨어 또는 표준정규확률에 관한 표 A를 사용하여 z^*를 구하시오. 대답할 때 그림 13.3처럼 $C = 0.75$를 포함시키고 임곗값 z^*를 축에 표시하시오.

복습문제 13.4

융해점 측정하기

미국 국립 표준 및 기술협회는 물질적 특성이 알려졌다고 생각되는 '표준물질'을 공급한다. 예를 들면, 여러분은 이 협회로부터 융해점이 1,084.80°C라고 입증된 구리 샘플을 매입할 수 있다. 물론 어떤 측정값도 정확하게 옳지는 않다. 이 협회는 모든 측정값들의 변동성을 잘 알고 있으므로, 동일한 표본의 모든 측정값들로 구성된 모집단이 참인 융해점과 같은 평균 μ 및 표준편차 $\sigma = 0.25$°C인 정규분포를 한다고 가정하는 것은 매우 현실적이다. 다음은 동일한 구리 샘플에 대한 6개 측정값이며, 이것은 융해점이 1,084.80°C라고 생각된다.

1,084.55 1,084.89 1,085.02 1,084.79 1,084.69 1,084.86

이 협회는 구리 샘플의 매입자에게 참인 융해점에 대한 90% 신뢰구간을 제공하고자 한다. 신뢰구간은 무엇인가? 정리문제 13.3에서 살펴본 것처럼 4단계 과정을 밟아 보도록 하자.

복습문제 13.5

IQ 테스트 점수

다음은 미국 중서부 학군에 있는 중학교 2학년 여학생 74명에 대한 IQ 테스트 점수이다.

115	111	97	112	104	106	113	109	113	128	128
118	113	124	127	136	106	123	124	126	116	127
119	97	102	110	120	103	115	93	123	119	110
110	107	105	105	110	90	114	106	114	100	104
89	102	91	114	114	103	105	111	108	130	120
132	111	128	118	119	86	107	100	111	103	107
112	107	103	98	96	112	112	93			

(a) 74명의 여학생들은 해당 학군의 모든 중학교 2학년 여학생들의 단순 무작위 표본이다. 이 모집단에서 IQ 점수의 표준편차는 $\sigma = 11$로 알려져 있다고 가정하자. IQ 점수의 분포는 정규분포에 가까울 것으로 기대된다. 이 74개 점수의 분포에 대한 스템플롯을 작성하여, 정규성으로부터 크게 벗어나지 않았다는 사실을 입증하시오. 이제 '단순조건'을 가능한 한도까지 점검하였다.

(b) 99% 신뢰구간을 사용하여 해당 학군에 있는 모든 중학교 2학년 여학생들에 대한 평균 IQ 점수를 추정하시오. 정리문제 13.3에서 살펴본 것처럼 4단계 과정을 밟아 보자.

(c) 99% 신뢰구간이 의미하는 바는 (b)에서 구한 구간이 미국 중서부 학군에 있는 중학교 2학년 여학생들의 모든 IQ 테스트 점수의 99%를 포함하는 것을 보장한다는 의미인가? 만일 그렇지 않다면, 이 신뢰구간을 어떻게 해석해야 하는가?

13.4 신뢰구간은 어떤 행태를 보이는가

정규모집단의 평균에 대한 z 신뢰구간 $\bar{x} \pm z^* \sigma / \sqrt{n}$ 는 공통적으로 사용되는 모든 신뢰구간에 의해 공유되는 몇 가지 중요한 특성을 보여 준다. 사용자는 신뢰수준을 선택하고, 오차범위는 이 선택을 따르게 된다. 우리는 높은 신뢰와 또한 작은 오차범위를 원한다. 신뢰가 높은 경우 해당 방법은 거의 언제나 옳은 대답을 준다. 오차범위가 작은 경우 우리는 아주 정확하게 모수를 밝힐 수 있다. z 신뢰구간의 오차범위에 영향을 미치는 요소들은 거의 모든 신뢰구간에 대해서도 적용된다.

어떻게 작은 오차범위를 구할 수 있는가? z 신뢰구간에 대한 오차범위는 다음과 같다.

$$\text{오차범위} = z^* \frac{\sigma}{\sqrt{n}}$$

이 식에서 분자로 z^* 및 σ가 있고, 분모로 $\sqrt{n}$이 있다. 따라서 다음과 같을 때 오차범위는 더 작아지게 된다.

- z^*가 더 작아져야 한다. z^*가 더 작다는 것은 신뢰수준 C가 더 낮다는 것과 같다(그림 13.3을 다시 한번 살펴보도록 하자). 신뢰수준과 오차범위 사이에는 상충관계가 존재한다. 동일한 데이터로부터 더 작은 오차범위를 구하려면, 더 낮은 신뢰수준을 기꺼이 받아들여야 한다.
- σ가 더 작아져야 한다. 표준편차 σ는 모집단에서의 변동을 측정한다. 모집단을 구성하는 개체

들 사이의 변동을 평균값 μ를 모호하게 하는 잡음으로 생각할 수 있다. σ가 작을 때 μ를 명확하게 밝히는 일이 더 용이해진다.

- n이 더 커져야 한다. 표본크기 n이 증가함에 따라, 어떤 신뢰수준에 대한 오차범위가 감소한다. 따라서 표본이 더 커짐에 따라, 보다 정확한 추정값을 구할 수 있다. 하지만 n에는 제곱근 부호가 씌워져 있기 때문에, 오차범위를 절반으로 줄이고자 한다면 네 배 많은 관찰값이 필요하다.

실제로 신뢰수준 및 표본크기는 통제할 수 있지만 σ는 통제할 수 없다.

정리문제 13.4

오차범위 변화시키기

정리문제 13.3에서 심리학자들은 내일의 날씨가 좋을 것이라는 문구가 계산서에 있을 때 음식점을 방문한 20명의 손님이 준 팁을 기록하였다. 이 데이터를 통해 금액의 백분율로 나타낸 팁의 평균이 $\bar{x} = 22.21$이라는 사실을 구하였으며, $\sigma = 2$라는 사실을 알고 있다. 내일의 날씨가 좋을 것이라는 문구를 계산서에 포함시킬 때, 해당 음식점을 방문한 모든 방문객의 평균 백분율로 나타낸 팁에 대한 95% 신뢰구간은 다음과 같다.

$$\bar{x} \pm z^* \frac{\sigma}{\sqrt{n}} = 22.21 \pm 1.960 \frac{2}{\sqrt{20}}$$
$$= 22.21 \pm 0.88$$

동일한 데이터에 기초한 90% 신뢰구간은 95% 임곗값 $z^* = 1.960$을 90% 임곗값 $z^* = 1.645$로 대체시키면 된다. 이는 다음과 같다.

$$\bar{x} \pm z^* \frac{\sigma}{\sqrt{n}} = 22.21 \pm 1.645 \frac{2}{\sqrt{20}}$$
$$= 22.21 \pm 0.74$$

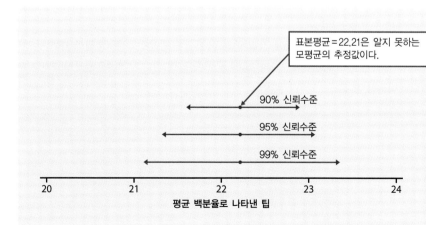

그림 13.5

정리문제 13.4에 대한 세 개 신뢰구간의 길이를 보여 주고 있다. 세 개 신뢰구간 모두 추정값 $\bar{x} = 22.21$을 중심으로 한다. 데이터 및 표본크기가 동일하다면, 신뢰수준이 높아질수록 오차범위는 더 커진다.

더 낮은 신뢰구간은 더 작은 오차범위로 이어져서, ±0.88 대신에 ±0.74가 된다. 99% 신뢰구간에 대한 오차범위는 더 커져서 ±1.15가 된다. 그림 13.5는 이런 세 개의 신뢰구간을 비교해서 보여 주고 있다.

표본이 단지 10명의 손님으로 구성된 경우, 95% 신뢰구간에 대한 오차범위는 ±0.88에서 ±1.24로 증가하게 된다. 표본크기가 절반으로 감소하였더라도, 오차범위는 두 배가 되지 않는다. 왜냐하면 표본크기 n에는 제곱근 부호가 씌워져 있기 때문이다.

신뢰구간 해석하기

정리문제 13.3에서는 내일의 날씨가 좋을 것이라는 문구가 계산서상에 기입된 때, 음식점을 방문한 모든 손님이 준 팁의 평균 백분율에 대한 95% 신뢰구간이 21.33부터 23.09까지의 구간이라는 사실을 발견하였다. 신뢰수준은 구간을 계산하는 방법의 성공률을 말한다. 따라서 내일의 날씨가 좋을 것이라는 문구가 계산서상에 기입된 때, 음식점을 방문한 모든 손님이 준 참인 팁의 평균 백분율을 포함할 확률이 95%이다.

신뢰구간은 종종 잘못 해석되곤 한다. 신뢰구간을 잘못 해석하는 예를 들면 다음과 같다.

- 내일의 날씨가 좋을 것이라는 문구가 계산서상에 기입된 때 음식점을 방문한 모든 손님이 준 참인 팁의 평균 백분율이 21.33과 23.09 사이에 있을 확률이 95%이다. 신뢰수준은 주어진 구간이 참인 모숫값을 포함할 확률이 아니다. 참인 모숫값은 고정된 숫자이며, 특정 신뢰구간은 이것을 포함하거나 또는 포함하지 않는다. 참인 팁의 평균 백분율이 21.33과 23.09 사이에 있는 것을 95% 신뢰한다고 말하는 것은 "그 당시의 95%에 옳은 결과를 제시하는 방법을 사용하여 이들 숫자를 구하였다."라는 말을 간단하게 표현한 것이다.
- 내일의 날씨가 좋을 것이라는 문구가 계산서상에 기입된 때 음식점을 방문한 20명 손님 표본에 대한 팁의 평균 백분율이 21.33과 23.09 사이에 있을 확률이 95%이다. 신뢰수준은 주어진 구간이 표본으로부터 계산된 통계량 값을 포함할 확률이 아니다.
- 내일의 날씨가 좋을 것이라는 문구가 포함된 계산서를 받은 20명의 손님으로 구성된 어떠한 표본에 대해서 계산서상 총액의 백분율로 측정한 팁의 95%는 21.33과 23.09 사이에 있게 된다. 신뢰수준은 신뢰구간의 한계 내에 있는 표본값들의 비율이 아니다.
- 내일의 날씨가 좋을 것이라는 문구가 계산서상에 기입된 때 음식점을 방문한 모든 손님에 대해서, 계산서상 총액의 백분율로 측정한 팁의 95%는 21.33과 23.09 사이에 있게 된다. 신뢰수준은 신뢰구간의 한계 내에 있는 모집단 값의 비율이 아니다.

복습문제 13.6

신뢰수준 및 오차범위

정리문제 13.1은 936명 젊은 남성들의 체질량 지수에 대한 미국의 전국 건강 및 영양조사 보고서 데이터를 검토하였다. 해당 표본의 평균 체질량 지수는 $\bar{x} = 27.2$이었다. 우리는 이 데이터들을 표준편차가 $\sigma = 11.6$인 정규분포하는 모집단으로부터 뽑은 단순 무작위 표본으로 간주하였다.

(a) 이 모집단의 평균 체질량 지수 μ에 대한 세 개 신뢰구간을 90%, 95%, 99% 신뢰수준을 이용하여 구하시오.

(b) 90%, 95%, 99% 신뢰수준에 대한 오차범위는 무엇인가? 표본크기 및 모표준편차가 동일할 때, 신뢰수준이 증가하면 신뢰구간의 오차범위는 어떻게 변화하는가?

복습문제 13.7

표본크기 및 오차범위

정리문제 13.1은 936명 젊은 남성들의 체질량 지수에 대한 미국의 전국 건강 및 영양조사 보고서 데이터를 검토하였다. 해당 표본의 평균 체질량 지수는 $\bar{x} = 27.2$이었다. 우리는 이 데이터들을 표준편차가 $\sigma = 11.6$인 정규분포하는 모집단으로부터 뽑은 단순 무작위 표본으로 간주하였다.

(a) 단지 100명의 젊은 남성들로 구성된 단순 무작위 표본을 갖고 있다고 가정하자. 95% 신뢰구간에 대한 오차

범위는 얼마인가?

(b) 400명 및 1,600명의 젊은 남성들에 기초하여, 95% 신뢰수준에 대한 오차범위를 구하시오.

(c) 위에서 구한 세 개 오차범위를 비교하시오. 신뢰수준 및 모표준편차가 동일할 때, 표본크기가 증가하면 신뢰구간의 오차범위는 어떻게 변화하는가?

요약

- 신뢰구간은 표본 데이터를 사용하여, 알지 못하는 모집단 모수를 추정하며 추정값이 얼마나 정확한지 그리고 결과가 옳다고 얼마나 신뢰하는지를 알려 준다.

- 신뢰구간은 두 가지 부분, 즉 데이터로부터 계산한 구간과 신뢰수준 C를 갖는다. 신뢰구간은 종종 다음과 같은 형태를 한다.

추정값 ± 오차범위

- 신뢰수준은 해당 구간을 생성한 방법의 성공률이다. 즉, C는 해당 방법이 올바른 대답을 줄 확률이다. 95% 신뢰구간을 사용한다면, 장기적으로 신뢰구간들의 95%가 참인 모숫값을 포함하게 된다. 특정한 데이터

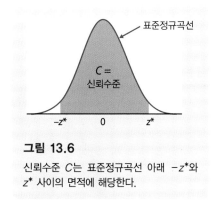

그림 13.6
신뢰수준 C는 표준정규곡선 아래 $-z^*$와 z^* 사이의 면적에 해당한다.

세트로부터 계산된 95% 신뢰구간이 참인 모숫값을 포함하는지 여부를 알지 못한다.

- 크기가 n인 단순 무작위 표본에 기초하며 알고 있는 표준편차 σ를 갖는 정규분포하는 모집단의 신뢰수준 C에서 평균 μ에 대한 신뢰구간은 다음과 같다.

$$\bar{x} \pm z^* \frac{\sigma}{\sqrt{n}}$$

- 임곗값 z^*는 표준정규곡선이 $-z^*$와 z^* 사이의 면적 C를 갖도록 선택된다.

다른 상황이 동일하다면, 다음과 같을 때 신뢰구간의 오차범위는 작아진다.

- 신뢰수준 C가 감소한다.
- 모표준편차 σ가 감소한다.
- 표본크기 n이 증가한다.

주요 용어

신뢰구간	오차범위	통계적 추론
신뢰수준	임곗값	

연습문제

1. **대학 신입생들의 공부시간** 대학 신입생들을 위한 대규모 수업에서 시행된 조사는 다음과 같은 질문을 하였다. "여러분들은 일상적인 주에 약 몇 시간이나 공부를 합니까?" 463명 학생들의 평균 응답은 $\bar{x} = 13.7$시간이었다. 공부시간은 이 대학 모든 신입생의 모집단에서 표준편차가 $\sigma = 7.4$시간인 정규분포를 한다고 가정하자.
   (a) 조사 결과를 이용하여 모든 신입생의 평균 공부시간에 대해서 99% 신뢰구간을 구하시오.
   (b) 여러분이 구한 신뢰구간이 타당하기 위해서는, 아직 언급하지 않은 어떤 조건이 충족되어야만 하는가?

2. **나는 더 많은 근육이 필요하다고 생각한다** 북아메리카 및 유럽의 젊은 남성들은 매력적으로 보이기 위해서 자신들은 더 많은 근육이 필요하다고 생각하는 경향이 있다(하지만 아시아에서는 그

렇지 않다). 어떤 연구는 200명의 젊은 미국 남성들에게 다양한 수준의 근육을 가진 100개의 남성 이미지를 제시하였다. 연구자들은 무지방 체질량의 제곱미터당 킬로그램(kg/m^2)으로 근육수준을 측정하였다. 일반적인 젊은 남성들은 약 $20kg/m^2$을 갖고 있다. 각 피실험자들은 두 개의 이미지, 즉 자신의 신체 근육 사진을 나타내는 이미지와 '여성들이 더 좋아한다고 생각되는 것'을 나타내는 이미지를 선택하였다. 자기 자신의 이미지와 '여성들이 더 좋아한다고 생각되는 것'의 이미지 사이의 평균 차이는 $2.35kg/m^2$이었다.

모든 젊은 남성의 모집단에서 '근육 차이'는 표준편차가 $2.5kg/m^2$인 정규분포를 한다고 가정하자. 여성들에게 매력적으로 보이기 위해서, 젊은 남성들이 추가시켜야 한다고 생각하는 근육의 평균량에 대한 90% 신뢰구간을 구하시오. (하지만 젊은 남성들이 옳은 것은 아니다. 여성들은 실제로 일반적인 남성들에 근접한 근육수준을 더 좋아한다.)

3. **목재가 끊어지는 중량** 길이가 4인치이고 1.5제곱인치인 미송나무 목재를 끊는 데 중량(파운드)이 얼마나 되어야 하는가? 학생들이 실험실에서 얻은 데이터는 다음과 같다.

33,190	31,860	32,590	26,520	33,280
32,320	33,020	32,030	30,460	32,700
23,040	30,930	32,720	33,650	32,340
24,050	30,170	31,300	28,730	31,920

(a) 실험실에서 사용하기 위해 마련된 나무 목재들은 모두 유사한 미송나무들의 단순 무작위 표본이라고 간주할 것이다. 기술자들은 또한 일반적으로 재료의 특성이 정규분포에 따라 변화된다고 가정한다. 이 데이터들의 분포 형태를 알아보기 위해서 그래프를 그리시오. 정규성 조건이 충족된다고 가정하는 것이 안전한 것처럼 보이는가? 이런 나무 목재들의 강도는 표준편차가 3,000파운드인 정규분포를 한다고 가정하자.

(b) 이 목재를 끊는 데 필요한 평균 중량에 대해 95% 신뢰구간을 구하시오. 4단계 과정을 밟아 설명하시오.

4. **모유를 수유하는 여성들의 뼈 손실** 모유를 수유하는 여성들은 칼슘을 자신들의 모유에 분비하게 된다. 칼슘 중 일부는 자신들의 뼈로부터 나오기 때문에, 이들은 뼈의 무기질을 잃을 수 있다. 연구자들은 3개월간 모유를 수유하는 동안, 47명 여성의 척추 무기질 내용물의 백분율 변화를 측정하였다. 다음은 이에 관한 데이터이다.

```
-4.7 -2.5 -4.9 -2.7 -0.8 -5.3 -8.3 -2.1 -6.8 -4.3
 2.2 -7.8 -3.1 -1.0 -6.5 -1.8 -5.2 -5.7 -7.0 -2.2
-6.5 -1.0 -3.0 -3.6 -5.2 -2.0 -2.1 -5.6 -4.4 -3.3
-4.0 -4.9 -4.7 -3.8 -5.9 -2.5 -0.3 -6.2 -6.8  1.7
 0.3 -2.3  0.4 -5.3  0.2 -2.2 -5.1
```

Blend Images/ Superstock

(a) 연구자는 이들 47명의 여성을, 모유를 수유하는 모든 여성의 모집단으로부터 추출한 단순 무작위 표본으로 간주할 것이다. 이 모집단의 백분율 변화는 표준편차 $\sigma = 2.5\%$를 갖는다고 가정하자. 이 데이터에 관한 스템플롯을 작성하여, 정규분포에 매우 근접한다는 점을 입증하시오. (양의 값과 음의 값 둘 다가 있기 때문에 줄기에 0과 -0 둘 다가 필요하다는 사실을 잊지 마시오.)

(b) 99% 신뢰구간을 이용하여 이 모집단의 평균 백분율 변화를 4단계 과정을 밟아서 추정하시오.

(c) 모집단의 평균 백분율 변화가 (b)에서 계산한 구간에 있을 확률이 99%라고 말하는 것은 정확한가? 설명하시오.

5. **크기가 더 큰 표본이 더 좋은 이유는 무엇 때문인가?** 통계학자들은 크기가 큰 표본을 선호한다. 표본의 크기가 증가함에 따라, 95% 신뢰구간의 오차범위에 미치는 영향을 간략하게 설명하시오.

14

유의성 검정 : 기본

신뢰구간은 통계적 추론을 하는 데 가장 일반적으로 사용하는 두 가지 방법 중 하나이다. 이 장에서는 통계적 추론의 두 번째 형태인 유의성 검정에 대해 살펴볼 것이다. 확률수학, 특히 제 12장에서 논의한 표집분포는 유의성 검정에 관한 형식적인 기초를 제공한다. 여기서, 우리는 단순하며 인위적인 상황에서(이 경우 모집단의 표준편차를 알고 있다고 가정한다) 정규분포하는 모집단의 평균에 대해 유의성 검정의 논리를 적용할 것이다. 그리고 나서 향후에 동일한 논리를 사용하여, 보다 현실적인 상황에서 모집단의 모수들에 대한 유의성 검정을 할 것이다.

목표가 모집단 모수를 추정하는 것일 때 신뢰구간을 사용하시오. 유의성 검정은 다른 목표를 갖고 있다. 즉, 모집단 모수에 관한 이전의 주장에 대해서 데이터가 제시하는 증거를 평가하는 것이다. 다음은 통계적 검정의 논리를 간략하게 보여 준다.

정리문제 14.1

나는 농구 자유투를 잘 던진다

나는 농구에서 자유투를 던질 경우 80%의 성공률을 갖는다고 주장한다. 이 말을 입증하기 위해서 나는 20번의 자유투를 던졌으나 단지 8번만을 성공시킨다. 당신이 다음과 같이 말하였다. "자유투에서 80%를 성공시키는 사람이 20번을 던져서 8번만을 성공시키는 경우가 거의 없다. 따라서 이 주장을 믿을 수 없다."

이런 논리는 나의 주장이 진실일 경우 일어날 현상을 요구한 것에 기초한다. 우리는 20번 던지는 자유투의 표본을 여러 번 반복하였고, 8번 이하로 성공하는 경우가 거의 없다. 이런 결과는 거의 일어나지 않으므로 나의 주장이 진실이 아니라는 강한 증거가 된다.

내가 장기적으로 진짜 80% 성공한다면, 20번 던진 자유투 중에서 8번 이하로 성공할 확률을 제시함으로써 나의 주장에 상반되는 증거가 얼마나 강한지 당신은 말할 수 있다. 이럴 확률은 0.0001이다. 제11장에서 살펴본 것처럼, 이항분포를 이용하여 이를 계산할 수 있다. 80% 성공한다는 나의 주장이 진실이라면, 나는 장기적으로 10,000개 시도한 중에서 1개에서만 20번 던진 자유투 중 8번 이하로 성공하게 된다. 여기서 각 '시도'는 20번의 자유투이다. 이렇게 작은 확률로 인해서 나의 주장이 옳지 않다고 당신은 확신하게 된다.

유의성 검정은 정교한 표현을 사용하지만, 기본적인 사고는 간단하다. 어떤 주장이 참이라면 거의 발생하지 않을 결과가 나타날 경우 이는 해당 주장이 참이 아니라는 좋은 증거가 된다.

14.1   유의성 검정의 논리

신뢰구간의 논리와 마찬가지로 통계적 검정의 논리도 표본 또는 실험을 여러 번 반복할 경우 어떤 일이 발생하는지에 대한 물음에 기초하고 있다. 앞에서 살펴본 '단순조건'이 참인 것처럼 간주할 것이다. 즉, 알려진 표준편차 σ를 갖는 정확하게 정규분포하는 모집단으로부터 뽑은 완벽한 단순 무작위 표본을 갖고 있다고 볼 것이다. 다음은 우리가 알아보고자 하는 예이다.

정리문제 14.2

단맛을 낸 콜라

다이어트 콜라는 설탕 사용을 피하기 위해서 인공 감미료를 사용한다. 이런 인공 감미료는 시간이 흐름에 따라 점차적으로 단맛을 잃게 된다. 따라서 제조업체들은 이들을 시장에 출시하기 전에 단맛이 상실되는 정도를 측정하기 위해서 새로운 콜라를 검사한다. 맛을 감별하도록 훈련받은 사람이 표준 단맛의 음료와 함께 콜라를 조금씩 마시고 '단맛 점수' 1부터 10까지의 척도로 콜라에 점수를 매긴다. 점수가 클수록 단맛이 강하다. 그리고 나서 실온에서 4개월 동안 보관된 효과를 모방하기 위해 고온에서 1개월 동안 보관된다. 맛을 감별하는 사람들은 보관이 이루어지고 난 후 다시 해당 콜라에 대해 단맛 점수를 매긴다. 짝을 이룬 쌍 실험이 된다. 우리가 갖고 있는 데이터는 맛을 감별하는 사람들이 매긴 점수의 차이(즉, 보관하기 전의 점수에서 보관한 후의 점수를 뺀 차이)이다. 이 양의 차이(차이 > 0)가 클수록 단맛의 상실도 커진다.

어떤 콜라에 대해 단맛이 상실된 점수는 표준편차가 $\sigma = 1$인 정규분포에 준해 맛을 감별하는 사람에 따라 변화한다고 가정하자. 맛을 감별하는 모든 사람에 대한 평균 μ는 단맛의 상실을 측정하며 이는 상이한 콜라에 대해서 서로 다르다.

다음은 맛을 감별하도록 훈련된 사람 10명이 콜라에 대한 단맛의 상실을 측정한 값이다.

$$1.6 \quad 0.4 \quad 0.5 \quad -2.0 \quad 1.5 \quad -1.1 \quad 1.3 \quad -0.1 \quad -0.3 \quad 1.2$$

평균적인 단맛 상실은 표본평균 $\bar{x} = 0.3$으로 나타낼 수 있다. 평균적으로 볼 때, 10명의 맛을 감별하는 사람들은 소규모의 단맛 상실을 느꼈다. 또한 맛을 감별하는 사람들 중 절반을 초과하는 숫자(6명)가 단맛 상실을 발견하였다. 이런 데이터들은 콜라가 보관 후에 단맛을 상실했다는 좋은 증거가 되는가?

위의 논리는 정리문제 14.1의 논리와 동일하다. 우리는 주장을 하고, 관련 데이터가 이 주장과 상반되는 증거를 제시하는지 여부를 묻게 된다. 우리는 단맛의 상실이 있다는 증거를 찾고자 한다. 따라서 검정하고자 하는 주장은 단맛의 상실이 없다는 것이다. 그 경우 맛을 감별하도록 훈련된 모든 사람의 모집단에 대한 단맛 상실의 평균은 $\mu = 0$이 된다.

- $\mu = 0$이라는 주장이 참이라면, 10명의 맛을 감별하는 사람들로부터 구한 $\bar{x}$의 표집분포는 평균이 $\mu = 0$이고 표준편차는 다음과 같은 정규분포를 한다.

$$\frac{\sigma}{\sqrt{n}} = \frac{1}{\sqrt{10}} = 0.316$$

이것은 제12장(정리문제 12.5 참조) 및 제13장(정리문제 13.1 참조)에서 한 계산과 동일하다. 그림 14.1은 이 표집분포를 보여 주고 있다. 관찰된 $\bar{x}$가 이 분포상에서 위치하는 곳을 살펴봄으로써 의외인지 또는 아닌지를 판단할 수 있다.

- 이 콜라에 대해서 10명의 맛을 감별하는 사람들이 단맛을 상실한 평균으로 $\bar{x} = 0.3$을 가졌다. 그림 14.1에서 이만큼 큰 $\bar{x}$는 특별히 놀라운 것은 아니다. 이만큼 큰 $\bar{x}$는 모평균이 $\mu = 0$일 때

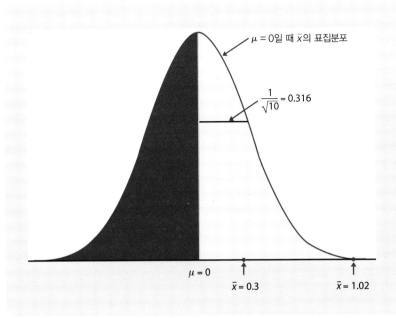

그림 14.1

콜라가 보관으로 인해서 단맛을 상실하지 않는다면, 맛을 감별하는 사람 10명에 의한 평균 점수 $\bar{x}$는 그림과 같은 표집분포를 갖는다. 콜라에 대한 하나의 단순 무작위 표본에 대한 실제 결과는 $\bar{x} = 0.30$이었다. 이것은 단지 우연히 쉽게 발생할 수 있다. 다른 콜라에 대한 단맛 상실 표본의 경우 값은 $\bar{x} = 1.02$이었다. 이것은 정규곡선상에서 멀리 바깥쪽에 위치하므로, 해당 콜라가 단맛을 상실했다는 좋은 증거가 된다.

단지 우연히 쉽게 발생할 수 있다. 10명의 맛을 감별하는 사람들이 $\bar{x} = 0.3$이라고 발견한 것이 해당 콜라가 단맛을 상실했다는 강력한 증거가 되지 않는다.

정리문제 14.3

단맛을 낸 콜라

다음은 맛을 감별하도록 훈련된 사람 10명에 의해 측정된 새로운 콜라에 대한 단맛의 상실을 측정한 값이다.

$$2.0 \quad 0.4 \quad 0.7 \quad 2.0 \quad -0.4 \quad 2.2 \quad -1.3 \quad 1.2 \quad 1.1 \quad 2.3$$

평균적인 단맛 상실은 표본평균 $\bar{x} = 1.02$로 나타낼 수 있다. 위의 숫자들은 대부분 양수이다. 즉, 대부분의 맛을 감별하는 사람들은 단맛의 상실을 발견하였다. 하지만 상실된 값은 작으며, 두 사람(음의 점수)은 콜라가 더 달아졌다고 생각했다. 위의 데이터는 콜라가 보관 후에 단맛을 상실했다는 좋은 증거가 되는가?

새로운 콜라에 대해 단맛을 검사한 결과 $\bar{x} = 1.02$가 되었다. 그림 14.1에서 이것은 정규곡선상에서 멀리 바깥쪽에 위치한다. 멀리 떨어져 있어서 이렇게 큰 관찰값은 참인 μ가 0이라면 단지 우연히 발생할 가능성이 거의 없다. 이 관찰값은 참인 μ가 실제로 0보다 더 크다는 좋은 증거가 된다. 즉, 해당 콜라가 단맛을 잃었다는 좋은 증거가 된다. 제조업체들은 콜라를 다시 제조하여 또 한 번 시험을 해 보아야 한다.

복습문제 14.1

쿠키 상자의 중량을 검사하기

미국 국립 표준 및 기술협회는 포장된 제품의 광고된 순내용물에 대한 검사 절차를 발표한다. 이런 절차에 관한 논의에는 쿠키의 순중량이 1파운드라고 라벨이 붙은 특정 회사의 얇은 민트쿠키 상자들의 표본에 대한 중량을 검사하는 사례가 포함된다. 12개의 상자로 구성된 단순 무작위 표본은 이 협회의 절차에 따라 중량이 측정되고, 순중량이 기록된다. 특정 회사에서 나오는 얇은 민트쿠키들의 모든 상자인 모집단에 대한 순중량들은 평균 순중량 μ 그리고 표준편차 $\sigma = 0.01$파운드인 정규모집단에서 추출되었다고 가정한다.

(a) $\mu = 1.000$이라는 주장과 상반되는 증거를 찾고 있다. 이 주장이 참이라면, 12개 상자로 구성된 많은 표본들에서 평균 $\bar{x}$의 표집분포는 어떠한가? 이 분포에 대한 정규곡선을 그리시오. (정규곡선을 그리고 나서 축에 평균값을 표시하고, 평균 양편으로 1, 2, 3 표준편차를 표시하시오.)

(b) 표본평균은 $\bar{x} = 0.998$이라고 가정하자. 그린 그림의 축에 이 값을 표시해 보자. 12개 상자로 구성된 다른 표본은 12개 측정값들에 대해 $\bar{x} = 1.010$을 갖는다. 이 값도 역시 축에 표시해 보자. 어떤 결과는 쿠키 상자들의 모집단 평균 순중량이 1.000과 다르다는 좋은 증거가 되고, 다른 결과는 1.000이 옳다는 사실에 대해 의심하기 어려운 이유가 되는지를 간단히 설명하시오.

14.2 가설에 대해 진술하기

유의성의 통계적 검정은 비교하고자 하는 주장에 대한 세심한 진술에서부터 시작한다. 정리문제 14.3에서, 새로운 콜라가 단맛을 상실하지 않는다면 맛을 감별한 데이터는 그럴듯하게 보이지 않는다는 사실을 살펴보았다. 유의성의 검정 논리는 어떤 주장과 상반되는 증거를 찾기 때문에, 예를 들면 "단맛을 상실하지 않는다."와 같은 주장에 상반되는 증거를 찾는 데서부터 시작한다.

귀무가설 및 대립가설

유의성의 통계적 검정에 의해 검증되는 주장을 **귀무가설**(null hypothesis)이라고 한다. 검정은 귀무가설과 상반되는 증거의 강도를 평가하도록 고안되었다. 보통 귀무가설은 '효과가 없다' 또는 '차이가 없다'라는 문구로 표현된다.

우리가 부합되는 증거를 발견하려는 모집단에 관한 주장을 **대립가설**(alternative hypothesis)이라고 한다. 대립가설의 모수가 귀무가설 값보다 더 크거나 또는 더 작다고 말할 경우, 이 대립가설을 **단측**(one-sided)가설이라고 한다. 모수가 귀무가설 값과 다르다고(작을 수도 있고 또는 클 수도 있다고) 말할 경우, 해당 대립가설은 **양측**(two-sided)가설이라고 한다.

우리는 귀무가설을 H_0로 간단히 표기하고, 대립가설은 H_a로 표기한다. 가설은 언제나 모집단 모수에 대해 언급하지, 특정 표본결과에 대해 언급하지 않는다. 모집단 모수 측면에서 H_0 및 H_a를 진술한다는 사실에 주목하자. H_a는 부합되는 증거를 찾고자 하는 효과를 나타내기 때문에, H_a를 진술하고 나서 그다음에 찾고자 하는 효과가 존재하지 않는다는 진술로 H_0를 설정하는 것이 이따금 더 용이할 수 있다. H_0는 통상적으로 '~와 같다'라는 표현을 포함한다.

정리문제 14.2 및 정리문제 14.3에서, 우리는 단맛의 상실에 부합되는 증거를 찾아보았다. 귀무가설은 맛을 감별하는 사람들의 대규모 모집단에서 평균적으로 볼 때 "단맛이 상실되지 않는다."라고 진술한다. 대립가설은 "단맛이 상실된다."라고 진술된다. 따라서 가설은 다음과 같다.

$$H_0 : \mu = 0$$
$$H_a : \mu > 0$$

우리는 단지 콜라가 단맛을 상실하는지 여부에만 관심이 있기 때문에 대립가설은 단측이다.

정리문제 14.4

직무 만족도에 관한 연구

조립하는 근로자들의 작업이 자기 페이스로 하기보다는 기계 페이스로 이루어질 때 이들의 직무 만족도가 달라지는가? 근로자들을 일정한 페이스로 이동하는 조립라인에 배정하거나 또는 자기 페이스로 일할 수 있는 상황에 배정해 보자. 모든 피실험자들은 무작위적인 순서로 두 상황에서 작업을 하게 된다. 이것은 짝을 이룬 쌍 실험이다. 2주 후에 각 작업 상황에서 근로자들은 직무 만족도에 관한 검정을 받았다. 반응변수는 자기 페이스로 작업하는 경우에서 기계 페이스로 작업하는 경우를 뺀 직무 만족 점수의 차이이다.

관심 있는 모수는 전체 조립 근로자들의 모집단에서 만족 점수의 차이에 대한 평균 μ이다. 귀무가설에 따르면 자기 페이스로 작업하는 경우와 기계 페이스로 작업하는 경우에 만족 점수의 차이가 없다고 한다. 즉, 다음과 같다.

$$H_0 : \mu = 0$$

이에 관해 연구를 한 사람들은 두 개의 작업조건이 상이한 수준의 직무 만족도를 갖는지 알고자 하였다. 이들은 차이의 방향을 특정화하지 않았다. 따라서 대립가설은 다음과 같이 양측이다.

$$H_a : \mu \neq 0$$

가설은 데이터를 살펴보기 전에 갖고 있던 기대 또는 의심을 표현해야 한다. 데이터를 먼저 살펴보고 나서 해당 데이터가 나타내는 것에 적합하게 가설을 짜 맞추는 것은 정당하지 않다. 예를 들어, 정리문제 14.4의 연구 데이터에 따르면 근로자들은 자기 페이스로 작업하는 경우에 더 만족해한다. 하지만 이것은 H_a를 선택하는 데 영향을 미치지 말아야 한다. 미리 마음속에 확고하게 특정 방향을 갖고 있지 않다면, 양측 대립가설을 사용해야 한다.

복습문제 14.2

여성들의 소득

고등학교만을 졸업하고 풀타임 직업을 갖고 있는 미국 여성들의 평균소득은 37,616달러이다. 여러분이 살고 있는 지역 소재 고등학교만을 졸업하고 나서 풀타임 직업을 갖고 있는 여성들의 평균소득이 전국 평균소득과 상이한지 여부를 알아보고자 한다. 지역 소재 고등학교만을 졸업하고 나서 풀타임 직업을 갖고 있는 62명의 여성들로 구성된 단순 무작위 표본으로부터 소득에 관한 정보를 구했으며, $\bar{x} = 36,453$달러라는 사실을 알았다. 귀무가설 및 대립가설은 무엇인가?

복습문제 14.3

가설을 진술하기

지난 30일 동안 고등학생들이 낮에 운전하면서 문자메시지를 보낸 날짜 수에 대한 연구를 계획하면서, 연구자는 다음과 같은 가설을 말하였다.

$$H_0 : \bar{x} = 15일$$
$$H_a : \bar{x} > 15일$$

이 가설에서 무엇이 잘못되었는가?

14.3 *P*-값 및 통계적 유의성

우리가 상반되는 증거를 찾고자 하는 귀무가설의 기본 생각을 처음 접할 때는 이상한 것처럼 보인다. 형사재판을 떠올리는 게 도움이 될 수 있다. 피고인은 '유죄가 입증될 때까지 무죄'이다. 즉, 귀무가설은 무죄이며, 검찰당국은 이 가설에 상반되는 설득력 있는 증거를 제시해야 한다. 물론 통계학에서 데이터에 의해 제시된 증거를 처리하고 해당 증거가 얼마나 강력한지를 말하는 확률을 사용하기는 하지만, 위의 방식이 바로 유의성의 통계적 검정이 정확하게 어떻게 이루어지는지를 알려 준다.

귀무가설과 상반되는 증거의 강도를 측정하는 확률을 *P*-값이라고 한다. 통계적 검정은 일반적으로 다음과 같이 이루어진다.

검정 통계량 및 *P*-값

표본 데이터에 기초하여 계산된 **검정 통계량**(test statistic)은 귀무가설 H_0가 참인 경우 해당 데이터가 우리가 기대하는 것으로부터 얼마나 멀리 벗어나는지를 측정한다. 현저하게 통계량의 값이 큰 경우 이것은 해당 데이터가 H_0와 일치하지 않는다는 사실을 알려 준다.

검정 통계량이 실제 관측된 값만큼 극단적이거나 또는 더 극단적인 값을 취할 (H_0가 참이라 가정하고 계산한) 확률을 검정의 ***P*-값**(*P*-value)이라 한다. *P*-값이 작을수록, 해당 데이터가 제공하는 H_0와 상반되는 증거는 더 강해진다.

작은 *P*-값은 H_0가 참일 경우 관찰된 결과가 발생할 것 같지 않다는 의미이기 때문에 이는 H_0와 상반되는 증거가 된다. 큰 *P*-값은 H_0와 상반되는 증거를 제시하는 데 실패하게 된다. 이것은 비율을 수반하는 귀무가설이나 두 개 모집단의 평균들을 비교하는 귀무가설을 포함하여 일반적인 귀무가설에 적용된다.

P-값이 얼마나 작아야 H_0와 상반된다는 신뢰할 만한 증거가 되는가? 이에 관해 다음 장에서 자세하게 살펴볼 것이다. 통계학을 활용하는 많은 사람들은 0.05 또는 0.01보다 작은 값들을 신뢰할 만한 것으로 간주한다.

검정 통계량과 이에 상응하는 *P*-값을 계산하는 과정에 관한 예는 다음 절에서 살펴볼 것이다. 실제로, 사람들은 통계 소프트웨어를 사용하여 통계 검정을 실행한다. 귀무가설, 대립가설, 데이터를 입력하면, 통계 소프트웨어는 검정에 대한 *P*-값을 제시해 준다. 따라서 여러분이 해야 할 가장 중요한 일은 *P*-값이 의미하는 바를 이해하는 것이다.

정리문제 14.5

단맛을 낸 콜라 : 단측 *P*-값

정리문제 14.2 및 정리문제 14.3에서 단맛 상실에 관한 연구는 다음과 같은 가설을 검정하였다.

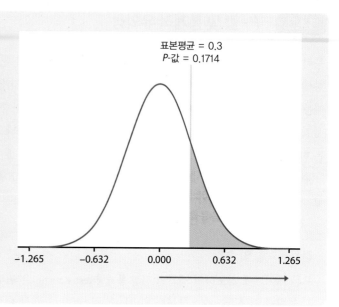

표본평균 = 0.3
P-값 = 0.1714

그림 14.2

정리문제 14.5에서 살펴본 평균 단맛 상실이 $\bar{x} = 0.3$인 콜라에 대해 통계 소프트웨어를 활용해 구한 단측 P-값을 보여 주고 있다. P-값은 곡선 아래의 빗금 치지 않은 면적이 아니라, 빗금 친 면적이라는 사실에 주목하자.

$$H_0 : \mu = 0$$
$$H_a : \mu > 0$$

대립가설에 따르면 $\mu > 0$이라고 하기 때문에, 0보다 큰 $\bar{x}$의 값들은 H_0보다 H_a를 뒷받침하게 된다. 검정 통계량은 관찰된 $\bar{x}$와 가설로 세운 값 $\mu = 0$을 비교한다. 지금은 P-값에 집중해 보자.

정리문제 14.2 및 정리문제 14.3에서 제시된 실험은 실제로 두 개의 콜라를 비교하였다. 첫 번째 콜라의 경우, 맛을 감별하는 10명의 사람들은 평균적인 단맛 상실이 $\bar{x} = 0.3$이라는 사실을 발견하였다. 두 번째 콜라의 경우, 데이터에 따르면 $\bar{x} = 1.02$가 된다. 각 검정에 대한 P-값은 평균적인 단맛 상실이 실제로 $\mu = 0$일 때 $\bar{x}$가 이렇게 커질 확률이다.

그림 14.2에서 빗금 친 면적은 $\bar{x} = 0.3$일 때 P-값을 나타낸다. 정규곡선은 귀무가설 $H_0 : \mu = 0$이 참일 때 모표준편차 $\sigma = 1$을 활용한 $\bar{x}$의 표집분포이다. 정규확률 계산법에 따르면 P-값은 $P(\bar{x} \geq 0.3) = 0.1714$가 된다.

$\bar{x} = 0.3$만큼 큰 값은 $H_0 : \mu = 0$이 참일 때 모든 표본에서 단지 우연히 17%에서 발생한다. 따라서 $\bar{x} = 0.3$이라고 관찰되는 것은 H_0와 상반되는 강한 증거가 되지 않는다. 반면에 실제로 $\mu = 0$일 때 $\bar{x}$가 1.02 이상일 확률은 단지 0.0006에 불과하다고 계산된다. H_0가 참이라면, 1.02 이상의 평균적인 단맛 상실은 거의 관찰될 수 없다. 이 작은 P-값은 H_0와 상반되고 대립가설 $H_a : \mu > 0$을 뒷받침하는 강한 증거가 된다.

대립가설은 H_0와 상반되는 증거로 간주되는 방향을 설정한다. 정리문제 14.5에서는 대립가설이 단측이기 때문에 단지 큰 양숫값만을 셈에 넣게 된다. 대립가설이 양측인 경우, 양쪽 방향을 셈에 넣게 된다.

정리문제 14.6

직무 만족도 : 양측 *P*-값

정리문제 14.4에서 살펴본 직무 만족도에 관한 연구는 다음과 같은 가설을 검정하여야 한다.

$$H_0 : \mu = 0$$
$$H_a : \mu \neq 0$$

전체 근로자로 구성된 모집단에서 직무 만족도 점수의 차이(자기 페이스로 작업하는 경우에서 기계 페이스로 작업하는 경우를 뺀 차이)는 표준편차가 $\sigma = 60$인 정규분포를 한다는 사실을 알고 있다고 가정하자.

18명의 근로자들로부터 구한 데이터에 따르면, $\bar{x} = 17$이 된다. 즉, 근로자들은 평균적으로 볼 때 자기 페이스로 작업하는 환경을 선호한다. 대립가설이 양측이기 때문에, P-값은 $\mu = 0$으로부터 양쪽 방향으로 최소한 관찰된 $\bar{x} = 17$만큼 떨어진 $\bar{x}$를 구할 확률이다.

그림 14.3에서 P-값은 정규곡선 아래 두 개의 빗금 친 면적을 합한 것이다. 그것은 $P = 0.2293$이다. 0으로부터 (양쪽 방향으로) $\bar{x} = 17$만큼 떨어진 값들은 참인 모평균이 $\mu = 0$일 때 23%에서 발생한다. H_0가 참일 때 그렇게 자주 발생하는 결과는 H_0와 상반되는 좋은 결과가 되지 못한다.

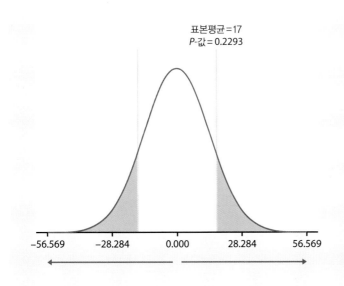

표본평균 = 17
P-값 = 0.2293

−56.569   −28.284   0.000   28.284   56.569

그림 14.3
정리문제 14.6에서 살펴본 양측 P-값을 통계 소프트웨어를 활용해서 구하여 보여 주고 있다. P-값은 곡선 아래의 빗금 치지 않은 면적이 아니라, 빗금 친 면적이라는 사실에 주목하자.

정리문제 14.6의 결론은 H_0가 참이라는 것이 아니다. 해당 연구는 $H_0 : \mu = 0$과 상반되는 증거를 찾으려 하였고, 강력한 증거를 찾는 데 실패하였다. 이것이 우리가 말할 수 있는 전부이다. 전체 조립 근로자들로 구성된 모집단에 대한 평균 μ는 분명히 정확하게 0은 아니다. 충분히 큰 표본을 구하면 그 차이는 매우 작더라도 차이가 있다는 증거를 구할 수 있다. 유의성 검정은 H_0와 상반되는 증거를 평가한다. 해당 증거가 강력하다면, 우리는 대립가설을 뒷받침하면서 H_0를 확실하게 기각할 수 있다. H_0와 상반되는 증거를 발견하는 데 실패했다는 것은 데이터가 H_0와 불일치하지 않는다는 것을 의미할 뿐이지, H_0가 참이라는 명백한 증거를 갖고 있다는 것을 의미하지는 않는다. H_0와 불일치하는 데이터만이 H_0와 상반되는 강력한 증거를 갖고 있다는 명확한 말을 할 수 있게 한다.

정리문제 14.5 및 정리문제 14.6에서 P-값인 $P = 0.0006$은 귀무가설과 상반되는 강력한 증거이며, P-값인 $P = 0.1714$ 및 $P = 0.2293$은 확실한 증거가 아니라고 결론을 내렸다. H_0를 기각하기 위해서 얼마나 작은 P-값이 필요한지에 대한 법칙은 없다. 이것은 판단의 문제이며 특정 상황에 달려 있다.

그럼에도 불구하고, P-값을 H_0와 상반되는 증거의 기준으로서 일반적으로 사용되는 어떤 고정된 값과 비교할 수 있다. 가장 일반적으로 사용되는 고정된 값은 0.05 및 0.01이다. $P \leq 0.05$라면, H_0가 실제로 참일 때 어떤 표본이 단지 우연히 강한 증거를 제시할 경우는 20개 중 1개를 초과하지 않는다. $P \leq 0.01$이라면, H_0가 참일 때 100개 표본당 장기적으로 1개를 초과하여 발생하지 않는 결과를 갖는다. P-값에 대한 고정된 기준을 유의수준이라고 한다. 우리는 그리스 문자 알파, 즉 α를 사용하여 유의수준을 나타낸다. 특히, α는 H_0가 실제로 참일 때 H_0에 상반되는 증거를 갖고 H_0가 참이 아니라고 말하는 (잘못된) 결론을 내릴 확률이다. 유의수준을 작게 설정할 경우, 이런 오류를 범할 기회가 작아지도록 한다.

통계적 유의성

P-값이 α 이하로 작을 경우, 해당 데이터는 **α 수준에서 통계적으로 유의하다**(statistically significant at level α)고 한다. α를 **유의수준**(significance level 또는 level of significance)이라고 한다.

통계적 의미에서 '유의하다'라는 말은 '중요하다'를 뜻하지 않는다. 이것은 간단하게 '단지 우연히 발생할 것 같지 않다'는 의미이다. 유의수준 α는 '발생하지 않을 것 같다'를 보다 정확하게 표현한 것이다. 유의수준 0.01은 '해당 결과가 유의하다($P \leq 0.01$)'라는 말로 종종 표현된다. 여기서 P는 P-값을 의미한다. 실제 P-값은 유의성 문구보다 더 많은 정보를 함축하고 있다. 왜냐하면 선택한 수준에서 유의성을 평가할 수 있기 때문이다. 예를 들어 $P = 0.03$인 결과는 $\alpha = 0.05$ 수준에서 유의하지만 $\alpha = 0.01$ 수준에서는 유의하지 않다. 혼동을 피하기 위해서, 이 장에서는 단지 '유의한'보다는 '통계적으로 유의한'이란 표현을 사용할 것이다. 하지만 연구논문 및 미디어 간행물에서는 '통계적으로 유의한'이란 문구보다는 '유의한'이란 단어를 종종 발견할 것이다. 이 장 이후에는 둘 다 사용할 것이다.

데이터가 수집된 문제의 틀 내에서 통계적 유의성에 관한 발견을 해석하는 것은 좋은 습관이다. 예를 들어, 정리문제 14.5에서 통계적 유의성은 다이어트 콜라에서 단맛의 상실에 관한 것을 의미한다. 표본평균 $\bar{x} = 0.3$은 $\alpha = 0.05$ 수준에서 통계적으로 유의하지 않다. 우리는 이것을 다음과 같은 의미를 갖는다고 해석한다. 우리가 갖고 있는 데이터는 다이어트 콜라가 고온에서 1개월 동안 보관된 후에 평균적으로 볼 때 단맛을 상실한다는 강력한 증거를 제시하지 못한다고 해석한다.

복습문제 14.4

단맛을 낸 콜라 : *P*-값 구하기

정리문제 14.5에서 첫 번째 콜라에 대한 *P*-값은 $\bar{x}$가 최소한 0.3만큼 큰 값을 취할(귀무가설 $\mu = 0$을 참이라 보고 구한) 확률이다.

(a) $\mu = 0$일 때 $\bar{x}$의 표집분포는 무엇인가? 이 분포는 그림 14.2에서 살펴보았다.

(b) 정규확률 계산을 하여 *P*-값을 구하시오. 이 결과는 정리문제 14.5에서 구한 값과 어림한 오차까지 일치하여야 한다.

복습문제 14.5

직무 만족도 : *P*-값 구하기

정리문제 14.6에서 *P*-값은 $\bar{x}$가 0으로부터 최소한 17만큼 떨어진 값을 취할 (귀무가설 $\mu = 0$을 참이라 보고 구한) 확률이다.

(a) $\mu = 0$일 때 $\bar{x}$의 표집분포는 무엇인가? 이 분포는 그림 14.3에서 살펴보았다.

(b) 정규확률 계산을 하여 *P*-값을 구하시오(대립가설이 양측이라는 사실을 기억하시오). 이 결과는 정리문제 14.6에서 구한 값과 어림한 오차까지 일치하여야 한다.

복습문제 14.6

로카세린과 체중 감량

이중맹검 무작위 비교실험을 통해 로카세린약과 위약이 과체중인 성인과 체중 감량에 미치는 영향을 비교하였다. 모든 피실험자들에게 또한 식이요법 및 운동 카운슬링을 시행하였다. 이 연구에 따르면 로카세린약을 투여한 집단의 피실험자들은 1년 후에 5.8킬로그램의 평균 체중 감량을 경험하였지만, 위약을 투여한 집단의 피실험자들은 2.2킬로그램의 평균 체중 감량을 경험하였다($P < 0.001$). 통계량에 대해 알지 못하는 사람에게 어째서 이 결과가 로카세린약이 작용을 한다고 생각되는 좋은 이유가 되는지 설명하시오. $P < 0.001$이 의미하는 것에 대한 설명을 포함하시오.

14.4 모평균에 대한 검정

유의성 검정을 설명하기 위해서, '단순조건'하에서 모평균 μ의 가설에 관한 검정을 사용하였다. 기본 생각은 다음과 같은 검정의 논리이다. 즉, 귀무가설 H_0가 참이라면 거의 발생하지 않았을 표본 데이터가 H_0가 참이 아니라는 증거가 된다. *P*-값은 '거의 발생하지 않았을 것'을 측정하는 확률이 된다. 실제로, 유의성 검정을 실행하는 단계는 실제적인 통계문제들을 체계화하기 위한 전반적인 4단계 과정을 밟는다.

유의성 검정 : 4단계 과정

문제 핵심 : 통계적 검정이 필요한 실제적인 의문점은 무엇인가?

통계적 방법 : 모수를 확인하고, 귀무가설 및 대립가설을 설명하며, 해당 상황에 적합한 검정 유형을 선택한다.

해법 : 다음과 같은 세 단계를 거쳐 검정을 시행한다.

1. 사용하고자 하는 검정에 대한 조건들을 점검한다.

2. 검정 통계량을 계산한다.

3. P-값을 구한다.

결론 : 해당 상황에서 구한 결과를 설명하기 위해서, 실제적인 의문점으로 돌아간다.

일단 물음을 파악하고 가설을 설정하여 검정하기 위한 조건들을 점검하게 되면, 여러분이 직접 하거나 소프트웨어를 이용하여 법칙에 따라 검정 통계량 및 P-값을 구할 수 있다.

다음은 위의 예에서 우리가 사용했던 검정에 대한 법칙이다.

모평균에 대한 단수표본 z 검정

평균 μ는 알지 못하고 표준편차 σ는 알고 있는 정규분포 모집단으로부터, 크기가 n인 단순 무작위 표본을 뽑아 보자. μ가 특정한 값을 갖는 귀무가설, 즉 $H_0 : \mu = \mu_0$를 검정하기 위해서, **단수표본 z 검정 통계량**(one-sample z test statistic)을 계산하면 다음과 같다.

$$z = \frac{\bar{x} - \mu_0}{\sigma/\sqrt{n}}$$

표준정규분포를 하는 변수 Z의 측면에서 보면 다음과 같다.

$H_a : \mu > \mu_0$에 대한, H_0 검정의 P-값은 $P(Z \geq z)$이다.

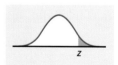

$H_a : \mu < \mu_0$에 대한, H_0 검정의 P-값은 $P(Z \leq z)$이다.

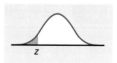

$H_a : \mu \neq \mu_0$에 대한, H_0 검정의 P-값은 $P(Z \leq -|z|) + P(Z \geq |z|) = 2P(Z \geq |z|)$이다.

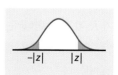

여기서 살펴본 그래프에서, $\mu > \mu_0$인 경우 음의 z는 빈약한 증거가 되므로 $H_a : \mu > \mu_0$에 대해 z는 양이라고 가정하며 $H_a : \mu < \mu_0$에 대해서도 유사하다. 양측 검정에서 z는 양 또는 음이 될 수 있다.

앞에서 살펴본 것처럼, 검정 통계량 z는 관찰된 표본평균 $\bar{x}$가 가설화된 모집단 값 μ_0로부터 벗어나 얼마나 떨어져 있는지를 측정한다. 측정값은 $\bar{x}$의 표준편차로 나누어서 구하였으며 잘 알고 있는 표준 척도의 형태를 띤다. 따라서 우리는 모든 z 검정에 대해 공통의 척도를 갖게 되고, 68-95-99.7 법칙을 이용하여 $\bar{x}$가 μ_0로부터 떨어져 있는지를 즉시 알 수 있다. P-값을 보여 주는 그림은 표준 척도로 나타냈다는 점을 제외하고 그림 14.2 및 그림 14.3의 곡선과 같다.

정리문제 14.7

기업 임원들의 콜레스테롤

문제 핵심 : 미국의 국립건강통계센터에 따르면, 성인들의 LDL 콜레스테롤은 평균이 130이며 표준편차는 40이라고 한다. 어떤 제약 대기업의 의료담당 책임자는 72명 임원들의 의료 기록을 검토하고 나서, 이 표본의 평균 LDL이 $\bar{x} = 124.86$이라는 사실을 알게 되었다. 이것은 해당 기업 임원들이 일반적인 모집단과 상이한 평균 LDL을 갖고 있다는 증거가 되는가?

통계적 방법 : 귀무가설은 전국 평균 $\mu_0 = 130$과 '차이가 없다'이다. 의료담당 책임자는 데이터를 검토하기 전에 특정한 방향을 염두에 두지 않았기 때문에, 대립가설은 양측이다. 따라서 기업 임원 모집단의 알지 못하는 평균에 대한 가설은 다음과 같다.

$$H_0 : \mu = 130$$
$$H_a : \mu \neq 130$$

단수표본 z 검정이 '단순조건'하에서 이 가설에 적합하다는 사실을 알고 있다.

해법 : '단순조건'의 일부로서, 해당 기업 임원들의 LDL은 표준편차가 $\sigma = 40$인 정규분포를 한다는 사실을 알고 있다고 가정하자. 이제 소프트웨어를 사용하여 z 및 P를 계산할 수 있다. 손으로 직접 계산하면 검정 통계량은 다음과 같다.

$$z = \frac{\bar{x} - \mu_0}{\sigma / \sqrt{n}} = \frac{124.86 - 130}{40 / \sqrt{72}} = -1.09$$

P-값을 구하기 위해서, 표준정규곡선을 그리고 그 위에 관찰된 z의 값을 표시해 보자. 그림 14.4는 P-값이 표준정규변수 Z가 0으로부터 최소한 1.09 떨어진 값을 취할 확률이라는 점을 보여 주고 있다. 표 A 또는 소프트웨어를 이용하면, 이 확률은 다음과 같다.

$$P = 2P(Z > 1.09) = (2)(0.1379) = 0.2758$$

결론 : 일반적인 성인 모집단으로부터 뽑은 크기가 72명인 단순 무작위 표본이, 최소한 해당 기업 임원 표본만큼 130으로부터 벗어나는 평균 LDL을 27%를 초과하도록 갖게 된다. 따라서 관찰된 $\bar{x} = 124.86$은 해당 기업 임원들이 다른 성인들과 상이하다는 좋은 증거가 되지 못한다.

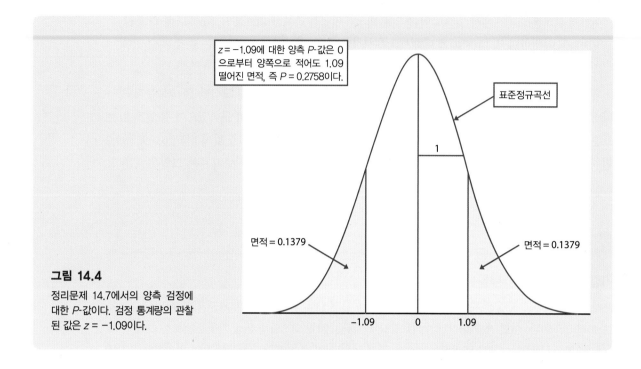

그림 14.4

정리문제 14.7에서의 양측 검정에 대한 P-값이다. 검정 통계량의 관찰된 값은 $z = -1.09$이다.

이 장에서는 마치 앞 장에서 살펴본 '단순조건'이 참인 것처럼 간주하였다. 실제로는 다음과 같은 조건들이 충족되어야만 한다.

1. **단순 무작위 표본** : 가장 중요한 조건은 표본에 있는 72명의 기업 임원들이 모든 기업 임원들로 구성된 모집단으로부터 뽑은 단순 무작위 표본이어야 한다. 해당 데이터가 어떻게 생성되었는지를 물어봄으로써 이 조건을 점검해 보아야 한다. 예를 들어, 최근에 의료문제를 갖고 있는 기업 임원들에 대한 의료 기록만을 활용할 수 있다면, 해당 데이터는 명백한 건강상의 편의로 인해서 우리의 목적을 위해 거의 가치가 없게 된다. 모든 기업 임원들이 무료로 연간 의료검진을 받으며 의료담당 책임자가 무작위로 72개의 의료검진 결과를 선택했다는 점이 판명되어야 한다.

2. **정규분포** : 모집단이 정규분포하지 않을 징후를 알아보기 위해서, 72개 관찰값들의 분포를 또한 검토해 보아야 한다.

3. **알고 있는 σ** : $\sigma = 15$라는 사실을 알고 있다고 가정하는 것은 정말로 비현실적이다. 제16장에서 σ를 알아야 하는 필요성을 제거하는 일이 용이하다는 점에 대해 살펴볼 것이다.

복습문제 14.7

z 통계량

연구 결과를 발표한 보고서는 매우 간략하다. 이것들은 종종 검정 통계량과 P-값만을 발표한다. 예를 들어 정리문제 14.7의 결론은 ($z = -1.09$, $P = 0.2758$)처럼 말할 수 있다. 다음과 같은 결론들을 완성시키기 위해서 필요한 단수표본 z 통계량의 값을 구하시오.

(a) 정리문제 14.5의 첫 번째 콜라에 대해서 다음과 같다. $z = ?$, $P = 0.1714$.

(b) 정리문제 14.5의 두 번째 콜라에 대해서 다음과 같다. $z = ?$, $P = 0.0006$.

(c) 정리문제 14.6에 대해서 다음과 같다. $z = ?$, $P = 0.2293$.

복습문제 14.8

날씨가 나쁘면 팁도 적어지는가?

사람들은 좋은 소식을 접하고 나서 보다 관대해지는 경향이 있다. 나쁜 소식을 접하고 나면 덜 관대해지는가? 미국 성인들이 주는 평균적인 팁은 20%이다. 음식점을 방문한 20명의 손님에게 내일 날씨가 나쁘다고 알리는 메시지를 계산서상에 남기고, 이들이 주는 팁의 백분율을 기록해 보자. 전체 금액의 백분율로 나타낸 팁은 다음과 같다.

18.0	19.1	19.2	18.8	18.4
14.0	17.0	13.6	17.5	20.0
19.0	18.5	16.1	16.8	18.2
20.2	18.8	18.0	23.2	19.4

백분율로 나타낸 팁은 $\sigma = 2$인 정규분포를 한다고 가정하자. 날씨가 나쁠 것이라는 예보를 받은 손님들이 주는 백분율로 나타낸 평균 팁이 20보다 작을 좋은 증거가 있는가? 정리문제 14.7에서 살펴본 4단계 과정을 밟아 검정하시오.

luza studios/Getty Images

14.5 표를 사용해 구하는 유의성

실제에 있어서 통계학은 기기(그래핑 계산기 또는 소프트웨어)를 이용하여 신속하고 정확하게 P-값을 구할 수 있다. 적절한 기기를 이용할 수 없는 경우, 검정 통계량의 값을 표에 있는 임곗값과 비교하여 대략적인 P-값을 신속하게 구할 수 있다. z 통계량에 대해서는, 신뢰구간을 구하는 데 사용했던 표 C를 참조해 보자.

z^*라고 표기된 표 C 임곗값의 맨 아래 행을 살펴보도록 하자. 표 맨 위에서 각 z^*에 대한 신뢰수준 C를 구할 수 있다. 표 맨 아래에서, 각 z^*에 대한 단측 및 양측 P-값 둘 다를 구할 수 있다. (대립가설에 의해 주어진 방향으로) z^*로부터 멀리 떨어진 검정 통계량 값 z는 z^*와 부합되는 유의수준

에서 통계적으로 유의하다.

임곗값 표를 사용한 유의성

어떤 z 통계량에 대해 대략적인 P-값을 구하기 위해서, (부호는 무시한 채로) z와 표 C의 맨 아래에 있는 임곗값 z^*를 비교하시오. z가 두 개 값 z^* 사이에 위치할 경우, P-값은 표 C의 '단측 검정 P-값' 행 또는 '양측 검정 P-값' 행의 그에 상응하는 두 개 값 사이에 위치한다.

정리문제 14.8

z 통계량은 유의한가?

단측 검정에 대한 z 통계량은 $z = 2.13$이다. 이것은 얼마나 통계적으로 유의한가? $z = 2.13$과 표 C의 z^* 행을 비교해 보자.

z^*	2.054	2.326
단측 검정 P-값	0.02	0.01

이 값은 $z^* = 2.054$와 $z^* = 2.326$ 사이에 위치한다. 따라서 P-값은 '단측 검정 P-값' 행의 이에 상응하는 값, 즉 $P = 0.02$와 $P = 0.01$ 사이에 위치한다. 이 z-값은 $\alpha = 0.02$ 수준에서 유의하고, $\alpha = 0.01$ 수준에서 유의하지 않다.

그림 14.5는 이런 상황을 보여 주고 있다. $z = 2.13$의 오른쪽에 정규곡선 아래의 면적이 P-값이다. 이 P

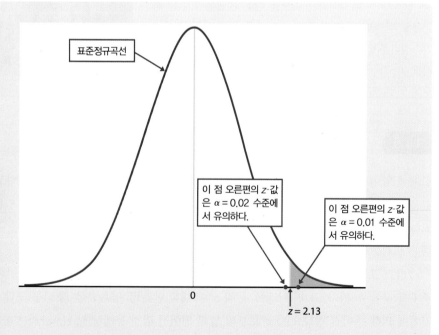

그림 14.5

검정 통계량은 유의한가? 검정 통계량 값 $z = 2.13$은 $\alpha = 0.02$ 수준에서 유의하기 위해 필요한 임곗값과 $\alpha = 0.01$ 수준에서 유의하기 위해 필요한 임곗값 사이에 위치한다. 따라서 이 검정은 $\alpha = 0.02$ 수준에서는 유의하지만 $\alpha = 0.01$ 수준에서는 유의하지 않다.

표준정규곡선

이 점 오른편의 z-값은 $\alpha = 0.02$ 수준에서 유의하다.

이 점 오른편의 z-값은 $\alpha = 0.01$ 수준에서 유의하다.

0

$z = 2.13$

는 두 개 임곗값의 오른쪽 면적, 즉 $P = 0.02$와 $P = 0.01$ 사이에 위치한다는 사실을 알 수 있다.

정리문제 14.7의 z 통계량은 $z = -1.09$이다. 대립가설은 양측이다. (마이너스 부호는 무시하고) $z = -1.09$와 표 C의 z^* 행을 비교해 보자.

z^*	1.036	1.282
양측 검정 P-값	0.30	0.20

이것은 $z^* = 1.036$과 $z^* = 1.282$ 사이에 위치한다. 따라서 P-값은 '양측 검정 P-값' 행에 있는 상응하는 값, 즉 $P = 0.30$과 $P = 0.20$ 사이에 위치한다. 해당 데이터는 귀무가설과 상반되는 좋은 증거를 제공하지 못한다고 결론 내리기에 충분하다.

복습문제 14.9

표를 이용해 구하는 유의성

$H_a : \mu > 0$에 대한 $H_0 : \mu = 0$의 검정은 검정 통계량 $z = 1.65$를 갖는다. 이 검정은 5% 수준($\alpha = 0.05$)에서 유의한 가? 1% 수준($\alpha = 0.01$)에서 유의한가?

복습문제 14.10

표를 이용해 구하는 유의성

$H_a : \mu \neq 0$에 대한 $H_0 : \mu = 0$의 검정은 검정 통계량 $z = 1.65$를 갖는다. 이 검정은 5% 수준($\alpha = 0.05$)에서 유의한 가? 1% 수준($\alpha = 0.01$)에서 유의한가?

복습문제 14.11

무작위 숫자 생성 프로그램에 대한 검정

무작위 숫자 생성 프로그램은 0과 1 사이의 구간에서 균등하게 분포하는 무작위 숫자를 생성한다고 가상하자. 이것이 참이라면, 생성된 숫자들은 $\mu = 0.5$ 및 $\sigma = 0.2887$을 갖는 모집단으로부터 추출된 것이다. 100개의 무작위 숫자를 생성하라고 명령할 경우, 평균 $\bar{x} = 0.5635$인 결과를 얻게 된다. 모집단 σ는 고정되었다고 가정하자. 다음 가설을 검정하고자 한다.

$$H_0 : \mu = 0.5$$
$$H_a : \mu \neq 0.5$$

(a) z 검정 통계량의 값을 구하시오.

(b) 표 C를 사용하시오. z는 5% 수준($\alpha = 0.05$)에서 통계적으로 유의한가?

(c) 표 C를 사용하시오. z는 1% 수준($\alpha = 0.01$)에서 통계적으로 유의한가?

(d) z는 표 C의 마지막 행에 있는 어떤 두 개 정규임곗값 z^* 사이에 위치하는가? P-값은 어떤 두 숫자 사이에 위치하는가? 이 검정은 귀무가설과 상반되는 좋은 증거를 제시하는가?

요약

- 유의성 검정은 대립가설 H_a를 뒷받침하고 귀무가설 H_0와 상반되는 데이터가 제공한 증거를 평가한다.

- 가설은 언제나 모집단의 모수 측면에서 진술된다. 통상적으로 H_0는 효과가 존재하지 않는다는 진술이고, H_a는 모수가 특정 방향(단측 대립가설의 경우) 또는 양쪽 방향(양측 대립가설의 경우)으로 귀무가설의 모숫값과 상이하다고 진술한다.

- 유의성 검정의 핵심 논리는 다음과 같다. 귀무가설이 참이라는 주장을 생각해 보자. 데이터 생성을 여러 번 반복할 경우, 실제로 갖고 있는 데이터만큼 H_0와 일치하지 않는 데이터를 자주 얻게 되는가? H_0가 참일 경우 거의 발생하지 않는 데이터는 H_0와 상반되는 증거를 제시하게 된다.

- 검정은 표본 결과가 H_0에 의해 진술된 값으로부터 얼마나 떨어져 위치하는지를 측정한 검정 통계량에 기초한다.

- 검정의 P-값은 최소한 실제로 관찰된 극단적인 값을 취할 확률로서, H_0가 참이라 가정하여 계산된다. 작은 P-값은 H_0와 상반되는 강한 증거를 보여 주는 것이다. P-값을 계산하기 위해서, H_0가 참일 때 검정 통계량의 표집분포를 알고 있어야 한다.

- P-값이 특정 값 α만큼 작거나 또는 더 작을 경우, 해당 데이터는 유의수준 α에서 통계적으로 유의하다.

- 알지 못하는 모집단의 평균 μ에 관해서 귀무가설 H_0 : $\mu = \mu_0$에 대한 유의성 검정은 다음과 같은 단수표본 z 검정 통계량에 기초한다.

$$z = \frac{\bar{x} - \mu_0}{\sigma / \sqrt{n}}$$

$H_a : \mu > \mu_0$에 대한, H_0 검정의 P-값은 $P(Z \geq z)$이다.

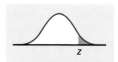

$H_a : \mu < \mu_0$에 대한, H_0 검정의 P-값은 $P(Z \leq z)$이다.

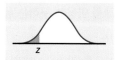

$H_a : \mu \neq \mu_0$에 대한, H_0 검정의 P-값은 $P(Z \leq -|z|) + P(Z \geq |z|)$ $= 2P(Z \geq |z|)$이다.

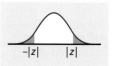

z-검정은 알고 있는 모표준편차 σ를 갖는 정규분포 모집단으로부터 추출한 크기가 n인 단순 무작위 표본을 가정한다. P-값은 표준정규분포로부터 계산을 하거나 기기(소프트웨어)를 사용하여 구할 수 있다.

주요 용어

검정 통계량	대립가설	P-값
귀무가설	유의수준	

연습문제

1. **대학 신입생들의 공부시간** 앞의 문세에서는 대학 신입생들이 일상적인 주에 평균 $\bar{x} = 13.7$시간을 공부한다는 조사에 대해 살펴보았다. 이 학생들을 해당 대학 전체 신입생들의 모집단으로부터 추출한 단순 무작위 표본으로 간주할 것이다. 이 연구는 신입생들이 평균적으로 주당 13시간 이상을 공부한다는 좋은 증거를 제시하고 있는가?

(a) 모집단에 대해 시간 단위로 측정한 평균 공부시간

측면에서 본 귀무가설 및 대립가설을 말하시오.

(b) 검정 통계량 z-값은 무엇인가?

(c) 검정 P-값은 무엇인가? 신입생들이 평균적으로 주당 13시간 이상을 공부한다고 결론을 내릴 수 있는가?

2. **호텔 지배인들의 개성** 호텔 지배인으로 성공하려면, (예를 들면 '격정'과 같은) 남자다운 강인함이라고 생각되는 개성뿐만 아니라, (예를 들면 '온정'과 같은) 여성다운 상냥함이라고 생각되는 개성도 갖고 있어야 한다. 벰의 성 역할 검사(BSRI, Bem Sex-Role Inventory)는, '여성' 및 '남성'의 고정관념에 대해 별개의 등급을 매기는 검사로서 1부터 7까지의 척도로 측정된다. BSRI는 이런 고정관념들이 보다 단언적으로 말해지던 시대에 개발되었지만, 아직까지 개성 형태를 평가하는 데 폭넓게 사용된다. 불행하게도, 평가는 여성다움과 남성다움의 점수로 언급된다.

    3성 및 4성급 호텔의 148명 남성 지배인 표본은, 평균 BSRI 여성다움 점수 $\bar{x} = 5.29$를 갖는다. 일반적인 남성 모집단에 대한 평균 점수는 $\mu = 5.19$이다. 평균적으로 호텔의 남성 지배인들은 일반 남성들과 여성스러움 점수에서 유의하게 상이한가? 호텔의 모든 남성 지배인 모집단의 점수에 대한 표준편차는, 성인 남성 모집단에 대한 표준편차 $\sigma = 0.78$과 동일하다고 가정한다.

(a) 호텔의 남성 지배인들에 대해, 평균 여성스러움 점수 μ의 측면에서 귀무가설 및 대립가설을 말하시오.

(b) z 통계량을 구하시오.

(c) 위의 z-값에 대한 P-값은 무엇인가? 호텔의 남성 지배인들에 대해 어떤 결론을 내릴 수 있는가?

3. **선사 시대 매장지에서 나타난 부 및 위엄의 차이** 모든 사회는 부 및 위엄을 나타내는 독특한 표시가 있다. 고대 중국에서는 돼지를 소유하는 것이 이런 표시였던 것처럼 보인다. 매장지 발굴을 통해 이런 증거를 얻을 수 있다. 희생물로 바쳐진 돼지의 두개골이 값비싼 장식품과 함께 출토되는 경향이 있으며, 이는 장식품과 마찬가지로 돼지도 매장된 사람의 부 및 위엄을 상징

했다는 점을 시사한다. 기원전 3500년경부터 이루어진 매장을 연구한 결과에 따르면 다음과 같다. "돼지 두개골이 있는 매장지와 없는 매장지 사이에는 부장품 면에 있어서 확연한 차이가 존재한다. ⋯ 검정 결과에 따르면 총 가공품에 대해 두 개 표본은 0.01 수준에서 유의하게 상이하다."라는 사실이 돼지 두개골이 포함된 매장지들과 포함되지 않은 매장지들 사이에 실제로 체계적인 차이가 존재한다고 생각할 수 있는 타당한 이유가 되는지 명확하게 설명하시오.

4. **유의수준 5% 대 1%** z 검정 통계량에 대한 표준정규분포곡선을 그리고, 단측 검정의 1% 수준에서 유의한 z-값은 5% 수준에서 언제나 유의한 이유를 설명할 수 있도록 곡선 아래의 면적을 나타내시오. z가 5% 수준에서 유의하다면 1% 수준에서의 유의성에 관해 어떤 말을 할 수 있는가?

5. **목재가 끊어지는 중량** 길이가 4인치이고 1.5제곱인치인 미송나무 목재를 끊는 데 중량(파운드)이 얼마나 되어야 하는가? 학생들이 실험실에서 얻은 데이터는 다음과 같다.

33,190	31,860	32,590	26,520	33,280
32,320	33,020	32,030	30,460	32,700
23,040	30,930	32,720	33,650	32,340
24,050	30,170	31,300	28,730	31,920

실험실에서 사용하기 위해서 마련된 나무 목재들은 모두 유사한 미송나무들의 단순 무작위 표본이라고 간주할 것이다. 기술자들은 또한 일반적으로 재료의 특성이 정규분포에 따라 변화한다고 가정한다. 이런 나무 목재들의 강도는 표준편차가 3,000파운드인 정규분포를 한다고 가정하자.

(a) 양측 대립가설에 관해서 평균이 32,500파운드라는 가설에 대해, $\alpha = 0.10$ 수준에서 유의하다는 증거가 있는가? 4단계 과정을 밟아 설명하시오.

(b) 양측 대립가설에 관해서 평균이 31,500파운드라는 가설에 대해, $\alpha = 0.10$ 수준에서 유의하다는 증거가 있는가? 4단계 과정을 밟아 설명하시오.

6. **모유를 수유하는 여성들의 뼈 손실** 앞의 문제에서 논의한 것처럼 모유를 수유하는 여성들은 칼슘을 자신들의 모유에 분비하게 된다. 칼슘 중 일부는 뼈에서 나오기 때문에, 이 여성들은 뼈의 무기질을 잃을 수 있다. 연구자들은 3개월간 모유를 수유하는 동안, 47명 여성들의 척추 무기질 내용물의 백분율 변화를 측정하였다. 다음은 이에 관한 데이터이다.

```
-4.7  -2.5  -4.9  -2.7  -0.8  -5.3  -8.3  -2.1  -6.8  -4.3
 2.2  -7.8  -3.1  -1.0  -6.5  -1.8  -5.2  -5.7  -7.0  -2.2
-6.5  -1.0  -3.0  -3.6  -5.2  -2.0  -2.1  -5.6  -4.4  -3.3
-4.0  -4.9  -4.7  -3.8  -5.9  -2.5  -0.3  -6.2  -6.8   1.7
 0.3  -2.3   0.4  -5.3   0.2  -2.2  -5.1
```

연구자들은 이 47명의 여성들을 모유 수유를 하는 모든 여성의 모집단으로부터 추출한 단순 무작위 표본으로 간주할 것이다. 이 모집단에서의 백분율 변화는 표준편차가 $\sigma = 2.5\%$인 정규분포를 한다고 가정하자. 이 데이터들은 평균적으로 볼 때 모유를 수유하는 여성들이 뼈의 무기질을 잃게 된다는 좋은 증거를 제시하고 있는가? 4단계 과정을 밟아 설명하시오.

7. **눈 밑에 바르는 유성물질** 밝은 태양빛 속에서 경기를 하는 운동선수들은 눈이 부시게 빛나는 현상을 낮추기 위해, 자신들의 눈 밑에 검은색 유성물질을 종종 바른다. 이 유성물질은 작용을 하는가? 어떤 연구에서, 16명의 학생 피실험자들은 눈 밑에 검은색 유성물질을 바른 상태와 바르지 않은 상태 두 가지 모두로 밝은 태양을 면하고 3시간 후 비교하는 민감도 실험을 하였다. 이것은 짝을 이룬 쌍 설계가 된다. 눈 밑에 바르는 유

성물질이 효과적이라면, 피실험자들은 이 유성물질을 사용할 때 차이에 보다 민감하게 된다. 다음은 눈 밑에 유성물질을 바른 상태에서 바르지 않은 상태를 뺀 민감도 차이를 보여 주는 데이터이다.

```
0.07   0.64  -0.12  -0.05  -0.18   0.14  -0.16   0.03
0.05   0.02   0.43   0.24  -0.11   0.28   0.05   0.29
```

Kathy Willens/AP Images

우리는 눈 밑에 바르는 유성물질이 평균적으로 볼 때 민감도를 증가시키는지 여부를 알아보고자 한다.

(a) 귀무가설 및 대립가설은 무엇인가? 이들 가설은 어떤 평균 μ에 관심을 갖고 있는지 말로 설명하시오.

(b) 피실험자들은 정상 시력을 갖는 모든 젊은 사람으로부터 추출한 단순 무작위 표본이고, 비교한 차이는 해당 모집단에서 정규분포를 하며, 이런 차이의 표준편차는 $\sigma = 0.22$라고 가정한다. 4단계 과정을 밟아 유의성 검정을 하시오.

실제에서의 추론

지금까지 우리는 통계적 추론에 대한 두 가지 절차만을 살펴보았다. 두 가지 모두 '단순조건'이 참일 때, 즉 데이터는 단순 무작위 표본이고 모집단은 정규분포를 하며 모집단의 표준편차 σ 를 알고 있을 때, 모집단의 평균 μ에 관한 추론에 관심을 갖고 있다. 이 조건하에서, 평균 μ에 대한 신뢰구간은 다음과 같다.

$$\bar{x} \pm z^* \frac{\sigma}{\sqrt{n}}$$

여기서 z^*는 주어진 유의수준에 대한 임곗값이다. 가설 $H_0 : \mu = \mu_0$를 검정하기 위해서, 다음과 같은 단수표본 z 통계량을 사용한다.

$$z = \frac{\bar{x} - \mu_0}{\sigma/\sqrt{n}}$$

우리는 위의 두 가지 모두를 z 절차라고 한다. 왜냐하면 이것들은 둘 다 단수표본 z 통계량에서 시작하고 표준정규분포를 사용하기 때문이다.

　나중에 모평균에 관한 추론 절차를 실제에서 유용하게 하기 위해 이를 수정할 것이다. 또한 데이터를 탐색하면서 부딪히게 되는 대부분의 상황에서 신뢰구간 및 검정에 대한 절차를 살펴볼 것이다. 보다 정교한 통계적 기법을 서적 및 소프트웨어를 통해 알 수 있다. 세부적인 절차가 아무리 정교하더라도, 신뢰구간 및 검정에 대한 논리는 동일하다.

　통계학자들은 "수학적 정리는 참이다. 통계적 방법은 판단을 하면서 사용할 때 효과가 있다."라고 한다. 귀무가설이 참일 때 단수표본 z 통계량이 표준정규분포를 갖는다는 것은 수학적 정리이다. 통계적 방법을 효과적으로 사용하기 위해서는 이런 사실을 아는 것 이상이 필요하다. 기초가 되는 논리를 이해하는 것보다 훨씬 더 많은 사항을 고려하여야 한다. 이 장에서는 통계학을 실제로 사용할 때 필요한 판단력을 키우는 데 도움을 주고자 한다. 이 책의 나머지 부분에서는 정리문제 등을 통해 이런 훈련을 계속할 것이다.

15.1 실제에서 추론하기 위한 조건

신뢰구간 또는 유의성 검정은 특정 조건들하에서만 신뢰할 수 있다. 이 조건들을 이해하고 해당 문제에 적합한지 여부를 판단하는 일을 여러분들이 하여야 한다. 이를 염두에 두고, 평균에 관한 추론을 하기 위해 z 절차에 대한 '단순조건'을 다시 살펴보도록 하자.

평균에 관한 추론을 하기 위해 필요한 단순조건

1. 관심 있는 모집단으로부터 추출한 단순 무작위 표본을 갖고 있다. 무반응이나 다른 실질적인 어려움은 없다. 표본크기에 비해 모집단이 크다.
2. 측정한 변수는 모집단에서 정확한 정규분포 $N(\mu, \sigma)$를 한다.
3. 모평균 μ는 알지 못하지만, 모표준편차 σ는 알고 있다.

모집단의 표준편차 σ를 알고 있다는 마지막 '단순조건'은 실제로 거의 충족되지 못한다. 따라서 z 절차는 실제로 거의 유용하지 않을 수 있다. 다행히 'σ를 알고 있다'는 조건은 쉽게 제거될 수 있다. 어떻게 제거되는지에 대해서는 제16장에서 살펴볼 것이다. 모집단 크기가 표본크기에 비해 크다는 조건은 종종 쉽게 입증이 되며, 충족이 되지 않을 때 특별하고 보다 높은 수준의 추론 방법들이 있다. 다른 '단순조건'들(단순 무작위 표본 및 정규분포하는 모집단)은 피하기가 더 어렵다. 사실 이것들은 거의 모든 통계적 추론을 신뢰하려면 필요한 조건들이다. 추론을 할 때는 언제나 "데이터는 어디서 구하였는가?"를 질문하고 또한 "모집단의 분포 형태는 어떠한가?"를 묻게 된다. 이것이 바로 수학적 사실을 알고 있는 데서부터 판단이 필요한 상황으로 전환되는 지점이다.

데이터는 어디서 구하였는가? 추론 절차에서 가장 중요한 사항은 데이터를 확률 법칙이 적용되는 과정으로부터 구하는 것이다. 데이터를 무작위 표본 또는 무작위 비교실험으로부터 구할 때 더 신뢰할 수 있다. 무작위 표본은 기회를 통해 응답자를 선택한다. 무작위 비교실험은 기회를 통해 피실험자를 처리에 배정한다. 사려 깊게 기회를 사용할 경우 확률 법칙이 결과에 적용되는 것을 확신하게 되며, 이는 다시 통계적 추론이 의미를 갖게 한다.

데이터 구하기

통계적 추론을 사용할 때, 관련 데이터는 무작위 표본이거나 또는 무작위 비교실험으로부터 구한 것처럼 간주된다.

데이터를 무작위 표본 또는 무작위 비교실험으로부터 구하지 않을 경우, 추론한 결론에 대해 이의가 제기될 수 있다. 이런 이의에 대해 답을 하려면, 통계학이 아니라 보통 해당 내용에 관한 지식에 의존하여야 한다. 무작위적인 선택을 통해 생성되지 않은 데이터에 통계적 추론을 적용하는 경우가 많다. 이런 연구를 할 때, 해당 데이터가 연구 결론을 내리는 기초로서 신뢰할 수 있는지 여부를 물어보아야 한다.

정리문제 15.1

심리학자 및 사회학자

어떤 심리학자는 시력을 통한 인지가 착시로 인해 어떻게 속임을 당하는지에 관심을 갖고 있다. 피실험자들은 자신이 근무하는 대학에서 학수번호가 '심리학 101'인 과목을 수강하는 학생들이다. 대부분의 심리학자들은 이 학생들을 정상적인 시력을 가진 사람들로부터 뽑은 단순 무작위 표본이라고 보는 데 동의한다. 시력을 통한 인지를 변화시키는 학생이 되는 데 특별한 것이 없다.

같은 대학에 근무하는 어떤 사회학자는 빈민들과 빈민퇴치계획에 대한 태도를 조사하기 위해서, '사회학 101'을 수강하는 학생들을 이용하고자 한다. 한 그룹으로서의 학생들은 대체로 성인 모집단보다 더 젊다. 젊은 사람들 사이에서조차도, 한 그룹으로서의 학생들은 보다 부유하고 보다 교육을 받은 가정에 속한다. 학생들 사이에서조차도, 이 대학이 모든 대학을 대표하지는 않는다. 이 대학 캠퍼스에서조차도, 사회학 과목을 수강하는 학생들은 공과대학 학생들과 매우 상이한 의견을 가질 수 있다. 이 사회학자가 이 학생들을 어떤 관심 있는 모집단으로부터 뽑은 무작위 표본이라고 보는 것은 합리적이지 않을 수 있다.

---

z 절차를 사용하여 추론한 첫 번째 예는 해당 데이터가 관련 모집단으로부터 뽑은 단순 무작위 표본인 것처럼 간주한다. 제13장 및 제14장에서 살펴본 정리문제들을 다시 한번 검토해 보자.

정리문제 15.2

정말로 단순 무작위 표본인가?

정리문제 13.1의 체질량 지수 데이터를 제공한 미국의 전국 건강 및 영양조사 보고서는 복잡한 다단식의 표본 설계를 사용하였다. 따라서 체질량 지수 데이터를 젊은 남성 모집단으로부터의 단순 무작위 표본으로 보는 것은 약간 지나치게 간소화된 것이다. 이 표본의 전반적인 효과는 단순 무작위 표본에 가깝기는 하지만, 통계 전문가들은 보다 복잡한 표본 설계에 부합되도록 좀 더 복잡한 추론을 사용한다.

정리문제 13.3에서 살펴본 팁에 관한 연구에서, 20명의 손님은 무작위 비교실험에서 비교가 될 몇 가지 처리 중 한 개를 받기 위해 특정 음식점에서 식사한 사람들로부터 뽑은 것이다. 완전 무작위 실험에서 각 처리 그룹은 가용할 수 있는 피실험자들의 단순 무작위 표본이라는 사실을 기억하자. 연구자들은 이따금 피실험자를 뽑는 것에 관해 특별한 사항이 없는 경우, 가용할 수 있는 피실험자들을 어떤 모집단에서 뽑은 단순 무작위 표본으로 본다. 어떤 경우에, 연구자들은 피실험자들이 어떤 모집단을 대표하는 표본이라는 가정을 정당화하기 위해서, 피실험자들에 대한 인구통계학적인 데이터를 수집하기로 한다. 우리는 피실험자를 해당 음식점을 방문한 고객들로 구성된 모집단으로부터 뽑은 단순 무작위 표본으로 기꺼이 간주할 것이다. 하지만 이에 대해 추가적인 탐구가 필요할 수도 있다. 예를 들면, 연구를 수행한 날이 (밸런타인데이와 기타 공휴일처럼) 어떤 식으로든 특별하였다면, 해당 손님들은 일반적으로 그 음식점에서 식사를 하는 사람들을 대표하지 않을 수 있다.

정리문제 14.2 및 정리문제 14.3에서 살펴본 콜라의 단맛 테스트는 10명의 단맛을 감별하는 사람들로부터 구한 점수를 사용하였다. 이 사람들은 모두 정상적인 맛을 느끼지 못하는 의료상의 문제점을 갖고 있지 않은지 알아보기 위해서 검사를 받았고, 표준적인 단맛을 내는 음료수를 사용하여 단맛에 대해 점수를 매기도록 주의 깊게 훈련을 받았다. 우리는 이런 점수들을 맛을 감별하도록 훈련받은 사람들로 구성된 모집단으로부터 뽑은 단순 무작위 표본으로 기꺼이 간주한다.

정리문제 14.7에서 기업 임원들의 LDL을 검토한 의료 책임자는 해당 회사 모든 임원들의 의료 기록으로부터 단순 무작위 표본을 실제로 선택하였다.

위의 정리문제들은 전형적인 예들이다. 한 개는 실제적인 단순 무작위 표본인 경우이고, 두 개는 표본을 단순 무작위 표본처럼 간주하는 것이 일반적인 경우이며, 나머지 예에서는 단순 무작위 표본이라고 가정하는 절차가 보다 복잡한 무작위 표본으로부터 데이터를 신속하게 분석하기 위해 사용된 경우이다. 표본을 단순 무작위 표본인 것으로 언제 간주하는지에 대한 간단한 법칙은 존재하지 않는다. 다음과 같은 사항에 유의하자.

- 예를 들면 표본에서의 무반응 또는 실험에서의 탈락과 같은 실제적인 문제가 발생할 경우, 설계가 잘된 연구에서조차도 추론하는 데 방해가 된다. 미국의 전국 건강 및 영양조사 보고서의 응답률은 80% 이다. 이것은 여론조사 및 대부분의 다른 전국조사보다 훨씬 더 높다. 따라서 현실적인 기준에서 볼 때, 이 보고서는 매우 신뢰할 만하다. (이 조사는 발전된 방법을 사용하여 무반응을 수정하였지만, 이런 방법은 반응률이 여하튼 높을 때 더 큰 효과가 있다.)
- 상이한 설계에 대해서는, 상이한 방법이 필요하다. z 절차는 단순 무작위 표본보다 더 복잡한 무작위 표본추출 설계에 대해서는 옳지 않다. 나중에 다른 설계에 대한 방법을 살펴보기는 하겠지만, 미국의 전국 건강 및 영양조사에서 사용한 것과 같은 정말로 복잡한 설계에 대한 추론에 관해서는 논의하지 않을 것이다. 사용한 설계에 적합한 추론을 어떻게 할지에 관해 알고 있는지 언제

나 주의를 기울여야 한다.

- 자발적인 응답조사 또는 통제되지 않은 실험과 같은 근본적인 결함에 대한 해결책은 없다. 제7장 및 제8장에서 살펴본 나쁜 예를 다시 한번 생각해 보고, 그런 연구를 통해 얻은 데이터는 단순히 무시할 수 있어야 한다.

모집단분포의 형태는 어떠한가? 대부분의 통계적 추론 절차를 밟으려면 모집단분포의 형태에 관한 조건들을 충족시켜야 한다. 추론하는 가장 기본적인 방법들 중 많은 것이 정규분포하는 모집단에 대해 설계되었다. 이런 경우가 바로 z 절차이며, 또한 제16장 및 17장에서 살펴볼 평균에 관한 보다 실제적인 추론 절차이다. 다행히 이런 조건은 데이터를 어디서 구했느냐보다 덜 중요하다.

왜냐하면 정규분포에 대해 설계된 z 절차와 많은 다른 절차들은 표본평균 $\bar{x}$ 분포의 정규성에 기초하지, 개별 관찰값 분포의 정규성에 기초하지 않기 때문이다. 중심 극한 정리에 따르면, $\bar{x}$는 개별 관찰값들보다 더 정규분포하며, 표본의 크기가 증가함에 따라 더 정규분포하게 된다. 실제로 z 절차는 크기가 그렇게 크지 않고, 웬만한 크기의 표본이 대략 대칭분포하는 경우에도 합리적인 수준에서 정확하다. 표본이 크다면, 그림 12.4 및 12.5에서 보는 것처럼 개별 측정값들이 강하게 한편으로 기울어졌더라도 정규분포에 근사하게 된다. 나중에 특정 추론 절차에 대한 실제적인 지침을 살펴볼 것이다.

모집단의 형태는 데이터가 어떻게 생성되었는지보다 덜 중요하다는 원칙에 대해 한 가지 중요한 예외가 있다. 이탈값은 추론 결과를 왜곡시킬 수 있다. 이탈값에 대해서 저항하지 않는 표본평균 $\bar{x}$와 같이 표본 통계량에 기초한 어떤 추론 절차도 몇 개의 극단적인 관찰값에 의해 강한 영향을 받을 수 있다.

모집단분포의 형태에 대해 아는 경우는 드물다. 실제로, 이전의 연구와 데이터 분석에 의존하게 된다. 이따금, 장기적인 경험에 비추어 해당 데이터가 대략적으로 정규분포할 것이라고 보든지 아니면 정규분포하지 않을 것이라고 본다. 예를 들어 동일한 성별과 유사한 연령대에 속한 사람들의 키는 정규분포에 근사하지만, 체중은 그렇지 않다. 추론을 하기 전에 언제나 해당 데이터를 탐색해 보아야 한다. 데이터를 모집단으로부터 무작위로 뽑을 경우, 데이터 분포의 형태는 모집단분포의 형태를 반영한다. 해당 데이터의 스템플롯 또는 히스토그램을 그려 보고, 형태가 대략적으로 정규분포하는지 여부를 살펴보자. 표본이 작을 경우 변동이 크다는 사실, 그리고 적은 수의 관찰값만으로는 정규성을 판단하기 어렵다는 사실을 기억하자. 언제나 이탈값을 찾아보고, 저항하지 않는 $\bar{x}$와 같은 통계량에 기초하여 z 절차를 밟거나 다른 추론을 하기 전에 이탈값을 수정하거나 또는 제거하는 것을 정당화시켜 보도록 하자.

이탈값이 존재하거나 또는 모집단이 강하게 비정규분포한다고 데이터가 시사하는 경우, 정규성을 필요로 하지 않고 이탈값에 민감하지 않은 대안적인 방법을 생각해 보자.

신호등이 빨간색일 때 계속 주행하기

한 조사에서 운전자들에게 신호등이 빨간색일 때 계속 주행하는 상황에 대해 물어보았다. "빨간색일 때 계속 주행해 버리는 각 10명의 운전자 중에서 대략 몇 명의 운전자가 신호위반으로 잡힌다고 생각하는가?" 880명의 응답자들에게 질문하여 얻은 결과의 평균은 $\bar{x} = 1.92$였으며, 표준편차는 $s = 1.83$이었다. 이렇게 큰 표본인 경우 s는 모표준편차 σ에 근접하여서, $\sigma = 1.83$이라고 알고 있

다고 가정하자.

(a) 모든 운전자로 구성된 모집단에서, 평균 의견에 대한 95% 신뢰구간을 구하시오.

(b) 응답의 분포가 정규분포가 아니라 오른쪽으로 기울어졌다. 이것은 해당 표본에 대한 z 신뢰구간에 강한 영향을 미치지 않을 것이다. 설명하시오.

(c) 880명의 응답자들은 전화번호부에서 무작위적으로 선택된 거주지 전화번호에 건 45,956개 중 통화가 이루어진 것에서 뽑은 단순 무작위 표본이다. 5,029개만이 통화가 이루어졌다. 이런 정보에 따르면, 이 표본은 모든 운전자를 대표하지 않는다고 볼 수 있는 두 가지 이유가 있다. 그 이유는 무엇인가?

표본으로 뽑은 쇼핑객

지역 텔레비전 방송국의 한 기자는 크리스마스 전날 그 도시에 있는 새로운 고급 쇼핑몰을 방문하여 쇼핑객들과 인터뷰를 하였다. 해당 쇼핑몰에 있는 백화점 중 하나인 어떤 백화점 밖에서 자신이 만난 처음 25명의 쇼핑객들에게 질문을 하였다. 즉, 크리스마스 쇼핑에 대한 전반적인 감정이 적극적이었는지, 중립적이었는지, 소극적이었는지를 물어보았다. 이 특정 지역에서의 처음 25명 쇼핑객들이 해당 도시 모든 쇼핑객의 단순 무작위 표본이라고 보는 것이 위험할 수 있는 이유를 말하시오.

15.2 신뢰구간에 관한 유의사항

일반적으로 신뢰구간에 관한 유의사항 중 가장 중요한 것은 표집분포의 사용에 따른 결과이다. 표집분포는 예를 들면 $\bar{x}$와 같은 통계량이 반복적인 무작위 표본추출에서 어떻게 변동하는지를 보여준다. 해당 통계량은 무작위 크기만큼 참인 모수를 놓치기 때문에, 이런 변동은 **무작위 표본추출 오차**를 발생시킨다. 변동을 발생시키는 다른 출처 또는 표본 데이터의 편의는 표집분포에 영향을 미치지 않는다. 이처럼 신뢰구간에서 오차범위는 무작위적인 **표본 선택**에 따른 표본 간의 변동을 제외하고 어떤 것도 무시한다.

오차범위는 모든 오차를 포함하지 않는다

신뢰구간에서 오차범위는 무작위 표본추출 오차만을 포함한다. 예를 들면 과소적용 및 무응답과 같은 실질적인 어려움이 종종 무작위 표본추출 오차보다 더 심각하다. 오차범위는 이런 어려움을 고려하지 않는다.

제7장에서 전국적인 여론조사는 종종 응답률이 50% 미만이며, 질문 문구의 작은 변화도 결과에 강한 영향을 미칠 수 있다는 사실을 살펴보았다. 이런 경우에, 발표된 오차범위는 어쩌면 비현실적일 정도로 작아질 수 있다. 물론 무작위적인 선택이 없기 때문에, 자발적인 응답이나 편의에 따른 표본으로부터 얻은 결과에 대해 의미 있는 오차범위를 배정하는 방법은 없다. 신뢰구간을 믿기 전에 연구의 세부사항을 주의 깊게 검토하여야 한다.

복습문제 15.3

당신의 체중은 얼마인가?

2019년 갤럽여론조사는 미국 전역에서 무작위적으로 뽑은 507명의 성인 남성들로 구성된 표본에 대해 현재의 체중을 물어보았다. 표본의 평균 체중은 $\bar{x} = 196$이었다. 이 데이터를 표준편차 $\sigma = 35$인 정규분포하는 모집단으로부터 뽑은 단순 무작위 표본으로 간주할 것이다.

(a) 이 데이터에 기초하여 성인 남성의 평균 체중에 대한 95% 신뢰구간을 구하시오.
(b) (a)에서 구한 구간을 모든 미국 성인 남성의 평균 체중에 대한 95% 신뢰구간으로 믿을 수 있는가? 설명하시오.

복습문제 15.4

날씨가 좋으면 팁도 많아지는가?

정리문제 13.3에서는 내일의 날씨가 좋을 것이라는 문구를 계산서상에 기입할 경우, 해당 음식점의 팁 규모에 대해 알아보는 실험을 살펴보았다. 음식점의 종업원으로 근무한다고 가정하자. 내일의 날씨가 좋을 것이라는 문구를 계산서상에 기입했을 때, 해당 음식점을 방문한 고객이 준 팁을 총액에 대한 백분율로 나타낸 평균이 95% 신뢰하에 21.33에서 23.09일 것이라는 기사를 읽었다. 여러분이 내일의 날씨가 좋을 것이라는 문구를 계산서상에 기입하게 되면, 음식점에서 근무한 날의 대략 95%에서 여러분이 받을 평균 백분율 팁이 21.33에서 23.09가 될 것이라고 확신할 수 있는가? 설명하시오.

복습문제 15.5

표본크기 및 오차범위

정리문제 13.1은 젊은 남성 936명의 체질량 지수에 관한 미국의 전국 건강 및 영양조사 보고서에 대해 살펴보았다.

표본에서 평균 체질량 지수는 $\bar{x} = 27.2\text{kg/m}^2$이었다. 이 데이터를 표준편차가 $\sigma = 11.6$인 정규분포하는 모집단으로부터 뽑은 단순 무작위 표본으로 간주하였다.

(a) 단지 100명의 젊은 남성으로 구성된 단순 무작위 표본을 갖고 있다고 가정하자. 95% 신뢰하에서 오차범위는 얼마인가?

(b) 400명 및 1,600명의 젊은 남성들로 구성된 단순 무작위 표본들이 있다고 가정하자. 95% 신뢰하에서 오차범위를 구하시오.

(c) 위의 세 개 오차범위를 비교하시오. 신뢰수준 및 모표준편차가 동일할 경우, 표본크기가 증가함에 따라 신뢰구간의 오차범위는 어떻게 변화하는가?

15.3 유의성 검정에 관한 유의사항

유의성 검정은 통계 작업을 하는 대부분의 분야에서 폭넓게 사용된다. 신약은 효과 및 안전성에 대해 유의한 증거를 제시하여야 한다. 법원은 공동 피해자들의 집단소송 식별사건을 심리하면서 통계적 유의성에 대해 문의를 한다. 마케팅 담당자는 새로운 포장디자인이 판매를 유의하게 증대시키는지 여부를 알고자 한다. 의료분야 연구자들은 새로운 치료법이 유의하게 더 나은 성과를 보이는지 여부를 알아보고자 한다. 이런 모든 경우에, 통계적 유의성은 단순히 우연하게 발생할 것 같지 않은 효과의 증거가 되기 때문에 존중된다. 다음은 유의성 검정을 사용하거나 또는 해석할 때 유념하여야 할 사항들이다.

P-값이 얼마나 작아야 신뢰할 만한가? 유의성 검정의 목적은 귀무가설과 상반되는 표본이 제공한 증거의 등급을 설명하는 데 있다. P-값이 바로 이 역할을 한다. 하지만 P-값이 얼마나 작아야 귀무가설과 상반되는 증거라는 것을 확신할 수 있는가? 이것은 다음과 같은 두 가지 사항에 주로 의존한다.

- H_0가 얼마나 그럴듯한가? H_0가 설득하여야 하는 사람들이 수 년 동안 신뢰해 오던 가정을 의미한다면, 이들을 설득하기 위해서는 강한 증거(작은 P-값)가 필요하다.
- H_0를 기각하는 데 따른 결과는 무엇인가? H_a를 뒷받침하고 H_0를 기각한다는 것이 어떤 상품 포장 형태에서 다른 상품 포장 형태로 비용을 많이 들여 포장을 변화시키는 것이라면, 새로운 포장이 판매를 증대시킬 것이라는 강한 증거가 필요하다.

위의 기준들은 약간 주관적인 것처럼 보인다. 서로 다른 사람들은 종종 유사하거나 또는 동일한 상황에서 상이한 유의수준을 주장한다. P-값이 주어지게 되면, 해당 증거가 충분히 강력한지 여부를 결정하게 된다.

통계학을 사용하는 사람들은 예를 들면 10%, 5%, 1%처럼 표준적인 유의수준을 종종 강조한다. 이것은 소프트웨어보다 임곗값의 표가 통계학에서 실제로 많이 사용되었던 시기를 반영한 것이다.

특히 5% 수준($\alpha = 0.05$)이 많이 사용된다. '유의하다'와 '유의하지 않다'를 구별 짓는 엄격한 기준은 없으며, P-값이 감소함에 따라 단지 점점 강한 증거가 될 뿐이다. P-값 0.049와 0.051 사이에 실질적인 구별은 존재하지 않는다. $P \le 0.05$를 유의하다고 판단하는 보편적 법칙으로 보는 것은 합리적이지 않다.

그럼에도 불구하고, 5% 수준에서의 유의성이 엄격한 기준으로 간주되는 상황이 있다. 예를 들면, 법원은 식별해야 하는 사건에서 5%를 기준으로 받아들이는 경향이 있다. 일부 전문잡지들은 5%를 연구를 통한 발견의 유의성을 보여 주는 데 필요한 것으로 취급한다. 관리기관들은 5%를 어떤 조사 결과를 유의하다고 발표하는 표준으로 삼는다.

유의성은 대립가설에 의존한다. 단측 검정에 대한 P-값은 동일한 데이터에 기초한 동일한 귀무가설의 양측 검정에 대한 P-값의 절반이 된다. 양측 검정 P-값은 정규곡선의 양쪽 끝부분 면적들, 즉 두 개의 동일한 면적을 합한 것이다. 단측 검정 P-값은 대립가설로 명기된 방향으로, 이 면적들 중 단한 개의 면적에 해당한다. 대립가설이 단측일 때 H_0와 상반되는 증거가 더 강력해진다는 사실은 합리적인 것처럼 보인다. 왜냐하면 이것은 H_0로부터 벗어나는 방향에 관한 정보가 더해진 데이터에 기초하기 때문이다. 이런 추가적인 정보가 없는 경우 언제나 양측 대립가설을 사용하여야 한다.

유의성은 표본크기에 의존한다. 표본조사에 따르면 캠퍼스에서 음주를 금지시키는 대학의 경우 유의하게 더 적은 수의 학생들이 폭음을 한다고 한다. '유의하게 더 적은 수'라는 표현은 음주를 금지하는 대학에서 음주 형태상 중요한 차이가 있는지 여부를 결정하는 데 충분한 증거가 되지 못한다. 어떤 효과가 얼마나 중요한지는 통계적 유의성뿐만 아니라 효과의 크기에 의존한다. 그렇지 않은 대학보다 음주를 금지한 대학에서 폭음자의 수가 단지 1% 더 적다면, 통계적으로 유의하더라도 중요한 효과는 되지 않는다. (여러분이 친구와 대화를 나눌 때, 1%를 '유의하게' 더 적은 것으로 말할 수 있는지 생각해 보시오.) 실제로, 표본조사에 따르면 '우발적으로 폭음을 하는 학생'이 음주를 금지하지 않는 대학의 경우 48%인 데 비해 음주를 금하는 대학의 경우 38%가 된다고 한다. 이런 차이는 중요하다고 볼 수 있을 정도로 충분히 크다. (물론 이런 관찰적 연구는 음주금지가 직접적으로 음주를 낮추었다고 입증하지는 못한다. 어쩌면 음주를 금지하는 대학들이 폭음하기를 원하지 않는 학생들을 더 많이 끌어들였을 수도 있다.)

이런 예들로 인해서, 유의성뿐만 아니라 (38% 대 48%처럼) 효과의 크기를 언제나 살펴보게 된다. 또한 다음과 같은 의문도 생긴다. 작은 효과가 진짜로 매우 유의할 수 있는가? z 검정 통계량의 행태는 전형적인 예가 된다. 통계량은 다음과 같다.

$$z = \frac{\bar{x} - \mu_0}{\sigma/\sqrt{n}}$$

위의 식에서 분자는 표본평균이 가설을 세운 평균 μ_0로부터 얼마나 벗어났는지를 측정한다. 분자의 값이 크면 클수록 $H_0 : \mu = \mu_0$와 상반되는 증거가 더욱 강해진다. 분모는 $\bar{x}$의 표준편차이며 우리가 기대하는 무작위 변동이 얼마나 큰지를 측정한다. 관찰값의 수 n이 클 때 변동이 더 작아진다. 이처럼 추정된 효과 $\bar{x} - \mu_0$가 커질 때 또는 관찰값의 수 n이 커질 때 z가 커진다(더 유의하게 된다). 유의성은 관찰된 효과의 크기 그리고 표본의 크기 둘 다에 의존한다. 이런 사실을 이해하는 것이 유의성 검정을 이해하는 데 필수적이다.

표본크기는 통계적 유의성에 영향을 미친다

무작위 표본이 크면 기회에 따른 변동이 작기 때문에, 표본이 큰 경우 아주 작은 모집단의 효과가 매우 유의할 수 있다.

무작위 표본이 작으면 기회에 따른 변동이 크기 때문에, 표본이 작은 경우 훨씬 큰 모집단의 효과가 유의하지 않을 수 있다.

통계적 유의성은 어떤 효과가 중요할 만큼 충분히 큰지 여부에 대해서 알려 주지 않는다. 즉, 통계적 유의성은 실제적 유의성과 동일한 것이 아니다.

'통계적 유의성'은 '표본이 단지 우연히 보통 발생하는 것보다 더 큰 효과를 보여 준다'를 의미한다는 것에 유의하자. 기회에 따른 변동의 범위는 표본의 크기에 따라 변화한다. 따라서 표본의 크기가 중요하다. 복습문제 15.7은 표본의 크기가 증가함에 따라 P-값을 어떻게 낮추는지를 자세히 보여 준다. 다음은 또 다른 예이다.

정리문제 15.3

유의하다. 또는 유의하지 않다. 그래서 어떠한가?

두 변수 사이에 상관이 존재하지 않는다는 가설을 검정하고 있다. 1,000개의 관찰값을 갖고 있는 상황에서, 관찰된 불과 $r = 0.08$인 상관은 모집단에서 상관이 0이 아니라 양수라는 1% 수준에서 유의한 증거가 된다. 작은 P-값은 강한 연관관계가 있다는 것을 의미하지 않고, 단지 어떤 연관관계에 대한 강한 증거가 있다는 것을 의미할 뿐이다. 참인 모집단의 상관은 관찰된 표본값, 즉 $r = 0.08$에 매우 근접할 것이다. 상관이 양이라는 것을 (1% 수준에서) 신뢰하더라도, 실제적으로는 이 변수들 사이의 연관관계를 무시할 수 있다.

반면에, 10개의 관찰값만을 갖고 있다면 상관 $r = 0.5$는 5% 수준에서조차도 0보다 유의하게 크지 않다. 작은 표본은 변동이 매우 커서 단지 기회에 따른 변동을 관찰하는 것이 아니라고 확신하려 한다면, r값이 클 필요가 있다. 따라서 참인 모집단의 상관이 매우 크더라도, 작은 표본은 종종 유의하지 못하게 된다.

일상적인 대화에서 '유의한' 그리고 '중요한'이란 말은 동의어로 간주된다. '통계적 유의성'이란 문구는 '실제적 중요성'을 의미하는 것으로 잘못 해석되기 때문에, 일부 사람들은 **통계적 유의성**이란 용어를 바꾸자고 한다.

다중분석에 유의하시오. 통계적 유의성은 찾고 있는 효과를 발견했다는 것을 의미하여야 한다. 어떤 효과를 찾고 있는지 결정하고 해당 연구를 설계하며 얻은 증거를 평가하기 위해서 유의성 검정을 사용하려 한다면, 통계적 유의성 이면에 있는 논리가 잘 작동되어야 한다. 다른 상황에서 유의성은 거의 의미를 갖지 않을 수도 있다.

정리문제 15.4

무선 휴대전화기와 뇌종양

무선 휴대전화기에서 나오는 전자파가 휴대전화기 사용자에게 해로운 영향을 미칠 수 있는가? 많은 연구에 따르면, 무선 휴대전화기 사용과 다양한 질병 사이에 연계가 거의 없거나 또는 없다고 한다. 다음은 어떤 연구에 대한 뉴스 기사의 일부분이다.

> 뇌종양 환자와 뇌종양을 앓지 않는 유사 집단을 비교한 어떤 병원의 연구 결과에 따르면, 무선 휴대전화기 사용과 신경교종이라고 알려진 일단의 뇌종양 사이에 통계적으로 유의한 관계가 존재하지 않는다고 한다. 하지만 20가지의 형태가 있는 신경교종을 따로따로 고찰해 보면, 무선 휴대전화기 사용과 한 가지 희귀한 형태의 신경교종 사이에 연관관계가 발견된다. 하지만 당혹스럽게도, 발병할 위험은 휴대전화기를 사용함에 따라 증가하는 것이 아니라 감소하는 것처럼 보였다.

이런 20개 유의성 검정에 대한 20개의 (관련이 없다는) 귀무가설이 모두 참이라고 가정하자. 그러면 각 검정은 5% 수준에서 유의할 5%의 기회를 갖게 된다. 이것이 바로 $\alpha = 0.05$가 의미하는 것이다. 즉, 이런 극단적인 결과는 귀무가설이 참일 때 단지 우연히 시도된 기회 중 5%에서 발생한다. 5%는 1/20이기 때문에, 20개의 검정에서 약 한 개가 단지 우연히 유의한 결과를 보일 것으로 기대된다. 이것이 해당 연구가 관찰한 것이다.

한 개 검정을 하여 5% 유의수준에 도달하였다면, 이것은 어떤 것을 발견했다는 합리적인 좋은 증거가 된다. 20개 검정을 하여 오직 한 개에서만 이런 유의수준에 도달하였다면 합리적인 좋은 증거가 되지 못한다. 다중분석에 대한 유의사항은 신뢰구간에도 역시 적용된다. 한 개의 95% 신뢰구간은 이를 사용할 때마다 참인 모수를 포함할 확률이 0.95가 된다. 20개 신뢰구간 모두가 참인 모수를 포함할 확률은 95%보다 훨씬 더 적다. 다중검정 또는 신뢰구간을 통해 중요한 효과를 발견할 수 있다고 생각한다면, 해당 특정 효과에 관한 추론을 하기 위해서 새로운 데이터를 수집할 필요가 있다.

정리문제 15.5

발표편의

다중분석의 포착하기 어려운 예로 **발표편의**(publication bias)를 들 수 있다. 20명의 연구자들이 어떤 질병을 치유하기 위한 새로운 치료법의 효과에 대해 독립적으로 연구를 한다고 가상하자. 연구자들은 자신들의 발견을 발표하기 위해서 새로운 치료법이 0.05 유의수준에서 유효하다는 사실을 보여 주어야 한다. 연구자들 중 1명이 통계적으로 유의한 결과를 얻었지만, 나머지 19명은 그러하지 못했다. 통계적으로 유의한 결과를 얻은 1명의 연구자는 발견한 사실을 발표한다. 통계적 유의성을 발견하지 못한 19명의 연구자들로부터는 아무것도 듣지 못한다. 20명의 연구자 중 오직 1명이 0.05 수준에서 통계적 유의성을 얻었다는 사실을 알게 될 경우, 해당되는 1명 연구자의 결과가 실제적인 처리효과보다는 우연에서 기인한 것이라고 의심해 볼 수도 있다. 처리효과를 발견하지 못한 19개 연구들에 대해 깨닫지 못한다면, 발표된 1개 연구의 발견은 실제로 받아야 될 것보다 더 중요하게 취급되는 '편의'가 발생할 수 있다. 이를 발표편의라고 한다. 이에 대한 해결책은 추가적인 연구를 통해 발견한 사실들을 반복해서 시도해 보도록 하는 것이다.

복습문제 15.6

검정은 유의한가?

특별한 준비 없이 치른 미국의 대학수학능력시험인 SAT 수학부문 점수는 2019년에 $\mu = 528$ 및 $\sigma = 117$인 정규분포를 하였다. 수학 실력을 향상시켜 SAT 수학부문 점수를 올릴 수 있도록 마련된 엄격한 훈련 프로그램에 50명의 학생이 참여하였다. 아래의 각 상황에서 ($\sigma = 117$인) 다음의 검정을 실행해 보시오.

$$H_0 : \mu = 528$$
$$H_a : \mu > 528$$

(a) 학생들의 평균 점수가 $\bar{x} = 555$이다. 이 결과는 5% 수준에서 유의한가?

(b) 학생들의 평균 점수가 $\bar{x} = 556$이다. 이 결과는 5% 수준에서 유의한가?

(a) 및 (b)의 두 개 결과 사이의 차이는 중요하지 않다. $\alpha = 0.05$를 신성불가침의 것으로 보는 태도를 경계하시오.

복습문제 15.7

산성비를 간파하기

산업활동으로 인한 황이산화물의 방출은 '산성비'를 내리는 대기상의 화학적 변화를 유발한다. 액체의 산도는 척도가 0부터 14까지인 pH로 측정된다. 증류수는 pH 7.0이며 더 낮은 pH 값은 산도를 가리킨다. 정상적인 비도 다소 산성이므로, 산성비는 이따금 5.0 미만의 pH를 갖는 강우로 정의된다. 캐나다 삼림에서 서로 다른 날에 내린 강우의 pH 측정값은 표준편차가 $\sigma = 0.6$인 정규분포를 한다고 가정하자. n일인 표본에 따르면, 평균 pH는 $\bar{x} = 4.8$이다. 이것은 모든 비 오는 날에 대한 평균 pH μ가 5.0 미만이라는 좋은 증거가 되는가? 대답은 표본의 크기에 의존한다.

다음에 대해 네 개 검정을 하시오.

$$H_0 : \mu = 5.0$$

$$H_a : \mu < 5.0$$

네 개 검정 모두에서 $\sigma = 0.6$ 및 $\bar{x} = 4.8$을 사용하시오. 하지만 네 개의 상이한 표본크기, 즉 $n = 9$, $n = 16$, $n = 36$, $n = 64$를 사용하시오.

(a) 네 개 검정에 대한 P-값은 얼마인가? 동일한 결과 $\bar{x} = 4.8$에 대한 P-값은 표본크기가 증가함에 따라 더 작아진다 (더 유의해진다).

(b) 각 검정에 대해서, H_0가 참일 때 $\bar{x}$의 표집분포에 대한 정규곡선을 그리시오. 이 곡선은 평균이 5.0이고 표준편차가 $0.6/\sqrt{n}$이다. 각 곡선에 관찰값 $\bar{x} = 4.8$을 표시하시오. 동일한 결과 $\bar{x} = 4.8$은 표본크기가 증가함에 따라 표집분포상에서 더 극단을 취하게 된다.

복습문제 15.8

신뢰구간이 주는 도움

바로 앞 문제에서 각 표본크기에 대해 평균 pH μ에 대한 95% 신뢰구간을 구하시오. P-값과 달리 신뢰구간은 각 표본에 대해 평균 pH 값이 그럴듯하게 보이는 것에 관한 설명을 해 준다.

복습문제 15.9

초감각적인 지각력을 찾기

초감각적인 지각력의 증거를 찾고 있는 연구자는 1,000명의 피실험자를 검사하였다. 이들 피실험자 중 43명이 무작위로 맞추는 것보다 유의하게($P < 0.05$) 더 잘 하였다.

(a) 43명은 많은 사람인 것처럼 보인다. 하지만 이들 43명이 초감각적인 지각력을 갖고 있다고 결론 내릴 수 없다. 설명하시오.

(b) 이들 43명의 피실험자가 초감각적인 지각력을 갖고 있는지 여부를 검정하기 위해서, 연구자는 이제 무엇을 하여야 하는가?

15.4 연구 계획 : 신뢰구간에 대한 표본크기

통계학을 현명하게 이용하는 사람들은 표본 또는 실험 계획을 세우면서 동시에 추론 계획도 세운다. 관찰값의 개수는 연구 계획을 수립하는 데 중요한 부분이다. 표본이 클수록 신뢰구간에서 오차 범위는 더 작아지며, 유의성 검정은 모집단에서 효과를 더 잘 간파할 수 있다. 하지만 관찰값을 구하는 데는 시간과 금전적 비용이 소요된다. 관찰값이 얼마나 많으면 충분한가? 먼저 신뢰구간에 대한 이 문제에 관해 살펴보고 나서, 검정에 대해 알아볼 것이다. 신뢰구간 계획을 수립하는 것이 검정 계획을 수립하는 것보다 훨씬 더 간단하다. 이것이 또한 더 유용하다. 왜냐하면 일반적으로 추정이 검정보다 더 많은 정보를 제공하기 때문이다. 따라서 검정 계획을 세우는 부분은 선택사항이다.

충분한 관찰값들을 수집함으로써, 높은 신뢰와 작은 오차범위 둘 다를 얻을 수 있다. 정규분포하는 모집단의 평균에 대한 z 신뢰구간의 오차범위는 $m = z^* \sigma/\sqrt{n}$ 이다. 오차범위를 결정하는 것은 표본크기라는 사실에 주목하자. 모집단의 크기는 표본크기에 영향을 미치지 않으므로, 우리에게 필요한 것은 표본크기이다. (모집단이 표본보다 크기가 훨씬 더 크기만 하면 이것은 참이다.)

바라는 오차범위 m 을 얻기 위해서, 바라는 신뢰수준에 대한 z^*값을 위의 식에 넣고 표본크기 n에 대해 풀어 보자. 그 결과는 다음과 같다.

바라는 오차범위에 대한 표본크기

주어진 오차범위 m 및 특정한 신뢰수준하에서 z 신뢰구간을 사용하여 정규분포하는 모집단의 평균을 추정하기 위해서, 표본크기 n은 다음과 같아야 한다.

$$n = \left(\frac{z^*\sigma}{m}\right)^2$$

여기서 z^*는 바라는 신뢰수준에 대한 임곗값이다. 위의 공식을 사용할 경우, n을 언제나 다음 정수까지 우수리 없게 잘라 올려야 한다.

정리문제 15.6

얼마나 많은 관찰값이 필요한가?

정리문제 13.3에서 심리학자들은 내일 날씨가 좋을 것이라고 알려 주는 문구가 계산서상에 있을 때 어떤 음식점을 방문한 20명의 고객이 주는 팁의 크기를 기록하였다. 우리는 모표준편차가 $\sigma = 2$라는 사실을 알고 있다. 이런 문구가 쓰인 계산서를 받은 해당 음식점 고객들의 백분율로 나타낸 평균 팁 μ를 90% 신뢰하에서 ± 0.5 범위 내로 추정하고자 한다. 얼마나 많은 고객을 관찰하여야 하는가?

바라는 오차범위는 $m = 0.5$이다. 표 C에 따르면 90% 신뢰하에서 $z^* = 1.645$이다. 따라서 다음과 같다.

$$n = \left(\frac{z^*\sigma}{m}\right)^2 = \left(\frac{1.645 \times 2}{0.5}\right)^2 = 43.3$$

고객이 43명인 경우 바람직한 것보다 약간 더 큰 오차범위를 얻게 되며 44명인 경우 약간 더 작은 오차범위를 얻게 되므로, 44명의 고객을 관찰하여야 한다. n을 구하려 할 때는 언제나 다음의 정수까지 우수리가 없게 잘라 올려야 한다.

복습문제 15.10

젊은 남성들의 체질량 지수

정리문제 13.1에서 미국 전체 젊은 남성들의 체질량 지수는   표준편차가 $\sigma = 11.6 \text{kg/m}^2$인 정규분포를 한다고 가정하였다. 95% 신뢰하에서 ±1 범위 내로 이 모집단에 대한 평균   체질량 지수 μ를 추정하려면 표본은 얼마나 커야 되는가?

15.5 연구 계획 : 유의성의 통계적 검정력

유의성 검정을 시행하려 할 때 표본은 얼마나 커야 하는가? 표본이 너무 작은 경우 모집단의 매우 큰 효과도 종종 통계적으로 유의하지 않을 수 있다는 사실을 알고 있다. 다음은 얼마나 많은 관찰값이 필요한지 결정하기 위해서 대답해야 할 의문들이다.

유의수준 : 모집단에서 확실히 아무런 영향이 없을 때, 표본으로부터 유의한 결과를 얻는 것에 대해 얼마나 많은 보호를 하고자 하는가?

효과크기 : 모집단에서 얼마나 큰 효과가 실제로 중요한가?

효과크기

효과크기(effect size)는 모집단에서 효과의 규모이다.

검정력 : 해당 연구가 중요하다고 생각하는 크기의 효과를 탐지할 것이라고 얼마나 신뢰하고자 하는가?

유의수준, 효과크기, 검정력은 세 개의 관련 정보를 나타내는 통계적 표현이다. 검정력이란 용어는 새롭게 도입된 개념이다.

정리문제 15.7

단맛을 낸 콜라 : 연구 계획

보관하면 단맛을 상실하는 것에 대해 새로운 콜라를 시험해 본 예에서, 제기한 질문에 대한 전형적인 답변을 살펴보도록 하자. 맛을 감별하도록 훈련받은 10명의 사람들은 보관 전 및 보관 후에 10점 척도로 단맛의 등급을 매겼다. 보관 전의 점수와 보관 후의 점수 차이는 단맛 상실을 감별하는 사람들의 판단을 나타낸다. 차이가 0인 경우 이는 단맛 상실이 없음을 의미한다. 경험에 기초하여, 우리는 표준편차가 약 $\sigma = 1$인 정규분포에 따라 단맛 상실 점수가 맛을 감별하는 사람별로 변동한다는 사실을 알고 있다. 단맛에 대한 검사가 콜라가 단맛을 상실하게 된다고 생각하게 하는 좋은 근거가 되는지 여부를 알아보기 위해서, 다음과 같은 가설을 검정하고자 한다.

$$H_0 : \mu = 0$$
$$H_a : \mu > 0$$

맛을 감별하는 사람이 10명이면 충분한가? 또는 더 많은 사람이 필요한가?

유의수준 : 유의수준을 5%로 설정한다면 전체 모집단을 살펴볼 경우 실제로 맛의 변화가 없을 때 단맛 상실이 발생하지 않는다고 말한 것에 대해 충분한 보호가 이루어진다. 이것이 의미하는 바는, 모집단에서 단맛의 변화가 없을 때 맛을 감별하는 사람 20명으로 구성된 표본 중 1명이 유의하게 단맛이 상실되었다고 잘못 판단한다는 것이다.

효과크기 : 10점 척도에서 평균 단맛 상실을 나타내는 0.8점은 소비자들에 의해 인지되므로 실제로 중요하다.

검정력 : 시행한 검정이 맛을 감별하는 모든 사람으로 구성된 모집단에서 평균 단맛 상실 0.8점을 간파한다고 90% 신뢰하고자 한다. 5% 유의수준을 이런 효과를 간파하는 기준으로 사용하고자 한다. 따라서 시행한 검정은 참인 모평균이 $\mu = 0.8$일 때 귀무가설 $H_0 : \mu = 0$을 $\alpha = 0.05$ 수준에서 기각할 확률이 최소한 0.9이기를 원한다.

검정이 특정 크기의 단맛 상실을 성공적으로 간파하는 확률은 해당 검정력이 된다. 높은 검정력이 있는 검정을 귀무가설로부터 벗어나는 상황에 매우 민감한 것으로 볼 수 있다. 정리문제 15.7에서 우리는 모집단에 관한 사실이 $\mu = 0.8$일 때 90%의 검정력을 원하는 것으로 결정하였다.

검정력

특정 대립가설에 대한 **검정력**(power)은, 모수에 대해 특정 대립가설이 제시하는 값이 참일 때 선택된 유의수준 α에서 해당 검정이 H_0를 기각할 확률이다.

대부분의 통계적 검정에서 계산하는 작업은 포괄적인 통계 소프트웨어가 담당한다. z 검정에 대한 계산은 대부분의 통계 검정에 대한 것보다 더 용이하지만 세부적인 사항은 생략하기로 한다. 다음과 같은 두 가지 예를 살펴보도록 하자.

> **정리문제 15.8**

검정력 구하기 : 간단한 기기인 애플릿의 사용

z 검정력을 구하는 작업은 정규분포확률 계산만을 필요로 하기 때문에 대부분의 다른 검정력 계산법보다 용이하다. 정리문제 15.7의 관련 정보, 즉 가설, 유의수준 $\alpha = 0.05$, 대립가설의 값 $\mu = 0.8$, 표준편차 $\sigma = 1$, 표본크기 $n = 10$을 입력하여 구한 결과는 그림 15.1에 있다.

특정 대립가설 $\mu = 0.8$에 대한 검정력은 0.812이다. 즉, 해당 검정은 이 대립가설이 참일 때 약 81%의 확률로 H_0를 기각하게 된다. 이처럼 10개의 관찰값은 그 수가 너무 적어서 검정력 90%를 달성할 수 없다.

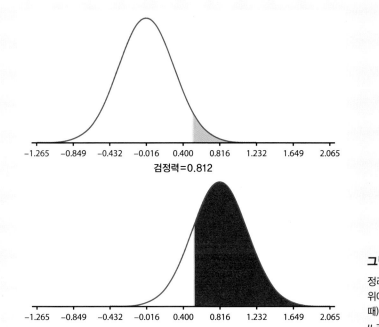

검정력=0.812

그림 15.1

정리문제 15.8에 대한 결과를 보여 주고 있다. 위에 있는 곡선은 귀무가설이 참일 때($\mu = 0$일 때) $\bar{x}$의 행태를 보여 준다. 아래에 있는 곡선은 $\mu = 0.8$일 때 $\bar{x}$의 분포를 보여 준다.

그림 15.1의 두 개 정규곡선은 귀무가설 $\mu = 0$(위쪽)하에서 그리고 특정 대립가설 $\mu = 0.8$(아래쪽)하에서 $\bar{x}$의 표집분포를 보여 주고 있다. σ는 변화하지 않기 때문에 두 곡선이 동일한 형태를 갖는다. 위쪽 곡선은 $\mu = 0$을 중심으로 퍼져 있으며, 아래쪽 곡선은 $\mu = 0.8$을 중심으로 퍼져 있다. 위쪽 곡선 오른편의 빗금 친 면적은 0.05이다. 이것은 $\alpha = 0.05$ 수준에서 통계적으로 유의한 $\bar{x}$의 값들을 구분해 놓은 것이다. 아래쪽 곡선은 $\mu = 0.8$일 때 이 동일한 값들의 확률을 나타낸다. 이 면적은 검정력 0.812이다.

간단한 기기인 애플릿은 주어진 표본크기에 대한 검정력을 구하여 보여 준다. 과정을 변환시켜 주어진 검정력을 달성하는 데 어떤 크기의 표본이 필요한지를 알아내는 것이 실제적으로 더 도움이 된다. 통계 소프트웨어가 이 작업을 할 수 있다.

정리문제 15.9

검정력 구하기 : 통계 소프트웨어의 사용

통계 소프트웨어 패키지(예를 들면, SAS, JMP, Minitab, R)를 사용하여 검정력을 계산할 수 있다. Minitab을 사용하여 모표준편차가 $\sigma = 1$일 때 5% 유의수준에서 몇 개의 특정 대립가설에 대해 단측 z 검정이 검정력 0.9를 갖도록 하는 데 필요한 관찰값의 수를 구해 보자. 다음은 결과를 구한 표이다.

차이	표본크기	목표 검정력	실제 검정력
0.1	857	0.9	0.900184
0.2	215	0.9	0.901079
0.3	96	0.9	0.902259
0.4	54	0.9	0.902259
0.5	35	0.9	0.905440
0.6	24	0.9	0.902259
0.7	18	0.9	0.907414
0.8	14	0.9	0.911247
0.9	11	0.9	0.909895
1.0	9	0.9	0.912315

위의 분석 결과에서 '차이'는 귀무가설 값 $\mu = 0$과 알아보고자 하는 대립가설 값 사이의 차이이다. 이를 효과크기라고 한다. '표본크기' 열은 각 효과크기에 대해 검정력 0.9를 얻는 데 필요한 관찰값의 최소 개수를 나타낸다.

앞에서 살펴본 맛을 감별하는 10명으로 구성된 표본은 (5% 유의수준에서) 효과크기 0.8을 간파하는 90% 신뢰를 달성하는 데 충분하지 않다는 사실을 다시 한번 알 수 있다. 효과크기 0.8에 대해 검정력 90%를 달성하려면 맛을 감별하는 사람이 적어도 14명이 필요하다. 맛을 감별하는 사람이 14명일 때 실제 검정력은 0.911247이 된다.

정리문제 15.9에 있는 표는 검정력 90%에 도달하기 위해서 효과크기가 작을수록 더 큰 표본이 필요하다는 사실을 명확하게 보여 주고 있다. 이제 "얼마나 큰 표본이 필요한가?"라는 질문에 영향을 미치는 사항을 개괄적으로 살펴볼 것이다.

- (예를 들어 5%가 아니라 1%처럼) 더 작은 유의수준을 주장한다면, 더 큰 표본이 필요하다. 유의수준이 더 작아지면 귀무가설을 기각하는 데 더 강한 증거가 필요하다.
- (예를 들면 90%가 아니라 99%처럼) 더 높은 검정력을 주장한다면, 더 큰 표본이 필요하다. 검정력이 더 높아지면 결과를 간파할 수 있는 더 나은 기회를 얻을 수 있다.
- 모든 유의수준 및 원하는 검정력에서, 양측 대립가설은 단측 대립가설보다 더 큰 표본을 필요로 한다.
- 모든 유의수준 및 원하는 검정력에서, 작은 효과를 간파하려는 경우는 큰 효과를 간파하려는 경우보다 더 큰 표본을 필요로 한다.

중요한 통계연구에 대해 계획을 세우려는 경우, "얼마나 큰 표본이 필요한가?"에 관한 질문에 답변할 수 있어야 한다. 모집단의 평균 μ에 관한 가설 $H_0 : \mu = \mu_0$를 검정하려 한다면, 모표준편차

σ의 크기와 간파할 수 있기를 바라는 가설화된 값으로부터 모평균이 얼마나 크게 벗어났는지($\mu - \mu_0$)에 대해 최소한의 개략적인 정보를 갖고 있어야 한다. 예를 들면 몇 개의 처리가 된 평균효과를 비교하려는 경우처럼 상황이 보다 정교할수록, 보다 정교화된 세부정보가 필요하다. 세부적인 사항은 전문가에게 맡길 수 있지만, 검정력에 관한 개념과 필요한 표본이 얼마나 커야 하는지에 영향을 미치는 요인들은 이해하고 있어야 한다.

검정력을 계산하기 위해서, 예를 들면 $\alpha = 0.05$와 같이 고정된 유의수준에 관심이 있는 것처럼 진행한다. 검정력을 계산하는 것이 핵심적인 사항이지만, 실제로 고정된 수준 α가 아니라 P-값 측면에서 생각한다는 것을 기억하자. 효과적으로 통계 검정 계획을 세우기 위해서, 검정이 어떻게 이루어지는지 완전히 파악하기 위해 필요한 몇 개의 유의수준과 표본크기 및 효과크기에 대한 검정력을 구해야 한다.

유의성 검정에서 제1종 오류와 제2종 오류 두 개 확률, 즉 유의수준 α 및 간파할 수 있기를 원하는 대립가설에 대한 검정력을 제시함으로써 검정의 시행을 평가할 수 있다. 검정의 유의수준은 귀무가설이 참일 때 잘못된 결론에 도달할 확률이다. 특정 대립가설에 대한 검정력은 대립가설이 참일 때 옳은 결론에 도달할 확률이다. 두 개 조건하에서 잘못될 확률을 제시함으로써 검정을 보다 잘 설명할 수 있다.

제1종 오류 및 제2종 오류

실제로 H_0가 참일 때 H_0를 기각한다면, 이것은 **제1종 오류**(Type I error)이다.

실제로 H_a가 참일 때 H_0를 기각하는 데 실패한다면, 이것은 **제2종 오류**(Type II error)이다.

어떤 고정된 수준 검정의 **유의수준**(significance level) α는 제1종 오류의 확률이다.

어떤 대립가설에 대한 **검정력**(power)은 대립가설에 대해 귀무가설을 올바르게 기각할 확률이다. 이것은 1에서 해당 대립가설에 대한 제2종 오류의 확률을 감하여 구할 수 있다.

발생할 수 있는 가능성을 그림 15.2에 요약해 놓았다. H_0가 참인 경우, H_0를 기각하는 데 실패한

		모집단에 관한 진실	
		H_0가 참이다	H_a가 참이다
표본에 기초한 결론	H_0를 기각한다	제1종 오류	옳은 결론
	H_0를 기각하는 데 실패한다	옳은 결론	제2종 오류

그림 15.2
가설을 검정하면서 발생하는 두 가지 형태의 오류를 보여 준다.

그림 15.3

정리문제 15.7의 상황에서 검정력, 제1종 오류, 제2종 오류를 설명한다. 위쪽의 정규곡선은 귀무가설 $H_0 : \mu = 0$하에서 $\bar{x}$의 표집분포이다. 노란색의 빗금 친 영역의 면적은 유의수준 α이며, 이것은 또한 제1종 오류이다. 아래쪽의 정규곡선은 $\mu = 0.8$일 때 $\bar{x}$의 표집분포이다. 빨간색의 빗금 친 영역의 면적은 검정력이다. 빗금 치지 않은 영역의 면적은 제2종 오류이다. 수직선은 유의수준 α에서의 검정에 대한 임계값 z^*에 위치한다. z^*의 오른쪽에 위치한 값들에 대해서는 H_0를 기각한다.

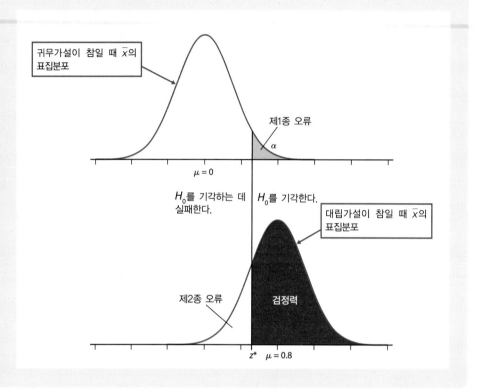

다면 우리의 결론은 옳고, H_0를 기각한다면 제1종 오류가 발생한다. H_a가 참인 경우, 우리의 결론이 옳거나 또는 제2종 오류가 발생한다. 한 번에 단지 한 개의 오류 발생이 가능하다. 그림 15.3은 정리문제 15.7의 상황에 기초하여 검정력, 제1종 오류, 제2종 오류를 설명하고 있다.

정리문제 15.10

오류확률의 계산

두 가지 종류의 오류에 대한 확률은 유의수준과 검정력을 말을 바꾸어 다시 표현한 것에 불과하기 때문에, 그림 15.1을 통해 정리문제 15.7의 검정에 대한 오류확률이 무엇인지 알 수 있다.

$$P(제1종\ 오류) = P(실제로\ \mu = 0일\ 때,\ H_0를\ 기각한다)$$
$$= 유의수준\ \alpha = 0.05$$
$$P(제2종\ 오류) = P(실제로\ \mu = 0.8일\ 때,\ H_0를\ 기각하는\ 데\ 실패한다)$$
$$= 1 - 검정력 = 1 - 0.812 - 0.188$$

그림 15.1에 있는 두 개 정규곡선을 이용하여, 제1종 오류(위쪽 곡선, $\mu = 0$) 및 제2종 오류(아래쪽 곡선, $\mu = 0.8$)에 대한 확률을 구할 수 있다.

복습문제 15.11

검정력은 무엇인가?

미국의 시범도시구역평가는 참여한 대규모 도시구역들 내에서의 교육진척정도를 평가한다. 이 평가는 0점부터 500점까지 점수가 부여되는 독해시험을 실시한다. 208점은 초등학교 4학년 학생들에 대한 '기초'독해수준이다. 여러분이 거주하는 구역의 4학년 학생들에 대한 이 독해시험 점수들은 표준편차가 $\sigma = 40$인 정규분포를 한다고 가상하자. 2019년 여러분의 거주구역 내 4학년 학생들에 대한 평균 점수는 219점이었다. 여러분 거주구역 내 모든 4학년 학생에 대한 평균 점수 μ가 기초수준보다 계속해서 높은지 여부를 검정하기 위해서, 올해 여러분의 거주구역 내 4학년 학생 25명으로 구성된 무작위 표본에 대해 독해시험을 치르고자 한다. 따라서 다음과 같은 가설을 검정할 것이다.

$$H_0 : \mu = 208$$
$$H_a : \mu > 208$$

참인 평균 점수가 다시 219점이 되는 경우, 학생들은 기초수준 이상의 학습진척을 이루고 있다. 대립가설 $\mu = 219$에 대해 5% 유의수준에서 시행한 경우의 검정력이 0.394라는 사실을 알고 있다.

(a) '검정력 = 0.394'가 의미하는 바를 간략하게 설명하시오.

(b) 여러분 거주구역의 평균 독해 점수가 기초수준보다 높지 않다고 잘못 결정하는 데 대해서 여러분이 계획한 검정이 여러분을 적절하게 보호하지 못하는 이유를 설명하시오.

복습문제 15.12

검정력에 대해 생각해 보기

시범도시구역평가에서 초등학교 4학년 학생 독해 점수에 대한 복습문제 15.11과 관련하여 다음 물음에 답하시오.

(a) 측정값의 수를 변화시킴으로써 동일한 α하에서 동일한 대립가설에 대한 더 높은 검정력을 얻을 수 있다. 검정력을 증가시키기 위해서 측정값이 더 많아야 하는가? 또는 더 적어야 하는가?

(b) 이 검정에서 다른 것은 변화시키지 않고 $\alpha = 0.05$ 대신에 $\alpha = 0.10$을 사용하기로 했다면, 검정력은 증가하는가? 또는 감소하는가?

(c) 다른 것은 변화하지 않고 대립가설 $\mu = 214$에 관심을 갖게 되었다면, 검정력은 증가하는가? 또는 감소하는가?

복습문제 15.13

두 가지 형태의 오류

여러분의 회사는 수천 명을 평가하는 데 사용되는 전산화된 의료 진단 프로그램을 판매하고 있다. 이 프로그램은 (맥박 수, 혈액검사 등과 같은) 일상적인 의료검사 결과를 면밀히 조사하여, 의료상 문제가 있다는 증거가 발견되면 의사에게 해당 사항을 통보해 준다. 이 프로그램은 각 사람에 대해 결정을 내린다.

(a) 프로그램이 생성해 낼 수 있는 두 개 가설 및 두 가지 형태의 오류는 무엇인가? 잘못된 적극적 검정 결과 그리고 잘못된 소극적 검정 결과 측면에서 두 가지 형태의 오차를 설명하시오.

(b) 다른 오류확률이 커지는 대가로, 한 오류확률이 작아 지도록 프로그램이 조정될 수 있다. 오류확률이 더 작 아지는 것으로 어느 오류확률을 선택할 것인가? 이유 를 설명하시오. (이것은 판단의 문제이다. 유일한 옳은 답이 존재하지 않는다.)

요약

- 특정 신뢰구간 또는 검정은 특정 조건하에서만 옳다. 가장 중요한 조건은 데이터를 생성하는 데 사용된 방법 과 관련된다. 예를 들면, 모집단분포의 형태와 같은 다 른 요인들도 또한 중요할 수 있다.
- 통계적 추론을 할 때는 언제나 관련 데이터가 무작위 표본이나 무작위 비교실험으로부터 구한 것처럼 간주 된다.
- 추론을 신뢰할 수 없게 하는 이탈값 또는 다른 문제점 들을 간과하기 위해서, 추론하기 전에 언제나 데이터 분석을 하여야 한다.
- 신뢰구간에서 오차범위는 무작위 표본추출에 따른 우 연한 변동만을 포함한다. 실제로는 무응답 또는 과소적 용에서 기인된 오차가 보통 더 심각하다.
- 유의성 검정에서 P-값이 얼마나 작아야 귀무가설과 상 반되는 증거를 확신시킬 수 있느냐에 관한 일반적인 법 칙은 존재하지 않는다. 예를 들면 $\alpha = 0.05$처럼 많이 사 용되는 유의수준을 참고해 보자.
- 어떤 검정이 규모가 큰 표본에 기초할 때, 매우 작은 효 과가 아주 유의할 수 있다(P-값이 작을 수 있다). 모집 단에서 효과의 규모, 즉 효과크기가 실제로 중요한지 여부를 언제나 고려하시오. 데이터를 도표로 나타내어 찾고 있는 효과를 보여 주고, 신뢰구간을 사용하여 모 수의 실제값을 추정해 보자.
- 반면에 유의적이지 않을 경우, 이것이 H_0가 참이라는 것을 의미하지는 않는다. 검정이 규모가 작은 표본에 기초할 경우, 큰 효과조차도 유의하지 않을 수 있다.

- 모든 귀무가설이 참인데도 불구하고, 동시에 시행된 많은 검정 중에서 단지 우연히 몇 개만이 유의할 수도 있다.
- 통계연구에 대한 계획을 세울 때, 추론에 대해서도 역 시 계획을 세워야 한다. 특히 추론을 성공적으로 하기 위해, 어떤 크기의 표본이 필요한지 알아보아야 한다.
- 주어진 오차범위 m과 특정된 신뢰수준을 갖고 z 신뢰 구간을 사용하여 정규모집단의 평균을 추정하기 위해 서는, 표본크기 n은 다음과 같아야 한다.

$$n = \left(\frac{z^*\sigma}{m} \right)^2$$

- 여기서 z^*는 바라는 신뢰수준에 대한 임곗값이다. 위의 공식을 사용할 때는 언제나 n을 다음의 정수까지 우수 리가 없게 잘라 올려야 한다.
- 유의성 검정력은 참인 대립가설을 간과할 수 있는 능력 을 측정한 것이다. 특정 대립가설에 대한 검정력은, 해 당 대립가설이 참일 때 특정 유의수준 α에서 해당 검정 이 H_0를 기각할 확률이다.
- 표본의 크기가 커짐에 따라, 유의성 검정력이 증대된 다. 통계 소프트웨어를 사용하여, 원하는 검정력을 달 성하는 데 필요한 표본크기를 구할 수 있다.
- 실제로 H_0가 참일 때 H_0를 기각할 경우, 이를 제1종 오 류라고 한다. 실제로 H_a가 참일 때 H_0를 기각하는 데 실패할 경우, 이를 제2종 오류라고 한다.

주요 용어

검정력	제1종 오류	효과크기
발표편의	제2종 오류	

연습문제

1. **호텔 지배인들의 개성** 앞의 문제에서는 3성 및 4성급 호텔 지배인 148명에 관한 데이터에 기초하여 유의성 검정을 하였다. 이 결과를 신뢰하기 전에 해당 데이터에 관해 더 많은 정보를 얻고자 한다. 여러분은 어떤 사실을 가장 알고 싶어 하겠는가?

2. **이 신뢰구간을 믿을 수 있는가?** 서부 아프리카의 몇 개 자연자원 보호구역에서 1971년부터 1999년까지 (톤으로 나타낸) 야생생물 총집단의 백분율 변화에 관한 데이터는 다음과 같다.

1971	1972	1973	1974	1975	1976	1977	1978	1979	1980
2.9	3.1	−1.2	−1.1	−3.3	3.7	1.9	−0.3	−5.9	−7.9

1981	1982	1983	1984	1985	1986	1987	1988	1989	1990
−5.5	−7.2	−4.1	−8.6	−5.5	−0.7	−5.1	−7.1	−4.2	0.9

1991	1992	1993	1994	1995	1996	1997	1998	1999
−6.1	−4.1	−4.8	−11.3	−9.3	−10.7	−1.8	−7.4	−22.9

소프트웨어를 이용하여 구할 경우, 평균 연간 백분율 변화에 대한 95% 신뢰구간은 −6.66%에서부터 −2.55%까지이다. 우리가 이 신뢰구간을 믿지 못하는 몇 가지 이유가 있다.

(a) 데이터의 분포를 검토하시오. 분포상의 어떤 특징으로 인해서 통계적 추론의 타당성에 대해 의구심을 갖게 되는가?

(b) 연도에 대해서 백분율 변화를 타임플롯으로 나타내시오. 이 타임플롯에서 어떤 추세를 볼 수 있는가? 시간의 흐름에 따른 이 추세는 1971년부터 1999년까지의 연도들을 연도의 크기가 더 큰 모집단으로부터 추출한 무작위 표본이라고 간주할 수 있는 조건에 의구심을 갖게 하는 이유를 설명하시오.

3. **이혼율** 이혼율은 미국의 도시마다 서로 상이하다. 미국의 많은 도시들에 관한 수많은 데이터를 갖고 있다. 통계 소프트웨어를 이용하면 어느 변수가 이혼율을 가장 잘 예측하는지 알 수 있게, 많은 변수에 대해 많은 유의성 검정을 할 수 있다. 한 가지 흥미로운 발견은 메이저리그 야구장이 있는 도시들이 다른 도시들보다 유의하게 이혼율이 더 높은 경향이 있다는 점이다. 성공적인 결혼 가능성을 향상시키기 위해서, 어디서 살지를 결정하는 이 '유의한' 변수를 사용하여야 하는가? 설명하시오.

4. **잘못된 검정** 소프트웨어를 이용하여, (거의) 정확한 정규분포로부터 표본을 만들 수 있다. 평균이 20이고 표준편차가 2.5인 정규분포로부터 추출한 5개의 무작위 표본은 다음과 같다.

$$22.94 \quad 17.04 \quad 17.58 \quad 20.96 \quad 19.29$$

이 데이터들은 실제 데이터보다 z 검정 조건에 더 잘 부합된다. 모집단은 정규분포에 매우 근사하며, 표준편차 $\sigma = 2.5$ 및 모평균 $\mu = 20$인 것을 알고 있다. μ의 참값을 알고 있지만, 모르는 체하고 다음과 같은 가설을 검정하였다고 가정하자.

$$H_0 : \mu = 17.5$$
$$H_a : \mu \neq 17.5$$

(a) z 통계량 및 P-값은 무엇인가? 검정은 5% 수준에서 유의한가?

(b) 귀무가설이 준수되지 않는다는 사실을 알고 있지만, 검정은 H_0와 상반되는 강한 증거를 제시하는 데 실패하였다. 이런 결과가 놀랍지 않은 이유를 설명하시오.

5. **성별 차이를 낮추기** 많은 과학 과목에서, 남학생들의 시험 점수가 여학생들보다 더 높다. '가치긍정훈련'은

자신감을 향상시키고, 이를 통해 과학 과목에서 남학생들에 대한 여학생들의 평가 점수를 향상시킬 수 있는가? 미국의 규모가 큰 대학교에서 시행된 연구는, 수강생의 수가 많은 물리학 개론을 마치면서, 개념 물리학에 관한 전국적으로 표준화된 시험인 역학 및 운동 개념 평가시험을 치른 남학생의 성적과 여학생의 성적을 비교하였다. 이 과목을 수강한 여학생 중 절반은 학기 중에 가치긍정훈련을 받았고, 다른 절반은 훈련을 받지 않았다. 이 연구 결과에 따르면 다음과 같다. 가치긍정훈련을 받은 여학생들과 남학생들 사이의 점수 차이가 이 훈련을 받지 않은 여학생들과 남학생들 사이의 점수 차이보다 훨씬 더 작기는 하지만, 남학생들과 여학생들이 받은 점수 간의 격차에는 '유의한 차이($P < 0.01$)'가 있다. 이 연구 결과는 또한 가치긍정훈련을 받은 여학생들과 받지 않은 여학생들 사이의 평균 점수 차이에 대한 95% 신뢰구간이 13 ± 8점이라고 한다. 여러분이 물리학과 교수라고 하자. 이에 대해 관심을 갖고 있는 총장이 이 연구에 관해 다음과 같이 물어보았다.

(a) '유의한 차이($P < 0.01$)'가 의미하는 바를 쉽고 간단하게 설명하시오.

(b) '95% 신뢰'가 의미하는 바를 명확하고 간략하게 설명하시오.

(c) 이 연구로 모든 여학생들에게 가치긍정훈련을 시킬 경우, 대학 교과목인 과학시험 성적에서의 성별 차이를 크게 줄일 수 있는 좋은 증거가 되는가?

6. **제일 먼저 태어난 아이가 더 높은 IQ 점수를 갖는다** 가족 내 아이들의 출생 순서가 IQ 점수에 영향을 미치는가? 노르웨이의 연령이 18세 및 19세인 241,310명에 관한 세심한 연구 결과에 따르면, 맨 처음에 태어난 아이들의 IQ 점수가 동일 가족 내에서 두 번째로 태어난 아이들보다 평균 2.3점 더 높다. 이 차이는 매우 유의하다($P < 0.001$). 평가자는 다음과 같이 말하였다. "최근에 발견한 이 사실로 인해 제기된 눈에 띄는 수수께끼는, 가족 내 문제에 관한 다른 연구들이 이것과 동일하게 일치하는 결과를 발견하지 못한 이유이다. 훨씬 더 작은 표본에서, 이전에 어떤 발견도 하지 못한 이유

중 일부는 부적절한 통계 검정력으로 설명될 수 있다."

(a) 낮은 검정력을 갖는 검정은, 가설이 실제로 틀렸을 때조차도 귀무가설과 상반되는 증거를 제시하는 데 종종 실패하는 이유를 간단하게 설명하시오.

(b) IQ 점수에서 2.3점이란 차이는 중요한 차이라고 생각하는가?

7. **손으로 계산하여 검정력을 구하기** 실제로는 검정력을 계산하기 위해서 소프트웨어가 사용되지만, 손으로 계산을 해 보면 이해하는 데 도움이 된다. 정리문제 15.7의 검정으로 돌아가 보자. 표준편차가 $\sigma = 1$이고 평균 μ를 알지 못하는 모집단으로부터 추출한 관찰값 $n = 10$이 있다. 고정된 유의수준 $\alpha = 0.05$를 갖고 다음 가설을 검정하고자 한다.

$$H_0 : \mu = 0$$
$$H_a : \mu > 0$$

다음과 같은 단계를 밟아서 대립가설 $\mu = 0.8$에 대한 검정력을 구하시오.

(a) z 검정 통계량은 다음과 같다.

$$z = \frac{\bar{x} - \mu_0}{\sigma/\sqrt{n}} = \frac{\bar{x} - 0}{1/\sqrt{10}} = 3.162\,\bar{x}$$

(데이터를 갖게 될 때까지 $\bar{x}$의 숫잣값을 알지 못한다는 사실을 기억하자.) 어떤 z-값이 5% 유의수준에서 H_0를 기각하게 되는가?

(b) (a)에서 구한 결과로부터 시작해서, 어떤 $\bar{x}$값이 H_0를 기각하게 되는가? 이 값을 초과하는 면적은, 그림 15.1에서 위에 있는 곡선 밑으로 빗금을 친 부분이다.

(c) 검정력은 $\mu = 0.8$일 때 $\bar{x}$의 이 값들 중 어느 것을 관찰할 확률이다. 이것은 그림 15.1에서 아래에 있는 곡선 밑으로 빗금 친 면적이다. 이 확률은 얼마인가?

8. **검정력** $\alpha = 0.01$ 수준에서의 어떤 통계적 검정은, 특정 대립가설이 참일 때 제2종 오류를 범할 확률이 0.44라는 사실을 알고 있다. 이 대립가설에 대한 검정의 검정력은 무엇인가?

9. **오류확률을 구하기** $\sigma = 2.0$인 정규분포로부터 뽑은 크기 $n = 25$인 단순 무작위 표본을 갖고 있다. 다음을 검정하고자 한다.

$$H_0 : \mu = 0$$

$$H_a : \mu > 0$$

$\bar{x} > 0$인 경우 H_0를 기각하며, 그렇지 않은 경우 H_0를 기각하지 않는다.

(a) 제1종 오류의 확률을 구하시오. 즉 실제로 $\mu = 0$일 때 검정이 H_0를 기각할 확률을 구하시오.

(b) $\mu = 0.5$일 때 제2종 오류의 확률을 구하시오. 이것은 실제로 $\mu = 0.5$일 때 검정이 H_0를 기각하는 데 실패할 확률이다.

(c) $\mu = 1.0$일 때 제2종 오류의 확률을 구하시오.

VitalyEdush/Getty Images

변수에 관한 추론

16

모평균에 관한 추론

앞에서 추론에 관해 살펴보았다. 정규모집단에서 추출한 표본에 기초하여 모평균에 관한 추론을 하였다. 거기서 모표준편차 σ를 알고 있다는 비현실적인 가정을 하였다. 또한 앞에서 정규분포에 관해 학습한 것 그리고 모평균에 대한 신뢰구간 및 가설검정을 하기 위해 표본평균의 표집분포에 관해 학습한 것을 이용할 수 있다.

이 장에서 우리는 모표준편차 σ를 알고 있다는 비현실적인 조건을 제거하고 실제적인 용도에 적합한 절차를 소개할 것이다. 우리는 또한 실제 데이터 상황에 보다 많은 주의를 기울일 것이다. σ를 알지 못할 때, 신뢰구간 및 검정에 관한 세부적인 사항은 단지 약간 변화할 뿐이다. 보다 중요한 점은, 결과를 이전과 같이 해석할 수 있다는 것이다. 이에 관해 알아보기 위해서, 앞에서 살펴본 정리 문제를 반복해서 사용할 것이다.

16.1 평균에 관해 추론을 하기 위한 조건

정규분포하는 모집단의 평균 μ에 대한 신뢰구간 및 유의성 검정은 표본평균 $\bar{x}$에 기초한다. 신뢰구간 및 P-값은 $\bar{x}$의 표집분포로부터 계산된 확률을 포함한다. 다음은 모평균에 관해 실제적인 추론을 하는 데 필요한 조건들이다.

평균에 관해 추론하기 위한 조건

- 데이터를 모집단으로부터 추출한 단순 무작위 표본으로 간주할 수 있다. 이 조건은 매우 중요하다.
- 모집단의 관찰값들은 평균이 μ이고 표준편차가 σ인 정규분포를 한다. 실제에서는, 표본이 매우 작지 않다면 분포가 대칭적이고 봉우리가 한 개인 것으로 충분할 수 있다. μ 및 σ는 알지 못하는 모수이다.

이 책에서는 모든 추론 방법에 적용되는 다음과 같은 또 다른 조건이 있다. 모집단은 표본보다 크기가 **훨씬 더 커야** 한다. 이를테면 적어도 20배는 되어야 한다. 여기에 있는 모든 문제들은 이 조건을 충족시킨다. 표본이 모집단의 많은 부분을 차지하는 실제 상황은 다소 특별한 경우이며, 이에 대해서는 논의하지 않을 것이다.

추론하기 위한 조건들이 충족될 때, 표본평균 $\bar{x}$는 평균이 μ이고 표준편차가 $\sigma/\sqrt{n}$인 정규분포를 한다. σ를 알지 못하기 때문에, 표본표준편차 s로 이를 추정한다. 그리고 나서 $s/\sqrt{n}$로 $\bar{x}$의 표준편차를 추정한다. 이를 표본평균 $\bar{x}$의 표준오차라고 한다.

표준오차

통계량의 표준편차가 데이터로부터 추정될 때, 이 결과를 해당 통계량의 **표준오차**(standard error)라고 한다. 표본평균 $\bar{x}$의 표준오차는 $s/\sqrt{n}$이다.

예를 들면 모집단에서 추출한 크기 $n=20$인 표본이 표준편차 $s=8$을 갖는 경우, 표본평균의 표준오차는 $s/\sqrt{n} = 8/\sqrt{20} = 8/4.472 = 1.789$이다.

표준오차와 표본표준편차 s를 혼동하지 마시오. 표본표준편차 s는 표본이 추출된 모집단의 표준편차 추정값이다. 표준오차는 모표준편차의 추정값이 아니다.

복습문제 16.1

근무지까지의 이동시간

통근시간에 관한 연구는, 시애틀에 있는 1,000명의 성인 근로자로 구성된 무작위 표본의 근무지까지의 이동시간을 알려 준다. 평균은 $\bar{x}=30.1$분이고 표준편차는 $s=27.2$분이다. 이 평균의 표준오차는 얼마인가?

16.2 t 분포

σ값을 알고 있는 경우, μ에 대한 신뢰구간 및 검정은 다음과 같은 단수표본 z 통계량에 근거한다.

$$z = \frac{\bar{x} - \mu}{\sigma/\sqrt{n}}$$

위의 z 통계량은 표준정규분포 $N(0, 1)$을 한다. 실제로는 σ를 알지 못하므로, $\bar{x}$의 표준편차 $\sigma/\sqrt{n}$ 대신에 표준오차 $s/\sqrt{n}$로 대체한다. 이에 따라 귀착되는 통계량은 정규분포하지 않으며, t 분포라고 하는 새로운 분포를 갖게 된다.

단수표본 t 통계량 및 t 분포

평균이 μ이고 표준편차가 σ인 정규분포를 하는 크기가 큰 모집단으로부터, 크기가 n인 단순 무작위 표본을 추출해 보자. 다음과 같은 **단수표본 t 통계량**(one-sample t statistic)은 자유도가 $n-1$인 **t 분포**(t distribution)를 갖는다.

$$t = \frac{\bar{x} - \mu}{s/\sqrt{n}}$$

---

t 통계량은 다른 표준화된 통계량과 같은 방법으로 해석된다. 즉, $\bar{x}$가 평균 μ로부터 표준오차 단위로 나타낼 때 얼마나 떨어져 있는지를 알려 준다. 각 표본크기에 대해 상이한 t 분포가 존재한다. 해당 **자유도**(degree of freedom)를 제시함으로써 특정 t 분포를 나타낼 수 있다. 단수표본 t 통계량에 대한 자유도는 t의 분모에 있는 표본표준편차 s로부터 구할 수 있다. 제2장에서 s가 자유도 $n-1$을 갖는다는 사실을 살펴보았다. 상이한 자유도를 갖는 다른 t 통계량이 존재하며, 이는 나중에 살펴볼 것이다. 자유도가 $n-1$인 t 분포는 간단히 t_{n-1}로 나타낼 수 있다.

그림 16.1은 표준정규분포 및 자유도가 2와 9인 t 분포의 밀도곡선을 비교해서 보여 주고 있다. 이 그림은 t 분포에 대해서 다음과 같은 사실들을 알려 준다.

- t 분포의 밀도곡선은 형태 면에서 표준정규곡선과 유사하다. 이들은 0에 대해 대칭적이고 봉우리가 한 개이며 종 모양의 형태를 한다.
- t 분포의 변동성이 표준정규분포보다 약간 더 크다. 그림 16.1의 t 분포는 표준정규분포보다 꼬리 부분에 더 많은 확률을 가지며 중앙에 더 작은 확률을 갖는다. 고정된 모수 σ를 추정값 s로 대체시키면 더 많은 변동이 통계량에 이입되므로 이는 타당하다.
- 자유도가 증가함에 따라, t 밀도곡선은 $N(0, 1)$ 곡선에 훨씬 더 밀접하게 근접한다. 표본크기가 증가함에 따라, s는 σ를 더 정확하게 추정하므로 이런 현상이 발생한다. σ 대신에 s를 사용할 경우, 표본크기가 크면 작은 추가 변동이 발생한다.

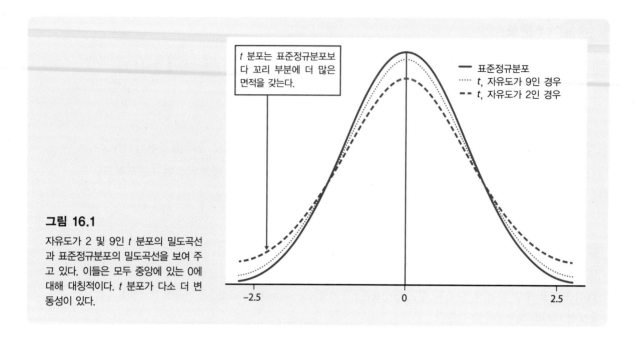

t 분포는 표준정규분포보다 꼬리 부분에 더 많은 면적을 갖는다.

— 표준정규분포
······· t, 자유도가 9인 경우
- - - t, 자유도가 2인 경우

그림 16.1

자유도가 2 및 9인 t 분포의 밀도곡선과 표준정규분포의 밀도곡선을 보여 주고 있다. 이들은 모두 중앙에 있는 0에 대해 대칭적이다. t 분포가 다소 더 변동성이 있다.

이 책 뒤에 있는 표 C는 t 분포에 대한 임곗값을 알려 준다. 이 표의 각 행은 해당 행의 왼쪽에 있는 자유도의 t 분포 임곗값을 포함하고 있다. 편의상, 우리는 표에 신뢰구간에 필요한 (백분율로 나타낸) 신뢰수준 C와 각 임곗값에 대한 단측 및 양측 P-값을 표기하였다. 표 C의 아래쪽에 있는 z^* 행의 표준정규분포 임곗값은 이미 이용해 보았다. 어떤 열을 따라 아래로 쭉 내려가다 보면, 자유도가 증가함에 따라 t 임곗값이 정규분포 값에 근접한다는 사실을 알 수 있다. 통계 소프트웨어를 사용할 경우 표 C는 필요하지 않다.

정리문제 16.1

t 임곗값

그림 16.1은 자유도가 9인 t 분포의 밀도곡선을 보여 주고 있다. 이 분포상의 어떤 점이 오른편으로 확률 0.05를 갖는가? 표 C에서 단측 P-값 0.05 위로 df = 9를 찾아보면, 임곗값이 $t^* = 1.833$임을 알 수 있다. 소프트웨어를 사용하려면 자유도와 왼편으로 원하는 확률, 이 경우에는 0.95를 입력하면 된다. 다음은 Minitab의 분석 결과이다.

```
Student's t distribution with 9 DF

P(X< =x)        x

0.95        1.83311
```

표준정규분포의 경우, 오른편으로 확률 0.05를 갖는 점은 1.645이다(정규분포 임곗값에 대한 표 C 아래에 있는 z^*행을 보시오). 표준정규분포에 대한 값은 t 분포에 대한 값보다 더 작다. 이것은 t 분포는 표준정규분포보다 꼬리 부분에 더 많은 확률을 갖는다는 문구가 의미하는 바의 한 예가 된다.

복습문제 16.2

임곗값

표 C 또는 통계 소프트웨어를 사용하여 다음 값을 구하시오.

(a) t_1 분포에 기초하여 수준 $\alpha = 0.01$인 단측 검정의 임곗값.

(b) t_{30} 분포에 기초하여 90% 신뢰구간에 대한 임곗값. 이것은 표준정규분포에 기초한 90% 신뢰구간에 대한 임곗값 z^*와 어떻게 비교되는가?

복습문제 16.3

추가적인 임곗값

크기가 100인 단순 무작위 표본을 갖고 단수표본 t 통계량을 계산하려 한다. 다음과 같은 경우 임곗값 t^*는 얼마인가?

(a) t는 t^*의 오른편에 확률 0.02를 갖는다.

(b) t는 t^*의 왼편에 확률 0.80을 갖는다.

(c) (a) 및 (b)의 값들은 표준정규분포에 대한 z^*의 상응하는 값들과 어떻게 비교되는가?

16.3 단수표본 t 신뢰구간

알지 못하는 σ를 갖고 정규분포하는 모집단으로부터 추출한 표본을 분석하려면, 앞에서 살펴본 z 절차에서 $\bar{x}$의 표준편차 $\sigma/\sqrt{n}$를 표준오차 $s/\sqrt{n}$로 대체시켜야 한다. 귀착되는 신뢰구간 및 검정은 단수표본 t 절차가 된다. 임곗값 및 P-값은 자유도가 $n-1$인 t 분포로부터 구할 수 있다. 단수표본 t 절차는 추론과 세부적인 계산 면에서 z 절차와 유사하다.

단수표본 t 신뢰구간

알지 못하는 평균 μ를 갖는 크기가 큰 모집단으로부터 크기가 n인 단순 무작위 표본을 추출해 보자. 신뢰수준 C에서 μ에 대한 신뢰구간은 다음과 같다.

$$\bar{x} \pm t^* \frac{s}{\sqrt{n}}$$

여기서 t^*는 $-t^*$와 t^* 사이의 면적이 C인 t_{n-1} 밀도곡선에 대한 임곗값이다. 이 구간은 정확히 모집단이 정규분포할 때이며, 다른 경우에는 n이 클 때 대략적으로 옳다.

t 신뢰구간이 대략적으로 올바르기 위해서 얼마나 큰 표본크기가 필요한지에 대한 지침은 이 장 뒷부분에서 살펴볼 것이다.

정리문제 16.2

날씨가 좋으면 팁도 많아지는가?

앞에서 살펴본 음식점에서 주는 팁에 대해 다시 한번 알아보도록 하자. 이미 살펴본 신뢰구간에 대한 4단계 과정을 밟아 보자.

문제 핵심 : 날씨가 좋을 것이라고 기대하게 되면, 보다 관대한 행위를 하게 되는가? 심리학자들은 내일의 날씨가 좋을 것이라는 문구를 계산서상에 기입할 때 음식점에서의 팁의 액수를 연구하였다. 다음은 20명의 손님으로부터 받은 팁이며, 금액에 대한 백분율로 나타내었다.

| 20.8 | 18.7 | 19.9 | 20.6 | 21.9 | 23.4 | 22.8 | 24.9 | 22.2 | 20.3 |
| 24.9 | 22.3 | 27.0 | 20.4 | 22.2 | 24.0 | 21.1 | 22.1 | 22.0 | 22.7 |

이것은 작성된 측정값들의 세 개 세트 중 한 개이며, 다른 것들은 내일의 날씨가 좋지 않다는 문구가 계산서상에 기입되거나 또는 어떤 문구도 계산서상에 기입되지 않을 때, 받은 팁들에 관한 기록이다. 다른 조건하에서 받은 팁과 비교하기 위해 팁의 평균을 추정하고자 한다.

통계적 방법 : 내일 날씨가 좋을 것이라는 문구가 기입된 계산서를 받을 때 해당 음식점을 방문한 모든 손님에 대한 팁의 평균 백분율 μ를 95% 신뢰구간으로 추정할 것이다.

해법 : 추론하기 위한 조건을 점검하는 것부터 시작해 보자.

- 앞에서와 마찬가지로 위의 손님들을 이 음식점을 방문한 모든 손님으로 부터 뽑은 단순 무작위 표본으로 간주할 것이다.
- 그림 16.2의 스템플롯은 분포의 정규성으로부터 강하게 벗어나지 않았음을 보여 준다.

이제 계산을 할 수 있으며 결과는 다음과 같다.

$$\overline{x} = 22.21, \; s = 1.963$$

자유도는 $n - 1 = 19$이다. 표 C에서 95% 신뢰수준에 대해 $t^* = 2.093$을 구할 수 있다. 신뢰구간은 다음과 같다.

$$\overline{x} \pm t^* \frac{s}{\sqrt{n}} = 22.21 \pm 2.093 \frac{1.963}{\sqrt{20}}$$
$$= 22.21 \pm 0.92$$

18	7
19	9
20	3 4 6 8
21	1 9
22	0 1 2 2 3 7 8
23	4
24	0 9 9
25	
26	
27	0

그림 16.2

정리문제 16.2에서의 팁의 백분율을 보여 주는 스템플롯이다.

$$= 21.29\%부터\ 23.13\%까지$$

결론 : 내일 날씨가 좋을 것이라는 문구가 기입된 계산서를 받을 때 해당 음식점을 방문한 모든 손님에 대한 팁의 평균 백분율이 21.29%에서 23.13% 사이에 존재할 것이라고 95% 신뢰한다.

정리문제 16.2에서 한 작업은 앞에서 한 것과 매우 유사하다. 추론을 현실적으로 하기 위해서, 가정한 $\sigma = 2$를 데이터로부터 계산한 $s = 1.963$으로 대체하였으며, 정규분포 임곗값 $z^* = 1.960$을 t 임곗값 $t^* = 2.093$으로 대체하였다.

단수표본 t 신뢰구간은 다음과 같은 형태를 한다.

$$추정값\ \pm\ t^*\ \text{SE}_{추정값}$$

여기서 'SE'는 표준오차를 의미한다. 이런 일반적인 형태를 하는 많은 신뢰구간을 앞으로 접하게 될 것이다. 정리문제 16.2에서 추정값은 표본평균 $\bar{x}$이며, 이것의 표준오차는 다음과 같다.

$$\text{SE}_{\bar{x}} = \frac{s}{\sqrt{n}}$$
$$= \frac{1.963}{\sqrt{20}} = 0.439$$

통계 소프트웨어를 이용해서도 해당 데이터로부터 $\bar{x}$, s, $\text{SE}_{\bar{x}}$, 신뢰구간을 구할 수 있다.

복습문제 16.4

임곗값

다음과 같은 각 상황에서 모집단의 평균에 대한 신뢰구간을 구하기 위해 표 C에서 어떤 임곗값 t^*를 사용할 것인가? (통계 소프트웨어를 사용할 수 있다면, 그것을 활용하여 임곗값을 결정할 수 있다.)

(a) 관찰값 $n=2$에 기초한 99% 신뢰구간

(b) 30개 관찰값들의 단순 무작위 표본으로부터 구하는 95% 신뢰구간

(c) 크기가 1001인 표본으로부터 구하는 90% 신뢰구간

16.4 단수표본 t 검정

신뢰구간에 대해 z^* 대신에 t^*를 사용하는 것이 간단한 것처럼, 유의성 검정에 대해 t 분포를 사용하는 것도 간단하다.

단수표본 *t* 검정

평균 μ를 알지 못하는 크기가 큰 모집단으로부터, 크기가 n인 단순 무작위 표본을 뽑아 보자. 가설 $H_0 : \mu = \mu_0$를 검정하기 위해서 **단수표본 *t***(one-sample *t*) 통계량을 계산하면 다음과 같다.

$$t = \frac{\bar{x} - \mu_0}{s/\sqrt{n}}$$

t_{n-1} 분포를 갖는 변수 t의 측면에서 보면, 다음과 같다.

$H_a : \mu > \mu_0$에 대한, H_0 검정의 P-값은 $P(T \geq t)$이다.

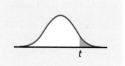

$H_a : \mu < \mu_0$에 대한, H_0 검정의 P-값은 $P(T \leq t)$이다.

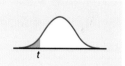

$H_a : \mu \neq \mu_0$에 대한, H_0 검정의 P-값은 $2P(T \geq |t|)$이다.

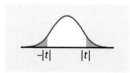

P-값은 모집단이 정규분포할 경우 정확하며, 다른 경우라면 n이 클 경우 대략적으로 옳다.

P-값이 대략적으로 올바르기 위해서 얼마나 큰 표본크기가 필요한지에 대한 지침은 이 장 뒷부분에서 살펴볼 것이다.

정리문제 16.3

수질

앞에서 살펴본 유의성 검정에 대한 4단계 과정을 따라가면 다음과 같다.

문제 핵심 : 2016년 7월 말에 수질을 조사하기 위해서, 미국 오하이오주 보건부는 쿠야호가 카운티의 이리호(북아메리카의 5대호 가운데 네 번째로 큰 호수) 12개 해변가에서 병으로 물을 수집하였다. 이 물로 대변 대장균, 즉 인간과 동물의 배설물에서 발견되는 대장균에 대해 검사를 하였다. 안전하지 못한 수준의 대변 대장균이 의미하는 바는, 질병을 유발하는 박테리아가 존재하며 수영하는 사람들이 우발적으로 물을 조금 삼킬 경우 질병에 걸리게 될 위험이 높아진다는 것이다. 한 웹사이트는 100밀리리터(약 3.3온스) 병에 든 물이 88을 초과하는 대장균 박테리아를 포함할 경우 안전하지 못하다고 간주하였다.

통계적 방법 : 날씨와 다른 상황들이 변함에 따라, 대변 대장균 수준이 변할 수 있다. 이 해변가들은 2016년 여름 초기에는 안전하다고 간주되었다. 데이터가 수집된 이유는 이런 상황이 계속 맞는지 여부를 결정하기 위해서이다. 따라서 우리는 이들 해변가의 과거 상황이 악화되었다는 증거를 찾고자 한다. 따라서 이들 해변가 전체에 대한 평균 대변 대장균 수준 μ 측면에서 질문을 할 것이다. 귀무가설은 '수준이 안전하다'이고, 대립가설은 '수준이 안전하지 않다'이다.

$$H_0 : \mu = 88$$
$$H_a : \mu > 88$$

해법 : 다음 데이터는 실험실에 의해 발견된 대변 대장균 수준들이다.

248 37 146 19 66 236 164 30 13 144 242 20

이들 데이터는 평균적으로 볼 때 해당 해변가들의 대변 대장균 수준들이 안전하다는 훌륭한 증거를 제시하는가?

먼저, 추론을 하기 위한 조건들을 살펴보도록 하자. 이들 특정 12개 표본들을 가능한 표본들로 구성된 대규모 모집단으로부터 추출한 단순 무작위 표본으로 간주할 것이다. 그림 16.3은 이들 데이터의 히스토그램이다. 12개 관찰값들로는 정규성을 정확하게 판단할 수 없다. 이탈값은 없지만, 대변 대장균 수준의 분포가 다수 기울어져 있다. t 검정에 대한 P-값들은 단지 대략적으로만 정확할 수 있다.

기본 통계량들은 다음과 같다.

$$\bar{x} = 113.75 \ \text{및} \ s = 93.90$$

단수표본 t-통계량은 다음과 같다.

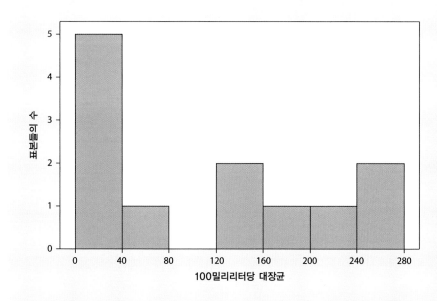

그림 16.3
정리문제 16.3과 관련하여 살펴본 대변 대장균의 히스토그램이다.

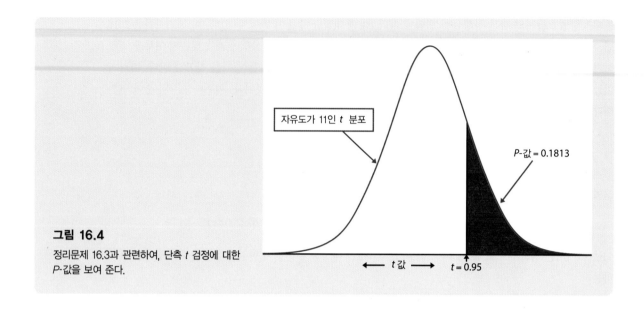

그림 16.4
정리문제 16.3과 관련하여, 단측 t 검정에 대한
P-값을 보여 준다.

$$t = \frac{\bar{x} - \mu_0}{s/\sqrt{n}} = \frac{113.75 - 88}{93.90/\sqrt{12}} = 0.95$$

$t = 0.95$에 대한 P-값은 자유도가 $n - 1 = 11$인 t 분포곡선 아래 0.95의 오른쪽 면적이다. 그림 16.4는 이 면적을 보여 주고 있다. 통계 소프트웨어를 사용하여 $P = 0.1813$을 구할 수 있다.

통계 소프트웨어를 사용하지 않을 경우, 표 C를 사용함으로써 두 개 값들 사이에 P가 위치한다는 사실을 알 수 있다. $t = 0.95$가 중간에 위치하게 될 표 C의 df = 11행을 찾아보도록 하자. 관찰된 t는 단측 검정 P-값에 대한 임곗값 0.20과 0.15 사이에 위치한다.

df = 11

t^*	.876	1.088
단측 검정 P-값	.20	.15

결론 : 평균적으로 볼 때 이들 해변가의 대변 대장균 수준이 안전하지 않다는 강한 증거가 존재하지 않는다($P = 0.1813$).

복습문제 16.5

유의한가?

$n = 101$개 관찰값들로 구성된 표본으로부터 다음 가설을 검정한 단수표본 t 통계량은 $t = 3.00$이 된다.

$$H_0 : \mu = 0$$

$$H_a : \mu > 0$$

(a) 이 통계량에 대한 자유도는 얼마인가?

(b) t가 사이에 위치할 두 개 임곗값 t^*를 표 C로부터 구하시오. 이 두 개에 대한 단측 P-값은 얼마인가?

(c) $t = 3.00$은 10% 수준에서 유의한가? 5% 수준에서 유

의한가? 1% 수준에서 유의한가?

(d) (선택적) 적절한 기기를 사용하여, $t = 3.00$에 대한 정

확한 단측 P-값을 구하시오.

유의한가?

$n = 2$개 관찰값들로 구성된 표본으로부터 다음 가설의 양측 검정에 대한 단수표본 t 통계량은 $t = 3.00$이 된다.

$$H_0 : \mu = 50$$
$$H_a : \mu \neq 50$$

(a) t에 대한 자유도는 얼마인가?

(b) t가 사이에 위치할 두 개 임곗값 t^*를 표 C로부터 구하시오. 이 두 개에 대한 양측 P-값은 얼마인가?

(c) $t = 3.00$은 10% 수준에서 통계적으로 유의한가? 5% 수준에서 유의한가? 1% 수준에서 유의한가?

(d) (선택적) 적절한 기기를 사용하여, $t = 3.00$에 대한 정확한 양측 P-값을 구하시오.

16.5 짝을 이룬 쌍 t 절차

조사의 목적은 종종 처리로 인해 관찰된 결과가 발생하는지를 보여 주는 것이다. 앞에서 무작위 비교연구가 인과관계를 보여 주는 데 단수표본조사보다 더 믿을 만하다는 사실을 살펴보았다. 이런 이유로 인해, 단수표본 추론이 비교 추론보다 덜 일반적이다. 두 개 처리를 비교하기 위해 사용되는 일반적인 설계는 단수표본 절차를 사용한다. 짝을 이룬 쌍 설계는 앞에서 살펴보았다. **짝을 이룬 쌍 설계**에서 피실험자들은 쌍으로 짝을 이루며, 각 쌍의 한 피실험자들에게 각 처리가 주어진다. 짝을 이룬 쌍 설계가 필요한 또 다른 상황은 동일한 피실험자들에 대해서 어떤 처리 앞뒤의 관찰값들에 대해 알아볼 경우이다.

짝을 이룬 쌍 t 절차

짝을 이룬 쌍 설계에서 두 개 처리에 대한 반응을 비교하기 위해, 각 쌍 내에서의 반응 차이를 찾아보자. 그리고 나서 단수표본 t 절차를 이런 차이에 적용해 보자.

짝을 이룬 쌍 t 절차에서 모수 μ는, 전체 모집단 피실험자들의 짝을 이룬 쌍 내에서 두 개 처리에 대한 반응 차이들의 평균이다.

정리문제 16.4

침팬지들은 협력하는가?

문제 핵심 : 인간들은 종종 문제를 해결하기 위해서 협력을 한다. 침팬지들은 문제를 풀기 위해서 협력이 필요할 때, 다른 침팬지를 끌어들이는가? 연구자들은 피실험자인 침팬지들에게 식판의 한쪽 끝에 각각 부착된 두 개의 밧줄을 끌어당김으로써 침팬지들이 잡을 수 있는 먹이를 우리 밖에 놔두었다. 한 마리 침팬지가 한 개 밧줄만을 잡아당길 경우, 밧줄이 느슨해져서 먹이를 먹지 못하게 된다. 다른 침팬지를 협력자로 이용할 수 있지만, 이것은 해당 침팬지가 두 개 우리를 연결하는 문을 열 경우에만 가능하다. (침팬지들은 이런 것들을 신속하게 배운다.) 동일한 여덟 마리의 침팬지가 피실험자로서 다음과 같은 두 가지 방법으

로 이 문제에 직면하게 된다. 한 가지 방법은, 한 마리의 침팬지가 두 개 밧줄 모두를 함께 끌어당길 수 있도록 두 개 밧줄이 충분히 가까이 있는 경우(협력이 필요 없는 경우)이다. 다른 방법은, 한 마리의 침팬지가 두 개 밧줄을 함께 끌어당길 수 없을 정도로 너무 멀리 떨어져 있는 경우(협력이 필요한 경우)이다. 표 16.1은 각 방법에 대해 24회씩 시도할 때 피실험자인 각 침팬지가 얼마나 자주 문을 열어 다른 침팬지를 협력자로 끌어들이는지를 보여 준다. 협력이 필요할 경우에 침팬지가 보다 자주 협력자를 끌어들인다는 증거가 있는가?

통계적 방법 : μ를 피실험자인 침팬지가 협력자를 끌어들인 횟수의 평균 차이(협력이 필요한 경우에서 협력이 필요하지 않은 경우를 감한 차이의 평균)라고 하자. 귀무가설은 협력의 필요성이 영향을 미치지 않는다는 의미이며, H_a는 협력이 필요할 때 협력자를 보다 자주 끌어들인다는 의미이다. 다음과 같은 가설을 검정해 보자.

표 16.1	(24회 중에서) 침팬지가 협력자를 끌어들인 횟수		
	협력의 필요성		
침팬지	**필요성이 있는 경우**	**필요성이 없는 경우**	**차이**
Namuiska	16	0	16
Kalema	16	1	15
Okech	23	5	18
Baluku	19	3	16
Umugenzi	15	4	11
Indi	20	9	11
Bili	24	16	8
Asega	24	20	4

$$H_0 : \mu = 0$$
$$H_a : \mu > 0$$

해법 : 피실험자인 침팬지들은 '우간다의 응감바 아일랜드 침팬지 보호구역에서 거의 자유롭게 돌아다니는 침팬지들'이다. 이들을 해당 침팬지 종의 단순 무작위 표본으로 간주할 것이다. 데이터를 분석하기 위해 침팬지가 협력자를 끌어들이는 횟수의 차이를 검토할 것이다. 따라서 피실험자인 각 침팬지에 대해 '협력이 필요한 경우'에 협력자를 끌어들이는 횟수에서 '협력이 필요 없는 경우'에 협력자를 끌어들이는 횟수를 감할 것이다. 이런 차이를 나타내는 8개의 값들이 알지 못하는 평균 μ를 갖는 모집단으로부터 추출한 단 한 개의 표본을 구성한다. 표 16.1의 '차이' 열이 이를 보여 준다. 모든 침팬지는 한 마리가 끌어당기지 못할 정도로 밧줄이 너무 멀리 떨어져 있을 때 더 자주 협력자를 끌어들인다.

그림 16.5의 스템플롯은 왼쪽으로 기울어졌다는 인상을 준다. 그림 16.5의 아래편에 있는 **점 도표**가 보여 주는 것처럼 이것은 약간 오해를 일으킬 수 있다. 점 도표는 단순히 축 위에 관찰값들을 위치시키고 동일한 값을 갖는 관찰값들을 쌓아 올린다. 이것은 정수만을 취하는 분포를 잘 나타낸다. 정수만을 취할 수 있는 관찰값들은 정규분포하는 모집단으로부터 나올 수 없다는 사실을 알고 있다. 실제로, 연구자들은 관찰값들이 좀 있고 대략적으로 정규분포하는 것처럼 보일 경우, 해당 관찰값들을 정규분포하는 모집단으로부터 나온 것으로 간주한다. 물론, 단지 8개의 관찰값만을 갖고 대략적인 정규성을 평가할 수 없다. 하지만 정규성으로부터 크게 벗어났다는 징후도 없다. 연구자들은 짝을 이룬 쌍 t 검정을 사용하였다.

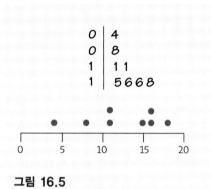

그림 16.5
정리문제 16.4에서 살펴본 횟수의 차이에 대한 스템플롯과 점 도표이다.

8개의 차이는 다음과 같은 결과를 갖는다.

$$\bar{x} = 12.375, \quad s = 4.749$$

따라서 단수표본 t 통계량은 다음과 같다.

$$t = \frac{\bar{x} - 0}{s/\sqrt{n}} = \frac{12.375 - 0}{4.749/\sqrt{8}} = 7.37$$

t_7 분포로부터 P-값을 구해 보자. (자유도는 표본크기에서 1을 감한 값이라는 사실을 기억하자.) 표 C에 따르면 7.37은 단측 $P = 0.0005$에 대한 임곗값보다 더 크다. 따라서 P-값은 0.0005보다 더 작다. 통계 소프트웨어를 이용하면 $P = 0.000077$이라는 사실을 알 수 있다.

df=7

t^*	4.785	5.408
단측 검정 P-값	0.001	0.0005

결론 : 해결하는 데 협력자가 필요한 문제에 직면할 때 침팬지들은 더 자주 협력자를 끌어들인다는 매우 강한 증거($P < 0.0005$)가 존재한다. 즉, 침팬지들은 협력이 언제 필요한지 알고 있다. 침팬지들은 인간처럼 하는 면이 있다.

정리문제 16.4는 짝을 이룬 쌍 데이터를 각 쌍 내에서의 차이를 취함으로써 단수표본 데이터로 어떻게 변환시키는지를 보여 준다. 우리는 한 개의 모집단, 즉 짝을 이룬 쌍 내에서의 모든 차이로 구성된 모집단에 관해 추론을 하고 있다. 짝을 이룬 것을 무시하고 침팬지의 두 개 표본, 즉 서로 가까이 위치한 밧줄에 직면하고 있는 한 침팬지 표본과 서로 멀리 떨어져 위치한 밧줄에 직면하고 있는 또 다른 침팬지 표본을 갖고 있는 것처럼 데이터를 분석하는 것은 옳지 않다. 두 개 표본의 비교에 관한 추론 절차는, 표본들이 서로 독립적으로 선택되었다고 가정한다. 동일한 피실험자들이 두 번 측정될 때, 이 조건은 준수되지 않는다. 적절한 분석은 데이터를 생성하는 데 사용된 설계에 의존한다.

복습문제 16.7

눈 밑에 바르는 유성물질

밝은 햇살에서 운동을 하는 선수들은 눈부심 현상을 줄이기 위해서 눈 밑에 검은색의 유성물질을 종종 바르곤 한다. 눈 밑에 바르는 유성물질은 작용을 하는가? 한 연구에서, 16명의 학생 피실험자들은 눈 밑에 유성물질을 바른 경우 그리고 눈 밑에 유성물질을 바르지 않은 경우의 두 상황하에서 밝은 태양을 직면하고 세 시간 후에 대조하고자 하는 감응도 검정을 하였다. (대조하고자 하는 감응도가 더 커지면 시력이 향상되고, 눈부심 현상이 있으면 대조하고자 하는 감응도가 낮아진다.) 다음은 눈 밑에 유성물질을 바른 경우에서 바르지 않은 경우의 감응도를 감하여 구한, 감응도의 차이를 보여 준다.

0.07	0.64	−0.12	−0.05	−0.18	0.14	−0.16	0.03
0.05	0.02	0.43	0.24	−0.11	0.28	0.05	0.29

눈 밑에 바르는 유성물질이 평균적으로 볼 때 대조하고자 하는 감응도를 증대시키는지 여부를 알아보고자 한다. 데이터는 이 생각을 지지하는가? 4단계 과정 중에서 통계적 방법, 해법, 결론을 포함하여 답하시오.

복습문제 16.8

눈 밑에 바르는 유성물질 (계속)

눈 밑에 유성물질을 바르지 않는 운동선수보다 유성물질을 바른 선수가 얼마나 더 감응을 하는가? 이 물음에 답하기 위해서 95% 신뢰구간을 구하시오.

16.6 *t* 절차의 확고성

t 신뢰구간 및 검정은 모집단이 정확하게 정규분포할 때 정확히 옳다. 어떤 실제 데이터도 정확하게 정규분포하지는 않는다. 기껏해야 정규분포는 실제 연구에서 데이터의 실제 분포에 매우 근접할 뿐이다. 따라서 *t* 절차의 유용성은 실제로 정규성의 결여로 인해 얼마나 강하게 영향받는지에 의존한다.

확고한 절차

절차를 이용하기 위해 필요한 조건들이 위배될 때, 신뢰수준 또는 *P*-값이 크게 변화하지 않는다면 신뢰구간 또는 유의성 검정은 확고하다고 본다.

모집단이 정규분포한다는 조건은 단순 무작위 표본에서 이탈값을 효과적으로 배제한다. 따라서 이탈값이 존재할 경우 이 조건은 충족되지 않는다고 본다. $\bar{x}$ 및 s는 이탈값에 저항하지 않기 때문에, 표본이 크지 않다면 *t* 절차는 이탈값에 대해 확고하지 못하다.

다행히 이탈값 또는 분포가 강하게 한쪽으로 기우는 현상이 있을 때를 제외하고, *t* 절차는 모집단의 비정규성에 대해 매우 확고하다. (분포가 한쪽으로 기우는 현상이 다양한 종류의 비정규성보다 더 심각하다.) 표본크기가 증가하게 되면, 중심 극한 정리에 따라 표본평균 $\bar{x}$는 더 정규분포에 근접하며, *t* 분포는 *t* 절차의 임곗값 및 *P*-값에 대해 더 정확해진다.

크기가 작은 표본에 대해 *t* 절차를 사용하기 전에, 언제나 도표를 그려서 분포가 한쪽으로 기울어진 현상과 이탈값이 존재하는지 점검해 보아야 한다. 이탈값 또는 한쪽으로 강하게 기울어지는 현상이 존재하지 않는다면, $n \geq 15$일 때 대부분의 목적에 대해서 단수표본 *t* 절차를 안전하게 사용할 수 있다. 한 개 평균에 대해 추론하기 위한 실제적인 지침은 다음과 같다.

---

t 절차의 사용

크기가 작은 표본인 경우를 제외하고, 해당 데이터가 관심을 갖고 있는 모집단으로부터 추출한 단순 무작위 표본이라는 조건이, 모집단이 정규분포한다는 조건보다 더 중요하다.

- **표본크기가 15개보다 작은 경우** : 해당 데이터가 거의 정규분포하는 것처럼 보인다면(대략 대칭적이고 봉우리가 하나이며 이탈값이 없다면), *t* 절차를 사용하시오. 데이터가 명백하게 한쪽으로 기울었거나 이탈값이 존재한다면, *t* 절차를 사용하지 마시오.
- **표본크기가 최소한 15개인 경우** : 이탈값이 존재하거나 데이터가 강하게 한쪽으로 기울어진 때를 제외하고, *t* 절차가 사용될 수 있다.
- **표본크기가 큰 경우** : 표본의 크기가 클 때, 즉 대략 $n \geq 40$일 때, 명백하게 한쪽으로 기울어진 분포에 대해서도 *t* 절차가 사용될 수 있다.

정리문제 16.5

t 절차를 사용할 수 있는가?

그림 16.6은 몇 개 데이터 세트의 도표를 보여 주고 있다. 어느 경우에 대해서, 안전하게 *t* 절차를 사용할

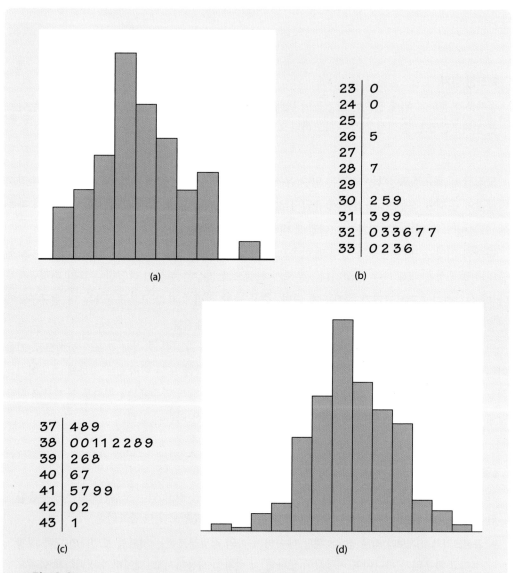

그림 16.6

이 데이터들에 대해 *t* 절차를 사용할 수 있는가? (a) 미국 50개 주에서 대학을 졸업한 성인들의 백분율에 관한 데이터이다. 사용할 수 없다. 왜냐하면 이 데이터는 표본이 아니라 전체 모집단이기 때문이다. (b) 미송나무 20개를 끊는데 필요한 중량을 보여 주는 데이터이다. 사용할 수 없다. 왜냐하면 단지 20개의 관찰값만이 존재하며, 한쪽으로 강하게 기울어졌기 때문이다. (c) 열대지방 꽃의 동일한 변종 23개의 길이에 관한 데이터이다. 사용할 수 있다. 왜냐하면 한쪽으로 약간 기울어진 이 데이터의 한계를 극복하기에 표본크기가 충분히 크기 때문이다. (d) 대학 수업을 수강하는 대학생들의 키에 관한 데이터이다. 어떤 크기의 표본에 대해서도 사용할 수 있다. 왜냐하면 분포가 정규분포에 근사하기 때문이다.

수 있는가?

- 그림 16.6(a)는 미국 각 주에 거주하는 대학을 졸업한 성인들의 백분율을 나타낸 히스토그램이다. 50개 주 전체 모집단에 관한 데이터를 갖고 있으므로, 추론이 필요하지 않다. (개인들이 아니라 주들의) 모집단에 대해 정확한 평균을 계산할 수 있다. 모집단으로부터 추출한 표본만을 갖고 있음으로 인해 발생하는 불확실성이 존재하지 않으며, 신뢰구간 또는 검정의 필요성이 없다. 이 데이터들이 보다 큰 모집단으로부터 추출한 단순 무작위 표본이라면, 분포가 한쪽으로 약간 기울어졌더라도 $n = 50$이므로 t 추론을 안전하게 할 수 있다.
- 그림 16.6(b)는 미송나무 20개를 끊는 데 필요한 중량을 보여 주는 스템플롯이다. 해당 데이터는 왼쪽으로 강하게 기울어졌으며, 값이 낮은 이탈값이 있을 수도 있다. 따라서 $n = 20$에 대한 t 절차를 신뢰할 수 없다.
- 그림 16.6(c)는 열대지방 꽃인 헬리코니아의 레드 변종 23개 표본의 길이를 보여 주는 스템플롯이다. 해당 데이터는 오른쪽으로 약간 기울어져 있으며, 이탈값을 포함하지 않는다. 이런 데이터에 대해서 t 분포를 사용할 수 있다.
- 그림 16.6(d)는 어떤 대학 수업을 수강하는 대학생들의 키를 나타내는 히스토그램이다. 이 데이터의 분포는 매우 대칭적이며, 정규분포에 근사한 것처럼 보인다. 어떤 크기의 표본에 대해서도 t 절차를 사용할 수 있다.

도표를 통해 데이터가 명확하게 정규분포를 하지 않는다면, 특히 소수의 관찰값만을 갖고 있을 때 무엇을 할 수 있을까? 이것은 간단한 물음이 아니다. 다음은 기본적으로 선택할 수 있는 사항들이다.

1. 이탈값들로 인해 정규성이 결여될 경우, 이들이 다른 관찰값들과 동일한 모집단으로부터 추출되지 않았다고 생각할 이유가 있다면 해당 이탈값들을 제거하는 것은 합리적일 수 있다. 예를 들면 합당하지 않은 측정값을 생성하는 장비상의 문제인 경우, 이탈값을 제거하고 남은 데이터를 분석할 수 있다. 하지만 이탈값이 '실제 데이터'처럼 보이는 경우, 이것을 자의적으로 제거하지 말아야 한다.
2. 일부 상황에서는, 다른 표준적인 분포들이 모집단의 전반적인 형태에 대한 모형으로 정규분포를 대체한다. 장비의 사용수명이나 의료적인 처리 후 암환자들의 생존기간은 통상적으로 오른쪽으로 기울어진 분포를 한다. 이 분야의 통계적 연구들은 정규분포보다는 일단의 오른쪽으로 기울어진 분포들을 사용한다. t 절차를 대신하는 이들 분포의 모수들에 대한 추론 절차가 있다.
3. 현대 **부트스트랩법** 그리고 **순열검정법**은 정규성이나 다른 특정 형태의 표집분포가 필요한 상황을 피하기 위해 대량의 계산을 사용한다. 표본이 적어서 모집단을 잘 대표할 수 없는 상황이 아니라면 이런 방법들을 추천한다.
4. 마지막으로, 모집단분포에 대해 특정 형태를 가정하지 않는 **비모수방법**이 있다. 부트스트랩법 그리고 순열검정법과는 달리, 통상적인 비모수방법은 관찰값들의 실제치를 사용하지 않는다.

다이아몬드

일단의 지구과학자들은 바위 단괴에서 발견된 작은 다이아몬드를 연구하였다. 표 16.2는 이 다이아몬드에 있는 질소 함유량(PPM)과 탄소 13의 풍부성에 관한 데이터를 보여 주고 있다. 탄소 12와 탄소 13은 다이아몬드의 주요 성분인 탄소 원소의 형태들이다. 탄소 12는 자연 탄소의 거의 99%를 구성한다. 탄소 13의 풍부성은 탄소 12에 대한 탄소 13의 비율을 표준보다 더 많거나 또는 더 적은 정도를 PPM으로 측정하였다. (데이터에서 마이너스 부호는 표준 탄소에서보다 이들 다이아몬드에서 비율이 더 적다는 의미이다.)

이 표본으로 대표되는 다이아몬드 모집단에서 질소 및 탄소 13의 풍부성에 대한 평균을 추정하고자 한다. 질소에 대한 데이터를 검토해 보자. 질소 함유량의 평균에 대해 t 신뢰구간을 사용할 수 있는가? 설명하시오. 결과를 신뢰할 수 있다고 생각한다면 95% 신뢰구간을 구하시오.

표 16.2	다이아몬드 표본에서의 질소 및 탄소 13				
다이아몬드	질소(PPM)	탄소 13 비율	다이아몬드	질소(PPM)	탄소 13 비율
1	487	−2.78	13	273	−2.73
2	1,430	−1.39	14	94	−2.33
3	60	−4.26	15	69	−3.83
4	244	−1.19	16	262	−2.04
5	196	−2.12	17	120	−2.82
6	274	−2.87	18	302	−0.84
7	41	−3.68	19	75	−3.57
8	54	−3.29	20	242	−2.42
9	473	−3.79	21	115	−3.89
10	30	−4.06	22	65	−3.87
11	98	−1.83	23	311	−1.58
12	41	−4.03	24	61	−3.97

다이아몬드 (계속)

탄소 13의 풍부성에 대한 표 16.2의 데이터를 검토해 보자. 탄소 13 비율의 평균에 대해 t 신뢰구간을 사용할 수 있는가? 설명하시오. 결과를 신뢰할 수 있다고 생각한다면 95% 신뢰구간을 구하시오.

요약

- 정규분포하는 모집단의 평균 μ에 대한 검정 및 신뢰구간은 단순 무작위 표본의 표본평균 $\bar{x}$에 기초한다. 중심극한 정리로 인해서, 표본의 규모가 클 때 다른 모집단 분포에 대해서도 대략적으로 옳다.

- 표준화된 표본평균은 다음과 같은 단수표본 z 통계량이다.

$$z = \frac{\bar{x} - \mu}{\sigma/\sqrt{n}}$$

  σ를 알고 있다면, z 통계량과 표준정규분포를 사용한다.

- 실제로는 σ를 알지 못한다. $\bar{x}$의 표준편차 $\sigma/\sqrt{n}$를 표준오차 $s/\sqrt{n}$로 대체시켜, 다음과 같은 단수표본 t 통계량을 구해 보자.

$$t = \frac{\bar{x} - \mu}{s/\sqrt{n}}$$

  t 통계량은 자유도가 $n-1$인 t 분포를 갖는다.

- 모든 양의 자유도에 대해서 t 분포가 존재한다. 모든 분포는 형태 면에서 표준정규분포와 유사한 대칭적인 분포를 한다. 자유도가 증가함에 따라, t 분포는 $N(0, 1)$ 분포로 근접한다.

- 정규분포하는 모집단에 대한 신뢰수준 C에서 평균 μ에 대한 신뢰구간은 다음과 같다.

$$\bar{x} \pm t^* \frac{s}{\sqrt{n}}$$

- 자유도가 $n-1$인 t 곡선이 $-t^*$과 t^* 사이에 면적 C를 갖도록 임곗값 t^*를 선택한다.

- $H_0 : \mu = \mu_0$에 대한 유의성 검정은 t 통계량에 기초한다. t_{n-1} 분포로부터의 P-값 또는 고정된 유의수준을 사용하시오.

- 한 개 표본을 생성하는 짝을 이룬 각 쌍 내에서의 차이를 먼저 취함으로써, 짝을 이룬 쌍 데이터를 분석하기 위해 단수표본 절차를 사용해 보자.

- 모집단이 정규분포하지 않을 때, 특히 표본크기가 커질수록 t 절차는 매우 확고해진다. $n \geq 15$일 때, 해당 데이터가 이탈값 또는 강하게 한쪽으로 기울어진 비대칭성을 보이지 않는다면, 정규분포하지 않는 데이터에 대해서도 t 절차는 유용할 수 있다. $n \geq 40$일 때, 명백하게 한쪽으로 기울어진 분포에 대해서도 t 절차가 사용될 수 있다.

주요 용어

단수표본 t 통계량	자유도	표준오차	t 분포

연습문제

1. **젊은 남성들의 체질량 지수** 정리문제 13.1에서는 미국에서 연령이 20세부터 29세인 936명 남성들로 구성된 무작위 표본에 기초하여, 이들의 평균 체질량 지수에 대한 95% z 신뢰구간에 대해 살펴보았다. 거기서 모표준차는 $\sigma = 11.6$으로 알려져 있다고 가정하였다. 실제로 표본 데이터에서 평균 체질량 지수는 $\bar{x} = 27.2$이고 표준편차는 $s = 11.63$이다. 모든 젊은 남성의 평균 체질량 지수에 대한 95% t 신뢰구간은 무엇인가?

2. **엄지발가락 문제** 무지외반증은 자주 외과적 수술이 필요한 엄지발가락의 변형에 관한 질병이다. 무지외반증을

Cristina Lichti/Alamy

교정하는 외과 수술을 받기 위해 의료원을 방문한 21세 미만의 연속적인 38명 환자의 변형 각도(몇 도로 측정)를 측정하기 위해서 의사들은 X-선을 사용하였다.

각도는 변형의 심각성을 측정한다. 데이터는 다음과 같다.

28 32 25 34 38 26 25 18 30 26 28 13 20

21 17 16 21 23 14 32 25 21 22 20 18 26

16 30 30 20 50 25 26 28 31 38 32 21

이 환자들을 무지외반증 수술이 필요한 젊은 환자들의 무작위 표본으로 간주하는 것은 합리적이다. 이런 모든 환자의 모집단에서 평균 무지외반증 각도에 대한 95% 신뢰구간을 4단계 중 '해법' 및 '결론'의 단계를 거쳐 구하시오.

3. **남성들이 더 적은 단어를 사용하는가?** 연구자들은 여성들이 남성들보다 하루에 더 많은 단어를 유의하게 말한다고 주장한다. 어떤 추정에 따르면, 여성은 하루에 약 20,000단어를 사용하는 반면에 남성은 약 7,000단어를 사용한다. 이와 같은 주장을 알아보기 위해서, 어떤 연구는 특별한 장치를 이용하여 4일 동안 남자 대학생과 여자 대학생의 대화를 녹음하였다. 이 녹음을 통해서, 20명의 남성들이 하루 동안 사용한 단어의 수가 결정되었다. 이들이 일간 사용한 단어의 수는 다음과 같다.

28,408	10,084	15,931	21,688	37,786
10,575	12,880	11,071	17,799	13,182
8,918	6,495	8,153	7,015	4,429
10,054	3,998	12,639	10,974	5,255

(a) 데이터를 검토하시오. t 절차를 사용하는 것은 합리적인가? (남성들은 해당 대학의 모든 남학생으로부터 추출한 단순 무작위 표본이다.)

(b) (a)에서의 결론이 긍정적이라면, 이 데이터는 해당 대학의 남자 대학생이 일간 사용하는 평균 단어 수가 7,000개와 상이하다고 확신할 수 있는 증거를 제시해 주는가?

4. **유전공학을 통한 암 치료** 피부암 중에서 가장 심각한 종류인 '진행된 흑색종'에 대해 제시되는 새로운 치료법은 다음과 같다. 암세포를 인지하여 파괴하는 백혈구 세포를 유전학적으로 만들어서 이 세포들을 환자에 주입시키는 것이다. 최초의 소규모 연구에서 피실험자들은 기존 치료에 반응하지 않는 흑색종을 갖고 있는

11명의 환자였다. 한 가지 의문점은 새로운 세포가 주입된 후에 얼마나 신속하게 배가되느냐이다. 이는 두 배가 되는 날짜 수로 측정된다. 두 배가 되는 날짜 수는 다음과 같다.

1.4 1.0 1.3 1.0 1.3 2.0 0.6 0.8 0.7 0.9 1.9

(a) 데이터를 검토하시오. t 절차를 사용하는 것이 합리적인가?

(b) 두 배가 되는 날짜 수의 평균에 대한 90% 신뢰구간을 구하시오. 유사한 환자들의 모집단에서 두 배가 되는 평균 일수에 관해 추론을 할 때 이 신뢰구간을 사용하겠는가?

5. **유전공학을 통한 암 치료 (계속)** 위의 연습문제에서 살펴본 암 치료 실험의 또 다른 결과는, 신체 내에 면역반응을 일으켜서 암세포에 대항하는 세포들의 존재에 관한 검사로 측정된다. 11명의 피실험자에 대한 데이터는 다음과 같다. 수정된 세포를 주입한 전후에 100,000개 세포당 활동적인 세포의 수를 측정한 값이다. (주입한 후 세포의 수에서 주입하기 전 세포의 수를 뺀) 차이가 반응변수이다.

주입하기 전 세포의 수	14	0	1	0	0	0	0	20	1	6	0
주입한 후 세포의 수	41	7	1	215	20	700	13	530	35	92	108
차이	27	7	0	215	20	700	13	510	34	86	108

(a) 이것이 짝을 이룬 쌍 설계인 이유를 설명하시오.

(b) 데이터를 검토하시오. t 절차를 사용하는 것이 합리적인가?

(c) (b)에서의 결론이 긍정적이라면 치료 후 활동적인 세포의 수가 더 높아진다고 확신할 수 있는 증거가 있는가?

6. **헬륨이 주입된 미식축구공을 차기** 헬륨이 주입된 미식축구공이 일반 공기가 주입된 미식축구공보다 더 멀리 날아가는가? 이를 검정해 보기 위해서, 콜럼버스 디스패치는 어떤 연구를 하였다. 한 개는 헬륨이 주입되고, 다른 한 개는 일반적인 공기가 주입된, 두 개의 동일한 미식축구공이 사용되었다. 세심히 관찰하지 않을 경우 두 개 미식축구공 사이의 차이를 알 수 없다. 미식축구

공이 땅에 닿기 전에 공을 차는 '펀트하기'는 초심자가 하였다. 각 시도는 무작위적인 순서로 두 개 미식축구 공을 차는 것이다. 공을 차는 사람은 자신이 찬 미식축구공이 (헬륨이 주입된 미식축구공 또는 일반 공기가 주입된 미식축구공 중에서) 어느 공인지 알지 못하며 날아간 거리를 각각 기록한다. 그리고 나서 또 다른 시도를 하게 된다. 다음은 시도된 39회의 데이터이며, 미식축구공이 날아간 거리를 야드로 측정하였다. (헬륨이 주입된 미식축구공의 거리에서 일반 공기가 주입된 미식축구공의 거리를 뺀) 차이가 반응변수이다.

헬륨이 주입된 미식축구공	25	16	25	14	23	29	25	26	22	26
일반 공기가 주입된 미식축구공	25	23	18	16	35	15	26	24	24	28
차이	0	−7	7	−2	−12	14	−1	2	−2	−2
헬륨이 주입된 미식축구공	12	28	28	31	22	29	23	26	35	24
일반 공기가 주입된 미식축구공	25	19	27	25	34	26	20	22	33	29
차이	−13	9	1	6	−12	3	3	4	2	−5
헬륨이 주입된 미식축구공	31	34	39	32	14	28	30	27	33	11
일반 공기가 주입된 미식축구공	31	27	22	29	28	29	22	31	25	20
차이	0	7	17	3	−14	−1	8	−4	8	−9
헬륨이 주입된 미식축구공	26	32	30	29	30	29	29	30	26	
일반 공기가 주입된 미식축구공	27	26	28	32	28	25	31	28	28	
차이	−1	6	2	−3	2	4	−2	2	−2	

(a) 데이터를 검토하시오. t 절차를 사용하는 것은 합리적인가?

(b) (a)에서의 결론이 긍정적이라면, 이 데이터는 헬륨이 주입된 미식축구공이 일반 공기가 주입된 미식축구공보다 더 멀리 날아간다고 확신할 수 있는 증거를 제시해 주는가?

7. **나무가 더 빠르게 성장하는가?** 이산화탄소(CO_2)의 대기 중 농도가 화석연료 사용으로 인해 빠르게 증가하고 있다. 식물들은 광합성을 하기 위해서 CO_2를 사용

하기 때문에, CO_2가 많아지면 나무와 다른 식물들을 더 빠르게 성장시킬 수도 있다. 정교한 장치를 이용하여, 연구자들은 파이프를 통해 숲의 30미터 원으로 추가적인 CO_2를 나른다. 이들은 소나무 숲 세 개 부분 각각에서 인접한 두 개 원을 선택하고, 추가적인 CO_2를 받을 수 있도록 각 쌍 중에서 무작위로 한 개를 선택하였다. 반응변수는, 한 개 원에 있는 30그루에서 40그루 나무들이 성장기 동안에 크는 밑면 면적의 평균 증가이다. 이를 연간 백분율 증가로 측정하였다. 1년간의 데이터는 다음과 같다.

쌍	대조 구획	처리 구획	처리 구획−대조 구획
1	9.752	10.587	0.835
2	7.263	9.244	1.981
3	5.742	8.675	2.933

(a) 귀무가설 및 대립가설을 말하시오. 조사자들이 단측 대립가설을 사용한 이유를 분명하게 설명하시오.

(b) t 절차를 사용하여 검정을 하고, 결론을 간단하게 밝히시오.

(c) 조사자들은 여러분이 한 검정을 사용하였다. 이런 크기의 표본을 갖고 t 절차를 이용하는 것은 위험하다. 그 이유는 무엇 때문인가?

8. **옥수수 사이에서 자라는 잡초** 어저귀란 식물은 옥수수밭에서 특히 성가시게 하는 잡초이다. 이 잡초는 씨앗을 많이 퍼트리며 이 씨앗들은 생육조건이 적

REDA &CO srl/Alamy

합해질 때까지 수년간 땅속에서 기다리고 있다. 어저귀란 식물은 얼마나 많은 씨앗을 만들어 낼까? 제초제를 뿌리기 전에 옥수수밭에 싹이 나온 28개 어저귀로부터 얻은 씨앗의 수는 다음과 같다.

2450 2504 2114 1110 2137 8015 1623 1531 2008 1716

721 863 1136 2819 1911 2101 1051 218 1711 164

2228 363 5973 1050 1961 1809 130 880

어저귀란 식물이 생성해 내는 씨앗의 평균수에 대해 신뢰구간을 구하고자 한다. 하지만 이 데이터에 대해서는 t 구간이 적절하게 사용될 수 없다. 왜 그런지 이유를 설명하시오.

9. **얼마나 많은 석유가 생산될 것인가?** 유전지대에 있는 유정들이 궁극적으로 얼마나 많은 석유를 생산하는지가 더 많은 유정을 시추할지 여부를 결정하는 데 주요한 정보가 된다. 미국 미시간 분지의 한 지역에 있는 64개 유정으로부터 발견된 추정량을 천 배럴로 측정한 데이터는 다음과 같다. 이 유정들을 이 지역 유정들의 단순 무작위 표본이라고 하자.

21.7	53.2	46.4	42.7	50.4	97.7	103.1	51.9
43.4	69.5	156.5	34.6	37.9	12.9	2.5	31.4
79.5	26.9	18.5	14.7	32.9	196.0	24.9	118.2
82.2	35.1	47.6	54.2	63.1	69.8	57.4	65.6
56.4	49.4	44.9	34.6	92.2	37.0	58.8	21.3
36.6	64.9	14.8	17.6	29.1	61.4	38.6	32.5
12.0	28.3	204.9	44.5	10.3	37.7	33.7	81.1
12.1	20.1	30.5	7.1	10.1	18.0	3.0	2.0

이들 유정은 이 지역 유정들의 단순 무작위 표본이라고 본다.

(a) 이 지역의 모든 유정으로부터 발견된 평균 석유 추정량에 대한 95% t 신뢰구간을 구하시오.

(b) 이 데이터에 대한 그래프를 작성하시오. 분포가 한쪽으로 매우 기울었으며 값이 큰 몇 개의 이탈값이 존재한다. 분포에 대한 특정한 형태를 가정하지 않고 정확한 신뢰구간을 제공하는 컴퓨터에 집중된 방법을 사용할 경우, 95% 신뢰구간은 40.28부터 60.32가 된다. t 구간은 이것과 어떻게 비교되는가? 이 데이터에 대해 t 절차가 사용되어야 하는가?

10. **잡초는 자연적으로 통제될 수 있는가?** 다행스럽게도, 우리는 어저귀란 식물이 생성해 내는 씨앗의 수에 그렇게 관심을 갖고 있지 않다(이 장의 연습문제 8 참조). 어저귀 씨앗에 있는 딱정벌레들은 그 씨앗을 먹고 살기 때문에 잡초는 자연적으로 통제될 수 있다고 생각할지도 모른다. 28개 어저귀 식물에 대한 씨앗의 총수,

딱정벌레에 의해 감염된 씨앗의 수, 감염된 씨앗의 백분율은 다음 표와 같다.

씨앗의 총수	2450	2504	2114	1110	2137	8015	1623	1531	2008	1716
감염된 씨앗의 수	135	101	76	24	121	189	31	44	73	12
감염된 씨앗의 백분율	5.5	4.0	3.6	2.2	5.7	2.4	1.9	2.9	3.6	0.7
씨앗의 총수	721	863	1136	2819	1911	2101	1051	218	1711	164
감염된 씨앗의 수	27	40	41	79	82	85	42	0	64	7
감염된 씨앗의 백분율	3.7	4.6	3.6	2.8	4.3	4.0	4.0	0.0	3.7	4.3
씨앗의 총수	2228	363	5973	1050	1961	1809	130	880		
감염된 씨앗의 수	156	31	240	91	137	92	5	23		
감염된 씨앗의 백분율	7.0	8.5	4.0	8.7	7.0	5.1	3.8	2.6		

딱정벌레에 의해 감염된 씨앗의 백분율에 대해 완벽한 분석을 하시오. 모든 어저귀 식물의 모집단에서 감염된 씨앗의 평균 백분율에 대해 90% 신뢰구간을 포함시키시오. 딱정벌레가 잡초를 통제하는 데 매우 도움이 된다고 생각하는가? 감염된 씨앗의 백분율을 분석하는 것이 감염된 씨앗의 수를 분석하는 것보다 더 유용한 이유는 무엇 때문인가? 4단계 과정을 밟아 설명하시오.

11. **날씨가 나쁘면 팁도 적어지는가?** 앞에서 살펴본 음식점에서의 팁에 관한 연구 중 한 부분으로, 심리학자들은 또한 내일 날씨가 나쁠 것이라고 말하는 문구를 계산서에 추가시킬 경우 팁도 감소하는지를 살펴보았다. 계산서 금액의 백분율로 나타낸 손님 20명의 팁은 다음과 같다.

18.0 19.1 19.2 18.8 18.4 19.0 18.5 16.1 16.8 14.0
17.0 13.6 17.5 20.0 20.2 18.8 18.0 23.2 18.2 19.4

내일 날씨가 나쁠 것이라고 말하는 문구를 계산서에 추가시킬 경우, 손님들이 준 팁의 평균 백분율이 20% 미만이라고 확신할 수 있는 증거를 이 데이터는 제시하는가? (20%는 음식점에서 주는 팁으로 종종 제시되는 백분율이다.)

두 개 평균의 비교

앞 장에서는 *t* 분포에 기초한 절차를 사용하여 정규분포하는 모집단의 평균에 대한 추론을 하였다. 실제로, 단일 모집단 평균에 대한 *t* 절차의 가장 일반적인 사용은 짝을 이룬 쌍 데이터에서 이루어진다. 왜냐하면 대부분의 연구들은 둘 이상의 모집단 사이에 비교를 하기 때문이다. 이 장에서는, 두 개 모집단으로부터 추출한 독립적인 표본을 갖고 있을 때 두 개의 정규분포하는 모집단들의 평균을 비교하기 위한 *t* 절차에 관해 논의할 것이다.

두 개 모집단 또는 두 개 처리를 비교하는 일은 실제적인 통계에서 접하는 가장 일상적인 상황 중 하나이다. 이런 상황을 **복수표본**이라고 한다.

복수표본 문제

- 추론의 목적은 두 개 처리에 대한 반응을 비교하거나 또는 두 개 모집단의 특성을 비교하는 것이다.
- 각 처리 또는 각 모집단으로부터 추출한 별개의 표본을 갖고 있다.

17.1 복수표본 문제

복수표본 문제는 피실험자들을 무작위로 두 개 집단으로 나누고 각 집단을 상이한 처리에 노출시키는 무작위 비교실험에서 발생할 수 있다. 두 개 모집단으로부터 따로따로 선택한 무작위 표본을 비교하는 일도 또한 복수표본 문제가 된다. 앞에서 살펴본 짝을 이룬 쌍 설계와 달리, 두 개 표본에서는 개체들 간에 짝을 짓지는 않는다. 두 개 표본은 독립적이라고 가정하며, 크기가 상이할 수 있다. 복수표본 데이터에 대한 추론 절차는 짝을 이룬 쌍에 대한 추론 절차와 다르다. 다음은 전형적인 복수표본 문제이다.

복수표본 문제

- 규칙적인 물리치료를 받으면, 요통에 도움이 되는가? 무작위 실험을 통해, 요통을 갖고 있는 환자들을 두 개 집단에 배정하였다. 즉, 142명은 물리치료사로부터 검진을 받고 조언을 들었다. 또 다른 144명은 5주에 이르기까지 규칙적인 물리치료를 받았다. 1년 후 신체장애 수준(0%에서부터 100%까지)의 변화를 환자가 어느 처리를 받았는지 알지 못하는 의사가 평가하였다.

- 교육 연구자는 전통적인 종이책 대신에 태블릿을 사용하는 학생들 표본과 전통적인 종이책을 사용하는 학생들 표본에게 배정된 도서 목록에 기초하여 전반적인 주제 이해 시험을 시행한다. 그리고 나서 태블릿을 사용하는 학생들의 시험점수와 전통적인 종이책을 사용하는 학생들의 시험점수를 비교한다.

- 은행은 두 가지 유인책 중 어느 것이 신용카드 사용액을 가장 증가시키는지 알고자 한다. 신용카드 사용자들의 독립적인 무작위 표본에게 각각의 유인책을 제시하고, 향후 6개월 동안 사용액을 비교하고자 한다.

어떤 데이터 설계인가? 복습문제 17.1부터 17.4까지 제시된 각 상황은 평균에 관한 추론을 요구하고 있다. 다음 중 어느 것에 해당하는지 밝히시오. (1) 단수표본, (2) 짝을 이룬 쌍, (3) 두 개의 독립적인 표본. 제16장에서 살펴본 절차들은 (1) 및 (2)에 적용된다. (3)에 대한 절차는 앞으로 살펴볼 것이다.

트위터 게시물

팔로워 수가 증가함에 따라 사람들은 트위터에 더 많은 게시를 하는가? 이를 검정하기 위해서, 연구자들은 트위터 사용자들의 무작위 표본을 선택하였다. 이들 사용자는 무작위적으로 두 개 그룹, 즉 처리군과 대조군으로 배분되었다. 100일이라는 기간에 걸쳐, 처리군에서 피실험자들에 대한 팔로워 수가 연구자들에 의해 증가되었다. 하지만 처리군에 있는 피실험자들은 이런 증가의 원인을 알지 못했다. 대조군의 사용자들은 연구자들에 의해 간단하게 관찰되었다. 50일이라는 기간 동안 각 사용자에 의한 평균 게시 수가 기록되었다. 이들 두 그룹에 대한 평균 게시 수를 비교하였다.

복습문제 17.2

누가 더 똑똑한가?

연령이 상이한 적어도 두 명의 자녀를 가진 100개 가계들로 구성된 무작위 표본을 고르시오. 각 가계의 첫째 아이의 IQ 점수와 막내 아이의 IQ 점수를 측정하시오. 첫째 아이들의 평균 IQ 점수와 막내 아이들의 평균 IQ 점수를 비교하시오.

복습문제 17.3

식물성 버거

학교 영양사는 대규모 학교구역 내에 있는 학생들의 표본을 선택하여, 이들로 하여금 학교 점심 메뉴에 추가된 것으로 여겨지는 새로운 버거의 맛을 보고 등급을 매기도록 하였다. 영양사는 새로운 버거가 쇠고기와 같은 맛을 갖는다고 여겨지는 식물성 버거라는 사실을 학생들에게 말하지 않았다. 등급은 −5부터 5까지 매겨졌다. −5는 아주 싫다는 등급이고, 0은 좋아하지도 싫어하지도 않는다는 등급이며, 5는 아주 좋아한다는 등급이다. 영양사는 평균 등급이 0보다 큰지 여부를 검정하고자 한다.

복습문제 17.4

식물성 버거 (계속)

다른 학교 영양사는 대규모 학교구역 내에 있는 학생들의 표본을 선택하여, 이 표본을 두 개 그룹으로 무작위로 나누었다. 한 개 그룹은 식물성 버거의 맛을 보고 등급을 매기며, 다른 그룹은 전통적인 쇠고기 버거의 맛을 보고 등급을 매겼다. 어떤 그룹도 자신들의 버거를 무엇으로 만들었는지 알지 못한다. 등급은 −5부터 5까지 매겨졌다. −5는 아주 싫어한다는 등급이고, 0은 좋아하지도 싫어하지도 않는다는 등급이며, 5는 아주 좋아한다는 등급이다. 영양사는 이들 두 그룹의 평균 등급을 비교한다.

17.2 두 개 모평균을 비교하기

두 개 모집단 또는 두 개 처리에 대한 반응을 비교하는 일은 데이터 분석에서 시작된다. 즉, 박스플롯, 스템플롯(크기가 작은 표본인 경우), 히스토그램(크기가 큰 표본인 경우)을 그려 보고 두 개 표본의 형태, 중앙, 변동성을 비교해 보아야 한다. 추론의 가장 일반적인 목적은 두 개 모집단에서의 평균 또는 전형적인 반응을 비교해 보는 것이다. 데이터 분석에 따르면 두 개 모집단분포가 대칭적일 때 그리고 특히 두 개 모집단분포가 적어도 대략적으로 정규분포할 때, 우리는 모평균을 비교해 보길 원한다. 다음은 평균에 관해 추론을 하기 위한 조건들이다.

두 개 평균을 비교하여 추론하기 위한 조건

- 두 개의 별개 모집단으로부터 추출한 두 개의 단순 무작위 표본을 갖고 있다. 표본들은 **독립적**이다. 즉, 한 표본은 다른 표본에 영향을 미치지 않는다. 예를 들면 짝을 짓는 일은 독립성에 위배된다. 두 개 표본에 대해 동일한 반응변수를 측정한다.
- 두 개 모집단은 **정규분포**한다. 모집단들의 평균 및 표준편차는 알려져 있지 않다. 실제로는 분포들이 유사한 형태를 하고, 데이터들이 강한 이탈값을 갖지 않는 것으로 충분하다.

이 장에서 살펴보는 복수표본 절차는 두 개 처리에 대한 반응들을 비교하는 연구에도 사용될 수 있다. 피실험자들을 무작위적으로 두 개 그룹으로 분류하고 각 그룹을 상이한 처리에 노출시키는 무작위 비교실험에서 데이터를 구했다고 가정한다.

첫 번째 모집단에서 측정한 변수를 x_1이라 하고, 두 번째 모집단에서 측정한 변수를 x_2라고 하자. 왜냐하면 이 변수는 두 개 모집단에서 상이한 분포를 가질 수 있기 때문이다. 다음은 두 개 모집단을 어떻게 나타내는지 보여 주고 있다.

모집단	변수	평균	표준편차
1	x_1	μ_1	σ_1
2	x_2	μ_2	σ_2

네 개의 알지 못하는 모수, 즉 두 개 평균과 두 개 표준편차가 있다. 아래쪽에 표기한 숫자는 모수가 어느 모집단을 설명하는지 알려 준다. 우리는 두 개 모평균 사이의 차이, 즉 $\mu_1 - \mu_2$에 대한 신뢰구간을 구하거나, 두 개 모평균 사이에 차이가 없다는 가설, 즉 $H_0 : \mu_1 = \mu_2$를 검정함으로써, 두 개 모평균을 비교하고자 한다.

표본평균 및 표본표준편차를 이용하여 알지 못하는 모수를 추정하고자 한다. 다시 한번 말하지만, 아래쪽에 표기한 숫자는 통계량을 어느 표본으로부터 구했는지 알려 준다. 다음은 표본을 어떻게 나타내는지 보여 주고 있다.

모집단	표본크기	표본평균	표본표준편차
1	n_1	$\bar{x}_1$	s_1
2	n_2	$\bar{x}_2$	s_2

두 개 모집단의 평균 간 차이 $\mu_1 - \mu_2$에 관해 추론하기 위해서, 두 개 표본의 평균 간 차이 $\bar{x}_1 - \bar{x}_2$로부터 시작한다.

정리문제 17.2

일상 활동과 비만

문제 핵심 : 사용하는 양보다 더 많은 에너지를 식품으로부터 얻을 경우, 사람들의 체중이 증가한다. 미국 메이오 클리닉에 근무하는 제임스 러빈과 동료 연구자들은 비만과 일상 활동에서 사용되는 에너지 사이의 연계관계를 조사하였다.

운동을 하지 않는 20명의 건강한 지원자를 뽑았다. 몸이 마른 10명과 약간 비만이지만 아직 건강한 10명을 신중하게 선택하였다. 피실험자들의 모든 움직임을 10일 동안 관찰할 감지장치를 부착하였다. 표 17.1은 피실험자들이 서 있기 또는 걷기, 앉아 있기, 눕기 등에 소비한 시간을 (매일 분 단위로) 측정한 데이터를 보여 주고 있다. 마른 사람과 비만한 사람은 서 있기 또는 걷기에 소비한 평균시간이 다른가?

표 17.1	마른 피실험자와 비만한 피실험자가 세 가지 상이한 자세로 소비한 (1일당 분 단위로 측정한) 시간			
그룹	피실험자	서 있기/걷기	앉아 있기	눕기
마른 피실험자	1	511.100	370.300	555.500
마른 피실험자	2	607.925	374.512	450.650
마른 피실험자	3	319.212	582.138	537.362
마른 피실험자	4	584.644	357.144	489.269
마른 피실험자	5	578.869	348.994	514.081
마른 피실험자	6	543.388	385.312	506.500
마른 피실험자	7	677.188	268.188	467.700
마른 피실험자	8	555.656	322.219	567.006
마른 피실험자	9	374.831	537.031	531.431
마른 피실험자	10	504.700	528.838	396.962
비만한 피실험자	11	260.244	646.281	521.044
비만한 피실험자	12	464.756	456.644	514.931
비만한 피실험자	13	367.138	578.662	563.300
비만한 피실험자	14	413.667	463.333	532.208
비만한 피실험자	15	347.375	567.556	504.931
비만한 피실험자	16	416.531	567.556	448.856
비만한 피실험자	17	358.650	621.262	460.550
비만한 피실험자	18	267.344	646.181	509.981
비만한 피실험자	19	410.631	572.769	448.706
비만한 피실험자	20	426.356	591.369	412.919

통계적 방법 : 데이터를 검토하고, 가설을 검정해 보자. 검정에 앞서 마른 피실험자들(그룹 1)이 비만한 피실험자들(그룹 2)보다 더 활동적이지 않을까 생각된다. 따라서 다음과 같은 가설을 검정할 것이다.

$$H_0 : \mu_1 = \mu_2$$
$$H_a : \mu_1 > \mu_2$$

해법(1단계) : 추론하기 위한 조건들은 부합되는가? 피실험자들은 지원자들이므로, 모든 마른 성인과 약간 비만인 성인으로부터 뽑은 단순 무작위 표본이 아니다. 이 연구는 비교되는 그룹들, 즉 모두 앉아서 근무하는 직업에 종사하며 누구도 흡연을 하지 않거나 약품을 복용하지 않는 등과 같은 그룹들을 모집하려 하였다. 이와 같이 명백한 기준을 설정할 경우, 공격적인 연구를 하기 위해서 단순 무작위 표본을 합리적으로 구할 수 없다는 사실을 설명하는 데 도움이 된다. 피실험자들은 자신들이 운동을 하지 않았고 마르거나 또는 약간 비만이었기 때문에 보다 큰 지원자 그룹으로부터 선택되었다는 말을 듣지 못했다. 지원자가 되겠다는 의지가 실험 목적과 관련되지 않기 때문에, 이들을 두 개의 독립된 단순 무작위 표본으로 취급할 것이다.

연속적인 스템플롯(그림 17.1)은 해당 데이터를 자세히 보여 주고 있다. 스템플롯을 그리기 위해서 데이터를 10분까지 어림하였으며, 100분 단위를 줄기로 하고 10분 단위를 잎으로 사용하였다. 단지 10개 관찰값만을 갖고 있을 때 예상되는 것처럼, 분포는 약간 불규칙적이다. 예를 들면 극단적인 이탈값 또는 한쪽으로 강하게 기울어진 것처럼, 정규성에서 명백하게 벗어나지는 않는다. 한 그룹으로서 마른 피실험자들은 비만한 실험자들보다 서 있기 또는 걷기에 더 많은 시간을 소비한다. 그룹평균을 계산해 보면 이를 확인할 수 있다.

마른 피실험자		비만한 피실험자
	2	6 7
7 2	3	5 6 7
	4	1 1 2 3 6
8 8 6 4 1 0	5	
8 1	6	

그림 17.1

정리문제 17.2에서 살펴본 서 있기 또는 걷기에 소비한 시간을 보여 주는 연속적인 스템플롯이다. 여기서, 예를 들면 2|6=260이다.

서 있기 또는 걷기에 소비하는 일간 평균시간의 관찰된 차이는 다음과 같다.

그룹	n	평균 $\bar{x}$	표준편차 s
그룹 1(마른 피실험자)	10	525.751	107.121
그룹 2(비만한 피실험자)	10	373.269	67.498

$$\bar{x}_1 - \bar{x}_2 = 525.751 - 373.269 = 152.482분$$

이 '해법'을 완결 짓기 위해서는, 두 개 평균을 비교하는 데 대한 추론의 세부사항을 학습하여야 한다.

17.3 복수표본 t 절차

두 개 표본의 평균 간 관찰된 차이의 유의성을 평가하기 위해, 익숙한 과정을 밟아 가도록 하자. 관찰된 차이가 놀라울지 여부는 두 개 평균뿐만 아니라 관찰값들의 변동성에 달려 있다. 개별 관찰값들이 크게 변동할 경우, 큰 폭의 차이를 보이는 평균들은 단지 우연히 발생할 수 있다. 변동성을 참작하기 위해, 표준편차로 나눔으로써 관찰된 차이 $\bar{x}_1 - \bar{x}_2$를 표준화하고자 한다. 표본평균 차이에 대한 표준편차는 다음과 같다.

$$\sqrt{\frac{\sigma_1^2}{n_1} + \frac{\sigma_2^2}{n_2}}$$

위의 표준편차는 어느 한 모집단의 변동이 커질수록, 즉 σ_1 또는 σ_2가 증대할수록 커진다. 표본크기 n_1 및 n_2가 증가할수록 작아진다.

우리는 모표준편차를 알지 못하기 때문에, 두 개 표본으로부터 구한 표본표준편차로 이를 추정하게 된다. 그 결과는 다음과 같이 표본평균 간 차이의 표준오차 또는 추정된 표준편차이다.

$$\mathrm{SE}_{\bar{x}_1 - \bar{x}_2} = \sqrt{\frac{s_1^2}{n_1} + \frac{s_2^2}{n_2}}$$

표준오차로 추정값을 나누어 이를 표준화할 때, 그 결과는 다음과 같이 **복수표본 t 통계량**(two-sample t statistic)이 된다.

$$t = \frac{(\bar{x}_1 - \bar{x}_2) - (\mu_1 - \mu_2)}{\sqrt{\dfrac{s_1^2}{n_1} + \dfrac{s_2^2}{n_2}}}$$

가설검정에서 $H_0 : \mu_1 = \mu_2$는 $\mu_1 - \mu_2 = 0$을 의미한다는 사실에 주목하자. 통계량 t는 여느 z 또는 t 통계량과 동일하게 해석된다. 이는 다음과 같은 형태를 갖는다.

$$\frac{\text{모수의 추정값} - \text{모수의 귀무가설 값}}{\text{추정값의 표준오차}}$$

위의 식은 $\bar{x}_1 - \bar{x}_2 = 0$이 $\mu_1 - \mu_2 = 0$으로부터 표준오차 단위로 얼마나 벗어나는지를 알려 준다.

복수표본 t 통계량은 근사하게 t 분포를 한다. 두 개 모집단 모두 정확하게 정규분포를 하더라도, 정확히 t 분포를 하지는 않는다. 하지만 실제로 어림값이 매우 정확하다. 복수표본 t 절차를 사용하는 데 있어서, 실제로 선택할 수 있는 다음과 같은 두 가지가 있다.

선택 1. 소프트웨어가 있는 경우, 근사한 t 분포로부터의 정확한 임곗값을 갖는 통계량 t를 사용한다. 자유도는 다소 혼잡한 공식을 통해 데이터로부터 계산된다. 더욱이 자유도는 정수가 아닐 수 있다.

선택 2. 소프트웨어가 없는 경우, 자유도가 $n_1 - 1$ 및 $n_2 - 1$ 중 더 작은 값에 대한 t 분포로부터의 임겟값을 갖는 통계량 t를 사용한다. 이 절차는 정규분포하는 어느 두 개 모집단에 대해 언제나 보수적이다. 신뢰구간은 바라는 신뢰수준에 필요하거나 또는 필요한 것보다 더 큰 오차범위를 갖는다. 유의성 검정은 참인 P-값과 동일하거나 또는 더 큰 P-값을 제시한다.

위의 두 개 선택은 t 임곗값과 P-값에 대해 사용한 자유도를 제외하고 정확히 동일하다. 표본크기가 증가함에 따라, 선택 2로부터의 신뢰수준 및 P-값은 더 정확해진다. 표본크기가 작지 않으면서 불균등하지도 않다면, 선택 2가 제시한 값과 참인 값 사이의 차이는 매우 작다.

복수표본 t 절차

알지 못하는 평균 μ_1을 가지며 크기가 큰 정규분포하는 모집단으로부터 크기가 n_1인 단순 무작위 표본을 추출하고, 알지 못하는 평균 μ_2를 가지며 크기가 큰 정규분포하는 또 다른 모집단으로부터 크기가 n_2인 독립적인 단순 무작위 표본을 추출해 보자. 신뢰수준 C인 $\mu_1 - \mu_2$에 대한 신뢰구간은 다음과 같다.

$$(\bar{x}_1 - \bar{x}_2) \pm t^* \sqrt{\frac{s_1^2}{n_1} + \frac{s_2^2}{n_2}}$$

여기서 t^*는 선택 1(소프트웨어)로부터의 자유도 또는 선택 2($n_1 - 1$ 및 $n_2 - 1$ 중 더 작은 값)로부터의 자유도를 갖는 t 분포에 대한 신뢰수준 C의 임곗값이다.

가설 $H_0 : \mu_1 = \mu_2$를 검정하기 위해서, 복수표본 t 통계량을 계산하면 다음과 같다.

$$t = \frac{\bar{x}_1 - \bar{x}_2}{\sqrt{\dfrac{s_1^2}{n_1} + \dfrac{s_2^2}{n_2}}}$$

선택 1(소프트웨어)로부터의 자유도 또는 선택 2($n_1 - 1$ 및 $n_2 - 1$ 중 더 작은 값)로부터의 자유도를 갖는 t 분포로부터의 P-값을 구하시오.

정리문제 17.3

일상 활동과 비만

이제 정리문제 17.2를 완결할 수 있게 되었다.

해법(추론) : 그룹 1(마른 피실험자)과 그룹 2(비만한 피실험자)에서 서 있기 또는 걷기에 소비한 평균시간(분)을 비교하는 복수표본 t 통계량은 다음과 같다.

$$t = \frac{\bar{x}_1 - \bar{x}_2}{\sqrt{\dfrac{s_1^2}{n_1} + \dfrac{s_2^2}{n_2}}}$$

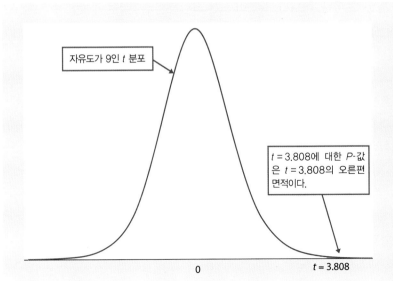

그림 17.2
보수적인 방법인 선택 2를 사용하여, 정리 문제 17.3의 *P*-값을 구할 경우 이는 자유도가 9인 *t* 분포로부터 구할 수 있다.

$$= \frac{525.751 - 373.269}{\sqrt{\dfrac{107.121^2}{10} + \dfrac{67.498^2}{10}}}$$

$$= \frac{152.482}{40.039} = 3.808$$

소프트웨어(선택 1)를 사용할 경우, df = 15.174에 기초하여 단측 *P*-값, 즉 *P* = 0.0008을 구할 수 있다.

소프트웨어가 없는 경우, 보수적인 선택 2를 사용하자. $n_1 - 1 = 9$ 및 $n_2 - 1 = 9$이기 때문에 자유도는 9가 된다. H_a는 단측가설이므로, *P*-값은 t_9 곡선 아래 *t* = 3.808 오른편 면적이다. 그림 17.2는 *P*-값을 보여 주고 있다. 표 C에 따르면, *t* = 3.808은 0.0025 및 0.001에 대한 임곗값 *t**들 사이에 위치한다. 따라서 0.001 < *P* < 0.0025가 된다. 선택 2는 선택 1보다 더 큰(더 보수적인) *P*-값을 제시한다. 통상적으로, 실제적인 결론은 두 가지 선택의 검정에 대해 동일하다.

df = 9

t*	3.690	4.297
단측 검정 *P*-값	0.0025	0.001

결론 : 평균적으로 볼 때, 마른 사람들은 약간 비만한 사람들보다 서 있기 또는 걷기에 더 많은 시간을 소비한다는 매우 강한 증거(*P* = 0.0008)가 존재한다.

일상적인 활동이 결여될 경우 비만이 발생하는가? 이는 관찰에 의한 연구가 되며, 인과관계의 결론을 도출할 수 있는 우리의 능력에 영향을 미친다. 일부 사람들은 태생적으로 더 활동적이어서 체중이 늘 가능성이 더 적을 수 있다. 아니면, 체중이 느는 사람들은 활동수준이 낮을 수 있다. 이 연구는 비만인 피실험자 대부분을 체중 감량 프로그램에 등록시키고, 마른 피실험자 대부분을 과식 프로그램에 등록시켰다. 8주가 지난 후 비만인 피실험자들은 체중이 (평균 8킬로그램) 감소하였고, 마른 피실험자들은 체중이 (평균 4킬로그램) 증가하였다. 하지만 두 그룹 모두 상이한 자세에 대한 처음의 시간 배분을 유지하였다. 이것이 시사하는 바는 이런 시간 배분은 생물학적일 수 있으며 반대로 시간 배분한 것보다 체중에 영향을 미쳤다고 볼 수 있다는 점이다. '이는 선도적인 연구이며 이렇게 내려진 결론은 대규모 연구를 통해 확인되어야 한다'는 것을 염두에 두도록 하자.

정리문제 17.4

마른 사람은 얼마나 더 활동적인가?

통계적 방법 : 마른 사람이 얼마나 더 활동적인지 추정하기 위해서, 마른 성인과 약간 비만인 성인 사이에 존재하는 서 있기 또는 걷기에 소비한 일간 평균시간(분)의 차이 $\mu_1 - \mu_2$에 대한 90% 신뢰구간을 구해 보자.

해법 및 결론 : 정리문제 17.3에서처럼, 보수적인 선택 2는 자유도 9를 사용한다. 표 C에 따르면 t_9 임곗값은 $t^* = 1.833$이다. $\mu_1 - \mu_2$가 다음 구간에 위치할 것으로 90% 신뢰한다.

$$
(\bar{x}_1 - \bar{x}_2) \pm t^* \sqrt{\frac{s_1^2}{n_1} + \frac{s_2^2}{n_2}}
$$
$$
= (525.751 - 373.269) \pm 1.833 \sqrt{\frac{107.121^2}{10} + \frac{67.498^2}{10}}
$$
$$
= 152.482 \pm 73.391
$$
$$
= 79.09분부터 \ 225.87분까지
$$

선택 1을 사용하는 소프트웨어는 자유도가 15.174인 t 분포에 기초하여 90% 신뢰구간으로 82.35분부터 222.62분을 제시한다. 선택 2는 보수적이기 때문에 신뢰구간이 더 넓다. 두 개 신뢰구간의 폭이 매우 넓은데, 왜냐하면 표본크기가 작고 복수표본 표준편차로 측정한 개체 간 변동이 크기 때문이다. 어느 신뢰구간을 제시하든지 간에, 마른 성인과 약간 비만인 성인 사이에 존재하는 서 있기 또는 걷기에 소비한 일간 평균시간(분)의 평균적 차이가 이 신뢰구간 사이에 위치할 것으로 (최소한) 90% 신뢰한다.

정리문제 17.4에서 순서를 바꾸어서 $\bar{x}_2 - \bar{x}_1 = 373.269 - 525.751 = -152.482$를 사용하여 $\mu_2 - \mu_1$에 대한 90% 신뢰구간을 계산할 수 있다는 사실에 주목하자. 이것은 신뢰구간에서의 부호를 변경시켜서 $\mu_2 - \mu_1$에 대한 신뢰구간 -225.87분부터 -79.09분까지로 이어진다. 하지만 최종적인 해석은 $\mu_1 - \mu_2$에 대한 신뢰구간과 동일하다.

지역사회 봉사와 친구관계의 유지

문제 핵심 : 지역사회 봉사활동에 자발적으로 참여하는 대학생들과 그렇지 않은 대학생들은 자신의 친구들과 어떻게 관계를 유지하는지에 대해 서로 차이가 있는가? 어떤 연구는 지역사회 봉사활동에 참여한 57명의 대학 생들과 그렇지 않은 17명의 대학생들로부터 데이터를 얻었다. 반응변수 중 하나는 친구관계의 유지를 측정한 값이며, 이는 친구대상 애착 척도로 측정되었다(점수가 클수록 긴밀한 관계 유지를 의미한다). 특히, 반응은 25 개 질문에 대한 반응에 기초하여 매긴 점수이다. 결과는 다음과 같다.

그룹	조건	n	$\bar{x}$	s
1	봉사활동 참여	57	105.32	14.68
2	봉사활동 비참여	17	96.82	14.26

통계적 방법 : 연구자들은 데이터를 보기 전에 마음속에 차이에 관해 특별한 방향을 갖고 있지 않다. 따라서 대립가설은 양측가설이 된다. 다음과 같은 가설을 검정할 것이다.

$$H_o : \mu_1 = \mu_2$$
$$H_a : \mu_1 \neq \mu_2$$

해법 : 연구자들에 따르면 두 개 표본에서 따로따로 살펴본 개별 점수들은 대략 정규분포하는 것처럼 보인다고 한다. 이들 두 개 표본을 두 개의 학생 모집단으로부터 추출한 단순 무작위 표본으로 볼 수 있다는 더 중요한 조건에 심각한 문제가 있다. 계산을 하고 난 후에 이에 대해 논의할 것이다.

복수표본 t 통계량은 다음과 같다.

$$t = \frac{\bar{x}_1 - \bar{x}_2}{\sqrt{\dfrac{s_1^2}{n_1} + \dfrac{s_2^2}{n_2}}}$$

$$= \frac{105.32 - 96.82}{\sqrt{\dfrac{14.68^2}{57} + \dfrac{14.26^2}{17}}}$$

$$= \frac{8.5}{3.9677} = 2.142$$

소프트웨어(선택 1)를 사용할 경우 양측 P-값은 $P = 0.0414$이다.

소프트웨어가 없는 경우, 선택 2를 사용하여 보수적인 P-값을 구해 보자. 다음과 같은 자유도 중 더 작

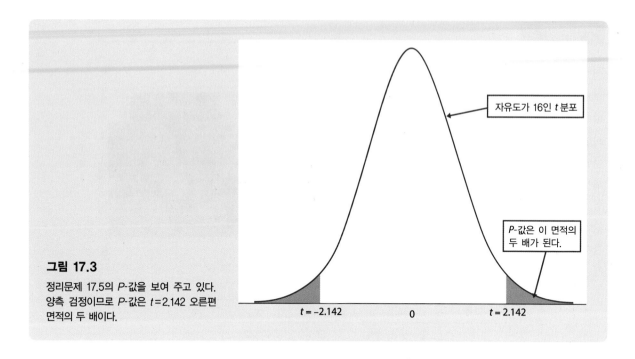

그림 17.3

정리문제 17.5의 *P*-값을 보여 주고 있다. 양측 검정이므로 *P*-값은 *t* = 2.142 오른편 면적의 두 배이다.

은 값은 16이므로 자유도는 16이 된다.

$$n_1 - 1 = 57 - 1 = 56, \quad n_2 - 1 = 17 - 1 = 16$$

그림 17.3은 *P*-값을 보여 주고 있다. *t* = 2.142와 t_{16} 분포에 대한 양측 임곗값을 비교하여 이를 구해 보자. 표 C에 따르면 *P*-값은 0.05와 0.04 사이에 위치한다.

df = 16

t^*	2.120	2.235
양측 검정 *P*-값	0.05	0.04

결론 : 지역사회 봉사활동에 참여하는 학생들이 평균적으로 볼 때 자신의 친구들과 어떤 관계를 유지하느냐 하는 면에서 지역사회 봉사활동에 참여하지 않는 학생들과 상이하다는 적절히 강한 증거($P < 0.05$)를 이 데이터는 보여 주고 있다. (그리고 데이터는 지역사회 봉사활동에 참여하는 학생들이 자신의 친구들과 더 긴밀한 관계를 유지한다는 사실을 시사한다.)

정리문제 17.5의 *t* 검정은 정당화될 수 있는가? 학생 피실험자들은 규모가 큰 미국의 중서부지역 대학에서 '미국의 다양성'이란 학과목을 수강하였다. 이 과목을 모든 학생들이 수강하도록 요구되지 않는다면, 피실험자들은 이 대학 캠퍼스에서조사도 무작위 표본으로 간주될 수 없다. 학생들은 설문지에 기초하여 두 개 그룹에 배정되는데, '봉사활동을 하지 않는 그룹'에 39명 그리고 '봉사활동을 하는 그룹'에 71명이 배정되었다. 2년 후 추적조사를 통해 데이터가 수집되었다.

'봉사활동을 하지 않는 그룹' 39명 중에서 17명(44%)이 응답하였으며, 이는 '봉사활동을 하는 그룹' 71명 중에서 57명(80%)이 응답한 것과 비교된다. 무응답은 그룹과 뒤섞여 있다. 즉, 지역사회 봉사활동을 하는 학생들은 응답할 가능성이 훨씬 더 높다. 마지막으로 봉사활동을 하는 그룹의 응답자 중 75%가 여성이며, 봉사활동을 하지 않는 그룹의 응답자 중 47%가 이런 것과 비교가 된다. 관계 유지에 강하게 영향을 미칠 수 있는 성별은, 지역사회 봉사활동의 유무와 깊이 뒤섞여 있다. 데이터가 추론하기 위한 단순 무작위 표본 조건에 결코 부합되지 않기 때문에, t 검정은 의미가 없다. 이런 어려움은 사회과학 연구에서 일반적이며, 생물학적이거나 물리적인 변수들이 측정될 때보다 사회과학 연구에서 이렇게 혼합된 변수가 더 강한 영향을 미친다. 이 연구자는 데이터 생성에서의 약점을 솔직하게 밝혔지만, 도출한 추론을 신뢰할지 여부를 결정하는 일은 독자들의 몫이다.

복습문제 17.5

닌텐도와 복강경 수술 숙련도

복강경 수술에서는 비디오 카메라와 여러 개의 얇은 기구들이 환자의 복강에 삽입된다. 외과 의사는 환자의 신체 내부에 위치한 비디오 카메라의 이미지를 이용하여 삽입된 기기를 조작함으로써 수술을 진행한다. 동작 감지 인터페이스를 갖춘 닌텐도 Wii가 다른 비디오 게임보다 복강경 수술에 필요한 움직임을 보다 면밀하게 재현하는 것으로 밝혀졌다. 닌텐도 Wii로 훈련할 경우 이것이 복강경 수술 숙련도를 향상시킬 수 있다면, 복강경 수술 모의훈련장비에서 하는 더 비싼 훈련을 보완할 수 있다. 42명의 전문의 수련자들이 선택되었고, 모두들 일련의 복강경 기본 숙련도에 대해 검사를 받았다. 21명을 무작위로 선택해서 하루에 한 시간씩, 일주일에 5일간, 4주 동안 체계적인 닌텐도 Wii 훈련을 받았다. 나머지 21명은 대조군이었으며, 어떤 닌텐도 Wii 훈련도 받지 않았고 동일한 기간 동안 비디오 게임을 자제하도록 요청받았다. 수술 숙련도 기술 중 하나는 가상 담낭 제거를 포함하며, 해당 수술을 완료하는 시간을 포함하여 몇 가지 성과 측정 결과를 기록하였다. 두 개 그룹에 대하여 4주 후 초 단위로 측정한 향상된 시간 (이전 그리고 이후의 차이)은 다음과 같다.

처리군						대조군					
291	134	186	128	84	243	21	66	54	85	229	92
212	121	134	221	59	244	43	27	77	−29	−14	88
79	333	−13	−16	71	−16	145	110	32	90	45	−81
71	77	144				68	61	44			

닌텐도 Wii 훈련은 평균 향상된 시간을 유의하게 증가시키는가? 정리문제 17.2 및 정리문제 17.3에서 살펴본 4단계 과정을 밟아 답하시오.

일상 활동과 비만

정리문제 17.2 및 정리문제 17.3에서 약간 비만인 사람들이 마른 사람들보다 (평균적으로 볼 때) 서 있기 또는 걷기에 더 적은 시간을 소비한다고 결론을 내릴 수 있었다. 이들 두 개 그룹이 눕기에 소비하는 평균시간 사이에 유의한 차이가 있는가? 4단계 과정을 사용하여 표 17.1에 있는 데이터에 기초하여 이 물음에 답하시오. 정리문제 17.2 및 정리문제 17.3의 모형을 따라 하시오.

17.4 다시 한번 살펴보는 확고성

복수표본 t 절차는 단수표본 t 방법보다 더 확고하다(두 개 평균을 비교하기 위한 추론을 할 경우 정규성 조건으로부터의 이탈에 덜 민감하다). 특히 표본들이 대칭적이지 않을 때 그러하다. 두 개 표본의 크기가 같고 비교되는 두 개 모집단이 유사한 형태의 분포를 가질 때, t 표로부터의 확률값은 표본크기가 $n_1 = n_2 = 5$만큼 작을 때에도 분포의 광범위한 영역에 대해 매우 정확하다. 두 개 모집단분포가 상이한 형태를 가질 때, 크기가 보다 큰 표본이 필요하다.

실제적인 길잡이로서, 단수표본 t 절차를 사용할 때의 지침을 복수표본 t 절차에 적용해 보자. 단수표본 t 절차의 '표본크기', 즉 n을 복수표본의 '표본크기들의 합', 즉 $n_1 + n_2$로 대체시킴으로써 그렇게 할 수 있다. 이런 지침은 안전성 측면에서 잘못이 발생할 수 있으며, 특히 두 개 표본의 크기가 동일할 때 그러하다. 복수표본 연구를 계획할 때는 가능하다면 언제나 동일한 표본크기를 선택하도록 하자. 이 경우 복수표본 t 절차는 비정규성에 대해서 가장 확고하며, 보수적인 선택 2의 확률값이 가장 정확해진다.

향기는 사업을 번창시키는가?

업계는 고객들이 종종 배경음악에 반응한다는 사실을 알고 있다. 고객들은 또한 향기에도 반응을 하는가? 이런 물음에 대한 연구가 5월 두 번의 토요일 저녁에 프랑스에 있는 작은 피자 음식점에서 이루어졌다. 저녁 중 한 번은, 사람을 편안하게 하는 라벤더 향기가 음식점 전체에 퍼지게 하였다. 다른 저녁에는, 향기가 없었다. 표 17.2는 30명의 고객으로 구성된 두 개 표본이 음식점에서 머문 시간(분)과 이들이 지출한 금액(유로)을 제시하고 있다. 이들 두 개 저녁은 (날씨, 고객의 수 등과 같은) 여러 가지 면에서 비교할 수 있으므로, 데이터를 해당 음식점에서의 봄날 토요일 저녁에 추출한 독립적인 단순 무작위 표본들로 간주할 수 있다.

(a) 라벤더 향기로 인해 고객들이 음식점에 더 오래 머물렀는가? 시간 데이터를 검토하고, 이것들이 복수표본 t 절차에 적합한 이유를 설명하시오. 복수표본 t 검정을 사용하여, 위의 물음에 답하시오.

(b) 라벤더 향기로 인해 고객들이 음식점에 머무는 동안 지출을 더 많이 하였는가? 지출액 데이터를 검토하시

표 17.2	음식점 고객들이 머문 시간(분)과 지출액(유로)		
향기가 없는 경우		라벤더 향기가 있는 경우	
시간(분)	지출액(유로)	시간(분)	지출액(유로)
103	15.9	92	21.9
68	18.5	126	18.5
79	15.9	114	22.3
106	18.5	106	21.9
72	18.5	89	18.5
121	21.9	137	24.9
92	15.9	93	18.5
84	15.9	76	22.5
72	15.9	98	21.5
92	15.9	108	21.9
85	15.9	124	21.5
69	18.5	105	18.5
73	18.5	129	25.5
87	18.5	103	18.5
109	20.5	107	18.5
115	18.5	109	21.9
91	18.5	94	18.5
84	15.9	105	18.5
76	15.9	102	24.9
96	15.9	108	21.9
107	18.5	95	25.9
98	18.5	121	21.9
92	15.9	109	18.5
107	18.5	104	18.5
93	15.9	116	22.8
118	18.5	88	18.5
87	15.9	109	21.9
101	25.5	97	20.7
75	12.9	101	21.9
86	15.9	106	22.5

오. 이 데이터는 어떤 면에서 정규성으로부터 벗어났는가? 30개의 관찰값을 갖고 있는 경우, t 절차는 이들 데이터에 대해 합리적으로 정확한 이유를 설명하시오. 복수표본 t 검정을 사용하여 위의 물음에 답하시오.

옥수수 사이에서 자라는 잡초

명아주는 옥수수의 성장을 방해하는 보편적인 잡초이다. 어떤 농업 연구자는 16개의 작은 토지 구획에 동일한 비율로 옥수수를 심고 나서, 옥수수 행의 매 미터마다 고정된 수의 명아주가 자라도록 손으로 해당 구획의 잡초를 뽑았다. 다른 잡초들은 자라지 못하였다. 다음은 행의 매 미터마다 1개의 잡초와 9개의 잡초가 있도록 통제된 실험 구획에 대한 옥수수 산출량(에이커당 부셸)을 보여 주고 있다.

잡초 1개/미터	166.2	157.3	166.7	161.1
잡초 9개/미터	162.8	142.4	162.8	162.4

평균 산출량의 차이에 대한 복수표본 t 신뢰구간이 정확하지 않을 수 있는 이유를 조심스럽게 설명하시오.

17.5 t 분포로의 근사에 관한 세부사항

복수표본 t 통계량의 정확한 분포는 t 분포가 아니다. 더구나 알지 못하는 모표준편차 σ_1 및 σ_2가 변화함에 따라 분포가 변화한다. 하지만 t 분포로의 우수한 근사를 이용할 수 있다. 이것을 t 절차에 대한 선택 1이라고 하자.

복수표본 t 통계량의 근사 분포

복수표본 t 통계량의 분포는 다음과 같은 자유도(df)를 갖는 t 분포에 근사하다.

$$df = \frac{\left(\dfrac{s_1^2}{n_1} + \dfrac{s_2^2}{n_2}\right)^2}{\dfrac{1}{n_1 - 1}\left(\dfrac{s_1^2}{n_1}\right)^2 + \dfrac{1}{n_2 - 1}\left(\dfrac{s_2^2}{n_2}\right)^2}$$

위와 같은 t 분포로의 근사는 두 개 표본의 크기 n_1 및 n_2가 5 이상일 때 정확하다. 분자 $\left(\dfrac{s_1^2}{n_1} + \dfrac{s_2^2}{n_2}\right)^2$ 은 $(SE_{\bar{x}_1}^2 + SE_{\bar{x}_2}^2)^2$과 동일하다는 사실에 주목하시오.

일상 활동과 비만

정리문제 17.2 및 정리문제 17.3의 실험에서 서 있기 또는 걷기에 소비한 일간 시간(분)으로부터 다음과 같은 결과를 얻었다.

그룹	n	$\bar{x}$	s
그룹 1(마른 피실험자)	10	525.751	107.121
그룹 2(비만한 피실험자)	10	373.269	67.498

위의 값들로부터 계산된 복수표본 t 통계량은 $t = 3.808$이다.

그림 17.2에서 보는 것처럼, 단측 P-값은 t 밀도곡선 아래 3.808 오른편의 면적이다. 보수적인 선택 2는 자유도가 9인 t 분포를 사용한다. 선택 1은 다음과 같은 자유도(df)를 갖는 t 분포를 이용하여 매우 정확한 P-값을 구한다.

$$df = \frac{\left(\dfrac{107.121^2}{10} + \dfrac{67.498^2}{10}\right)^2}{\dfrac{1}{9}\left(\dfrac{107.121^2}{10}\right)^2 + \dfrac{1}{9}\left(\dfrac{67.498^2}{10}\right)^2}$$

$$= \frac{2{,}569{,}894}{169{,}367.2} = 15.1735$$

위의 자유도는 통계 소프트웨어를 이용한 분석 결과에서 발견할 수 있다. 공식이 번잡스럽고 어림 오차가 있을 수 있기 때문에, 손으로 자유도를 계산하는 것은 추천하지 않는다.

자유도는 일반적으로 정수가 아니다. 그것은 언제나 최소한 $n_1 - 1$과 $n_2 - 2$ 중 더 작은 값만큼은 크다. 선택 1로부터 비롯된 자유도가 더 커질수록, 보수적인 선택 2로부터 구한 것보다 약간 더 짧은 신뢰구간과 약간 더 작은 P-값을 구하게 된다. 표 C는 자유도가 정수인 경우에 대해서만 기입된 값을 포함하고 있지만, 어떤 양의 자유도에 대해서도 t 분포가 존재한다.

선택 1 및 선택 2를 사용함으로써 발생하는 t 절차상의 차이는, 실제적으로 거의 중요하지 않다. 이것이 바로 우리가 소프트웨어 없이 추론하는, 보다 간단하고 보수적인 선택 2를 추천하는 이유이다. 통계 소프트웨어를 사용할 수 있다면, 보다 정확한 선택 1의 절차는 어려움이 없다.

복습문제 17.9

칼로리 섭취에 대한 행동 개입

아동 비만의 예방은 장래의 만성질환 위험을 낮추는 데 중요하다. 연구자들은 아동의 일간 칼로리 섭취(킬로칼로리/일)에 부모 및 아동 둘 다를 포함하는 행동 개입이 미치는 효과를 조사하였다. 연구자들은 연구를 위해 부모/아동 610쌍을 모집하였다. 이들은 무작위적으로 부모/아동 304쌍을 행동 개입 프로그램에 배정하였으며, 나머지 306쌍은 연구기간 동안 여섯 번의 학교 준비시간을 받은 대조군에 배정하였다. 행동 개입은 대조군과 비교해 볼 때 더 낮은 일간 칼로리 섭취로 이어지는가? 선택 1을 사용하는 통계 소프트웨어는 다음과 같은 분석 결과를 제시한다.

표본평균과 표본표준편차로부터 시작해서, 다음 분석 결과에 기재된 사항, 즉 평균의 표준오차, 복수표본 t에 대한 자유도, t값을 입증하시오.

Treatment	n	Mean	Std dev	Std err	t	df	P
Behavioral							
intervention	304	1227	363	20.82	-3.117	603.9	<0.002
Control	306	1323	397	22.69			

요약

- 복수표본 문제에서 데이터들은 두 개의 독립적인 단순 무작위 표본이다. 이들은 각각 별개의 모집단으로부터 뽑은 것이다.

- 두 개의 정규분포하는 모집단의 평균 μ_1과 μ_2 간 차이에 대한 검정 및 신뢰구간은, 두 개 표본평균 간 차이 $\bar{x}_1 - \bar{x}_2$로부터 시작된다. 중심 극한 정리로 인해서 이에 따른 절차는 표본크기가 클 때 다른 모집단분포에 대해서도 근사적으로 옳다.

- 모수가 μ_1, σ_1과 μ_2, σ_2인 두 개의 정규분포하는 모집단으로부터, 크기가 n_1 및 n_2인 독립적인 단순 무작위 표본을 뽑아 보자. 복수표본 t 통계량은 다음과 같다.

$$t = \frac{(\bar{x}_1 - \bar{x}_2) - (\mu_1 - \mu_2)}{\sqrt{\dfrac{s_1^2}{n_1} + \dfrac{s_2^2}{n_2}}}$$

- 가설검정에서 $H_0 : \mu_1 = \mu_2$는 $\mu_1 - \mu_2 = 0$을 의미하므로, 위 식의 분자는 $\bar{x}_1 - \bar{x}_2$로 단순화된다. 통계량 t는 근사적으로 t 분포를 한다.

- 복수표본 t 통계량의 자유도에 대해서 다음과 같은 두 가지 선택을 할 수 있다.

  선택 1 : 통계 소프트웨어를 사용하는 경우, 해당 데이터로부터 계산된 자유도를 이용하여 정확한 확률값이 제공된다.

  선택 2 : 보수적인 추론 절차의 경우는, $n_1 - 1$과 $n_2 - 1$ 중에서 더 작은 값을 자유도로 사용한다.

- $\mu_1 - \mu_2$에 대한 신뢰구간은 다음과 같다.

$$(\bar{x}_1 - \bar{x}_2) \pm t^* \sqrt{\frac{s_1^2}{n_1} + \frac{s_2^2}{n_2}}$$

  선택 1을 통해 구한 임곗값 t^*는 원하는 신뢰수준 C에 매우 근접한 신뢰수준을 제시한다. 선택 2를 사용하면, 최소한 원하는 신뢰수준 C에 필요한 만큼의 오차범위를 구할 수 있다.

- $H_0 : \mu_1 = \mu_2$에 대한 유의성 검정은 다음에 기초한다.

$$t = \frac{\bar{x}_1 - \bar{x}_2}{\sqrt{\dfrac{s_1^2}{n_1} + \dfrac{s_2^2}{n_2}}}$$

- 선택 1을 통해 계산된 P-값은 매우 정확하다. 선택 2를 통한 P-값은 언제나 적어도 참인 P-값만큼 크다.

- 복수표본 t 절차는 정규성으로부터 벗어난 것에 대해 매우 확고하다. 실제적 사용을 위한 지침은 단수표본 t 절차와 유사하다. 동일한 표본크기가 추천된다.

주요 용어

복수표본 문제   복수표본 t 통계량   확고성

연습문제

1. **여성이 남성보다 더 많은 말을 하는가?** 이틀에 걸쳐 각 12.5분 동안 무작위 30초에 대해 알지 못하게 소리를 녹음하는 작은 장치를 남학생과 여학생에게 설치하였다. 각 녹음시간 동안 각 피실험자가 말한 단어의 수를 세어 보고, 이로부터 각 피실험자가 하루에 얼마나 많은 단어를 말하는지 추정해 보자. 발표된 보고서는 여섯 개의 이런 연구를 요약한 표를 포함하고 있다. 다음은 이들 여섯 개 중 두 개를 보여 주고 있다.

	표본크기		일간 말한 단어 수를 추정한 평균 개수 (표준편차)	
연구	여성	남성	여성	남성
1	56	56	16,177(7,520)	16,569(9,108)
2	27	20	16,496(7,914)	12,867(8,343)

여러분들은 예를 들면 첫 번째 연구에서 56명의 여성이 $\bar{x} = 16{,}177$ 및 $s = 7{,}520$을 갖는다는 사실을 이해할 수 있다고 간주된다. 여성이 남성보다 더 많은 말을 한다고 일반적으로 생각된다. 복수표본 중 어느 것이 이런 생각을 지지하는가? 각각의 연구에 대해 다음과 같이 하시오.

(a) 남성의 모평균(μ_M) 및 여성의 모평균(μ_F) 측면에서 가설을 말하시오.

(b) 복수표본 t 통계량을 구하시오.

(c) 보수적인 P-값을 구하기 위해서 앞에서 살펴본 '선택 2'는 어떤 자유도를 사용하는가?

(d) 여러분이 구한 t-값과 표 C에서의 임곗값을 비교하시오. 이 검정의 P-값에 대해 무엇을 말할 수 있는가?

(e) 이들 두 연구의 결과로부터 어떤 결론을 내릴 수 있는가?

2. **두 가지 마케팅 전략** 신용카드 회사들은, 카드를 받는 가맹점에서 결제된 신용카드 결제 금액의 일정한 백분율을 벌어들인다. 한 신용카드사는, 고객들이 신용카드에 청구하는 금액을 늘리기 위한 두 가지 제안을 비교하고 있다. 제안 1은, 신용카드를 사용하는 기간 동안 1,800달러 이상을 청구하는 고객들의 연간 수수료를 없애자는 안이다. 제안 2는, 청구된 금액 중 작은 백분율만큼을 현금 보상으로 제공하자는 안이다. 해당 신용카드사는 현재 고객들 중 100명의 단순 무작위 표본에게 위의 두 개 제안 각각을 제시하였다. 그해 말에, 각 고객에 의해 청구된 총액을 기록하였다. 요약 통계량은 다음과 같다.

그룹	n	$\bar{x}$	s
제안 1	100	$1,319	$261
제안 2	100	$1,372	$274

(a) 데이터에 따르면, 두 개 안을 제안받은 고객들이 사용한 평균 청구 금액들 사이에는 유의한 차이가 있는가? 귀무가설 및 대립가설을 제시하고, 복수표본 t 통계량을 계산하시오. '선택 2'를 사용하여 P-값을 구하시오. 실제적인 결론을 말하시오.

(b) 신용카드에 청구된 총액의 분포는 오른쪽으로 기울어졌다. 하지만 신용카드사가 신용카드 잔고에 대해 부과하는 제한 금액으로 인해, 이탈값들은 방지된다. 이렇듯 한쪽으로 기울어지는 현상으로 인해, (a)에서 사용한 방법의 타당성이 위협을 받는가? 설명하시오.

3. **음식점에서 팁을 더 많이 받을 수 있는가?** 연구자들은 미국 뉴저지주에 소재하는 이탈리안 음식점에서 종업원에게 40장의 색인카드를 주었다. 각 고객에게 계산서를 전달하기 전에, 종업원은 무작위로 카드를 뽑아서 카드에 인쇄된 것과 동일한 메시지를 계산서에 적었다. 카드 중 20장에는 다음과 같은 메시지가 적혀 있다. "내일 날씨가 정말로 좋을 것이라고 합니다. 재미있게 지내십시오." 다른 20장에는 다음과 같은 메시지가 적혀 있다. "내일 날씨가 썩 좋지는 않을 것이라고 합니다. 여하튼 재미있게 지내십시오." 고객들이 음식점을 나간 후에 종업원은 세금이 부과되기 전 (계산서 금액에 대한 백분율로) 팁을 기록하였다. 내일 날씨가 좋을 것이라는 메시지를 받은 20명의 고객들에 대한 팁의 백

분율은 다음과 같다.

20.8 18.7 19.9 20.6 21.9 23.4 22.8 24.9 22.2 20.3
24.9 22.3 27.0 20.5 22.2 24.0 21.2 22.1 22.0 22.7

내일 날씨가 좋지 않을 것이라는 메시지를 받은 20명의 고객에 대한 팁의 백분율은 다음과 같다.

18.0 19.1 19.2 18.8 18.4 19.0 18.5 16.1 16.8 14.0
17.0 13.6 17.5 20.0 20.2 18.8 18.0 23.2 18.2 19.4

(a) 데이터 세트 둘 다에 대해서 스템플롯 또는 히스토그램을 작성하시오. 분포는 극단적인 이탈값이 없이 상당히 대칭을 이루기 때문에 t 절차를 사용하는 것이 타당한 것처럼 보인다.

(b) 두 개의 상이한 메시지가 상이한 팁의 백분율로 이어진다는 좋은 증거가 있는가? 가설을 말하고, 복수표본 t 검정을 시행하여 결론을 내리시오.

4. **향기는 사업을 번창시키는가?** 앞에서 우리는 라벤더 향기가 작은 음식점에서 고객의 행태에 미치는 영향을 살펴보았다. 라벤더는 마음을 진정시키는 향기이다. 연구자들은 또한 레몬 향기가 미치는 영향을 살펴보았다. 레몬은 마음을 자극시키는 향기이다. 이 연구에 대한 설계는 앞에서 살펴보았다. 향기가 없을 때 고객들이 음식점에서 머문 시간을 분으로 측정한 데이터는 다음과 같다.

103 68 79 106 72 121 92 84 72 92
85 69 73 87 109 115 91 84 76 96
107 98 92 107 93 118 87 101 75 86

레몬 향기가 있을 때 고객들이 음식점에서 머문 시간은 다음과 같다.

78 104 74 75 112 88 105 97 101 89
88 73 94 63 83 108 91 88 83 106
108 60 96 94 56 90 113 97

(a) 위의 두 개 표본을 검토하시오. 복수표본 t 절차의 사용을 정당화시킬 수 있는 것처럼 보이는가? 표본평균을 보면 레몬 향기가 날 때 음식점에서 머무는 평균시간을 변화시킨다고 볼 수 있는가?

(b) 레몬 향기는 음식점에서 고객이 머무는 시간에 영향을 미치는가? 가설을 말하고 t 검정을 시행하여 결론을 내리시오.

5. **팁을 더 많이 받을 수 있는가? (계속)** 이 장의 연습문제 3에 있는 데이터를 사용하여 두 개의 상이한 메시지에 관해서 손님들이 주는 팁의 평균 백분율 차이에 대해 95% 신뢰구간을 구하시오.

6. **여성이 남성보다 더 많은 말을 하는가? 다른 연구 결과** 이 장의 연습문제 1에서 여성과 남성이 하루에 말하는 단어의 수를 조사한 여섯 개 연구에 대해 살펴보았다. 연습문제 1은 이 연구들 중 두 개의 연구 결과를 제시해 주었다. 이 연구들 중 다른 연구 결과는 다음과 같다. 27명의 여성에 대해 하루에 말한 단어의 추정된 수는 다음과 같다.

15,357 13,618 9,783 26,451 12,151 8,391 19,763
25,246 8,427 6,998 24,876 6,272 10,047 15,569
39,681 23,079 24,814 19,287 10,351 8,866 10,827
12,584 12,764 19,086 26,852 17,639 16,616

20명의 남성에 대해 하루에 말한 단어의 추정된 수는 다음과 같다.

28,408 10,084 15,931 21,688 37,786 10,575 12,880
11,071 17,799 13,182 8,918 6,495 8,153 7,015
4,429 10,054 3,998 12,639 10,974 5,255

이 연구는 여성이 평균적으로 남성보다 더 많이 말을 한다는 좋은 증거를 제시하고 있는가?

(a) 두 개 표본에 대한 스템플롯을 작성하시오. 정규성으로부터 명백하게 벗어난 현상이 존재하는가? 정규성으로부터 벗어났음에도 불구하고, t 절차를 사용하는 것이 안전하다. 설명하시오.

(b) 여성이 하루에 말하는 단어의 평균수(μ_1)가 남성이 하루에 말하는 단어의 평균수(μ_2)보다 많다는 단측 대립가설에 대해, 가설 $H_0 : \mu_1 = \mu_2$를 검정하시오. 어떤 결론을 내리게 되는가?

7. **열대지방의 꽃** 열대지방의 꽃인 헬리코니아의 변종들은 상이한 벌새 종자에 의해 수정이 된다. 시간이 흐름

에 따라 꽃들의 길이와 벌새 부리의 형태는 서로 부합되도록 진화가 이루어졌다. 다음은 도미니카섬에 서식하는 동일한 종자인 꽃의 두 개 색깔의 변종을 밀리미터로 길이를 측정한 데이터이다.

Art Wolfe/Getty Images

레드							
41.90	42.01	41.93	43.09	41.47	41.69	39.78	40.57
39.63	42.18	40.66	37.87	39.16	37.40	38.20	38.07
38.10	37.97	38.79	38.23	38.87	37.78	38.01	

옐로							
36.78	37.02	36.52	36.11	36.03	35.45	38.13	37.10
35.17	36.82	36.66	35.68	36.03	34.57	34.63	

두 개 변종의 평균 길이가 상이하다는 좋은 증거가 존재하는가? 모평균 사이의 차이를 추정하시오. (95% 신뢰수준을 이용하시오.) 4단계 과정을 밟아 답하시오.

18

모비율에 관한 추론

학습 주제

18.1 표본비율 $\hat{p}$

18.2 크기가 큰 표본의 비율에 대한 신뢰구간

18.3 표본크기의 선택

18.4 비율에 대한 유의성 검정

18.5 비율에 대한 플러스 4 신뢰구간

지금까지의 통계적 추론에 관한 논의는, 모평균에 관한 추론을 하는 것과 관련되었다. 모집단에 대한 평균반응을 추론하거나 또는 두 개 모집단의 평균을 비교하는 것은, 반응변수가 정량적이고 측정단위로 나타낸 숫잣값을 취할 때 흔한 일이다. 이제는 모집단 결과의 비율에 관한 물음을 살펴보도록 하자. 최초 반응이 예를 들면 총콜레스테롤처럼 정량변수일 때조차도, 어떤 사람이 200mg/dl보다 더 많은 콜레스테롤을 갖고 있는지 여부(관심을 갖고 있는 결과)에 더 흥미를 가질 수도 있다. 그러면 우리가 관심을 갖는 비율은 200mg/dl보다 더 많은 콜레스테롤을 갖고 있는 성인들의 모비율이 되며, 이 장에서 살펴볼 방법이 적용된다. 모비율에 관한 추론을 필요로 하는 추가적인 예는 다음과 같다.

정리문제 18.1

AIDS 시대에 위험한 행동

AIDS에 걸릴 위험에 노출되는 행태는 얼마나 일반적인가? 1990년대 초 획기적으로 기억될 만한 미국 전국 AIDS 행태 표본조사는, 동성애자가 아닌 2,673명의 성인 이성애자로 구성된 무작위 표본에 대해 설문조사를 시행하였다. 이들 중 170명이 지난해에 두 명 이상의 성 상대를 가졌다. 이것은 표본의 6.36%이다. 이런 데이터에 기초하여, 다수의 성 상대자를 갖는 모든 성인 이성애자의 백분율에 대해 무엇을 말할 수 있는가? 우리는 단수 모비율을 추정하고자 한다. 이 장에서는 한 개 비율에 관한 추론에 대해 살펴보고자 한다.

고등학교 졸업반 학생들의 흡연

1990년대 이래로 고등학교 졸업반 학생들의 일상적인 흡연은 약 12%에서 3%를 약간 넘는 수준으로 감소하였다. 2017년에 1,725명의 고등학교 졸업반 여학생과 1,564명의 고등학교 졸업반 남학생으로 구성된 무작위 표본에서, 여학생 중 3.7% 그리고 남학생 중 3.1%가 조사 전 30일 동안 일상적으로 흡연을 하였다. 이것은 일상적인 흡연자의 비율이 고등학교 졸업반 모든 남학생 및 모든 여학생으로 구성된 모집단에서 상이하다는 유의한 증거가 되는가? 우리는 두 개의 모비율을 비교하고자 한다. 이에 대해서는 다음 장에서 살펴볼 것이다.

모평균 μ에 관한 추론을 하기 위해서, 모집단으로부터 추출한 무작위 표본의 평균 $\bar{x}$를 사용한다. 추론의 논리는 $\bar{x}$의 표집분포로부터 시작한다. 이제 평균을 비율로 대체시켜서 동일한 패턴을 밟아갈 것이다.

18.1 표본비율 $\hat{p}$

어떤 결과를 갖는 모집단의 알지 못하는 비율 p에 관심을 갖고 있다. 편의상 찾고 있는 결과는 '성공'이라고 부르도록 하자. 정리문제 18.1에서 모집단은 성인 이성애자이며, 모수 p는 지난해에 두 명 이상의 성 상대를 가졌던 비율이다. p를 추정하기 위해서 미국 전국 AIDS 행태 표본조사는 무작위적인 전화번호로 전화를 걸어서 2,673명의 표본과 접촉하였다. 이 중 170명이 자신들은 다수의 성 상대자를 갖는다고 말하였다. 모수 p를 추정한 통계량은 다음과 같은 **표본비율**이다.

$$\hat{p} = \frac{\text{표본에서의 성공 횟수}}{\text{표본의 개체 총수}}$$
$$= \frac{170}{2673} = 0.0636$$

표본비율 $\hat{p}$을 '피 햇(p-hat)'이라고 읽는다.

$\hat{p}$은 모수 p의 추정값으로 얼마나 타당한가? 이에 대해 알아보기 위해서, 다음과 같은 질문을 해보자. "많은 표본을 취할 경우 어떤 일이 발생하는가?" $\hat{p}$의 표집분포가 이 물음에 답할 수 있다. 다음과 같은 사실을 살펴보도록 하자.

표본비율의 표집분포

성공비율 p를 내포하는 규모가 큰 모집단으로부터, 크기가 n인 단순 무작위 표본을 추출해 보자. $\hat{p}$을 성공의 **표본비율**(sample proportion)이라고 하면 다음과 같다.

$$\hat{p} = \frac{\text{표본에서의 성공 횟수}}{n}$$

그러면 다음과 같다.

- 표집분포의 평균은 p이다.
- 표집분포의 표준편차는 다음과 같다.

$$\sqrt{\frac{p(1-p)}{n}}$$

- 표본크기가 증가함에 따라 $\hat{p}$의 표집분포는 정규분포로 근사하게 된다. 즉, n이 클 경우 $\hat{p}$은 $N(p, \sqrt{p(1-p)/n}\,)$ 분포로 근사하게 된다.

그림 18.1은 표집분포에 관한 기본적인 사항을 이해할 수 있도록 위의 사실들을 요약해서 보여 주고 있다. 표본비율 $\hat{p}$의 행태는 $\hat{p}$의 분포가 정규분포에 근사한다는 사실만을 제외하고는 표본평균 $\bar{x}$의 행태와 유사하다. $\hat{p}$의 표집분포의 평균은 모비율 p의 참값이 된다. 즉, $\hat{p}$은 p의 불편 추정량이다. 표본크기 n이 커질수록 $\hat{p}$의 표준편차는 작아진다. 따라서 표본이 커질수록, 추정법이 더 정확해질 가능성이 있다. $\bar{x}$의 경우와 마찬가지로 표준편차는 $\sqrt{n}$의 비율로만 더 작아진다. 표준편차를 절반으로 줄이려 한다면, 네 배의 관찰값이 필요하다.

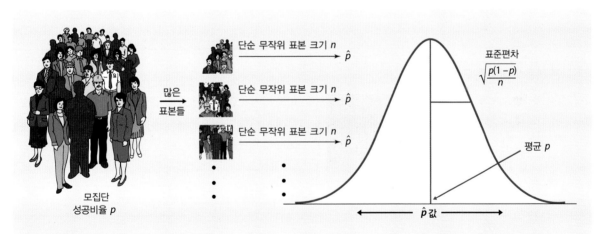

그림 18.1

성공비율이 p인 모집단으로부터 많은 수의 단순 무작위 표본을 추출해 보자. 표본에서 성공비율 $\hat{p}$의 표집분포는 정규분포에 근사한다. 평균은 p이며, 표준편차는 $\sqrt{p(1-p)/n}$ 이다.

위험한 행태에 관한 질문

실제로 미국 모든 성인 이성애자의 6%가 지난해에 두 명 이상의 성 상대를 가졌다고(그리고 질문을 받았을 때 이를 인정했다고) 가정하자. 미국 전국 AIDS 행태 표본조사는 이 모집단으로부터 추출한 무작위 표본 2,673명에게 설문조사를 하였다. 이와 같은 많은 표본들에서, 두 명 이상의 성 상대를 가졌던 표본 2,673명의 비율 $\hat{p}$은, 평균이 0.06이고 다음과 같은 표준편차를 갖는 정규분포(의 근사)에 따라 변화하게 된다.

$$\sqrt{\frac{p(1-p)}{n}} = \sqrt{\frac{(0.06)(0.94)}{2,673}}$$
$$= \sqrt{0.0000211} = 0.00459$$

복습문제 18.1

포도상구균 감염

한 연구는 수술 환자의 포도상구균 감염 예방법을 조사하였다. 첫 번째 단계에서, 연구자들은 수술을 받기 위해 여러 병원에 입원한 6,771명의 무작위 표본 환자들에 대한 코 분비물을 조사하였다. 이 환자들 중에서 1,251명이 대부분의 코 감염을 유발하는 박테리아인 황색포도상구균에 대해 양성반응을 한다는 사실을 발견하였다.

(a) 모집단을 기술하고, 모수 p가 무엇인지 말로 설명하시오.

(b) p를 추정한 통계량 $\hat{p}$의 숫잣값을 구하시오.

복습문제 18.2

여러분은 붉은색 고기를 드십니까?

미국 성인 중 약 60%가 자신들의 식단에 쇠고기와 다른 붉은색 고기를 포함시킨다. 한 대규모 육류회사는 1,500명의

Stephen Mcsweeny/Shutterstock

미국 성인으로 구성된 단순 무작위 표본과 접촉하여서, 붉은색 고기를 먹는 표본의 비율 $\hat{p}$을 계산하였다.

(a) $\hat{p}$의 대략적인 분포는 무엇인가?

(b) 표본크기가 1,500명이 아니라 6,000명이라면, $\hat{p}$의 근사한 분포는 무엇인가?

18.2 크기가 큰 표본의 비율에 대한 신뢰구간

표집분포로부터 신뢰구간으로 이동하기 위해, 제13장에서 $\bar{x}$에 대해 했던 것과 동일한 과정을 밟아 갈 수 있다. p에 대한 수준 C의 신뢰구간을 구하기 위해서, $\hat{p}$의 분포에서 중앙 확률 C를 구함으로써 시작해 보자. 이렇게 하기 위해 평균 p로부터 z^* 표준편차를 벗어나 보도록 하자. 여기서 z^*는 원하는 신뢰수준에 기초하여 표준정규곡선 아래의 중앙 면적 C를 구하는 임곗값이다. 그림 18.2는 이런 결과를 보여 준다. 신뢰구간은 다음과 같다.

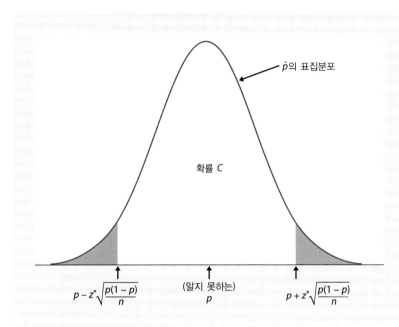

그림 18.2
확률 C를 가지려면, $\hat{p}$은 알지 못하는 모
비율 p의 $\pm z^* \sqrt{p(1-p)/n}$ 내에 위치하
게 된다. 이것은 이 표본들에서 p가 $\hat{p}$의
$\pm z^* \sqrt{p(1-p)/n}$ 내에 위치한다는 것이다.

$$\hat{p} \pm z^* \sqrt{\frac{p(1-p)}{n}}$$

p의 값을 알지 못하기 때문에 위의 식은 충분하지 않다. 따라서 표준편차를 다음과 같은 $\hat{p}$의 **표준오차**(standard error of $\hat{p}$)로 대체시켜 보자.

$$\text{SE}_{\hat{p}} = \sqrt{\frac{\hat{p}(1-\hat{p})}{n}}$$

다음과 같은 신뢰구간을 구할 수 있다.

$$\hat{p} \pm z^* \sqrt{\frac{\hat{p}(1-\hat{p})}{n}}$$

이 신뢰구간은 다음과 같은 형태를 갖는다.

추정값 $\pm z^* \text{SE}_{추정값}$

크기가 큰 표본인 경우에만, 위의 신뢰구간을 신용할 수 있다. 성공의 횟수는 정수이어야만 하기 때문에, $\hat{p}$의 행태를 설명하기 위해 연속적인 정규분포를 사용할 경우 n이 크지 않다면 정확하지 않을 수 있다. 거의 모두 성공이거나 또는 거의 모두 실패인 모집단에 대해 근사는 가장 덜 정확하기 때문에, 표본은 전반적인 표본크기가 큰 것보다는 성공과 실패를 둘 다 충분히 포함하고 있어야 한다. 신뢰구간을 요약해 보여 주는 아래에서 추론을 하기 위해 다음과 같은 두 가지 조건에 주의를 기울여야 한다. 즉, 보통 때처럼 표본을 모집단에서 추출한 단순 무작위 표본으로 간주할 수 있어야 한다. 그리고 표본은 성공과 실패를 둘 다 충분히 포함하고 있어야 한다. 성공 및 실패에 대한 이런 조건은, p를 알지 못하고도 표본크기가 정규 근사치를 사용할 수 있을 만큼 충분히 크다는 것을 보장한다.

크기가 큰 표본의 모비율에 대한 신뢰구간

알지 못하는 성공비율 p를 포함하는 크기가 큰 모집단으로부터, 크기가 n인 단순 무작위 표본을 추출해 보자. 근사수준 C에서, p에 대한 신뢰구간은 다음과 같다.

$$\hat{p} \pm z^* \sqrt{\frac{\hat{p}(1-\hat{p})}{n}}$$

여기서 z^*는 $-z^*$와 z^* 사이의 면적 C를 갖는 표준정규밀도곡선에 대한 임곗값이다.

표본에서 성공과 실패의 횟수가 둘 다 적어도 15회씩 될 때에만, 위의 구간을 사용하여야 한다.

그림 18.3은 크기 $n=50$ 및 (a) $p=0.01$, (b) $p=0.05$, (c) $p=0.10$, (d) $p=0.25$, (e) $p=0.50$, (f) $p=$

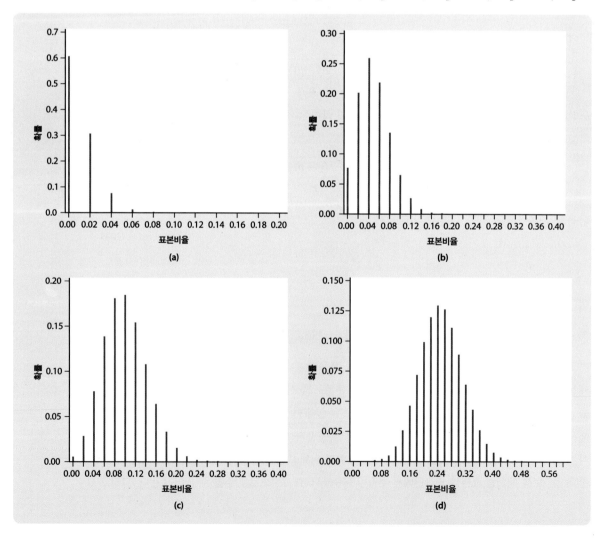

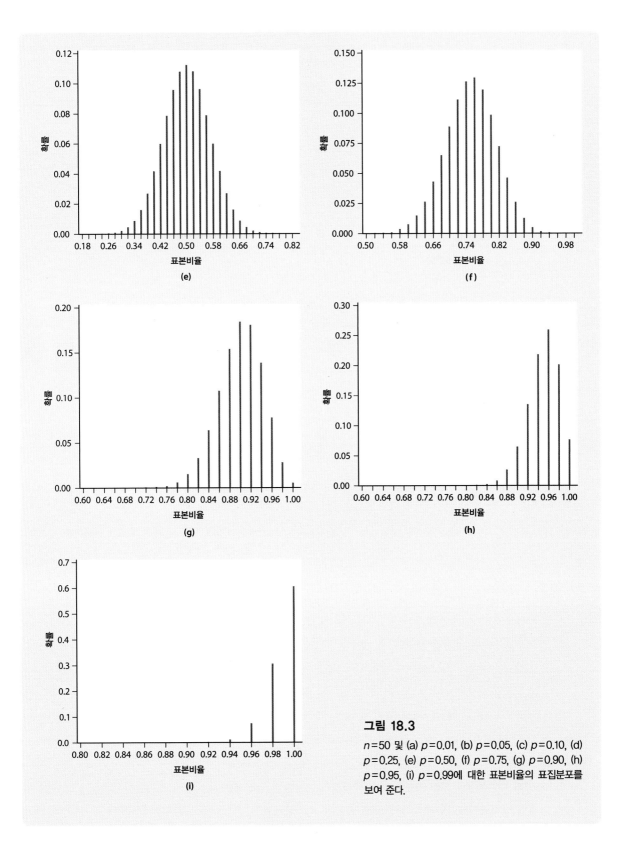

그림 18.3

$n=50$ 및 (a) $p=0.01$, (b) $p=0.05$, (c) $p=0.10$, (d) $p=0.25$, (e) $p=0.50$, (f) $p=0.75$, (g) $p=0.90$, (h) $p=0.95$, (i) $p=0.99$에 대한 표본비율의 표집분포를 보여 준다.

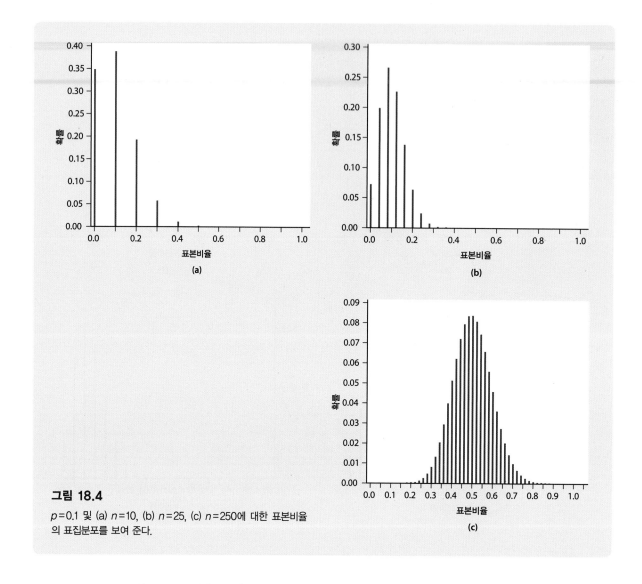

그림 18.4

$p=0.1$ 및 (a) $n=10$, (b) $n=25$, (c) $n=250$에 대한 표본비율
의 표집분포를 보여 준다.

0.75, (g) $p=0.90$, (h) $p=0.95$, (i) $p=0.99$의 표본에 대한 표본비율의 표집분포를 보여 준다. 표본에서 성공과 실패의 횟수는 둘 다 적어도 15라는 조건은 (e)에서만 충족되며, 표집분포는 근사하게 정규분포하는 것처럼 보인다. 이 조건은 (d)와 (f)에서 거의 충족되며, 표집분포는 대략 정규분포하는 것처럼 보이지만 약간 기울어져 있다. 조건이 점점 덜 충족됨에 따라, 표집분포는 점점 기울어진다.

그림 18.4는 $p=0.1$ 및 표본크기 (a) $n=10$, (b) $n=25$, (c) $n=250$에 대한 표본비율의 표집분포를 보여 준다. (c)에서만 조건이 충족되며, 표집분포는 근사하게 정규분포하는 것처럼 보인다. 성공의 모비율이 0 또는 1에 근접하고 조건이 점점 덜 충족됨에 따라, 표집분포는 점점 기울어진다.

t로 변화시키지 않는 이유는 무엇 때문인가? 표준편차를 표준오차로 대체시킬 때, z^*를 t^*로 변화시키지 않는다는 데 주목하자. 표본평균 $\bar{x}$가 모평균 μ를 추정할 때, 별개의 모수 σ는 $\bar{x}$ 분포의 변동

성을 나타낸다. σ를 별개로 추정하면, 이는 t 분포로 이어진다. 표본비율 $\hat{p}$이 모비율 p를 추정할 때, 변동성은 p에 의존하지, 별개의 모수에 의존하지 않는다. t 분포는 존재하지 않는다. 표준편차에서 p를 $\hat{p}$으로 대체시킬 때 정규분포로의 근사를 약간 덜 정확하게 할 뿐이다.

정리문제 18.4

위험한 행태에 대한 추정

앞에서 알아본 신뢰구간에 대한 4단계 과정에 기초하여 살펴보도록 하자.

문제 핵심 : 미국 전국 AIDS 행태 표본조사를 통해 2,673명의 성인 이성애자 표본 중 170명이 다수의 성 상대를 갖고 있다는 사실을 알았다. 즉, 다음과 같다.

$$\hat{p} = \frac{170}{2,673} = 0.0636$$

모든 성인 이성애자 모집단에 관해 무슨 말을 할 수 있는가?

통계적 방법 : 다수의 성 상대를 갖는 모든 성인 이성애자의 비율 p를 추정하기 위해서, 99% 신뢰구간을 구할 것이다.

해법 : 우선, 추론을 하기 위한 다음 조건을 입증하시오.

- 표본추출 설계는 복잡하며 충화된 표본이었다. 조사는 해당 설계에 대한 추론 절차를 사용하였다. 하지만 전반적인 효과는 단순 무작위 표본에 가깝다.
- 표본의 크기는 충분히 크다. 즉, 표본에서 성공 횟수(170) 및 실패 횟수(2,503)는 둘 다 15보다 훨씬 더 크다.

표본크기조건은 쉽게 충족된다. 표본이 단순 무작위 표본일 조건은 단지 근사하게 충족될 뿐이다.

다수의 성 상대를 갖는 모든 성인 이성애자의 비율 p에 대한 99% 신뢰구간은, 표준정규분포 임곗값 $z^* = 2.576$을 사용한다. 신뢰구간은 다음과 같다.

$$\hat{p} \pm z^* \sqrt{\frac{\hat{p}(1-\hat{p})}{n}} = 0.0636 \pm 2.576 \sqrt{\frac{(0.0636)(0.9364)}{2,673}}$$
$$= 0.0636 \pm 0.0122$$
$$= 0.0514부터 \ 0.0758까지$$

결론 : 지난해에 두 명 이상의 성 상대를 가졌던 성인 이성애자의 백분율은 약 5.1%에서 7.6% 사이에 위치한다고 99% 신뢰한다.

여느 때처럼, 규모가 큰 표본조사가 갖는 실제적인 문제로 인해 AIDS 표본조사에서 내려진 결론에 대한 신뢰가 약화된다. 우선 전화기가 있는 가구의 사람들만이 조사대상이 될 수 있다. 표본조사가 시행된 시점에, 미국 가구의 약 89%가 유선전화를 갖고는 있었지만, 휴대전화만을 사용하는 사람들의 수가 증가함에 따라 유선전화를 갖고 있는 가구들을 표본으로 사용할 경우, 전체 인구에 대한 표본조사에 비해 덜 받아들여지게 된다. 게다가, 예를 들면 불법적인 마약을 주사하는 사람들처럼 AIDS 고위험군에 속하는 일부 그룹들은, 보통 한곳에 정주하는 가구에 살지 않으므로 표본에서 적은 비율로 대표된다. 전화로 접촉한 사람들 중 약 30%가 설문조사에 협력하기를 거절하였다. 30%의 무응답률이 크기가 큰 표본조사에서 유별난 것은 아니지만, 협력을 거부한 사람들이 협력한 사람들과 체계적으로 다를 경우 어떤 편의가 발생할 수 있다. 이 표본조사는 상이한 집단에서의 불균등한 응답률을 조정하는 통계적 방법을 사용하였다. 마지막으로, 일부 응답자들은 자신들의 성생활에 관한 질문을 받았을 때 진실을 말하지 않을 수도 있다. 표본조사 면담자들은 응답자들이 평안하게 느끼도록 배려하였다. 예를 들면, 라틴아메리카 여성들은 라틴아메리카 여성들에 의해서만 인터뷰가 이루어졌으며, (예를 들면 쿠바, 멕시코, 푸에르토리코와 같이) 스페인어를 말하는 사람들은 동일한 지역 악센트를 갖는 사람들에 의해 인터뷰가 이루어졌다. 그럼에도 불구하고, 표본조사 보고서는 어떤 편의가 있을 수 있다고 다음과 같이 밝히고 있다.

> 현재 수치는 과소추정되었을 가능성이 크다. 일부 응답자들은 당황스러움과 보복의 두려움으로 인해서 성 상대 및 정맥 주사용 마약 사용 숫자를 적게 말했을 수 있다. 또한 이들은 자신 및 성 상대의 HIV 위험과 항체실험 기록에 관한 세부사항을 잊어버리거나 또는 알지 못할 수 있다.

미국 전국 AIDS 행태 표본조사와 같은 대규모 연구 보고서를 읽게 되면, 통계학은 실제에서 추론하는 데 필요한 공식보다 훨씬 더 많은 것을 포함한다는 사실을 깨닫게 된다.

복습문제 18.3

신뢰구간을 사용할 수 없는 경우

2017년에 '젊은 층의 위험한 행태 조사'는, 미국 코네티컷주 고등학교 졸업반 497명의 학생으로 구성된 무작위 표본에서 0.8%(소수로 나타내면 0.008)가 일상적으로 흡연한다는 사실을 발견하였다. 2017년 코네티컷주 모든 고등학교 졸업반 학생의 모집단에서 일상적으로 흡연을 하는 비율 p를 추정하기 위해, 규모가 큰 표본의 신뢰구간을 사용할 수 없는 이유를 설명하시오.

복습문제 18.4

총기류에 대한 캐나다인들의 태도

캐나다는 미국보다 훨씬 더 강력한 총기류 통제법을 시행하고 있으며, 캐나다인들은 미국인들보다 더 강력하게 총기류 통제를 지지한다. 어떤 표본조사는 1,525명의 캐나다 성인으로 구성된 무작위 표본에게 다음과 같은 질문을 하였다. "귀하는 캐나다에서 민간인의 총기류 보유를 완전히 금지해야 한다는 데 동의하십니까 또는 반대하십니까?"

표본 1,525명 중 930명이 "강하게 동의한다." 또는 "동의한다."라고 답변하였다.

(a) 이 조사는 광범위하고 다양한 방법과 채널을 사용하여 조사 과정에 초대된 캐나다 성인으로 구성된 대규모 패널의 무작위 표본과 접촉하였다. 캐나다 주민을 전반적으로 대표할 수 있도록 하기 위해서, 패널 구성원들의 무작위 표본이 선택되었다. 여러분이 표본조사에

관해 알고 있는 것에 기초하여, 이 표본조사에서 가장 큰 약점은 무엇일 것이라고 생각하는가?

(b) 그럼에도 불구하고, 캐나다 주들에 거주하는 성인들로부터 단순 무작위 표본을 구한 것으로 보자. 모든 총기류의 등록을 지지하는 비율에 대한 95% 신뢰구간을 구하시오.

18.3 표본크기의 선택

연구계획을 세우면서, 주어진 오차범위 내에서 모수를 추정할 수 있도록 표본크기를 선택하고자 할 수 있다. 앞에서는 모평균에 대해 이것을 어떻게 하는지 살펴보았다. 모비율을 추정하는 데도 방법은 유사하다.

p에 대한 크기가 큰 표본의 신뢰구간에서 오차범위는 다음과 같다.

$$m = z^* \sqrt{\frac{\hat{p}(1-\hat{p})}{n}}$$

여기서 z^*는 원하는 신뢰수준에 대한 표준정규분포 임곗값이다. 오차범위에는 성공의 표본비율 $\hat{p}$이 포함되므로, n을 선택할 때 이 값을 추측해 볼 필요가 있다. 추측한 값을 p^*라고 하자. p^*를 구하는 두 가지 방법은 다음과 같다.

1. 지침이 되는 연구 또는 유사한 연구의 과거 경험에 기초하여 얻은 추측값 p^*를 사용한다. 몇 번의 계산을 통해 얻고자 하는 $\hat{p}$ 값들의 범위를 구할 수 있다.
2. 추측한 값으로 $p^* = 0.5$를 사용한다. $\hat{p} = 0.5$일 때 오차범위 m이 가장 커지므로, 연구를 할 때 다른 $\hat{p}$을 얻게 되면 계획한 것보다 더 작은 오차범위를 얻는다는 의미에서 추측한 값은 보수적이다.

일단 추측한 값 p^*를 얻게 되면, 오차범위를 구하는 방법을 이용해서 필요한 표본크기 n을 구할 수 있다. 다음은 크기가 큰 표본의 신뢰구간에 대한 결과이다. 간단하게 하기 위해서, 이 장 뒷부분에서 살펴볼 플러스 4 방법에 의한 신뢰구간을 사용하려 할 경우에도 이 결과를 사용하도록 하자.

원하는 오차범위를 구하기 위한 표본크기

모비율 p에 대한 수준 C의 신뢰구간은, 표본크기가 다음과 같을 때 특정 값 m과 거의 같은 오차범위를 갖는다.

$$n = \left(\frac{z^*}{m}\right)^2 p^*(1 - p^*)$$

여기서 p^*는 표본비율에 대해 추측한 값이다. 추측한 값 p^*를 0.5라고 할 경우, 오차범위는 언제나 m보다 작거나 또는 동일하다.

추측한 값 p^*를 구하기 위해 어떤 방법을 사용하여야 하는가? p^*가 0.5로부터 너무 멀리 떨어지지 않는 한, p^*를 변화시킬 때 여러분이 구한 n은 크게 변화하지 않는다. 참값인 $\hat{p}$이 대략 0.3과 0.7 사이에 위치할 것으로 기대되는 경우, 보수적으로 추측한 값 $p^* = 0.5$를 사용할 수 있다. 참값인 $\hat{p}$이 0 또는 1에 근접할 경우, 추측한 값으로 $p^* = 0.5$를 사용한다면 필요한 것보다 훨씬 더 큰 표본크기를 구하게 된다. $\hat{p}$이 0.3보다 더 작거나 또는 0.7보다 더 클 것으로 생각될 경우, 지침이 되는 연구로부터 더 잘 추측한 값을 사용하도록 하자.

정리문제 18.5

여론조사에 관해 계획 세우기

문제 핵심 : 어떤 대도시는 몇몇 오래된 학교 건물의 악화된 환경을 해결하기 위한 자금을 마련하기 위해서 학교세 부과를 제안하고 있다. 해당 도시에 등록된 유권자들의 단순 무작위 표본과 접촉할 계획이다. 95% 신뢰하에서 오차범위가 3% 또는 0.03보다 크지 않을 조건으로, 세금 부과에 찬성하는 유권자들의 비율 p를 추정하고자 한다. 크기가 얼마나 큰 표본이 필요한가?

통계적 방법 : 오차범위 $m = 0.03$ 및 95% 신뢰에 필요한 표본크기 n을 구하시오. 해당 도시의 과거 학교세 부과는 근소한 차이로 결정되었다. 따라서 추측한 값 $p^* = 0.5$를 사용할 수 있다.

해법 : 필요한 표본크기는 다음과 같다.

$$n = \left(\frac{1.96}{0.03}\right)^2 (0.5)(1 - 0.5) = 1{,}067.1$$

위의 결과를 $n = 1{,}068$로 잘라 올리자. (잘라 버릴 경우 0.03보다 약간 더 큰 오차범위가 발생한다.)

결론 : 등록된 유권자 1,068명의 단순 무작위 표본이 오차범위 ±3%를 유지하는 데 적절하다.

오차범위 3%가 아니라 2.5%를 원한다면, (잘라 올린 후) 다음과 같다.

$$n = \left(\frac{1.96}{0.025}\right)^2 (0.5)(1 - 0.5) = 1{,}537$$

2% 오차범위에 대해서 필요한 표본크기는 다음과 같다.

$$n = \left(\frac{1.96}{0.02}\right)^2 (0.5)(1 - 0.5) = 2,401$$

마지막으로 (3%의 절반인) 1.5% 오차범위에 대해서 필요한 표본크기는 다음과 같다.

$$n = \left(\frac{1.96}{0.015}\right)^2 (0.5)(1 - 0.5) = 4,268.4$$

이것은 4,269로 잘라 올리기 전에 오차범위 3%에 대한 표본크기의 4배가 된다. 오차범위를 절반으로 낮추려는 경우, 해당 표본크기에 4를 곱해야 한다. 여느 때와 마찬가지로 오차범위가 작아질수록 표본크기가 커져야 한다.

복습문제 18.5

PTC 맛을 느낄 수 있는가?

PTC는 일부 사람들에게 강한 쓴맛을 느끼게 하지만 다른 사람들에게는 그렇지 않은 물질이다. PTC의 맛을 느끼는 능력은 선천적으로 타고나며, 이는 혀의 미각 수용기를 암호화하는 단일 유전자에 달려 있다. 흥미롭게도, PTC 분자는 자연에서 발견되지 않지만, 그것을 맛보는 능력은 자연적으로 발생하는 다른 쓴 물질을 맛보는 능력과 강하게 상관된다. 이런 물질들 중 많은 것이 독소이다. 이탈리아인들의 약 75%가 PTC 맛을 느낄 수 있다. PTC 맛을 느낄 수 있는 적어도 한 명의 이탈리아계 조부모를 갖고 있는 미국인들의 비율을 추정하고자 한다.

(a) 이탈리아인들에 대한 75% 추정값을 갖고 시작해 보자. 90% 신뢰를 갖는 ±0.04 내에서 PTC 맛을 느끼는 사람들의 비율을 추정하기 위해서 크기가 얼마나 큰 표본을 수집하여야 하는가?

(b) PTC 맛을 느낄 수 있는 비율 값에 관해 가정을 하지 않을 경우, 필요한 표본크기를 추정하시오. 필요한 표본크기는 얼마나 변화하는가?

18.4 비율에 대한 유의성 검정

귀무가설 $H_0 : p = p_0$에 대한 검정 통계량은 다음과 같이 H_0에 의해 특정화된 값 p_0를 사용하여 표준화된 표본비율 $\hat{p}$이다.

$$z = \frac{\hat{p} - p_0}{\sqrt{\dfrac{p_0(1 - p_0)}{n}}}$$

이 z 통계량은 H_0가 참일 때 표준정규분포에 근사하게 된다. 따라서 P-값은 표준정규분포로부터 구하게 된다. p는 알지 못하며 추정값을 표준화할 때 $\hat{p}$에 의해 추정되어야만 하는 신뢰구간과 달리, 이 검정에서는 p_0가 H_0에 의해 특정되기 때문에 표준화할 때 p를 p_0로 대체시킬 수 있다. 나아가 추정값을 표준화할 때 H_0는 p의 값을 고정시키기 때문에, 이 검정의 사용에 대한 표본크기조건은 p가 추정되어야만 하는 규모가 큰 표본의 신뢰구간에 대한 것보다 덜 엄중하다. 다음은 이 검정에 대한 절차이다.

비율에 대한 유의성 검정

알지 못하는 성공비율 p를 포함하는 크기가 큰 모집단으로부터, 크기가 n인 단순 무작위 표본을 추출해 보자. 가설 $H_0 : p = p_0$를 검정하기 위해서, 다음과 같은 z 통계량을 계산해 보자.

$$z = \frac{\hat{p} - p_0}{\sqrt{\dfrac{p_0(1 - p_0)}{n}}}$$

표준정규분포하는 변수 Z의 측면에서 보면 다음과 같다.

$H_a : p > p_0$에 대한, H_0 검정의 근사한 P-값은 $P(Z \geq z)$이다.

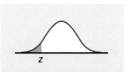

$H_a : p < p_0$에 대한, H_0 검정의 근사한 P-값은 $P(Z \leq z)$이다.

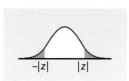

$H_a : p \neq p_0$에 대한, H_0 검정의 근사한 P-값은 $2P(Z \geq |z|)$이다.

표본크기 n이 매우 커서 np_0 및 $n(1 - p_0)$ 둘 다 10 이상일 때 이 검정을 사용하시오.

정리문제 18.6

여러분은 개와 주인을 일치시킬 수 있습니까?

문제 핵심 : 연구자들은 학부생들의 무작위 표본에 두 장의 테스트 종이시트를 보여 주었다. 각 종이시트는 애견가들의 현장 축제에서 찍은 개-주인 쌍의 얼굴 사진 20장을 포함한다. 두 장의 종이시트상에 있는 개-주인 쌍의 세트는 품종, 외모의 다양성, 주인의 성별 면에서 동등했다. 첫 번째 종이시트에서 개들을 주인과 일치시킨 반면에, 두 번째 종이시트에서는 개와 주인을 고의적으로 일치시키지 않았다. 학생들에게 '서로 닮은 개-주인 쌍 세트를 고르도록, 즉 첫 번째 종이시트(종이시트 1) 또는 두 번째 종이시트(종이시트 2)를 고르도록' 요청하였다. 그리고 연구의 목적은 '개-주인 관계에 대한 연구'라고만 말하였

다. 이 연구 부분에서 61명의 학생 심판원 중 49명은 개와 주인이 올바르게 일치하는 종이시트를 선택하였다. 개와 주인이 올바르게 일치하는 종이시트를 선택한 표본비율은 다음과 같다.

$$\hat{p} = \frac{49}{61} = 0.8033$$

학생들이 추측만 한다면, 이들 중 약 50%가 개와 주인이 일치하는 종이시트를 올바르게 선택할 것이라고 기대하게 된다. 반면에 개와 주인이 서로 닮았다면, 학생들은 단순히 추측하는 것 이상의 성과를 내어야만 한다. 절반을 초과하는 학생들이 개와 주인을 올바르게 일치시키는 선택을 할 경우, 무작위 표본에서 완벽한 50-50 분할을 기대할 수는 없다. 이것은 피실험자들이 추측 이상의 성과를 낸다는 표본증거가 되는가?

통계적 방법 : 개와 주인이 올바르게 일치된 종이시트를 선택할 학부생들의 비율을 p라고 하자. 그리고 다음 가설을 검정하고자 한다.

$$H_0 : p = 0.5$$
$$H_a : p > 0.5$$

해법 : 추론하기 위한 조건으로는, 무작위 표본을 갖고 있다는 것 그리고 $np_0 = (61)(0.5) = 30.5$ 및 $n(1 - p_0) = (61)(0.5) = 30.5$가 둘 다 10보다 크다는 것을 들 수 있다. 추론을 하기 위한 이들 조건이 충족되었기 때문에, 계속해서 다음과 같은 z 검정 통계량을 구할 수 있다.

$$z = \frac{\hat{p} - p_0}{\sqrt{\dfrac{p_0(1 - p_0)}{n}}}$$

$$= \frac{0.8033 - 0.5}{\sqrt{\dfrac{(0.5)(0.5)}{61}}} = 4.74$$

P-값은 표준정규곡선 아래 $z = 4.74$ 오른편의 면적이다. 이 값이 매우 작다는 사실을 알고 있다. 표 C에 따르면 $P < 0.0005$이다.

결론 : 학생들이 올바르게 일치시킨 개-주인 쌍을 보여 주는 종이시트를 선택할 경우, 이것이 추측하는 것보다 더 나은 성과를 보여 주었다는 매우 강한 증거가 된다($P < 0.001$).

정리문제 18.6은 피실험자로 3개 대학에서 참가한 500명 이상의 학부생을 포함하는 일련의 실험 중에서 첫 번째 것이다. 복습문제 18.6은 개와 주인 사이의 유사성을 검토한 일련의 실험 중에서 두 개의 추가적인 실험과 관련된다.

개와 주인을 올바르게 일치시킬 가능성을 추정하기

61회의 시도 중에서 49회 성공할 경우, 해당 표본에서는 49회의 성공과 12회의 실패가 발생한다. 대규모 표본 신뢰구간에 대한 조건들이 거의 부합되기 때문에, 다소 신중하게 신뢰구간을 사용할 것이다. 99% 신뢰구간은 다음과 같다.

$$\hat{p} \pm z^* \sqrt{\frac{\hat{p}(1-\hat{p})}{n}} = 0.8033 \pm 2.576 \sqrt{\frac{(0.8033)(0.1967)}{61}}$$
$$= 0.8033 \pm 0.1311$$
$$= 0.6722 \text{부터 } 0.9344 \text{까지}$$

학부생의 약 67%에서부터 약 93%까지가 개와 주인을 올바르게 일치시킬 수 있다고 99% 신뢰한다.

신뢰구간은 정리문제 18.6에서 살펴본 검정보다 더 많은 정보를 제공한다. 정리문제 18.6은 절반 이상의 학부생들이 개와 주인을 올바르게 일치시킨다는 사실만을 알려 준다. 신뢰구간은 이 비율이 50%보다 충분히 더 크다는 사실을 알려 주고 있다.

개와 주인을 일치시키기에 대한 추가 논의

정리문제 18.6에서 도출한 결론은 개와 주인 사이의 유사성을 살펴본 보다 큰 연구의 일부분이다. 두 번째 실험에서 개와 주인의 모든 사진에서 주인의 '입 부위'만을 어둡게 했을 때, 두 번째 실험에 참여한 51명의 피실험자 중에서 37명이 개와 주인이 있는 종이시트를 올바르게 선택하였다. 하지만 세 번째 실험에서 주인의 '눈 부위'만을 어둡게 했을 때, 세 번째 실험에 참여한 60명의 피실험자 중에서 30명만이 개와 주인을 올바르게 일치시켰다. 4단계 과정을 밟아 이들 두 개 실험의 결과를 분석하시오. 이 문제의 틀 내에서 여러분의 결론을 요약하시오.

검정의 사용

다음과 같은 상황에서 비율에 대한 z 검정을 사용할 수 있는지 설명하시오.

(a) 동전이 균형을 이루는 가설 $H_0 : p = 0.5$를 검정하기 위해서 동전을 10회 던진다.

(b) 어떤 지역 국회의원은 자신이 발의한 법안을 절반 이상이 지지하는 증거가 있는지 알아보기 위해서, 자신의 지역구에 등록된 유권자 500명의 단순 무작위 표본과 접촉한다.

(c) 대기업 최고경영자는 다음과 같이 말하였다. "우리 회사 종업원들 중 2%만이 새로운 건강보험 플랜에 만족하지 않는다." 당신은 가설 $H_0 : p = 0.02$를 검정하기 위해서, 해당 회사의 10,000명 종업원 중 150명의 단순 무작위 표본과 접촉하려 한다.

18.5 비율에 대한 플러스 4 신뢰구간

표본비율 p에 대한 대규모 표본 신뢰구간 $\hat{p} \pm z^* \sqrt{\hat{p}(1-\hat{p})/n}$ 은 계산하기 용이하다. 또한 이것은 $\hat{p}$의 근사한 정규분포에 직접적으로 기초하기 때문에 이해하기 쉽다. 불행히도, 특히 표본이 작을 때 이 구간으로부터의 신뢰수준은 부정확할 수 있다. 실제의 신뢰수준은 임곗값 z^*를 선택할 때 요구한 신뢰수준보다 통상적으로 더 작다. 이것은 곤란하다. 설상가상으로 표본크기 n이 증가함에 따라, 정확성이 일관되게 더 나아지지 않는다. 표본크기 n과 참인 모비율 p의 '운이 좋은' 결합과 '운이 나쁜' 결합이 있다.

다행히, 신뢰구간의 정확성을 향상시키는 데 거의 마술적인 수준으로 효과적인 간단한 수정법이 있다. 우리는 이것을 '플러스 4' 방법이라고 한다. 왜냐하면 해야 할 일은 성공 2회와 실패 2회, 즉 4개의 가상적인 관찰값을 추가하는 것이다. 추가된 관찰값을 갖고, p의 플러스 4 추정값을 구하면 다음과 같다.

$$\tilde{p} = \frac{\text{표본에서의 성공 횟수} + 2}{n + 4}$$

신뢰구간에 대한 공식은 이전 것과 정확하게 동일하며, 다만 새로운 표본크기 및 새로운 성공 횟수가 사용되었을 뿐이다. 플러스 4 방법에 의한 구간을 제시해 주는 소프트웨어가 필요하지는 않으며, 크기가 큰 표본 절차에 새로운 표본크기(실제 크기 + 4) 및 새로운 성공 횟수(실제 횟수 + 2)를 입력하기만 하면 된다.

비율에 대한 플러스 4 신뢰구간

알지 못하는 성공비율 p를 포함하는 규모가 큰 모집단으로부터 크기가 n인 단순 무작위 표본을 추출해 보자. p에 대한 **플러스 4 신뢰구간**(plus four confidence interval)을 구하기 위해서, 성공 2회와 실패 2회, 즉 4개의 가상적인 관찰값을 추가해 보자. 그리고 나서, 새로운 표본크기($n + 4$) 및 새로운 성공 횟수(실제 횟수 + 2)를 가지고 규모가 큰 표본 신뢰구간을 사용하자.

신뢰수준이 적어도 90%이고 표본크기 n이 적어도 10일 때, 성공 및 실패 횟수를 갖고 이 신뢰구간을 사용하시오.

정리문제 18.8

스페인에서 유통되는 유로화의 코카인 흔적

문제 핵심 : 코카인 흡입자들은 보통 돌돌 만 지폐를 통해 코카인 분말을 코로 들이마신다. 스페인에서 코카인 흡입률이 높기 때문에, 스페인에서 유통되는 유로화 지폐가 코카인 흔적을 자주 포함하는 것은 놀라운 일이 아니다. 연구자들은 몇 개의 스페인 도시 각각에서 20유로짜리 지폐를 수집하였다. 마드리드에서

는 20장 중에서 17장이 코카인 흔적을 포함하였다. 연구자들은 해당 지폐가 코카인을 코로 들이마시는 데 사용되었는지 또는 지폐 분류기에서 오염되었는지 구별할 수 없다는 점에 주목하였다. 코카인 흔적이 남아 있는 마드리드에서 유통되는 모든 유로화 지폐의 비율을 추정하시오.

통계적 방법 : p를 코카인 흔적을 포함하는 지폐의 비율이라고 하자. 즉, '성공'은 코카인 흔적을 포함하는 지폐이다. p에 대한 95% 신뢰구간을 구해 보자.

해법 : 표본의 지폐들이 어떻게 선택되는지 분명하지 않다. 따라서 우리가 단순 무작위 표본을 갖고 있는지 여부를 알지 못한다. 우리가 단순 무작위 표본을 갖고 있다고 간주하겠지만, 주의를 기울여 진행할 것이다. 단지 세 번의 실패만이 존재하기 때문에, 크기가 큰 표본의 신뢰구간을 사용하기 위한 조건이 충족되지 않는다. 플러스 4 방법을 적용하기 위해서 원래의 데이터에 성공 2회와 실패 2회를 추가해 보자. p의 플러스 4 추정값은 다음과 같다.

$$\tilde{p} = \frac{17+2}{20+4} = \frac{19}{24} = 0.7917$$

크기가 큰 표본의 신뢰구간에 대해 했던 것과 동일한 방법으로 플러스 4 방법에 의한 신뢰구간을 계산할 것이다. 다만 24개 관찰값에서 19회 성공하는 것에 기초하여 구할 것이다. 이는 다음과 같다.

$$\tilde{p} \pm z^* \sqrt{\frac{\tilde{p}(1-\tilde{p})}{n+4}} = 0.7917 \pm 1.960 \sqrt{\frac{(0.7917)(0.2083)}{24}}$$
$$= 0.7917 \pm 0.1625$$
$$= 0.6292 부터 0.9542까지$$

결론 : 표본을 단순 무작위 표본으로 간주할 수 있다고 가정하고, 마드리드에서 유통되는 모든 유로화 지폐의 약 63%에서 95% 사이가 코카인 흔적을 포함하고 있다고 95% 신뢰수준으로 추정한다.

비교를 위해서, 통상적인 표본비율을 구하면 다음과 같다.

$$\hat{p} = \frac{17}{20} = 0.85$$

정리문제 18.8에서 플러스 4 추정값 $\tilde{p} = 0.7917$은 $\hat{p} = 0.85$보다 1로부터 더 멀리 떨어져 있다. 플러스 4 방법에 의한 추정값은, 언제나 0.5를 향해 이동하고 1 또는 0 중 더 근접한 값으로부터 멀리 이동함으로써, 정확성을 추가시킬 수 있다. 표본이 단지 몇 개의 성공 또는 실패만을 포함하는 경우, 이 방법은 특히 도움이 된다. 규모가 큰 표본의 신뢰구간과 이에 상응하는 플러스 4 신뢰구간 사이의 숫자적인 차이는 종종 작다. 신뢰수준은 신뢰구간이 여러 번 시도에서 참인 모비율을 포함할 확률이라는 점을 기억하자. 매번 작은 차이가 플러스 4 신뢰구간 대 규모가 큰 표본 신뢰구간으로부터 보다 정확한 신뢰수준이 될 수 있다.

플러스 4 방법에 의한 신뢰구간이 얼마나 더 정확한가? 95% 신뢰구간이 참인 모숫값을 포함한 실제 확률이 크기가 n 이상인 모든 표본에 대해 적어도 0.94일 것을 보장하려면, n이 얼마나 커야 되는지 컴퓨터를 이용하여 알아보자. 예를 들어 $p = 0.1$인 경우, 크기가 큰 표본의 신뢰구간에 대해서는 $n = 646$이 되며 플러스 4 신뢰구간에 대해서는 $n = 11$이 된다. 컴퓨터 및 이론 연구를 통해 얻은 일치된 의견은, n과 p의 여러 가지 많은 결합에 대해 규모가 큰 표본의 신뢰구간보다 플러스 4 방법에 의한 신뢰구간이 더 낫다는 것이다.

복습문제 18.8

검은 나무딸기와 암

표본조사일 경우 보통 규모가 큰 표본과 접촉해서, 표본설계가 단순 무작위 표본에 가깝다면 규모가 큰 신뢰구간을 사용할 수 있다. 과학적 연구일 경우에는, 종종 플러스 4 방법이 필요한 규모가 보다 더 작은 표본을 사용한다. 예를 들면, 가족성 선종용종은 어린 연령에 수많은 용종이 발생하여 40세 이전에 실제로 환자의 100%에서 결장암이 발생하는 희귀유전병이다. 이 가족성 선종용종을 갖고 있으면서 미국 클리블랜드 병원에서 치료를 받고 있는 14명인 그룹은 9개월 동안 매일마다 현탁액으로 해서 검은 나무딸기 분말을 마셨다. 14명의 환자 중 11명에서 용종의 수가 감소하였다.

(a) 9개월간의 치료 후에 용종의 수가 감소한 가족성 선종용종을 앓고 있는 환자들의 비율 p에 대해, 크기가 큰 표본의 신뢰구간을 사용할 수 없는 이유는 무엇 때문인가?
(b) 플러스 4 방법은 성공 2회와 실패 2회, 즉 4개의 관찰값을 추가한다. 이렇게 한 후 표본크기와 성공 횟수는 얼마인가? p의 플러스 4 추정값 $\tilde{p}$은 무엇인가?
(c) 9개월간의 치료 후에 용종의 수가 감소한 가족성 선종용종을 앓고 있는 환자들의 비율에 대해 플러스 4 방법에 의한 90% 신뢰구간을 구하시오.

복습문제 18.9

스페인에서 유통되는 유로화의 코카인 흔적 (계속)

플러스 4 방법은 데이터상에 성공이 없거나 또는 실패가 없을 때 특히 유용하다. 정리문제 18.8에서 살펴본 스페인에서 유통되는 유로화에 관한 연구는, (스페인 안달루시아 지방의 중심도시인) 세비야에서 20유로짜리 지폐 표본 20장 모두에서 코카인 흔적을 발견하였다.

(a) 오염된 지폐의 표본비율 $\hat{p}$은 얼마인가? p에 대한 크기가 큰 표본의 95% 신뢰구간은 무엇인가? 여기서 구한

신뢰구간이 의미하는 것처럼, 세비야에서 유통되는 모든 지폐가 코카인 흔적을 갖고 있다는 주장은 타당한 것 같지 않다.
(b) 플러스 4 방법에 의한 추정값 $\tilde{p}$을 구하고, p에 대한 플러스 4 방법의 95% 신뢰구간을 구하시오. 이렇게 얻은 결과가 보다 합리적인 것처럼 보인다.

요약

- 데이터가 크기가 n인 단순 무작위 표본인 경우, 모비율 p에 대한 검정 및 신뢰구간은 표본비율 $\hat{p}$에 기초한다.
- n이 클 때, $\hat{p}$의 표집분포는 평균이 p이고 표준편차가 $\sqrt{p(1-p)/n}$인 근사한 정규분포를 한다. 표준편차는 $\hat{p}$의 표준오차이다.
- 신뢰수준 C에서 p에 대한 크기가 큰 표본의 신뢰구간은 다음과 같다.

$$\hat{p} \pm z^* \sqrt{\frac{\hat{p}(1-\hat{p})}{n}}$$

여기서 z^*는 $-z^*$와 z^* 사이의 면적이 C인 표준정규곡선의 임곗값이다. 표본에서 성공 횟수와 실패 횟수 둘 다 최소 15일 경우에만 이 신뢰구간을 사용하시오.
- 모비율에 대해 근사한 오차범위 m을 갖는 신뢰구간을 구하기 위해 필요한 표본크기는 다음과 같다.

$$n = \left(\frac{z^*}{m}\right)^2 p^*(1-p^*)$$

여기서 p^*는 표본비율 $\hat{p}$에 대해 추측한 값이며, z^*는 원하는 신뢰수준에 대한 표준정규분포 임계점이다. 위의 식에서 $p^* = 0.5$를 사용한다면, 신뢰구간의 오차범위는 $\hat{p}$ 값이 무엇일지라도 m 이하가 된다.

- 비율 $H_0 : p = p_0$에 대한 유의성 검정은 다음과 같은 z 통계량에 기초한다.

$$z = \frac{\hat{p} - p_0}{\sqrt{\dfrac{p_0(1 - p_0)}{n}}}$$

여기서 P-값은 표준정규분포로부터 계산된다. 실제로는 $np_0 \geq 10$ 및 $n(1 - p_0) \geq 10$일 때, 위의 검정을 사용하시오.
- 작은 표본크기에 대해 보다 정확한 신뢰구간을 구하기 위해서 성공 2회와 실패 2회, 즉 4개의 가상적인 관찰값을 표본에 추가시켜 보자. 그러고 나서 신뢰구간에 대한 동일한 공식을 사용해 보자. 이렇게 구한 결과를 플러스 4 신뢰구간이라고 한다. 실제로는 신뢰수준이 90% 이상이고 표본크기 n이 적어도 10인 경우에, 이 신뢰구간을 사용하시오.

주요 용어

표본비율   표본비율 p에 대한 플러스 4 신뢰구간

연습문제

1. **흡연자들은 흡연이 자신들의 건강에 나쁘다는 사실을 알고 있는가?** 해리스 폴은 흡연자들 표본에게 다음과 같은 질문을 하였다. "흡연이 여러분의 수명을 단축시킬 수도 있다는 사실을 믿습니까 또는 믿지 않습니까?" 표본에 있는 1,010명의 사람 중에서 848명이 "믿습니다."라고 답하였다.

alessandro0770/Getty Images

(a) 해리스 폴은 흡연자들의 단순 무작위 표본과 접촉하기 위해서 거주지 전화번호에 무작위로 전화를 걸었다. 전국표본조사에 관해서 알고 있는 사실에 기초할 경우, 이 조사에서 가장 큰 약점은 무엇일 것이라고 보는가?

(b) 그럼에도 불구하고, 인터뷰한 사람들을 흡연자의 단순 무작위 표본이라고 볼 것이다. 흡연이 자신들의 수명을 단축시킬 수도 있다는 데 동의한 흡연자들의 백분율에 대해 95% 신뢰구간을 구하시오.

2. **시험 중 부정행위에 대한 보고** 학생들은 다른 학생들의 시험 중 부정행위를 알리기를 꺼린다. 어떤 학생 관련 연구는 규모가 큰 대학교에서 172명의 학생들로 구성된 무작위 표본에게 다음과 같은 질문을 하였다. "여러분은 어떤 퀴즈시험에서 두 명의 학생이 부정행위하는 것을 목격하였다. 담당 교수에게 이를 보고할 것인가?" 단지 19명의 학생만이 "그렇다."라고 답하였다. 시험 중 부정행위를 보고할 이 대학교 학생들의 비율에 대해 95% 신뢰구간을 구하시오.

3. **신호등이 빨간색일 때 계속 주행하기** 무작위 번호로 전화를 걸어서, 880명의 운전자에게 설문조사를 하면서 다음과 같은 질문을 하였다. "운전을 하면서 통과한 최근의 마지막 10개 신호등을 생각해 보면, 교차로로 진입했을 때 몇 개가 빨간색이었습니까?" 880명의 응답자 중, 171명이 최소한 1개가 빨간색이었다고 인정하였다.

   (a) 모든 운전자가 만난 최근의 마지막 빨간색 신호등 10개 중 1개 이상을 그냥 통과할 비율에 대해 95% 신뢰구간을 구하시오.

   (b) 무응답은 이런 조사에서 실제적인 문제가 된다. 사람과 접촉한 전화 중 21.6%만이 설문조사를 마칠 수 있었다. 다른 실제적인 문제는 사람들이 진실한 대답을 하지 않을 수 있다는 점이다. 어떤 방향의 편의가 발생할 수 있는가? 즉, 880명 중 171명보다 더 많은 수의 사람들이 빨간색일 때 실제로 통과했다고 생각하는가? 더 적은 수의 사람들이 통과했다고 생각하는가? 이유를 설명하시오.

4. **외모가 가장 보기 좋은 입후보자에게 투표하는가?** 우리는 종종 얼굴 생김새로 다른 사람들을 평가한다. 일부 사람들은 얼굴 생김새로 입후보자를 판단하는 것처럼 보인다. 심리학자들은 미국 상원의원에 입후보한 32개 선거구의 두 주요 입후보자의 상반신 사진을 (입후보자 중 특정 사람을 지지하는 유권자들은 빼고) 많은 유권자에게 보여 주고, 이 사진에만 기초하여 어느 입후보자를 '더 유능하다고' 판단하는지 알아보았다. 선거일에, 얼굴 생김새가 보다 유능한 것처럼 보이는 입후보자가 32개 선거구 중 22개에서 당선되었다. 얼굴 생김

새가 투표에 영향을 미치지 않는다면, 장기적으로 모든 선거 중 절반에서 얼굴 생김새가 더 나은 입후보자가 당선되어야 한다. 외모가 보기 좋은 입후보자가 당선될 횟수의 비율이 50%를 초과한다는 증거가 있는가?

   (a) 귀무가설 H_0 및 대립가설 H_a는 무엇인가?

   (b) 결과는 5% 수준에서 통계적으로 유의한가? 1% 수준에서 유의한가?

5. **선택하는 순서** 포도주가 제시되는 순서에 따라 차이가 나는가? 이 연구에서는, 두 개의 포도주 샘플을 순차적으로 시음해 보도록 피실험자에게 요청하였다. 피실험자들은 두 개의 상이한 포도주 샘플을 시음할 것으로 기대하지만, 이들에게 주어진 두 개 포도주 샘플은 동일한 포도주였다. 이 연구에 참여한 32명의 피실험자 중, 22명이 두 개의 동일한 포도주 샘플이 제시되었을 때 처음 제시된 포도주를 선택하였다.

   (a) 두 개의 동일한 포도주 표본을 순서대로 제시했을 때, 피실험자가 두 가지 순서 중 하나를 동등하게 선택할 가능성이 낮다고 결론을 내릴 충분한 이유를 이 데이터는 제시하는가? 4단계 과정을 밟아 설명하시오.

   (b) 피실험자들은 '포도주에 대한 태도 및 가치'에 관한 연구에 참여할 사람을 찾는다는 광고를 통해 캐나다 온타리오에서 충원되었다. 우리가 내린 결론을 모두 포도주 시음자들에게 일반화할 수 있는가? 설명하시오.

6. **패스트푸드 체인점의 주문이행 정확성** 미국의 어느 패스트푸드 체인점이 승차한 채로 주문을 할 수 있는 창구에서 가장 정확하게 주문을 받는가? Quick Service Restaurant(QSR)이 시행한 승차한 채로 주문할 수 있는 서비스에 관한 연구는 미국 50개 주 전역에서 가장 큰 패스트푸드 체인점을 내방하여 이루어졌다. 모든 내방은 오전 5:00부터 오후 7:00까지 하루 종일 이루어졌다. 각 방문을 하는 동안, 연구자들은 주메뉴, 부메뉴, 음료수를 주문하였으며, 예를 들면 '얼음 없는 음

료' 등 사소한 특별요청을 하였다. 주문한 품목을 받은 후, 완전한 정확성을 기하기 위해서 모든 음식 및 음료수를 점검하였다. 주문한 것과 정확하게 일치하지 않는 음식 또는 음료수를 받게 되면 부정확한 주문으로 분류되었다. 또한 요구한 냅킨, 음료용 빨대, 정확한 거스름돈도 정확성을 측정하는 데 포함되었다. 이런 것들에 대한 실수도 부정확한 주문으로 분류되었다.

2019년에 아비스, 버거킹, 칼스 주니어, 칙 필레, 던킨, 하디스, KFC, 맥도날드, 타코벨, 웬디스가 이 연구에 포함되었다. KFC가 가장 부정확하였으며, 165개 주문 중에서 56개가 부정확한 것으로 분류되었다. KFC는 주문 중 어떤 비율로 정확하게 이를 이행하였는가? (95% 신뢰수준을 이용하시오.) 4단계 과정을 밟아 설명하시오.

19

두 개 비율의 비교

학습 주제

복 수표본 문제는 피실험자들을 두 개 그룹으로 무작위로 나누어서 각 그룹을 상이한 처리에 접하도록 하는 무작위 비교실험에서 발생할 수 있다. 두 개 모집단으로부터 별개로 선택된 무작위 표본을 비교하는 것도 또한 복수표본 문제이다. 비교실험 대 관찰연구에서 도달할 수 있는 결론 형태상의 차이는 앞에서 살펴보았다.

비교가 두 개 모집단의 평균을 포함하는 경우, 앞에서 살펴본 복수표본 t 방법을 사용한다. 이 장에서는, 개체에 대한 측정이 성공 또는 실패로 분류될 수 있는 복수표본 문제를 고찰해 볼 것이다. 우리의 목표는 두 개 모집단에서의 성공비율을 비교하는 것이다.

19.1 복수표본 문제 : 비율

이 장에서 답하게 될 일부 의문점들은 다음과 같다.

정리문제 19.1

비율에 대한 복수표본 문제

- 일상적으로 흡연을 하는 고등학교 졸업반 남학생들의 비율이 흡연하는 고등학교 졸업반 여학생들의 비율과 상이한가? 고등학교 졸업반 남학생들의 표본과 여학생들의 표본을 구하였으며, 조사하기 전 30일 동안 일상적으로 흡연을 했던 각 표본의 비율을 비교해야 한다.

- 알코올성 손 세정제로 손을 씻을 경우 일반 감기에 감염될 위험을 감소시키는가? 무작위 실험에서 100명의 피실험자를 알코올성 세정제로 손을 씻는 방법을 따르는 처리군에 배정하고, 100명의 피실험자를 알코올성 세정제를 사용하지 않고 일상적으로 손을 씻는 방법을 따르는 대조군에 배정하였다. 10주 후에, 해당 연구는 연구기간 동안 일반 감기에 감염된 두 개 그룹의 비율들을 비교하였다.

복수표본 t 통계량에 대한 학습에서 사용한 것과 유사한 부호를 사용할 것이다. 비교하고자 하는 그룹들은 모집단 1 및 모집단 2이다. 각 모집단으로부터 뽑은 별개의 단순 무작위 표본 또는 무작위 비교실험에서 두 개 처리로부터의 반응을 갖고 있다. 기입된 아래 첨자는 모수 또는 통계량이 어느 집단을 나타내는지 보여 준다. 부호는 다음과 같다.

모집단	모비율	표본크기	표본비율
1	p_1	n_1	$\hat{p}_1$
2	p_2	n_2	$\hat{p}_2$

우리는 모비율 간 차이 $p_1 - p_2$에 관한 추론을 함으로써 모집단을 비교한다. 이 차이를 추정하는 통계량은 두 개 표본비율 간 차이, 즉 $\hat{p}_1 - \hat{p}_2$이다.

정리문제 19.2

다른 인종 간의 데이트

문제 핵심 : "당신은 인종이 다른 사람과 데이트를 하겠습니까?" 연구자들은 인터넷 데이트 사이트인 Match.com으로부터 데이터를 수집함으로써 이 물음에 답하였다. 사람들은 해당 사이트에 자신의 프로필을 게시할 때, 어느 인종과 데이트를 하려는지 표기한다. 몇몇 인종에 대해 연구가 이루어졌지만, 백인과 데이트하겠다는 흑인들에 대해 수집된 데이터에 초점을 맞추었다. 100명의 흑인 남성으로 구성된 무작위 표본과 100명의 흑인 여성으로 구성된 무작위 표본을 데이트 사이트에서 선택하였다. 흑인 남성 중 75명이 백인 여성과 데이트하겠다고 표기하였으며, 흑인 여성 중 56명이 백인 남성과 데이트하겠다고 표기하였다. 이것은 해당 인터넷 사이트상에서 흑인 남성과 흑인 여성의 다른 비율이 백인과 데이트하려 한다는 좋은 증거가 되는가? 백인과 데이트하겠다는 흑인 남성의 비율과 흑인 여성의 비율 간 차이는 얼마나 큰가?

통계적 방법 : 흑인 남성은 모집단 1 그리고 흑인 여성은 모집단 2라고 하자. 백인과 데이트하겠다는 모비율은 흑인 남성의 경우 p_1 그리고 흑인 여성의 경우 p_2이다. 다음과 같은 가설을 검정하고자 한다.

$$H_0 : p_1 = p_2 \text{ (이것은 } H_0 : p_1 - p_2 = 0\text{과 같다.)}$$
$$H_a : p_1 \neq p_2 \text{ (이것은 } H_a : p_1 - p_2 \neq 0\text{과 같다.)}$$

또한 차이 $p_1 - p_2$에 대한 신뢰구간을 구하고자 한다.

해법 : 모비율에 관한 추론은 표본비율에 기초한다.

$$\hat{p}_1 = \frac{75}{100} = 0.75 \text{ (남성)}$$

$$\hat{p}_2 = \frac{56}{100} = 0.56 \text{ (여성)}$$

흑인 남성의 75%가 백인과 데이트하겠다고 하였지만, 흑인 여성의 56%만이 백인과 데이트하겠다는 사실을 살펴보았다. 표본크기가 적당하고 표본비율이 매우 상이하기 때문에, 검정이 매우 유의할 것으로 기대된다(실제로, $P = 0.0046$이다). 따라서 신뢰구간에 집중할 것이다. $p_1 - p_2$를 추정하기 위해서, 다음과 같은 표본비율들 간의 차이에서부터 시작해 보자.

$$\hat{p}_1 - \hat{p}_2 = 0.75 - 0.56 = 0.19$$

'해법' 단계를 끝내기 위해서는, 이런 차이가 어떻게 작동하는지 알아야만 한다.

19.2 비율 간 차이의 표집분포

추론을 하기 위해 $\hat{p}_1 - \hat{p}_2$를 사용하려면, 이것의 표집분포를 알아야만 한다. 다음은 우리가 필요로 하는 사실들이다.

- 표본크기가 클 때, $\hat{p}_1 - \hat{p}_2$의 분포는 근사하게 정규분포한다.
- 표집분포의 평균은 $p_1 - p_2$이다. 즉, 표본비율 간 차이는 모비율 간 차이의 불편 추정량이다.
- 분포의 표준편차는 다음과 같다.

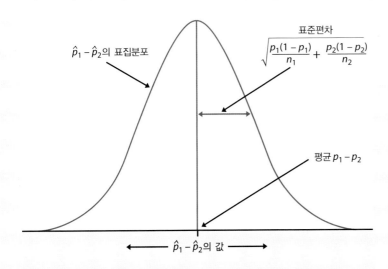

그림 19.1

성공비율이 p_1 및 p_2인 두 개 모집단으로부터 독립적인 단순 무작위 표본을 추출해 보자. 두 개 표본에서 성공비율은 $\hat{p}_1$ 및 $\hat{p}_2$이다. 표본들의 크기가 클 때, 차이 $\hat{p}_1 - \hat{p}_2$의 표집분포는 정규분포에 근사한다.

$$\sqrt{\frac{p_1(1-p_1)}{n_1} + \frac{p_2(1-p_2)}{n_2}}$$

위 식은 차이의 표준편차라는 사실에도 불구하고, 표준편차에 대한 식에서 제곱근 아래의 항들을 빼기보다는 합산한다는 사실에 주목하자. 차이에서의 변동성은 두 개 표본의 결합된 변동에 달려 있다.

그림 19.1은 $\hat{p}_1 - \hat{p}_2$의 분포를 보여 준다. $\hat{p}_1 - \hat{p}_2$의 표준편차는 알지 못하는 모수들 p_1 및 p_2를 포함한다. 앞에서와 마찬가지로, 추론을 하기 위해 이를 추정값으로 대체시켜야만 한다. 그리고 앞에서와 마찬가지로, 신뢰구간 및 가설검정에 대해 이를 약간 다르게 한다.

19.3 크기가 큰 표본의 비율을 비교하기 위한 신뢰구간

신뢰구간을 구하기 위해, 표준편차에서 모비율들 p_1 및 p_2를 표본비율로 대체시키자. 이에 따른 결과는 통계량 $\hat{p}_1 - \hat{p}_2$의 표준오차이며 다음과 같다.

$$\text{SE}_{\hat{p}_1 - \hat{p}_2} = \sqrt{\frac{\hat{p}_1(1-\hat{p}_1)}{n_1} + \frac{\hat{p}_2(1-\hat{p}_2)}{n_2}}$$

신뢰구간은 앞에서 살펴본 것과 동일한 형태를 하며, 다음과 같다.

$$추정값 \pm z^*\text{SE}_{추정값}$$

크기가 큰 표본의 두 개 비율을 비교하기 위한 신뢰구간

성공비율이 p_1인 크기가 큰 모집단으로부터 크기가 n_1인 단순 무작위 표본을 추출하고, 성공비율이 p_2인 또 다른 크기가 큰 모집단으로부터 크기가 n_2인 독립적인 단순 무작위 표본을 추출해 보자. n_1 및 n_2가 클 때, 근사한 수준 C에서 $p_1 - p_2$에 대한 신뢰구간은 다음과 같다.

$$(\hat{p}_1 - \hat{p}_2) \pm z^*\text{SE}_{\hat{p}_1 - \hat{p}_2}$$

위의 공식에서 $\hat{p}_1 - \hat{p}_2$의 표준오차 $\text{SE}_{\hat{p}_1 - \hat{p}_2}$는 다음과 같다.

$$\text{SE}_{\hat{p}_1 - \hat{p}_2} = \sqrt{\frac{\hat{p}_1(1-\hat{p}_1)}{n_1} + \frac{\hat{p}_2(1-\hat{p}_2)}{n_2}}$$

z^*는 $-z^*$와 z^* 사이의 면적 C를 갖는 표준정규밀도곡선의 임곗값이다.

성공 및 실패의 횟수가 두 개 표본에서 각각 10 이상일 때만, 이 신뢰구간을 사용하시오.

정리문제 19.3

다른 인종 간의 데이트 (계속)

이제는 정리문제 19.2를 완성할 수 있다. 기본정보를 요약하면 다음과 같다.

모집단	모집단 종류	표본크기	성공 횟수	표본비율
1	흑인 남성	$n_1 = 100$	75	$\hat{p}_1 = 75/100 = 0.75$
2	흑인 여성	$n_2 = 100$	56	$\hat{p}_2 = 56/100 = 0.56$

해법 : 백인과 데이트를 하겠다는 흑인 남성 비율과 흑인 여성 비율 사이의 차이, 즉 $p_1 - p_2$에 대한 95% 신뢰구간을 구할 것이다. 규모가 큰 표본의 신뢰구간을 사용하는 것이 적절한지 알아보기 위해서, 두 개 표본에서의 성공 횟수 및 실패 횟수를 살펴보도록 하자. 이런 4개 횟수 모두 10보다 크므로, 규모가 큰 표본방법은 정확할 것이다. 표준오차는 다음과 같다.

$$\text{SE}_{\hat{p}_1 - \hat{p}_2} = \sqrt{\frac{\hat{p}_1(1 - \hat{p}_1)}{n_1} + \frac{\hat{p}_2(1 - \hat{p}_2)}{n_2}}$$

$$= \sqrt{\frac{(0.75)(0.25)}{100} + \frac{(0.56)(0.44)}{100}}$$

$$= \sqrt{0.004339} = 0.0659$$

95% 신뢰구간은 다음과 같다.

$$(\hat{p}_1 - \hat{p}_2) \pm z^* \text{SE}_{\hat{p}_1 - \hat{p}_2} = (0.75 - 0.56) \pm (1.960)(0.0659)$$

$$= 0.19 \pm 0.13$$

$$= 0.06 \text{부터} \ 0.32 \text{까지}$$

결론 : 비슷한 인터넷 데이트 사이트에서, 백인(백인 여성)과 데이트하겠다는 흑인 남성의 백분율이 백인(백인 남성)과 데이트하겠다는 흑인 여성의 백분율보다 6%에서 32%만큼 더 높다고 95% 신뢰한다. 각 그룹에서 표본크기가 100명일 때조차도, 그에 따른 신뢰구간 0.06에서부터 0.32까지는 폭이 매우 넓다. 단일비율일 때와 마찬가지로, 좁은 신뢰구간을 구하기 위해서는 매우 큰 규모의 표본이 필요하다. 다른 유사한 연구에서는 백인 여성이 흑인과 데이트하려는 것보다 백인 남성이 더 흑인과 데이트를 하려한다는 사실이 밝혀졌다. 이런 결론들은 서로 비슷한 인터넷 데이트 사이트들에 한정되며 일반인들의 데이트 행태를 반드시 반영하지는 않는다는 사실에 주목하자. 왜냐하면 데이트 사이트상에 있는 개인들이 일반인들을 대표할 수 없기 때문이다.

Phovoir/Shutterstock

두 개 비율이 상이한지 여부에 관한 추론을 하기 위해서, 여러분은 사용하는 두 개 비율의 차이에 대한 신뢰구간을 이따금 살펴보게 된다. 예를 들면, 선거여론조사에서는 선거가 오늘 실시될 경우 두 명의 입후보자 중 누구에게 투표할지를 밝히라고 유권자들에게 요청하게 된다. 후보자 1에게 투표한 비율 p_1과 후보자 2에게 투표한 비율 p_2 간의 차이에 대한 신뢰구간이 0을 포함할 경우, 이를 근거로 차이가 너무 근소해서 예측할 수 없는 선거라고 발표할 수 있다. 차이 p_1-p_2에 대한 신뢰구간이 양수만을 포함할 경우, 이것은 선거가 오늘 실시된다면 후보자 1이 승리할 것이라는 증거로 제시될 수 있다. 마찬가지로, 차이 p_1-p_2에 대한 신뢰구간이 음수만을 포함할 경우, 선거가 오늘 실시된다면 후보자 2가 승리할 것이라고 예측하게 된다.

이 장 뒷부분에서 $H_0 : p_1=p_2$에 대한 유의성 검정에 관해 논의할 것이며, 이 가설은 $p_1 \neq p_2$, $p_1 > p_2$, $p_1 < p_2$인지 여부에 관한 물음에 답하도록 고안되었다. 하지만 신뢰구간은 어떤 차이의 크기에 관한 정보와 함께 이 가설에 관한 증거도 또한 제시한다. 차이 p_1-p_2에 대한 신뢰구간이 0을 포함할 경우, 차이가 무시해도 좋을 정도라는 가능성을 배제하지 말아야 한다. p_1-p_2에 대한 구간의 모든 값들이 양수인 경우, 이것은 $p_1 > p_2$라는 증거를 제시한다. p_1-p_2에 대한 구간의 모든 값들이 음수인 경우, 이것은 $p_1 < p_2$라는 증거를 제시한다. p_1-p_2에 대한 신뢰구간이 넓을 경우, 이것은 차이의 크기에 관한 불확실성이 커진다는 사실을 시사한다. 그러나 0에 근접하지만 0을 포함하지 않는 폭이 좁은 신뢰구간은, p_1과 p_2 사이에 차이가 있기는 하지만 실제로는 중요하지 않다는 사실을 의미한다.

19.4 비율을 비교하기 위한 유의성 검정

두 개 표본비율 간의 관찰된 차이는 모집단 간의 실제 차이를 반영할 수도 있고, 또는 단지 표본추출에 따른 우연한 변동에서 기인될 수도 있다. 유의성 검정은 표본에서 찾아낸 결과가 모집단에도 실제로 존재하는지 여부를 결정하는 데 도움이 된다. 다음의 귀무가설에 따르면 두 개 모집단 간 차이가 없다.

$$H_0 : p_1 = p_2 \ \text{(이것은 } H_0 : p_1 - p_2 = 0 \text{과 같다.)}$$

대립가설은 우리가 기대하는 차이의 종류에 대해 말한다.

정리문제 19.4

잘못된 기억

문제 핵심 : 그림 19.2에서 보는 정치적 사건은 결코 발생하지 않았다는 사실에도 불구하고, 조사한 사람들 중 약 31%가 기억하였다. 2010년에 미국 시사문화잡지 슬레이트 지는 몇몇 과거의 정치적 사건들에 대한 시각과 이 사건들에 대한 기억에 관해 5,000명 이상의 독자들을 조사하였다. 조사대상자들 모르게, 각

참가자들에게 보인 사건들 중 하나는 조작되었으며, 이것은 그 시점까지 수행된 가장 큰 잘못된 기억에 관한 연구가 되었다. 관심을 갖고 있던 가설은 정치적 선호가 잘못된 기억의 형성을 유도하였는지 여부에 관한 것이었다. 왜냐하면 잘못된 기억은 사람의 기존 태도와 일치할 때 기억 속에 더 쉽게 이식되는 것으로 보였기 때문이다. 스스로를 진보로 분류하는 616명의 참가자들과 스스로를 보수로 분류하는 49명의 참가자들에게 그림 19.2를 보여 주었다. 이 사건은 자신을 진보로 분류한 사람들 중 212명 그리고 보수로 분류한 사람들 중 7명에게 발생했던 것으로 잘못 기억되었다. 스스로를 보수로 분류한 사람들보다 진보로 분류한 사람들 중에서 더 큰 비율은 이 사건에 대해 잘못된 기억을 갖고 있다는 증거로 얼마나 강한가?

Photo illustration by Holly Allen (Slate Magazine), Roger Clemens photo credit: Al Messerschmidt/Getty Images; George W. Bush credit: Pool/Getty Images

그림 19.2

정리문제 19.4와 관련된다. 허리케인 카트리나의 여파로 미국 뉴올리언스의 일부 지역이 물에 잠길 때, 미국 부시 대통령은 텍사스 크로퍼드에 있는 자신의 목장에서 휴스턴 애스트로스 소속 투수 로저 클레멘스를 초대하여 접대하고 있다.

통계적 방법 : 진보에 대한 모비율을 p_1이라 하고 보수에 대한 모비율을 p_2라고 하자. 큰 위기 동안에 자신의 목장에서 휴식을 취하는 보수 대통령의 이미지는 진보의 기존 태도와 더 부합되기 때문에, 우리의 가설은 데이터를 살펴보기 전에 차이에 대한 방향을 제시할 수 있다. 따라서 단측 대립가설을 갖게 된다.

$$H_0 : p_1 = p_2$$
$$H_a : p_1 > p_2$$

해법 : 자신들을 진보 및 보수로 분류한 사람들을 진보적 그리고 보수적 슬레이트 독자들에 대한 별개의 단순 무작위 표본이라고 생각하자. 그림 19.2에 있는 사건을 실제 발생했던 것으로 잘못 기억했던 표본비율은 다음과 같다.

$$\hat{p}_1 = \frac{212}{616} = 0.344 \ (진보)$$

$$\hat{p}_2 = \frac{7}{49} = 0.143 \ (보수)$$

즉, 자신들을 진보로 분류한 사람들 중 34%가 그림 19.2에 있는 사건을 잘못 기억했지만, 보수로 분류한 사람들 중에서는 14%만이 잘못 기억하였다. 이것은 통계적으로 유의하게 명백한 차이인가? 이에 대한 답을 구하기 위해서는 적절한 검정을 학습하여야만 한다.

가설검정을 하기 위해서, 표본비율 간 차이 $\hat{p}_1 - \hat{p}_2$를 표준화하여 z 통계량을 구해 보자. H_0가 참이라면, 두 개 표본 모두 동일한 알지 못하는 비율 p가 그림 19.2에서 살펴본 사건에 대해 잘못된 기억을 갖고 있는 모집단들로부터 추출되었다는 사실을 시사한다. p_1 및 p_2를 별개로 추정하는 대신

에 단일 p를 추정하기 위해서, 두 개 표본을 통합해서 이를 이용해 보자. 이를 **공동 표본비율**(pooled sample proportion)이라고 하며, 다음과 같다.

$$\hat{p} = \frac{\text{통합된 두 개 표본에서 성공의 수}}{\text{통합된 두 개 표본에서 개체의 수}}$$

$\hat{p}_1 - \hat{p}_2$의 표준오차 $\text{SE}_{\hat{p}_1 - \hat{p}_2}$를 나타내는 식에서, $\hat{p}_1$ 및 $\hat{p}_2$ 대신에 $\hat{p}$을 사용하여 H_0가 참일 때 표준정규 분포하는 z 통계량을 구해 보자. 이 검정은 다음과 같다.

두 개 비율을 비교하는 유의성 검정

성공비율이 p_1인 대형 모집단으로부터 크기가 n_1인 단순 무작위 표본을 추출하고, 성공비율이 p_2 인 대형 모집단으로부터 크기가 n_2인 독립적인 단순 무작위 표본을 추출해 보자. 가설 $H_0 : p_1 = p_2$를 검정하기 위해서 먼저 통합된 두 개 표본에서 성공의 공동 비율 $\hat{p}$을 구해 보자. 그리고 나서 다음과 같은 z 통계량을 계산해 보자.

$$z = \frac{\hat{p}_1 - \hat{p}_2}{\sqrt{\hat{p}(1 - \hat{p})\left(\dfrac{1}{n_1} + \dfrac{1}{n_2}\right)}}$$

표준정규분포하는 변수 Z의 측면에서 보면 다음과 같다.

$H_a : p_1 > p_2$에 대한, H_0 검정의 P-값은 $P(Z \geq z)$이다.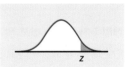

$H_a : p_1 < p_2$에 대한, H_0 검정의 P-값은 $P(Z \leq z)$이다.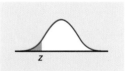

$H_a : p_1 \neq p_2$에 대한, H_0 검정의 P-값은 $2P(Z \geq |z|)$이다.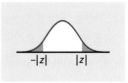

성공 및 실패의 횟수가 두 개 표본에서 각각 5 이상일 때, 이 검정을 사용하시오.

정리문제 19.5

잘못된 기억 (계속)

해법 : 데이터는 단순 무작위 표본으로부터 구하였으며, 성공 횟수 및 실패 횟수는 모두 5보다 크다. 이 사건을 발생했던 것으로 잘못 기억하는 진보 및 보수의 통합비율은 다음과 같다.

$$\hat{p} = \frac{\text{통합된 진보 및 보수 중에서 '잘못 기억된 사건'의 수}}{\text{통합된 진보 및 보수의 수}}$$

$$= \frac{212 + 7}{616 + 49}$$

$$= \frac{219}{665} = 0.329$$

z 검정 통계량은 다음과 같다.

$$z = \frac{\hat{p}_1 - \hat{p}_2}{\sqrt{\hat{p}(1-\hat{p})\left(\dfrac{1}{n_1} + \dfrac{1}{n_2}\right)}}$$

$$= \frac{0.344 - 0.143}{\sqrt{(0.329)(0.671)\left(\dfrac{1}{616} + \dfrac{1}{49}\right)}}$$

$$= \frac{0.201}{0.0697} = 2.88$$

단측 P-값은 2.88보다 더 큰 표준정규곡선 아래의 면적이다. 그림 19.3은 이 면적을 보여 준다. 통계 소프트웨어를 사용하여 구하면 $P = 0.00199$이다.

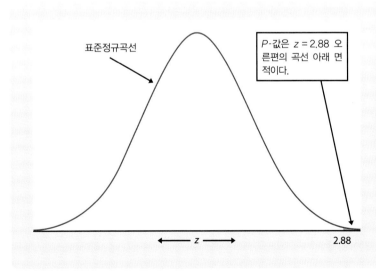

표준정규곡선

P-값은 $z = 2.88$ 오른편의 곡선 아래 면적이다.

z

2.88

그림 19.3
정리문제 19.5와 관련된 단측 검정의 P-값이다.

통계 소프트웨어를 사용할 수 없는 경우, $z=2.88$을 표 C(표준정규분포 임곗값)의 아래 행과 비교해 볼 수 있다.

이것은 단측 검정 P-값 0.0025와 0.001에 해당하는 임곗값 2.807과 3.091 사이에 위치한다.

z^*	2.807	3.091
단측 검정 P-값	0.0025	0.001

결론 : 슬레이트 지 독자들 중에서 진보적 독자들이 보수적 독자들보다 카트리나 허리케인 여파 속에서 로저 클레멘스와 휴가를 보냈다는 부시 대통령에 대한 잘못된 기억을 가질 가능성이 더 높다는 강한 증거가 있다($P<0.0025$). 조작된 두 번째 사건에서는, 보수적 독자들이 진보적 독자들보다 유엔총회에서 전 이란 대통령 아마디네자드와 악수를 하는 오바마 대통령에 대한 잘못된 기억을 가질 가능성이 더 높다는 사실이 발견되었다.

이 정리문제에서 표본조사는 슬레이트 지 독자들의 진보 및 보수인 별개의 두 개 표본을 선택하지 않고, 단일표본을 선택하였다. 두 개 표본을 얻기 위해서 정치적 성향에 따라 단일표본을 분리하였다. 이것이 의미하는 바는, 데이터를 입수할 때까지 두 개 표본크기 n_1 및 n_2를 알지 못했다는 것이다. 비율을 비교하기 위한 복수표본 z 절차는 이런 상황에서 유효하다. 이것이 이들 방법에 관한 중요한 사실이다.

복습문제 19.1

개와 주인을 일치시키기

연구자들은 두 장의 테스트 종이시트를 작성하였다. 각 종이시트는 애견가들의 현장 축제에서 찍은 개-주인 쌍의 얼굴 사진 20장을 포함하고 있다. 두 장의 종이시트상에 있는 개-주인 쌍의 20세트는 품종, 외모의 다양성, 주인의 성별 면에서 동등했다. 첫 번째 종이시트에서 개들을 주인과 일치시킨 반면에, 두 번째 종이시트에서는 개와 주인을 고의적으로 일치시키지 않았다. 세 개 실험이 시행되었다. 모든 실험에서 피실험자들에게 "서로 닮은 개-주인 쌍 세트를 고르도록, 즉 첫 번째 종이시트(종이시트 1) 또는 두 번째 종이시트(종이시트 2)를 고르도록" 요청하였다. 그리고 연구의 목적은 '개-주인 관계에 대한 연구'라고만 말하였다. 첫 번째 실험에서는 최초의 종이시트를 피실험자들에게 보여 주었으며, 두 번째 실험에서는 두 개 종이시트상의 모든 사진에서 주인의 '입 부위'만을 어둡게 하였고,

세 번째 실험에서는 주인의 '눈 부위'만을 어둡게 하였다. 피실험자들은 세 개 실험 그룹에 무작위로 배정되었으며, 개와 주인을 올바르게 일치시킨 종이시트를 선택한 피실험자들의 수가 기록되었다. 실험은 얼굴의 어떤 부분을 어둡게 했을 때 개와 주인을 올바르게 일치시키는 피실험자의 능력을 낮추는지 여부에 관심을 갖고 있다. 결과는 다음과 같다.

실험	피실험자의 수	올바르게 일치시킨 수
실험 1	61	49
실험 2(입 부위를 어둡게 하는 경우)	51	37
실험 3(눈 부위를 어둡게 하는 경우)	60	30

(a) 입 부위를 어둡게 하는 경우, 개와 주인을 올바르게 일 치시킨 종이시트를 선택하는 피실험자의 능력을 낮추는 증거가 존재하는가? 4단계 과정을 밟아 설명하시오.

(b) 눈 부위를 어둡게 하는 경우, 개와 주인을 올바르게 일 치시킨 종이시트를 선택하는 피실험자의 능력을 낮추는 증거가 존재하는가? 4단계 과정을 밟아 설명하시오.

(c) 비전문적인 용어를 사용하여, 이 문제의 틀 내에서 (a) 및 (b)의 결론을 비교하시오.

복습문제 19.2

스키어 및 스노보더의 보호

대부분의 알파인 스키어와 스노보더들은 헬멧을 착용하지 않는다. 헬멧은 머리 부상의 위험을 낮추는가? 노르웨이에서 행해진 어떤 연구는 머리 부상을 입은 알파인 스키어와 스노보더들을 머리 부상을 입지 않은 대조군과 비교하였다. 머리 부상을 입은 578명 중 96명이 헬멧을 착용하였다. 대조군의 2,992명 중 656명이 헬멧을 착용하였다. 머리 부상을 입은 알파인 스키어와 스노보더들 사이에 헬멧 착용이 덜 일반화되었는가? 4단계 과정을 밟아 설명하시오. (이것은 머리 부상을 입은 피실험자들과 머리 부상을 입지 않은 피실험자들을 비교하는 관찰연구라는 사실에 주목하자. 피실험자들을 헬멧 착용 그룹과 헬멧 미착용 그룹으로 배정하는 실험이 더 설득력이 있다.)

19.5 비율을 비교하기 위한 플러스 4 신뢰구간

단수비율 p에 대한 크기가 큰 표본의 신뢰구간처럼, $p_1 - p_2$에 대한 크기가 큰 표본의 신뢰구간은 일반적으로 요구한 것보다 더 작은 참인 신뢰수준을 갖는다. 최소한 사용 지침이 준수된다면, 부정확성은 단수 표본의 경우에서처럼 심각하지 않다. 다시 한번, 가상적인 관찰값을 추가할 경우 정확성이 크게 향상된다.

두 개 비율을 비교하기 위한 플러스 4 신뢰구간

성공의 모비율이 p_1 및 p_2인 두 개의 크기가 큰 모집단으로부터, 독립적인 단순 무작위 표본을 뽑아 보자. **차이 $p_1 - p_2$에 대한 플러스 4 신뢰구간**(plus four confidence interval for the difference $p_1 - p_2$)을 구하기 위해서, 두 개 표본 각각에 한 번의 성공과 한 번의 실패, 즉 4개의 가상적인 관찰값을 추가해 보자. 그리고 나서, 새로운 표본크기(실제 표본크기 + 2) 및 새로운 성공 횟수(실제 횟수 + 1)를 갖는 크기가 큰 표본의 신뢰구간을 사용하자.

성공 및 실패에 대한 어떤 횟수에 대해서도, 표본크기가 각 그룹에서 최소한 5개일 때 이 신뢰구간을 사용하자.

정리문제 19.6

기초 조기 유아교육 프로그램 : 성인이 되어서의 결과

문제 핵심 : 기초 조기 유아교육 프로젝트는 여러 사회인구학적 지표를 기초로 하여 높은 위험에 처한 아이들에게 집중적인 유아교육이 미치는 영향을 평가하기 위한 무작위 통제실험이었다. 이 프로젝트는 아이들을 무작위로 처리군에 배정하였고, 이들에게는 유치원에 가기 전에 조기 교육을 제공하였다. 그리고 나머지 아이들은 대조군에 배정하였다. 후속 연구는 30세가 된 피실험자를 인터뷰하고, 대학졸업률(4년제 학사학위 취득률)을 비교하였다. 두 개 그룹에 대한 데이터는 다음과 같다.

모집단	모집단 종류	표본크기	성공 횟수	표본비율
1	처리군	$n_1 = 52$	12	$\hat{p}_1 = 12/52 = 0.2308$
2	대조군	$n_2 = 49$	3	$\hat{p}_2 = 3/49 = 0.0612$

조기 유아교육은 4년제 학사학위를 30세까지 받는 비율을 얼마나 많이 증대시키는가?

통계적 방법 : 모비율들 간의 차이 $p_1 - p_2$에 대한 90% 신뢰구간을 구하시오.

해법 : 대조군에서는 단지 3개의 성공만이 존재하기 때문에, 크기가 큰 표본 구간에 대한 조건이 부합되지 않는다. 하지만 처리군과 대조군에 대한 표본크기가 둘 다 최소한 5개는 되기 때문에 플러스 4 방법을 사용할 수 있다. 4개의 가상적인 관찰값들을 추가하자. 새로운 데이터를 요약하면 다음과 같다.

모집단	모집단 종류	표본크기	성공 횟수	플러스 4 표본비율
1	처리군	$n_1 + 2 = 54$	$12 + 1 = 13$	$\tilde{p}_1 = 13/54 = 0.2407$
2	대조군	$n_2 + 2 = 51$	$3 + 1 = 4$	$\tilde{p}_2 = 4/51 = 0.0784$

새로운 사실에 기초한 표준오차는 다음과 같다.

$$\begin{aligned}
\text{SE}_{\tilde{p}_1 - \tilde{p}_2} &= \sqrt{\frac{\tilde{p}_1(1-\tilde{p}_1)}{n_1+2} + \frac{\tilde{p}_2(1-\tilde{p}_2)}{n_2+2}} \\
&= \sqrt{\frac{(0.2407)(0.7593)}{54} + \frac{(0.0784)(0.9216)}{51}} \\
&= \sqrt{0.00480} = 0.0693
\end{aligned}$$

플러스 4 방법의 90% 신뢰구간은 다음과 같다.

$$\begin{aligned}
(\tilde{p}_1 - \tilde{p}_2) \pm z^* \, \text{SE}_{\tilde{p}_1 - \tilde{p}_2} &= (0.2407 - 0.0784) \pm (1.645)(0.0693) \\
&= 0.1623 \pm 0.1140 \\
&= 0.048\text{부터 } 0.276\text{까지}
\end{aligned}$$

결론 : 조기 유아교육 프로그램은 30세까지 4년제 학사학위를 받을 고위험 어린이들의 비율을 4.8%에서 27.6%까지 증대시킨다고 90% 신뢰한다.

플러스 4 방법의 구간은 표본이 매우 작고 모집단 p가 0 또는 1에 근접하는 경우 보수적일 수 있다(즉, 참인 신뢰수준은 요청한 것보다 더 높을 수 있다). 이것은 표본들이 작을 때 일반적으로 규모가 큰 표본의 구간보다 훨씬 더 정확하다. 그럼에도 불구하고, 정리문제 19.6의 플러스 4 구간은 두 개 비율을 비교할 때 표본크기가 약 50 정도이면 폭이 넓은 신뢰구간을 제시한다는 사실로부터 우리를 안전하게 지켜 줄 수 없다.

화재를 견디어 내는 관목

화재는 건조한 날씨에 관목들에게 심각한 위협이 되고 있다. 일부 관목들은 꼭대기가 훼손되고 난 후, 뿌리로부터 싹이 다시 틀 수 있다. 싹이 다시 트는 현상에 관한 연구가 멕시코의 건조지역에서 이루어졌다. 조사자들은 해당 연구에서 먼저 모든 관목의 꼭대기를 잘랐다. 처리군에 대해서는, 그러고 나서 화재 모의실험을 하기 위해 관목들의 그루터기에 프로판 횃불을 갖다 대었다. 대조군에 대해서는, 그루터기를 홀로 남겨 두었다. 이 연구는 24개의 관목을 포함하였으며, 이 중 12개는 무작위로 처리군에 배정되었고, 나머지 12개는 대조군에 배정되었다. 관목이 싹이 다시 트는 경우 성공이 된다. 관목 제로스피레아 하트웨기아나의 경우, 대조군에서 12개 관목 모두가 다시 싹이 튼 반

면에, 처리군에서는 8개만이 다시 싹이 텄다. 발화는 이런 종의 관목들이 다시 싹이 트는 비율을 얼마나 낮추었는가? 발화가 이런 종의 관목들이 다시 싹이 트는 비율을 낮춘 규모에 대해, 플러스 4 방법의 95% 신뢰구간을 구하시오. 여기에서처럼 성공 횟수 또는 실패 횟수가 0일 때 플러스 4 방법이 특히 도움이 된다. 4단계 과정을 밟아 답하시오.

요약

- 복수표본 문제에서 데이터는 별개의 모집단으로부터 각각 뽑은 두 개의 독립적인 단순 무작위 표본이다.
- 두 개 모집단에서 성공의 비율 p_1 및 p_2를 비교하는 검정 및 신뢰구간은, 두 개 단순 무작위 표본에서 성공의 표본비율 간 차이 $\hat{p}_1 - \hat{p}_2$에 기초한다.
- 표본크기 n_1 및 n_2가 클 때, $\hat{p}_1 - \hat{p}_2$의 표집분포는 평균 $p_1 - p_2$를 갖는 정규분포에 가깝다.
- 신뢰수준 C에서 $p_1 - p_2$에 대한 크기가 큰 표본의 신뢰구간은 다음과 같다.

$$(\hat{p}_1 - \hat{p}_2) \pm z^* \text{SE}_{\hat{p}_1 - \hat{p}_2}$$

여기서 $\hat{p}_1 - \hat{p}_2$의 표준오차는 다음과 같다.

$$\text{SE}_{\hat{p}_1 - \hat{p}_2} = \sqrt{\frac{\hat{p}_1(1 - \hat{p}_1)}{n_1} + \frac{\hat{p}_2(1 - \hat{p}_2)}{n_2}}$$

z^*는 표준정규분포 임곗값이다.

- 크기가 큰 표본의 신뢰구간에 관한 참인 신뢰수준은, 계획된 신뢰수준 C보다 상당히 작을 수 있다. 두 개 표본에서 성공 횟수 및 실패 횟수가 10 이상인 경우에만, 이 신뢰구간 방법을 사용하자.
- $H_0 : p_1 = p_2$에 대한 유의성 검정은, 다음과 같은 공동 표본비율을 사용한다.

$$\hat{p} = \frac{\text{통합된 두 개 표본에서 성공의 수}}{\text{통합된 두 개 표본에서 개체의 수}}$$

z 통계량은 다음과 같다.

$$z = \frac{\hat{p}_1 - \hat{p}_2}{\sqrt{\hat{p}(1-\hat{p})\left(\dfrac{1}{n_1} + \dfrac{1}{n_2}\right)}}$$

P-값은 표준정규분포로부터 구한다. 두 개 표본에서 5회 이상의 성공과 5회 이상의 실패가 있을 때, 이 검정

을 사용할 수 있다.

- 규모가 큰 표본 신뢰구간에 대한 조건들이 부합되지 않을 때, 보다 정확한 신뢰구간을 구하기 위해서 각 표본에 성공 1회와 실패 1회, 즉 4개의 가상적인 관찰값을 추가해 보자. 그리고 나서 신뢰구간에 대한 동일한 공식을 사용하자. 이를 플러스 4 방법의 신뢰구간이라고 한다. 두 개 표본 모두 5개 이상의 관찰값을 가질 때에는 언제나 이 방법을 사용할 수 있다.

주요 용어

공동 표본비율

차이 $p_1 - p_2$에 대한 플러스 4 신뢰구간

연습문제

1. **식욕억제제가 미치는 영향** 기존의 심장혈관 증상을 갖고 있으면서 식욕억제제를 복용하는 피실험자들은, 해당 약을 복용하는 동안 심장혈관 문제가 발생할 위험성이 증대된다는 사실이 발견되었다. 이 연구에는 기존의 심장혈관 질환 및/또는 제2형 당뇨병을 앓고 있는 9,804명의 과체중 또는 비만한 피실험자가 참여하였다. 피실험자들은 무작위로 식욕억제제를 복용하는 그룹(4,906명) 또는 위약을 복용하는 그룹(4,898명)에 이중맹검법으로 배정되었다. 측정된 주요 결과는 다음과 같은 것, 즉 치명적이지는 않은 심근경색 또는 뇌졸중, 심정지 후 소생, 심장혈관에 의한 사망이 발생하였는지에 관한 것이다. 주요한 결과가 식욕억제제 복용 그룹의 561명, 그리고 위약 복용 그룹의 490명에서 관찰되었다.

   (a) 식욕억제제 복용 그룹과 위약 복용 그룹에 대해 주요 결과를 경험한 피실험자들의 비율을 구하시오.

   (b) 주요 결과를 경험한 식욕억제제 복용 그룹 피실험자들과 위약 복용 그룹 피실험자들의 비율을 비교하기 위해서, 규모가 큰 표본의 신뢰구간을 안전하게 사용할 수 있는가? 설명하시오.

   (c) 주요 결과를 경험한 식욕억제제 복용 그룹 피실험자들과 위약 복용 그룹 피실험자들의 비율 간 차이에 대해, 95% 신뢰구간을 구하시오.

2. **식욕억제제가 미치는 영향 (계속)** 위의 연습문제에서는 기존의 심장혈관 증상을 갖고 있는 피실험자들이 식욕억제제를 복용할 경우 심장혈관 문제가 발생할 위험성이 증대되는지 여부를 결정하는 연구에 대해 살펴보았다. 주요 결과를 경험한 식욕억제제 복용 그룹 피실험자들과 위약 복용 그룹 피실험자들 사이에 차이가 존재한다고 생각할 만한 좋은 근거를 해당 데이터는 제시하는가? (다른 나라에서는 여전히 구입할 수 있지만, 심장마비 또는 뇌졸중 발생 위험성의 증가에 대한 제약업체들의 우려로 인해서 2010년 말부터 미국에서는 식욕억제제가 더 이상 사용되지 않는다는 점에 주목하자.)

   (a) 가설을 말하고, 검정 통계량을 구하며, 소프트웨어 또는 표 C의 밑에 있는 행을 이용하여 P-값을 구하시오. 결론을 반드시 말하시오.

   (b) 이 연구에서 위약 그룹을 갖는 것이 중요한 이유를 간략하게 설명하시오.

3. **유의하다는 것이 중요하다는 것을 의미하지는 않는다**
표본이 크다면 아주 작은 효과도 통계적으로 유의할 수 있다는 사실을 결코 잊지 말아야 한다. 이런 사실을 보여 주기 위해서 소규모 기업 148개의 표본을 생각해 보자. 3년 동안에 남성이 운영한 106개 소규모 기업 중 15개가 파산하고, 여성이 운영한 42개 소규모 기업 중 7개가 파산하였다.

   (a) 여성이 운영한 기업의 파산비율과 남성이 운영한 기업의 파산비율을 구하시오. 이 표본비율은 서로 아주 근접한다. 여성이 운영하는 기업과 남성이 운영하는 기업의 동일 비율이 파산한다는 가설의 z 검정에 대한 P-값을 구하시오. (양측 대립가설을 사용하시오.) 이 검정은 결코 유의하지 않다.

   (b) 이제는 동일한 표본비율이 30배 큰 표본에서 비롯되었다고 가정하자. 즉, 여성이 운영하는 1,260개 기업 중에서 210개가 파산하고, 남성이 운영하는 3,180개 기업 중에서 450개가 파산하였다. 파산비율이 (a)에서와 정확히 동일하다는 사실을 입증하시오. 새로운 데이터에 대해 z 검정을 다시 하고, 이제는 $\alpha = 0.05$ 수준에서 유의하다는 사실을 보이시오.

   (c) 단지 P-값을 제시하기보다는 효과의 크기를 추정하기 위해서 신뢰구간을 사용하는 것이 현명하다. (a) 및 (b) 두 가지 상황 모두에서 여성이 운영하는 기업의 파산비율과 남성이 운영하는 기업의 파산비율 간 차이에 대해 95% 신뢰구간을 구하시오. 크기가 더 큰 표본이 신뢰구간에 대해서 미치는 영향은 무엇인가? 비율 간 차이의 크기가 중요한 차이라고 생각하는가?

4. **개인 데이터 및 개인정보 보호** 일반 대중 사이에는 자신들의 데이터가 어떻게 사용되는지에 대한 우려가 널리 퍼져 있다. 2019년에 퓨 인터넷 조사는, 미국 성인 표본에게 법 집행기관이 이들에 대해 얼마나 많은 정보를 알고 있는지에 우려를 하고 있는지 질문을 하였다. 조사에 참여한 비히스패닉 백인 2,887명 중에서 1,617명이 우려한다고 말했다. 조사에 참여한 비히스패닉 흑인 445명 중에서 325명이 우려한다고 답했다. 법 집행기관이 얼마나 많은 정보를 알고 있는지에 대해 우려를 하는 비히스패닉 백인과 비히스패닉 흑인의 비율이 상이하다는 충분한 증거가 있는가? 4단계 과정을 밟아 설명하시오.

5. **개인 데이터 및 개인정보 보호** 또한 퓨 인터넷 조사는, 친구와 가족이 자신들에 관해 얼마나 많은 정보를 알고 있는지에 대해 우려를 하는 비히스패닉 백인 및 비히스패닉 흑인의 비율에 차이가 있는지 알아보았다. 조사에 참여한 비히스패닉 백인 2,887명 중에서 1,010명이 우려한다고 말했다. 조사에 참여한 비히스패닉 흑인 445명 중에서 271명이 우려한다고 답했다. 친구와 가족이 자신들에 관해 얼마나 많은 정보를 알고 있는지에 우려를 하는 비히스패닉 백인과 비히스패닉 흑인의 비율이 상이하다는 증거가 있는가? 4단계 과정을 밟아 설명하시오.

6. **개인 데이터 및 개인정보 보호 : 추가 논의** 위의 연습문제 4에 대해 계속 살펴보도록 하자. 법 집행기관이 자신들에 관해 얼마나 많은 정보를 알고 있는지에 우려를 하는 비히스패닉 백인과 비히스패닉 흑인의 비율 간 차이를 추정하시오. (90% 신뢰수준을 사용하시오.) 4단계 과정을 밟아 설명하시오.

7. **감염질환인 라임병**
라임병은 미국 북동부지역에서 감염된 진드기에 의해 퍼져 있다. 진드기는 주로 쥐에 기생함으로써 감염된다. 따라서 쥐의 수가 증가하면

Scott Camazine/Science Source

감염된 진드기의 수도 증가한다. 쥐의 수는 이들이 좋아하는 먹이인 도토리의 풍부성에 따라 증가하기도 하고 감소하기도 한다. 실험자들은 도토리 수확이 적은 연도에 두 개의 유사한 삼림지역을 살펴보았다. 이들은 도토리 수확이 많은 연도를 흉내 내기 위해서 한 지역에 수십만 개의 도토리를 추가시켰다. 반면에 다른 지역은 본래대로 놔두었다. 이듬해 봄 첫 번째 지역에

서 덫에 잡힌 72마리의 쥐들 중 54마리가 새끼를 밴 상태였지만, 두 번째 지역에서는 덫에 잡힌 17마리의 쥐들 중 10마리가 새끼를 밴 상태이었다. 도토리 수확이 많은 연도에 새끼를 밴 쥐들의 비율과 수확이 적은 연도에 새끼를 밴 쥐들의 비율 사이에 차이를 추정하시오. (90% 신뢰수준을 사용하시오. 신뢰구간의 선택을 정당화하시오.) 4단계 과정을 밟아 설명하시오.

제 **5** 부

관계에 관한 추론

20

두 개 범주변수 : 카이-제곱 검정

" 여러분은 가진 자입니까? 아니면 못 가진 자입니까?"라는 질문을 받을 때, 자신을 '가진 자'라고 생각하는 백인 및 비백인 미국 성인의 비율을 비교하려 한다고 가상하자. 앞에서 살펴본 복수표본 z 절차를 사용하려는 경우, 백인 및 비백인을 두 개 모집단으로 취급하게 된다. 그러고 나서 표본에서 자신들을 가진 자라고 생각하는 백인의 비율과 자신들을 가진 자라고 생각하는 비백인의 비율을 비교한다. 또한 이것을 두 가지 범주변수, 즉 인종(백인과 비백인) 그리고 가진 자 또는 못 가진 자 사이의 관계에 대한 질문으로 생각할 수 있다. 여기서 각 변수는 두 개의 가능한 값을 갖는다. 하지만 데이터가 "여러분은 가진 자입니까? 아니면 못 가진 자입니까?"라는 질문에 대해 두 가지를 초과하는 결과, 즉 "가진 자입니다." "못 가진 자입니다." "둘 다 아닙니다." "대답하기를 거절합니다."를 포함한다고 가상하자. 두 개를 초과하는 결과가 있을 때, 또는 두 개를 초과하는 그룹을 비교하고자 할 때, 새로운 통계 검정이 필요하다. 새로운 검정은 다음과 같은 일반적인 질문을 제기한다. 두 개 범주변수 간에 관계가 존재하는가?

20.1 이원분류표

앞에서 우리는 횟수에 대한 이원분류표로 두 개 범주변수에 대한 데이터를 제시하였다. 이것이 바로 출발점이다. 가진 자 및 못 가진 자에 대한 탐구를 시작해 보자.

여러분은 가진 자입니까? 아니면 못 가진 자입니까?

표본조사는 미국 성인들의 무작위 표본에게 "여러분은 자신을 가진 자라고 생각하십니까? 아니면 못 가진 자라고 생각하십니까?"라고 질문하였다. 표 20.1은 정치 성향 그리고 자신을 가진 자, 못 가진 자, 어느 쪽도 아닌 자, 대답을 거절하는 자로 생각하는지 여부에 따라 분류된 표본 총 1,867명의 이원분류표이다. 어떤 사람이 자신을 가진 자, 못 가진 자, 어느 쪽도 아닌 자, 대답을 거절한 자로 생각하는지 여부는 범주변수이다. 정치 성향도 또한 범주변수이다. 이원분류표는 미국 성인들을 세 가지 정치 성향 범주, 즉 보수주의자, 중도주의자, 자유주의자로 분류한다. 표 20.1은 정치 성향 그리고 자신을 가진 자, 못 가진 자, 어느 쪽도 아닌 자, 대답을 거절한 자로 생각하는지 여부에 관한 반응의 12개 결합 모두에 대한 횟수를 보여 준다. 12개 횟수 각각은 표의 한 칸을 차지한다.

표 20.1	정치 성향 그리고 자신을 가진 자 또는 못 가진 자로 생각하는지 여부에 따른 미국 성인의 분류			
	정치 성향			
가진 자 또는 못 가진 자	보수주의자	중도주의자	자유주의자	합계
가진 자	460	354	248	1,062
못 가진 자	184	242	234	660
어느 쪽도 아닌 자	45	27	21	93
대답을 거절한 자	36	6	10	52
합계	725	629	513	1,867

여느 때와 마찬가지로, 추론을 하기 위해서 먼저 데이터를 분석해 보자. 정치 성향이 자신을 가진 자 또는 못 가진 자로 생각하는지 여부를 설명하는 데 도움이 된다고 생각하기 때문에, 자신을 가진 자, 못 가진 자, 어느 쪽도 아닌 자, 대답을 거절한 자로 생각하는 각 정치 성향 그룹에 있는 사람들의 백분율을 구하였다. 표 20.2는 이런 백분율들을 보여 준다. 각 정치 성향을 분리해서 관찰하기 때문에, 각 열은 합산하여 100%(반올림 오차까지)가 된다. 앞에서 살펴본 용어를 사용하여 표현한다면, 표 20.2는 특정 정치 성향이 주어졌을 때 가진 자 또는 못 가진 자에 관한 세 개 조건부 분포를 보여 준다.

그림 20.1은 세 개의 조건부 분포를 비교하는 막대 그래프이다. 이 그래프는 정치 성향 그리고 가진 자 또는 못 가진 자 사이의 관계를 보여 준다. 정치 성향이 보수주의자에서부터 중도주의자로, 다시 자유주의자로 변동됨에 따라, 자신을 가진 자라고 생각하는 사람들의 백분율은 감소하고, 자신을 못 가진 자라고 생각하는 사람들의 백분율은 증가한다. 세 가지 정치 성향 사이의 이런 차이는 통계적으로 유의할 만큼 충분히 큰 것인가?

표 20.2	가진 자, 못 가진 자, 어느 쪽도 아닌 자, 대답을 거절한 자(열을 따라 읽으시오)로 확인되는 각 정치 성향의 백분율		

	정치 성향		
	보수주의자	중도주의자	자유주의자
가진 자	63.4%	56.3%	48.3%
못 가진 자	25.4%	38.5%	45.6%
어느 쪽도 아닌 자	6.2%	4.3%	4.1%
대답을 거절한 자	5.0%	1.0%	1.9%
합계	100.0%	100.1%	99.9%

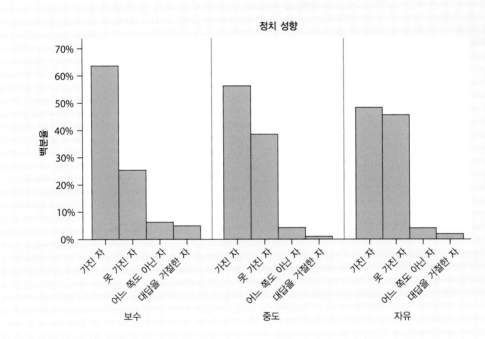

그림 20.1

정리문제 20.1과 관련되며, 각 정치 성향에 대해 가진 자, 못 가진 자, 어느 쪽도 아닌 자, 대답을 거절한 자의 세 개 조건부 분포를 비교하는 막대 그래프이다.

소셜 미디어를 포기하시겠습니까?

퓨 리서치 센터는 소셜 미디어를 포기하는 것이 어려운지 여부를 성인들 표본에게 물어보았다. 포기하기 어렵다고 말한 사람들의 연령 분포와 포기하기 어렵지 않다고 말한 사람들의 연령 분포를 비교한 결과는 다음과 같다.

포기하기 어려운가?	연령 범주			
	18세부터 24세까지	25세부터 29세까지	30세부터 49세까지	50세 이상
그렇지 않다	98	91	301	719
그렇다	103	60	227	354

(a) 각 연령 범주에 대해서, 몇 퍼센트가 소셜 미디어를 포기하기 어렵다고 말하는가? 몇 퍼센트가 소셜 미디어를 포기하는 것이 어렵지 않다고 말하는가? 각 열을 합산하면 100%(반올림 오차까지)가 되어야 한다. 이것들은 각 연령 범주에 대해서 소셜 미디어를 포기하는 것이 어려운지 여부의 조건부 분포이다.

(b) 네 개 조건부 분포를 비교하는 막대 그래프를 그리시오. 네 개 연령 범주에 대해 소셜 미디어를 포기하는 것이 어려운지 여부에서 가장 중요한 차이는 무엇인가?

20.2 다중 비교의 문제

정리문제 20.1에서 관심을 갖는 귀무가설은 모든 미국 성인인 모집단에서 보수주의자, 중도주의자, 자유주의자에 대한 가진 자, 못 가진 자, 어느 쪽도 아닌 자, 대답을 거절하는 자의 조건부 분포들 사이에는 차이가 없다는 것이다. 이 귀무가설이 참인 경우, 표본상의 차이는 표본의 무작위 선택에 따른 우연일 뿐이다. 보다 일반적으로 말하면, 귀무가설은 두 범주변수 사이에 연관관계가 없다는 것이다.

> H_0 : 모든 미국 성인인 모집단에서 정치 성향 그리고 자신을 가진 자, 못 가진 자, 어느 쪽도 아닌 자, 대답을 거절하는 자로 확인하는지 여부 사이에 연관관계가 없다.

대립가설은 연관관계가 있다고는 하지만 특정한 종류의 관계를 명시하지는 않는다.

> H_a : 모든 미국 성인인 모집단에서 정치 성향 그리고 자신을 가진 자, 못 가진 자, 어느 쪽도 아닌 자, 대답을 거절하는 자로 확인하는지 여부 사이에 연관관계가 있다.

모든 미국 성인의 모집단에서 가진 자, 못 가진 자, 어느 쪽도 아닌 자, 대답을 거절하는 자의 세 가지 분포 사이에 차이가 있다면, 이것은 귀무가설이 틀리고 대립가설이 참이라는 것을 의미한다. 대립가설은 단측 또는 양측이 아니며, 어떤 종류의 차이도 용인하므로 '다측'이라고 부를 수도 있다.

우리가 이미 알고 있는 방법만을 사용할 경우, 자신들을 가진 자라고 생각하는 보수주의자와 자유주의자의 비율을 비교하는 것으로 시작할 수도 있다. 우리는 이와 유사하게 다른 쌍들의 비율을 비교할 수 있고, 결국은 많은 검정과 많은 P-값으로 끝나게 된다. 이것은 좋은 생각이 못 된다. P-값들은 각 검정에 대한 것이지 모든 검정을 함께 모은 것에 대한 것은 아니다. 어떤 농구 선수가 한 개의 자유투를 성공시킬 확률과 한 경기에서 모든 자유투를 성공시킬 확률 간 차이에 대해 생각해 보자. 많은 개별적인 검정 또는 신뢰구간을 구했을 때, 개별적인 P-값과 신뢰수준은 모든 추론을 함께 했을 때 얼마나 신뢰할 수 있는지에 대해 알려 주지 않는다.

이런 이유로 인해 표 20.2로부터 차이가 큰 경우를 골라서 이것이 유념해야 할 유일한 비교인 것처럼 유의성을 검정하는 것은 옳지 않다. 예를 들면, 자신을 가진 자라고 생각하는 보수주의자와 자유주의자의 백분율은 이것만을 비교할 경우 유의하게 상이하다($z = 5.29$, $P < 0.001$). 하지만 유의하지 않은 비교도 또한 골라낼 수 있다. 예를 들면, 자신들을 어느 쪽도 아닌 자라고 생각하는 중도주의자와 자유주의자의 비율은 유의하게 다르지 않다($z = 0.17$, $P = 0.868$). 개별적인 비교는 각각 다섯 개의 결과를 갖는 네 개 분포가 유의하게 다른지에 대해 알려 주지 못한다.

모든 결론에서 전반적인 신뢰 측정값을 갖고 많은 비교를 동시에 어떻게 하는지에 관한 문제는, 통계학에서 자주 접하게 된다. 이것은 **다중 비교**(multiple comparisons)의 문제이다. 다중 비교를 처리하는 통계적 방법은, 통상적으로 다음과 같은 두 가지 단계를 거친다.

1. 비교하고자 하는 모수들 간의 어떠한 차이에 대해 충분한 증거가 있는지 여부를 알기 위한 **전반적인 검정**
2. 어떤 모수가 상이한지를 결정하고 그 차이가 얼마나 큰지를 추정하는 세부적인 **추적 분석**

전반적인 검정은 앞에서 살펴본 검정들보다 더 복잡하기는 하지만, 큰 무리 없이 수월하게 시행할 수 있다. 추적 분석은 꽤 복잡하다. 우리는 전반적인 검정에 집중할 것이며, 데이터 분석을 이용하여 이런 차이의 성격을 세부적으로 살펴볼 것이다.

복습문제 20.2

점성술은 과학적인가?

시카고대학교의 일반사회조사는 미국에서 가장 중요한 사회과학 표본조사이다. 이 조사는 점성술이 매우 과학적인지 또는 다소 과학적인지 또는 전혀 과학적이 아닌지에 대해 무작위 표본의 성인들에게 의견을 물어보았다. 다음은 세 가지 다른 수준의 학위를 갖고 있는 표본의 사람들에 대한 이원분류표이다.

	학위의 종류		
	전문대학학위	대학학위	대학원학위
전혀 과학적이 아니다	47	181	113
매우 과학적이거나 다소 과학적이다	36	43	13

(a) 점성술이 전혀 과학적이 아니라고 생각하는 사람들의 백분율에 대해, 각 학위별로 95% 신뢰구간, 즉 세 개의 95% 신뢰구간을 구하시오.

(b) 이 신뢰구간 세 개 모두가 이들 각각의 모비율을 포함한다고 95% 신뢰하지 못하는 이유를 설명하시오.

20.3 **이원분류표에서의 기대 횟수**

일반적인 귀무가설 H_0는, 이원분류표에서 행 및 열에 있는 두 개 범주변수 간에 연관관계가 없다고 본다. H_0를 검정하기 위해서, 표에 있는 관찰 횟수와 H_0가 참일 경우 무작위 변동을 제외하고 우리가 기대하는 횟수, 즉 기대 횟수를 비교한다. 관찰 횟수가 전혀 기대 횟수가 되지 못한다면, 이는 H_0와 상반되는 증거이다. 기대 횟수를 구하는 공식은 다음과 같다.

기대 횟수

H_0가 참일 때, 이원분류표상의 어떤 칸에서의 **기대 횟수**(expected count)는 다음과 같다.

$$기대\ 횟수 = \frac{행의\ 합계 \times 열의\ 합계}{표의\ 총합}$$

가진 자 및 못 가진 자 : 기대 횟수

가진 자 및 못 가진 자의 연구에 대한 기대 횟수를 구해 보자. 횟수의 이원분류표, 즉 표 20.1을 다시 살펴보자. 그 표는 행의 합계와 열의 합계를 포함하고 있다. 자신을 가진 자라고 생각하는 보수주의자의 기대 횟수는 다음과 같다.

$$\frac{1행의\ 합계 \times 1열의\ 합계}{표의\ 총합} = \frac{(1,062)(725)}{1,867} = 412.40$$

자신을 가진 자라고 생각하는 자유주의자의 기대 횟수는 다음과 같다.

$$\frac{1행의\ 합계 \times 3열의\ 합계}{표의\ 총합} = \frac{(1,062)(513)}{1,867} = 291.81$$

표 20.3	정치 성향 그리고 자신을 가진 자 또는 못 가진 자로 생각하는지 여부에 따른 미국 성인의 분류 : 기대 횟수			
가진 자 또는 못 가진 자	**정치 성향**			**합계**
	보수주의자	중도주의자	자유주의자	
가진 자	412.40	357.79	291.81	1,062
못 가진 자	256.29	222.36	181.35	660
어느 쪽도 아닌 자	36.11	31.33	25.55	93
대답을 거절한 자	20.19	17.52	14.29	52
합계	725	629	513	1,867

실제 횟수는 460 및 248이다. 정치 성향 그리고 자신을 가진 자, 못 가진 자, 어느 쪽도 아닌 자, 대답을 거절하는 자로 생각하는지 여부 사이에 연관관계가 없을 경우 기대되는 것보다, 더 많은 보수주의자와 더 적은 자유주의자가 자신들을 가진 자라고 생각하였다. 표 20.3에는 모두 12개의 기대 횟수가 있다.

표 20.3에서 알 수 있는 것처럼, 기대 횟수는 관찰 횟수와 (어림할 경우) 정확하게 동일한 행의 합계 및 열의 합계를 갖는다. 이것은 여러분의 계산을 점검해 볼 수 있는 좋은 방법이다. 실제 횟수(표 20.1)와 기대 횟수(표 20.3)를 비교해 보면 데이터가 귀무가설로부터 어떻게 벗어나는지 알 수 있다.

공식이 작동하는 이유는 무엇 때문인가? 기대 횟수를 구하는 공식은 어디서 구한 것인가? 장기적으로 자유투에서 70%를 성공시키는 농구 선수를 생각해 보자. 한 게임에서 10개의 자유투를 던진다면 이들 중 70%, 즉 7개를 성공시킬 것으로 기대된다. 물론 한 게임에서 10개의 자유투를 던질 때마다 정확하게 7개를 성공시키지는 못한다. 게임마다 우연한 변동이 발생한다. 하지만 장기적으로 10개 중에서 7개가 성공할 것으로 기대한다. 보다 형식적인 표현을 사용한다면, 독립적인 n번의 시도를 하고 매 시도 때마다 성공확률이 p인 경우, 성공 횟수 np를 기대하게 된다.

이제 자신을 가진 자라고 생각하는 보수주의자의 횟수로 돌아가 보자. 조사한 모든 성인 1,867명 중에서 자신을 가진 자라고 생각하는 비율은 다음과 같다.

$$\frac{\text{성공 횟수}}{\text{표의 총합}} = \frac{1\text{행의 합계}}{\text{표의 총합}} = \frac{1{,}062}{1{,}867}$$

이것을 총체적 성공비율 p라고 생각하자. H_0가 참이라면, (무작위 변동을 제외하고) 이것이 모든 세 가지 정치 성향 그룹에서 동일한 성공비율일 것으로 기대된다. 따라서 725명의 보수주의자 중 기대되는 성공 횟수는 다음과 같다.

$$np = (725)\left(\frac{1{,}062}{1{,}867}\right) = 412.40$$

이것은 바로 기대 횟수의 공식이다.

복습문제 20.3

소셜 미디어를 포기하시겠습니까?

복습문제 20.1에 있는 이원분류표는 연령 그리고 무작위 성인 표본에서 소셜 미디어를 포기하는 것이 어려운지 여부 사이의 연관관계에 대한 데이터를 보여 준다. 귀무가설은 소셜 미디어를 포기하는 것이 어려운지 여부('그렇다' 및 '그렇지 않다') 그리고 연령 범주 사이에 연관관계가 없다는 것이다.

(a) 이 가설이 참이라면, 소셜 미디어를 포기하는 것이 어렵지 않다고 말한 사람들에게서 네 개 연령 범주에 대한 기대 횟수는 무엇인가? 이것은 기대 횟수의 이원분류표의 한 개 행이 된다. 행 합계를 구하고, 이것이 관찰 횟수의 행 합계와 (어림할 경우) 일치한다는 사실을 입증하시오.

(b) 소셜 미디어를 포기하는 것이 어렵지 않다고 말한 사람들이 어렵다고 말한 사람들보다 연령이 더 높은 경향이 있다. 소셜 미디어를 포기하는 것이 어렵지 않다고 말한 사람들에 대한 관찰 횟수와 기대 횟수를 비교해 볼 때, 이것은 얼마나 명백한가?

20.4 카이-제곱 통계량

정치 성향이 주어진 경우 가진 자, 못 가진 자, 어느 쪽도 아닌 자, 대답을 거절한 자 사이에서 관찰된 차이가 통계적으로 유의지 여부를 검정하기 위해서, 우리는 관찰 횟수와 기대 횟수를 비교한다. 이런 비교를 한 검정 통계량을 카이-제곱 통계량이라고 한다.

카이-제곱 통계량

카이-제곱 통계량(chi-square statistic)은, H_0가 참인 경우 이원분류표에서 관찰 횟수가 기대 횟수로부터 얼마나 벗어났는지를 측정한 값이다. 이 통계량에 대한 공식은 다음과 같다.

$$\chi^2 = \sum \frac{(\text{관찰 횟수} - \text{기대 횟수})^2}{\text{기대 횟수}}$$

합계는 표에 있는 모든 칸들에 대한 것이다.

위에서 기호 χ는 그리스 문자 '카이'이다. 카이-제곱 통계량은 표에 있는 각 칸을 하나씩으로 본 항들의 합계이다.

정리문제 20.3

가진 자 및 못 가진 자 : 검정 통계량

가진 자와 못 가진 자에 관한 연구에서, 460명의 보수주의자들은 자신들을 가진 자라고 생각하였다. 이 칸에 대한 기대 횟수는 412.40이다. 따라서 이 칸에 대한 카이-제곱 통계량의 항은 다음과 같다.

$$\frac{(\text{관찰 횟수} - \text{기대 횟수})^2}{\text{기대 횟수}} = \frac{(460 - 412.40)^2}{412.40}$$

$$= \frac{2{,}265.76}{412.40} = 5.49$$

카이-제곱 통계량 χ^2은 이와 같은 12개 항들의 합과 같다. 이원분류표의 배치에 부합되도록 배열하면 다음과 같다.

$$\chi^2 = 5.49 + 0.04 + 6.58$$
$$+ 20.39 + 1.74 + 15.29$$

$$+2.19+0.60+0.81$$
$$+12.37+7.57+1.29$$
$$=74.36$$

$\chi^2=74.36$을 구하기 위해서는, 표 20.3의 12개 칸 기대 횟수를 계산하고 나서, 12개 항들의 합을 계산해야 한다. 합산한 각 항은 표의 한 칸에 해당하는 카이 – 제곱 통계량에 대한 '기여도'를 나타낸다. 또한, 우리가 했던 것처럼 각 항을 소수점 둘째자리까지 반올림하더라도 합계에서는 반올림 오차가 발생할 수 있다. 이런 이유들로 인해서, 통계 소프트웨어를 사용할 경우 χ^2을 매우 쉽게 구할 수 있다.

χ^2을 기대 횟수로부터 벗어난 관찰 횟수의 거리를 측정한 값이라고 생각해 보자. 어느 거리와 마찬가지로, 이 값은 언제나 0 또는 양수가 되며 관찰 횟수가 기대 횟수와 정확하게 일치할 경우에만 0이 된다. χ^2의 큰 값은 H_0와 상반되는 증거가 된다. 왜냐하면 이것은 관찰 횟수가 H_0가 참일 때 기대한 것으로부터 멀리 떨어져 위치한다는 것이다. 대립가설 H_a가 다측가설이더라도, H_0에 위배되면 χ^2의 값이 커지는 경향이 있기 때문에, 카이 – 제곱 검정은 단측 검정이 된다. χ^2의 작은 값은 H_0와 상반되는 증거가 되지 못한다.

20.5 카이 – 제곱 분포

χ^2 통계량에 대한 P-값을 구하기 위해서, 귀무가설(두 개 범주변수 사이에 연관관계가 없다)이 참일 때 통계량의 표집분포를 알아야 한다. 이 표집분포는 카이 – 제곱 분포로 근사화할 수 있다. 이 절에서는 카이 – 제곱 분포를 소개하고, 카이 – 제곱 통계량에 대한 근사한 P-값을 구하기 위해서 이것이 어떻게 사용될 수 있는지 설명할 것이다. P-값은 근사치에 기초하기 때문에, 근사치가 안전하게 사용될 수 있는 조건들이 중요하다. 단순 무작위 표본을 갖고 있으며 표의 칸에 있는 횟수와 관련된 추가적인 조건이 있다고 가정해야 한다. 다음 절에서는 근사치의 사용에 대한 실제적인 지침을 제시할 것이다.

카이 – 제곱 분포

카이 – 제곱 분포(chi-square distribution)는 양의 값만을 갖고 오른쪽으로 기울어진 일단의 분포들이다. 특정 카이 – 제곱 분포는 **자유도**(degree of freedom)를 부여함으로써 구할 수 있다.

r개의 행과 c개의 열을 갖는 이원분류표에 대한 카이 – 제곱 검정은, 자유도가 $(r-1)(c-1)$인 카이 – 제곱 분포의 임곗값을 사용한다. P-값은 검정 통계량 값 오른편의 카이 – 제곱 분포 밀도곡선 아래의 면적이다.

그림 20.2는 일단의 카이 – 제곱 분포 중 세 개에 대한 밀도곡선을 보여 주고 있다. 자유도가 증가

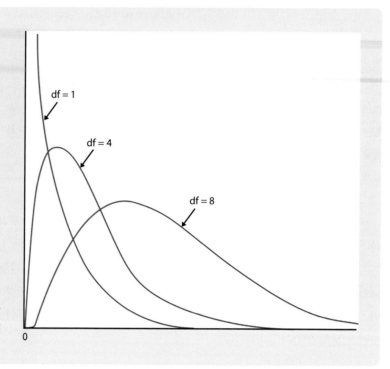

그림 20.2

자유도가 1, 4, 8인 카이-제곱 분포에 대한 밀도곡선이다. 카이-제곱 분포는 양의 값만을 가지며 오른쪽으로 기울어졌다.

함에 따라 밀도곡선은 점점 덜 기울어지며, 보다 큰 값의 자유도에 대해서도 이런 밀도곡선을 그려볼 수 있다. 이 책 뒷부분에 있는 표 D를 참조하면, 카이-제곱 분포에 대한 임곗값을 구할 수 있다. 카이-제곱 검정에 대한 P-값을 알려 주는 소프트웨어를 갖고 있지 않다면, 표 D를 사용할 수 있다.

정리문제 20.4

카이-제곱 표의 사용

가진 자와 못 가진 자에 대한 세 가지 정치 성향을 보여 주는 이원분류표는 네 개의 행과 세 개의 열을 갖는다. 즉, $r = 4$ 및 $c = 3$이다. 따라서 카이-제곱 통계량은 다음과 같은 자유도를 갖는다.

$$(r - 1)(c - 1) = (4 - 1)(3 - 1) = (3)(2) = 6$$

카이-제곱 통계량의 관찰된 값은 $\chi^2 = 74.36$이다. 표 D에서 df = 6 행을 살펴보도록 하자. $\chi^2 = 74.36$은 $P = 0.0005$에 대한 표에 있는 가장 큰 임곗값보다 위에 위치한다. 카이-제곱 검정은 언제나 단측 검정이라는 사실을 기억하자. 따라서 $\chi^2 = 74.36$의 P-값은 0.0005보다 작다.

df = 6

p	0.001	0.0005
χ^*	22.46	24.10

z 및 t 통계량은 중심이 0이 되는 표준척도에서 효과의 크기를 측정한다고 알고 있다. 68-95-99.7 법칙은 z에 대해서만 정확하지만, 이 법칙으로 어떤 z 또는 t 통계량의 크기를 대략 측정할 수는 있다. 카이-제곱 통계량은 이처럼 어떤 자연적인 해석법을 갖고 있지 않다. 하지만 다음과 같은 사실은 도움이 된다. 즉, 어떤 카이-제곱 분포의 평균은 자유도와 같다. 정리문제 20.4에서 귀무가설이 참이라면, χ^2은 평균 6을 갖게 된다. 관찰된 값 $\chi^2 = 74.36$은 평균 6보다 훨씬 더 크기 때문에, 표 D를 보기 전이라도 유의할 것이라는 생각이 든다.

20.6 카이-제곱 검정을 하기 위해 필요한 칸의 횟수

두 개 비율을 비교하기 위한 z 절차와 마찬가지로, 카이-제곱 검정은 표의 칸들에서 횟수가 커짐에 따라 보다 정확해지는 근사법이다. 따라서 우리는 횟수가 P-값을 신뢰할 수 있을 정도로 충분히 큰지를 점검하여야 한다. 다행히 카이-제곱 근사법은 별로 크지 않은 횟수에 대해서도 정확하다. 다음은 이에 대한 실제적인 지침이다.

카이-제곱 검정을 하기 위해 필요한 칸의 횟수

기대 횟수의 20% 이하만이 5보다 작고 모든 개별 기대 횟수가 1 이상일 경우, 카이-제곱 분포로부터의 임곗값을 가진 카이-제곱 검정을 안전하게 사용할 수 있다. 특히 2×2 표에서 네 개의 기대 횟수는 모두 5 이상이어야 한다.

위의 지침은 칸의 기대 횟수를 사용한다는 사실에 주목하자. 정리문제 20.1의 가진 자와 못 가진 자 연구에 대한 기대 횟수는 표 20.3에 있다. 12개 기대 횟수 중에서 어느 것도 5보다 작지 않다. 따라서 해당 데이터는 카이-제곱을 안전하게 사용할 수 있는 지침에 부합된다.

20.7 카이-제곱 검정의 사용 : 독립성 및 동질성

이원분류표는 몇 가지 방법으로 작성될 수 있다. 가장 일반적인 방법은 단수표본의 피실험자들을 두 개 범주변수로 분류하는 것이다. 예를 들면, 정치 성향 그리고 자신들을 가진 자, 못 가진 자, 어느 쪽도 아닌 자, 대답을 거절한 자로 생각하는지에 따라 성인들을 분류할 수 있다. 이들 두 개 분류변수 사이에 연관관계가 있는지 여부에 대한 물음은, 확률을 학습하면서 살펴본 독립성의 정의를 사용하여 이들 변수 간 독립성의 측면에서 말할 수 있다. 두 개 사건 A 및 B가 독립적이기 위해서, $P(A)=P(A|B)$가 성립되어야 한다는 사실을 기억하자. 위의 예에서, 정치 성향 그리고 자신을 가진 자, 못 가진 자, 어느 쪽도 아닌 자, 대답을 거절한 자로 생각하는지 여부 사이의 독립성이 의미하는 바는, 무작위로 선택한 성인이 정치 성향이 주어진 경우 자신을 가진 자로 생각하는 조건부 확률이

모든 정치 성향에 대해서도 동일하다는 것이다. 즉, 어떤 성인의 정치 성향을 알더라도, 자신을 가진 자로 생각할 확률에 관한 어떤 정보도 얻을 수 없다. 여기까지 사용한 검정을 일반적으로 **카이-제곱 독립성 검정**이라고 한다. 지금까지의 모든 문제들은 두 개 분류변수가 독립적인지 또는 아닌지에 관한 물음이었다.

다음의 정리문제는 이원분류표에 대한 상이한 상황을 보여 준다. 그 상황에서 우리는 두 개 이상의 모집단 또는 무작위 통제실험에서 두 개 이상의 처리로부터 구한 별개의 표본들을 비교한다. 무작위 통제실험의 상황에서, 상이한 처리군들을 별개의 모집단으로 생각한다. 이제는 '어느 모집단'이 이원분류표에서 변수들 중 한 개가 된다. 각 표본에 대해, (예를 들면 증상이 의료 처리에서 진정되는지 여부와 같은) 한 변수에 따라 개체들을 분류하고, 이 변수의 각 범주에 분류될 확률이 각 모집단에 대해 동일한지 여부에 관심을 갖는다. 카이-제곱 검정에 대한 계산들이 불변하더라도, 데이터를 수집하는 방법은 상이하다. 이런 카이-제곱 검정의 사용을 **카이-제곱 동질성 검정**이라고 한다. 왜냐하면 표본이 선택된 모집단이 단일 분류변수에 대하여 동질적인지(동일한지) 여부에 관심을 갖고 있기 때문이다. 동질성 검정은 설명변수(상이한 모집단들에 포함되는 자격)와 반응변수를 포함하지만, 카이-제곱 독립성 검정은 그렇지 않다.

정리문제 20.5

무선 휴대전화만을 사용하는 사람들은 다른가?

문제 핵심 : 무작위 번호로 전화를 걸어 시행하는 전화표본조사는 무선 휴대전화에는 전화를 걸지 않는다. 무선 휴대전화만을 사용하는 사람들은 더 젊은 경향이 있으며, 이는 무작위 번호로 전화를 걸어 시행하는 전화표본조사에서 젊은 성인들이 과소대표되는 결과를 초래하게 된다. 조사기관은 무작위 번호로 시행하는 전화표본조사에서 젊은 성인들에게 보다 많은 가중치를 줌으로써 이를 보완할 수 있다. 하지만 이것은 유선 통화가 가능한 젊은 성인들이 조사에서 배제된 무선 통화만 가능한 같은 또래의 젊은 성인들과 해당 조사 문제에 대해 유사한 의견을 갖는다고 가정하는 것이다. 항상 그렇지는 않다는 증거가 점점 증가하고 있다. 퓨 리서치 센터는 연령이 18세부터 25세까지의 젊은 성인들에서 무선 휴대전화만을 사용하는 사

	유선전화 사용자 표본	무선전화만 쓰는 사용자 표본
Live with parents (부모와 거주)	165	25
Rent (월세)	95	74
Own (자가)	46	13
Live in a dorm (기숙사 거주)	7	15
Other/refused (기타/응답 거절)	16	3
Total (합계)	329	130

람들과 유선전화를 사용하는 사람들에 대한 별개의 무작위 표본을 인터뷰하고, 인구 통계, 생활양식, 태도 문제들에 관해서 그들을 비교하였다. 이들 두 개 그룹에 대한 거주 상황 결과는 다음과 같다.

통계적 방법 : 다음 가설에 대해 카이-제곱 검정을 해 보자.

H_0 : 동질성; 즉 거주 상황에 대한 분포가 두 개 모집단에서 동일하다.

H_a : 동질성 결여; 즉 무선전화만 사용하는 사람들의 모집단에 대한 거주 상황 분포는 유선전화를 사용하는 사람들의 모집단에 대한 거주 상황 분포와 다르다.

두 개 모집단에서 거주 상황 분포상 차이의 성격에 대해 알아보기 위해서, 열의 백분율 또는 관찰 횟수 대 기대 횟수 또는 카이-제곱 통계량의 항들을 비교해 보자.

해법 : 그림 20.3의 통계 소프트웨어(Minitab)를 사용한 분석 결과는 열의 백분율을 포함한다. 이것은 전

```
Minitab                                                    [─][□][✕]

                   Landline    Cell-only
                   sample       sample          All

Live with parents    165          25            190
                   50.15        19.23          41.39
                  136.19        53.81         190.00
                   6.096       15.427             *

Rent                  95          74            169
                   28.88        56.92          36.82
                  121.14        47.86         169.00
                   5.639       14.270             *

Own                   46          13             59
                   13.98        10.00          12.85
                   42.29        16.71          59.00
                   0.326        0.824             *

Live in a dorm         7          15             22
                    2.13        11.54           4.79
                   15.77         6.23          22.00
                   4.876       12.341             *

Other/refused         16           3             19
                    4.86         2.31           4.14
                   13.62         5.38          19.00
                   0.416        1.054             *

All                  329         130            459
                  100.00       100.00         100.00
                  329.00       130.00         459.00
                      *            *              *

Cell Contents:       Count
                     % of Column
                     Expected count
                     Contribution to Chi-square

Pearson Chi-Square = 61.269,   DF = 4,  P-Value = 0.000
```

그림 20.3

정리문제 20.5와 관련되며, 거주 상황과 전화기 사용에 관한 이원분류표를 통계 소프트웨어(Minitab)를 사용하여 분석한 결과이다.

화기 사용의 각 형태에 대한 거주 상황의 분포를 알려 준다. 무선전화만 쓰는 사용자들(cell-only)은 부모와 함께 거주할 가능성이 낮으며(19.23% 대 유선전화 사용자 50.15%), 월세살이를 할 가능성이 높다(56.92% 대 유선전화 사용자 28.88%). 그리고 이들은 기숙사에 거주할 가능성이 높다(11.54% 대 유선전화 사용자 2.13%). 다른 두 개 범주(other/refused)에 대한 백분율상에서는 차이가 거의 없다.

표본들은 단순 무작위 표본이라고 가정할 수 있다. 통계 소프트웨어(Minitab)의 분석 결과에 따르면 10개 칸 모두에서 기대 횟수는 5보다 크므로, 카이−제곱을 사용하기 위한 조건들이 충족된다. 카이−제곱 검정($x^2 = 61.269$, $P = 0.000$)에 따르면, 젊은 성인들 두 개 그룹의 거주 상황에 대한 분포 사이에 매우 유의한 차이가 있음을 알 수 있다. 관찰 횟수와 기대 횟수를 다시 비교해 보면, 무선전화만 쓰는 젊은 성인들(cell-only)이, 동질성 귀무가설이 참일 경우, 기대했던 것보다 부모와 함께 거주할 가능성은 낮아지며, 월세살이를 하거나 기숙사에 거주할 가능성은 높아진다. 다른 두 개 범주에 대한 카이−제곱 통계량 기여도는 매우 작다.

결론 : 거주 상황과 전화 서비스 형태 사이의 연관관계는 통계적으로 유의하다. 유선전화로 연락할 수 있는 젊은 성인들은 자신들의 부모와 함께 거주할 가능성이 높으며, 월세살이를 하거나 기숙사에 거주할 가능성은 낮다. 퓨 리서치 센터의 연구에 따르면, 유선전화를 사용하는 젊은 성인들이 적어도 일주일에 한 번 종교예배에 참석할 가능성이 더 높으며, 지난 7일 동안 음주했다고 알리거나 또는 사람들이 마리화나를 피워도 괜찮다고 말할 가능성이 더 낮다. 이들은 또한 이메일, 문자메시지를 덜 자주 사용하며 소셜 네트워킹 사이트를 덜 자주 방문하면서, 기술에 대한 이해도 떨어지는 경향이 있다. 무선전화만 쓰는 사용자들과 같은 연령의 유선전화 사용자들 사이에 존재하는 많은 차원의 차이에 더해서, 무선전화만 쓰는 사용자들이 급격히 증가하기 때문에, 이제는 대부분의 연구기관들이 조사를 시행할 때 무선전화만 쓰는 사용자 표본을 일상적으로 포함시킨다.

카이−제곱 검정의 가장 유용한 특징 중 하나는, '행 및 열의 변수들이 서로 연관관계를 갖지 않는다'라는 귀무가설이 이원분류표에서 이치에 맞을 때는 언제나 이 가설을 검정하는 것이다. 무선 휴대전화만을 갖고 있는 사람들과 유선전화를 갖고 있는 사람들을 비교할 때처럼, 두 개 이상의 표본에서 범주의 반응을 비교할 경우, 이 가설은 이치에 닿는다. 이를 카이−제곱 동질성 검정이라 한다. 또한 미국 성인들 표본에 대한 정치 성향과 '가진 자' 여부에 대한 반응을 비교할 때처럼, 단수 표본의 개체들에 대해 두 개 범주변수의 데이터를 갖고 있는 경우에도, 이 가설은 이치에 닿는다. 이를 카이−제곱 독립성 검정이라 한다. 통계적 유의성은 두 경우 모두에 다음과 같은 동일한 의미를 갖는다. "이렇게 강한 연관관계는 단지 우연히 발생할 것 같지는 않다."

카이−제곱 검정의 사용

다음과 같은 상황 중 한 개로부터의 이원분류표를 갖고 있을 때, 카이−제곱 검정을 사용하여 다음과 같은 귀무가설을 검정해 보자.

H_0 : 두 개 범주변수 사이에 연관관계가 없다.

- 단 한 개의 단순 무작위 표본, 이때 각 개체는 두 개 범주변수 둘 다에 의거해서 분류된다. 이 경우 연관이 없다는 귀무가설에 따르면, 두 개 범주변수들은 독립적이고, 이 검정을 카이-제곱 독립성 검정(chi-square test of independence)이라고 한다.
- 두 개 이상의 모집단들로부터 뽑은 독립적인 단순 무작위 표본들, 이때 각 개체는 한 개 범주변수에 의거해서 분류된다(다른 변수는 해당 개체가 어느 표본으로부터 뽑은 것이라고 본다). 이 경우 연관이 없다는 귀무가설에 따르면 모집단들은 동질적이고, 이 검정을 카이-제곱 동질성 검정(chi-square test of homogeneity)이라고 한다.

카이-제곱 검정에 관해 주의해야 할 사항은 다음과 같다.

- 칸 횟수가 너무 적은 경우, 카이-제곱 검정을 사용하지 마시오.
- 행 또는 열이 독립적이지 않을 때, 예를 들면 각 행 또는 열이 동일한 피실험자에 관한 것일 때 카이-제곱 검정을 사용하지 마시오.
- P-값에 관한 이전의 주의사항들은 계속해서 카이-제곱 검정에도 적용된다. 작은 P-값이 범주변수들 사이의 연관관계가 강하거나 또는 실제적으로 중요하다는 것을 의미하지 않는다. 큰 P-값은 두 개 범주변수들이 독립적이라는 것을 의미하지 않는다.

카이-제곱 검정을 사용하기 위해서, 정량변수를 범주변수로 분류하는 것을 또한 피해야 한다. 정량변수를 범주변수로 분류할 경우, 관련 정보를 잃을 수 있다. 정량변수들 사이의 연관관계를 탐색하는 데는 예를 들면 회귀와 같은 보다 적절한 방법이 있다.

복습문제 20.4

의회에 대한 신뢰가 감퇴하고 있는가?

미국 일반사회조사가 실시하는 물음 중 하나는 다음과 같다. "여러분은 의회를 운영하는 사람들을 대단히 신뢰하는가? 약간 신뢰하는가? 거의 신뢰하지 않는가?" 2002년, 2006년, 2010년, 2014년, 2018년에 조사한 성인 무작위 표본에 대한 데이터들은 다음과 같다.

연도	대단히 신뢰	약간 신뢰	거의 하지 않는 신뢰
2018	81	697	745
2014	93	651	900
2010	125	635	587
2006	209	1,026	703
2002	117	553	222

(a) 카이-제곱 독립성 검정 또는 동질성 검정을 사용해야 하는가? 설명하시오.

(b) 4단계 과정을 밟아, 이들 데이터를 완벽하게 분석하시오.

20.8   적합도에 대한 카이-제곱 검정

카이-제곱 통계량이 가장 일반적으로 그리고 가장 중요하게 사용되는 경우는, 두 개 범주변수 사이에 연관관계가 없다는 가설을 검정하는 것이다. 이런 통계량의 변종이 다음과 같은 상이한 종류의 귀무가설을 검정하는 데 사용될 수 있다. 범주변수가 특정화된 분포를 한다. 다음은 이렇게 사용되는 카이-제곱 검정의 예이다.

정리문제 20.6

일요일에는 신생아 출생이 없는가?

신생아의 출생이 각 요일마다 균등하게 이루어지지는 않는다. 어쩌면 주말에 출생이 이루어질 경우 의사와 관련 의료인들이 불편해진다는 사실을 알고 있기 때문에 다른 요일보다 더 적은 수의 신생아가 토요일 및 일요일에 출생하게 된다.

© Blend Images/Alamy

지역 기록으로부터 얻은 무작위 표본인 700명의 신생아 출생은 요일별로 다음과 같이 분포한다.

요일	일	월	화	수	목	금	토
신생아 출생	84	110	124	104	94	112	72

실제로 가장 적은 수의 신생아 출생이 이루어진 두 개 요일은 토요일과 일요일이다. 이 데이터는 해당 지역 신생아 출생이 각 요일마다 균등하게 이루어지지 않을 수 있다는 유의한 증거가 되는가?

카이-제곱 검정은 귀무가설하에서 관찰 횟수와 기대 횟수를 비교함으로써 정리문제 20.6의 물음에 답할 수 있다. 신생아 출생에 대한 귀무가설은 다음과 같다. 귀무가설에 따르면, 신생아 출생은 요일별로 균등하게 분포한다. 이 가설을 신중하게 표현하기 위해서, 신생아 출생의 요일별 이산적 확률분포를 다음과 같이 나타낼 수 있다.

요일	일	월	화	수	목	금	토
신생아 출생	p_1	p_2	p_3	p_4	p_5	p_6	p_7

귀무가설에 따르면, 신생아 출생확률은 모든 요일에 대해 동일하다. 이 경우 7개 확률 모두 1/7이 되어야만 한다. 따라서 귀무가설은 다음과 같다.

$$H_0 : p_1 = p_2 = p_3 = p_4 = p_5 = p_6 = p_7 = \frac{1}{7}$$

대립가설에 따르면, 신생아 출생이 모든 요일에 대해 동일하게 이루어지지 않을 듯하다고 본다.

$$H_a : 모두\ p_i = \frac{1}{7}이지는\ 않다.$$

카이－제곱 검정에서의 여느 때처럼, H_a는 H_0가 참이 아니라고 단순히 말하는 '다측'가설이다. 카이－제곱 통계량도 또한 다음과 같이 여느 때와 동일하다.

$$\chi^2 = \sum \frac{(관찰\ 횟수 - 기대\ 횟수)^2}{기대\ 횟수}$$

정리문제 20.2에 뒤이은 논의에서 살펴본 것처럼, 확률이 p인 결과에 대한 기대 횟수는 np가 된다. 귀무가설하에서, 모든 확률 p_i는 동일하므로 7개 기대 횟수는 모두 다음과 같다.

$$np_i = 700 \times \frac{1}{7} = 100$$

위의 기대 횟수는 카이－제곱 검정을 사용하기 위해 필요한 지침을 쉽게 충족시킨다. 카이－제곱 통계량은 다음과 같다.

$$\begin{aligned}
\chi^2 &= \sum \frac{(관찰\ 횟수 - 100)^2}{100} \\
&= \frac{(84 - 100)^2}{100} + \frac{(110 - 100)^2}{100} + \cdots + \frac{(72 - 100)^2}{100} \\
&= 19.12
\end{aligned}$$

χ^2을 이렇게 새롭게 사용하려면 상이한 자유도가 필요하다. P-값을 구하기 위해서 χ^2을 카이－제곱 분포로부터 출생 요일 수보다 1 적은 자유도를 갖는 임곗값을 구하여 비교해 보자. 여기서 자유도는 $7 - 1 = 6$이 된다. 표 D로부터 $\chi^2 = 19.12$는 df $= 6$ 행에서 임곗값 18.55와 20.25 사이에 위치하며, 이것은 각각 0.005와 0.0025에 대한 임곗값들이다. 따라서 P-값은 0.005와 0.0025 사이에 위치한다(통계 소프트웨어를 사용하면 보다 정확한 값 $P = 0.004$를 구할 수 있다). 이들 700명의

df $= 6$		
p	0.005	0.0025
χ^*	18.55	20.25

신생아 출생이 출생은 요일별로 균등하지 않을 수 있다는 확신할 만한 증거가 된다.

범주변수가 특정 분포를 갖는다는 가설에 적용되는 카이－제곱 검정을 적합도 검정이라고 한다. 이는 해당 검정이 관찰 횟수가 분포에 적합한지 여부를 평가한다는 생각에서 비롯된다. 카이－제곱 통계량은 이원분류표 검정의 경우와 동일하지만, 기대 횟수와 자유도는 상이하다. 자세한 내용은 다음과 같다.

적합도에 대한 카이－제곱 검정

범수변주는 확률이 p_1, p_2, p_3, $\cdots$, p_k인 k개의 결과를 가질 수 있다. 즉, p_i는 i번째 결과의 확률이다. 우리는 이 범주변수로부터 n개의 독립적인 관찰값을 갖고 있다.

확률들이 특정한 값들을 갖는다는 다음과 같은 귀무가설을 검정해 보자.

$$H_0 : p_1 = p_{10}, \quad p_2 = p_{20}, \quad \cdots, \quad p_k = p_{k0}$$

i번째 결과에 대한 기대 횟수인 np_{i0}를 구하고, 다음과 같은 카이-제곱 통계량을 구해 보자.

$$\chi^2 = \sum \frac{(\text{관찰 횟수} - \text{기대 횟수})^2}{\text{기대 횟수}}$$

합계는 모든 가능한 결과에 대해 이루어진다.

P-값은 자유도가 $k-1$인 카이-제곱 분포의 밀도곡선 아래 χ^2의 오른편 면적에 해당한다.

정리문제 20.6에서 결과는 요일 수, 즉 $k = 7$이다. 귀무가설에 따르면, i번째 요일에 출생할 확률은 모든 요일에 대해 $p_{i0} = 1/7$이다. 우리는 $n = 700$명의 신생아 출생을 관찰하고, 각 요일에 얼마나 많은 신생아 출생이 이루어지는지 횟수를 세어 보았다. 이것들이 카이-제곱 통계량에서 사용되는 횟수이다.

복습문제 20.5

창유리로부터 새를 보호하기

많은 새들이 창유리와 부딪혀서, 부상을 입거나 죽게 된다. 새들은 창유리를 보지 못하는 것처럼 보인다. 창유리를 하늘보다는 지표면을 반사하도록 아래로 비스듬하게 할 경우, 새들이 부딪히는 현상을 낮출 수 있는가? 숲 가장자리에 6개의 창유리를 다음과 같이 세워 보자. 2개는 수직으로 세워 놓고, 2개는 20도 기울여 세워 놓으며, 2개는 40도 기울여 세워 놓아 보자. 이후 4개월 동안, 새들이 창유리에 53번 부딪혔다. 31번은 수직으로 세운 창유리에 부딪혔으며, 14번은 20도 기울어진 창유리에 부딪히고, 8번은 40도 기울어진 창유리에 부딪혔다. 경사지게 기울여 놓은 유리창이 효과가 없다면, 위와 같이 설치해 놓은 세 가지 형태의 창유리에 새들이 부딪힐 확률이 동일할 것으로 기대된다. 이 귀무가설을 검정하시오. 어떤 결론을 내릴 수 있는가?

복습문제 20.6

경찰에 의한 괴롭힘?

다른 이유로 자동차 운전자를 멈춰 세우기 위해서, 경찰들은 예를 들면 안전벨트 미착용과 같은 사소한 위반사항을 사용할 수 있다. 미시간주에서 시행된 대규모 연구는, 주 내의 400개 이상 지역에서 낮시간 동안에 안전벨트를 착용하지 않은 운전자들의 모집단을 처음으로 관찰하여 연구하였다. 다음은 연령 그룹별로 안전벨트 미착용자의 모집단분포를 보여 주고 있다.

연령 그룹	16~29세	30~59세	60세 이상
비율	0.328	0.594	0.078

연구자들은 법정 기록을 검토하고, 안전벨트 미착용으로 경찰에 의해 실제로 소환된 803명 운전자들의 무작위 표

본을 뽑았다. 다음은 이런 횟수를 보여 주고 있다.

연령 그룹	16~29세	30~59세	60세 이상
횟수	401	382	20

소환된 사람들의 연령 분포는 모든 안전벨트 미착용자들의 연령 분포와 유의하게 상이한가? 어느 연령 그룹이 카이−제곱 통계량에 가장 큰 기여를 하는가? 이 연령 그룹이 정당화될 수 있는 것보다 더 자주 소환되었는가? 또는 보다 덜 소환되었는가? (이 연구에 따르면 남성, 흑인, 그리고 젊은 운전자들이 모두 과도하게 소환되었다.)

요약

- 이원분류표에 대한 카이−제곱 검정은, 행의 변수와 열의 변수 사이에 연관관계가 없다는 귀무가설 H_0를 검정한다. 대립가설 H_a는 어떤 연관관계가 있기는 하지만 어떤 종류의 연관관계인지에 대해서는 말하지 않는다. 단 한 개의 단순 무작위 표본에서 뽑은 개체들을 두 개 범주변수로 분류한 이원분류표에서, 연관관계가 존재하지 않는다는 것이 의미하는 바는 두 개 범주변수들이 독립적이라는 것이다. 이런 검정을 카이−제곱 독립성 검정이라고 한다. 이원분류표가 두 개 이상의 모집단으로부터 뽑은 독립적인 단순 무작위 표본들에 기초하여 작성되고, 각 개체는 한 개의 범주변수에 의거해서 분류될 경우, 연관관계가 존재하지 않는다는 것이 의미하는 바는 모집단들이 동일하다는 것이다. 이런 검정을 카이−제곱 동질성 검정이라고 한다.

- 카이−제곱 검정은, 표의 각 칸에 있는 관찰값들의 관찰되는 횟수와 H_0가 참인 경우 기대되는 횟수를 비교한다. 어떤 칸의 기대 횟수는 다음과 같다.

$$기대\ 횟수 = \frac{행의\ 합계 \times 열의\ 합계}{표의\ 총합}$$

- 카이−제곱 통계량은 다음과 같다.

$$\chi^2 = \sum \frac{(관찰\ 횟수 - 기대\ 횟수)^2}{기대\ 횟수}$$

- 카이−제곱 검정은 χ^2 통계량의 값과 자유도가 $(r-1)(c-1)$인 카이−제곱 분포의 임곗값을 비교한다. χ^2의 큰 값은 H_0와 상반되는 증거가 된다. 따라서 P-값은 χ^2 오른편의 카이−제곱 밀도곡선 아래의 면적이다.

- 카이−제곱 분포는 χ^2 통계량의 확률분포에 근사한다. 모든 칸의 기대 횟수가 적어도 1이고 20% 이하만이 기대 횟수가 5 미만인 때, 이런 근사법을 안전하게 사용할 수 있다.

- 카이−제곱 검정이 이원분류표에 있는 행의 변수와 열의 변수 사이에 통계적으로 유의한 관계를 발견한 경우, 이런 관계의 성격을 알아보기 위해서 데이터를 분석해야 한다. 적절한 백분율을 비교하고, 관찰 횟수와 기대 횟수를 비교하며, 카이−제곱 통계량이 가장 큰 항을 찾아봄으로써 그렇게 할 수 있다.

주요 용어

다중 비교	카이−제곱 독립성 검정	카이−제곱 분포
카이−제곱 검정	카이−제곱 동질성 검정	카이−제곱 통계량

연습문제

1. **금연보조제** 금연보조제인 챈틱스가 금연에 미치는 효력을, 역시 금연보조제인 부프로피온(이것은 웰부트린 또는 자이반이라고 보다 일반적으로 알려져 있다.) 및 위약과 비교하여 평가하기 위해서, 많은 무작위 실험이 시도되었다. 챈틱스는 뇌에 있는 니코틴 수용체를 목표로 하여 이들에 부착되어 니코틴이 근접하는 것을 차단하는 반면에, 부프로피온은 금연하도록 도와주기 위해 자주 사용되는 항우울제라는 면에서 챈틱스는 대부분의 다른 금연보조제와 다르다. 하루에 적어도 10개비의 담배를 피우는 전반적으로 건강한 흡연자가 챈틱스($n = 352$) 또는 부프로피온($n = 329$) 또는 위약($n = 344$)을 복용하도록 무작위로 배정되었다. 이 연구는 이중맹검법으로 이루어졌다. 반응 측정값은 연구가 이루어지는 9주부터 12주 동안 계속해서 금연을 하는 것이다. 결과를 보여 주는 이원분류표는 다음과 같다. 4단계 과정을 밟아 다음 물음에 답하시오.

	처방		
	챈틱스	부프로피온	위약
9~12주 동안 금연	155	97	61
9~12주 동안 흡연	197	232	283

(a) 연구가 이루어진 9주부터 12주 동안 금연한 부프로피온 그룹의 비율과 위약 그룹의 비율 사이의 차이에 대한 95% 신뢰구간을 구하시오.

(b) 연구가 이루어진 9주부터 12주 동안, 표본에 있는 세 개 그룹 각각의 어떤 비율이 금연하였는가? 이 비율들 사이에 통계적으로 유의한 차이가 있는가? 가설을 말하고 검정통계량 및 P-값을 구하시오.

(c) (b)에서 카이-제곱 독립성 검정을 사용하였는가? 또는 카이-제곱 동질성 검정을 사용하였는가? 설명하시오.

2. **상황이 불행한 쥐와 종양** 일부 사람들은 암 환자의 태도가 병의 진행에 영향을 미칠 수 있다고 생각한다. 사람을 갖고 실험을 할 수 없지만, 이 문제에 관해 쥐를 갖고 실험한 결과는 다음과 같다. 쥐 60마리에게 종양 세포를 주입하고 나서, 이들을 무작위로 30마리씩 두 개 그룹으로 분류하였다. 모든 쥐들이 전기충격을 받지만, 그룹 1에 있는 쥐들은 레버를 누름으로써 충격을 멈출 수 있다(쥐들은 이런 종류의 것을 신속하게 배운다). 그룹 2의 쥐들은 전기충격을 통제할 수 없으며 이로 인해 어쩌면 무력하고 불행하다고 느낄 수 있다. 그룹 1의 쥐들이 더 적은 수의 종양으로 발전하지 않을까 생각된다. 결과는 다음과 같다. 그룹 1의 쥐들 중 11마리가 종양으로 발전하였으며, 그룹 2의 쥐들 중 22마리가 종양으로 발전하였다.

(a) 그룹별 종양 수에 관한 이원분류표를 작성하시오. 이 조사에 대한 귀무가설 및 대립가설을 말하시오.

(b) 이원분류표를 갖고 있더라도, 카이-제곱 검정은 단측 대립가설을 검정할 수 없다. z 검정을 이행하고 결론을 밝히시오.

3. **30세까지 부자가 될 것이라고 생각한다** 어떤 표본조사는 (연령이 19세부터 25세까지인) 젊은 성인들에게 다음과 같이 질문하였다. "30세까지 중산층보다 훨씬 더 많은 소득을 갖게 될 가능성이 얼마라고 생각하십니까?" 다음 그림에 있는 통계 소프트웨어(JMP)를 이용한 분석 결과에는 이원분류표와 관련 정보가 포함되어 있으며, 대답하기를 거부하거나 이미 부자라고 말하는 소수의 피실험자는 제외시켰다.

(a) 카이-제곱 독립성 검정을 사용하여야 하는가? 또는 카이-제곱 동질성 검정을 사용하여야 하는가?

(b) 30세까지 부자가 될 가능성을 평가하는 데, 젊은 남성과 젊은 여성 사이에 존재하는 차이를 논의하는 기초로서 이 분석 결과를 사용하시오. 4단계 과정을 밟아 답하시오.

jmp

Contingency Table

Chance × Sex

Count Col% Expected Cell Chi^2	Female	Male	
AlmostNo	96 4.06 95.1508 0.0076	98 3.99 98.8492 0.0073	194
Some	426 18.00 349.213 16.8842	286 11.63 362.787 16.2525	712
5050	696 29.40 694.503 0.0032	720 29.28 721.497 0.0031	1416
Good	663 28.01 696.955 1.6543	758 30.83 724.045 1.5924	1421
NearCer	486 20.53 531.177 3.8424	597 24.28 551.823 3.6986	1083
	2367	2459	4826

Tests

N	DF	-LogLike	RSquare (U)
4826	4	22.067196	0.0066

Test	ChiSquare	Prob>ChiSq
Pearson	43.946	<.0001*

4. **성적 매력이 있는 잡지 광고?** 젊은 성인들을 독자층으로 갖고 있는 잡지에 수록된 전면 광고를 살펴보도록 하자. 광고 모델이 어떻게 옷을 입고 있는지(또는 입지 않고 있는지)에 따라 해당 모델을 '성적 매력이 없다(not sexual)' 또는 '성적 매력이 있다(sexual)'로 보여주는 광고를 분류해 보자. 젊은 남성들만을 목표로 삼거나 또는 젊은 여성들만을 목표로 삼거나 또는 일반 젊은 성인들만을 목표로 삼는 잡지에서 1,509개 광고에 대한 데이터는 다음과 같다.

	독자층		
	젊은 남성	젊은 여성	젊은 성인
성적 매력이 있다	105	225	66
성적 매력이 없다	514	351	248

다음 그림은 통계 소프트웨어(Minitab)를 이용한 카이-제곱 분석 결과를 보여 주고 있다. 분석 결과에 있는 정보를 이용하여, 목표 독자층과 젊은 성인들을 대상으로 한 잡지에 실린 광고의 성적 매력 사이의 관계를 설명하시오. 4단계 과정을 밟아 답하시오.

Minitab

```
                Men     Women   General       All

Sexual          105       225        66       396
              16.96     39.06     21.02     26.24
              162.4     151.2      82.4     396.0
             20.312    36.074     3.265         *

Not sexual      514       351       248      1113
              83.04     60.94     78.98     73.76
              456.6     424.8     231.6    1113.0
              7.227    12.835     1.162         *

All             619       576       314      1509
             100.00    100.00    100.00    100.00
              619.0     576.0     314.0    1509.0
                  *         *         *         *

Cell Contents:          Count
                        % of Column
                        Expected count
                        Contribution to Chi-square

Pearson Chi-Square = 80.874,  DF = 2, P-Value = 0.00
```

5. **카이-제곱 검정을 사용하지 못하는 경우** 여가를 위해 해외로 여행하는 미국인과 업무를 위해 해외로 여행하는 미국인은 어떻게 상이한가? 다음은 직업별로 분류해 놓은 표이다.

직업	여가를 위한 여행자	업무를 위한 여행자
전문직 종사자	36%	39%
경영자	23%	48%
은퇴자	14%	3%
학생	7%	3%
기타	20%	7%
합계	100%	100%

이들 두 개 분포가 유의하게 상이한지 여부를 알아보기 위해서 카이-제곱 검정을 하는 데 필요한 충분한 정보가 없는 이유를 설명하시오.

6. **카이-제곱 검정을 사용하지 못하는 경우** 초콜릿을 먹을 경우 두통이 유발되는가? 이에 대해 알아보기 위해서, 만성적인 두통을 앓고 있는 여성들이 모양과 맛이 같은 초콜릿 바와 캐럽 바를 먹는 것을 제외하고, 동일한 음식을 섭취하도록 하자. 각 피실험자는 적어도 3일 사이에 초콜릿 바와 캐럽 바 둘 다를 무작위적인 순서로 먹는다. 그러고 나서 각 여성은 바를 먹은 12시간 내에 두통이 생기는지 여부를 보고한다. 64명의 피실험자에 대한 결과를 이원분류표로 나타내면 다음과 같다.

바의 종류	두통이 없는 경우	두통이 있는 경우
초콜릿	53	11
캐럽(위약)	38	26

두 가지 종류의 바가 두통을 일으키는 데 상이한지 알아보기 위해서, 연구자들은 이 표에 기초하여 카이-제곱 검정을 시행하였다. 이 검정이 올바르지 않은 이유를 설명하시오. (힌트 : 64명의 피실험자가 있다. 이원분류표에 얼마나 많은 관찰값이 있는가?)

7. **누가 종교행사에 참석하는가?** 일반사회조사는 다음과 같은 질문을 하였다. "당신은 지난주에 종교행사에 참석하였습니까?" 고등학교 졸업 이상의 학력을 가진 사람들의 대답은 다음과 같다.

	최종 학력			
	고등학교 졸업	전문학사 학위	학사 학위	대학원 학위
종교행사에 참석했다	400	62	146	76
종교행사에 참석하지 않았다	880	101	232	105

(a) 최종 학력과 지난주의 종교행사 참석 사이에 관계가 없다는 가설에 대해 카이-제곱 검정을 하시오. 어떤 결론을 내리게 되는가?

(b) 최종 학력이 고등학교 졸업인 사람들에 상응하는 열을 제외하고, 2×3 표를 작성하시오. 최종 학력과 지난주의 종교행사 참석 사이에 관계가 없다는 가설에 대해 카이-제곱 검정을 하시오. 어떤 결론을 내리게 되는가?

(c) 고등학교 졸업을 넘어서는 학력을 가진 세 개 열의 횟수를 합산하여, 2×2 표를 작성하시오. 이렇게 하면 고등학교 졸업의 학위를 가진 사람들을, 고등학교를 넘어서는 학위를 가진 사람들과 비교할 수 있다. 이 2×2 표에 대해서 고등학교를 넘어서는 학위와 종교행사 참석 사이에 관계가 없다는 가설에 대해 카이-제곱 검정을 하시오. 어떤 결론을 내리게 되는가?

(d) 위에서 시행한 세 개의 카이-제곱 검정으로부터 얻은 결과를 이용하여, 지난주의 종교행사 참석과 최종 학력 사이의 관계를 설명하는 간단한 보고서를 작성하시오. 이 보고서에는 4개 최종 학력 각각에 대한 종교행사 참석 백분율이 제시되어야 한다.

8. **미국 고등학교에 대한 학부모들의 평가** 미국의 비영리 단체인 퍼블릭어젠다는 고등학생 학부모들의 층화된 표본과 전화 인터뷰를 하였다. 202명의 흑인 학부모, 202명의 히스패닉 학부모, 201명의 백인 학부모가 있다. 질문 중 한 가지는 다음과 같다. "여러분이 거주하는 주에 있는 고등학교들이 제공하는 교육은 일류입니까? 좋습니까? 그저 그렇습니까? 나쁩니까? 모르십니까?" 조사 결과는 다음과 같다.

	흑인 학부모	히스패닉 학부모	백인 학부모
일류이다	12	34	22
좋다	69	55	81
그저 그렇다	75	61	60
나쁘다	24	24	24
모른다	22	28	14
합계	202	202	201

세 개 학부모 그룹의 응답분포 차이가 통계적으로 유

의한가? '학부모 그룹과 응답 사이에 관계가 없다'라는 귀무가설로부터 벗어난 어떤 부분이 카이–제곱 통계량의 값에 가장 큰 기여를 하는가? 분석에 기초하여 간략하게 결론을 내리시오. 4단계 과정을 밟아 설명하시오.

21

회귀에 대한 추론

앞에서는 산포도, 상관, 최소제곱 회귀선을 데이터를 탐색하기 위한 방법으로서 살펴보았다. 이와 같은 탐색적인 분석을 통해 관찰한 관계를 해석할 때는 주의를 기울여야 한다는 사실도 언급하였다. 그러한 해석은 그 관계가 보다 넓은 의미에서 타당하다는 가정에 기초한다는 점도 또한 알아보았다. 이 장에서는 회귀에 대한 추론을 고려함으로써 그렇게 할 것이다. 회귀에 대한 추론을 통해, 산포도에서 관찰한 관계가 보다 큰 모집단에 대해서도 타당한지 여부를 결정할 수 있다.

산포도가 정량 설명변수 x와 정량 반응변수 y 사이에 선형관계를 나타낼 경우, 해당 데이터에 적합한 최소제곱선을 사용하여 주어진 x값에 대해 y를 예측할 수 있다. 데이터가 크기가 보다 큰 모집단으로부터 추출한 표본일 때, 모집단에 관한 다음과 같은 질문에 답하기 위해서 통계적 추론이 필요하다.

- 모집단에서 x와 y 사이에 실제로 선형관계가 존재하는가? 또는 산포도에서 관찰된 패턴은 단지 그럴듯하게 우연히 발생한 것인가?
- 모집단에서 y를 x에 연계시키는 기울기(변화율)는 무엇인가? 기울기의 추정값에 대한 오차범위는 무엇인가?
- 최소제곱선을 이용하여 주어진 x값에 대해 y를 예측할 경우, 예측은 얼마나 정확한가? (오차범위는 어떠한가?)

이 장에서는 위의 질문에 대해 어떻게 답할 수 있는지 살펴볼 것이다. 다음은 우리가 살펴보고자 하는 한 예이다.

해수면 온도와 산호 성장

문제 핵심 : 환경적인 조건들은 산호의 성장에 영향을 미칠 수 있다. 이에 대해 알아보기 위해서, 연구자는 카리브해와 멕시코만에서 발견되는 산호의 종을 조사하였다. 12개 장소에서 산호의 평균 연간 석회화율을 몇 년에 걸쳐 측정하고, 평균 연간 최대 해수면 온도를 동일한 기간 동안 관찰하였다. 석회화율은 산호의 성장에 영향을 미치며, 더 높은 석회화율은 더 많은 산호의 성장으로 이어진다. 표 21.1은 이들 12개 장소에 대한 데이터를 보여 준다. (연간 제곱센티미터당 그램으로 측정한) 석회화율은 연간 최대 해수면 온도의 변화에 따라 어떻게 변화하는가?

표 21.1	최대 해수면 온도($°C$) 및 석회화율($g\ cm^{-2}\ yr^{-1}$)		
최대 해수면 온도	석회화율	최대 해수면 온도	석회화율
29.4	1.48	29.7	1.63
29.4	1.53	29.5	1.53
29.4	1.52	29.4	1.46
29.6	1.48	29.0	1.24
29.1	1.31	29.0	1.29
28.7	1.25	29.0	1.12

통계적 방법 : 산포도를 그려 보자. 관계가 선형처럼 보이는 경우, 상관과 회귀를 사용하여 이를 설명해 보자. 최종적으로 연간 최대 해수면 온도와 석회화율 사이의 선형관계가 너무 강해서 단순히 우연에 의할 수 없는지 여부를 알아보자(다시 말해, 통계적으로 유의한 선형관계가 존재하는지 여부에 대해 알아보자).

해법(1단계) : 추론을 하기 전에 살펴보아야 할 데이터 분석을 앞에서 소개하였다. 취해야 할 첫 번째 단계는 데이터 분석을 재음미해 보는 것이다. 그림 21.1은 산호 데이터의 산포도이다. 설명변수(연간 최대 해수면 온도)는 수평적으로, 그리고 반응변수(석회화율)는 수직적으로 나타내시오. 이탈값 또는 다른 일탈뿐만 아니라 관계의 형태, 방향, 강도를 살펴보자. 적당하게 강한 양의 선형관계가 존재하며, 극단적인 이탈값이나 잠재적으로 영향력 있는 관찰값은 없다.

산포도는 대략적인 선형(직선) 패턴을 보여 주기 때문에, 상관은 관계의 방향과 강도를 설명해 준다. 연간 최대 해수면 온도와 석회화율 사이의 상관은 $r = 0.892$이다. 우리는 설명변수에 관한 정보로부터 반응을 예측하고자 한다. 따라서 연간 최대 해수면 온도로부터 석회화율을 예측하기 위해 **최소제곱 회귀선**을 구하였다. 회귀선의 식은 다음과 같다.

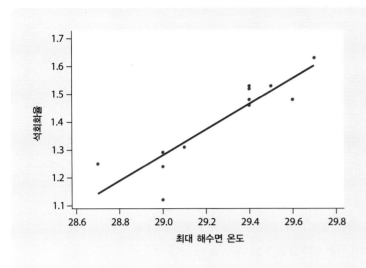

그림 21.1

정리문제 21.1과 관련되며, 최대 해수면 온도에 대한 산호 석회화율의 산포도이고 거기에 최소제곱 회귀선을 추가하였다.

$$\hat{y} = a + bx$$
$$= -12.103 + 0.4615x$$

또는

석회화율 $= -12.103 + 0.4615 \times$ 최대 해수면 온도

결론(1단계) : 연간 최대 해수면 온도가 더 높은 지역의 산호는 석회화율이 더 높은 경향이 있다. 제곱한 상관 $r^2 = 0.796$이 의미하는 바는 석회화율 변동의 79.6%가 연간 최대 해수면 온도에 의해 설명된다는 것이다. 따라서 석회화율이 적당하게 정확하다. 이 관찰된 관계는 통계적으로 유의한가? 최종적으로 말하면, 이것은 단지 12개의 장소에만 의존한다는 것이다. 이제 우리는 회귀 상황에서 추론하기 위한 도구를 개발하여야 한다.

21.1 회귀 추론을 하기 위한 조건

산포도가 선형관계를 보여 줄 때만 결과가 유용하기는 하지만, 어떤 데이터에 대해 두 개의 정량변수를 적절하게 연계시키는 회귀선을 그을 수 있다. 통계적 추론을 하려면 보다 세부적인 조건을 충족시켜야 한다. 추론을 통한 결론은 언제나 **모집단**과 관계가 있으므로, 조건들은 모집단 그리고 데이터가 그로부터 어떻게 생성되었는지를 설명해 준다. 최소제곱선의 기울기 b 및 절편 a는 **통계량**이다. 즉, 표본 데이터로부터 이것을 계산하였다. 예를 들면, 해수면 온도와 산호 성장에 관한 연구에서, 다른 장소들에서 이 연구를 반복할 경우 이들 통계량은 다소 상이한 값을 갖는다. 추론을 하기 위해서, a 및 b를 관심을 갖고 있는 모집단을 설명하는 알지 못하는 **모수**의 추정값이라고 생각하자.

회귀 추론을 하기 위한 조건

설명변수 x와 반응변수 y에 대한 n개의 관찰값이 있다. 목표는 주어진 x값에 대해 y의 행태를 연구하거나 또는 예측하는 것이다.

- x의 어떤 고정된 값에 대해, 반응변수 y는 정규분포에 의거해서 변동한다. 반복되는 반응변수 y는 서로 독립적이다.
- 반응변수의 평균 μ_y는, 다음과 같은 모집단 회귀선에 의해 주어진 x와 직선관계를 갖는다.

$$\mu_y = \alpha + \beta x$$

기울기 β와 절편 α는 알지 못하는 모수이다.

- y의 표준편차(이것을 σ라고 하자)는 x의 모든 값에 대해 동일하다. σ의 값은 알지 못한다.

해당 데이터로부터 추정해야 하는 세 개의 모집단 모수, 즉 α, β, σ를 갖고 있다.

위의 조건에 따르면, 모집단에서 y와 x 사이에는 '평균하여' 직선관계가 존재한다. 모집단 회귀선 $\mu_y = \alpha + \beta x$에 따르면, 반응변수의 평균 μ_y는 설명변수 x가 변화함에 따라 직선상을 이동한다. 우리는 모집단 회귀선을 관찰할 수 없다. 우리가 관찰하는 y의 값들은, 정규분포에 따라 평균을 중심으로 변동한다. x를 고정시키고 y에 대한 많은 관찰값을 취할 경우, 정규분포하는 패턴은 궁극적으로 스템플롯 또는 히스토그램으로 나타난다. 실제로 많은 상이한 x값에 대해 y를 관찰하고, 이에 따라 모집단 직선 주위에 산재해 있는 점들로 형성된 전반적인 직선 패턴을 찾아볼 수 있게 된다. 표준편차 σ는 점들이 모집단의 회귀선 근처에 밀집해 있는지(σ가 작은지), 또는 넓게 산재해 있는지(σ가 큰지) 여부를 결정한다.

그림 21.2는 회귀 추론을 하기 위한 조건을 그림으로 보여 주고 있다. 그림에 있는 선은 모집단

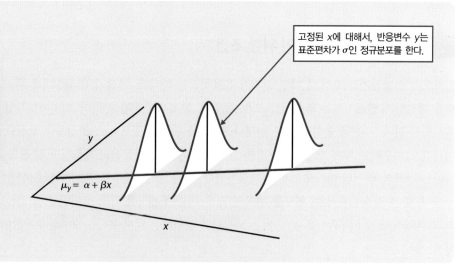

그림 21.2

추론하기 위한 조건이 충족될 때, 회귀 데이터의 성격에 대해 알아보자. 그림에 있는 선은 모집단 회귀선으로, 설명변수 x가 변화함에 따라 반응변수의 평균 μ_y가 어떻게 변화하는지 보여 준다. 고정된 x값에 대해 관찰된 반응변수 y는 평균 μ_y 및 표준편차 σ를 갖는 정규분포에 따라 변화한다.

회귀선이다. 반응변수 y의 평균은 설명변수 x가 상이한 값을 취하게 되면 이 선을 따라 이동한다. 정규분포곡선은 x가 상이한 값에 고정되어 있을 때 y가 어떻게 변화하는지를 보여 준다. 모든 곡선은 동일한 σ를 가지므로, y의 변동은 x의 모든 값에 대해 동일하다. 회귀에 관해 추론을 할 때, 추론을 하기 위한 조건을 점검하여야 한다. 이를 어떻게 하는지에 대해서는 나중에 살펴볼 것이다.

21.2 모수의 추정

추론하는 첫 번째 단계는 알지 못하는 모수 α, β, σ를 추정하는 것이다.

모집단 회귀선의 추정

회귀에 대한 조건들이 충족되고 최소제곱선 $\hat{y} = a + bx$를 계산할 때, 최소제곱선의 기울기 b는 모집단 기울기 β의 불편 추정량이며, 최소제곱선의 절편 a는 모집단 절편 α의 불편 추정량이다.

정리문제 21.2

해수면 온도와 산호 성장 : 기울기 및 절편

그림 21.1의 데이터는 보이지 않는 모집단 회귀선에 대해 데이터들이 흩어져야 하는 조건을 합리적인 수준에서 잘 충족시키고 있다. 최소제곱선은 $\hat{y} = -12.103 + 0.4615x$이다. 기울기가 특히 중요하다. 기울기는 변화율이다. 모집단 기울기 β는, 평균 연간 최대 해수면 온도가 $1\,^\circ\text{C}$ 더 높아질 경우 평균 연간 석회화율이 이 산호종에 대해 얼마나 더 높아지는지를 알려 준다. $b = 0.4615$는 알지 못하는 β를 추정한 것이기 때문에, 평균적으로 볼 때 평균 연간 최대 해수면

온도가 $1\,^\circ\text{C}$ 추가될 때마다 이 산호종의 연간 석회화율은 약 $0.46\text{g cm}^{-2}\,\text{yr}^{-1}$이 된다고 추정한다.

절편은 평균 연간 최대 해수면 온도가 $0\,^\circ\text{C}$일 때의 평균 연간 석회화율이다. 이제는 선을 그리기 위해서 절편 $a = -12.103$이 필요하지만, 여기에서는 통계적 의미가 없다. 평균 연간 최대 해수면 온도가 $28.7\,^\circ\text{C}$ 아래로 내려간 적이 없기 때문에, $x = 0$ 근처의 데이터는 존재하지 않는다. 카리브해 및 멕시코만의 해수면 온도는 $0\,^\circ\text{C}$ 근처에 결코 도달하지 않을 것이므로, $x = 0$을 결코 관찰하지 못할 것이다.

남아 있는 모수는 표준편차 σ로, 이는 모집단 회귀선에 대한 반응변수 y의 변동을 설명한다. 최소제곱선은 모집단 회귀선을 추정한다. 잔차는 모집단 회귀선에 대해 y가 얼마나 변동하는지를 추정한다. 잔차는 최소제곱선으로부터 데이터의 해당하는 점이 수직으로 얼마나 벗어났는지를 나타낸다.

$$잔차 = 관찰된\ y - 예측된\ y$$
$$= y - \hat{y}$$

데이터의 각 점에 대해 한 개씩, n개의 잔차가 있다. σ는 모집단 회귀선에 대한 반응변수의 표준편차이므로, 우리는 잔차의 표본표준편차로 이를 추정한다. 우리는 이 표본표준편차가 데이터로부터 추정되었다는 점을 강조하기 위해서 이를 회귀 표준오차라고 한다. 최소제곱선으로부터의 잔차는 평균이 언제나 0이 된다. 다음은 이런 표준오차를 단순화한 것이다.

회귀 표준오차

회귀 표준오차(regression standard error)는 다음과 같다.

$$s = \sqrt{\frac{1}{n-2} \sum 잔차^2}$$
$$= \sqrt{\frac{1}{n-2} \sum (y-\hat{y})^2}$$

s를 이용하여, 모집단 회귀선에 의해 주어진 평균에 대해서 반응변수의 표준편차 σ를 추정한다.

회귀 표준오차를 매우 자주 사용하기 때문에, 이것을 s라고만 부른다. $\sum (y-\hat{y})^2$은 데이터상의 점들이 회귀선으로부터 벗어난 값을 제곱하여 합산한 것이다. 데이터상의 점의 수에서 2를 감한 값, 즉 $n-2$로 나누어 제곱한 편차를 평균한다. n개의 잔차 중에서 $n-2$개를 안다면, 다른 2개도 결정된다. 즉, $n-2$는 s의 자유도이다. 우리는 자유도가 $n-1$인 n개 관찰값의 통상적인 표본표준편차의 경우에서 자유도에 대한 개념을 처음 접하였다. 표준오차를 계산하기 위해서는 추정해야 되는 각 모수에 대해 1개의 자유도를 상실하게 된다고 이따금 들었다. 표준편차를 계산하기 위해서는, 평균을 추정하여야 하고 1개의 자유도를 상실하게 된다. 이제는 $\hat{y}$을 계산하기 위해서 두 개의 모수, 즉 절편과 기울기를 추정하여야 한다. 그러고 나면 두 개의 자유도를 상실하게 되며, 적절한 자유도는 $n-1$이 아니라 $n-2$가 된다.

s를 계산하는 일은 유쾌한 작업이 아니다. 해당 데이터 세트에서 각 x에 대해 예측된 반응변수를 구하고 나서, 잔차를 구한 다음에, s를 구하게 된다. 실제로는 이 과정을 순식간에 해 주는 소프트웨어를 사용하게 된다. 그렇지만, 다음의 정리문제는 표준오차 s를 이해하는 데 도움이 될 것이다.

정리문제 21.3

해수면 온도와 산호 성장 : 잔차 및 표준오차

표 21.1에 따르면, 관찰한 첫 번째 장소의 평균 연간 최대 해수면 온도는 29.4°C이고 석회화율은 1.48 g cm^{-2} yr^{-1}이다. $x=29.4$에 대해 예측한 석회화율은 다음과 같다.

$$\hat{y} = -12.103 + 0.4615x$$
$$= -12.103 + 0.4615(29.4) = 1.4651$$

이 관찰값에 대한 잔차는 다음과 같다.

$$잔차 = y - \hat{y}$$
$$= 1.48 - 1.4651 = 0.0149$$

즉, 이 장소에 대한 관찰된 석회화율은 산포도상에 그은 최소제곱선 위 0.0149 g cm^{-2} yr^{-1}에 위치하고, 최소제곱선은 석회화율을 과소추정한다. 일반적으로, 최소제곱선이 실제 반응변수 y를 과소추정할 경우 양의 잔차가 발생한다.

각 장소에 대해 1회씩, 11회 더 이런 계산을 반복해 보자. 12개 잔차는 다음과 같다.

0.01490	0.06490	0.05490	−0.07740	−0.01665	0.10795
0.02645	0.01875	−0.00510	−0.04050	0.00950	−0.16050

잔차의 합이 0이라는 사실을 입증함으로써 계산을 점검해 보자. 반올림 오차로 인해서 정확히 0은 아니며, −0.0028이 된다. 회귀에서 소프트웨어를 사용하는 또 다른 이유는, 손으로 계산할 경우 발생하는 반올림 오차는 누적되어서 결과가 부정확해질 수 있기 때문이다.

회귀표준오차는 다음과 같다.

$$s = \sqrt{\frac{1}{n-2} \sum 잔차^2}$$
$$= \sqrt{\frac{1}{12-2}[(0.01490)^2 + (0.06490)^2 + \cdots + (-0.16050)^2]}$$
$$= \sqrt{\frac{1}{10}(0.05394)}$$
$$= \sqrt{0.005394} = 0.07344$$

회귀분석에서 몇 가지 종류의 추론에 대해 살펴볼 것이다. 회귀 표준오차는 회귀분석에서 반응변수의 변동성을 측정한 주요한 값이다. 이는 추론하기 위해 우리가 사용할 모든 통계량의 표준오차의 일부이다.

복습문제 21.1

포도주와 여성 암

일부 연구에 따르면, 밤마다 포도주 한 잔을 마실 경우 하루를 마감하게 할 뿐만 아니라 건강에도 도움이 된다고 한다. 포도주는 건강에 좋은가? 영국의 중년 여성 거의 130만 명을 대상으로 한 연구는, 포도주 소비와 유방암의 상대적 위험성을 조사하였다. 상대적 위험성은, 이 연구에서 일정량의 포도주를 마시고 유방암이 발병한 사람들의 비율을, 이 연구에서 유방암이 발병한 비음주자의 비율로 나누어 구하였다. 예를 들어, 이 연구에서 포도주 10그램

을 마신 여성 중 10%에서 유방암이 발병하였고 비음주 여성 중 9%에서 유방암이 발병하였다면, 하루에 10그램의 포도주를 마신 여성에 대한 유방암의 상대적 위험성은 10%/9% = 1.11이다. 1보다 더 큰 상대적 위험성은, 이 연구에서 비음주자보다 음주자의 경우 유방암 발병률이 더 크다는 의미이다. 포도주 음주량은 하루당 그램 수로 나타낸 포도주 평균 음주량으로, 이 연구에서 주당 2회 이하 마신 여성, 주당 3회에서 6회 마신 여성, 주당 7회에서 14회 마신 여성, 주당 15회 이상 마신 여성 모두에 대한 것이다. (포도주 음주자만에 대한) 데이터는 다음과 같다.

(a) 데이터를 검토하시오. 포도주 음주량을 설명변수로 하는 산포도를 그리고, 상관을 구하시오. 강한 선형관계가 존재하는가?

(b) 모집단 회귀선의 기울기 β를 알고 있는 경우, 우리에게 시사하는 바를 말로 설명하시오. 데이터는 많은 수의 여성에 대한 평균을 나타내는 생태학적 상관에 대한 예이다. 따라서 이 데이터를 개체들에게 적용하여 해석하지 않도록 주의를 기울여야 한다. 이 데이터에 기초할 경우, β와 모집단 회귀선의 절편 α의 추정값은 얼마인가?

(c) 네 개 점에 대한 잔차를 손으로 계산하시오. 이들의 합계가 (반올림 오차까지) 0이 되는지 점검하시오. 잔차를 이용하여, 모집단 회귀선을 통해서 주어진 평균에 대한 반응변수(상대적 위험성)의 변동을 측정한 표준편차 σ를 추정하시오. 우리는 이제 세 개 모수를 모두 추정하였다.

포도주 평균 음주량(하루당 그램) (x)	2.5	8.5	15.5	26.5
상대적 위험성 (y)	1.00	1.08	1.15	1.22

21.3 선형관계가 존재하지 않는다는 가설의 검정

정리문제 21.1은 다음과 같은 질문을 한다. "연간 최대 해수면 온도가 변화함에 따라 석회화율은 어떻게 변화하는가?" 양의 연관관계가 통계적으로 유의한가? 즉, 이런 관계가 매우 강해서 단지 우연히 발생할 수 없는가? 이 물음에 답하기 위해서 모집단 회귀선의 기울기 β에 관한 다음과 같은 가설을 검정하자.

$$H_0 : \beta = 0$$
$$H_a : \beta \neq 0$$

기울기가 0인 회귀선은 수평선이다. 즉, x가 변화함에 따라 y의 평균이 전혀 변하지 않는다. 따라서 H_0가 의미하는 바는, 모집단에서 x와 y 사이에 선형관계가 존재하지 않는다는 것이다. 이를 달리 표현하면, H_0가 의미하는 바는 x에 대한 y의 선형 회귀는 y를 예측하는 데 중요하지 않다는 것이다.

검정 통계량은, b의 평균에 대해 가설을 세운 값 $\beta = 0$을 사용하여, 최소제곱 기울기 b를 표준화한 것이다. 이것은 또 다른 t 통계량이다. 다음은 이를 보다 자세히 정리한 것이다.

회귀 기울기에 대한 유의성 검정

가설 $H_0 : \beta = 0$을 검정하기 위해서, t 통계량을 계산하면 다음과 같다.

$$t = \frac{b}{\mathrm{SE}_b}$$

위의 공식에서, 최소제곱 기울기 b의 표준오차는 다음과 같다.

$$\mathrm{SE}_b = \frac{s}{\sqrt{\sum(x - \bar{x})^2}}$$

합계는 설명변수 x에 대한 모든 관찰값에 대해 이루어진다. t_{n-2} 분포를 갖는 확률변수 T의 측면에서 보면, 다음과 같다.

$H_a : \beta > 0$에 대한, H_0 검정의 P-값은 $P(T \geq t)$이다.

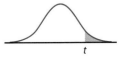

$H_a : \beta < 0$에 대한, H_0 검정의 P-값은 $P(T \leq t)$이다.

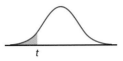

$H_a : \beta \neq 0$에 대한, H_0 검정의 P-값은 $2P(T \geq |t|)$이다.

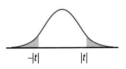

앞에서 살펴본 것처럼 b의 표준오차는 회귀 표준오차 s의 배수이다. 자유도 $n - 2$는 s의 자유도이다. 이 표준오차에 대한 공식을 제시하였지만 손으로 이를 계산할 필요는 없다. 회귀 소프트웨어를 사용하면 b와 함께 표준오차 SE_b를 구할 수 있다.

정리문제 21.4

해수면 온도와 산호 성장 : 이들의 관계는 유의한가?

가설 $H_0 : \beta = 0$이 의미하는 바는, 평균 연간 최대 해수면 온도가 석회화율과 직선의 연관관계를 갖지 않는다는 것이다. 이들 둘 사이에 관계가 없다고만 추측할 경우, 양측 대립가설 $H_a : \beta \neq 0$을 사용한다.

그림 21.1은 이들 사이에 양의 관계가 있음을 보여 주며, 통계 소프트웨어를 사용하면 $b = 0.46149$ 및 $\mathrm{SE}_b = 0.07394$를 구할 수 있다. 따라서 다음과 같다.

$$t = \frac{b}{\mathrm{SE}_b} = \frac{0.46149}{0.07394} = 6.24 \ (P\text{-값} < 0.0001)$$

평균 연간 최대 해수면 온도가 상승함에 따라 석회화율이 변화한다는 매우 강한 증거가 있다.

포도주와 여성 암 (계속)

복습문제 21.1에서는 일간 포도주 소비량과 여성 유방암의 상대적 위험성에 관한 데이터를 살펴보았다. 소프트웨어 분석 결과에 따르면, 최소제곱 기울기는 표준오차 SE_b = 0.001112를 갖는 b = 0.009012이다.

(a) $H_0 : \beta = 0$을 검정하는 데 대한 t 통계량은 무엇인가?

(b) t는 얼마나 많은 자유도를 갖는가? 표 C를 이용하여 단측 대립가설 $H_a : \beta > 0$에 대한 t의 P-값을 대략적으로 구하시오. 어떤 결론을 내릴 수 있는가?

21.4 상관의 결여에 대한 검정

최소제곱선의 기울기 b는 설명변수와 반응변수, 즉 x와 y 사이의 상관 r과 밀접하게 연관된다. 동일하게 모집단 회귀선의 기울기 β는 모집단에서 x와 y 사이의 상관과 밀접하게 연관된다. 특히 상관이 정확히 0이 될 때 기울기는 0이 된다.

따라서 귀무가설 $H_0 : \beta = 0$을 검정하는 것은, 데이터를 도출한 모집단에서 x와 y 사이에 상관이 존재하지 않는다는 사실을 검정하는 것과 정확히 동일하다. 기울기가 0이라는 검정을 사용하여, 어떤 두 개 정량변수 사이에 0의 상관이 존재한다는 가설을 검정할 수 있다. 이것은 유용하게 사용되는 요령이다.

상관은 설명변수와 반응변수를 구별하지 못할 때도 의미가 있기 때문에, 회귀분석을 하지 않고 상관을 검정할 수 있는 것이 편리하다. 이 책 뒷부분에 있는 표 E는 모집단에서 상관이 0이라는 귀무가설하에서 표본상관 r의 임곗값을 알려 준다. 두 개 변수 모두 최소한 대략적으로 정규분포를 하거나 또는 표본크기가 클 때 이 표를 사용하도록 하자.

상관의 결여에 대한 검정

그림 21.3은 상관의 결여에 대한 검정을 설명하고 또한 정식의 통계적 검정을 할 필요성을 다시 한번 설명하기 위해 사용하게 될 두 개의 산포도를 보여 주고 있다. 첫 번째에 있는 산포도는, 뉴트라는 동물의 수족이 절단되었을 때 치유되는 실험으로부터 얻은 데이터이다. 이 데이터는 뉴트 18마리의 두 앞다리에 대한 치유율(시간당 마이크로미터)을 보여 주고 있다. 두 번째에 있는 산포도는 2019년도 마스터스 선수권 대회에서 87명 골퍼들의 1라운드 및 2라운드의 점수를 보여 주고 있다. (중복되는 점수로 인해서 87개보다 더 적은 수의 점이 있다.)

이들 두 개 데이터 세트에 대해 다음과 같은 가설을 검정할 것이다. (마스터스 선수권 대회 점수들은 모두 정수이다. 하지만 n = 87인 경우 t 절차의 확고성으로 인해 이를 사용할 수 있다.)

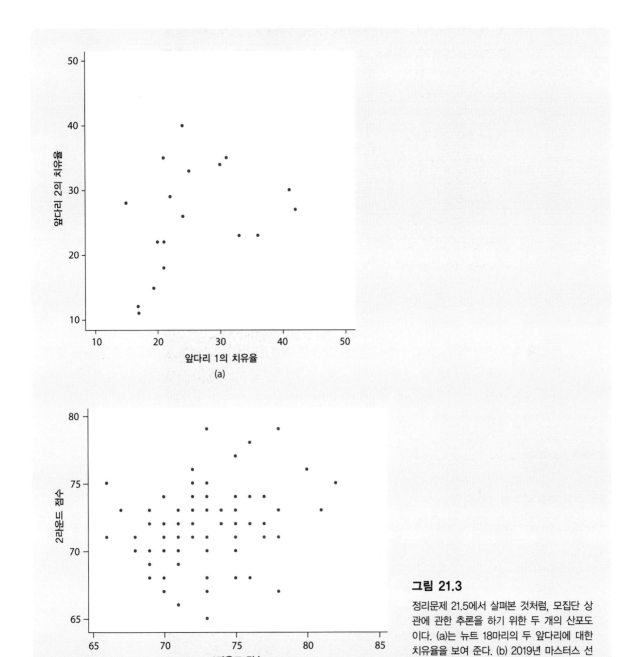

그림 21.3

정리문제 21.5에서 살펴본 것처럼, 모집단 상관에 관한 추론을 하기 위한 두 개의 산포도이다. (a)는 뉴트 18마리의 두 앞다리에 대한 치유율을 보여 준다. (b) 2019년 마스터스 선수권 대회의 처음 두 개 라운드 점수를 보여 준다.

$$H_0 : \text{모집단 상관} = 0$$
$$H_a : \text{모집단 상관} \neq 0$$

소프트웨어를 이용한 분석 결과는 다음과 같다.

| 뉴트 | r=0.3581 | t=1.5342 | P=0.1445 |
| 마스터스 | r=0.2827 | t=2.72 | P=0.0080 |

기울기가 0인지 검정하기 위한 t 통계량에 대한 양측 P-값은 또한 상관이 0인지 검정하기 위한 양측 P-값이 된다.

　소프트웨어를 이용할 수 없는 경우, 뉴트에 대한 상관 $r=0.3581$과 표 E의 $n=18$행에 있는 임곗값을 비교해 보자. 이것은 단측 확률에 대한 표에 기재되어 있는 0.05와 0.10 사이에 위치한다. 따라서 양측 P-값은 0.10과 0.20 사이에 위치한다. 마스터스 선수권 대회에 관한 데이터의 경우, 표 E의 $n=80$행을 사용하자. (표본크기 $n=87$에 대해서는 표에 기재된 사항이 없으므로, 다음으로 작은 표본크기를 사용한 것이다.) 양측 P-값은 0.01과 0.02 사이에 위치한다.

　마스터스 선수권 대회 점수의 경우, 0이 아니라는 상관에 대한 증거가 매우 강력하지만($t=2.72$, $P=0.008$), 뉴트의 경우는 그렇지 않다($t=1.5$, $P=0.14$). 하지만 뉴트에 관한 상관이 마스터스 선수권 대회 점수에 관한 상관보다 약간 더 크다. 산포도에 따르면 두 경우 모두에 대해 유사한 선형 관계가 존재하는 것처럼 보인다. 어떤 일이 발생한 것인가? 주된 이유는 마스터스 선수권 대회 점수의 데이터 크기가 더 큰 데서 비롯된다. 동일한 r은 $n=18$의 경우에서보다 $n=87$의 경우에서 더 작은 P-값을 갖게 된다. r을 계산하여 도움을 받을 수는 있지만, 눈으로 관찰하는 것만으로는 유의성을 평가할 수 없다. 판단하기 위해서는 정식 검정으로부터 P-값을 구할 필요가 있다.

복습문제 21.3

포도주와 여성 암 : 상관의 검정

복습문제 21.1에서 유방암의 위험이 포도주 소비와 선형의 관계로 증가한다는 점을 보여 주는 데이터를 살펴보았다. 4개의 관찰값만이 있어서, 이런 명백한 관계가 단지 우연일 수 있다고 우려한다. 상관은 0보다 유의하게 더 큰가? 이 물음에 대해 다음과 같은 두 가지 방법으로 답할 수 있다.

(a) 복습문제 21.2에서 살펴본 t 통계량을 참조해 보자. 이 t 통계량에 대한 단측 P-값은 무엇인가? 이 결과를 상관을 검정하는 데 적용하시오.

(b) 상관 r을 구하고, 표 E를 이용하여 단측 검정의 P-값을 구해 보자.

21.5　**회귀 기울기에 대한 신뢰구간**

모집단 회귀선의 기울기 β는 보통 회귀 문제에서 가장 중요한 모수이다. 기울기는 설명변수가 증가하는 데 따른 반응변수 평균의 변화율이다. 우리는 종종 β를 추정하고자 한다. 최소제곱선의 기울기 b는 β의 불편 추정량이다. 신뢰구간은 추정값 b가 얼마나 정확할 수 있는지를 보여 주기 때문에 더 유용하다. β에 대한 신뢰구간은 다음과 같이 익히 알고 있는 형태를 띤다.

$$추정값 \pm t^*SE_{추정값}$$

b는 추정값이므로, 신뢰구간은 $b \pm t^*SE_b$가 된다. 세부사항은 다음과 같다.

회귀선 기울기에 대한 신뢰구간

모집단 회귀선의 기울기 β에 대한 수준 C의 신뢰구간은 다음과 같다.

$$b \pm t^*SE_b$$

여기서 t^*는 $-t^*$와 t^* 사이의 면적이 C인 t_{n-2} 밀도곡선에 대한 임곗값이다. SE_b에 대한 공식은 이 장의 앞부분에서 살펴보았다.

정리문제 21.6

해수면 온도와 산호 성장 : 기울기의 추정

통계 소프트웨어를 사용하여 구한 결과에 따르면, 기울기는 $b = 0.46149$(또는 $b = 0.4615$)이고, 표준오차는 $SE_b = 0.07394$이다. 또한 일부 소프트웨어(Excel)는 모집단 기울기 β에 대한 95% 신뢰구간의 최저점 및 최고점, 0.2967 및 0.6262를 제시한다.

 b 및 SE_b를 알게 되면, 신뢰구간은 쉽게 구할 수 있다. 12개의 데이터 점들이 있으며, 자유도는 $n - 2 = 10$이 된다. 표 C에서 df = 10에 대한 행을 살펴보자. 임곗값이 $t^* = 2.228$이라는 사실을 알 수 있다. 통계 소프트웨어(Minitab)를 이용하여 구한 결과는 다음과 같다.

```
student's t distribution with 10 DF
P(X<=x)      x
0.975       2.22814
```

모집단 기울기 β에 대한 95% 신뢰구간은 다음과 같다.

$$b \pm t^*SE_b = 0.46149 \pm (2.22814)(0.07394)$$
$$= 0.46149 \pm 0.16475$$
$$= 0.29674부터\ 0.62624까지$$

이것은 소프트웨어(Excel)의 제시 결과와 일치한다. 평균 연간 최대 해수면 온도가 추가적으로 각 1℃ 증가하는 데 대해 약 0.297부터 0.626 g cm^{-2} yr^{-1}까지만큼 증가한다고 95% 신뢰한다.

복습문제 21.4

포도주와 여성 암 : 기울기 추정

복습문제 21.1에서 포도주 소비와 유방암 위험에 관한 데 이터를 살펴보았다. 소프트웨어를 사용하여 분석한 결과에 따르면, 최소제곱선의 기울기는 표준오차가 $SE_b = 0.001112$인 $b = 0.009012$가 된다. 단지 4개의 관찰값만이 존재하므로, 관찰된 기울기 b는 모집단 기울기 β의 정확한 추정값이 아닐 수도 있다. β에 대한 90% 신뢰구간을 구하시오.

21.6 예측에 관한 추론

데이터에 적합한 선을 그리려는 가장 일반적인 이유 중 하나는, 설명변수의 특정 값에 대해 반응변수를 예측하기 위해서이다. 이는 회귀에 대한 추론을 하는 또 다른 경우이다. 즉 단순히 예측하고자 하는 것이 아니라, 예측이 얼마나 정확할 수 있는지 설명하는 오차의 한계를 갖고 예측하고자 한다.

정리문제 21.7

맥주와 혈중 알코올

문제 핵심 : 미국 오하이오 주립대학교에 재학하는 16명의 학생들은, 무작위적으로 배정된 수의 맥주 캔을 마시는 실험에 자발적으로 참여하였다. 30분 후에, 경찰관이 혈중 알코올 함유량(BAC)을 혈액 데시리터당 알코올의 그램 수로 측정하였다. 해당 데이터는 다음과 같다.

학생	1	2	3	4	5	6	7	8
맥주 캔 수	5	2	9	8	3	7	3	5
혈중 알코올 함유량(BAC)	0.10	0.03	0.19	0.12	0.04	0.095	0.07	0.06
학생	9	10	11	12	13	14	15	16
맥주 캔 수	3	5	4	6	5	7	1	4
혈중 알코올 함유량(BAC)	0.02	0.05	0.07	0.10	0.085	0.09	0.01	0.05

학생들은 남학생과 여학생으로 균등하게 배분되었으며, 체중과 통상적인 음주 습성이 다르다. 이런 변동성으로 인해서, 많은 학생이 마신 맥주 캔의 수가 혈중 알코올을 잘 예측하지 못한다고 믿고 있다. 스티브는 맥주 5캔을 마시고 30분 후에 적법하게 운전할 수 있다고 생각한다. 미국 모든 주에서 운전할 수 있는 법적 한계는 혈중 알코올 함유량 0.08이다. 스티브가 맥주 5캔을 마셨다는 사실을 제외하고는 어떤 정보도 갖고 있지 못한 상황에서, 그의 혈중 알코올 함유량을 예측하고자 한다.

통계적 방법 : 혈중 알코올 함유량을 마신 맥주의 캔 수에 대해 회귀해 보자. 회귀선을 사용하여, 스티브의 혈중 알코올 함유량을 예측해 보자. 예측할 때 95% 신뢰할 수 있도록 오차범위를 제시하시오.

해법 : 그림 21.4에 있는 산포도와 그림 21.5의 회귀분석 결과에 따르면 학생들의 의견은 틀리다. 즉, 마신

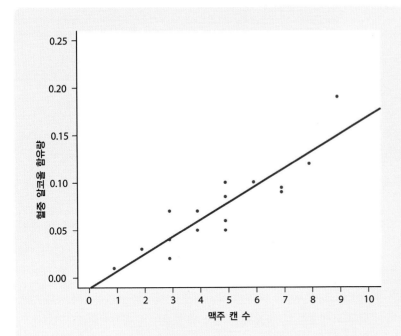

그림 21.4

정리문제 21.7에서 살펴본 것처럼, 마신 맥주 캔의 수에 대해 학생들의 혈중 알코올 함유량을 보여 주는 산포도이며 최소제곱 회귀선이 그어져 있다.

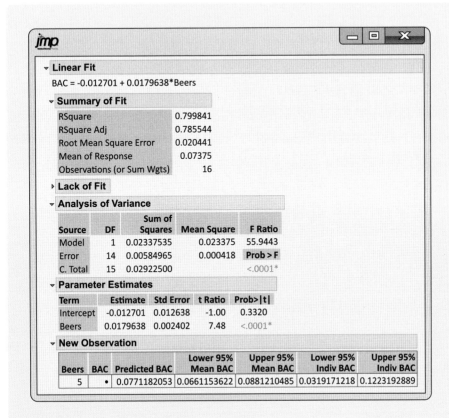

그림 21.5

정리문제 21.7과 관련되며, 통계 소프트웨어(JMP)를 사용하여 구한 혈중 알코올 함유량 데이터에 대한 회귀분석 결과이다. 하단부에 맥주 5캔을 마신 후의 혈중 알코올 함유량 예측치를 제시하고 있다.

맥주 캔 수는 혈중 알코올 함유량을 매우 잘 예측하고 있다. 실제로 $r^2 = 0.80$으로, 마신 맥주 캔 수를 갖고 혈중 알코올 함유량에서 관찰된 변동의 80%를 설명할 수 있다. 맥주 5캔을 마신 후 스티브의 혈중 알코올 함유량을 예측하기 위해서, 다음과 같은 회귀선 식을 사용해 보자.

$$\hat{y} = -0.0127 + 0.0180x$$
$$= -0.0127 + 0.0180(5) = 0.077$$

위의 값은 위험스러울 정도로 법적 한계인 0.08에 근접한다. 95% 신뢰구간은 어떠한가? 그림 21.5에 있는 분석 결과 하단부에서 두 개의 95% 신뢰구간을 찾아볼 수 있다. 어느 것을 사용해야 하는가?

어느 구간을 사용할지 결정하기 위해서, 다음과 같은 물음에 답하여야 한다. 맥주 5캔을 마신 모든 학생에 대한 평균 혈중 알코올 함유량을 예측하고자 하는가? 또는 맥주 5캔을 마신 한 명의 개별 학생에 대한 혈중 알코올 함유량을 예측하고자 하는가? 두 예측 모두 흥미로울 수 있지만, 두 개는 상이한 문제이다. 실제 예측은 동일한 $\hat{y} = 0.077$이다. 하지만 오차범위는 두 개 예측에 대해 서로 상이하다. 따라서 맥주 5캔을 마신 모든 학생에 대한 평균 혈중 알코올 함유량을 예측하는 경우보다, 스티브에 대한 예측을 하려면 오차범위가 더 커져야 한다.

설명변수 x의 주어진 값을 x^*로 나타내자. 정리문제 21.7에서 $x^* = 5$이다. $x = x^*$일 때 단일 결과를 예측하는 경우와 모든 결과의 평균을 예측하는 경우를 구별하는 것은, 어떤 오차범위가 옳은지를 결정하는 것이다. 이런 구별을 확실히 하기 위해서, 두 가지 구간에 대해 상이한 용어를 사용하자.

- **평균반응**을 예측하기 위해서는, 신뢰구간을 사용한다. 이 경우는 x가 x^*일 때, 즉 $\mu_y = \alpha + \beta x^*$일 때 평균반응에 대한 통상적인 신뢰구간이 된다. 이것은 모수로, 우리가 알지 못하는 고정된 숫잣값이다. 이것은 모수이기 때문에, 평균반응을 예측한다고 하기보다는 평균반응을 추정한다고 말하는 것이 바람직할지도 모른다.
- **개별반응** y를 예측하기 위해서는, **예측구간**(prediction interval)을 사용한다. 예측구간은 μ_y와 같은 모수가 아니라 단일 무작위 반응 y를 추정한다. 반응 y는 고정된 숫자가 아니다. $x = x^*$일 때 더 많은 관찰값을 취하면, 상이한 반응을 구하게 된다.

예측구간

주어진 수준에서 설명변수 특정 값에 대한 반응변수 단 한 개 관찰값의 예측된 값을 포함하는 구간을 말한다.

맥주와 혈중 알코올 : 결론

스티브는 한 명의 개인이므로, 예측구간을 사용하여야만 한다. 그림 21.5의 분석 결과는 도움이 될 수 있게 신뢰구간은 '95% Mean BAC'로 표기하였고 예측구간은 '95% Indiv BAC'로 표기하였다. 맥주 5캔을 마신 후 스티브의 혈중 알코올 함유량은 0.032와 0.122 사이에 위치하게 될 것이라고 95% 신뢰한다. 이 범위 중 상부 한계 부분에서는 운전을 할 경우 체포된다. 맥주 5캔을 마신 모든 학생의 평균 혈중 알코올 함유량에 대한 95% 신뢰구간은 범위가 훨씬 더 좁은 0.066에서 0.088이 된다.

예측구간의 의미는 신뢰구간의 의미와 매우 흡사하다. 95% 신뢰구간과 마찬가지로 95% 예측구간은 반복적인 시도를 할 때 횟수의 95%라는 의미이다. 반복적인 시도란 최초의 데이터에서 x의 n개 값들 각각에 관해서 y에 대한 관찰값을 취하며, 그리고 나서 $x = x^*$인 경우 추가적인 관찰값 y를 한 개 더 취한다는 의미이다. n개 관찰값들로부터 예측구간을 구하고 나서, 이것이 x^*에 대해 관찰된 값 y를 포함하는지 살펴본다. 반복한 모든 것 중 95%가 포함된다.

예측구간에 관한 해석은 다소 사소한 문제이다. 중요한 사실은 평균반응을 예측(추정)하는 것보다 한 개 반응을 예측하는 것이 더 어렵다는 점이다. 두 개 구간은 모두 다음과 같이 통상적인 형태를 갖는다.

$$\hat{y} \pm t^*\text{SE}$$

하지만 개체들이 평균보다 더 변동적이기 때문에, 예측구간의 폭이 신뢰구간의 폭보다 더 넓다. 추가적인 설명을 하기 위해서, 예를 들면 미국의 유명한 농구선수 코비 브라이언트와 같은 직업 운동선수를 생각해 보자. 그의 선수 경력에 관한 통계는 온라인상에서 구할 수 있다. 운동선수로서 활동하는 동안, 그의 경기 시즌 득점 평균은 게임당 약 7.6점에서 35.4점 사이였다. 하지만 개별 경기 득점은 0점에서부터 최고 81점까지의 범위에 걸쳐 있다. 직업 운동선수들의 개별 경기 득점은 경기 시즌 득점 평균보다 더 변동이 크다. 따라서, 개별 경기 득점의 예측에 대한 오차범위는 경기 시즌 득점 평균의 예측에 대한 오차범위보다 더 크다. 통계 소프트웨어가 자동적으로 계산해 주기 때문에 세부사항을 알 필요는 거의 없지만, 이를 정리하면 다음과 같다.

회귀 반응변수에 대한 신뢰구간 및 예측구간

x가 값 x^*를 취할 때, 평균반응 μ_y에 대한 수준 C에서의 신뢰구간은 다음과 같다.

$$\hat{y} \pm t^*\text{SE}_{\hat{\mu}}$$

표준오차 $\text{SE}_{\hat{\mu}}$은 다음과 같다.

$$SE_{\hat{\mu}} = s\sqrt{\frac{1}{n} + \frac{(x^* - \bar{x})^2}{\sum(x - \bar{x})^2}}$$

x가 값 x^*를 취할 때, 단일 관찰값 y에 대한 수준 C에서의 예측구간은 다음과 같다.

$$\hat{y} \pm t^* SE_{\hat{y}}$$

예측에 대한 표준오차 $SE_{\hat{y}}$은 다음과 같다.

$$SE_{\hat{y}} = s\sqrt{1 + \frac{1}{n} + \frac{(x^* - \bar{x})^2}{\sum(x - \bar{x})^2}}$$

두 개의 구간에서, t^*는 $-t^*$와 t^* 사이의 면적 C를 갖는 t_{n-2} 밀도곡선에 대한 임곗값이다.

다음과 같은 두 개의 표준오차가 있다. 즉, 평균반응 μ_y를 추정하는 경우에 대한 $SE_{\hat{\mu}}$과 개체반응 y를 예측하는 경우에 대한 $SE_{\hat{y}}$이 있다. 두 개 표준오차 사이의 유일한 차이는, 예측하는 경우에 대한 표준오차에서 제곱근 안에 추가적으로 1이 포함된다는 점이다. 추가적으로 1이 포함되기 때문에 예측구간의 폭이 더 넓어진다. 두 개 표준오차는 모두 회귀 표준오차 s의 배수이다. 자유도는 다시 한번 s의 자유도, 즉 $n-2$가 된다.

복습문제 21.5

포도주와 여성 암 : 예측

복습문제 21.1에서는 포도주 소비와 유방암 위험에 관한 데이터를 살펴보았다. 하루에 평균 포도주 10그램을 마시는 새로운 여성 그룹에 대해 유방암의 상대적 위험을 예측해 보자.

(a) 그림 21.6은 $x^* = 10.0$일 때 예측하기 위해 필요한 통계 소프트웨어(Minitab)의 분석 결과 중 일부이다. 분석 결과에 있는 어느 구간이 상대적 위험을 예측하는데 적합한 95% 구간인가?

그림 21.6

복습문제 21.5와 관련되며, 포도주의 평균 하루 음주량에 대해 유방암의 상대적 위험을 회귀분석한 통계 소프트웨어(Minitab)의 결과 중 일부이다. $x^* = 10.0$에 대한 예측치를 포함하고 있다.

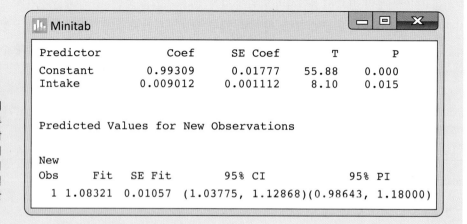

```
📊 Minitab                                    ▬  ◻  ✕

Predictor        Coef      SE Coef        T         P
Constant      0.99309     0.01777     55.88     0.000
Intake       0.009012    0.001112      8.10     0.015


Predicted Values for New Observations


New
Obs      Fit   SE Fit        95% CI              95% PI
  1  1.08321  0.01057  (1.03775, 1.12868)(0.98643, 1.18000)
```

(b) 이 통계 소프트웨어(Minitab)는 예측하는 데 사용되는 두 개 표준오차 중 한 개만을 제시하고 있다. 이것은 SE_$\hat{\mu}$, 즉 평균반응을 추정하는 경우에 대한 표준오차이다. 분석 결과와 함께 이런 사실을 이용하여, 하루에 평균 포도주 10그램을 마시는 모든 여성에 관해서 유방암의 평균 상대적 위험에 대한 90% 신뢰구간을 구하시오.

21.7 추론을 하기 위한 조건의 점검

두 개 변수가 모두 정량변수일 때, 설명변수–반응변수 데이터 세트에 대해 적합한 회귀선을 구할 수 있다. 산포도가 대략적으로 선형 패턴을 보이지 않는다면, 적합하다고 구한 선은 거의 쓸모가 없을 수 있다. 하지만 최소제곱 의미에서 보면 계속 해당 데이터에 가장 적합한 선이다. 그러나 회귀에 대한 추론을 사용하기 위해서는, 해당 데이터가 추가적인 조건을 충족시켜야 한다. **추론의 결과를 신뢰하기 전에, 추론의 조건들을 한 개씩 점검하여야 한다.** 조건들 중 어떤 것이 위반될 경우 이를 처리할 수 있는 방법이 있다. 명백한 위반을 발견할 경우, 전문가의 조언을 구하도록 하자.

회귀에 대한 추론을 하기 위한 조건들이 다소 정교하기는 하지만, 주요한 위반사항을 점검하기가 어렵지는 않다. 이들 조건에는 모집단 회귀선과 이 회귀선으로부터 반응변수의 이탈이 포함된다. 우리가 모집단 회귀선을 관찰할 수는 없지만 최소제곱선은 이를 추정하며, 잔차는 모집단 회귀선으로부터의 이탈을 추정한다. 잔차의 그래프를 살펴봄으로써, 회귀에 대한 추론을 하기 위한 모든 조건을 점검할 수 있다. 이것이 우리가 실제로 추천하는 방법이며(이따금 이렇게 하지 못할 경우 정당하지 않은 결론에 도달할 수 있다), 대부분의 회귀 소프트웨어는 잔차를 계산하여 제시해 준다. 잔차의 스템플롯 또는 히스토그램을 작성하고, 또한 '잔차 = 0'에서 그은 수평선을 갖는 설명변수 x에 대한 잔차의 그래프, 즉 **잔차 도표**(residual plot)를 그려 봄으로써 시작해 보자. '잔차 = 0'인 수평선은 x에 대한 y의 산포도에서 최소제곱선의 위치를 나타낸다. 각 조건을 차례로 살펴보도록 하자.

- **관계가 모집단에서 선형이다.** 곡선 패턴을 보이는지 살펴보거나, 또는 잔차 도표에서 직선인 전반적인 패턴으로부터 이탈했는지 알아보자. 원래의 산포도를 또한 이용할 수도 있지만, 잔차 도표는 어떠한 영향을 확대해서 보여 준다.
- **반응은 모집단 회귀선에 대해 정규분포를 하며 변동한다.** 한 개의 특정한 x-값과 연관된 많은 표본 y-값을 갖게 되는 경우, 이 조건이 충족된다면 y-값은 대략적으로 정규분포할 것으로 기대된다. 실제로 상이한 y-값은 보통 상이한 x-값에서 비롯되기 때문에, 반응변수 자체가 정규분포할 필요는 없다. 정규분포하여야 하는 것은 잔차에 의해 추정된 모집단 회귀선으로부터의 이탈이다. 명백하게 비대칭적이거나 또는 잔차의 스템플롯이나 히스토그램에서 정규성으로부터 크게 벗어났는지를 점검해 보자.
- **관찰값들은 독립적이다.** 특히 동일한 개체에 대한 반복적인 관찰값들은 허용되어서는 안 된다. 예

를 들면, 시간이 흐름에 따른 한 어린아이의 성장에 관해 추론하기 위해서 통상적인 회귀를 사용하지 말아야 한다. 잔차 도표에서 의존관계의 부호는 약간 미묘하지만, 통상적으로 도표에 대한 검토와 함께 상식에 의존한다.

- 반응의 표준편차는 모든 x값에 대해 동일하다. 잔차 도표에서 '잔차 = 0'인 수평선 위 및 아래에 위치하는 잔차들의 산포도를 살펴보도록 하자. 변동성이 한쪽 끝에서 다른 쪽 끝까지 대략 동일하여야 한다. 반응변수 y가 커짐에 따라 잔차의 변동성도 커지는 경우를 가끔 접하게 된다. 평균반응이 x와 함께 변화함에 따라, 회귀선에 관한 표준편차 σ가 고정되기보다는 x와 함께 변화한다. 추정한 s에 대해 고정된 σ가 존재하지 않는다. 이런 현상이 발생할 경우 추론의 결과를 신뢰하지 못할 수 있다. 보다 높은 수준의 방법이 필요하다.

제5장에서는 그림과 그에 따른 설명을 통해, 추론을 하기 위한 조건과 일치하거나 또는 이들 조건에 위배되는 (설명변수에 대한) 잔차 도표의 예들을 살펴보았다.

정규성과 잔차에서의 고정된 표준편차를 점검할 때는 언제나 어떤 불규칙성을 발견하게 되며, 특히 관찰값의 수가 적을 때 그렇다. 조건들에 대한 사소한 위반에 대해서 과도하게 반응할 필요는 없다. 다른 t 절차와 마찬가지로, 회귀에 대한 추론은 (예외가 있기는 하지만) 정규성의 결여에 대해 매우 민감하지 않으며, 특히 관찰값들이 많을 때 그러하다. 추론의 결과에 크게 영향을 미칠 수 있는 영향력 있는 관찰값에 대해 유의하자.

예외는 단일반응 y에 대한 예측구간에 있다. 이 구간은 개별 관찰값들의 정규성에 의존하지, 최소제곱선의 기울기 a 및 절편 b와 같은 통계량의 근사한 정규성에 의존하지는 않는다. 통계량 a 및 b는 보다 많은 관찰값을 가질 때 더 정규성을 띤다. 이는 회귀에 대한 추론의 확고성에 도움이 되기는 하지만, 예측구간에 대해서는 충분하지 않다. 잔차의 정규성을 주의 깊게 점검하는 방법에 대해서는 살펴보지 않을 것이다. 따라서 예측구간은 대략적인 근삿값으로 간주하여야 한다.

정리문제 21.9

기후 변화로 인해 어류가 북쪽으로 이동한다

문제 핵심 : 지구온난화가 진행됨에 따라, 많은 종류의 동물들은 자신들이 선호하는 온도 범위를 유지하기 위해 극지방으로 이동할 것으로 예상된다. 북해에 서식하는 어류들에 관한 데이터도 이런 예상에 부합되는가? 표 21.2는 북해 해저의 평균 겨울 온도(섭씨)와 북위 몇 도라고 측정한 아귀라는 물고기의 분포 중심에 관한 25년 동안의 데이터이다.

통계적 방법 : 위도를 온도에 대해 회귀해 보자. 양의 선형관계가 존재하는지 찾아보고 유의성을 평가해 보자. 회귀에 대한 추론을 하기 위한 조건들을 점검해 보자.

해법 : 그림 21.7의 산포도는 명백한 양의 선형관계가 존재한다는 사실을 보여 준다. 그림에 있는 굵은 선은 겨울 해수 온도에 대한 물고기 분포 중심(북위 몇 도라고 측정한다)의 최소제곱 회귀선이다. 소프트웨

표 21.2	겨울 해수 온도(℃)와 아귀라는 물고기가 서식하는 위도(1977~2001년까지의 데이터)				
연도	온도	위도	연도	온도	위도
1977	6.26	57.20	1990	6.89	58.13
1978	6.26	57.96	1991	6.90	58.52
1979	6.27	57.65	1992	6.93	58.48
1980	6.31	57.59	1993	6.98	57.89
1981	6.34	58.01	1994	7.02	58.71
1982	6.32	59.06	1995	7.09	58.07
1983	6.37	56.85	1996	7.13	58.49
1984	6.39	56.87	1997	7.15	58.28
1985	6.42	57.43	1998	7.29	58.49
1986	6.52	57.72	1999	7.34	58.01
1987	6.68	57.83	2000	7.57	58.57
1988	6.76	57.87	2001	7.65	58.90
1989	6.78	57.48			

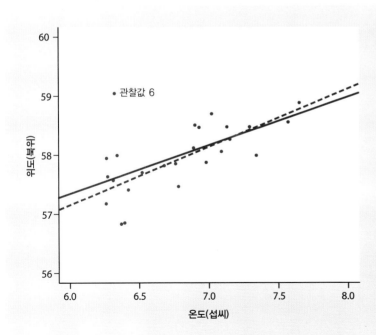

그림 21.7

정리문제 21.9에서 살펴본 것처럼, 해저의 평균 겨울 온도에 대해 아귀라는 물고기가 북해에 서식하는 분포의 중앙 위도를 나타낸 산포도이다. 두 개의 회귀선, 즉 (굵은 선으로 나타낸) 전체 데이터에 대한 회귀선과 (점선으로 나타낸) 관찰값 6을 제외한 회귀선을 보여 주고 있다.

어를 이용하면 기울기가 $b = 0.818$이라는 사실을 알 수 있다. 즉, 해수 온도가 1도씩 상승함에 따라 해당 물고기는 위도 약 0.8도씩 북쪽으로 이동한다. $H_0 : \beta = 0$을 검정하는 t 통계량은 $t = 3.6287$이며, 단측 검정 P-값은 $P = 0.0007$이 된다. 모집단 기울기가 양, 즉 $\beta > 0$이라는 매우 강한 증거가 존재한다.

결론 : 데이터에 따르면, 아귀라는 물고기는 해양이 온난화됨에 따라 북쪽으로 이동한다는 매우 유의한 증거가 있다. 이 결론을 신뢰하기 전에 추론하기 위한 조건들을 점검해 보아야 한다.

회귀 계산을 하는 소프트웨어는 또한 25개 잔차를 구한다. 정리문제 21.9의 관찰값들과 동일한 순서로 이를 정리하면 다음과 같다.

−0.3731	0.3869	0.0687	−0.0240	0.3714	1.4378	−0.8131
−0.8095	−0.2740	−0.0658	−0.0867	−0.1121	−0.5185	0.0415
0.4234	0.3588	−0.2721	0.5152	−0.1821	0.2052	−0.0211
0.0743	−0.4466	−0.0747	0.1899			

잔차에 대한 두 개 그래프를 도출함으로써 시작해 보자. 그림 21.8은 잔차의 히스토그램이다. 그림 21.9는 설명변수인 해수 온도에 대해 잔차를 그래프로 나타낸 잔차 도표이다. '잔차 = 0'에서의 빨간색 수평선은 파란색 점으로 나타낸 관찰값에 대해 회귀선의 위치를 나타낸다. 소프트웨어에게 값이 생략된 도표를 그리라고 하기보다는 폭이 넓은 수직 척도를 사용하면 잔차 도표의 패턴을 알

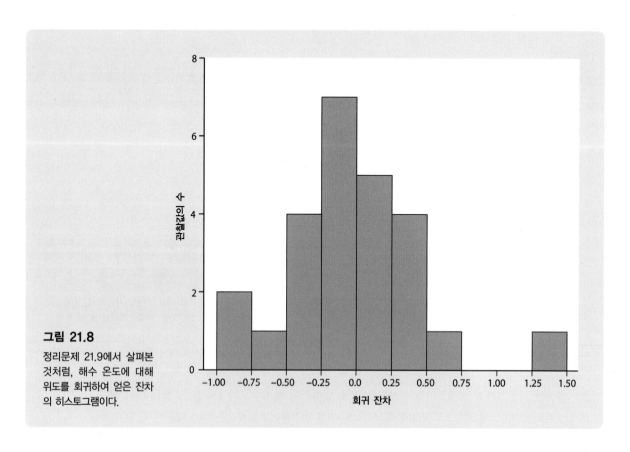

그림 21.8

정리문제 21.9에서 살펴본 것처럼, 해수 온도에 대해 위도를 회귀하여 얻은 잔차의 히스토그램이다.

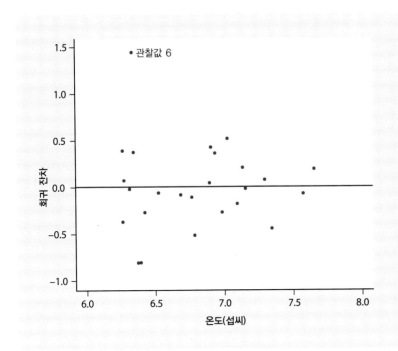

그림 21.9

정리문제 21.9에서 살펴본 것처럼, 해수 온도에 대해 위도를 회귀하여 얻은 잔차 도표이다.

아보기가 종종 더 용이하다. 두 개 그래프 모두 관찰값 6이 높은 이탈값이라는 사실을 보여 준다. 회귀에 대한 추론을 하기 위한 조건들을 점검해 보자.

- 선형관계 그림 21.7의 산포도와 그림 21.9의 잔차 도표는 둘 다 이탈값을 제외하면 선형관계가 있음을 보여 준다.
- 정규분포하는 잔차 그림 21.8의 히스토그램은 대략적으로 대칭적이며 봉우리가 한 개이다. 이탈값을 제외하면 정규성으로부터 크게 벗어나지 않는다.
- 독립적인 관찰값 관찰값은 1년 간격으로 측정되었으므로, 이들은 거의 독립적이라고 간주할 것이다. 잔차 도표에 따르면, 예를 들어 수평선 위에 존재하는 점들이나 아래에 존재하는 점들의 변동이 보여 주는 것처럼, 서로 의존한다는 명백한 패턴을 찾아볼 수 없다.
- 일정한 표준편차 다시 한번 이탈값을 제외하고는, 잔차 도표에 따르면 x가 변화함에 따라 수평선 위 및 아래에서 잔차의 흩어진 정도가 유별나게 변동하지는 않는다.

이탈값이 존재하여, 추론하기 위한 조건들에 대해 유일하게 심각한 위반이 발생한다. 이탈값은 얼마나 영향력이 있는가? 그림 21.7에서 점선은 관찰값 6이 없는 경우의 회귀선이다. 유사한 온도를 갖는 몇 개의 다른 관찰값들이 존재하기 때문에, 관찰값 6을 제외하더라도 회귀선이 그렇게 크게 이동하지는 않는다. 이탈값이 회귀선에 대해 그렇게 큰 영향을 미치지는 않지만, 회귀 표준오차에 미치는 영향으로 인해 회귀에 대한 추론을 하는 데 영향을 미치게 된다. 표준오차는 관찰값 6을 포함할 경우 $s = 0.4734$가 되며, 포함하지 않을 경우 $s = 0.3622$가 된다. 이탈값을 제외할 경우, t 통계량은 $t = 3.6287$로부터 $t = 5.5599$로 변화하며, 단측 검정 P-값은 $P = 0.0007$로부터 $P = 0.0000137$로 변화한다. 다행스럽게도 이탈값은 우리가 데이터로부터 도출한 결론에 영향을 미치지 않는다. 관찰값 6을 제외할 경우, 모집단 기울기에 대한 검정을 보다 유의하게 만들며, 해수 온도에 의해 설명되는 물고기 서식 위치 변동의 백분율을 증대시킨다.

이탈값, 즉 관찰값 6을 제외할 경우 모집단 기울기에 대한 검정이 보다 유의하게 되고 해수 온도로 설명되는 물고기 서식 위치의 변동 백분율을 증대시키더라도, 분석에서 관찰값 6을 제외시키는 좋은 이유가 되지는 못한다. 이렇게 제외시키는 것을 정당화할 수 있기 전에, 추가적인 연구가 필요하다. 예를 들어, 해당 관찰값이 실수의 결과이거나 또는 다른 관찰값들과 불일치하는 것으로 간주할 수 있는 타당한 과학적 근거가 있다면, 합리적으로 이를 제외할 수도 있다. 그렇지 않다면 그것은 이탈값이며, 해당 관찰값이 분석에 미치는 영향을 논의해야 할지도 모른다.

이 예에서 추론을 하는 데 있어서 추가적으로 주의를 기울여야 하는 것이 있다. 즉, 관찰적 연구에서 보통 그런 것처럼, 잠복변수가 존재할지 모른다는 가능성 때문에 온도 상승으로 인해서 아귀라는 물고기가 북쪽으로 이동했다고 결론을 내리는 데 주저하게 된다. 시간이 흐름에 따라 증가하는 것, 즉 어쩌면 상업적인 어업의 증가와 같은 잠복변수가 해수 온도의 효과와 혼합되어 있을 수 있다.

복습문제 21.6

해수면 온도와 산호 성장 : 잔차

평균 연간 최대 해수면 온도와 석회화율의 연구에 대한 잔차는 정리문제 21.3에서 살펴보았다.

(a) (소수점 둘째자리까지 반올림한) 잔차의 분포를 보여 주는 스템플롯을 작성하시오. 강한 이탈값이나 또는 정규성에서 벗어나는 다른 징후가 존재하는가?

(b) 평균 연간 최대 해수면 온도에 대해서 잔차 도표를 그리시오. 수직 척도를 −0.2부터 0.2까지로 해서, 패턴을 보다 명확하게 보이시오. '잔차 $= 0$'의 직선을 그리시오. 잔차 도표는 선형 패턴에서 명백하게 벗어난 편차나 또는 '잔차 $= 0$'에서의 직선에 대해 명백하게 불균등한 변동성을 보이는가?

요약

- 최소제곱 회귀는 설명변수 x로부터 반응변수 y를 예측하기 위해서 해당 데이터에 적합한 직선을 구하는 것이다. 회귀에 대한 추론을 하기 위해서는 보다 많은 조건이 충족되어야 한다.

- 회귀에 대한 추론을 하기 위한 조건에 따르면, x가 변화함에 따라 평균반응이 어떻게 변화하는지 설명해 주는 모집단 회귀선 $\mu_y = \alpha + \beta x$가 있다고 한다. 어떤 x에 대해 관찰된 반응 y는, 모집단 회귀선에 의해 주어진 평균 및 어떤 x값에 대해서도 동일한 표준편차 σ를 갖는 정규분포를 한다. y에 대한 관찰값들은 독립적이다.

- 추정되는 모수는 모집단 회귀선의 절편 α 및 기울기 β 이며 또한 표준편차 σ이다. 최소제곱선의 절편 a 및 기울기 b는 α 및 β를 추정한다. 회귀 표준오차 s를 사용하여 σ를 추정한다.

- 회귀 표준오차 s는 자유도 $n-2$를 갖는다. 회귀에 대한 추론의 모든 t 절차에서 자유도 $n-2$를 갖는다.

- 모집단에서 기울기가 0이라는 가설을 검증하기 위해서, t 통계량 $t = b/SE_b$를 사용하자. 이 귀무가설에 따르면, x에 대한 직선적인 의존관계는 y를 예측하는 데 소용이 없다고 한다. 실제로는 소프트웨어를 사용하여 최소제곱선의 기울기 b, 이것의 표준오차 SE_b, t 통계량을 구한다.

- 회귀 기울기에 대한 t 검정은, x와 y 사이의 모집단 상관이 0이라는 가설에 대한 검정이 된다. 소프트웨어를 사용하지 않고 이 검정을 하려면, 표본상관 r 및 표 E를 사용하도록 하자.

- 모집단 회귀선의 기울기에 대한 신뢰구간은 $b \pm t^*SE_b$의 형태를 한다.

- x가 x^* 값을 취할 때, 평균반응에 대한 신뢰구간은 $\hat{y} \pm t^*SE_\hat{\mu}$의 형태를 한다. 장래의 개별반응 y에 대한 예측구간은 표준오차가 더 크기는 하지만 유사한 형태, 즉 $\hat{y} \pm t^*SE_\hat{y}$의 형태를 한다. 소프트웨어는 보통 이런 구간들을 제공한다.

주요 용어

예측구간 잔차 도표 회귀 표준오차

연습문제

1. **알루미늄 주조 : 관계가 존재하는가?** 다음 분석 결과는 t 통계량과 이들의 P-값을 생략하였다. 이 분석 결과의 정보에 기초하여, 두께(Thick)와 게이트 속도(Veloc) 사이에 직선관계가 존재하지 않는다는 가설을 검정하시오. 가설을 말하고, 통계량 및 이들의 대략적인 P-값을 제시하며, 문제의 틀 내에서 결론을 말하시오.

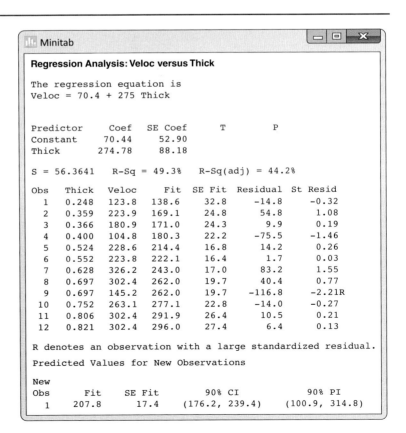

2. **알루미늄 주조 : 구간** 분석 결과에는 피스톤 벽 두께 $x^* = 0.5$인치에 대한 예측치가 포함되어 있다. 분석 결과를 이용하여 다음에 대한 90% 구간을 구하시오.

   (a) 피스톤 벽 두께에 대한 게이트 속도의 모집단 회귀선 기울기

   (b) 두께가 0.5인치인 피스톤 종류에 대한 평균 게이트 속도

3. **알루미늄 주조 : 잔차** 분석 결과에는 x변수와 y변수의 표, 각 x에 대한 적합한 값 $\hat{y}$, 잔차, 기타 관련 숫자들이 포함된다.

   (a) 피스톤 벽 두께(설명변수)에 대한 잔차를 도표로 나타내시오. 패턴이 보다 명확해지도록, 수직 척도를 -200부터 200까지로 사용하시오. '잔차 $= 0$'에서의 직선을 추가하시오. 그린 도표는 체계적으로 비선형관계를 보이는가? 회귀선에 관한 변동성에서 체계적인 변화를 보이는가?

   (b) 잔차의 히스토그램을 그리시오. 통계 소프트웨어(Minitab)는 관찰값 9를 의심스러운 이탈값으로 확인하였다. 히스토그램도 그러한가?

   (c) 관찰값 9 없이 회귀분석을 다시 할 경우, 회귀 표준오차 $s = 42.4725$, 그리고 피스톤 벽 두께 0.5인치에 대한 예측 평균 속도는 초당 216 피트(90% 신뢰구간 191.4부터 240.6이다)이다. 관찰값 9는 추론하는 데 영향력이 있는가?

4. **해우 : 보트의 수가 증가하면 사망하는 해우의 수도 증가하는가?** 다음 분석 결과에는 t 통계량과 이들의 P-값이 생략되어 있다. 이 분석 결과에 제시된 정보에 기초할 경우, 등록된 보트의 수가 증가함에 따라 사망한 해

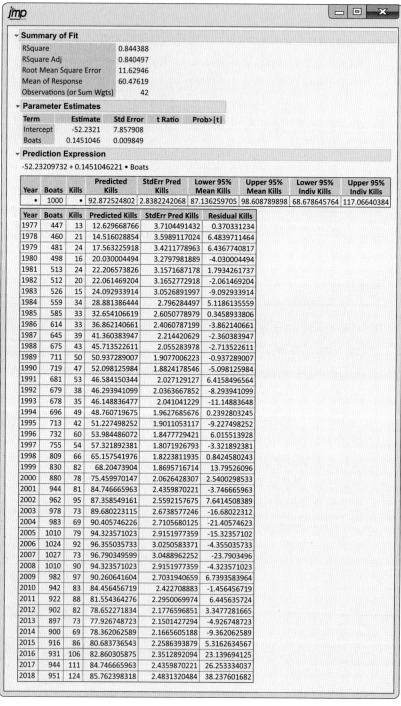

우의 수도 증가한다는 충분한 증거가 존재하는가? 가설을 말하고, 검정 통계량과 이들의 대략적인 *P*-값을 제시하시오. 어떤 결론을 내리게 되는가?

5. **해우 : 추정** 분석 결과는 플로리다주에 등록된 보트의 수가 100만 대일 때 사망할 해우의 수에 대한 예측을 포함하고 있다. 다음에 대해 95% 신뢰구간을 구하시오.

(a) 등록된 보트의 수가 1,000대 추가될 때마다 사망하게 될 해우 수의 증가

(b) 내년에 100만 대의 보트가 등록될 경우, 내년에 사망하게 될 해우의 수

6. **해우 : 추론을 하기 위한 조건** 미국 플로리다주에 등록된 보트의 수와 사망한 해우의 수 사이에 강한 선형관계가 있다는 사실을 알고 있다. 추론을 하기 위한 다른 조건들을 점검해 보자. 분석 결과는 두 개 변수, 데이터의 각 *x*에 대한 예측값 *ŷ*, 잔차, 관련 숫자를 포함한다.

(a) 잔차를 가장 가까운 정수로 반올림하고, 스템플롯을 작성하시오. 분포는 단일 봉우리의 형태를 하고 대칭을 이루며, 정규분포에 가까운 것처럼 보인다.

(b) 등록된 보트에 대한 잔차들의 잔차 도표를 작성하시오. 패턴이 보다 명확해지도록, 수직 척도를 −40부터 40까지 사용하시오. '잔차 = 0'이라는 직선을 추가하시오. 명확한 비선형 패턴이 존재하는가? 표준편차가 모든 *x*에 대해 동일하다고 가정하는 것은 합리적인가?

(c) 연속되는 연도들에서 보트에 의해 사망한 해우의 수를 독립적이라고 간주하는 것은 합리적이다. 보트의 수는 시간이 흐름에 따라 증가하였다. 오염도 또한 시간이 흐름에 따라 증가하였으며, 이는 사망한 해우 수의 증가를 설명할 수 있다고 한다. 이에 대해 어떻게 대응할 것인가?

(d) 연습문제 4 및 5에서 한 추론을 신뢰할 수 있는가? 이유를 설명하시오.

7. **열대성 폭풍우의 예측** 제5장 연습문제에서는 윌리엄 그레이 교수가 1984년부터 2018년까지의 대서양 허리케인 시즌에 열대성 폭풍우의 수를 예측한 데이터에 대해 살펴보았다. 이 데이터를 이용하여 다음과 같이 회귀에 대한 추론을 해 보자.

(a) 그레이 교수는 무작위적인 생각보다 더 잘 예측을 하였는가? 즉, 폭풍우를 예측한 수와 실제 수 사이에 유의한 양의 상관이 존재하는가? (회귀분석 결과로부터 *t* 통계량을 찾아 밝히고 단측 *P*-값을 구하시오.)

(b) 그레이 교수가 16개의 폭풍우를 예측한 연도의 평균 폭풍우 수에 대한 95% 신뢰구간을 구하시오.

8. **열대성 폭풍우의 예측 : 잔차** 연습문제 7의 회귀분석으로부터 구한 (가장 가까운 정수로 반올림한) 잔차의 스템플롯을 작성하시오. 단일 연도의 폭풍우 수에 대한 예측구간을 구하기 위해 이 데이터를 사용해서는 안 된다고, 도출한 스템플롯이 시사하는 이유를 설명하시오.

9. **유아가 식탁에서 보내는 시간** 유아들이 점심을 먹는 식탁에 얼마나 오랫동안 있었느냐가 얼마나 많이 먹었는지를 예측하는 데 도움이 되는가? 아이들을 돌봐 주는 놀이방에서 수개월 동안 관찰한 20명의 유아에 관한 데이터는 다음과 같다. '시간'은 점심식사를 하면서 유아가 식탁에서 소비한 평균시간을 분으로 측정한 것이다. '칼로리'는 점심식사 동안 유아가 소비한 평균 칼로리이며, 이는 유아가 매일 무엇을 먹는가를 주의 깊게 관찰하여 계산한 것이다.

시간	21.4	30.8	37.7	33.5	32.8	39.5	22.8	34.1	33.9	43.8
칼로리	472	498	465	456	423	437	508	431	479	454
시간	42.4	43.1	29.2	31.3	28.6	32.9	30.6	35.1	33.0	43.7
칼로리	450	410	504	437	489	436	480	439	444	408

(a) 산포도를 그려 보시오. 상관 및 최소제곱 회귀선을 구하시오. (회귀 잔차를 저장하여 두시오.) 분석 결과에 기초하여 방향, 형태, 관계의 강도를 설명하시오.

(b) 회귀에 대한 추론을 하기 위해 필요한 조건을 점검하시오. 패턴을 관찰하는 데 도움이 되도록, 시

간에 대해서 잔차를 나타낸 도표의 수직 척도를 −100부터 100까지 주시오. 어떤 결론을 내릴 수 있는가?

(c) 식탁에서 보낸 더 많은 시간은 소비한 더 많은 칼로리와 연관된다는 유의한 증거가 있는가? 식탁에서 보낸 시간이 증가할수록 소비한 칼로리가 얼마나 신속하게 변화하는지 추정하기 위해서 95% 신뢰구간을 구하시오.

10. **유아가 식탁에서 보내는 시간 : 예측** 레이철은 위의 문제에서 살펴본 놀이방에 다니고 있다. 레이철은 수개월 동안 점심 식탁에서 평균 40분을 보냈다. 점심식사 때 레이철의 평균 칼로리 소비를 예측하기 위한 95% 구간을 구하시오.

22

일원분류 분산분석 : 몇 개 평균들의 비교

학습 주제

앞의 복수표본 t 절차에서는 두 개 모집단의 평균 또는 한 실험에서 두 개 처리에 대한 평균반응을 비교하였다. 물론 연구들이 언제나 단지 두 개 그룹만을 비교하지는 않는다. 어떠한 숫자의 평균도 비교하는 방법에 대해 알아볼 필요가 있다. 다중 모집단들의 평균을 비교할 경우 이는 범주변수(모집단들을 서로 명백히 상이하게 만드는 특성)와 평균들 사이의 관계에 대한 검정을 가능하게 해 준다.

정리문제 22.1

열대지방 꽃의 변종 간 비교

문제 핵심 : 미국 애머스트대학의 에탄 테멜레스 교수와 존 크레스 교수는, 도미니카섬에 서식하는 열대지방 꽃인 **헬리코니아** 변종들과 이 꽃들을 수정시키는 상이한 벌새 종자들 간의 관계를 연구하였다. 시간이 흐름에 따라, 이 꽃의 길이와 벌새 부리의 형태는 서로 어울리게 진화되었다고 이들은 믿게 되었다. 이것이 사실이라면, 상이한 벌새 종자에 의해 수정된 이 꽃의 변종들은 길이 분포가 상이하여야 한다.

표 22.1은 상이한 벌새 종자에 의해 수정된 헬리코니아의 세 개 변종의 표본에 대한 길이 측정값(밀리미터)을 보여 주고 있다. 이 세 개 변종은 상이한 길이 분포를 보이는가? 특히 이 꽃들의 평균

Martin Mecnarowski/Shutterstock

표 22.1	헬리코니아 세 개 변종에 대한 꽃 길이(밀리미터)						
			비하이				
47.12	46.75	46.81	47.12	46.67	47.43	46.44	46.64
48.07	48.34	48.15	50.26	50.12	46.34	46.94	48.36
			레드				
41.90	42.01	41.93	43.09	41.47	41.69	39.78	40.57
39.63	42.18	40.66	37.87	39.16	37.40	38.20	38.07
38.10	37.97	38.79	38.23	38.87	37.78	38.01	
			옐로				
36.78	37.02	36.52	36.11	36.03	35.45	38.13	37.10
35.17	36.82	36.66	35.68	36.03	34.57	34.63	

길이가 상이한가? 만일 그렇다면, 얼마나 상이한가?

통계적 방법 : 그래프 및 숫자적 설명을 사용하여 꽃 길이에 대한 세 개의 분포를 설명하고 비교하시오. 그러고 나서, 세 개 변종들의 평균 길이 간 차이가 통계적으로 유의한지 여부를 결정할 것이다. 최종 단계에서는 다음과 같은 물음에 답할 것이다. "어떤 특정 변종들이 서로 상이하며, 얼마나 상이한가?"

해법(1단계) : 그림 22.1은 비교하기 쉽게 나란히 배치된 병렬적 스템플롯을 보여 주고 있다. 길이는 밀리미터의 소수점 첫째자리까지 우수리를 정리하였다. 다음은 추가적인 분석을 할 때 사용하게 될 측정값을 요약해서 정리한 것이다.

	비하이		레드		옐로	
	34		34		34	66
	35		35		35	257
	36		36		36	0015788
	37		37	489	37	01
	38		38	00112289	38	1
	39		39	268	39	
	40		40	67	40	
	41		41	5799	41	
	42		42	02	42	
	43		43	1	43	
	44		44		44	
	45		45		45	
	46	3467889	46		46	
	47	114	47		47	
	48	1234	48		48	
	49		49		49	
	50	13	50		50	

그림 22.1

표 22.1에 기초하여 헬리코니아 세 개 변종에 대해 표본의 꽃 길이(밀리미터)를 비교한 나란히 배열된 병렬적 스템플롯이다.

표본	변종	표본크기	평균 길이	표준편차
1	비하이	16	47.60	1.213
2	레드	23	39.71	1.799
3	옐로	15	36.18	0.975

결론(1단계) : 이 세 개 변종의 꽃 길이는 매우 달라서 이들 사이에는 거의 중첩되지 않는다. 특히 헬리코니아 비하이의 꽃은 레드 또는 옐로보다 더 길다. 헬리코니아 비하이 꽃에 대한 길이의 평균값은 47.6밀리미터이고, 헬리코니아 레드의 경우는 39.7밀리미터이며, 헬리코니아 옐로의 경우는 36.2밀리미터이다. 표본평균의 관찰된 차이는 통계적으로 유의한가? 세 개 이상의 모평균을 비교하기 위한 검정을 개발하여야 한다.

해법 단계에서, 우리는 세 개 분포를 비교하기 위해서 나란히 배치된 병렬적 스템플롯을 작성하기로 하였다. 이들 세 개 분포는 또한 히스토그램 또는 박스플롯을 사용하여 비교할 수 있다. 그림 22.2는 비교 히스토그램과 비교 박스플롯을 보여 준다. 일반 형태를 검토할 뿐만 아니라 세 개 분포

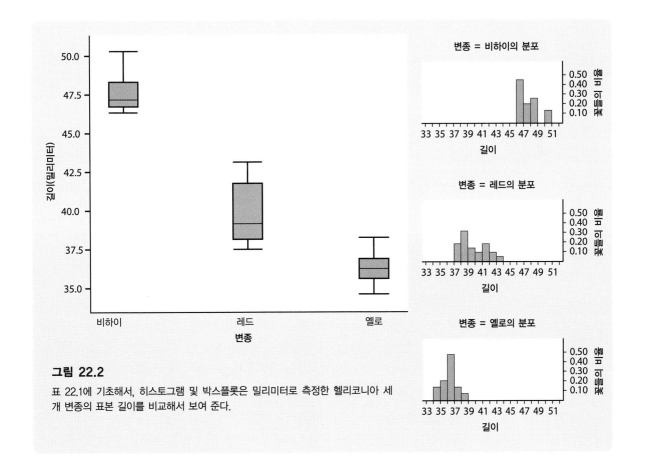

그림 22.2
표 22.1에 기초해서, 히스토그램 및 박스플롯은 밀리미터로 측정한 헬리코니아 세 개 변종의 표본 길이를 비교해서 보여 준다.

에 대한 반응의 크기를 비교하고자 하므로, 비교가 용이하도록 세 개 그래프에 대한 반응 축을 배열하는 것이 최선의 방법이다. 그림 22.2의 히스토그램들을 나란히 병렬적으로 배열할 경우, 세 개 변종에 대한 길이를 비교하는 일은 어려워진다. 비교하는 것이 목적이라면, 표본크기가 상이할 때 히스토그램에 대한 비율 또는 백분율 척도를 사용하는 것이 최선이다. 그림 22.2는 비교 박스플롯도 보여 준다.

분포에 대한 우리의 인상은 위에서 살펴본 세 가지 방식에 대해 유사하다. 비하이의 꽃들은 레드 또는 옐로의 꽃들보다 더 길며, 레드의 꽃들 길이에 대한 변동성이 다른 두 개 변종들보다 다소 크다. 적절한 그래프의 선택은 사용하는 소프트웨어의 성능에 기초하게 되며, 어느 정도는 개인의 선호에 달려 있다. 박스플롯은 덜 세부적으로 보여 주기는 하지만, 표본크기가 매우 작지만 않다면 비교하는 데 유용하다.

22.1 몇 개 평균들의 비교

열대지방 꽃인 헬리코니아의 세 개 모집단에 대한 평균 길이를 비하이의 경우 μ_1, 레드의 경우 μ_2, 옐로의 경우 μ_3라고 하자. 아래 첨자는 모수 또는 통계량이 어느 집단에 속하는지 알려 준다. 이들 세 개 모집단을 비교하기 위해서, 복수표본 t 검정을 다음과 같이 몇 번 반복할 수도 있다고 생각할지 모른다.

- 비하이에 대한 평균 길이가 레드에 대한 평균 길이와 상이한지를 알아보기 위해서, $H_0 : \mu_1 = \mu_2$를 검정하자.
- 비하이에 대한 평균 길이가 옐로에 대한 평균 길이와 상이한지를 알아보기 위해서, $H_0 : \mu_1 = \mu_3$를 검정하자.
- 레드에 대한 평균 길이가 옐로에 대한 평균 길이와 상이한지를 알아보기 위해서, $H_0 : \mu_2 = \mu_3$를 검정하자.

위와 같이 세 개 검정을 하는 데 따른 결점은, 각 검정에 대해 한 개씩 세 개의 P-값을 구하게 된다는 것이다. 이렇게 하게 되면 세 개의 표본평균이 서로 상이할 확률이 어느 정도 되는지 알 수 없다. 단지 두 개의 집단만을 고려할 경우 $\bar{x}_1 = 47.60$ 및 $\bar{x}_3 = 36.18$은 유의하게 상이할 수도 있다. 하지만 세 개 집단 중에서 가장 큰 평균과 가장 작은 평균을 비교하였다는 사실을 알게 된다면, 유의하게 상이하지 않을 수도 있다. 보다 많은 그룹들을 살펴본다면, 가장 큰 표본평균과 가장 작은 표본평균 사이의 차이가 더 커질 것으로 생각된다. (점점 더 많은 사람들로 구성된 그룹에서 키가 가장 큰 사람과 가장 작은 사람을 비교한다고 생각해 보자.) 한 번에 두 개 모수에 대해 검정을 하거나 신뢰구간을 구하여서는 많은 모수들을 확실하게 비교할 수 없다.

결론을 함께 내리려는 경우 전반적인 신뢰수준하에서 많은 비교를 어떻게 한 번에 시행하느냐하는 문제를 종종 접하게 된다. 이를 **다중 비교**(multiple comparisons)의 문제라고 한다. 다중 비교를 하는 통계학적인 방법은 보통 다음과 같은 두 가지 단계를 밟는다.

1. 비교하고자 하는 모수들 사이의 어떠한 차이에 관해 충분한 증거가 있는지 알아보기 위해서 전반적인 검정을 한다.
2. 어느 모수가 상이한지 결정하고 차이가 얼마나 큰지 추정하기 위해서 자세한 추적 분석을 한다.

전반적인 검정은 지금까지 살펴보았던 검정들보다 더 복잡하기는 하지만 간단한 편이다. 정식 추적 분석은 매우 정교할 수 있다. 우리는 먼저 전반적인 검정을 살펴볼 것이며, 그리고 나서 데이터 분석을 통해 평균들에서의 차이의 본질을 설명할 것이다.

22.2 분산분석 *F* 검정

열대지방 꽃 변종들의 세 개 모집단에 대한 평균 길이 사이에 차이가 존재하지 않는다는 다음과 같은 귀무가설을 검정하고자 한다.

$$H_0 : \mu_1 = \mu_2 = \mu_3$$

(이 장의 뒷부분에서 보다 자세히 살펴보게 될) 추론을 하기 위한 기본 조건은, 세 개 모집단으로부터 추출한 무작위 표본을 갖고 있으며 꽃들의 길이가 각 모집단에서 정규분포한다는 점이다.

대립가설은 꽃들의 세 개 그룹에서 평균 길이 사이에 차이가 있다는 것이다. 즉, 세 개 모평균이 모두 동일하지 않다는 것이다.

$$H_a : \mu_1, \mu_2, \mu_3 \text{ 모두가 동일하지는 않다.}$$

대립가설은 더 이상 단측가설 또는 양측가설이 아니다. 이것은 '다측'가설이 된다. 왜냐하면 '세 개가 모두 동일하다'는 것과는 다른 어떤 관계를 용인하기 때문이다. 예를 들면 H_a에는 $\mu_2 = \mu_3$이지만 μ_1은 다른 값을 갖는 경우가 포함된다. H_a와 상반되는 H_0의 검정을 **분산분석 *F* 검정**(analysis of variance *F* test)이라고 한다. 분산분석을 보통 ANOVA라고 요약해서 표기한다. ANOVA *F* 검정은 검정 통계량과 해당 *P*-값을 제시해 주는 소프트웨어를 통해 거의 언제나 시행된다.

ANOVA *F* 검정

ANOVA *F* 검정은, 어떤 정량변수에 대해 다중 모집단이 모두 동일한 평균을 갖는다는 가설을 검정하기 위해 사용된다.

열대지방 꽃의 변종 간 비교 : ANOVA

해법(추론) : 통계 소프트웨어를 이용한 분석 결과에 따르면, 표 22.1에 있는 꽃들의 길이에 관한 데이터에 대해서 검정 통계량은 $F = 259.12$이고 해당 P-값은 $P < 0.0001$이 된다. 꽃들의 세 개 변종이 모두 동일한 평균 길이를 갖지 않는다는 매우 강한 증거가 존재한다.

F 검정으로는 세 개의 변종 중 어느 꽃이 유의하게 상이한지 알 수 없다. 예비적인 데이터 분석에 따르면, 비하이가 레드 또는 옐로보다 분명히 더 긴 것처럼 보인다. 레드 및 옐로는 서로 유사하지만, 레드가 더 긴 경향이 있다.

결론 : 모평균이 모두 동일하지는 않다는 강한 증거($P < 0.0001$)가 존재한다. 평균들 간의 가장 중요한 차이는, 비하이가 레드 및 옐로보다 더 긴 꽃을 갖는다는 것이다.

정리문제 22.2는 평균들을 비교하는 방법을 설명하고 있다. (통계 소프트웨어를 이용해서 시행되는) ANOVA F 검정은 모평균들 사이의 어떤 차이에 대한 증거를 평가한다. 정식의 추적 분석을 통해서 어느 평균이 얼마만큼 차이가 나는지 알 수 있으며 모든 결론은 (예를 들면) 95% 신뢰할 수 있다고 말한다. 대신에 우리는 데이터 검토를 통해서 무슨 차이가 존재하며 그 차이가 관심을 가져야 될 정도로 충분히 큰지를 살펴볼 것이다. 뒤에서 F 통계량, 이 경우에는 259.12의 의미에 대해 논의할 것이다. P-값이 의미하는 바는, 평균 꽃 길이들이 모집단에서 동일하다면 이런 결과(또는 한 개 이상의 극단적인 결과)를 가질 확률이 0.0001보다 더 작다는 것이다.

뒤에서 살펴볼 정식 추적 분석에 따르면, 모든 결론들이 옳다고 95% 신뢰하면서 어느 평균이 상이하며 그리고 얼마만큼 다른지를 알 수 있다. 현재로서는, 그 대신에 그래프와 요약 통계량들을 사용하는 비공식적인 데이터 분석에 의존해서, 어떤 차이가 있으며 이 차이가 관심을 가질 정도로 충분히 큰지를 알 수 있다.

수업시간에 태블릿 사용하기

수업시간에 태블릿 같은 기기를 사용할 경우 이는 학생의 학습에 영향을 미치는가? 이에 대해 알아보기 위해서, 연구자는 중학교 졸업반 학생 150,100명인 대표적 표본에 대해 미국 교육진척전국평가의 수학 점수를 분석하였다. 각 학생은 수업시간에 얼마나 자주 태블릿을 사용하는지(결코 사용하지 않는다, 모든 수업의 절반이 안 되는 수업에서 사용한다, 모든 수업의 약 절반 정도에서 사용한다, 모든 수업의 절반 이상에서 사용한다, 모든 수업에서 사용한다)에 따라 분류된다. 수업시간에 태블릿을 사용한 빈도의 다섯 개 범주에 대한 교육진척전국평가의 평균 수학 점수는 다음과 같다.

결코 사용 않는다	절반 미만 사용한다	약 절반 사용한다	절반 초과 사용한다	전부 사용한다
283	279	269	271	279

분산분석을 하면 $F = 10{,}297$이고 $P < 0.0001$이다.

(a) 이 ANOVA F 검정에 대한 귀무가설 및 대립가설은 무엇인가? 이 검정은 어떤 평균을 비교하려는지 설명하시오.

(b) 표본평균과 F 검정에 기초하여, 어떤 결론을 내릴 수 있는가?

복습문제 22.2

정치적 견해와 교육

시카고대학교의 일반사회조사는 미국에서 가장 중요한 사회과학 표본조사이다. 일반사회조사는 2018년에 무작위 성인 표본에게 취득한 최종 학력 그리고 7점 척도(1점 = 극단적 자유주의, 7점 = 극단적 보수주의)를 사용하는 정치적 스펙트럼에서 어디에 위치하는지를 물어보았다. 분석 결과는 $F = 9.317$, P-값 < 0.0001이라고 밝혔으며, 각각의 최종 학력에 대해 정치적 스펙트럼 평균 점수를 제시하였다. 그림 22.3은 이들 점수를 사용하여 그린 그래프이다.

(a) 이 ANOVA F 검정에 대한 귀무가설 및 대립가설은 무엇인가? 이 검정은 어떤 평균을 비교하려는지 설명하시오.

(b) 그래프와 F 검정에 기초하여, 어떤 결론을 내릴 수 있는가?

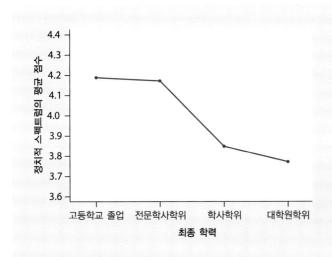

그림 22.3

복습문제 22.2와 관련되며, 선 그래프는 네 개 교육수준에 대한 정치적 스펙트럼의 평균 점수를 비교해서 보여 준다.

22.3 분산분석의 사고 틀

ANOVA에 관한 세부사항들은 약간 복잡하다(이 장 후반부에서 이에 대해 살펴볼 것이다). ANOVA

에 관한 핵심사항이 이해하기 더 용이하며 더 중요하다. 이를 정리하면 다음과 같다. 일련의 표본 평균들이 모평균들 사이의 차이를 보여 주는 증거를 제시하는지 여부를 물어볼 경우, 중요한 사항 은 표본평균들이 얼마나 멀리 떨어져 있느냐가 아니라 개별 관찰값들의 변동성에 비해 이들이 얼 마나 멀리 떨어져 있느냐이다.

그림 22.4에 있는 박스플롯들의 두 개 세트를 살펴보도록 하자. 간단히 하기 위해서, 이 분포들은 모두 대칭적이라고 본다. 따라서 평균값과 중앙값이 동일해진다. 그러므로 각 박스플롯에 그은 중 앙의 선은 표본평균이 된다. 그림 22.4(a)의 박스플롯에 대한 세 개 표본평균들은 그림 22.4(b)의 세 개 표본평균들과 동일하다. 이 정도의 큰 차이는 단지 우연히 쉽게 발생할 수 있는가? 아니면 통계 적으로 유의한가?

- 그림 22.4(a)에 있는 박스플롯들은 길이가 긴 박스를 갖고 있는데, 이는 각 집단에 속한 개체들 사이에 변동성이 크다는 의미이다. 각 개체들 사이에 변동성이 큰 경우, 또 다른 표본 세트가 매 우 상이한 표본평균을 갖더라도 놀라울 것이 없다. 표본평균들 사이의 관찰된 차이는 단지 우연 히 쉽게 발생할 수도 있는 것이다.
- 그림 22.4(b)에 있는 박스플롯들은 중앙에 그림 22.4(a)에 있는 박스플롯들과 동일한 선을 갖고 있다. 하지만 박스들의 길이가 훨씬 더 짧다. 즉, 각 그룹에 속한 개체들 사이에 변동성이 훨씬 더 작다. 첫 번째 그룹의 어떠한 표본이 두 번째 그룹의 평균만큼 작은 평균을 가질 가능성이 낮 다. 관찰된 평균들만큼 차이가 나는 평균들은 반복되는 표본추출에서 단지 우연히 발생할 가능 성이 거의 없기 때문에, 표본을 추출한 세 개 모집단들의 평균들 사이에 실질적인 차이가 존재 한다는 좋은 증거가 된다.

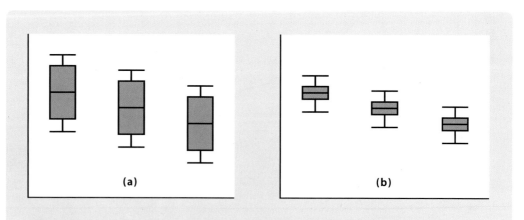

그림 22.4
두 개 세트의 세 개 표본 각각에 대한 박스플롯이다. (a)와 (b)에서 서로 상응하는 표본평균은 동일하다. (b)에서 표본 내 개체들 간의 변동이 작기 때문에, 분산분석에 따르면 (b)에서 평균들 간에 더 유의한 차이가 있다고 본다.

그림 22.4에서처럼 두 개 부분으로 나누어 비교하는 것은 어떻게 보면 너무 단순하다고 할 수 있다. 이것은 박스플롯이 보여 줄 수 없는 효과, 즉 표본크기의 효과를 무시하고 있다. 표본크기가 큰 경우 표본평균 간 작은 차이도 유의할 수 있다. 표본크기가 작은 경우 표본평균 간 큰 차이도 유의하지 않을 수 있다. 우리가 확신할 수 있는 것은 표본크기가 동일한 경우 그림 22.4(b)가 그림 22.4(a)보다 훨씬 더 작은 P-값을 보인다는 것이다. 이런 한계에도 불구하고, 큰 사고의 틀은 계속 남아 있다. 즉, 표본평균들이 동일한 그룹 개체들 사이의 변동에 비해 큰 차이가 있다면, 이것이 우연히 발생한 것이 아니라는 증거가 된다.

분산분석의 사고 틀

ANOVA는 표본 간 변동을 표본 내 변동과 비교함으로써, 세 개 이상의 모집단들이 동일한 평균을 갖는지 여부를 검정한다.

평균을 비교하는 방법이 분산이란 명칭을 따서 명명된 것은, 기이한 통계학 용어 중 하나이다. 그 이유는 두 가지 종류의 변동을 비교함으로써 검정이 이루어지기 때문이다. 분산분석은 반응의 변동 원인을 살펴보는 일반적인 방법이다. 몇 개 평균을 비교하는 것은 **일원분류 ANOVA**(one-way ANOVA)라고 하는 ANOVA의 가장 단순한 형태이다. (일원분류 ANOVA란 명칭에서 일원이란, 이런 형태의 분석이 단지 한 개의 정량변수만을 포함한다는 것이다. 보다 높은 수준의 ANOVA 기법은 다중 모집단들에서 두 개 이상 변수들 사이의 관계를 검정할 수 있다.)

ANOVA F 통계량

몇 개 평균들의 균등성을 검정하는 **분산분석 F 통계량**(analysis of variance F statistic)은 다음과 같은 형태를 갖는다.

$$F = \frac{\text{표본평균 간 변동}}{\text{동일 표본의 개체들 간 변동}}$$

이에 관해 보다 세부적인 사항을 알고자 한다면, 이 장 후반부를 읽어 보도록 하자. F 통계량은 0 또는 양의 값만을 취할 수 있다. 모든 표본평균들이 동일할 때 0이 되며, 점점 더 차이가 나게 되면 그 값이 커진다. F값이 큰 경우, 이는 모든 모평균이 동일하다는 귀무가설 H_0와 상반되는 증거가 된다. 대립가설 H_a가 다측가설이더라도, H_0가 위반되면 F값이 커지는 경향이 있기 때문에 ANOVA F 검정은 단측 검정이 된다.

22.4 ANOVA를 하기 위한 조건

모든 다른 추론 절차들처럼, ANOVA도 어떤 상황하에서만 타당하다. ANOVA를 사용하여 모평균을 비교할 수 있는 조건들은 다음과 같다.

ANOVA 추론을 하기 위한 조건

- I개 모집단 각각으로부터 하나씩 추출한 I개의 독립적인 단순 무작위 표본을 갖고 있다. 각 표본에 대해 동일한 정량 반응변수를 측정한다.
- I개 모집단 모두는 정규분포하며, i번째 모집단은 알지 못하는 평균 μ_i를 갖는다. 일원분류 ANOVA는, 모든 모평균이 동일하다는 귀무가설을 검정한다.
- 모든 모집단은 그 값을 알지 못하는 동일한 표준편차 σ를 갖는다.

위의 처음 두 개 조건은, 두 개 평균을 비교하기 위한 복수표본 t 절차에 대해 알아볼 때 살펴보았다. 여느 때처럼, 데이터 생성에 대한 설계는 추론을 하는 데 있어서 가장 중요한 조건이다. 편의가 있는 표본추출이나 서로 혼합되어 있는 경우, 추론이 무의미할 수 있다. 각 모집단으로부터 별개의 단순 무작위 표본을 실제로 추출하지 않거나 또는 무작위 비교실험을 이행하지 않는다면, 추론의 결론이 어떤 모집단에 적합할지 명확하지 않다. 다른 추론 절차와 마찬가지로, ANOVA는 무작위 표본을 가용할 수 없을 때에도 종종 사용된다. 이것의 장점에 기초하여 각각의 용도를 판단하여야 하며, 이런 판단을 할 때는 보통 통계학에 대한 지식 이외에 연구 주제에 대해서도 알고 있어야 한다.

실제 모집단은 정확하게 정규분포를 하지 않기 때문에, 정규성을 가정하는 추론 절차의 유용성은 이들 절차가 정규성으로부터 벗어난 것에 얼마나 민감한지에 달려 있다. 다행스럽게도, 평균을 비교하는 절차들은 정규성의 결여에 대해 매우 민감하지는 않다. t 절차와 마찬가지로, ANOVA F 검정은 확고하다. 중요한 것은 표본평균의 정규성이다. 표본크기가 커질수록 중심 극한 정리 효과로 인해서, ANOVA는 더 안전해진다. 표본평균 값을 변화시키는 이탈값과 극단적으로 기울어지는 현상을 점검해 보아야 한다. 이탈값이 존재하지 않고 분포가 대략 대칭적일 때, 표본크기가 4 또는 5일 경우에 대해서도 ANOVA를 안전하게 사용할 수 있다.

위의 세 번째 조건은 성가신 면이 있다. ANOVA는 표준편차로 측정한 관찰값들의 변동성이 모든 모집단에서 동일하다고 가정한다. 두 개 평균을 비교하기 위한 t 검정은 동일한 표준편차를 필요로 하지 않는다. 불행하게도, 두 개를 초과하는 평균을 비교하기 위한 ANOVA F 검정은 이보다 덜 광범위하게 타당하다. 모집단들이 균등한 표준편차를 갖는 조건을 점검하는 것은 용이하지 않다. 표준편차의 균등성에 대한 통계적 검정은 정규성의 결여에 매우 민감하다. 많은 경우 정규성이 결여되어 있어서 실제적인 가치가 거의 없다. 전문가의 조언을 받거나 ANOVA의 확고성에 의존하여야 한다.

불균등한 표준편차는 얼마나 심각한 문제를 갖는가? ANOVA는 조건의 위반에 대해 아주 민감하지는 않으며, 특히 모든 표본이 동일하거나 유사한 크기를 갖고 표본크기가 매우 작지 않을 때 그러하다. 연구를 설계할 때, 비교하고자 하는 모든 그룹들로부터 거의 같은 크기의 표본을 추출하도록 하자. 표본표준편차는 모표준편차를 추정한다. 따라서 ANOVA를 시행하기 전에 표본표준편차가 서로 유사한지 점검해 보자. 이들 사이에 우연히 발생하는 변동을 예상할 수 있다. 거의 모든 상황에서 안전하게 적용할 수 있는 어림 법칙은 다음과 같다.

ANOVA에서 표준편차의 점검

ANOVA F 검정의 결과는, 가장 큰 표본표준편차가 가장 작은 표본표준편차의 두 배를 초과하지 않을 때 대략적으로 옳다.

정리문제 22.3

열대지방 꽃의 변종 간 비교 : ANOVA를 하기 위한 조건

열대지방의 헬리코니아 꽃들에 관한 연구는, 도미니카섬에 서식하는 이것 변종들의 꽃들로부터 추출한 무작위 표본이라고 간주되는 세 개의 독립적인 표본에 기초한다. 그림 22.1의 스템플롯에 따르면, 변종 비하이 및 레드는 분포가 약간 기울어졌지만 표본크기가 16개 및 23개의 표본평균들은 정규분포에 근접한다. 세 개 변종에 대한 표본표준편차는 다음과 같다.

$$s_1 = 1.213 \qquad s_2 = 1.799 \qquad s_3 = 0.975$$

표준편차는 다음과 같이 어림 법칙을 충족시킨다.

$$\frac{\text{가장 큰 } s}{\text{가장 작은 } s} = \frac{1.799}{0.975} = 1.85 \qquad \text{(2보다 작음)}$$

세 개 모집단에 대한 평균 길이를 비교하는 데 ANOVA를 안전하게 사용할 수 있다.

정리문제 22.4

정책의 정당성 : 실용주의 대 도덕주의

문제 핵심 : 지도자의 기관정책에 대한 정당성 부여가 해당 정책에 대한 지지에 어떤 영향을 미치는가? 이 연구는 세 가지 공공정책 제안에 대해 도덕적 정당성, 실용적 정당성, 모호한 정당성을 비교하였다. 세 가지 정책 제안은 은퇴계획기관에 자금을 제공하려는 정치인의 계획, 도내의 도로를 다시 포장하려는 도지사의 계획, 개발도상국의 아동노동을 불법화하려는 대통령의 계획을 들 수 있다. 예를 들어, 은퇴계획기관에 대한 제안의 경우, 도덕적 정당성은 '품위 있고 안락하게 살' 은퇴자의 중요성이며, 실용적 정당성은 '공적 자금을 고갈시키지 않는 것'이고, 모호한 정당성은 '충분한 재원을 확보하는 것'이다. 세 개의 제안

을 모두 읽도록 무작위로 배정된 자발적 피실험자 374명 중에서, 122명은 도덕적 정당성 면에서 세 개의 제안을 읽었고, 126명은 실용적 정당성 면에서 세 개의 제안을 읽었으며, 126명은 모호한 정당성 면에서 세 개의 제안을 읽었다. 피실험자들은 각 정책 제안에 대한 지지를 측정하는 몇 가지 질문에 답하였으며, 이를 기초로 하여 각 제안에 지지 점수를 작성하였다. 그리고 나서 세 가지 제안에 대한 이들의 점수를 평균하여 정책지지 지수를 만들었다. 더 높은 값은 더 큰 지지를 나타낸다. 처음 다섯 개 관찰값들은 다음과 같다.

정당성	실용적	모호한	실용적	도덕적	모호한
정책지지 지수	5	7	4.75	7	5.75

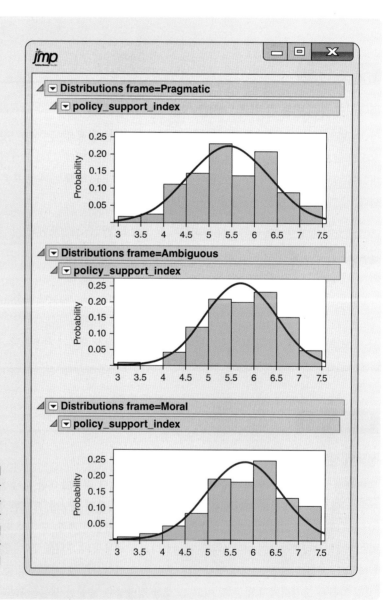

그림 22.5

정리문제 22.4와 관련되며, 히스토그램들은 세 가지 정책 정당성, 즉 실용적(pragmatic), 모호한(ambiguous), 도덕적(moral) 정당성들에 대한 정책지지 지수를 비교하여 보여 준다.

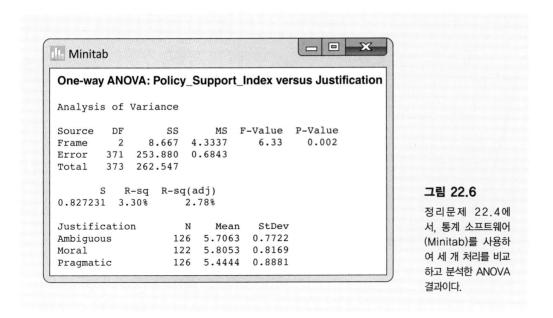

그림 22.6

정리문제 22.4에서, 통계 소프트웨어(Minitab)를 사용하여 세 개 처리를 비교하고 분석한 ANOVA 결과이다.

첫 번째 개체는 실용적 정당성 면에서 제안을 읽었고, 정책지지 지수 5를 부여하였다. 두 번째 개체는 모호한 정당성 면에서 제안을 읽었고, 정책지지 지수 7을 부여하였으며, 이렇게 계속 지수를 부여하였다. 평균적으로 볼 때, 정책지지 지수는 세 가지 정당성에 대해 상이한가?

통계적 방법 : 처리효과를 비교하기 위해서 데이터를 검토하고, ANOVA를 안전하게 사용할 수 있는지 점검하여 보자. ANOVA를 사용할 수 있다면, 정책지지 지수에서 관찰된 차이의 유의성을 평가하시오.

해법 : 그림 22.5는 세 개 그룹의 데이터 히스토그램을 보여 준다. 히스토그램들에서 일부 불규칙성이 있기는 하지만, 표본크기가 크며, 분포도 히스토그램상에 그려진 정규곡선에서 그렇게 크게 벗어나지 않는다. ANOVA 사용을 가로막는 이탈값이나 강하게 치우치는 현상이 없다. 그림 22.6의 통계 소프트웨어(Minitab) ANOVA 분석 결과에 따르면, 그룹 표준편차는 쉽사리 어림 법칙을 충족시킨다. 실용적(pragmatic) 그룹(평균 5.44)의 피실험자들은, 모호한(ambiguous) 그룹(평균 5.71) 또는 도덕적(moral) 그룹(평균 5.81)의 피실험자들보다 더 낮은 지지 지수를 갖는다. 이들 세 개 평균은 유의하게($F = 6.33$, $P = 0.002$) 상이하다.

결론 : 이 실험은, 정책이 정당화되는 방법이 피실험자들이 정책에 대해 갖는 지지에 영향을 미친다는 좋은 증거가 된다. 실용적 정당성은 모호한 정당성 또는 도덕적 정당성보다 더 낮은 지지로 이어진다.

22.5 F 분포와 자유도

ANOVA F 통계량은 다음과 같다.

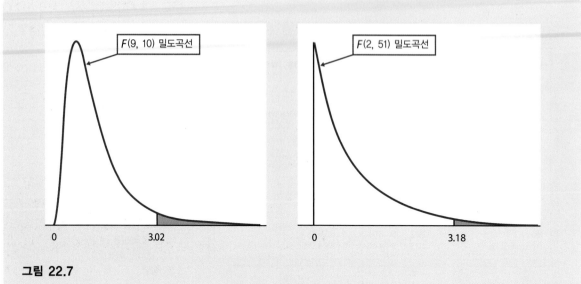

그림 22.7

두 개의 F 분포에 대한 밀도곡선이다. 두 개 모두 오른쪽으로 기울어졌으며 양의 값만을 취한다. 상위 5% 임곗값을 곡선 아래에 표기하였다.

$$F = \frac{\text{표본평균 간 변동}}{\text{동일 표본의 개체들 간 변동}}$$

이 통계량에 대한 P-값을 구하기 위해서, (모든 모평균이 동일하다는) 귀무가설이 참일 때 F의 표집분포를 알아야 한다. 이 표집분포를 **F 분포**(F distribution)라고 한다.

F 분포는 0보다 큰 값만을 취하는 오른쪽으로 기울어진 일련의 분포들이다. 그림 22.7의 밀도곡선은 이런 형태들을 보여 준다. 특정 F 분포는, F 통계량의 분자 및 분모의 자유도에 의해 결정된다. 우리가 사용하는 모든 통계 소프트웨어의 분석 결과들은 'df' 또는 'DF'라고 명명된 자유도를 포함하고 있다는 사실을 알고 있다. 자유도는 비교하는 모집단의 수 그리고 표본크기에 기초하여 구할 수 있다. F 분포를 설명할 때는 언제나 먼저 분자의 자유도를 제시하여야 한다. 우리가 사용하는 간단한 부호로 F 분포는 F(df1, df2)라고 표기한다. df1은 분자의 자유도를 의미하고, df2는 분모의 자유도를 의미한다. 자유도의 순서를 바꿔 기입하면 분포를 변화시키게 된다. 따라서 기입하는 순서가 중요하다.

ANOVA F 통계량의 자유도는 비교하고자 하는 평균의 수와 각 표본에 있는 관찰값들의 수에 달려 있다. 즉, F 검정은 관찰값들의 수를 고려한다. 세부사항은 다음과 같다.

F 검정에 대한 자유도

I개 모집단의 평균을 비교해 보고자 한다. i번째 모집단으로부터 추출한 크기가 n_i인 단순 무작위 표본을 갖고 있다. 따라서 합친 모든 표본의 관찰값의 총수는 다음과 같다.

$$N = n_1 + n_2 + \cdots + n_I$$

모든 모평균이 동일하다는 귀무가설이 참인 경우, ANOVA F 통계량은 분자의 자유도가 $I - 1$ 그리고 분모의 자유도가 $N - I$인 F 분포를 갖는다.

정리문제 22.5

F 검정에 대한 자유도

정리문제 22.1 및 정리문제 22.2에서는 열대지방 꽃의 세 개 변종에 대한 평균 길이를 비교하였다. 따라서 $I = 3$이 된다. 세 개 표본크기는 다음과 같다.

$$n_1 = 16 \quad n_2 = 23 \quad n_3 = 15$$

따라서 관찰값의 총수는 다음과 같다.

$$N = 16 + 23 + 15 = 54$$

ANOVA F 검정은 다음과 같이 분자 자유도를 갖는다.

$$I - 1 = 3 - 1 = 2$$

분모 자유도는 다음과 같다.

$$N - I = 54 - 3 = 51$$

분자의 자유도는 2이고 분모의 자유도는 51이다. 따라서 F 검정에 대한 P-값은 자유도가 2 및 51인 F 분포, 즉 $F(2, 51)$로부터 구할 수 있다. 그림 22.7의 오른쪽 곡선이 이 분포의 밀도곡선이다. 이 곡선상에 표기된 5% 임곗값은 3.18이고, 1% 임곗값은 5.05이다. 통계 소프트웨어를 사용하여 구한 ANOVA F 통계량의 관찰된 값, 즉 $F = 259.12$는 이 값들보다 훨씬 더 오른쪽에 위치한다. 따라서 P-값은 매우 작아지게 된다.

복습문제 22.3

어떤 음악을 선택할 것인가?

사람들은 종종 자신들의 행동을 사회적 환경에 맞추곤 한다. 이런 생각에 관한 어떤 연구는 미국 흑인 대학생들이 가장 선호하는 음악의 종류는 리듬앤드블루스(R&B)이고 백인 대학생들이 가장 선호하는 음악은 로큰롤에서 파생된 록음악이라고 보았다. 다른 무리의 학생들을 접대하는 학생들은 참석한 학생들의 인종 구성에 맞게 음악을 선택할 것인가? 90명의 흑인 대학생들이 세 개의 동일한 크기의 그룹에 무작위적으로 배정되었다. 96명의 백인 대학생들에 대해서 동일한 배정이 이루어졌다. 각 학생은 자신이 접대하는 사람들의 상황을 보게 된다. 그룹 1은 6명의 흑인 대학생을 보게 되고,

PhotoAlto sas/Alamy Stock Photo

그룹 2는 3명의 백인 대학생과 3명의 흑인 대학생을 보게 되며, 그룹 3은 6명의 백인 대학생을 보게 된다. 접대하는 호스트가 다른 인종이 선호하는 음악을 선택할 가능성은 어떠한지 물어보자. ANOVA를 이용하여, 이 모임의 인종적인 구성이 음악의 선택에 영향을 미치는지 여부에 대해

알아보기 위해서 세 개 그룹을 비교해 보자.

(a) 백인 대학생 피실험자들에 대해 $F = 16.48$이 된다. 자유도는 얼마인가?

(b) 흑인 대학생 피실험자들에 대해 $F = 2.47$이 된다. 자유도는 얼마인가?

22.6 추적 분석 : 튜키(Tukey) 쌍 다중 비교

정리문제 22.4에서, 평균 정책지지 지수가 도덕적, 모호한, 그리고 실용적 정책 정당성에 대해 동일하지 않다는 충분한 증거가 존재한다고 결론 내렸다. 그림 22.6의 표본평균에 따르면, 실용적 평균 정당성은 모호한 또는 도덕적 정당성보다 낮은 정책지지로 귀착된다.

정리문제 22.6

그룹들의 비교 : 개별 t 절차

도덕적 정당성 면에서의 평균 정책지지 지수가 실용적 정당성 면에서의 지수보다 얼마나 더 높은가? 도덕적 및 실용적 정당성 그룹들을 비교하는 95% 신뢰구간이 이 물음에 답할 수 있다. ANOVA를 하기 위한 조건들을 충족시키려면 모표준편차가 세 개 모집단 도표 모두에서 동일하여야 하기 때문에, 동일한 표준편차를 또한 가정하는 복수표본 t 신뢰구간의 설명을 사용할 것이다.

표본평균의 차이 $\bar{x}_{moral} - \bar{x}_{pragmatic}$에 대한 표준오차는 차이의 표준편차를 추정하며, 모집단 둘 다 동일한 표준편차 σ를 갖기 때문에 다음과 같다.

$$\sqrt{\frac{\sigma^2}{n_{moral}} + \frac{\sigma^2}{n_{pragmatic}}} = \sigma\sqrt{\frac{1}{n_{moral}} + \frac{1}{n_{pragmatic}}}$$

통합된 표준편차 s_p는 세 개 표본 모두에 기초한 σ의 추정값이다. 따라서 $\bar{x}_{moral} - \bar{x}_{pragmatic}$의 표준오차는 다음과 같다.

$$s_p\sqrt{\frac{1}{n_{moral}} + \frac{1}{n_{pragmatic}}}$$

그림 22.6의 통계 소프트웨어(Minitab) 분석 결과에 따르면 $s_p = 0.8272$가 된다. 추정값은 371개의 자유도를 가지며, 이는 ANOVA 분석 결과에서 'Error' 항목에 대한 자유도이다. $\mu_{moral} - \mu_{pragmatic}$에 대한 95% 신뢰구간은 자유도가 371인 t 분포의 임곗값(통계 소프트웨어를 활용해 구한) 1.966을 사용한다.

$$(\bar{x}_{moral} - \bar{x}_{pragmatic}) \pm t^* s_p \sqrt{\frac{1}{n_{moral}} + \frac{1}{n_{pragmatic}}}$$

$$= (5.8053 - 5.4444) \pm (1.966)(0.8272)\sqrt{\frac{1}{122} + \frac{1}{126}}$$

$$= 0.3609 \pm 0.2066$$

$$= 0.1543 부터 0.5675까지$$

도덕적 정당성에 대한 정책지지 지수는 실용적 정당성에 대한 정책지지 지수보다 0.1543부터 0.5675 까지만큼 더 높다고 95% 신뢰한다. 이 신뢰구간은 0을 포함하지 않기 때문에, 5% 유의수준에서 양측 대립가설을 지지하면서 차이가 없다는 귀무가설 $H_0 : \mu_{moral} = \mu_{pragmatic}$을 기각할 수 있다.

위의 정리문제 22.6은 하나의 95% 신뢰구간을 제시한다. 우리는 다음과 같은 모평균들 사이의 세 개 쌍 차이 모두를 추정하고자 한다.

$$\mu_{moral} - \mu_{pragmatic} \quad \mu_{moral} - \mu_{ambiguous} \quad \mu_{ambiguous} - \mu_{pragmatic}$$

세 개의 95% 신뢰구간들은, 세 개가 모두 참인 모숫값을 동시에 갖는다고 95% 신뢰를 제공하지는 않는다. 이것이 앞에서 논의한 다중 비교들의 문제이다.

일반적으로, 우리는 I개 모집단들의 모평균 $\mu_1, \mu_2, \cdots, \mu_I$들 사이의 모든 쌍 차이들에 대한 신뢰구간을 제시하고자 한다. 우리는 전반적인 신뢰수준 (예를 들면) 95%를 원한다. 즉, 해당 방법을 매우 여러 번 사용할 경우, 모든 구간들은 해당 시도의 참인 차이 95%를 동시에 포함하게 된다. 이렇게 하기 위해서는, 정리문제 22.6에 있는 t 임곗값 t^*를 I개 표본평균 세트의 가장 큰 값과 가장 작은 값 사이 차이의 분포에 기초한 다른 임곗값으로 대체함으로써, 비교의 수를 고려해야 한다. 우리는 이것을 다중 비교를 하기 위한 임곗값 m^*라고 한다. m^*값은 비교하고자 하는 모집단의 수 그리고 원하는 신뢰수준뿐만 아니라 표본의 관찰값 총수에 달려 있다. 따라서 이 표는 길고 번잡하기 때문에, 실제로는 통계 소프트웨어에 의존한다. 이 방법은 발명자 존 튜키(John Tukey, 1915~2000)의 이름을 따서 명명되었으며, 그는 현대 데이터 분석에 대한 사고의 틀을 발전시켰다.

튜키 쌍 다중 비교

ANOVA 상황에서 평균이 μ_i이고 공통 표준편차가 σ인 정규분포하는 I개 모집단들 각각에서 뽑은 크기 n_i인 독립적인 단순 무작위 표본을 갖고 있다. 모평균들 사이의 모든 쌍 차이 $\mu_i - \mu_j$에 대한 동시 신뢰구간은 다음과 같은 형태를 갖는다.

$$(\bar{x}_i - \bar{x}_j) \pm m^* s_p \sqrt{\frac{1}{n_i} + \frac{1}{n_j}}$$

여기서 $\bar{x}_i$는 i번째 표본의 표본평균이며, s_p는 σ의 통합추정값이다. 임곗값 m^*는 신뢰수준 C, 모집단의 수 I, 관찰값의 총수에 달려 있다.

고정된 유의수준 $\alpha = 1 - C$에서 모평균들의 모든 쌍에 대해 다음과 같은 가설에 대해 동시 검정을 시행하려면, 신뢰구간이 0을 포함하지 않는 어떠한 쌍에 대해서도 H_0를 기각하여야 한다.

$$H_0 : \mu_i = \mu_j$$
$$H_a : \mu_i \neq \mu_j$$

모든 표본이 동일한 크기인 경우, 튜키 동시 신뢰구간은 전반적인 신뢰수준 C를 제시한다. 즉, C는 모든 구간이 참인 쌍 차이를 동시에 포함할 확률이다. 표본들이 크기 면에서 상이한 경우, 참인 신뢰수준은 최소한 C만큼의 크기로 인해 결론들은 보수적이 된다. 이와 비슷하게, 모든 표본의 크기가 동일한 경우, 튜키 동시 검정은 전반적인 유의수준 $1-C$를 갖게 된다. 즉, $1-C$는 모든 모평균이 동일할 때 검정 중 어떠한 것이라도 귀무가설을 부정확하게 기각할 확률이다. 표본들의 크기가 상이한 경우, 참인 유의수준은 $1-C$보다 작기 때문에 결론은 보수적이 된다.

정리문제 22.7

정책의 정당성 : 다중 구간

그림 22.8은 정책 정당성의 세 개 그룹에서 평균 정책지지 지수를 비교하는 ANOVA 통계 소프트웨어(Minitab) 분석 결과를 포함한다. 전반적인 오차율이 5%인 튜키 다중 비교를 하였다. 즉, 세 개 구간 모두에 대한 신뢰수준은 95%이다.

튜키 신뢰구간은 다음과 같다.

$\mu_{moral} - \mu_{ambiguous}$에 대해,	-0.147부터 0.345까지
$\mu_{pragmatic} - \mu_{ambiguous}$에 대해,	-0.506부터 -0.018까지
$\mu_{pragmatic} - \mu_{moral}$에 대해,	-0.607부터 -0.115까지

부호를 역전시킬 경우, $\mu_{moral} - \mu_{pragmatic}$에 대한 구간은 0.115부터 0.607까지가 되며, 이는 정리문제 22.6에서 살펴본 개별 95% 신뢰구간보다 폭이 더 넓다. 더 넓어진 구간은 한 개 구간이 아니라 세 개 구간 모두에 대해 동시적으로 95% 신뢰를 갖기 위해서 지불해야 할 대가이다.

그림 22.8

정리문제 22.4의 정책 정당성 연구에 대한 통계 소프트웨어(Minitab)의 다중 비교 분석 결과이다. 튜키 동시 신뢰구간은 (a)에 있으며, 다중 검정의 결과는 (b)에 요약되어 있다.

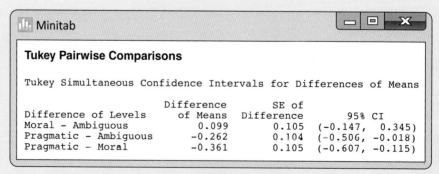

```
 Minitab                                        ─ □ ✕

 Tukey Pairwise Comparisons

 Tukey Simultaneous Confidence Intervals for Differences of Means

                            Difference     SE of
 Difference of Levels        of Means    Difference        95% CI
 Moral - Ambiguous             0.099        0.105      (-0.147,  0.345)
 Pragmatic - Ambiguous        -0.262        0.104      (-0.506, -0.018)
 Pragmatic - Moral            -0.361        0.105      (-0.607, -0.115)
```

(a)

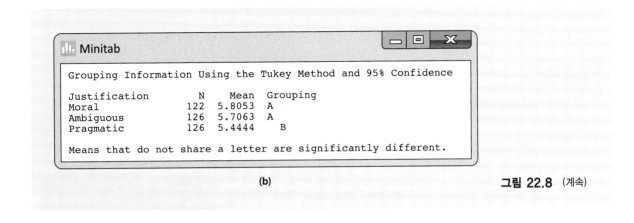

(b)

그림 22.8 (계속)

정책의 정당성 : 다중 검정

ANOVA 귀무가설은 모든 모평균이 동일하다는 것이다.

$$H_0 : \mu_{moral} = \mu_{pragmatic} = \mu_{ambiguous}$$

그림 22.6의 분석 결과로부터 ANOVA F 검정은 이 가설을 기각한다는($F = 6.33$, $P = 0.002$) 사실을 알 수 있다. 따라서 우리는 평균들 중 적어도 한 쌍이 동일하지 않다는 충분한 증거를 갖고 있다. 어느 쌍인가? 정리문제 22.7에서 동시적인 95% 신뢰구간을 살펴보았다. 이 구간들 중에서 어느 것이 0을 포함하지 않는가? 구간이 0을 포함하지 않을 경우, 모평균들의 쌍이 동일하다는 가설을 기각한다.

결론은 다음과 같다.

기각할 수 있다.	$H_0 : \mu_{moral} = \mu_{pragmatic}$
기각할 수 있다.	$H_0 : \mu_{ambiguous} = \mu_{pragmatic}$
기각할 수 없다.	$H_0 : \mu_{moral} = \mu_{ambiguous}$

세 개 귀무가설에 대한 튜키 동시 검정은, 세 개 귀무가설 모두가 참일 때 세 개 검정 중 어떠한 것이 가설을 잘못 기각할 확률이 5%에 불과하다는 특성을 갖는다. 그림 22.8(b)의 분석 결과는, 귀무가설을 기각하지 않는 평균들을 그룹화함으로써 이 검정들의 결과를 요약해서 보여 주고 있으며, 이는 다중 검정의 결과를 요약해서 설명하는 일반적인 방법이다. 사고의 틀은 다음과 같다. 동일한 '그룹화' 문자를 공유하는 그룹들은 유의하게 다르지 않은 반면에, 상이한 문자를 갖는 그룹들은 서로 유의하게 다르다. '도덕적' 및 '애매한' 정당성은 문자 A로 함께 그룹화되며, 이는 이것들이 서로 유의하게 상이하지 않다는 것을 의미한다. 반면에, 더 낮은 평균을 갖는 '실용적' 그룹은 문자 B로 표기되며, 이는 이것이 문자 A와 연관된 그룹에 있는 두 개 평균들 중 하나와 유의하게 다른 그룹에 속한다는 것을 의미한다.

정리문제 22.8의 다중 검정은, '도덕적' 및 '모호한' 그룹이 '실용적' 그룹보다 유의하게 더 큰 평균을 갖는 두 개 그룹에 세 개 평균들이 속하기 때문에 해석하기가 간단하다. 다음 정리문제에서 보는 것처럼, 다중 검정들의 결과가 반드시 이렇게 해석하기 간단하지만은 않다.

정리문제 22.9

열대우림의 벌채 : 다중 검정

열대우림에서 벌채가 이루어질 경우, 수년 후에 삼림에 어떤 영향을 미치는가? 연구자들은 벌채가 한 번도 이루어지지 않은 보르네오섬의 열대우림지구(그룹 1), 1년 먼저 벌채가 이루어진 근처의 유사한 열대우림지구(그룹 2), 그리고 8년 먼저 벌채가 이루어진 근처의 유사한 열대우림지구(그룹 3)를 비교하였다. 변이종에 대한 이런 비교의 결과는 그림 22.9(a)에 있다. 통계 소프트웨어(JMP)의 분석 결과에 따르면, ANOVA F 검정은 세 개 그

룹의 변이종 평균수가 모두 동일하다는 가설을 기각하였다($F = 6.0202$, $P = 0.0063$). 따라서 적어도 평균의 한 쌍이 동일하지 않다는 충분한 증거를 갖고 있다. 어느 쌍이 그러한가? 그림 22.9(a)는 이들 데이터에 대한 튜키 다중 신뢰구간을 제시하고 있다. 신뢰구간을 참조하면서 어느 구간이 0을 포함하지 않는지를 살펴볼 경우 다음과 같은 결론을 얻게 된다.

기각할 수 있다. $H_0 : \mu_1 = \mu_2$
기각할 수 없다. $H_0 : \mu_1 = \mu_3$
기각할 수 없다. $H_0 : \mu_2 = \mu_3$

이들 검정에 대한 결론은 그림 22.9(b)에서 보는 것처럼 평균들의 그룹화를 통해서 다시 한번 요약해 볼 수 있다. 그룹 1과 그룹 3은 둘 다 문자 A를 공유하므로, 서로 유의하게 다르지 않다. 그룹 2와 그룹 3은 둘 다 문자 B를 공유하므로, 서로 유의하게 다르지 않다. 하지만 그룹 1과 그룹 2는 상이한 문자가 배정되었기 때문에, 이들은 서로 유의하게 다르다. 그룹화가 중첩될 경우 결과들을 해석하는 것이 더 어려워진다.

잠시 동안 우리가 내릴 결론에 관해 생각해 보자. 언뜻 보기에는, μ_1은 μ_3와 같고, μ_2와 μ_3는 같지만 μ_1과 μ_2는 같지 않다고 말하는 것처럼 보인다. 말도 안 되는 소리처럼 들릴지도 모른다. 이제는 예를 들면 5%처럼 고정된 유의수준에서 검정이 우리에게 시사하는 바가 무엇인지 생각해 볼 시간이다. 즉 귀무가설을 기각할 만큼의 충분한 증거를 갖고 있는가, 아니면 데이터가 기각을 허용할 만큼의 충분한 증거를 제공하지 않는가에 대해 생각해 보아야 한다. 다음과 같이 말하는 데 모순이 없다.

$\mu_1 \neq \mu_2$라고 결론을 내릴 충분한 증거를 갖고 있다.
$\mu_1 \neq \mu_3$라고 결론을 내릴 충분한 증거를 갖고 있지 않다.
$\mu_2 \neq \mu_3$라고 결론을 내릴 충분한 증거를 갖고 있지 않다.

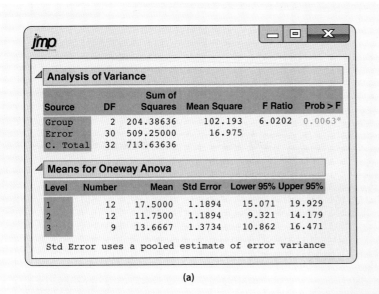

(a)

(b)

그림 22.9

정리문제 22.9의 열대우림 벌채 연구에 대한 통계 소프트웨어(JMP)의 다중 비교 분석 결과이다. 튜키 다중 비교의 동시적인 신뢰구간은 (a)에 있으며, 다중 검정의 결과는 (b)에 요약되어 있다.

즉, $\bar{x}_1 = 17.500$과 $\bar{x}_2 = 11.750$은 모평균이 다르다고 결론을 내릴 만큼 충분히 멀리 떨어져 있지만, 17.500이나 11.750은 $\bar{x}_3 = 13.667$로부터 충분히 멀리 떨어져 있지 않다. 튜키 분석 결과는 함께 실시된 세 개 검정에 대해 P-값을 제시하지 않는다는 사실에 주목하자. 오히려 앞서 고정시켜 놓은 전반적인 유의성 수준(여기서는 5%)하에서 '기각한다' 또는 '기각하는 데 실패한다'와 같은 결론을 제시한다.

전반적인 신뢰수준하에서 다양한 동시 신뢰구간을 제시하거나 또는 어떠한 잘못된 기각을 내릴 전반적인 확률하에서 동시 검정을 제시해 주는 많은 다른 다중 비교 절차가 있다. 튜키 절차가 가장 유용할 것으로 보인다. 튜키의 분석 결과를 해석할 수 있다면, 어떠한 다중 비교 절차로부터 구한 분석 결과도 이해할 수 있다.

어떤 색이 딱정벌레를 가장 잘 유인하는가?

농지에 해충이 있는 지 알아보기 위해서 끈적끈적한 물질로 덮인 널빤지를 세워 놓고 널빤지에 붙은 곤충을 검사할 수 있 다. 어떤 색이 곤충들 을 가장 잘 유인하는 가? 실험자들은 귀리 재배농지의 무작위적 인 장소에 네 가지 색 의 널빤지를 각각 여 섯 개씩 놓고, 널빤지 에 붙은 딱정벌레의 수를 측정하였다. 데이터는 다음과 같다.

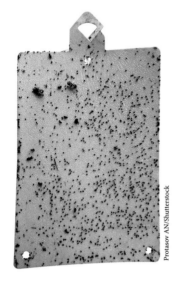

Protasov AN/Shutterstock

널빤지 색깔	널빤지에 붙은 딱정벌레의 수					
파란색	16	11	20	21	14	7
초록색	37	32	20	29	37	32
하얀색	21	12	14	17	13	20
노란색	45	59	48	46	38	47

(a) 딱정벌레를 유인하는 기량 면에서 색깔들은 서로 상이하다는 증거가 존재하는가? ANOVA를 사용하여 이 물음에 답하시오. 이 ANOVA 분석 결과로부터 도출한 결론을 주의해서 말하시오.

(b) 네 개의 색깔을 비교할 때 얼마나 많은 쌍 비교가 있는가?

(c) 그룹으로서의 모든 비교에 대해 유의수준 5%를 요구할 경우, 어떤 색깔 쌍이 유의하게 다른가? 특히, 노란색이 모든 다른 색들보다 유의하게 더 잘 유인하는가?

22.7 ANOVA에 관한 세부사항

이제 우리는 ANOVA F 통계량에 대한 실제 공식을 살펴보고자 한다. I개 모집단 각각으로부터 추출한 단순 무작위 표본을 갖고 있다. 1부터 I까지의 아래 첨자는 통계량이 어느 표본에 관한 것인지 알려 준다.

모집단	표본크기	표본평균	표본표준편차
1	n_1	$\bar{x}_1$	s_1
2	n_2	$\bar{x}_2$	s_2
$\vdots$	$\vdots$	$\vdots$	$\vdots$
I	n_I	$\bar{x}_I$	s_I

표본크기 n_i, 표본평균 $\bar{x}_i$, 표본표준편차 s_i만으로부터 F 통계량을 구할 수 있다. 개별 관찰값들을 다시 살펴볼 필요가 없다.

ANOVA F 통계량은 다음과 같은 형태를 한다.

$$F = \frac{\text{표본평균 간 변동}}{\text{동일 표본의 개체들 간 변동}}$$

F의 분자 및 분모에서의 변동 측정값을 **평균 제곱**이라고 한다. 평균 제곱은 표본분산의 보다 일반적인 형태이다. 통상적인 표본분산 s^2은 평균으로부터 벗어난 관찰값들의 제곱한 편차의 평균이다. 따라서 이것은 '평균 제곱'으로서의 자격을 갖추고 있다.

전체 평균반응을 $\bar{x}$라고 하자. 즉 $\bar{x}$는 N개 모든 관찰값들의 평균이다. 다음과 같이 해서 I개 표본평균들로부터 $\bar{x}$를 구할 수 있다.

$$\bar{x} = \frac{\text{모든 관찰값들의 합계}}{N} = \frac{n_1\bar{x}_1 + n_2\bar{x}_2 + \cdots + n_I\bar{x}_I}{N}$$

(그룹평균 $\bar{x}_i$에 해당 그룹 관찰값들의 수 n_i를 곱할 경우, 해당 그룹 관찰값들의 합을 구할 수 있기 때문에 위의 식은 타당하다.)

F의 분자는 I개 표본평균들 $\bar{x}_1, \bar{x}_2, \cdots, \bar{x}_I$ 간의 변동을 측정한 평균 제곱이다. 이 변동을 측정하기 위해서, $\bar{x}$로부터 벗어난 표본평균의 I개 편차들을 살펴보도록 하자. 이는 다음과 같다.

$$\bar{x}_1 - \bar{x}, \bar{x}_2 - \bar{x}, \cdots, \bar{x}_I - \bar{x}$$

F의 분자에 있는 평균 제곱은 이 편차들의 제곱의 평균이다. 이를 **평균 제곱 그룹**(MSG)이라고 하며 다음과 같다.

$$\text{MSG} = \frac{n_1(\bar{x}_1 - \bar{x})^2 + n_2(\bar{x}_2 - \bar{x})^2 + \cdots + n_I(\bar{x}_I - \bar{x})^2}{I - 1}$$

각 제곱된 편차는 이것이 대표하는 관찰값들의 수 n_i로 가중된다.

F의 분모에 있는 평균 제곱은 동일 표본 내 개별 관찰값들 간 변동을 측정한 것이다. 어떤 한 표본에 대해서, 표본분산 s_i^2이 이 역할을 담당한다. 모든 I개 표본에 대해서, 개별 표본분산의 평균을 사용한다. 이것은 또 다른 가중 평균이며, 여기서 각 s_i^2은 자신의 자유도 $n_i - 1$로 가중된다. 이에 따른 평균 제곱을 **평균 제곱 오차**(MSE)라고 하며 다음과 같다.

$$\text{MSE} = \frac{(n_1 - 1)s_1^2 + (n_2 - 1)s_2^2 + \cdots + (n_I - 1)s_I^2}{N - I}$$

'오차'란 실수를 했다는 의미가 아니며 기회 변동에 대해 사용되는 전통적인 용어이다. ANOVA 검정에 대해 요약하면 다음과 같다.

ANOVA F 검정 공식

공통의 표준편차는 갖지만 상이한 평균을 가질 수 있는 I개의 정규분포하는 모집단 각각으로부터 독립적인 단순 무작위 표본을 추출해 보자. i번째 모집단으로부터의 표본은 크기 n_i, 표본평균 $\bar{x}_i$, 표본표준편차 s_i를 갖는다. 관찰값들의 총수 $n_1 + n_2 + \cdots + n_I$는 N이다.

I개 모집단 모두의 평균이 동일하지는 않다는 대립가설에 대해, 모든 평균이 동일하다는 귀무가설을 검정하기 위해서, 다음과 같은 **ANOVA F 통계량**을 계산해 보자.

$$F = \frac{\text{MSG}}{\text{MSE}}$$

F의 분자는 다음과 같은 **평균 제곱 그룹**(mean square for groups)이다.

$$\text{MSG} = \frac{n_1(\bar{x}_1 - \bar{x})^2 + n_2(\bar{x}_2 - \bar{x})^2 + \cdots + n_I(\bar{x}_I - \bar{x})^2}{I - 1}$$

F의 분모는 다음과 같은 **평균 제곱 오차**(mean square for error)이다.

$$\text{MSE} = \frac{(n_1 - 1)s_1^2 + (n_2 - 1)s_2^2 + \cdots + (n_I - 1)s_I^2}{N - I}$$

H_0가 참일 때, F는 자유도가 $I - 1$ 및 $N - I$인 F 분포를 갖는다.

MSG 및 MSE에 관한 공식에서 분모는 F 검정의 두 개 자유도 $I - 1$ 및 $N - I$이다. 분자는 제곱 합이라고 하는데, 이는 대수학적인 형태에서 비롯되었다. ANOVA 표에서 ANOVA의 분석 결과를 제시하는 것이 일상적이다. 통계 소프트웨어를 이용한 분석 결과는 보통 ANOVA 표를 포함한다.

정리문제 22.10

ANOVA 계산 : 통계 소프트웨어를 사용하는 경우

통계 소프트웨어를 사용하여 구한 기본적인 ANOVA 표는 다음과 같다.

변동 출처	df	SS	MS	F 통계량
표본 간 변동	2	1,082.87	MSG = 541.44	259.12
표본 내 변동	51	106.57	MSE = 2.09	

각 평균 제곱, 즉 MS는 제곱 합, 즉 SS를 자유도 df로 나누어서 구했다는 사실을 알 수 있다. F 통계량은 MSG를 MSE로 나누어 구한다.

MSE는 개별 표본분산의 평균이므로, 이를 **통합 표본분산**이라고 하며 s_p^2이라고 표기한다.

ANOVA가 그렇다고 가정하는 것처럼, I개 모집단 모두 동일한 모분산 σ^2을 가질 때, s_p^2은 공통의 분산 σ^2을 추정한다. MSE에 제곱근을 씌우면 **통합 표준편차**, 즉 s_p가 된다. 이것은 모집단 공통의 표준편차 σ를 추정한다. 통계 소프트웨어의 분석 결과에 따르면 $s_p = 1.446$이다.

통합 표준편차 s_p는 어떠한 개별적인 표본표준편차 s_i보다 공통 σ의 더 나은 추정량이다. 왜냐하면 이것은 I개 표본 모두에 있는 정보를 통합하였기 때문이다. σ를 추정하기 위해 s_p를 사용하여 다음과 같은 통상적인 형태로부터 평균 μ_i 중 어떤 한 개에 대한 신뢰구간을 구할 수 있다.

$$\text{추정값} \pm t^* \text{SE}_{\text{추정값}}$$

μ_i에 대한 신뢰구간은 다음과 같다.

$$\bar{x}_i \pm t^* \frac{s_p}{\sqrt{n_i}}$$

s_p는 자유도 $N - I$를 갖기 때문에, 자유도가 $N - I$인 t 분포로부터 구한 임곗값 t^*를 사용하자.

정리문제 22.11

ANOVA 계산 : 통계 소프트웨어를 사용하지 않는 경우

표본크기, 표본평균, 표본표준편차만을 사용하여, 열대지방 꽃인 **헬리코니아**의 세 개 변종 비하이, 레드, 옐로의 평균 길이를 비교하는 ANOVA 검정을 할 수 있다. 정리문제 22.1에서 이에 대해 살펴보았지만, 계산기를 이용하여 이를 쉽사리 구할 수 있다. 꽃의 합계는 $N = 54$이고, $I = 3$개 그룹이 있다.

표 22.1에 있는 54개 길이의 전체 평균은 다음과 같다.

$$\begin{aligned}
\bar{x} &= \frac{n_1 \bar{x}_1 + n_2 \bar{x}_2 + n_3 \bar{x}_3}{N} \\
&= \frac{(16)(47.598) + (23)(39.711) + (15)(36.180)}{54} \\
&= \frac{2,217.621}{54} = 41.067
\end{aligned}$$

평균 제곱 그룹은 다음과 같다.

$$\begin{aligned}
\text{MSG} &= \frac{n_1(\bar{x}_1 - \bar{x})^2 + n_2(\bar{x}_2 - \bar{x})^2 + n_3(\bar{x}_3 - \bar{x})^2}{I-1} \\
&= \frac{1}{3-1}[(16)(47.598 - 41.067)^2 + (23)(39.711 - 41.067)^2 \\
&\quad + (15)(36.180 - 41.067)^2] \\
&= \frac{1,082.996}{2} = 541.50
\end{aligned}$$

평균 제곱 오차는 다음과 같다.

$$\begin{aligned}
\text{MSE} &= \frac{(n_1 - 1)s_1^2 + (n_2 - 1)s_2^2 + (n_3 - 1)s_3^2}{N - 1} \\
&= \frac{(15)(1.213^2) + (22)(1.799^2) + (14)(0.975^2)}{51} \\
&= \frac{106.580}{51} = 2.09
\end{aligned}$$

마지막으로, ANOVA 검정 통계량은 다음과 같다.

$$F = \frac{\text{MSG}}{\text{MSE}} = \frac{541.50}{2.09} = 259.09$$

위의 결과는 어림 오차로 인해서 통계 소프트웨어를 사용하여 구한 분석 결과와 약간 다르다. 지루한 계산과 어림 오차로 인해 실수가 빈번히 발생하기 때문에, 위와 같은 계산은 추천하지 않는 바이다.

복습문제 22.5

수학에 대한 마음가짐

상이한 인종적/민족적 배경을 가진 그룹들로부터 뽑은 고등학생들은 수학에 대해서 상이한 마음가짐을 갖는가? 미국 전역에서 뽑은 고등학생들의 무작위 표본에 대해 5점 척도를 기초로 수학에 대한 흥미수준을 측정하였다. 조사할 당시 수학 수업을 듣고 있는 고등학생들에 대해 관련 내용을 요약하면 다음과 같다.

인종적/민족적 그룹	n	$\bar{x}$	s
아프리칸 아메리칸(아프리카계 미국 흑인)	809	2.57	1.40
백인	1,860	2.32	1.36
아시아/태평양 소재 섬 출신	654	2.63	1.32
히스패닉(라틴아메리카 출신)	883	2.51	1.31
아메리칸 인디언	207	2.51	1.28

(a) ANOVA를 사용하기 위한 조건들이 명백히 충족된다. 그 이유를 설명하시오.

(b) ANOVA 표 그리고 F 통계량을 계산하시오.

(c) 통계 소프트웨어의 분석 결과에 따르면, $P < 0.001$이 된다. 무엇이 이 작은 P-값을 설명하는가? 차이가 중요할 정도로 충분히 큰가?

요약

- 일원분류 분산분석은 몇 개 모집단들의 평균을 비교한다. ANOVA F 검정은 모든 모집단이 동일한 평균을 갖는다는 귀무가설을 검정한다. F 검정이 유의한 차이를 보일 경우, 그 차이가 어디에 위치하는지 그리고 중요할 만큼 충분히 큰지 여부를 살펴보기 위해서 데이터를 검토해 보자.

- ANOVA를 시행하기 위한 조건들을 정리하면 다음과 같다. 각 모집단으로부터 추출한 독립적인 단순 무작위 표본을 갖고 있으며, 각 모집단은 정규분포를 하고, 모든 모집단들은 동일한 표준편차를 갖는다.

- 실제로 ANOVA 추론은 모집단이 비정규성을 갖더라도 상대적으로 확고하며, 특히 표본크기가 클 때 그러하다. F 검정을 하기 전에, 각 표본의 관찰값들에 대해서 이탈값이나 강하게 한쪽으로 기울어지는 현상이 있는지 점검해 보자. 또한 가장 큰 표본표준편차가 가장 작

은 표본표준편차의 두 배를 초과하지는 않는지 입증하여야 한다.

- 귀무가설이 참일 때, 모든 표본을 통합한 총 N개 관찰값으로부터 I개 평균을 비교하는 ANOVA F 통계량은 자유도가 $I - 1$ 및 $N - I$인 F 분포를 갖는다.

- ANOVA 계산 결과는 ANOVA 표에 제시되며 여기에는 제곱 합, 평균 제곱, 그룹 간 변동에 대한 자유도 및 그룹 내 변동에 대한 자유도가 포함된다. 실제로 이런 계산을 하려면 통계 소프트웨어를 사용한다.

- 추적 분석은 일원분류 ANOVA 상황에서 종종 유용하다. 튜키 쌍 다중 비교는 전반적인 신뢰수준하에서 처리 평균들 사이의 모든 차이에 대한 신뢰구간을 제시한다. 즉, 모든 구간이 평균들 사이의 참인 모집단 차이를 동시에 포함한다고 (예를 들면) 95% 신뢰할 수 있다.

주요 용어

다중 비교	분산분석 F 통계량	F 분포
분산분석 F 검정	튜키 쌍 다중 비교	

연습문제

1. **판매하는 물품에 손을 대지 마시오?** 소비자들은 물품을 구입하기 전에 종종 만져 보고자 하지만, 일반적으로 다른 사람이 자신들이 구입하고자 하는 물품을 만지지 않기를 바란다. 물품을 만진 사람이 다른 사람들에게 긍정적인 반응을 일으킬 수 있는가? 피실험자들은 입어 보고자 하는 셔츠를 제공해 줄 구내 학생회관의 판매원과 접촉하도록 지시를 받았다. 판매원을 만났을 때 피실험자는 셔츠가 단지 한 장 남았으며 다른 고객이 입어 본 것이라고 들었다. 셔츠를 입어 본 다른 고객은 실험자와 한패이며, 매력적이고 옷 맵시가 단정한 직업적인 여성 모델이거나 또는 청바지와 티셔츠

를 입은 평범한 외모의 여대생이었다. 남성이거나 또는 여성인 피실험자들은 실험자와 한패인 옷 갈아입는 방을 나가는 다른 고객을 보았으며 입어 보려고 하는 셔츠는 그 방에 남겨져 있다. 또한 판매원으로부터 진열된 선반에서 셔츠를 직접 건네받은 피실험자들의 대조하는 집단, 즉 대조군이 있다. 따라서 다음과 같은 다섯 개 처리가 있다. 즉, 모델을 본 남성 피실험자 집단, 모델을 본 여성 피실험자 집단, 대학생을 본 남성 피실험자 집단, 대학생을 본 여성 피실험자 집단, 대조하는 집단이 있다. 피실험자들은 다섯 가지 면에서 해당 물품을 7점 척도로 평가하고 이들 다섯 개 점수를

평균하여 피실험자의 평가 측정값을 구하게 된다. 이들 다섯 개 집단에 대한 표본크기, 평균, 표준편차는 다음과 같다.

처리	n	$\bar{x}$	s
모델을 본 남성 피실험자 집단	22	5.34	0.87
대학생을 본 남성 피실험자 집단	23	3.32	1.21
모델을 본 여성 피실험자 집단	24	4.10	1.32
대학생을 본 여성 피실험자 집단	23	3.50	1.43
대조하는 집단(대조군)	27	4.17	1.50

(a) 표본표준편차에 비추어 볼 때, 모평균을 비교하기 위해서 ANOVA를 사용할 수 있다는 사실을 입증하시오. 피실험자의 성별과 실험자와 한패인 사람의 호감도가 해당 물품의 평가에 미치는 영향에 대해서 평균이 의미하는 바는 무엇인가?

(b) 해당 보고서에 따르면, ANOVA F 통계량은 $F = 8.30$이라고 한다. ANOVA F통계량에 대한 자유도와 P-값은 무엇인가? 결론에 대해 말하시오.

2. **보청기 및 청력** 보청기가 환자에게 적합한지 여부를 검사하기 위해서, 청력전문가들은 단어를 낮은 볼륨으로 발음한 테이프를 사용한다. 환자는 단어들을 반복하게 된다. 반복하기 똑같이 어렵다

Phanie/Science Source

고 생각되는 몇 개의 상이한 단어 목록이 있다. 배경에 소음이 있을 때 목록들은 반복하기 똑같이 어려운가? 이에 대해 알아보기 위해서, 실험자들은 정상적인 청력을 가진 피실험자들에게 배경에 소음이 있는 네 개 목록을 청취하도록 하였다. 반응변수는 피실험자가 올바르게 반복한 목록에 있는 50개 단어의 백분율이다. 데이터 세트에는 96개의 반응이 있다. 이런 데이터를 생성할 수 있는 두 개의 연구 설계는 다음과 같다.

설계 A: 실험자는 96명의 피실험자들을 무작위로 4개 그룹에 배정한다. 24명의 피실험자들로 구성된 각 그룹은 목록 중 한 개를 청취한다. 모든 개인은 별개로 듣고 반응한다.

설계 B: 실험자에게는 24명의 피실험자가 있다. 각 피실험자는 무작위한 순서로 네 개 목록 모두를 청취한다. 모든 개인은 별개로 듣고 반응한다.

설계 A의 경우 일원분류 ANOVA를 사용하여 목록을 비교할 수 있는가? 설계 B의 경우 일원분류 ANOVA를 사용하여 목록을 비교할 수 있는가? 간략하게 설명하시오.

3. **향기는 사업을 번창시키는가? ANOVA** 업계는 고객들이 자주 배경음악에 반응한다는 사실을 알고 있다. 고객들은 또한 향기에도 반응을 하는가? 니콜라스 구에구엔과 동료들은 5월 토요일 저녁에 프랑스에 있는 작은 피자 음식점에서 이런 물음에 대해 연구를 하였다. 저녁 중 한 번은, 마음을 편안하게 하는 라벤더 향기가 음식점 전체에 퍼지게 하였다. 다른 저녁에는, 마음을 자극시키는 레몬 향기가 퍼지게 하였다. 세 번째 저녁에는 대조하는 그룹, 즉 대조군으로서 어떤 향기도 퍼지게 하지 않았다. 이들 세 개 저녁은 (날씨, 고객 수

향기가 퍼져 있을 때 고객들이 음식점에 머무르는 시간(분)									
라벤더 향기가 있는 경우									
92	126	114	106	89	137	93	76	98	108
124	105	129	103	107	109	94	105	102	108
95	121	109	104	116	88	109	97	101	106
레몬 향기가 있는 경우									
78	104	74	75	112	88	105	97	101	89
88	73	94	63	83	108	91	88	83	106
108	60	96	94	56	90	113	97		
향기가 없는 경우									
103	68	79	106	72	121	92	84	72	92
85	69	73	87	109	115	91	84	76	96
107	98	92	107	93	118	87	101	75	86

등과 같은) 여러 가지 면에서 비교할 수 있으므로, 데이터를 해당 음식점에서의 봄날 토요일 저녁으로부터 추출한 독립적인 단순 무작위 표본으로 간주하게 된다. 표는 세 개 저녁 각각에서 고객들이 음식점에 얼마나 오래(분으로 측정) 머무르는지에 관한 데이터를 보여 주고 있다.

(a) 각 저녁에 대해서 고객들이 머무르는 시간의 스템플롯을 작성하시오. 이들 중 어느 것이 이탈값, 강하게 기울어지는 현상, 기타 정규성으로부터 명백하게 벗어난 현상을 보이는가?

(b) 각 그룹들이 음식점에서 보낸 평균시간 측면에서 볼 때, 상이한지 여부를 알아보기 위해 4단계 과정을 밟아 분석하시오.

4. **날씨가 좋으면 팁도 많아지는가? ANOVA** 좋은 날씨는 팁의 증가와 연관이 되는 것처럼 보인다. 앞으로의 날씨가 좋을 것이라는 믿음은 더 높은 팁으로 이어지는가? 연구자들은 미국 뉴저지주에 소재하는 이탈리안 음식점에서 종업원에게 60장의 색인카드를 주었다. 각 고객에게 계산서를 전달하기 전에, 종업원은 연구자에 의해 무작위로 카드를 배정받았으며 카드에 인쇄된 것과 동일한 메시지를 계산서에 적었다. 카드 중 20장에는 다음과 같은 메시지가 적혀 있다. "내일 날씨가 정말로 좋을 것이라고 합니다. 재미있게 지내십시오." 다른 20장에는 다음과 같은 메시지가 적혀 있다. "내일 날씨가 썩 좋지는 않을 것이라고 합니다. 여하튼 재미있게 지내십시오." 나머지 20장은 빈 여백으로 남겨 두어서 종업원이 어떤 메시지도 작성하지 않게 된다. 무작위로 카드를 선택하였으므로 위의 세 개 실험조건에 고객들을 무작위로 배정하였다고 볼 수 있다. 다음 표는 세 개 메시지에 대한 팁의 백분율을 보여 주고 있다.

날씨가 좋을 것이라고 적은 경우	20.8	18.7	19.9	20.6	22.0	23.4	22.8
	24.9	22.2	20.3	24.9	22.3	27.0	20.4
	22.2	24.0	21.2	22.1	22.0	22.7	
날씨가 나쁠 것이라고 적은 경우	18.0	19.0	19.2	18.8	18.4	19.0	18.5
	16.1	16.8	14.0	17.0	13.6	17.5	19.9
	20.2	18.8	18.0	23.2	18.2	19.4	

날씨에 대해 적지 않은 경우	19.9	16.0	15.0	20.1	19.3	19.2	18.0
	19.2	21.2	18.8	18.5	19.3	19.3	19.4
	10.8	19.1	19.7	19.8	21.3	20.6	

해당 데이터는 세 개 실험조건에 대한 팁의 백분율들 사이에 차이가 있다는 가설을 지지하는가? 좋은 날씨를 예측할 경우, 팁의 백분율을 증가시키는 것처럼 보이는가? 4단계 과정을 밟아 데이터 분석 및 ANOVA를 하시오. ANOVA를 하기 위한 조건을 점검하고 세 개 조건에 대한 팁의 백분율을 비교하는 적절한 그래프를 제시하시오.

5. **향기는 사업을 번창시키는가? 비교** 위의 연습문제에서는, 배경 향기가 음식점에서 머무르는 시간에 미치는 영향에 대해 살펴보았다. 라벤더 향기의 평균과 레몬 향기의 평균은 서로 유의하게 다른가? 대조군의 평균과도 유의하게 다른가?

(a) 이 문제를 구성하는 세 개의 귀무가설은 무엇인가?

(b) 세 개 귀무가설들의 어떠한 것도 잘못 기각하지 않는다고 95% 신뢰하길 원한다. 튜키 쌍 비교는 이 조건에 부합되는 결론을 제시할 수 있다. 튜키 쌍 비교의 분석 결과를 포함해서 ANOVA의 분석 결과를 요약하여 정리하시오.

6. **날씨가 좋으면 팁도 많아지는가? 비교** 위의 연습문제에서는, 기본적인 ANOVA를 이행하여 세 개 실험 상황에 대한 평균 팁의 백분율을 비교하였다.

(a) 세 개 모평균들 사이의 모든 쌍 차이에 대한 튜키 다중 비교의 동시적인 99% 신뢰구간을 구하시오.

(b) 이들 구간에 대해 '99% 신뢰'가 의미하는 바를 간단하게 설명하시오.

(c) 어느 평균 쌍이 전반적인 1% 유의수준에서 유의하게 다른가?

표

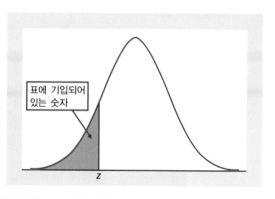

z에 대해서 표에 기입되어 있는 숫자는 z 왼쪽으로 표준정규곡선 아래의 면적이다.

표에 기입되어 있는 숫자

표 A   표준정규 누적비율

z	.00	.01	.02	.03	.04	.05	.06	.07	.08	.09
−3.4	.0003	.0003	.0003	.0003	.0003	.0003	.0003	.0003	.0003	.0002
−3.3	.0005	.0005	.0005	.0004	.0004	.0004	.0004	.0004	.0004	.0003
−3.2	.0007	.0007	.0006	.0006	.0006	.0006	.0006	.0005	.0005	.0005
−3.1	.0010	.0009	.0009	.0009	.0008	.0008	.0008	.0008	.0007	.0007
−3.0	.0013	.0013	.0013	.0012	.0012	.0011	.0011	.0011	.0010	.0010
−2.9	.0019	.0018	.0018	.0017	.0016	.0016	.0015	.0015	.0014	.0014
−2.8	.0026	.0025	.0024	.0023	.0023	.0022	.0021	.0021	.0020	.0019
−2.7	.0035	.0034	.0033	.0032	.0031	.0030	.0029	.0028	.0027	.0026
−2.6	.0047	.0045	.0044	.0043	.0041	.0040	.0039	.0038	.0037	.0036
−2.5	.0062	.0060	.0059	.0057	.0055	.0054	.0052	.0051	.0049	.0048
−2.4	.0082	.0080	.0078	.0075	.0073	.0071	.0069	.0068	.0066	.0064
−2.3	.0107	.0104	.0102	.0099	.0096	.0094	.0091	.0089	.0087	.0084
−2.2	.0139	.0136	.0132	.0129	.0125	.0122	.0119	.0116	.0113	.0110
−2.1	.0179	.0174	.0170	.0166	.0162	.0158	.0154	.0150	.0146	.0143
−2.0	.0228	.0222	.0217	.0212	.0207	.0202	.0197	.0192	.0188	.0183
−1.9	.0287	.0281	.0274	.0268	.0262	.0256	.0250	.0244	.0239	.0233
−1.8	.0359	.0351	.0344	.0336	.0329	.0322	.0314	.0307	.0301	.0294
−1.7	.0446	.0436	.0427	.0418	.0409	.0401	.0392	.0384	.0375	.0367
−1.6	.0548	.0537	.0526	.0516	.0505	.0495	.0485	.0475	.0465	.0455
−1.5	.0668	.0655	.0643	.0630	.0618	.0606	.0594	.0582	.0571	.0559
−1.4	.0808	.0793	.0778	.0764	.0749	.0735	.0721	.0708	.0694	.0681
−1.3	.0968	.0951	.0934	.0918	.0901	.0885	.0869	.0853	.0838	.0823
−1.2	.1151	.1131	.1112	.1093	.1075	.1056	.1038	.1020	.1003	.0985
−1.1	.1357	.1335	.1314	.1292	.1271	.1251	.1230	.1210	.1190	.1170
−1.0	.1587	.1562	.1539	.1515	.1492	.1469	.1446	.1423	.1401	.1379
−0.9	.1841	.1814	.1788	.1762	.1736	.1711	.1685	.1660	.1635	.1611
−0.8	.2119	.2090	.2061	.2033	.2005	.1977	.1949	.1922	.1894	.1867
−0.7	.2420	.2389	.2358	.2327	.2296	.2266	.2236	.2206	.2177	.2148
−0.6	.2743	.2709	.2676	.2643	.2611	.2578	.2546	.2514	.2483	.2451
−0.5	.3085	.3050	.3015	.2981	.2946	.2912	.2877	.2843	.2810	.2776
−0.4	.3446	.3409	.3372	.3336	.3300	.3264	.3228	.3192	.3156	.3121
−0.3	.3821	.3783	.3745	.3707	.3669	.3632	.3594	.3557	.3520	.3483
−0.2	.4207	.4168	.4129	.4090	.4052	.4013	.3974	.3936	.3897	.3859
−0.1	.4602	.4562	.4522	.4483	.4443	.4404	.4364	.4325	.4286	.4247
−0.0	.5000	.4960	.4920	.4880	.4840	.4801	.4761	.4721	.4681	.4641

표 **553**

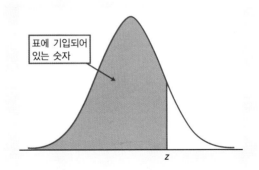

z에 대해서 표에 기입되어 있는 숫자는 z 왼쪽으로 표준정규곡선 아래의 면적이다.

표에 기입되어 있는 숫자

표 A 표준정규 누적비율 (계속)

z	.00	.01	.02	.03	.04	.05	.06	.07	.08	.09
0.0	.5000	.5040	.5080	.5120	.5160	.5199	.5239	.5279	.5319	.5359
0.1	.5398	.5438	.5478	.5517	.5557	.5596	.5636	.5675	.5714	.5753
0.2	.5793	.5832	.5871	.5910	.5948	.5987	.6026	.6064	.6103	.6141
0.3	.6179	.6217	.6255	.6293	.6331	.6368	.6406	.6443	.6480	.6517
0.4	.6554	.6591	.6628	.6664	.6700	.6736	.6772	.6808	.6844	.6879
0.5	.6915	.6950	.6985	.7019	.7054	.7088	.7123	.7157	.7190	.7224
0.6	.7257	.7291	.7324	.7357	.7389	.7422	.7454	.7486	.7517	.7549
0.7	.7580	.7611	.7642	.7673	.7704	.7734	.7764	.7794	.7823	.7852
0.8	.7881	.7910	.7939	.7967	.7995	.8023	.8051	.8078	.8106	.8133
0.9	.8159	.8186	.8212	.8238	.8264	.8289	.8315	.8340	.8365	.8389
1.0	.8413	.8438	.8461	.8485	.8508	.8531	.8554	.8577	.8599	.8621
1.1	.8643	.8665	.8686	.8708	.8729	.8749	.8770	.8790	.8810	.8830
1.2	.8849	.8869	.8888	.8907	.8925	.8944	.8962	.8980	.8997	.9015
1.3	.9032	.9049	.9066	.9082	.9099	.9115	.9131	.9147	.9162	.9177
1.4	.9192	.9207	.9222	.9236	.9251	.9265	.9279	.9292	.9306	.9319
1.5	.9332	.9345	.9357	.9370	.9382	.9394	.9406	.9418	.9429	.9441
1.6	.9452	.9463	.9474	.9484	.9495	.9505	.9515	.9525	.9535	.9545
1.7	.9554	.9564	.9573	.9582	.9591	.9599	.9608	.9616	.9625	.9633
1.8	.9641	.9649	.9656	.9664	.9671	.9678	.9686	.9693	.9699	.9706
1.9	.9713	.9719	.9726	.9732	.9738	.9744	.9750	.9756	.9761	.9767
2.0	.9772	.9778	.9783	.9788	.9793	.9798	.9803	.9808	.9812	.9817
2.1	.9821	.9826	.9830	.9834	.9838	.9842	.9846	.9850	.9854	.9857
2.2	.9861	.9864	.9868	.9871	.9875	.9878	.9881	.9884	.9887	.9890
2.3	.9893	.9896	.9898	.9901	.9904	.9906	.9909	.9911	.9913	.9916
2.4	.9918	.9920	.9922	.9925	.9927	.9929	.9931	.9932	.9934	.9936
2.5	.9938	.9940	.9941	.9943	.9945	.9946	.9948	.9949	.9951	.9952
2.6	.9953	.9955	.9956	.9957	.9959	.9960	.9961	.9962	.9963	.9964
2.7	.9965	.9966	.9967	.9968	.9969	.9970	.9971	.9972	.9973	.9974
2.8	.9974	.9975	.9976	.9977	.9977	.9978	.9979	.9979	.9980	.9981
2.9	.9981	.9982	.9982	.9983	.9984	.9984	.9985	.9985	.9986	.9986
3.0	.9987	.9987	.9987	.9988	.9988	.9989	.9989	.9989	.9990	.9990
3.1	.9990	.9991	.9991	.9991	.9992	.9992	.9992	.9992	.9993	.9993
3.2	.9993	.9993	.9994	.9994	.9994	.9994	.9994	.9995	.9995	.9995
3.3	.9995	.9995	.9995	.9996	.9996	.9996	.9996	.9996	.9996	.9997
3.4	.9997	.9997	.9997	.9997	.9997	.9997	.9997	.9997	.9997	.9998

표 B 무작위 숫자

라인							
101	19223	95034	05756	28713	96409	12531	42544	82853
102	73676	47150	99400	01927	27754	42648	82425	36290
103	45467	71709	77558	00095	32863	29485	82226	90056
104	52711	38889	93074	60227	40011	85848	48767	52573
105	95592	94007	69971	91481	60779	53791	17297	59335
106	68417	35013	15529	72765	85089	57067	50211	47487
107	82739	57890	20807	47511	81676	55300	94383	14893
108	60940	72024	17868	24943	61790	90656	87964	18883
109	36009	19365	15412	39638	85453	46816	83485	41979
110	38448	48789	18338	24697	39364	42006	76688	08708
111	81486	69487	60513	09297	00412	71238	27649	39950
112	59636	88804	04634	71197	19352	73089	84898	45785
113	62568	70206	40325	03699	71080	22553	11486	11776
114	45149	32992	75730	66280	03819	56202	02938	70915
115	61041	77684	94322	24709	73698	14526	31893	32592
116	14459	26056	31424	80371	65103	62253	50490	61181
117	38167	98532	62183	70632	23417	26185	41448	75532
118	73190	32533	04470	29669	84407	90785	65956	86382
119	95857	07118	87664	92099	58806	66979	98624	84826
120	35476	55972	39421	65850	04266	35435	43742	11937
121	71487	09984	29077	14863	61683	47052	62224	51025
122	13873	81598	95052	90908	73592	75186	87136	95761
123	54580	81507	27102	56027	55892	33063	41842	81868
124	71035	09001	43367	49497	72719	96758	27611	91596
125	96746	12149	37823	71868	18442	35119	62103	39244
126	96927	19931	36809	74192	77567	88741	48409	41903
127	43909	99477	25330	64359	40085	16925	85117	36071
128	15689	14227	06565	14374	13352	49367	81982	87209
129	36759	58984	68288	22913	18638	54303	00795	08727
130	69051	64817	87174	09517	84534	06489	87201	97245
131	05007	16632	81194	14873	04197	85576	45195	96565
132	68732	55259	84292	08796	43165	93739	31685	97150
133	45740	41807	65561	33302	07051	93623	18132	09547
134	27816	78416	18329	21337	35213	37741	04312	68508
135	66925	55658	39100	78458	11206	19876	87151	31260
136	08421	44753	77377	28744	75592	08563	79140	92454
137	53645	66812	61421	47836	12609	15373	98481	14592
138	66831	68908	40772	21558	47781	33586	79177	06928
139	55588	99404	70708	41098	43563	56934	48394	51719
140	12975	13258	13048	45144	72321	81940	00360	02428
141	96767	35964	23822	96012	94591	65194	50842	53372
142	72829	50232	97892	63408	77919	44575	24870	04178
143	88565	42628	17797	49376	61762	16953	88604	12724
144	62964	88145	83083	69453	46109	59505	69680	00900
145	19687	12633	57857	95806	09931	02150	43163	58636
146	37609	59057	66967	83401	60705	02384	90597	93600
147	54973	86278	88737	74351	47500	84552	19909	67181
148	00694	05977	19664	65441	20903	62371	22725	53340
149	71546	05233	53946	68743	72460	27601	45403	88692
150	07511	88915	41267	16853	84569	79367	32337	03316

표 **555**

C에 대해서 표에 기입되어 있는 숫자는 신뢰수준 C에 대해 필요한 임곗값 t^*이다. 단측 및 양측 P-값을 구하기 위해서, t 통계량의 값을 표 아랫부분에 있는 P-값과 부합된 t^*의 임곗값과 비교하시오.

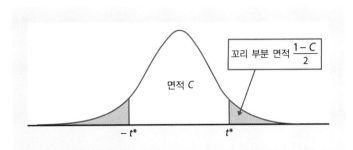

면적 C

꼬리 부분 면적 $\dfrac{1-C}{2}$

$-t^*$ t^*

표 C t 분포 임곗값

자유도	신뢰수준 C											
	50%	60%	70%	80%	90%	95%	96%	98%	99%	99.5%	99.8%	99.9%
1	1.000	1.376	1.963	3.078	6.314	12.71	15.89	31.82	63.66	127.3	318.3	636.6
2	0.816	1.061	1.386	1.886	2.920	4.303	4.849	6.965	9.925	14.09	22.33	31.60
3	0.765	0.978	1.250	1.638	2.353	3.182	3.482	4.541	5.841	7.453	10.21	12.92
4	0.741	0.941	1.190	1.533	2.132	2.776	2.999	3.747	4.604	5.598	7.173	8.610
5	0.727	0.920	1.156	1.476	2.015	2.571	2.757	3.365	4.032	4.773	5.893	6.869
6	0.718	0.906	1.134	1.440	1.943	2.447	2.612	3.143	3.707	4.317	5.208	5.959
7	0.711	0.896	1.119	1.415	1.895	2.365	2.517	2.998	3.499	4.029	4.785	5.408
8	0.706	0.889	1.108	1.397	1.860	2.306	2.449	2.896	3.355	3.833	4.501	5.041
9	0.703	0.883	1.100	1.383	1.833	2.262	2.398	2.821	3.250	3.690	4.297	4.781
10	0.700	0.879	1.093	1.372	1.812	2.228	2.359	2.764	3.169	3.581	4.144	4.587
11	0.697	0.876	1.088	1.363	1.796	2.201	2.328	2.718	3.106	3.497	4.025	4.437
12	0.695	0.873	1.083	1.356	1.782	2.179	2.303	2.681	3.055	3.428	3.930	4.318
13	0.694	0.870	1.079	1.350	1.771	2.160	2.282	2.650	3.012	3.372	3.852	4.221
14	0.692	0.868	1.076	1.345	1.761	2.145	2.264	2.624	2.977	3.326	3.787	4.140
15	0.691	0.866	1.074	1.341	1.753	2.131	2.249	2.602	2.947	3.286	3.733	4.073
16	0.690	0.865	1.071	1.337	1.746	2.120	2.235	2.583	2.921	3.252	3.686	4.015
17	0.689	0.863	1.069	1.333	1.740	2.110	2.224	2.567	2.898	3.222	3.646	3.965
18	0.688	0.862	1.067	1.330	1.734	2.101	2.214	2.552	2.878	3.197	3.611	3.922
19	0.688	0.861	1.066	1.328	1.729	2.093	2.205	2.539	2.861	3.174	3.579	3.883
20	0.687	0.860	1.064	1.325	1.725	2.086	2.197	2.528	2.845	3.153	3.552	3.850
21	0.686	0.859	1.063	1.323	1.721	2.080	2.189	2.518	2.831	3.135	3.527	3.819
22	0.686	0.858	1.061	1.321	1.717	2.074	2.183	2.508	2.819	3.119	3.505	3.792
23	0.685	0.858	1.060	1.319	1.714	2.069	2.177	2.500	2.807	3.104	3.485	3.768
24	0.685	0.857	1.059	1.318	1.711	2.064	2.172	2.492	2.797	3.091	3.467	3.745
25	0.684	0.856	1.058	1.316	1.708	2.060	2.167	2.485	2.787	3.078	3.450	3.725
26	0.684	0.856	1.058	1.315	1.706	2.056	2.162	2.479	2.779	3.067	3.435	3.707
27	0.684	0.855	1.057	1.314	1.703	2.052	2.158	2.473	2.771	3.057	3.421	3.690
28	0.683	0.855	1.056	1.313	1.701	2.048	2.154	2.467	2.763	3.047	3.408	3.674
29	0.683	0.854	1.055	1.311	1.699	2.045	2.150	2.462	2.756	3.038	3.396	3.659
30	0.683	0.854	1.055	1.310	1.697	2.042	2.147	2.457	2.750	3.030	3.385	3.646
40	0.681	0.851	1.050	1.303	1.684	2.021	2.123	2.423	2.704	2.971	3.307	3.551
50	0.679	0.849	1.047	1.299	1.676	2.009	2.109	2.403	2.678	2.937	3.261	3.496
60	0.679	0.848	1.045	1.296	1.671	2.000	2.099	2.390	2.660	2.915	3.232	3.460
80	0.678	0.846	1.043	1.292	1.664	1.990	2.088	2.374	2.639	2.887	3.195	3.416
100	0.677	0.845	1.042	1.290	1.660	1.984	2.081	2.364	2.626	2.871	3.174	3.390
1,000	0.675	0.842	1.037	1.282	1.646	1.962	2.056	2.330	2.581	2.813	3.098	3.300
z^*	0.674	0.841	1.036	1.282	1.645	1.960	2.054	2.326	2.576	2.807	3.091	3.291
단측 P	.25	.20	.15	.10	.05	.025	.02	.01	.005	.0025	.001	.0005
양측 P	.50	.40	.30	.20	.10	.05	.04	.02	.01	.005	.002	.001

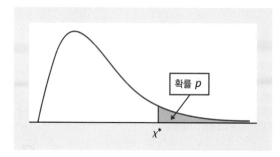

p에 대해서 표에 기입되어 있는 숫자는 오른편 빗금 친 확률 p를 갖는 임곗값 χ^*이다.

표 D 카이-제곱 분포 임곗값

df	p											
	.25	.20	.15	.10	.05	.025	.02	.01	.005	.0025	.001	.0005
1	1.32	1.64	2.07	2.71	3.84	5.02	5.41	6.63	7.88	9.14	10.83	12.12
2	2.77	3.22	3.79	4.61	5.99	7.38	7.82	9.21	10.60	11.98	13.82	15.20
3	4.11	4.64	5.32	6.25	7.81	9.35	9.84	11.34	12.84	14.32	16.27	17.73
4	5.39	5.99	6.74	7.78	9.49	11.14	11.67	13.28	14.86	16.42	18.47	20.00
5	6.63	7.29	8.12	9.24	11.07	12.83	13.39	15.09	16.75	18.39	20.51	22.11
6	7.84	8.56	9.45	10.64	12.59	14.45	15.03	16.81	18.55	20.25	22.46	24.10
7	9.04	9.80	10.75	12.02	14.07	16.01	16.62	18.48	20.28	22.04	24.32	26.02
8	10.22	11.03	12.03	13.36	15.51	17.53	18.17	20.09	21.95	23.77	26.12	27.87
9	11.39	12.24	13.29	14.68	16.92	19.02	19.68	21.67	23.59	25.46	27.88	29.67
10	12.55	13.44	14.53	15.99	18.31	20.48	21.16	23.21	25.19	27.11	29.59	31.42
11	13.70	14.63	15.77	17.28	19.68	21.92	22.62	24.72	26.76	28.73	31.26	33.14
12	14.85	15.81	16.99	18.55	21.03	23.34	24.05	26.22	28.30	30.32	32.91	34.82
13	15.98	16.98	18.20	19.81	22.36	24.74	25.47	27.69	29.82	31.88	34.53	36.48
14	17.12	18.15	19.41	21.06	23.68	26.12	26.87	29.14	31.32	33.43	36.12	38.11
15	18.25	19.31	20.60	22.31	25.00	27.49	28.26	30.58	32.80	34.95	37.70	39.72
16	19.37	20.47	21.79	23.54	26.30	28.85	29.63	32.00	34.27	36.46	39.25	41.31
17	20.49	21.61	22.98	24.77	27.59	30.19	31.00	33.41	35.72	37.95	40.79	42.88
18	21.60	22.76	24.16	25.99	28.87	31.53	32.35	34.81	37.16	39.42	42.31	44.43
19	22.72	23.90	25.33	27.20	30.14	32.85	33.69	36.19	38.58	40.88	43.82	45.97
20	23.83	25.04	26.50	28.41	31.41	34.17	35.02	37.57	40.00	42.34	45.31	47.50
21	24.93	26.17	27.66	29.62	32.67	35.48	36.34	38.93	41.40	43.78	46.80	49.01
22	26.04	27.30	28.82	30.81	33.92	36.78	37.66	40.29	42.80	45.20	48.27	50.51
23	27.14	28.43	29.98	32.01	35.17	38.08	38.97	41.64	44.18	46.62	49.73	52.00
24	28.24	29.55	31.13	33.20	36.42	39.36	40.27	42.98	45.56	48.03	51.18	53.48
25	29.34	30.68	32.28	34.38	37.65	40.65	41.57	44.31	46.93	49.44	52.62	54.95
26	30.43	31.79	33.43	35.56	38.89	41.92	42.86	45.64	48.29	50.83	54.05	56.41
27	31.53	32.91	34.57	36.74	40.11	43.19	44.14	46.96	49.64	52.22	55.48	57.86
28	32.62	34.03	35.71	37.92	41.34	44.46	45.42	48.28	50.99	53.59	56.89	59.30
29	33.71	35.14	36.85	39.09	42.56	45.72	46.69	49.59	52.34	54.97	58.30	60.73
30	34.80	36.25	37.99	40.26	43.77	46.98	47.96	50.89	53.67	56.33	59.70	62.16
40	45.62	47.27	49.24	51.81	55.76	59.34	60.44	63.69	66.77	69.70	73.40	76.09
50	56.33	58.16	60.35	63.17	67.50	71.42	72.61	76.15	79.49	82.66	86.66	89.56
60	66.98	68.97	71.34	74.40	79.08	83.30	84.58	88.38	91.95	95.34	99.61	102.7
80	88.13	90.41	93.11	96.58	101.9	106.6	108.1	112.3	116.3	120.1	124.8	128.3
100	109.1	111.7	114.7	118.5	124.3	129.6	131.1	135.8	140.2	144.3	149.4	153.2

표 **557**

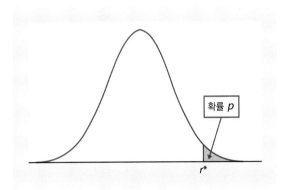

p에 대해서 표에 기입되어 있는 숫자는 오른편 빗금 친 확률 p를 갖는 상관계수 r의 임곗값 r^*이다.

확률 p

r^*

표 E 상관 r의 임곗값

n	위쪽 꼬리 부분 확률 p									
	.20	.10	.05	.025	.02	.01	.005	.0025	.001	.0005
3	0.8090	0.9511	0.9877	0.9969	0.9980	0.9995	0.9999	1.0000	1.0000	1.0000
4	0.6000	0.8000	0.9000	0.9500	0.9600	0.9800	0.9900	0.9950	0.9980	0.9990
5	0.4919	0.6870	0.8054	0.8783	0.8953	0.9343	0.9587	0.9740	0.9859	0.9911
6	0.4257	0.6084	0.7293	0.8114	0.8319	0.8822	0.9172	0.9417	0.9633	0.9741
7	0.3803	0.5509	0.6694	0.7545	0.7766	0.8329	0.8745	0.9056	0.9350	0.9509
8	0.3468	0.5067	0.6215	0.7067	0.7295	0.7887	0.8343	0.8697	0.9049	0.9249
9	0.3208	0.4716	0.5822	0.6664	0.6892	0.7498	0.7977	0.8359	0.8751	0.8983
10	0.2998	0.4428	0.5494	0.6319	0.6546	0.7155	0.7646	0.8046	0.8467	0.8721
11	0.2825	0.4187	0.5214	0.6021	0.6244	0.6851	0.7348	0.7759	0.8199	0.8470
12	0.2678	0.3981	0.4973	0.5760	0.5980	0.6581	0.7079	0.7496	0.7950	0.8233
13	0.2552	0.3802	0.4762	0.5529	0.5745	0.6339	0.6835	0.7255	0.7717	0.8010
14	0.2443	0.3646	0.4575	0.5324	0.5536	0.6120	0.6614	0.7034	0.7501	0.7800
15	0.2346	0.3507	0.4409	0.5140	0.5347	0.5923	0.6411	0.6831	0.7301	0.7604
16	0.2260	0.3383	0.4259	0.4973	0.5177	0.5742	0.6226	0.6643	0.7114	0.7419
17	0.2183	0.3271	0.4124	0.4821	0.5021	0.5577	0.6055	0.6470	0.6940	0.7247
18	0.2113	0.3170	0.4000	0.4683	0.4878	0.5425	0.5897	0.6308	0.6777	0.7084
19	0.2049	0.3077	0.3887	0.4555	0.4747	0.5285	0.5751	0.6158	0.6624	0.6932
20	0.1991	0.2992	0.3783	0.4438	0.4626	0.5155	0.5614	0.6018	0.6481	0.6788
21	0.1938	0.2914	0.3687	0.4329	0.4513	0.5034	0.5487	0.5886	0.6346	0.6652
22	0.1888	0.2841	0.3598	0.4227	0.4409	0.4921	0.5368	0.5763	0.6219	0.6524
23	0.1843	0.2774	0.3515	0.4132	0.4311	0.4815	0.5256	0.5647	0.6099	0.6402
24	0.1800	0.2711	0.3438	0.4044	0.4219	0.4716	0.5151	0.5537	0.5986	0.6287
25	0.1760	0.2653	0.3365	0.3961	0.4133	0.4622	0.5052	0.5434	0.5879	0.6178
26	0.1723	0.2598	0.3297	0.3882	0.4052	0.4534	0.4958	0.5336	0.5776	0.6074
27	0.1688	0.2546	0.3233	0.3809	0.3976	0.4451	0.4869	0.5243	0.5679	0.5974
28	0.1655	0.2497	0.3172	0.3739	0.3904	0.4372	0.4785	0.5154	0.5587	0.5880
29	0.1624	0.2451	0.3115	0.3673	0.3835	0.4297	0.4705	0.5070	0.5499	0.5790
30	0.1594	0.2407	0.3061	0.3610	0.3770	0.4226	0.4629	0.4990	0.5415	0.5703
40	0.1368	0.2070	0.2638	0.3120	0.3261	0.3665	0.4026	0.4353	0.4741	0.5007
50	0.1217	0.1843	0.2353	0.2787	0.2915	0.3281	0.3610	0.3909	0.4267	0.4514
60	0.1106	0.1678	0.2144	0.2542	0.2659	0.2997	0.3301	0.3578	0.3912	0.4143
80	0.0954	0.1448	0.1852	0.2199	0.2301	0.2597	0.2864	0.3109	0.3405	0.3611
100	0.0851	0.1292	0.1654	0.1966	0.2058	0.2324	0.2565	0.2786	0.3054	0.3242
1,000	0.0266	0.0406	0.0520	0.0620	0.0650	0.0736	0.0814	0.0887	0.0976	0.1039

찾아보기

| 역자 소개 |

이 병 락

고려대학교 경상대학 교수 역임

주요 역서 및 저서

- 국제경제학(1999, 2007, 시그마프레스)
- 경기전망지표(1999, 시그마프레스)
- 무역실무(2008, 시그마프레스)
- 계량경제학(2003, 2010, 2020, 시그마프레스)
- 거시경제학(2004, 2007, 2010, 2014, 2016, 2020, 시그마프레스)
- 미시경제학(2004, 2010, 2015, 2022, 시그마프레스)
- 문제 풀며 정리하는 미시경제학(2011, 2015, 시그마프레스)
- 통계학(2014, 2022, 시그마프레스)